国家出版基金项目
NATIONAL PUBLICATION FOUNDATION

“十四五”
国家重点出版物
出版规划项目

城镇水系统污染管控
与饮用水安全保障技术
丛书

城镇供水系统
关键材料设备与应用

贾瑞宝　孙韶华　潘章斌　等　编著

KEY MATERIALS AND EQUIPMENT
IN URBAN WATER SUPPLY SYSTEMS WITH APPLICATIONS

化学工业出版社
·北京·

内容简介

本书为“城镇水系统污染管控与饮用水安全保障技术丛书”的一个分册，全书以城镇供水系统关键材料设备规范化选用为主线，系统介绍了净水材料、净水设备、供水器材、小型供水设备和检测仪表设备五大类产品的情况概述、产品分类、技术标准、使用选择、安装调试、运输储存、运行维护以及注意事项等内容，旨在为供水系统关键材料设备的科学选用提供重要技术参考。

本书在对关键材料设备行业调研和评估验证的基础上，结合国内外产品现状及发展趋势，对不同类型产品的技术标准、选择使用等多方面进行了高度概括与总结凝炼，内容丰富、针对性强，可供城镇水务企业、规划设计机构、生产制造企业专业技术人员和管理人员参考，也可供高等学校市政工程、环境科学与工程、材料工程及相关专业师生参阅。

图书在版编目（CIP）数据

城镇供水系统关键材料设备与应用 / 贾瑞宝等编著. --北京：化学工业出版社，2024.9
（城镇水系统污染管控与饮用水安全保障技术丛书）
ISBN 978-7-122-45657-1

Ⅰ. ①城… Ⅱ. ①贾… Ⅲ. ①城市供水系统－研究
Ⅳ. ①TU991

中国国家版本馆CIP数据核字(2024)第097604号

责任编辑：刘　婧　左晨燕　卢萌萌
文字编辑：陈　雨
责任校对：宋　玮
装帧设计：王晓宇

出版发行：化学工业出版社
（北京市东城区青年湖南街13号　邮政编码100011）
印　　装：北京建宏印刷有限公司
787mm×1092mm　1/16　印张31　字数774千字
2025年10月北京第1版第1次印刷

购书咨询：010-64518888　　售后服务：010-64518899
网　　址：http://www.cip.com.cn
凡购买本书，如有缺损质量问题，本社销售中心负责调换。

定　　价：268.00元

“城镇水系统污染管控与饮用水安全保障技术丛书”编委会

《城镇供水系统关键材料设备与应用》编著者名单

编　著　者： 贾瑞宝　孙韶华　潘章斌　宋武昌　陈发明　李桂芳　辛晓东　逯南南　王明泉　陈兴厅　周维芳　冯桂学　姚振兴　张　倩　陈才高　刘海燕　高　雪　章诗璐　易　娟　孙岳锋　王永磊　陈文兵　高玉婷　鞠　玲　许伟颖　赵艳侠　王立国　王承宝　王欣明　魏林生　白新征　陈　清　胡建坤　李　鹰　韩双来　池国正

编著单位： 山东省城市供排水水质监测中心

中国市政工程中南设计研究总院有限公司

深圳市水务（集团）有限公司

山东建筑大学

济南大学

青岛国林科技集团股份有限公司

海南立昇净水科技实业有限公司

聚光科技（杭州）股份有限公司

浙江联池水务设备股份有限公司

丛书序

FOREWORD

水是生命之源，是人类社会赖以生存和发展的基础性战略资源，更是维系生态环境平衡的核心要素。饮用水安全处于水安全战略的核心地位，直接关乎广大人民群众的身体健康与生命安全，是最具基础性、普惠性的民生工程，对维护社会和谐稳定以及推动经济社会高质量发展起着至关重要的支撑作用。当前，加强城镇水环境系统治理，保障饮用水安全，是不断满足人民日益增长的美好生活需要的基本要求，更是推动国家治理体系和治理能力现代化的一项重要内容。

近年来，国家相继出台了系列关于城镇水安全的政策文件，并明确指出市政给排水系统是关系民生的重点，凸显了强化城镇水系统污染管控和保障人民饮用水安全的重要性、必要性和迫切性。同时，随着“水体污染控制与治理”国家科技重大专项的顺利收官，我们在饮用水安全保障领域取得了众多创新性强、集成度高及可推广、可复制的重大科技成果，为了更好地服务于城镇水系统安全与韧性能力建设，我们策划组织了“城镇水系统污染管控与饮用水安全保障技术丛书”的编写和出版。

本丛书立足国家“水专项”研究成果，围绕城镇水系统污染管控与饮用水安全保障两大核心主题，紧贴我国当前水污染治理的研究热点、难点和重点问题，按照“检测分析-风险评估-污染控制-支撑保障”的技术路径，聚焦城镇水环境及饮用水水质检测、新污染物筛查与检测、污染控制与治理、水处理设备材料评估及应用等行业热点研究领域，系统总结了水系统污染管控与水质保障的新技术、新发展及典型工程化应用成效，旨在落实“增强全社会生态环保意识，深入打好污染防治攻坚战”的国家战略要求，为城镇水环境保护及饮用水安全保障提供理论参考、技术支撑和案例借鉴。

“城镇水系统污染管控与饮用水安全保障技术丛书”的出版，对于推动我国城镇水污染治理与饮用水安全保障技术的创新发展，城镇水务行业的技术升级具有重要意义。本丛书的策划编写得到了生态环境部国家水专项办、住房和城乡建设部水专项办以及水专项饮用水主题专家组的大力支持，吴丰昌、邵益生、杨敏、张晓健、宋兰合等专家给予了大量指导和帮助。衷心期望广大读者能够从这套丛书中汲取知识与智慧，共同推动我国城镇水系统现代化建设和饮用水安全保障事业高质量发展。

中国工程院院士

2025 年 6 月

前言

PREFACE

“十三五”期间，国家水体污染控制与治理科技重大专项饮用水主题设立了“城镇供水系统关键材料设备评估验证及标准化”（2017ZX07501003）课题，课题组通过文献资料收集、实地核查、实验研究等方式，系统开展了5大类100多种产品的国内外行业调研分析，完成了36种关键产品的技术评估和覆盖全国重点流域典型城市的现场验证，建立了适于我国城镇供水行业特点的材料设备产业化及标准化技术体系，为国家水专项饮用水主题标志性成果的总结凝炼提供了重要支撑。根据课题研究成果，结合编著者及其团队多年的科研成果及经验总结，我们编著了《城镇供水系统关键材料设备与应用》，旨在为“十四五”水环境污染治理、饮用水安全保障等提供理论指导、技术参考和案例借鉴。

本书由净水材料、净水设备、供水器材、小型供水设备和检测仪表设备5篇共35章组成。其中净水材料篇分为7章，包括颗粒活性炭、粉末活性炭、天然及合成滤料、铝系混凝剂、铁系混凝剂、高分子絮凝剂和次氯酸钠溶液等产品；净水设备篇分为7章，包括臭氧发生器、紫外线发生器、二氧化氯发生器、次氯酸钠发生器、投溶药设备、气浮设备、蝶阀 / 自动切断阀等产品；供水器材篇分为8章，包括铸铁管及管件、PE管及管件、超滤膜材料及组件、纳滤膜元件、反渗透膜元件、斜管斜板、滤池配水器材、生物填料等产品；小型供水设备篇分为5章，包括常规一体化供水装置、超滤膜装置、纳滤 / 反渗透装置、电渗析装置、无负压二次供水设备等产品；检测仪表设备篇分为8章，包括综合毒性监测仪（生物鱼法）、综合毒性监测仪（发光菌法）、颗粒计数仪、GC-MS分析仪、ICP-MS分析仪、水质监测移动实验室、智能远传水表、听漏仪等产品。每章系统介绍了产品概述、产品分类及性质、产品相关标准、产品选择、安装调试、运行维护和注意事项等技术内容。

本书由山东省城市供排水水质监测中心组织编著，中国市政工程中南设计研究总院有限公司、深圳市水务（集团）有限公司、山东建筑大学、济南大学、青岛国林科技集团股份有限公司、海南立昇净水科技实业有限公司、聚光科技（杭州）股份有限公司、浙江联池水务设备股份有限公司等单位共同参与完成。

本书由贾瑞宝、孙韶华、潘章斌等编著。第一篇净水材料主要由辛晓东、王明泉等负责，其中第1章、第2章由辛晓东、张倩编著，第3章由陈才高、刘海燕、高雪和章诗璐编著，第 4 章由冯桂学编著，第 5 章、第 6 章由潘章斌、王明泉编著，第 7 章由姚振兴编著。第二篇净水设备主要由潘章斌、宋武昌、王永磊等负责，其中第 8 章由王承宝、王欣明、魏林生编著，第 9 章由李桂芳编著，第 10 章、第 11 章由姚振兴编著，第 12 章由易娟、孙岳锋编著，第 13 章、第 14 章由王永磊、鞠玲编著。第三篇供水器材主要由李桂芳、孙韶华等负责，其中第 15 章、第 16 章由易娟、孙岳锋编著，第 17 章由白新征、陈清编著，第 18 章、第 19 章由宋武昌、陈文兵、高玉婷编著，第 20 章、第 21 章由易娟、孙岳锋编著，第 22 章由陈才高、刘海燕、高雪、章诗璐编著。第四篇小型供水设备主要由贾瑞宝、陈发明等负责，其中第 23 章由池国正编著，第 24 章由白新征编著，第 25 章、第 26 章由陈才高、刘海燕、高雪、章诗璐编著，第 27 章由周维芳编著。第五篇检测仪表设备主要由孙韶华、逯南南等负责，其中第 28 章由易娟、孙岳锋编著，第 29 章由逯南南编著，第 30 章由陈兴厅编著，第 31 章、第 32 章、第 33 章由胡建坤、李鹰、韩双来编著，第 34 章由易娟、孙岳锋编著，第 35 章由陈发明编著。

本书的出版要感谢国家水专项办、住建部水专项办、山东省住建厅水专项办和饮用水主题专家组的大力支持，感谢邵益生、杨敏、张晓健、王占生、沈裘昌、尹大强、张土乔、张金松、崔福义、郄燕秋、刘书明、张克峰等专家的指导和帮助；特别要感谢清华大学孙文俊，山东建筑大学邱立平、王洪波等在行业调研、技术评估、产品验证、标准编制等课题实施过程中给予支持帮助的，来自高校院所、水务公司和设备材料制造企业的各位专家和领导。感谢化学工业出版社各位编辑细致耐心的工作和辛勤劳动。

城镇供水系统材料设备点多面广、种类繁杂，本书未能涵盖全部产品，只涉及水专项课题重点的研究关键材料设备成果，限于编著者的专业背景和文字水平，对诸多问题的理解认识还不够全面、深刻，难免存在疏漏和不足之处，敬请读者批评指正。

编著者
2024 年 5 月

目录

CONTENTS

第一篇　净水材料

第二篇 净水设备

第一篇

净水材料

第 1 章 颗粒活性炭

1.1 产品概述

活性炭材料是经过加工处理所得的无定形碳，一般为黑色粉末状或块状、颗粒状、蜂窝状，对气体、溶液中的无机 / 有机物质及胶体颗粒等都有良好的吸附能力。按照外观分类，可分为粉末活性炭、颗粒活性炭、不定形颗粒活性炭、圆柱形活性炭、球形活性炭及其他形状的活性炭。城镇供水系统中常用的活性炭为颗粒活性炭和粉末活性炭。

颗粒活性炭具有发达的孔隙结构、独特的吸附表面结构特性和表面化学性能，是一种性能优异的吸附材料，已经广泛应用于饮用水、化工、环保、食品加工、冶金、药物精制、军事化学防护等各个领域。早在 20 世纪 20 年代，颗粒活性炭就开始被用于生活用水处理，当时主要用于除去生活用水中的残留消毒剂——氯及用氯气处理产生的副产物和异嗅、异味。目前，颗粒活性炭在净水中的应用日益广泛，这是因为一方面活性炭对水中有机物有很好的吸附特性，如对水中苯类化合物、酚类化合物、石油及石油产品、洗涤剂、合成染料以及许多人工合成的有机物等有较强的吸附能力，对化学需氧量、生化需氧量、TOC 等综合指标表示的有机物除去率可达 70% ～ 90%；另一方面活性炭处理后不会导致 Ca、Mg 的损失。在美国和日本等发达国家和地区饮用水净化活性炭吸附设施非常普遍。随着生活水平的提高，人们对饮用水的质量要求越来越严格，而工业发展所造成的水源污染也越来越严重，因此预计未来活性炭在上水净化领域的使用量将大幅提高。

1.2 产品分类及性质

1.2.1 颗粒活性炭分类

国家标准《活性炭分类和命名》(GB/T 32560—2016) 对活性炭进行了分类 (详见表 1-1)。标准指出，活性炭按制造使用的主要原材料分为煤质活性炭、木质活性炭、合成材料活性炭、其他类活性炭四类；按制造用主要原材料及产品形状分为柱状煤质颗粒活性炭、破碎煤质颗粒活性炭、粉末煤质活性炭、球形煤质颗粒活性炭、柱状木质颗粒活性炭、破碎状木质颗粒活性炭、粉状木质活性炭、球形木质颗粒活性炭、柱状合成材料颗粒活性炭、破碎状合成材料颗粒活性炭、粉状合成材料活性炭、成形活性炭、球形合成材料颗粒活性炭、布类合成材料活性炭（炭纤维布）、毡类合成材料活性炭（炭纤维毡）、沥青基微球活性炭16种类型。

表 1-1　活性炭分类及用途汇总表

制造原材料	产品形状	用途
煤质活性炭	柱状煤质颗粒活性炭	气体分离与精制、溶剂回收、烟气净化、脱硫脱硝、水质净化、污水处理、催化剂载体等
	破碎煤质颗粒活性炭	气体净化、溶剂回收、水体净化、污水处理、环境保护等
	粉末煤质活性炭	水污染应急处理、垃圾焚烧、化工脱色、烟气净化等
	球形煤质颗粒活性炭	炭分子筛、催化剂载体、防毒面具、气体分离与精制、军用吸附等
木质活性炭	柱状木质颗粒活性炭	气体分离与精制、黄金提取、水质净化、食品饮料脱色等
	破碎状木质颗粒活性炭	净化空气、溶剂回收、水质净化、味精精制、乙酸乙烯酯合成催化剂等
	粉状木质活性炭	水体净化、注射针剂脱色、糖液脱色、味精及饮料脱色、药用等
	球形木质颗粒活性炭	炭分子筛、血液净化、饮料精制、气体分离、提取黄金等
合成材料活性炭	柱状合成材料颗粒活性炭	气体分离与净化、水体净化、烟气净化、污水处理、环境保护等
	破碎状合成材料颗粒活性炭	净化空气、脱除异味、环境保护、上水与污水处理等
	粉状合成材料活性炭	水质净化、垃圾焚烧、化工脱色、烟气净化等
	成形活性炭	净水滤芯、净水滤棒、净空蜂窝体、环境保护、过滤吸附等
	球形合成材料颗粒活性炭	炭分子筛、气体分离、水体净化、催化剂载体等
	布类合成材料活性炭（炭纤维布）	防毒服、气相除臭、净空滤器、净水滤器等
	毡类合成材料活性炭（炭纤维毡）	溶剂回收、气相除臭、净空滤器、净水滤器等
其他类活性炭	沥青基微球活性炭	航天航空空气净化、血液净化、军用高效吸附等

城镇供水行业常用的颗粒活性炭，按生产原料分为木质颗粒活性炭和煤质颗粒活性炭。由于生产原料不同，木质活性炭与煤质活性炭在生产工艺、技术特点、产品特性等诸多方面存在不同。在液相吸附领域，煤质活性炭含有的重金属和灰分较大，产品纯度相对较低，并且由于主要采用物理法生产，孔隙主要为微孔，适宜小分子吸附，应用范围相对较窄，一般被用于液相吸附中的石化、冶金、印染、水处理等工业领域；而木质活性炭的灰分低、杂质少、易提纯，化学法生产工艺下容易调整活性炭的孔隙分布结构，微孔、中孔均发达，应用广泛，尤其在对产品安全性要求较高的领域应用，是煤质活性炭无法替代的。从长期趋势来看，原煤资源是不可再生的，煤质活性炭资源有限且生产过程中大量增加二氧化碳排放量，因此产品价格受原料及环保成本推动呈上涨趋势；而木质活性炭因主要原料为林产“三剩物”，可再生利用，且价格因技术进步可望趋于相对下降。

1.2.1.1　煤质颗粒活性炭

煤质颗粒活性炭是以褐煤、泥煤、烟煤、无烟煤等煤为主要原材料，经炭化、活化制成的多孔性吸附剂。外形分别为柱状、颗粒、蜂窝状、球形等形状，具有强度高、吸附速度快、吸附容量高、比表面积较大、孔隙结构发达、物理化学特性好、孔隙根据需求大小可控等特点。

煤质活性炭生产过程主要包括了备煤、成型、炭化、活化以及产品后处理几个步骤。根据具体的活化方式，煤质活性炭在生产过程中可以分为物理活化、化学活化以及物理化学活化。其中，物理活化方式主要就是利用水蒸气、烟道气以及二氧化碳等气体在高温以及碳化中发生的氧化还原反应进行活化处理，生产二氧化碳、氢气等气体，再利用碳烧失实现造孔的效果。而化学活化方式就是通过化学试剂将原料浸润，在混合之后，对其进行炭化以及活化处理，再通过回收化学药品等流程进行制作。在煤质活性炭的生产过程中，主要分为原煤破碎活性炭生产、成型活性炭生产工艺。原煤破碎活性炭生产技术是一种将原煤破碎处理，再进行炭化、活化、破碎、包装生产的工艺过程，成型活性炭结合具体的状况可以划分为不同的类型，主要有压块活性炭以及球形、柱状的活性炭。

1.2.1.2 木质颗粒活性炭

木质颗粒活性炭是以木屑、木炭、果壳等为主要原材料，经炭化、活化制成的多孔性吸附剂。以优质木材为原料，外形为粉末状，经高温炭化，孔隙结构大，能有效吸附液体中的颜色等较大的各种物质、杂质。不同原材料生产的木质活性炭虽然应用都很广泛，但是碘吸附值、强度、价格等均有所不同。如椰壳活性炭的碘吸附值一般可以达到 1000mg/g 以上，强度在 98% 左右，而果壳活性炭就没有椰壳活性炭高，一般碘值可以达到 800mg/g 以上，强度在 95% 左右。此外，椰壳活性炭在价格上也高于其他原材料生产的木质活性炭。

木质活性炭的生产分为化学法和物理法。化学法生产活性炭的成熟工艺为氯化锌法。国内活性炭生产厂大多采用该法，氯化锌在炭化活化中有脱水作用，木质原料中的氢、氧元素以水的形式逸出，如此可降低炭化活化温度，改变热解路线；另外，氯化锌溶液对木质原料有溶解、侵蚀作用，故可顺利渗透到原料内部，到达木质原料中纤维形成的细孔中，以实现完全活化，活化过程中氯化锌多数留在炭中起骨架作用，而形成的炭则沉积在骨架上，当最后用水洗掉氯化锌后则炭形成多孔，从而具有吸附、脱色作用。物理法生产木质活性炭的基本原理是用高温水蒸气、高温烟道气（CO_2 气体）及高温空气对炭进行活化。首先将木质在高温下炭化，取出后粉碎成直径 5 ～ 25mm 的小块；然后用高温水蒸气在活化炉中进行活化；高温水蒸气从活化炉上端导入，待活化反应完成后，成品活性炭从反应活化炉底部取出。在实际生产过程中，由炭化反应释放出氢气和一氧化碳燃烧后放出的热量足以补充该反应所需的热量，使活化炉的温度保持在 80 ～ 90℃之间，这样在不加热的情况下能使活化反应正常进行。

1.2.2 产品性质

颗粒活性炭的吸附性决定了其应用性，而吸附性和各种炭型的孔大小分布相关。以水蒸气活化的泥煤基、褐煤基和椰壳基粉状活性炭为例，泥煤基颗粒活性炭具有微孔和中孔，可供多种应用；褐煤基颗粒活性炭具中孔较多，提供优良的可入性；椰壳基颗粒活性炭中主要是微孔，仅适用于低分子的去除。利用化学品活化的颗粒活性炭具有多孔性，其孔径在微孔和中孔范围。相较水蒸气活化的活性炭，化学品活化的活性炭的孔表面带有较多负电荷。颗粒活性炭中，微孔为主的品种主要用于气相应用的黄金回收，既有微孔又有中孔的品种大都用于液相应用，如水中吸附小分子和大分子杂质。

1.3　产品相关标准

目前，颗粒活性炭方面的国内外现行标准包括产品标准及指标检测标准，详见表 1-2。

表 1-2　标准体系表

标准类型	具体标准
基础标准	《活性炭分类和命名》（GB/T 32560—2016） 《木质活性炭术语》（LY/T 1615—2004） 《有关活性炭的术语》（ASTM D2652-2011）
通用标准	《木质净水用活性炭》（GB/T 13803.2—1999） 《生活饮用水净水厂用煤质活性炭》（CJ/T 345—2010） 《煤质颗粒活性炭　气相用煤质颗粒活性炭》（GB/T 7701.1—2008） 《煤质颗粒活性炭　净化水用煤质颗粒活性炭》（GB/T 7701.2—2008） 《煤质颗粒活性炭　载体用煤质颗粒活性炭》（GB/T 7701.3—2008） 《颗粒状活性炭标准》（ANSI/AWWA B604-2012） 《再生粒状活性炭 》（ANSI/AWWA B605-2013） 《水道用颗粒活性炭》（JWWA A114—2006） 《饮用水水处理品　颗粒活性炭　第 1 部分：天然颗粒活性炭》（NF EN 12915-1:2009） 《饮用水水处理品　颗粒活性炭　第 2 部分：再生颗粒活性炭》（DIN EN 12915-2）
专用标准	《木质活性炭试验方法　表观密度的测定》（GB/T 12496.1—1999） 《木质活性炭试验方法　粒度分布的测定》（GB/T 12496.2—1999） 《木质活性炭试验方法　灰分含量的测定》（GB/T 12496.3—1999） 《木质活性炭试验方法　水分含量的测定》（GB/T 12496.4—1999） 《木质活性炭试验方法　四氯化碳吸附率（活性）的测定》（GB/T 12496.5—1999） 《木质活性炭试验方法　强度的测定》（GB/T 12496.6—1999） 《木质活性炭试验方法　pH 值的测定》（GB/T 12496.7—1999） 《木质活性炭试验方法　碘吸附值的测定》（GB/T 12496.8—2015） 《木质活性炭试验方法　焦糖脱色率的测定》（GB/T 12496.9—2015） 《木质活性炭试验方法　亚甲基蓝吸附值的测定》（GB/T 12496.10—1999） 《木质活性炭试验方法　硫酸奎宁吸附值的测定》（GB/T 12496.11—1999） 《木质活性炭试验方法　苯酚吸附值的测定》（GB/T 12496.12—1999） 《木质活性炭试验方法　未炭化物的测定》（GB/T 12496.13—1999） 《木质活性炭试验方法　氰化物的测定》（GB/T 12496.14—1999） 《木质活性炭试验方法　硫化物的测定》（GB/T 12496.15—1999） 《木质活性炭试验方法　氯化物的测定》（GB/T 12496.16—1999） 《木质活性炭试验方法　硫酸盐的测定》（GB/T 12496.17—1999） 《木质活性炭试验方法　酸溶物的测定》（GB/T 12496.18—1999） 《木质活性炭试验方法　铁含量的测定》（GB/T 12496.19—2015） 《木质活性炭试验方法　锌含量的测定》（GB/T 12496.20—1999） 《木质活性炭试验方法　钙镁含量的测定》（GB/T 12496.21—1999） 《木质活性炭试验方法　重金属的测定》（GB/T 12496.22—1999） 《脱硫脱硝用煤质颗粒活性炭试验方法　第 1 部分：堆积密度》（GB/T 30202.1—2013） 《脱硫脱硝用煤质颗粒活性炭试验方法　第 2 部分：粒度》（GB/T 30202.2—2013） 《脱硫脱硝用煤质颗粒活性炭试验方法　第 3 部分：耐磨强度、耐压强度》（GB/T 30202.3—2013） 《脱硫脱硝用煤质颗粒活性炭试验方法　第 4 部分：脱硫值》（GB/T 30202.4—2013）

续表

标准类型	具体标准
专用标准	《脱硫脱硝用煤质颗粒活性炭试验方法　第 5 部分：脱硝率》（GB/T 30202.5—2013） 《木质活性炭试验方法　甲醛吸附率的测定》（GB/T 35565—2017） 《木质活性炭试验方法　甲苯吸附率的测定》（GB/T 35815—2018） 《煤质颗粒活性炭试验方法　水分的测定》（GB/T 7702.1—1997） 《煤质颗粒活性炭试验方法　粒度的测定》（GB/T 7702.2—1997） 《煤质颗粒活性炭试验方法　强度的测定》（GB/T 7702.3—2008） 《煤质颗粒活性炭试验方法　装填密度的测定》（GB/T 7702.4—1997） 《煤质颗粒活性炭试验方法　水容量的测定》（GB/T 7702.5—1997） 《煤质颗粒活性炭试验方法　亚甲蓝吸附值的测定》（GB/T 7702.6—2008） 《煤质颗粒活性炭试验方法　碘吸附值的测定》（GB/T 7702.7—2023） 《煤质颗粒活性炭试验方法　苯酚吸附值的测定》（GB/T 7702.8—2008） 《煤质颗粒活性炭试验方法　着火点的测定》（GB/T 7702.9—2008） 《煤质颗粒活性炭试验方法　苯蒸气　氯乙烷蒸气防护时间的测定》（GB/T 7702.10—2008） 《煤质颗粒活性炭试验方法　四氯化碳吸附率的测定》（GB/T 7702.13—1997） 《煤质颗粒活性炭试验方法　硫容量的测定》（GB/T 7702.14—2008） 《煤质颗粒活性炭试验方法　灰分的测定》（GB/T 7702.15—2008） 《煤质颗粒活性炭试验方法　pH 值的测定》（GB/T 7702.16—1997） 《煤质颗粒活性炭试验方法　漂浮率的测定》（GB/T 7702.17—1997） 《煤质颗粒活性炭试验方法　焦糖脱色率的测定》（GB/T 7702.18—2008） 《煤质颗粒活性炭试验方法　四氯化碳脱附率的测定》（GB/T 7702.19—2008） 《煤质颗粒活性炭试验方法　孔容积和比表面积的测定》（GB/T 7702.20—2008） 《活性炭的表面密度试验方法》（ASTM D2854–09（2014）） 《颗粒状活性炭粒径分布的试验方法》（ASTM D2862–2010） 《活性炭总灰含量的试验方法》（ASTM D2866–2011） 《颗粒活性炭着火温度的试验方法》（ASTM D3466–06（2018）） 《活性炭对四氯化碳吸附率的试验方法》（ASTM D3467–2009） 《活性炭球盘法强度测试方法》（ASTM D3802–2010） 《活性炭的 pH 值试验方法》（ASTM D3838–05（2011）） 《用水相等温线技术测定活性炭吸水力的规程》（ASTM D3860–98（2014）） 《用于从气流中除去气态放射碘的浸渍活性炭的规格》（ASTM D4069–95（2014）） 《测定活性炭碘值的试验方法》（ASTM D4607–2014） 《活性炭气相吸收测试指南》（ASTM D5160–95（2019）） 《活性炭样本中的活性挥发物测定的标准试验方法》（ASTM D5832–98（2003）） 《用 ppb 浓缩时吸附物的微缩等温线技术测定活性炭吸附能力的标准实施规程》（ASTM D5919–96（2001）） 《测定颗粒和丸状活性炭加速硫化氢漏过容量的试验方法》（ASTM D6646–03（2014）） 《通过用活性炭的被动顶部空间浓缩法从火灾残留物中分离可燃液体残渣》（ASTM E1412–2012） 《活性炭粒子的磨损》（ASTM UOP802–1980） 《活性炭试验方法》（JIS K1474–2007） 《活性炭化学分析方法通则》（JIS K0050–2011）

国内关于活性炭的质量标准主要有《煤质颗粒活性炭　净化水用煤质颗粒活性炭》（GB/T 7701.2—2008）、《木质净水用活性炭》（GB/T 13803.2—1999）、《生活饮用水净水厂用煤质活性炭》（CJ/T 345—2010）等。国外活性炭质量标准及检测项目与国内有所不同。其中，美国关于活性炭的质量标准为《颗粒状活性炭标准》（ANSI/AWWA B604–2012）、《再生粒状活性炭》（ANSI/AWWA B605–2013）等，检测标准为美国材料试验协会（ASTM）颁布的相

关标准。日本关于活性炭的标准有《活性炭试验方法》（JIS K1474–2007）、《活性炭化学分析方法通则》（JIS K0050–2011）、《水道用颗粒活性炭》（JWWA A114–2006）等。从发展趋势看，各国标准有向 ASTM 靠拢的趋势。

我国关于活性炭各指标的检测标准方法主要有《木质活性炭试验方法》（GB/T 12496）、《脱硫脱硝用煤质颗粒活性炭试验方法》（GB/T 30202）、《木质活性炭试验方法　甲醛吸附率的测定》（GB/T 35565—2017）、《木质活性炭试验方法　甲苯吸附率的测定》（GB/T 35815—2018）、《煤质颗粒活性炭试验方法》（GB/T 7702）等。

1.4　产品选择

1.4.1　活性炭命名

国家标准《活性炭分类和命名》（GB/T 32560—2016）对活性炭命名进行了规定。标准指出，活性炭命名由制造主要原材料和活性炭的形状命名。第一层表示活性炭制造主要原材料，用主要原材料英文单词的首字母大写表示；第二层表示活性炭的形状，用形状英文单词的首字母大写表示；第三层为名称，由汉字组成。活性炭命名表示方法见示例。

示例：

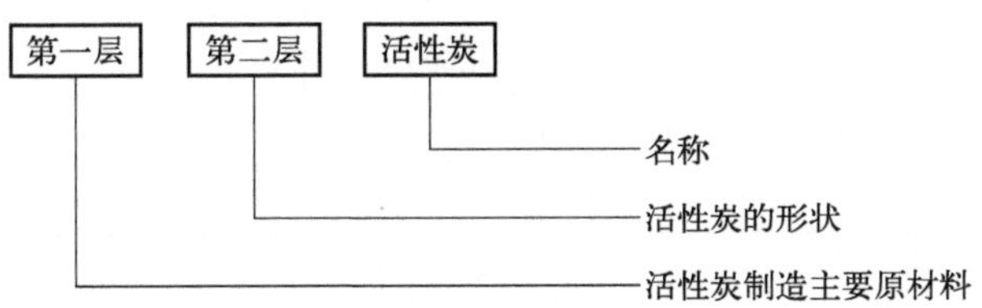

1.4.2　活性炭选用

活性炭应根据水源水质和相关经验进行选用，充分考虑吸附效果和价格等因素，有条件的经试验确定。所选的颗粒活性炭应符合《生活饮用水卫生监督管理办法》相关规定，具有涉水产品卫生许可批件、产品合格证及产品质量检测报告。

供水厂滤池采用上向流活性炭池宜选用 30 目 ×60 目颗粒活性炭；下向流活性炭池宜选用 8 目 ×30 目 /12 目 ×40 目颗粒活性炭或 Φ1.5mm 柱状活性炭。

颗粒活性炭的主要指标：碘吸附值≥ 950mg/g；亚甲蓝吸附值≥ 180mg/g；强度≥ 90%。煤质活性炭的其他指标要满足 CJ/T 345（表 1-3）和 GB/T 7701.2（表 1-4）的要求。

表 1-3　颗粒活性炭技术要求（CJ/T 345）

序号	项目	指标要求	
1	孔容积 /（mL/g）	≥ 0.65	
2	比表面积 /（m^2/g）	≥ 950	
3	漂浮率 /%	柱状颗粒活性炭	≤ 2
		不规则状颗粒活性炭	≤ 3

续表

序号	项目			指标要求
4	水分 /%			≤ 5
5	强度 /%			≥ 90
6	装填密度 /（g/L）			≥ 380
7	pH 值			6 ～ 10
8	碘吸附值 /（mg/g）			≥ 950
9	亚甲蓝吸附值 /（mg/g）			≥ 180
10	酚值 /（mg/L）			≤ 25
11	二甲基异莰醇吸附值 /（μg/g）			—
12	水溶物 /%			≤ 0.4
13	粒度	*Φ*1.5 mm	＞ 2.50 mm	≤ 2
			1.25 ～ 2.50mm	≥ 83
			1.00 ～ 1.25mm	≤ 14
			＜ 1.00mm	≤ 1
		8 目 ×30 目	＞ 2.50mm	≤ 5
			0.60 ～ 2.50mm	≥ 90
			＜ 0.60mm	≤ 5
		12 目 ×40 目	＞ 1.60mm	≤ 5
			0.45 ～ 1.60mm	≥ 90
			＜ 0.45 mm	≤ 5
		30 目 ×60 目	＞ 0.60 mm	≤ 5
			0.25 ～ 0.60 mm	≥ 90
			＜ 0.25mm	≤ 5
14	有效粒径 /mm			0.35 ～ 1.5①
15	均匀系数			≤ 2.1①
16	锌（Zn）/（μg/g）			＜ 500
17	砷（As）/（μg/g）			＜ 2
18	镉（Cd）/（μg/g）			＜ 1
19	铅（Pb）/（μg/g）			＜ 10

① 适用于降流式固定床使用的不规则状颗粒活性炭。

表 1-4 煤质颗粒活性炭技术要求（GB/T 7701.2）

项目	指标要求	
漂浮率 /%	柱状煤质颗粒活性炭	≤ 2
	不规则状煤质颗粒活性炭	≤ 10
水分 /%	≤ 5.0	
强度 /%	≥ 85	

续表

<table>
<tr><th colspan="3">项目</th><th>指标要求</th></tr>
<tr><td colspan="3">装填密度 /（g/L）</td><td>≥ 380</td></tr>
<tr><td colspan="3">pH 值</td><td>6 ～ 10</td></tr>
<tr><td colspan="3">碘吸附值 /（mg/g）</td><td>≥ 800</td></tr>
<tr><td colspan="3">亚甲蓝吸附值 /（mg/g）</td><td>≥ 120</td></tr>
<tr><td colspan="3">苯酚吸附值 /（mg/g）</td><td>≥ 140</td></tr>
<tr><td colspan="3">水溶物 /%</td><td>≤ 0.4</td></tr>
<tr><td rowspan="10">粒度 /%</td><td rowspan="4">Φ1.5mm</td><td>＞ 2.50 mm</td><td>≤ 2</td></tr>
<tr><td>1.25 ～ 2.50mm</td><td>≥ 83</td></tr>
<tr><td>1.00 ～ 1.25mm</td><td>≤ 14</td></tr>
<tr><td>＜ 1.00mm</td><td>≤ 1</td></tr>
<tr><td rowspan="3">8 目 ×30 目</td><td>＞ 2.50mm</td><td>≤ 5</td></tr>
<tr><td>0.60 ～ 2.50mm</td><td>≥ 90</td></tr>
<tr><td>＜ 0.60mm</td><td>≤ 5</td></tr>
<tr><td rowspan="3">12 目 ×40 目</td><td>＞ 1.60mm</td><td>≤ 5</td></tr>
<tr><td>0.45 ～ 1.60mm</td><td>≥ 90</td></tr>
<tr><td>＜ 0.45mm</td><td>≤ 5</td></tr>
</table>

1.4.3 产品检验

产品技术指标根据 GB/T 7701.2、GB/T 13803.2 标准执行。根据需要可增加相应检测项目。煤质活性炭相关指标的测定，按 GB/T 7702 和 CJ/T 345 的规定执行。木质活性炭相关指标的测定，按 GB/T 12496 的规定执行。

1.4.3.1 进厂检验

给水厂应对活性炭生产商提供的涉水产品卫生许可批件、产品合格证及产品质量检测报告进行查验并备案。还应对每批活性炭进行抽样检验，每批次抽样应涵盖所购活性炭所有类型，每种类型的样品不少于 2 个。抽样方式和样品要求根据 GB/T 7701.1 的要求执行。

1.4.3.2 使用过程检验

当有以下情况之一时应进行检验：

① 活性炭储存过程中，需每年抽样检验 1 次，所取样品类型应涵盖储存的所有类型，每种类型的样品不少于 2 个；

② 活性炭使用过程中，每年至少取样检测 1 次，以评估活性炭的性能状态；

③ 应定期取样检测活性炭性能，主要测定碘吸附值、亚甲蓝吸附值、强度、粒径分布。

1.4.4 产品价格

目前，随着活性炭原材料价格的增长、生产技术及工艺的不断改进，活性炭价格日趋增长，如我国国内煤质活性炭行业平均价格从2010年的9767元/吨增长到2018年的10535元/吨。根据市场调研情况，2020年颗粒活性炭价格为8000～11000元/吨，颗粒活性炭价格与原材料价格、生产工艺和技术水平、产品质量等相关，最终价格有一定的波动范围，如破损炭价格低于压块破碎炭、煤质活性炭价格低于木质活性炭和椰壳活性炭。

1.5 安装调试

活性炭池及其设计参数的选择，按GB 50013的规定执行。应根据处理规模确定池型，活性炭池设在过滤池之前的宜选用上向流方式，设在过滤池之后的宜选用下向流方式。具体的过流方式应根据工艺情况和同类应用经验确定，必要时进行试验。

活性炭池的装炭与调试包括炭池检查、炭池清洗、炭池装填与清洗、调试运行等内容。

① 炭池检查。检查内容包括炭池底部和配气配水渠是否干净；滤板、连接缝及滤头的密闭性；鼓风机、水泵、控制器、阀门及排放系统等设备是否工作正常。

② 炭池清洗。活性炭装填前，需用20～50mg/L（有效氯）次氯酸钠溶液浸泡24h对炭池消毒，用砂滤后出水或不含氯的清水将炭池反复冲洗，直至不含余氯。

③ 采用湿法装填时，要保证泥浆泵始终带水运行；采用干法装填时，应注入高于滤板不少于50 cm的水，装填初始避免损坏滤头。

④ 填料浸泡。活性炭装填后应加入不含余氯的滤后水使活性炭湿透及pH达到中性，浸泡48h以上。

⑤ 新炭清洗。炭床膨胀率达到工艺设计值（因每个水厂膨胀率设计不一致，以各水厂设计值为准）时稳定10～15min；可冲洗数次，每次冲洗时，冲洗强度需逐渐增加；冲洗完成的判定标准是进水与出水的pH值和浊度基本一致。

⑥ 调试运行。冲洗完成后需试运行，待炭池出水水质符合水厂内控指标方可投入运行。

1.6 运行维护

1.6.1 活性炭池运行

活性炭池运行的要求参考CJJ 58的规定。为保证活性炭池的正常运行，应对进水水质进行控制，定期进行活性炭池反冲洗。活性炭池宜持续运行，因特殊情况需短期停用，应将活性炭浸泡在水中，每1～2天换水1次。停用后的活性炭池恢复使用前应进行填料浸泡、冲洗，待炭池出水水质合格后方可投入运行。

1.6.1.1 水质要求

① 活性炭池进水余氯不宜过高。

② 下向流活性炭池进水浊度应小于 0.5 NTU，上向流活性炭池进水浊度的要求应根据工艺确定。

③ 炭池出水浊度如超过企业内控标准，应采取相应措施。

1.6.1.2　活性炭池反冲洗

① 炭池的冲洗水不宜含氯等氧化剂。下向流活性炭池可采用活性炭池出水或砂滤池出水反冲洗。

② 应采用合理的冲洗周期、冲洗强度、冲洗时间和膨胀率。冲洗时加强观察，保证池内活性炭冲洗时分布均匀，防止跑炭，冲洗后炭层表面平整。

③ 以反冲洗排水浊度不大于 5 NTU 为冲洗终点。

④ 冲洗后应排放初滤水，或静置一定时间，保证单池出水水质达到生产要求。

⑤ 出现生物泄漏时可适当提高冲洗频次、延长冲洗时间。

1.6.2　活性炭池维护

① 应定期检测炭池水头损失，避免炭池阻塞。

② 应定期检查炭池炭床高度、滤速、反冲洗强度、反冲洗膨胀率，定期检查反冲洗过程中是否有活性炭流失现象，宜每月检查 1 ～ 2 次。

③ 应每日检查炭池、阀门、冲洗设备（水冲、气水冲洗、表面冲洗）、电气仪表及附属设备（空压机系统等）的运行状况，并做好设备、环境的清洁工作和传动部件的润滑保养工作。

④ 每月应对阀门、冲洗设备、电气仪表及附属设备检修一次，及时排除故障。易生锈设备应定期进行防锈处理。

⑤ 炭池、土建构筑物、机械等，应定期维修维护。

⑥ 冲洗水泵、空压机、鼓风机等附属设施及电气仪表设备的维护按照相关规定要求进行。

1.6.3　活性炭补充、更换与再生

当存在以下情况时可考虑更换活性炭：

① 活性炭池出水水质下降或低于内控指标的 90 %，反冲洗后无法恢复。

② 活性炭强度＜ 80%。

③ 反冲洗周期过短。

活性炭池的填料损失率超过 10 % 时应补充活性炭。

使用过的活性炭经再生并检测合格后，可重复使用。再生炭的碘吸附值恢复率应≥ 85%、亚甲蓝吸附值恢复率≥ 85%、强度恢复率≥ 90%。

1.6.4　水质检测与活性炭生物检测

应定期检测活性炭池进水和活性炭池出水的浊度，每日不少于 1 次。

应定期检测活性炭池进水和活性炭池出水的 pH 值、氨氮、COD_{Mn}、UV_{254}，每周 1 ～ 2 次。关注活性炭池进水、出水中二甲基异莰醇的变化。

应定期取样检测活性炭池内的藻类、微生物，每季度 1 次。

需要时可加测：活性炭生物量、脱氢酶活性、异养菌、氨化细菌、硝化细菌、亚硝化细菌。

1.7 注意事项

① 活性炭滤池宜根据当地情况采用隔离或防护措施。

② 根据需要合理确定活性炭清洗频次，保持卫生整洁。

③ 当工作人员进入放有活性炭的密闭或半密闭空间或活性炭池之前，应采取适当的防护措施，保证池内空气中氧气浓度处于安全范围。

第2章 粉末活性炭

2.1 产品概述

＜180μm粒度的活性炭称为粉末活性炭。粉末活性炭以优质木屑、椰壳、煤质为原料，经系列生产工艺精加工而成。粉末活性炭具有过滤速度快、吸附性能好、脱色除味能力强、经济耐用等优点，产品广泛应用于食品、饮料、医药、自来水、糖、油脂等行业，在酿酒、污水处理、电厂、电镀等领域应用也较为普遍。

粉末活性炭在处理水中突发嗅味、工业污染物方面有很好的应用。在使用粉末活性炭时，必须根据所要去除污染物的种类和浓度进行吸附试验，以确定活性炭种类和所需的粉末活性炭量。

2.2 产品分类及性质

2.2.1 活性炭分类

粉末活性炭的品种很多，主要是因为制造粉末活性炭的原材料很多，例如木材、椰壳、果壳、煤、焦炭、骨、石油残渣等。由于某些炭种在水中会析出有毒物质，故在水处理行业中主要使用的炭种有木质、椰壳、煤质炭。由于不同的炭种活化工艺不同，造成活性炭的元素组成和表面非结晶部位及各种官能团的分布有所不同，这都会影响到活性炭的吸附性能和不同有机物表面扩散速度。因此，粉末活性炭在给水处理中有一定的最优适用范围。对于不同的水质不可能有统一的最佳炭种，需在模拟静态选炭试验的基础上同时考虑选用粉末活性炭的经济因素，选择合适炭种。

2.2.2 主要生产工艺

粉末活性炭的生产工艺较为简单。煤质粉末活性炭的合成，在操作中原煤在磨粉之后，符合粒度要求之后再进行炭化、活化处理即可获得成品。此种类型的活性炭主要是作为副产品生产，价格也相对较低，没有单独生产的价值。在一般情况下，都是将原煤破碎活性炭以及成型的活性炭余下的活化料进行处理，形成粉状的活性炭。

（1）物理法

以优质果壳和木屑为原料，经蒸汽活化后，精制处理，粉碎而成，外观为黑色细微粉末状，无毒、无味，比表面积大，吸附能力强。

（2）化学法

以优质木屑和果壳为原料，氯化锌、磷酸为活化剂，经炭化、活化精制而成，成品吸附能力优异，杂质含量低。

2.2.3 产品性质

粉末活性炭作为有着发达孔隙结构、巨大比表面积和优良的吸附性能的含碳物质，其所具有的吸附功能是其他物质所不可替代的。自从20世纪初问世以来，活性炭的应用领域随着人们对其研究的不断深入而日益扩展，应用数量也不断递增，具体包括了食品工业、制药工业、饮用水净化、废水处理、气体净化、化工冶炼等多个应用领域。虽然从理论上讲含碳元素较高的材料均可以作为活性炭的原料，但是在诸多材料中，只有木质活性炭和煤质活性炭能够大规模地进行工业化生产和应用。

粉末活性炭投加作为一项应急性的水质改善手段，只要正确解决技术使用上的炭种选择、投加点、投加方式等问题，就可以较好地提高水厂的出水水质，特别是对有机物色度等水质指标的改善。工业发达国家近几年活性炭的应用表明，环保问题是推动活性炭生产发展及消费量增加的主要推动力，而且在近几年内环保问题仍然是活性炭生产发展及消费量增加的主要推动力。据统计，美国在1994～1998年期间粉末活性炭消费增长率为3.3%。美国活性炭主要应用领域为饮用水处理、工业废水处理和脱色处理，其中粉末活性炭的使用均多于颗粒活性炭。

2.3 产品相关标准

目前，粉末活性炭方面的国内外现行标准多为产品标准及指标检测标准，缺乏活性炭使用的系统指导文件。

目前，国内关于粉末活性炭的质量标准主要有《煤质颗粒活性炭　净化水用煤质颗粒活性炭》（GB/T 7701.2—2008）、《木质净水用活性炭》（GB/T 13803.2—1999）、《生活饮用水净水厂用煤质活性炭》（CJ/T 345—2010）等。各指标的检测标准方法也较为齐全，主要有《木质活性炭试验方法》（GB/T 12496）、《木质活性炭试验方法　甲醛吸附率的测定》（GB/T 35565—2017）、《木质活性炭试验方法　甲苯吸附率的测定》（GB/T 35815—2018）等。

国外活性炭质量标准及检测项目与国内有所不同。其中，美国关于粉末活性炭的质量标准为《粉状活性炭标准》（ANSI/AWWA B600–2010），检测标准为ASTM。日本关于活性炭的标准有《活性炭试验方法》（JIS K1474–2007）、《活性炭化学分析方法通则》（JIS K0050–2011）等。

标准体系表见表2-1。

表 2-1　标准体系表

标准类型	具体标准
基础标准	《活性炭分类和命名》（GB/T 32560—2016） 《木质活性炭术语》（LY/T 1615—2004） 《有关活性炭的术语》（ASTM D2652–2011）
通用标准	《木质净水用活性炭》（GB/T 13803.2—1999） 《生活饮用水净水厂用煤质活性炭》（CJ/T 345—2010） 《粉状活性炭标准 》（ANSI/AWWA B600–2010） 俄罗斯标准 Roct《木质粉状活性炭技术要求》
专用标准	《木质活性炭试验方法　表观密度的测定》（GB/T 12496.1—1999） 《木质活性炭试验方法　粒度分布的测定》（GB/T 12496.2—1999） 《木质活性炭试验方法　灰分含量的测定》（GB/T 12496.3—1999） 《木质活性炭试验方法　水分含量的测定》（GB/T 12496.4—1999） 《木质活性炭试验方法　四氯化碳吸附率（活性）的测定》（GB/T 12496.5—1999） 《木质活性炭试验方法　强度的测定》（GB/T 12496.6—1999） 《木质活性炭试验方法　pH 值的测定》（GB/T 12496.7—1999） 《木质活性炭试验方法　碘吸附值的测定》（GB/T 12496.8—2015） 《木质活性炭试验方法　焦糖脱色率的测定》（GB/T 12496.9—2015） 《木质活性炭试验方法　亚甲基蓝吸附值的测定》（GB/T 12496.10—1999） 《木质活性炭试验方法　硫酸奎宁吸附值的测定》（GB/T 12496.11—1999） 《木质活性炭试验方法　苯酚吸附值的测定》（GB/T 12496.12—1999） 《木质活性炭试验方法　未炭化物的测定》（GB/T 12496.13—1999） 《木质活性炭试验方法　氰化物的测定》（GB/T 12496.14—1999） 《木质活性炭试验方法　硫化物的测定》（GB/T 12496.15—1999） 《木质活性炭试验方法　氯化物的测定》（GB/T 12496.16—1999） 《木质活性炭试验方法　硫酸盐的测定》（GB/T 12496.17—1999） 《木质活性炭试验方法　酸溶物的测定》（GB/T 12496.18—1999） 《木质活性炭试验方法　铁含量的测定》（GB/T 12496.19—2015） 《木质活性炭试验方法　锌含量的测定》（GB/T 12496.20—1999） 《木质活性炭试验方法　钙镁含量的测定》（GB/T 12496.21—1999） 《木质活性炭试验方法　重金属的测定》（GB/T 12496.22—1999） 《木质活性炭试验方法　甲醛吸附率的测定》（GB/T 35565—2017） 《木质活性炭试验方法　甲苯吸附率的测定》（GB/T 35815—2018） 《活性炭的表面密度试验方法》（ASTM D2854–09（2014）） 《活性炭总灰含量的试验方法》（ASTM D2866–2011） 《活性炭对四氯化碳吸附率的试验方法》（ASTM D3467–2009） 《活性炭　球盘法强度测试方法》（ASTM D3802–2010） 《活性炭的 pH 值试验方法》（ASTM D3838–05（2011）） 《用水相等温线技术测定活性炭吸水力的规程》（ASTM D3860–98（2014）） 《用于从气流中除去气态放射碘的浸渍活性炭的规格》（ASTM D4069–95（2014）） 《测定活性炭碘值的试验方法》（ASTM D4607–2014） 《活性炭气相吸收测试指南》（ASTM D5160–95（2019）） 《活性炭样本中的活性挥发物测定的标准试验方法》（ASTM D5832–98（2003）） 《用 ppb 浓缩时吸附物的微缩等温线技术测定活性炭吸附能力的标准实施规程》（ASTM D5919–96（2001）） 《通过用活性炭的被动顶部空间浓缩法从火灾残留物中分离可燃液体残渣》（ASTM E1412–2012） 《活性炭试验方法》（JIS K1474–2007） 《活性炭化学分析方法通则》（JIS K0050–2011）

2.4 产品选择

2.4.1 活性炭命名

参见 1.4.1。

2.4.2 活性炭选用

活性炭的选择，应根据水源水质和相关经验进行选用，有条件的经试验确定。

一般情况下，粉末活性炭宜选用煤质活性炭或木质活性炭等，选用原则应考虑吸附效果和价格等。所选活性炭应符合《生活饮用水卫生监督管理办法》相关规定，具有涉水产品卫生许可批件、产品合格证及产品质量检测报告。

粉末活性炭的粒度可选用 0.075mm（200 目，过筛率≥ 90%）和 0.045mm（325 目，过筛率≥ 90%）两种规格。煤质粉末活性炭的质量要求指标应满足 CJ/T 345（表 2-2），木质和椰壳粉末活性炭的质量要求指标应满足 GB/T 13803.2（表 2-3）。

表 2-2 煤质粉末活性炭技术要求（CJ/T 345）

序号	项目	指标要求
1	孔容积 /（mL/g）	≥ 0.65
2	比表面积 /（m^2/g）	≥ 900
3	漂浮率 /%	—
4	水分 /%	≤ 10
5	强度 /%	—
6	装填密度 /（g/L）	≥ 200
7	pH 值	6 ～ 10
8	碘吸附值 /（mg/g）	≥ 900
9	亚甲蓝吸附值 /（mg/g）	≥ 150
10	酚值 /（mg/L）	≤ 25
11	二甲基异莰醇吸附值 /（μg/g）	≥ 4.5
12	水溶物 /%	≤ 0.4
13	粒径	≤ 200 目①
14	有效粒径 /mm	—
15	均匀系数	—
16	锌（Zn）/（μg/g）	＜ 500
17	砷（As）/（μg/g）	＜ 2
18	镉（Cd）/（μg/g）	＜ 1
19	铅（Pb）/（μg/g）	＜ 10

① 200 目对应尺寸为 75μm，通过筛网的产品大于或等于 90%。

表 2-3　木质和椰壳粉末活性炭质量指标（GB/T 13803.2）

项 目	指标	
	一级品	二级品
碘吸附值 /(mg/g)	≥ 1000	≥ 900
亚甲蓝吸附率①/(mL/0.1g)	≥ 9.0（≥ 135mg/g）	≥ 7.0（≥ 105mg/g）
强度 /%	≥ 94.0	≥ 85.0
表观密度 /(g/cm^3)	0.45 ～ 0.55	0.32 ～ 0.47
粒度② 2.00 ～ 0.63mm/%	≥ 90	≥ 85
粒度② 0.63mm 以下 /%	≤ 5	≤ 5
水分 /%	≤ 10.0	≤ 10.0
pH 值	5.5 ～ 6.5	5.5 ～ 6.5
灰分	≤ 5.0	≤ 5.0

① $A=15V$，A 为每克活性炭吸附亚甲蓝毫克数，mg/g；V 为 0.1g 活性炭吸附亚甲蓝毫升数，mL/0.1g。

② 粒度大小范围也可由供需方双方商定。

2.4.3　产品检验

产品技术指标根据 GB/T 7701.2、GB/T 13803.2 标准执行。根据需要可增加检测项目。煤质活性炭相关指标的测定，按 GB/T 7702 和 CJ/T 345 的规定执行。木质活性炭相关指标的测定，按 GB/T 12496 的规定执行。

2.4.3.1　进厂检验

给水厂应对活性炭生产商提供的涉水产品卫生许可批件、产品合格证及产品质量检测报告进行查验并备案。

给水厂应对每批活性炭进行抽样检验，每批次抽样应涵盖所购活性炭所有类型，每种类型的样品不少于 2 个。抽样方式和样品要求根据 GB/T 7701.1 的要求执行。

活性炭包装应清楚标示类型、净重、制造商、生产批次等信息。

2.4.3.2　使用过程检验

当有以下情况之一时应进行检验：

① 活性炭储存过程中，应每年抽样检验 1 次，所取样品类型应涵盖储存的所有类型，每种类型的样品不少于 2 个。

② 活性炭使用过程中，每年至少取样检测 1 次，以评估活性炭的性能状态。

③ 应定期取样检测活性炭性能，主要测定二甲基异莰醇吸附值、水分、孔容积、COD_{Mn} 去除率、土臭素去除率等。

2.4.4　产品价格

目前，随着活性炭原材料价格的增长、生产技术及工艺的不断改进，活性炭价格日趋增长，如国内煤质活性炭行业平均价格从 2010 年的 9767 元 / 吨增长到 2018 年的 10535 元 / 吨。根据市场需求情况，目前粉末活性炭价格为 6000 ～ 10000 元 / 吨。

在一般情况下，将原煤破碎活性炭以及成型的活性炭余下的活化料进行处理，形成粉末活性炭。粉末活性炭主要是作为副产品生产，价格与颗粒活性炭相比较低。

2.5 运输储存

袋装的粉末活性炭应存放于室内，不得与其他化学品共同存放，尤其避免与强氧化性药品及碳氢化合物接触，禁止明火。干式粉末活性炭的储存应注意防止压密及吸湿现象，必要时可定期送入干燥空气。用容器盛装的湿式粉末活性炭，在土建构筑物内一般以两层堆积方式储藏收纳，保持整齐，使输送、开袋作业顺畅进行；受条件限制，可暂时放置在户外，但应注意避免雨水淋湿。

2.6 运行维护

2.6.1 粉末活性炭拆包

粉末活性炭的拆包方式一般包括人工拆包和自动拆包。人工拆包由于劳动强度大、工作环境差，通常适用于短时、应急性投加；自动拆包通常可与料仓储存系统、上料系统密封连接，实现自动控制和防尘防泄漏要求，工作环境好，劳动强度小。

粉末活性炭的开包装卸应设置集尘系统，操作人员需穿着防尘护具进行作业。

2.6.2 粉末活性炭投加

2.6.2.1 投加点及投加量

粉末活性炭投加后与水接触时间宜大于30min。有条件的，宜在取水泵房投加，若受条件限制，可在混合池或絮凝池的前端加入。

在取水泵房投加时，可选用200目粉末活性炭。

粉末活性炭不应与氯、二氧化氯、臭氧等强氧化剂同时使用；当采用高锰酸钾预氧化时，宜先投加高锰酸钾，后投加粉末活性炭，间隔时间宜大于10min。

粉末活性炭的投加量和产品类型选择，应根据原水中的特征污染物的种类和去除要求，用烧杯试验确定。粉末活性炭的投加量不宜大于40mg/L。

2.6.2.2 投加方式

干式投加系统利用干粉投加药机等设备，将粉末活性炭通过水流喷射器直接投加到处理水体中。干式投加方式工艺简洁，设备数量少，占地面积小。但系统流体模型计算比较复杂，对流场控制要求高，需要专业技术公司进行系统设计和指导维护。

湿式投加系统是先将粉末活性炭调制成1%～5%的炭浆液，再通过螺杆泵或计量泵投加到水中。湿式投加系统计量较精确，混合均匀，但需要设置专门的炭浆池，占地空间、面积较大，设备也较复杂。

干式投加宜采用负压密闭方式，以减少粉尘。湿式投加配制活性炭浆液时，设备应有抽风集尘设施，并在水面下加入炭粉，连续搅拌，防止粉末活性炭上浮。

粉末活性炭停止投加后，应通清水冲洗炭浆系统和投加管路。

2.7　注意事项

① 活性炭为多孔型吸附剂，所以在运输储存和使用过程中都要绝对防止水浸，因水浸后，大量水充满活性空隙，使其失去作用。

② 活性炭在使用过程中应禁止焦油类物质带入活性炭床，以免堵塞活性炭空隙，使其失去吸附作用。

③ 对于储存槽、混合槽（搅拌机、隔板）、配管、阀类等设备与粉末活性炭相接触的部分，应使用耐腐蚀及耐磨损的材料，并实施定期检查。

第 3 章 天然及合成滤料

3.1 产品概述

滤料在城镇供水系统过滤单元中起着关键作用，可通过滤料颗粒间空隙及滤料表面特性有效截留、吸附水中的悬浮固体、有机物、重金属、细菌等物质，对浊度、高锰酸盐指数（COD_{Mn}）、氨氮、UV_{254} 等指标有明显的去除效果，是城镇供水系统中关键的净水材料。

（1）滤料发展

随着过滤技术的发展，滤料也在不断发展，由天然滤料到人工合成滤料，由单层滤料到多层滤料，由传统粒径发展成多种规格粒径。

1）天然滤料到人工合成滤料

早期的石英砂滤料和无烟煤滤料应用广泛，后面逐渐出现了石榴石、磁铁矿、金刚砂等其他天然滤料，但这些滤料因为形状、比表面积、密度等原因使用受到了限制。经过科学家们不断地试验研究，人工合成滤料以其独特的性能优势在水处理行业中开始应用起来，例如陶粒滤料因含一定的孔隙、比表面积在水处理中渐渐应用起来，瓷砂强度高，破碎磨损率低，产水量高，在水厂改造中也得到了应用。还有人工合成的其他新型轻质滤料，例如聚苯乙烯球粒、纤维束滤料，也因其独特的性能特点在水处理行业开始应用。

2）单层滤料到多层滤料

单层滤料起初用得较多的为细砂级配滤料，有效粒径在 0.55mm 左右，滤层厚度为 700mm，但在运行中发现，随着过滤的进行，表层滤料间隙逐渐被杂质堵塞，使得整个滤层阻力剧增，滤速锐减，而未将下层滤料的作用发挥完全。为了克服单层细砂滤料容易堵塞、滤速慢、反冲洗频繁的缺陷，研究人员开发出双层滤料，即在石英砂滤料表面放置一层粒径较大、密度较小的滤料，最早的为无烟煤滤料，其后也有人工陶粒滤料、人工合成纤维等。双层滤料在一定程度上提高了滤速，延长了过滤周期，增加了床层的纳污容量，后来也有三层滤料的研究与使用。

3）传统粒径发展为多种规格粒径

最开始的单层滤料过滤采用的粒径为级配滤料，有效粒径 d_{10} 为 0.55mm 左右，不均匀系数 $K_{80} < 2$。随着技术的进步，出现了均质滤料，采用较大粒径、有效粒径 d_{10} 为 0.9 ～ 1.2mm 的石英砂滤料，不均匀系数 $K_{80} < 1.6$，滤层厚度一般为 1.2m。均质滤料的出现不仅克服了表面堵塞的问题，而且具有滤速高、过滤周期长、水头损失增长慢等优点。

（2）过滤机理

过滤的机理主要涉及两个过程：一个是迁移，即悬浮杂质在滤料孔隙中脱离水流流线，向滤料颗粒表面迁移；另一个是黏附，即杂质接近或接触到滤料颗粒时在滤料表面被吸着的过程。

1）迁移

在过滤过程中，滤层孔隙中的水流流速较慢，被水流夹带的杂质由于受到拦截、沉淀、惯性、扩散和水动力等作用使杂质脱离流线而与滤料颗粒表面接近。

2）黏附

已经到达滤料表面的颗粒物质在范德华力、静电力、化学键和化学吸附的作用以及絮凝颗粒架桥作用下，使它们附着于滤料表面不再脱离而从水中除去，这就是杂质黏附。黏附过程主要取决于滤料和水中杂质表面物理化学性质，未经脱稳的悬浮颗粒过滤效果较差。在过滤后期，当滤层中孔隙尺寸逐渐减小时表层滤料的筛除作用也将起到很大的作用。

3.2　产品分类及性质

3.2.1　滤料分类

滤料按照加工方式可分为天然滤料及人工合成滤料，按照制造原材料又可分为石英砂滤料、无烟煤滤料、锰砂滤料、陶粒滤料及瓷砂滤料等。滤料产品分类见表 3-1。

表 3-1　滤料分类

功能分类	加工方式分类	制造原材料分类
滤料	天然滤料	石英砂滤料
		无烟煤滤料
		高密度矿石滤料
		矿石破碎滤料
		锰砂滤料
		火山岩滤料
	人工合成滤料	陶粒滤料
		瓷砂滤料
		免烧陶粒滤料
承托料	天然承托料	砾石承托料
		锰矿承托料
		高密度矿石承托料
	人工合成承托料	瓷球

3.2.2　滤料性质

（1）石英砂滤料

石英砂滤料因为资源丰富、加工容易、强度大、耐磨损、性能稳定等优点，在水处理过滤工艺上得到了广泛的使用，主要通过截留去除水中的悬浮物、细菌、胶体等物质，用于水厂的过滤单元、污水厂的深度处理。

石英砂滤料：密度一般为2.6～2.7g/cm^3，含硅量（以SiO_2计）＞85%。

（2）无烟煤滤料

无烟煤滤料密度一般为1.4～1.6g/cm^3，在双层及三层滤料中作为轻质滤料和石英砂、石榴石等组合使用。无烟煤滤料采用人工分类，可减少无关矿物质并降低灰分含量，经过过滤和冲洗，确保其适合水过滤之用。由于具有较好的固体颗粒保持能力，因此无烟煤能够可靠地提高悬浮颗粒清除能力。

精制无烟煤滤料采用山西优质无烟煤为原料，经精选、破碎和两次筛分而成，外观光泽好，机械强度高，抗压性能好，化学性能稳定，不含有毒物质，耐磨损，在酸性、中性、碱性水中均不溶解；另外，无烟煤颗粒表面粗糙，有良好的吸附能力，孔隙率大，有较高的含污能力，因质轻，所需反冲洗强度较低，可节省大量反冲洗水及电能。无烟煤滤料同石英砂滤料配合使用是我国目前推广的双层快速滤池和三层滤池、滤罐过滤的最佳材料，是提高滤速增加单位面积出水量和成倍提高截污能力、降低工程造价和减少占地面积最有效的途径，广泛用于市政、化工、冶金、热电、制药、造纸、印染、食品等生产前后的水质处理过程中。

有人经过特殊加工活化工艺将无烟煤改良为活性无烟煤，并在三卤甲烷（THMs）控制生成方面取得成效，且运行一年，活性无烟煤碘吸附值下降不明显，这也为无烟煤滤料的使用提供了新的途径和方法。

常用规格：0.6～1.2mm，0.8～1.8 mm，1～2mm，3～6mm，4～8mm。

性能指标：破碎率和磨损率之和＜2%。

平均密度：1.4～1.6g/cm^3。

含泥量：≤4%。

盐酸可溶率：≤3.5%。

密度：＞1.8g/cm^3。

重物质含量：≤8%。

粒径：0.8～1.8mm（多用于双层滤料中）；0.8～1.6mm（多用于三层滤料中）；粒径小于下限颗粒，按重量计≤5%，粒径大于上限颗粒，按重量计≤5%。

（3）陶粒滤料

陶粒滤料具有一定的内部孔隙，表面粗糙，适宜于微生物的附着、固定和生长，是较理想的生物载体。当进水流经陶粒滤层时，陶粒滤料上附着的生物膜中微生物可对污水中的有机物进行生物氧化分解、生物絮凝作用；且小粒径陶粒滤料及附着生物膜通过物理吸附、截留作用以及沿水流方向食物链的分级捕食作用使进水在滤柱空间梯度上得到净化；同时反应器内好氧、缺氧区域的存在，还能实现脱氮除磷功能。鉴于以上优点，陶粒滤料被广泛应用于饮用水微污染水源水预处理以及污水厂二级处理及深度处理过程中，能有效去除水中的有机污染物、氨氮、亚硝酸盐、UV_{254}、藻类、浊度、色度等指标。

随着市场的发展与需要，陶粒滤料的生产原料更加多元化，生产工艺更加先进，已经生产出粉煤灰陶粒滤料、表面改性陶粒滤料、黏土陶粒滤料、污泥陶粒滤料、煤矸石陶粒滤料等，为陶粒滤料在水处理中的应用开拓了更大的市场。

常用的陶粒滤料规格有 $\Phi 2 \sim 3$mm、$\Phi 3 \sim 5$mm、$\Phi 4 \sim 6$mm、$\Phi 6 \sim 8$mm。

主要特点：

① 表面多微孔，比表面积大，易挂膜且生物量大，对 NH_3-N、COD 的去除效果好，截污能力强，处理出水水质高；

② 滤料层孔隙分布均匀，表面孔径为适宜微生物生长的中孔和大孔，克服了因滤料层孔隙分布不均匀而造成的水头损失大，易堵塞、板结的问题；

③ 密度适中、均匀，反冲洗所需时间短，使用周期长，能耗低，克服了难控制和易跑料的缺陷，省电省工；

④ 采用很好的粒径级配，纳污能力强，滤料利用率高，水头损失增加缓慢，运行周期长，产水量大；

⑤ 不含任何对人体和环境有害的物质，强度大、耐摩擦，物理、化学稳定性高，寿命长，目前已广泛应用于各种工业废水及污水深度处理方面。

陶粒滤料性能参数如下：表观密度 $1.4 \sim 1.7$g/cm^3、堆积密度 $0.80 \sim 1.05$g/cm^3、孔隙率 $\geqslant 40\%$、比表面积 $\geqslant 0.5$m^2/g、盐酸可溶率 $< 2\%$、摩擦损失率 $< 6\%$、抗压强度 $>$ 4.0MPa、灼烧减量 $< 0.15\%$，溶出物不含对人体有害的成分。

（4）锰砂滤料

锰砂滤料主要用于接触氧化除铁或除锰滤池中。1960 年，我国成功利用天然锰砂接触氧化除铁。天然锰砂作为滤料除铁时，对水中的二价铁的氧化反应有很强的接触催化作用，加快二价铁的氧化速度。将曝气后的含铁地下水经过天然锰砂滤层过滤，水中二价铁的氧化反应能迅速在滤层中完成，并同时将铁质截留在滤层中，从而完成全部除铁过程。20 世纪 70 年代以来，先后发现我国有数种优质天然锰砂有良好的除锰效果。新的优质天然锰砂对水中的二价锰的吸附容量大，并能加速滤料表面锰质滤膜的形成。经研究测定，除锰效果好的天然锰砂的主要成分为 Mn_3O_4。

锰砂滤料是采用国内质量优良、晶粒致密、机械强度大、不易破碎、不溶于水的天然锰矿砂经水洗打磨除杂、干燥、磁选、筛分、除尘等工艺加工而成。它是 Fe^{2+} 氧化成 Fe^{3+} 的良好催化剂。含锰量（以 MnO_2 计，下同）不小于 35% 的天然锰砂滤料，既可用于地下水除铁，又可用于地下水除锰；含锰量为 $20\% \sim 30\%$ 的天然锰砂滤料，只宜用于地下水除铁；含锰量低于 20% 的则不宜采用。

3.3 产品相关标准

滤料的相关标准见表 3-2。

表 3-2 标准体系表

标准类型	具体标准
通用标准	《颗粒过滤材料》（ANSI/AWWA B100–2009） 《水处理用石英砂及承托料产品》（BS EN 12904:2005） 《水处理用滤料》（CJ/T 43—2005） 《水处理用人工陶粒滤料》（CJ/T 299—2008）

续表

标准类型	具体标准
通用标准	《水处理用天然锰砂滤料》（CJ/T 3041—1995） 《铸造用球形陶瓷砂》（JB/T 13043—2017） 《陶粒滤料》（QB/T 4383—2012） 《室外给水设计标准》（GB 50013—2018）
专用标准	《石英砂滤料的检测与评价》（DL/T 336—2010） 《石英砂中二氧化硅含量测定方法》（YB/T 4225—2010）
技术手册	《出口水处理用无烟煤滤料检验规程》（SN/T 2927—2011） 《城镇给水微污染水预处理技术规程》（CJJ/T 229—2015） 《上向流滤池设计规程》（CECS 451:2016）

① AWWA 标准《颗粒过滤材料》（ANSI/AWWA B100-2009）为美国水工业协会发行的针对颗粒过滤材料的产品标准，主要适用于石英砂滤料、无烟煤滤料、高密度矿石滤料及砾石承托料，该标准对滤料相关术语定义、检测方法、技术要求、抽样方法及运输等方面都进行了详细的规定。

② 欧盟标准《水处理用石英砂及承托料产品》（BS EN 12904:2005）主要适用于石英砂滤料及砾石承托料，规定了滤料及承托料的术语定义、物理及化学要求、防火、运输、储存等内容。特别提出该标准将石英砂分为一级品和二级品，并对常用滤料的粒径范围做了列表说明，规范了生产及设计应用。

③《水处理用滤料》（CJ/T 43—2005）标准规定了水处理用滤料的技术要求、检验方法、铺装方法等，本标准适用于生活饮用水过滤用无烟煤滤料、石英砂滤料、高密度矿石滤料、砾石承托料和高密度矿石承托料。该标准起草单位为中国市政工程中南设计研究总院有限公司。

④《水处理用人工陶粒滤料》（CJ/T 299—2008）规定了水处理用人工陶粒滤料的要求、检验项目与方法、标志、包装、运输和储存。本标准适用于以黏土、页岩、粉煤灰、火山岩等原料加工而成的水处理用人工陶粒滤料。该标准起草单位为中国市政工程中南设计研究总院有限公司，发布部门为住建部，发布日期为 2008 年 12 月 12 日。

⑤《水处理用天然锰砂滤料》（CJ/T 3041—1995）规定了水处理用天然锰砂滤料及锰矿承托料的技术要求、检验方法以及标志、包装、运输和储存等方面的要求。本标准适用于生活饮用水的地下水除铁除锰过滤用天然锰砂滤料及锰矿承托料。用于工业用水的天然锰砂滤料和锰矿承托料，亦可参照使用。

⑥《铸造用球形陶瓷砂》(JB/T 13043—2017）规定了铸造用球形陶瓷砂的术语和定义、分级和牌号、技术要求、试验方法、检验规则、标志、质量证明书、包装、运输和储存等。本标准适用于铸造生产中造型、制芯用的球形陶瓷砂。

⑦《陶粒滤料》（QB/T 4383—2012）规定了陶粒滤料的术语和定义、技术要求、试验方法、检验规则及包装、标志、运输和储存规则。本标准适用于硅酸盐矿物等原料加工而成的陶粒滤料。发布部门为中华人民共和国工业和信息化部。

⑧《石英砂滤料的检测与评价》（DL/T 336—2010）适用于电厂水处理用石英砂滤料的检测与评价。发布部门为国家能源局，发布日期为 2011 年 1 月 9 日。《石英砂中二氧化硅含量测定方法》（YB/T 4225—2010）规定了石英砂中二氧化硅含量的测定原理、仪器设备、试验要求、试验步骤、试验结果。适用于碳素生产用石英砂中二氧化硅含量测定。发布部门为中

华人民共和国工业和信息化部。

⑨《室外给水设计标准》(GB/T 50013—2018）适用于新建、扩建和改建的城镇及工业区永久性给水工程设计，该标准于 2019 年 8 月 1 日实施。对滤料的组成、粒径、厚度、滤速、冲洗等方面做了详细要求，为行业和用户提供了详细的参考。

⑩《出口水处理用无烟煤滤料检验规程》（SN/T 2927—2011）对出口煤的抽样、技术要求、检验结果的判断做了规定。该标准在《水处理用滤料》（CJ/T 43—2005）标准基础上增加了对无烟煤固定碳的要求。

⑪《城镇给水微污染水预处理技术规程》（CJJ/T 229—2015）对微污染水预处理工程的设计、施工、验收及运行管理做了相关规定。其中在生物预处理章节对滤料材质、粒径、厚度进行了要求。

⑫《上向流滤池设计规程》（CECS 451:2016）对上向流滤池适用范围、池体设计、布水布气系统、滤床等做了相关规定。其中滤床章节对滤料材质、粒径、厚度及其他技术指标进行了要求。

3.4 产品选择

3.4.1 常用规格

常用滤料的常用规格见表 3-3 及表 3-4。

表 3-3 石英砂滤料、普通矿石滤料常用规格

滤料种类	常用规格	
石英砂滤料、普通矿石滤料	粒径范围 $d_1 \sim d_2$ 表述	0.5 ～ 1.0mm 0.63 ～ 1.25mm 0.8 ～ 1.4mm 0.9 ～ 1.4mm 1 ～ 2mm 2 ～ 3.15mm
	有效粒径 d_{10} 及均匀系数 K_{60} 或不均匀系数 K_{80} 表述	d_{10}=0.55mm±0.05mm 且 $K_{60} \leqslant 1.7$ 或 $K_{80} \leqslant 1.9$ d_{10}=0.70mm±0.05mm 且 $K_{60} \leqslant 1.6$ 或 $K_{80} \leqslant 1.9$ d_{10}=0.85mm±0.05mm 且 $K_{60} \leqslant 1.6$ 或 $K_{80} \leqslant 1.9$ d_{10}=0.95mm±0.05mm 且 $K_{60} \leqslant 1.6$ 或 $K_{80} \leqslant 1.9$ d_{10}=1.05mm±0.05mm 且 $K_{60} \leqslant 1.6$ 或 $K_{80} \leqslant 1.9$ d_{10}=2.10mm±0.10mm 且 $K_{60} \leqslant 1.5$ 或 $K_{80} \leqslant 1.6$

表 3-4 其他滤料常用规格

序号	滤料种类	常用规格
		粒径范围 $d_1 \sim d_2$ 表述
1	无烟煤滤料	0.8 ～ 1.6mm、0.8 ～ 1.8mm、1 ～ 1.8mm、1 ～ 2mm、2 ～ 4mm
2	高密度矿石滤料	0.5 ～ 1mm、1 ～ 2mm
3	天然锰砂滤料	0.63 ～ 1.25mm、0.63 ～ 1.4mm、0.63 ～ 2mm

续表

序号	滤料种类	常用规格 粒径范围 $d_1 \sim d_2$ 表述
4	火山岩滤料	1 ～ 2mm、2 ～ 4mm、3.15 ～ 5mm、4 ～ 6.3mm、6.3 ～ 9mm
5	陶粒滤料	1.8 ～ 2.5mm、3.15 ～ 5mm、4 ～ 6.3mm、6.3 ～ 9mm
6	瓷砂滤料	0.5 ～ 1.25mm、0.9 ～ 1.6mm、1 ～ 2mm
7	免烧陶粒滤料	3.15 ～ 5mm、4 ～ 6.3mm、6.3 ～ 9mm

3.4.2 性能参数

滤料破碎率与磨损率之和、密度、含泥量、盐酸可溶率 4 项技术指标应符合表 3-5 的要求。

表 3-5 滤料技术指标要求

序号	项目	单位	技术指标要求								
			石英砂滤料	无烟煤滤料	高密度矿石滤料	矿石破碎滤料	锰砂滤料	瓷砂滤料	陶粒滤料	火山岩滤料	免烧陶粒滤料
1	破碎率与磨损率之和	%	≤ 3.00	≤ 3.00	—	≤ 3.00	≤ 3.00	≤ 3.00	≤ 6.00	≤ 6.00	≤ 6.00
2	密度	g/cm³	2.50 ～ 2.80	1.40 ～ 1.60	≥ 3.80	2.50 ～ 2.80	3.20 ～ 3.60	2.0 ～ 2.5	1.9 ～ 2.5	1.5 ～ 2.5	1.9 ～ 2.5
3	含泥量	%	≤ 2.00	≤ 3.00	≤ 2.50	≤ 2.50	≤ 2.50	≤ 2.50	≤ 2.50	≤ 2.50	≤ 2.50
4	盐酸可溶率	%	≤ 3.50	≤ 3.50	≤ 5.00	≤ 3.50	≤ 5.00	≤ 3.50	≤ 5.00	≤ 5.00	*

注：“*”表示免烧陶粒因生产工艺条件可不检测盐酸可溶率项目。

石英砂滤料含硅量（以 SiO_2 计）应不小于 85%。

在无烟煤滤料中，密度＞ 1.8g/cm³ 的重物质含量应不大于 8%。

高密度矿石滤料应为坚硬、耐用、密实的磁铁矿、石榴石或钛铁矿颗粒。

矿石破碎滤料为性能稳定、具有一定机械强度、在水处理过滤中可以有效截留污染物的砂石滤料，例如蛇纹石滤料、麦饭石滤料等。

含锰量（以 MnO_2 计）不低于 35% 的天然锰砂滤料，可用于地下水除铁、除锰；含锰量为 20% ～ 30% 的天然锰砂滤料，只宜用于地下水除铁；含锰量＜ 20% 的锰矿砂则不宜用于除铁除锰。

陶粒滤料、火山岩滤料、免烧陶粒滤料比表面积应不小于 0.5m²/g。

陶粒滤料、免烧陶粒滤料堆积密度一般为 0.7 ～ 1.4g/cm³。

陶粒滤料、免烧陶粒滤料表观密度一般为 1.5 ～ 2.2g/cm³。

陶粒滤料、火山岩滤料、免烧陶粒滤料空隙率不低于 40%。

火山岩滤料堆积密度一般为 0.5 ～ 1.0g/cm³。

火山岩滤料表观密度一般为 1.4 ～ 2.2g/cm³。

免烧陶粒滤料不宜用于酸性水处理。

3.4.3　产品价格

石英砂滤料原材料为天然矿物，来源广泛，加工工艺简单，成本较低，通过调研了解到石英砂滤料不包含运输费用，大部分价格在 300 ～ 500 元 / 吨之间，在同等滤料中价格最低；陶粒滤料价格一般在 700 元 / 吨左右；瓷砂滤料价格在 1500 元 / 吨左右；无烟煤滤料价格在 1600 元 / 吨左右。

3.4.4　选型指南

滤料选择一般应根据水源水质条件、出水水质目标，结合当地运行管理水平等进行综合决定，一般参照《室外给水设计标准》对滤料种类及工艺参数进行选择。表 3-6 综合了目前各种滤料相关规范标准的设计参数，其中包含单层级配滤料、传统煤砂双层滤料、深床煤砂双层滤料、均质滤料。涉及具体滤料规格还可同时参考表 3-3 及表 3-4 常用规格进行选型。

表 3-6　滤料设计参数

滤料种类	滤料组成			正常滤速 /（m/h）
	有效粒径 /mm	不均匀 / 均匀系数	厚度 /mm	
单层级配滤料	石英砂 d_{10}=0.55±0.05	K_{80}<2.0	700	6 ～ 9
传统煤砂双层滤料	上层无烟煤 d_{10}=0.85±0.05	K_{80}<2.0	300 ～ 400	8 ～ 12
	下层石英砂 d_{10}=0.55±0.05	K_{80}<2.0	400	
深床煤砂双层滤料	上层无烟煤 d_{10}=1.50±0.05	K_{80} ≤ 1.6	800	6 ～ 10
	下层石英砂 d_{10}=0.70±0.05	K_{80} ≤ 1.9	700	
均质滤料	石英砂 d_{10}=0.95±0.05	K_{60}<1.6	1200 ～ 1500	6 ～ 10
	石英砂 d_{10}=1.05±0.05	K_{60}<1.6		
	石英砂 d_{10}=1.2 ～ 1.35	K_{80}<1.6	1800 ～ 2000	10 ～ 20
	陶瓷或瓷砂滤料 d_{10}=0.95±0.05	K_{80}<1.6	1200 ～ 1500	8 ～ 15

3.5　安装调试

3.5.1　采购

采购时重点关注所采购产品的技术指标要求，特别是滤料的规格要求，重点关注滤料的破碎磨损率、密度、含泥量、盐酸可溶率等指标，采购时需供货方提供产品检测合格报告及供应商资质相关文件。

3.5.2　铺装

（1）准备

① 在滤池铺装承托料和滤料以前，应先清除滤池内一切部位的全部杂物，并清洗干净；应先检查配水配气的管系是否水平、孔眼或缝隙是否畅通无阻；再按设计冲洗方法用水或气

水冲洗，观察冲洗时配水配气系统的水或气水分布是否均匀和有无渗漏。

② 在滤池内壁按承托料和滤料的各层设计顶高画水平线，作为铺装高度标记。

③ 分别清洗各种粒径范围的承托料。

（2）铺装

① 铺装承托料时应避免损坏滤池的配水配气系统。应均匀轻撒承托料，严禁由高向低把承托料倾倒至配水配气系统或下一层承托料之上。铺装人员不应直接在承托料上站立或行走，而应站在平板上操作，以免造成承托料的移动。

② 使滤池充水并使水面符合池内壁水平线，以校核铺装的承托层顶高。承托层顶面与水面的高度差值应＜ 10mm，承托层顶面高于与低于水面的面积之和应＜ 10%。

③ 在下层承托料顶面符合要求后，再开始铺装上一层承托料。铺毕粒径＜ 2 ～ 4mm 的承托层后，应用该滤池设计上限冲洗强度进行冲洗。开始冲洗时必须使用小冲洗强度，以便排除配水系统中的空气。气排完后，再逐渐提高冲洗强度。达到设计上限冲洗强度以前的历时不应少于 3min。冲洗水中夹带大空气泡时，极易搅乱分级的承托料。停止冲洗前应先逐渐降低冲洗强度。排水后，细心刮除该层承托料表面的轻物质和细颗粒。

④ 承托料全部分层铺装完成后，使滤池充水至洗砂排水槽以下。由槽顶向水中撒入预计数量的滤料（包括应刮除的轻细杂物）。应尽量使撒入滤料均布全池，不应形成滤料丘。排水后，先将滤料整理平再进行冲洗。冲洗后，刮除轻细杂物。按上述方法操作后，如滤料层顶面未达到设计顶高水平线，应重复上述撒料、整平、冲洗、刮除操作，直到滤料符合要求为止。如果是双层或三层滤料滤池，则应在下层滤料完成上述四步操作并且该层滤料顶面达到水平线后，再铺装上一层滤料。无烟煤滤料装入滤池，应在水中浸泡 24h 后方可进行冲洗和刮除的操作。

⑤ 对于大厚度的单一滤料滤床，一次铺装滤料厚度不应超过 0.9m。在下面 0.9m 厚滤料完成上述四步操作后，再进行上部滤料的四步操作。

⑥ 刮除：刮除步骤应进行几次，以便去除全部轻细杂物。刮除工具可用灰刀、平锹等。两次刮除步骤之间，一般冲洗 1 ～ 3 次，每次冲洗历时不应少于 5min。

3.5.3 消毒

滤料铺装完毕要进行消毒处理。应在含氯量 30mg/L 以上的水中浸泡 5h 消毒，冲洗滤料两次以上，滤后水经检验合格后方能投入使用。含氯量 30mg/L 的水可采用较高浓度的次氯酸钠溶液或其他含氯制剂进行逐级稀释，或采用固体次氯酸钠进行配制。

滤液消毒具体步骤见表 3-7。

表 3-7 滤料消毒处理方法

项目	序号	操作
加氯量	1	用氯消毒按 0.05 ～ 0.1kg/m^3 的滤料与承托层体积计算
	2	用漂白粉按有效氯含量折合上述投加量计算
方法步骤	1	关闭出水阀门
	2	将液氯或漂白粉溶液通过滤池进水管徐徐进入滤池
	3	当水放至 2/3 池深后停止进水

续表

项目	序号	操作
方法步骤	4	继续投加液氯或漂白粉溶液，直至规定投加量
	5	每隔 1h 放一次滤池底部水，每次放到滤池底部水的含氯量达 3mg/L 为止
	6	连续放水 7 ～ 8 次，使氯完全耗尽于滤层及承托层中，放水时如池内水量不够可适当补充进水
	7	12h 后再彻底冲洗滤池，直至滤池水不含氯味为止

3.6 运行维护

3.6.1 运行维护

（1）过滤工序质量控制

① 应按生产实际情况，依据设计要求，控制滤池滤速、运行水位、冲洗周期、冲洗时间、冲洗强度等工艺参数。

② 严格控制滤后水质，符合工艺规程的要求，一般滤后水浊度应优于出厂水浊度标准。

③ 应定期对滤池滤床、承托层进行相关技术参数的测定。如滤料层厚度、承托层平整度、滤床冲洗膨胀率、滤料级配、滤料含泥量等。并对测定参数进行分析，对测定的技术参数严重偏离设计要求的应对滤池进行维修以保证滤池的运行效果。

④ 滤池冲洗后，应采取措施控制投入运行时滤池的初滤水浊度。

（2）普通快滤池滤料应符合的规定

① 冲洗滤池前，在水位降至距砂层 200mm 左右时应关闭出水阀。开启冲洗阀（一般在 1/4）时，应待气泡全部释放完毕方可将冲洗阀逐渐开至最大。

② 滤料在滤池中，单水冲强度宜为 12 ～ 15L/(m^2 • s)。采用双层滤料时，单水冲强度宜为 14 ～ 16L/(m^2 • s)。

③ 有表层冲洗的滤池表层冲洗和反冲洗间隔一致。

④ 冲洗滤料时，排水槽 / 排水管应畅通，不应有雍水现场，冲洗水阀门应逐渐开大。

⑤ 冲洗时，滤料的膨胀率宜为 30% ～ 50%，冲洗方法见表 3-8。

⑥ 冲洗结束时，排水的浊度不宜大于 10NTU。

⑦ 滤池进水浊度宜控制在 5NTU 以下。

⑧ 滤池运行中，滤床的淹没水深不得小于 1.5m。

⑨ 平均滤速宜控制在 10m/h 以下。采用双层滤料时，平均滤速宜控制在 12m/h 以下。滤速需保持稳定，不宜产生较大波动。

⑩ 滤池均应在过滤后设置质量控制点，滤后水浊度应小于设定目标值。设有初滤水排放设施的滤池，在滤池冲洗结束重新进入过滤过程后，清水阀不能先开启，应先进行初滤水排放，待滤池初滤水浊度符合企业标准时才能结束初滤水排放和开启清水阀。

⑪ 滤池水头损失达 1.5 ～ 2.0m 或滤后水浊度大于设定目标值或运行时间超过 48 h 时应进行冲洗。

⑫ 滤池新装滤料后，应在含氯量 30mg/L 以上的水中浸泡 24h 时消毒，经检验滤后水合格后，冲洗两次以上方能投入使用。

⑬ 滤池初用或冲洗后上水时池中的水位不得低于排水槽，严禁暴露砂层。

⑭ 应每年做一次 20% 总面积的滤池滤层抽样检查，含泥量不应大于 3%，并记录归档。采用双层滤料时，砂层含泥量不应大于 1%，煤层含泥量不应大于 3%。

⑮ 定期观察反冲洗时是否有气泡，全年滤料跑失率不应大于 10%。

⑯ 滤池停役 1 周以上应将滤池放空，恢复时必须进行反冲洗后才能重新启用。

快滤池冲洗方法如表 3-8 所列。

表 3-8　快滤池冲洗方法

内容	方法
需要冲洗的衡量标准	一般达到下列情况之一就需要冲洗： （1）出水浊度超过规定的内控指标，如 0.1NTU 或 0.5 ～ 0.8NTU； （2）滤层内水头损失达到额定指标，如 1.5 ～ 2.0m； （3）运转时间达到规定的时间，如 24 ～ 48h
冲洗前准备工作	（1）检查冲洗水塔的水量是否足够； （2）检查清水池水位是否足够
冲洗顺序	（1）关闭进水阀； （2）待滤池内水位下降到滤料层砂面以上 10 ～ 20cm 时关闭出水阀； （3）开启排水阀； （4）打开反冲洗水阀； （5）冲洗 5 ～ 7min，使反冲洗水的浊度下降到 10 ～ 20NTU 时关闭反冲洗水阀，冲洗停止
滤池恢复工作时	（1）关闭排水阀； （2）打开进水阀； （3）按过滤时要求，恢复滤池正常运转

（3）V 形滤池（气水冲洗滤池）应符合的规定

① 滤池采用均质石英砂滤料，有效粒径宜为 0.9 ～ 1.3mm，不均匀系数 K_{80} 宜为 1.4 ～ 1.6，滤层厚度宜为 1.0 ～ 1.3m，V 形滤池滤速宜为 12m/h 以下。

② 当水头损失达到 2.0 ～ 2.5m 或滤后水浊度大于 1NTU 或运行时间超过 72h，滤池应进行反冲洗。

③ 反冲洗时需将水位降到排水槽顶后进行。滤池采用气—气水—水冲洗方式进行反冲洗，同时用滤前水进行表面扫洗。气冲强度宜为 13 ～ 17L/(m^2 • s)，历时 2 ～ 4min；气水冲时气冲强度宜为 13 ～ 17L/(m^2 • s)，水冲强度宜为 2 ～ 3L/(m^2 • s)，历时 3 ～ 4min；最后水冲洗强度宜为 4 ～ 6L/(m^2•s)，历时 3 ～ 4min。滤前水表面扫洗，强度宜为 2 ～ 3L/(m^2•s)。

④ 运行时滤层上水深一般大于 1.2m。

⑤ 滤池进水浊度宜控制在 1 ～ 5NTU。滤后应设置质量控制点，滤后水浊度应小于设定目标值。设有初滤水排放设施的滤池，在滤池冲洗结束重新进入过滤过程后，清水阀不能先开启，应先进行初滤水排放，待滤池初滤水浊度符合企业标准时才能结束初滤水排放和开启清水阀。

⑥ 滤池停役 1 周以上，恢复时必须进行有效的消毒、反冲洗后才能重新启用。

⑦ 滤池新装滤料后，应在含氯量 30mg/L 以上的溶液中浸泡 24h 消毒，经检验滤后水合

格后，冲洗两次以上方能投入使用。

⑧ 滤池初用或冲洗后上水时严禁暴露砂层。

⑨ 应每年做一次 20% 总面积的滤池滤层抽样检查，含泥量不应大于 3%，并记录归档。

（4）日常维护保养项目、内容应符合的规定

① 每日检查滤池、阀门、冲洗设备（水冲、气水冲洗、表面冲洗）、电气仪表及附属设备（空压机系统等）的运行状况，并做好设备、环境的清洁工作和传动部件的润滑保养工作。

② 应每月对阀门、冲洗设备、电气仪表及附属设备等检修一次，并及时排除各类故障。

③ 每季测量一次砂层厚度，砂层厚度下降 10% 时，必须补砂（一年内最多一次）。

④ 应每年对阀门、冲洗设备、电气仪表及附属设备等解体检修一次或部分更换；铁件油漆一次。

⑤ 滤池、土建构筑物、机械，大修周期不应超过 5 年进行大修一次，当存在以下问题时应考虑大修：a. 滤层含泥量超过 3%；b. 滤池冲洗不均匀，大量漏砂；c. 过滤性能差，滤后水浊度长期超标；d. 结构损坏等。

（5）滤池大修内容

① 检查滤料、承托层，按情况更换。

② 检查、更换集水滤管、滤砖、滤板、滤头、尼龙网等（根据损坏情况决定）。

③ 控制阀门、管道和附属设施的恢复性检修。

④ 土建构筑物的恢复性检修。

⑤ 行车及传动机械解体检修或部分更新。

⑥ 钢制排水槽刷漆调整。

⑦ 清水渠检查，清洗池壁、池底。

（6）滤池大修质量应符合的规定

① 滤池壁与砂层接触面的部位凿毛。

② 滤池排水槽高程偏差＜ ±3mm。

③ 滤池排水槽水平度偏差＜ ±2mm。

④ 集水滤管或滤砖、滤头、滤板安装应平整、完好，固定牢固。

⑤ 配水系统铺填滤料及承托层前，进行冲洗以检查接头紧密状态及孔口、喷嘴的均匀性，孔眼畅通率应＞ 95%。

⑥ 滤料及承托层应按级配分层铺填，每层应平整，厚度偏差不得＞ 10mm。

⑦ 滤料经冲洗后，表层抽样检验，不均匀系数应符合设计的工艺要求。

⑧ 滤料全部铺设后应进行整体验收，经过冲洗后的滤料应平整，并无裂缝和与池壁分离的现象。

⑨ 新铺滤料洗净后还必须对滤池消毒，反冲洗，然后试运行，待滤后水合格后方可投入运行。冲洗水泵、空压机、鼓风机等附属设施及电气仪表设备的检修按相关规定要求进行。

3.6.2　故障排除

在滤料运行中若出现故障，可根据相应的原因采取对应的排除办法（表 3-9）。

表 3-9　故障排除

故障	主要危害	主要原因	排除办法
冲洗时大量气泡上升，即“气阻”	滤池水头损失增加，工作周期缩短； 滤层产生裂缝，影响水质或大量漏砂、跑砂	（1）滤池发生滤干后，未经反冲排气又再过滤使空气进入滤层； （2）冲洗水塔存水用完，空气随水夹带进入滤池； （3）工作周期过长，水头损失过大，使砂面上的水头小于滤料中水头损失，从而产生负水头、使水中逸出空气存于滤料中； （4）藻类滋生产生气体； （5）水中溶气量过多	（1）加强操作管理，一旦出现用清水倒滤； （2）水塔中储存的水量要比一次反冲洗水量多一些； （3）调整工作周期，提高滤池内水位； （4）采用预加氯杀藻； （5）检查产生水中溶气量大的原因，消除溶气的来源
滤料中结泥球	砂层阻塞、砂面易发生裂缝。泥球会腐蚀发酵，直接影响滤池正常运转和净水效果	（1）冲洗强度不够，长期冲洗不干净； （2）沉淀水出口浊度过高，使滤池负担过重； （3）配水系统不均匀，部分滤池冲洗不干净	（1）改善冲洗条件，调整冲洗强度和冲洗历时； （2）降低沉淀水出口浊度； （3）检查承托层有无移动、配水系统是否堵塞； （4）用液氯或漂白粉、硫酸浸泡滤料，情况严重时，就要大修翻砂
滤料表面不平，出现喷口现象	过滤不均匀，影响出水水质	（1）滤料凸起，可能是滤层下面承托层及配水系统有堵塞； （2）滤料凹下，可能是配水系统局部有碎裂或排水槽口不平	针对凸起和凹下查找原因，翻整滤料层和承托层，检修配水系统和排水槽
漏砂、跑砂	影响滤池正常工作，清水池和出水中带砂影响水质	（1）“气阻”； （2）配水系统发生局部堵塞； （3）冲洗不均匀，使承托层移动； （4）反冲洗时阀门开放太快或冲洗强度过高，使滤料跑出； （5）滤水管破裂	（1）消除“气阻”； （2）检查配水系统，排除堵塞； （3）改善冲洗条件； （4）注意操作； （5）检查滤水管
过滤后水质达不到标准	影响出水水质	（1）如果水头损失增加正常，则可能是沉淀池出水浊度过高； （2）初滤水滤速过大； （3）如果水头损失增加很慢，可能是滤层内有裂缝，造成短路； （4）滤料太粗，滤层太薄； （5）滤层太脏，含泥率过大； （6）也可能原水是难处理的、过滤性差的水	（1）降低沉淀池出口浊度； （2）降低初滤水滤速； （3）检查配水系统，排除滤层的裂缝； （4）改善冲洗条件； （5）更换滤料； （6）加氯或助滤剂解决
滤速逐渐降低，周期下降	影响滤池正常生产	（1）冲洗不良、滤层积泥或长满青苔； （2）滤料强度差、颗粒破碎	（1）改善冲洗条件； （2）用预加氯杀藻； （3）刮除表层滤砂，换上符合要求的滤砂
冲洗后短期内水质不好	影响滤池正常生产	（1）冲洗强度不够，冲洗历时太短，没有冲洗干净； （2）冲洗水本身质量不好	（1）改善冲洗条件； （2）保证冲洗水质量
表面结垢，呈黑色	密度变小，过滤性能下降，滤层易堵塞，影响正常生产	（1）水中含锰量大，使砂粒呈黑棕色，呈甲壳状； （2）使用时间较长	（1）1.3% 浓度的盐酸浸泡； （2）换砂

3.7　注意事项

① 滤料的应用重点关注滤料的破碎率与磨损率之和、密度、含泥量等指标，采购、使用前、运行阶段均需对产品进行检测，查看是否符合相关产品标准。

② 滤料应用过程中，运行人员需注意冲洗强度，防止滤料板结或者跑料的现象。

③ 滤料使用 5 年以上，应定期检测滤料性能指标及过滤效果，观察是否有泥团、混层现象，加强对滤头等配水设施的维护，保证滤料合理地运行。

第4章 铝系混凝剂

4.1 产品概述

混凝处理是常规处理过程中的关键环节。自来水厂常规处理过程主要包括混凝、沉淀、过滤、消毒等环节，这些环节互相关联，前一环节的效果影响并制约着后续环节的处理效果。自来水厂的原水一般取自水库、湖泊、江河等天然水源，这些天然水体中含有以泥砂为主的憎水性颗粒物，包括胶体和粗分散物质；以腐殖质为主的水溶性天然高分子有机物，包括病原菌和病毒在内的多种微生物等。这些颗粒物和有机物已经形成稳定的体系，一般通过重力沉降、过滤、气浮等方法很难去除，往往需要加入一些药剂。

投加混凝剂可使水中的细小颗粒相互聚集形成絮状大颗粒，其主要目的是改变水中黏土和细菌等悬浮固体的存在性质和状态，形成高质量的矾花，使矾花在重力作用下从水中分离出去。混凝阶段主要由凝聚和絮凝两个阶段构成，它决定了水中悬浮杂质颗粒聚集程度、颗粒成长的质量及其降解特性，是水处理工艺中至关重要的环节，同时也是整个水处理的基础。解决自来水水质问题应该从这一基础抓起，只有处理好混凝过程才能经济有效地生产出高质量的生活饮用水。提高混凝处理效果、提升水质质量的关键是选择合适且性能优良的混凝剂以及合理地应用混凝剂。

铝系混凝剂（Al-based coagulants），又称铝盐混凝剂，是现代供水和废水处理混凝技术中最传统、应用最广泛的无机盐类混凝剂。主要有硫酸铝（aluminium sulfate）、氯化铝（aluminium chloride）、明矾、聚氯化铝（polyaluminium chloride，PAC）、聚硫酸铝（polyaluminium sulfate，PAS）、聚磷氯化铝（polyphosphorous aluminium chloride，PPAC）、聚硅酸铝铁（polyferric aluminium silicate，PFAS）、聚磷酸铝铁（polyferric aluminum phosphate，PFAP）等。铝系混凝剂在我国应用广泛，目前我国有70%以上的自来水公司制水用的混凝剂是铝系混凝剂。在混凝过程中投加铝系混凝剂后发生了金属铝离子水解和聚合反应，以其水解和聚合产物与水体颗粒进行电中和脱稳、压缩双电层、吸附架桥或黏附卷扫和沉淀物网捕等作用，生成粗大絮凝体，以分离去除，从而完成混凝过程。

4.2　产品分类及性质

4.2.1　聚氯化铝

聚氯化铝，又名碱式氯化铝，简称聚铝，其化学分子式为 $Al_n(OH)_mCl_{3n-m}$（$0<m<3n$），是一种易溶于水的无机高分子混凝剂，是由氢氧根离子的架桥作用和多价阴离子的聚合作用而产生的分子量较大、电荷较高的无机高分子水处理剂。在其水解过程中伴随电化学、凝聚、吸附和沉淀等物理变化，从而达到净化目的。聚氯化铝通常有固体和液体两种形态。固体产品外观为黄色或白色固体粉末，三氧化二铝含量≥ 29%；液体产品外观为无色或黄褐色液体，三氧化二铝含量≥ 10%，见图 4-1。合成方法主要有沸腾热解法和铝灰盐酸法。经过调研，国内有 61 家公司生产固体聚氯化铝，有 12 家公司生产液体聚氯化铝。其对水中的细菌、微生物和藻类的去除率比传统的净水剂硫酸铝高 3 ～ 5 倍。它还具有吸附活性高，絮凝体大、沉降快、澄清处理时间短，适宜 pH 值范围宽（5 ～ 9）的特点，被广泛应用于净化饮用水、给水的特殊水质处理等。在国内平房净水厂、济南鹊华水厂一期、济南鹊华水厂二期、乐平水厂、莲花水厂、惠南水厂等水厂得到了广泛应用。其产品质量标准包括《水处理剂　聚氯化铝》（GB/T 22627—2022）、《生活饮用水用聚氯化铝》（GB 15892—2020）等。

固体聚氯化铝　　液体聚氯化铝

图 4-1　固体聚氯化铝及液体聚氯化铝

4.2.2　聚硫酸铝

聚硫酸铝为透明澄清溶液，随碱化度升高，其稳定性变差，必须投加稳定剂提高其稳定性。由于其储存稳定性较差，因而其应用不如聚氯化铝广泛。其分子结构庞大，吸附能力强，净水效果优于传统的无机净水剂。投入原水后形成的絮凝体大，沉淀速度快，活性高，过滤性好。且对各种原水的适应性强，对水的 pH 值影响极小（pH 值为 4 ～ 11）。不论原水浊度高低、废水污染物浓度大小，其净化效果都显著。它还具有用量少，对设备、管道腐蚀性小，操作方便，投药量小，净化成本低的优点。其由一定量 $Al_2(SO_4)_3$ 与 $Ca(OH)_2$ 溶液在一定温度下反应并经熟化制得。国内有 7 家生产厂家生产聚硫酸铝，并在上海、大连、株洲等城市的水厂中被较为广泛地应用。其产品质量标准主要有《水处理剂　聚硫酸铝》（HG/T 5006—2016）等。

4.2.3　聚硫酸铝铁

聚硫酸铝铁（polymeric aluminum ferric sulfate，PAFS 或 PFAS）又叫聚硫酸铁铝、复合硫酸铝铁，其主要成分为 $[Al(OH)_nSO_4]_m[Fe_2(OH)_nSO_4]_m$，是在聚硫酸铁和聚硫酸铝的基础上发展起来的，兼具铝盐的净水效果和铁盐的安全无害的优点，还具有盐基度高、矾花大、絮凝沉降快、用量少、去除率高、应用领域广泛等优点。其主要以高铁型煤矸石为主要原料，采用酸浸方法获得硫酸铁和硫酸铝混合溶液，采用水热法获得新型无机高分子絮凝剂 PAFS。其对高浊度水、工业用水等适应性强，不需添加其他助剂；适应 pH 值范围广，并可调节 pH

值，因而对设备无腐蚀作用；用该产品净化过的饮用水中可增添钙质与铁质，对人体大有益处，能降低水的硬度，净化后的水不需要加氯气，比聚氯化铝和其他净水剂都有更大优势；无毒副作用，含铝成分低，比同类产品更安全、更节省；用量少，效果好，能节省费用。与其他同类产品相比，最大的优势在于它用量少、效率高。其为新型混凝剂，生产厂家较少，国内仅有几家生产企业。其在首创、康达、碧水源、济南水发集团、洪城水务等公司得到了应用。其质量标准主要有《人类生活处理用化学制剂　硫酸铝铁》（EN 887:2004）等。

4.2.4 聚氯化铝铁

聚氯化铝铁由氯化铝和氯化铁共聚合而成，因此它兼具铝盐和铁盐的絮凝特性。其是由铝盐和铁盐混凝水解而成的一种无机高分子混凝剂，依据协同增效原理，加入聚氯化铝、铁单质、铁离子或三氧化铁和其他含铁化合物复合而制得的一种新型高效混凝剂。它集铝盐和铁盐各自优点，对铝离子和铁离子的形态都有明显改善，聚合程度大为提高。国内共有 5 家企业生产聚氯化铝铁，其质量标准主要有《水处理剂　聚氯化铝铁》（HG/T 5359—2018）、《生活饮用水用聚氯化铝》（GB 15892—2020）等。

4.3 产品相关标准

铝系混凝剂品种多样，用途广泛，因此其相关产品质量标准也数量繁多。单就品种覆盖情况而言，欧盟标准最全面，我国标准覆盖面紧随其后，美、日的产品标准种类明显偏少；目前只有欧盟针对多种新型的复合铝盐混凝剂如硫酸铝铁等制定了标准，走在了世界前列。现行标准分为基础标准、通用标准和专用标准，标准是保证混凝剂质量的重要标尺，主要对混凝剂的性能指标及安全性进行规定。

表 4-1 为铝系混凝剂标准体系表。

表 4-1　铝系混凝剂标准体系表

标准类型	具体标准
基础标准	《水处理剂产品分类和命名》（HG/T 2762—2019） 《水处理剂混凝性能的评价方法》（HG/T 4331—2012）
通用标准	《水处理剂　极限粘数测定方法通则》（GB/T 22593—2008） 《水处理剂　密度测定方法通则》（GB/T 22594—2018） 《水处理剂阻垢性能的测定　磷酸钙沉积法》（GB/T 22626—2008） 《水处理剂　聚氯化铝》（GB/T 22627—2022） 《水处理剂用铝酸钙》（GB/T 29341—2022） 《水处理剂　氯化铝》（HG/T 3541—2011） 《水处理剂　聚硅硫酸铝》（HG/T 4537—2013） 《水处理剂　缓蚀性能的测定　动电位极化曲线法》（HG/T 4543—2013） 《水处理剂　铝酸钠》（HG/T 4819—2015） 《水处理剂　聚硫酸铝》（HG/T 5006—2016） 《水处理剂　聚氯化铝铁》（HG/T 5359—2018） 《水处理剂　硫酸铝铁》（HG/T 5565—2019） 《水处理剂　氯化铝铁》（HG/T 5566—2019）

续表

标准类型	具体标准
通用标准	《水处理剂　复合混凝剂》（HG/T 5698—2020） 《水处理剂用三水铝石》（HG/T 5007—2016） 《水处理剂用氢氧化铝》（HG/T 5567—2019） 《水处理剂　密度测定方法通则》（GB/T 22594—2018） 《水处理剂　硫酸铝》（GB/T 31060—2014） 《水处理剂阻垢性能的测定　碳酸钙沉积法》（GB/T 16632—2019）
专用标准	《水处理剂　砷和汞含量的测定　原子荧光光谱法》（GB/T 33086—2016） 《水处理剂中铬、镉、铅、砷含量的测定　电感耦合等离子体发射光谱（ICP-OES）法》（GB/T 37883—2019） 《水处理剂阻垢性能的测定方法　鼓泡法》（HG/T 2024—2009） 《水处理剂　阻垢缓蚀剂Ⅱ》（HG/T 2430—2018） 《水处理剂　阻垢缓蚀剂Ⅲ》（HG/T 2431—2018） 《水处理剂　镍、锰、铜、锌含量的测定　电感耦合等离子体发射光谱（ICP-OES）法》（HG/T 5747—2020） 《水的混凝、沉淀试杯试验方法》（GB/T 16881—2008） 《水处理剂缓蚀性能的测定　旋转挂片法》（GB/T 18175—2014） 《生活饮用水用聚氯化铝》（GB 15892—2020）
规程	《城镇给水厂混凝药剂应用技术规程》（T/CAQI 151—2020）

基础标准《水处理剂产品分类和命名》（HG/T 2762—2019）和《水处理剂混凝性能的评价方法》（HG/T 4331—2012），对涉及水处理剂的产品、命名及性能评价方法等进行了详细规定。适用于水处理混凝剂配方筛选、投药量控制、设计参数提供等。

通用标准对铝系混凝剂的各具体混凝剂如聚氯化铝、硫酸铝、聚硅硫酸铝、聚硫酸铝、氯化铝、氢氧化铝等做了具体要求，包括试验方法、检验规则、包装、运输和储存等，对混凝剂适用范围等也做了具体规定。《水处理剂　极限粘数测定方法通则》（GB/T 22593—2008）、《水处理剂　密度测定方法通则》（GB/T 22594—2018）、《水处理剂阻垢性能的测定　磷酸钙沉积法》（GB/T 22626—2008）对水处理剂的特定参数极限黏数、密度、阻垢性能等的测定方法进行了详细规定。

专用标准对水处理剂中金属杂质含量的测定方法以及重要参数阻垢性能、缓蚀性能进行了方法规定，同时对具体适用范围的聚氯化铝如生活饮用水用聚氯化铝进行了详细规定。在《生活饮用水用聚氯化铝》（GB 15892—2020）中，对生活饮用水用聚氯化铝范围、规范性引用文件、分子式、产品分类及要求进行了规定，对混凝剂的性能指标规定了详细的试验方法，如盐基度、密度、金属含量的测定等。内容同时包括检验规则、标志、包装、运输和储存，附录 A 中对混凝性能的测定装置及试验步骤进行了解释。

基于以上的标准规范，可以看出混凝剂产品性能的评价、混凝剂经济评价、使用效能的评价等缺乏可操作性的指导性文件，建立可操作性、可参考性强的技术规程，能够对我国各地城镇供水系统水质处理起着重要的指导和规范作用。目前，供水行业水质处理混凝剂标准化建设正处于探索性阶段，供水水质安全、有效的需求与管理对规范要求与当前较为落后的标准规范体系之间存在显著矛盾。《城镇给水厂混凝药剂应用技术规程》（T/CAQI 151—2020）对城镇给水厂混凝药剂的应用进行了规范指导。该标准适用于在城镇给水厂中使用的混凝药剂，可作为质量检验、种类选择、投加量优化、储存与运输的技术依据。内容包括适用范围、术语与定义、混凝剂选择、质量检验、投加及效果评价、储存与运输等。该规程的编制和发布，将指导各地在使用各类混凝剂过程中的种类选择、质量检验、合理投加及效果评价、储存与运输等，推动其向科学化、规范化、高效化方向发展，切实提高供水行业混凝剂处理效能，在降低供水成本的同时保障供水水质安全。

针对硫酸铝混凝剂产品，国内有国家标准《水处理剂　硫酸铝》（GB/T 31060—2014），将产品分为两类，Ⅰ类为饮用水专用，Ⅱ类为工业用水、废水、污水处理用，每一类产品中又分别对固态产品和液态产品进行了规定。日本和欧盟仅对饮用水用硫酸铝制定了标准；而美国的硫酸铝混凝剂标准并未区分饮用水和非饮用水。

欧盟的各项指标要求最为严格，除了汞含量和水不溶物含量外，各项指标都严于我国标准，在 2016 年修订后，可以预见欧盟标准将更加严格；我国标准中 Al_2O_3 含量略低于美国标准，而优于日本标准。由于欧盟标准中规定的是有效铝含量，单位不同，暂不做对比；有毒有害物质含量方面，我国标准也要严于日本标准，但有多项指标未列入考察范围，如日本标准中的锰和氨态氮，以及欧盟标准中的镍、锑、硒等。

针对聚氯化铝混凝剂产品，国内现有 2 个国家标准、3 个地方标准，国家标准针对生活饮用水《生活饮用水用聚氯化铝》（GB 15892—2020）和非生活用水《水处理剂　聚氯化铝》（GB/T 22627—2022）做了规定；美国标准“Liquid Polyaluminum Chloride”（AWWA B408–2010）中未做分类，仅规定如果用于饮用水，需符合 NSF/ANSI 60 标准要求；欧盟标准《饮用水处理用化学试剂　碱式氯化铝和碱式氯化铝硫酸盐》（EN 883:2004）和日本标准《供水系统用聚氯化铝》（JIS K 1475:1996）仅对饮用水做了规定。值得一提的是，目前仅我国国家标准对固体产品和液体产品都做了规定，而其他各地区标准仅规定了液体产品。

我国《生活饮用水用聚氯化铝》（GB 15892—2020）中的各项指标均要严于《水处理剂　聚氯化铝》（GB/T 22627—2022）。但是与其他几个地区的标准相比，我国的饮用水处理用聚氯化铝标准还有很多不足：首先，检测项目要明显少于其他几个标准，例如铁含量在日欧标准中为一个重要的参数，而我国标准中并无该项目，此外欠缺的还有铜、锌、锰、镍、锑、硒、硫酸根、氨态氮等指标；其次，砷、铅、镉、汞等有害物质限量标准高于其他地区标准；再次，密度指标低于其他地区标准。当然，我国产品也有自己的优势，例如盐基度要远高于其他各地区标准，而据文献报道，盐基度的提升可以大幅提高产品的净水效率。除了美国标准外，其他各地区标准中的有效物质含量规定均相近。此外，还应注意的是日本和欧盟的标准中规定产品必须完全溶于水，但却未对不溶物含量做规定；美国标准在该项目上率先采用浊度指标加以限制，大大方便了产品的检测。

除了上述几种铝系混凝剂外，我国现还有氯化铝和聚硅硫酸铝两个行业标准，分别为《水处理剂　氯化铝》（HG/T 3541—2011）和《水处理剂　聚硅硫酸铝》（HG/T 4537—2013），前者可以同时用于饮用水和非饮用水，而后者只适用于非饮用水，两个标准的内容要求也都小于对应的欧盟标准 EN 881:2004 和 EN 886:2004。此外，欧盟标准中还有很多新型的铝系混凝剂标准，例如碱式氯化铝、氢氧氯化铝硫酸盐（EN 881:2004），聚硫氯化铝（EN 886:2004），氯化铝铁和氢氧氯化铝铁（EN 935:2004），多铝氢氧化氯硅（EN 885:2004）等，现在这些产品的国内标准还是空白。

4.4　产品选择

4.4.1　卫生安全要求

给水厂在选用混凝药剂时，产品应符合《饮用水化学处理剂卫生安全性评价》（GB/T 17218）规定的卫生安全要求，具有涉水产品卫生许可批件，并对涉水产品卫生许可批件、产品合格证及产品检测报告进行查验并备案。

4.4.2　产品选择及技术要求

① 给水厂混凝药剂选择应根据原水水质、处理后水质要求和工艺特点，经过调查研究及烧杯试验，或参照相似条件下已有水厂的运行经验，结合当地操作管理条件，通过技术经济比较确定。其中，铝系混凝剂种类选择可参考表 4-2，具备条件的给水厂宜开展混凝药剂适配性试验。

表 4-2　常用铝系混凝药剂的适用范围及技术特点

序号	混凝剂名称	适用范围	技术特点
1	聚氯化铝	pH 值适用范围较宽（pH=6 ～ 9）	易快速形成絮凝体，絮凝体具有良好的沉淀性能，投药量较少
2	聚氯化铝铁	适用于 pH 值较高的原水，控制出水残余铝效果较好	水解速度快；水合作用弱，兼具铝盐和铁盐优点；聚合程度高
3	硫酸铝	适用于水质较好、浊度适中的原水；不适合处理低温水	当水温较低时硫酸铝水解困难，形成的絮体较松散；不溶杂质含量较多，投加量较大，容易造成出水铝离子超标；价格便宜

② 所选用的常用混凝药剂应符合国家规定的饮用水净水剂的相关标准，生活饮用水用聚氯化铝技术要求见表 4-3，水处理剂硫酸铝技术要求见表 4-4。

表 4-3　生活饮用水用聚氯化铝技术要求

指标名称	指标	
	液体	固体
氧化铝（Al_2O_3）的质量分数 /%	≥ 10.0	29.0
盐基度 /%	45.0 ～ 90.0	
密度（20℃）/（g/cm^3）	≥ 1.12	—
不溶物的质量分数 /%	≤ 0.1	
pH 值（10g/L 水溶液）	3.5 ～ 5.0	
铁（Fe）的质量分数 /%	≤ 0.2	
砷（As）的质量分数 /%	≤ 0.0001	
铅（Pb）的质量分数 /%	≤ 0.0005	

续表

指标名称	指标	
	液体	固体
镉（Cd）的质量分数 /%	≤ 0.0001	
汞（Hg）的质量分数 /%	≤ 0.00001	
铬（Cr）的质量分数 /%	≤ 0.0005	

注：1. 表中所列产品的不溶物、铁、砷、铅、镉、汞、铬的质量分数均按 Al_2O_3 含量为 10.0% 计，Al_2O_3 含量＞ 10.0%，应按实际含量折算成 Al_2O_3 为 10% 产品比例计算出相应的质量分数，本产品还应符合国家相关法律法规及强制性标准要求。

2. 本技术要求的规范性文件引用版本为《生活饮用水用聚氯化铝》国家标准 2019 年 3 月报批公示版。

表 4-4　水处理剂硫酸铝技术要求

指标名称	指标	
	液体	固体
氧化铝（Al_2O_3）的质量分数 /%	≥ 7.80	≥ 15.60
铁（Fe）的质量分数 /%	≤ 0.05	≤ 0.20
水不溶物的质量分数 /%	≤ 0.05	≤ 0.10
pH 值（1% 水溶液）	≥ 3.0	
砷（As）的质量分数 /%	≤ 0.0001	≤ 0.0002
铅（Pb）的质量分数 /%	≤ 0.0003	≤ 0.0006
镉（Cd）的质量分数 /%	≤ 0.0001	≤ 0.0002
汞（Hg）的质量分数 /%	≤ 0.00001	≤ 0.00002
铬（Cr）的质量分数 /%	≤ 0.0003	≤ 0.0005

注：本技术要求的规范性文件引用版本为国家标准《水处理剂　硫酸铝》（GB/T 31060—2014）。

③ 选用其他新型混凝药剂时，除满足上述的要求外，在使用前宜进行烧杯试验，具体步骤应参考标准《水的混凝、沉淀试杯试验方法》（GB/T 16881—2008）。试验用六联搅拌仪装置见图 4-2。

图 4-2　水的混凝、沉淀试杯试验装置

4.4.3　产品价格

随着人们对生活质量要求的提高，水质处理的成本也随之上升。铝系混凝剂是我国水厂应用最广泛的水处理剂之一，因此是成本考虑的重要因素。据调研，至 2020 年我国聚氯化铝的单价均价在 1643 元 / 吨左右，聚氯化铝铁的单价均价在 1550 元 / 吨左右。喷雾聚氯化铝的单价为 2000 ～ 2100 元 / 吨。由于地域、水源水质量、人员经验等方面条件的限制，铝系混凝剂最终价格也会随经销商、采购规模、不同水厂等而有所波动。当然，混凝剂价格还与品牌、经销商销售策略等相关，最终价格由综合因素决定。

4.5　运输储存

4.5.1　聚氯化铝

（1）运输

有固体和液体两种形式。固体采用小包（25 kg）袋装。液体采用槽罐车、桶装运输，至现场后溶解稀释，经计量泵输送至投加点。

（2）储存

该产品属偏酸性产品，严禁同氢氧化钙等碱性物质混存，否则产品会失效；固体产品易吸潮，应于干燥处存放。

4.5.2　硫酸铝

（1）运输

搬运时轻装轻卸，防止包装破损。运输过程中应防止雨淋、受潮。固体产品采用内衬聚乙烯塑料薄膜袋的塑料编织袋或塑料编织袋包装，采用专用平板车运输到场。

（2）储存

储存于阴凉干燥处，避免与氧化剂接触，远离火种，根据实际情况采取合理措施。

4.5.3　氯化铝

（1）运输

水处理剂氯化铝（液体）采用聚乙烯塑料桶包装。需要时，也可用储罐装运。运输时，严防雨淋和日晒，储存在通风干燥的库房里。

（2）储存

氯化铝的储存期为一年。

4.5.4　聚氯化铝铁

（1）运输

液体水处理剂聚氯化铝铁采用聚乙烯塑料桶包装，每桶净质量 25kg、50kg 或 200kg。采用双层桶盖，内盖扣严，外盖旋紧。需要时，液体水处理剂聚氯化铝铁也可用储罐装运；水处理剂聚氯化铝铁在运输过程中应有遮盖物，避免雨淋、受潮；保持包装完整、标志清晰。

（2）储存

水处理剂聚氯化铝铁应储存在阴凉、干燥、通风的仓库内，不得与有害、有毒物质混存。自生产之日起，液体产品保质期为 3 个月，固体产品保质期为 12 个月。

4.6 运行维护

4.6.1 水厂运行

需定期进行原水的混凝搅拌烧杯试验，对混凝效果进行校验，试验方法具体参照《水的混凝、沉淀试杯试验方法》（GB/T 16881—2008）执行；对于使用氧化剂和助凝剂、酸碱剂时，需适当调整试验方法；混凝药剂的投加浓度应按净水工艺、药剂品种和计量装置的需要确定，固体混凝药剂配制的质量分数宜控制在 5% ～ 20% 范围内，液体混凝药剂可用原液直接投加或按一定比例稀释后投加；应根据不同药剂的特点和对混合强度的要求及其在制水工艺中的作用调整适宜的混凝药剂投加点，必要时可设置多点投加；混凝药剂投加可采用压力式投加或重力式投加两种方式，具体参考表 4-5 进行选择，优先采用计量泵压力投加。加注设备宜按一对一加注配置，且每一种规格的加注设备应至少配置 1 套备用设备；混凝药剂储液罐（池）应配备液位计、控制阀等，有高低液位报警设施；压力投加宜采用隔膜式或柱塞式计量泵，1500L/h 以下一般采用机械驱动隔膜泵，1500L/h 以上一般采用液压驱动隔膜泵；柱塞式用于投加压力较高的系统；计量泵应配备过滤器、安全阀、背压阀、阻尼器、流量计等相关组件。为避免堵塞和便于维修，计量泵加药系统应配置冲洗管路，定期清洗泵前过滤器和计量泵。计量泵应定期校准，有条件的可设置计量柱；混凝药剂的投加宜采用自动控制，控制方法可采用数学模型法或流动电流法等；数学模型法主要根据运行工艺及参数（主要包括水的流量、浊度、水温、pH 值、耗氧量等）建立数学模型，作为投药控制的依据；流动电流法主要通过连续检测混凝工艺段水中流动电流值，并将测量信号作为投药控制的依据；混凝药剂混合方式可采用水泵混合、机械混合和管式静态混合器混合等，具体应根据净水工艺布置、水质要求、处理水量、投加药剂品种及维修条件等因素综合确定，可参照表 4-6 进行选择；混合宜控制好 GT 值，混合时间一般为 10 ～ 60s，搅拌速度梯度 G 值通常为 600 ～ 1000s^{-1}。混合设施和后续处理构筑物的距离要短，尽可能采用直接连接方式；絮凝池应使颗粒有充分接触碰撞的机会，防止大絮体破碎，速度梯度 G 值应逐渐由大变小，絮凝池的平均速度梯度 G 值一般在 30 ～ 60s^{-1}，GT 值在 10^4 ～ 10^5；絮凝时间应充分，一般为 10 ～ 30min，低温、低浊情况下宜采用较大值；在评价混凝效果时，应检测沉淀出水的 pH 值、色度、浊度、耗氧量等常规指标，必要时增加铝指标；在冬季原水低温低浊期，应重点关注出水浊度指标；在夏季高温、高藻期，应重点关注出厂水中的残余铝。

表 4-5 各种投药方式的比较

方式	作用原理		优缺点	适用条件
压力投加	加药泵	泵在溶液池内直接吸取药液，加入压力水管内	优点：可以定量投加，不受压力管压力所限 缺点：价格较贵，养护麻烦	适用于大中型水厂，一般采用计量泵
	水射器	利用高压水压水射器喷嘴处形成的负压将药液射入压力管	优点：设备简单，使用方便，不受溶液池高程所限 缺点：效率较低，药液浓度不当时可能引起堵塞	适合不同规模的水厂
重力投加	建立高位药液池，利用重力作用把药剂投入加药点		优点：管理操作简单，投加安全可靠 缺点：必须建高位池	适合中小型水处理厂，输液管线不宜过长，以防止在管线中絮凝

表 4-6　各种药剂混合方式优缺点及适用条件

方式	优缺点	适用条件
水泵混合	优点：设备简单，混凝充分，效果好，不需另外消耗能量 缺点：吸水管较多时，投药设备要增加，安装管理复杂	适用于一级泵房离处理构筑物约 100m 以内的各种规模水厂
机械混合	优点：混合效果好，水头损失小 缺点：有机电设备维护问题	适用于各种规模的水厂
水力混合（管式混合器）	优点：设备简单，不额外占地，额定流量时混合效果较好 缺点：流量减少时，混合效果较差	适用于流量变化不大的水厂

4.6.2　设备维护

① 日常保养项目及内容应符合如下规定：机械混合装置应每日检查电机、变速箱、搅拌装置运行状况，加注润滑油，做好环境和设备的清洁工作。

② 定期维护项目、内容应符合下列规定：机械电器应每月检查修理一次；混合池、絮凝池中机械电器应每年解体修理或更换部件，隔板、网格、静态混合器应每年检查一次；油漆涂料应定期喷涂。

③ 大修项目、内容、质量应符合下列规定：混合设施（包括机械传动设备）应 1 ～ 3 年进行修理或更换，大修后质量应分别符合机电和建筑工程有关标准的规定。

4.6.3　安全管理

给水厂应对每批到厂的混凝药剂做好入库记录并留样进行检验，建立相应档案；混凝药剂包装上应有清晰、牢固的标志，内容包括产品名称、型号、产品标准编号、生产厂家名称和地址、生产日期、有效期等；固体药剂应标有《包装储运图示标志》（GB/T 191—2008）规定的“怕湿”标志；液体混凝药剂保质期应不少于 6 个月，固体混凝药剂保质期应不少于 12 个月；混凝药剂的储存量按当地供应、运输等条件确定，宜满足 7 ～ 15d 的最大日用量，特殊时期和小型水厂储存量可适当加大；在配制混凝药剂稀释溶液时，应配备护目镜、橡胶手套、工作服等，做好个人安全防护措施，避免皮肤直接接触药品；混凝药剂储液罐（池）所采用的材料应具有涉水产品卫生许可批件，储罐应有收集泄漏药剂的设施；储液池不应少于 2 个；混凝药剂不应与其他药剂混合存放，应储存在通风、干燥、阴凉处，防水、防潮，且应满足卫生部门的要求。

4.7　注意事项

① 聚氯化铝配制浓度不宜过低，氧化铝含量低于 1% 的溶液可能发生水解，降低使用效果，最好现配现用；配制浓度过高则可能不完全溶解，固体聚铝一般 1∶9 稀释（即氧化铝含量 3% 左右），液体聚铝一般 1∶3 稀释。此外，在确保水力混合条件好的情况下，也可直接用原液投加。

② 投加聚氯化铝之前，需进行混凝搅拌试验，得出最佳投加量，并在运行中注意观察调整。如见沉淀池矾花少、余浊大，则投加量过少；如见沉淀池矾花大且上翻、余浊高，则加

药量过大，应适当调整，切记不能因混凝效果差而一直加大投加量。

③ 当水体中含有大量空气，如反应池曝气或进水采用增压提升泵时，投加聚氯化铝后，反应池可能出现漂浮物，分析原因可能是气泡与水体中藻类等有机物相黏附，形成密度小于水的“气泡颗粒”复合体，使悬浮粒子与气泡一起浮升至水面，形成漂浮物。漂浮物对于出厂水的水质影响不大，经滤池过滤后基本被截留，但其影响美观，此外，将加大滤池负荷，增加反冲洗频率。

④ 聚氯化铝具有一定的腐蚀性，需用防腐容器储存，可采用 PE 储罐，也可用水泥池储存，但接液表面必须做防腐。

⑤ 硫酸铝应用中的问题与聚氯化铝相似，但需注意其对水体 pH 的影响比聚氯化铝大，即投加量过大，pH 值降低明显，故需注意硫酸铝的投加量，投加量过大时需加碱提高 pH 值。

第 5 章 铁系混凝剂

5.1 产品概述

铁系混凝剂是无机混凝剂的一种，主要有三氯化铁、硫酸亚铁、聚合硫酸铁和聚合氯化铁。三氯化铁是铁系混凝剂中最常用的一种，主要是通过铁离子水解聚合形成配合物或聚合物以至生成 $Fe(OH)_3$ 沉淀物；硫酸亚铁水解产物为单核配合物，需要通过氧化方法如氯化、曝气等将二价铁氧化成三价铁以获得优良的性能；聚合铁包括聚合硫酸铁（PFS）和聚合氯化铁（PFC），常用的为 PFS。

5.2 产品分类及性质

5.2.1 三氯化铁

三氯化铁有无水物、结晶水化合物和液体三种形态。三氯化铁（ferric chloride，FC），分子式 $FeCl_3$，黑棕色结晶，大部分是薄片状，属于六方晶系。三氧化铁水合物为 $FeCl_3 \cdot 6H_2O$，其液体产品为红棕色溶液，密度 2.898g/cm^3，易溶解于水（0℃，74.4g/100g H_2O；100℃，5.7g/100g H_2O），溶液呈强酸性，三氯化铁水溶液稀释时能水解生成棕色絮状氢氧化铁沉淀。三氯化铁的优点是形成的矾花密度大，易沉降，处理低温、低浊水时仍有较好效果，适宜的 pII 值范围也较宽（范围为 6.0 ～ 11.0）；缺点是溶液具有强腐蚀性，处理后的水的色度比用铝盐高。

5.2.2 硫酸亚铁

硫酸亚铁（ferrous sulfate，FS），分子式 $FeSO_4$。其在自然界中常以水合物的形态存在，俗称绿矾，为蓝绿色单斜晶系结晶或颗粒。无嗅无味，在水温 20℃时溶解度为 21%。易吸潮，在水中的溶解度随温度升高而增大（0℃，28.8g/100g H_2O；100℃，57.8g/100g H_2O），有腐蚀性，在空气中放置易被氧化成黄色或黄褐色的碱式硫酸铁 $Fe(OH)SO_4$，其水溶液呈弱酸性，亚铁离子有较强的还原性，易与其他阳离子形成复盐。

5.2.3 聚合硫酸铁

聚合硫酸铁（polyferric sulfate，PFS），目前市场上供应的 PFS 有液体和固体两种形式，液体聚合硫酸铁产品为红褐色或深红褐色的黏稠液，固体产品为淡黄色或浅灰色的树脂状颗粒。聚合硫酸铁分子式 $[Fe_2(OH)_n(SO_4)_{3-n/2}]_m$，$n<2$，$m=f(n)$，又称聚铁或硫酸聚铁。液体产品密度（20℃）> 1.45g/cm³，黏度（20℃）> 11mPa·s。PFS 是一种碱式硫酸盐，在溶液中含有大量的 $[Fe_2(OH)_3]^{3+}$、$[Fe_3(OH)_6]^{3+}$、$[Fe_8(OH)_{20}]^{4+}$ 等高价多核聚合铁络合离子，它们具有很强的中和悬浮颗粒上电荷的能力，降低胶团电位，并水解成絮状羟基铁化合物。对处理水的 pH 值适应范围广，且 PFS 溶液对设备的腐蚀性小，出水容易显黄色。

5.2.4 聚合氯化铁

聚合氯化铁（polyferric chloride，PFC），化学式 $[Fe_2(OH)_nCl_{6-n}]_m$，密度为 1.450g/cm³，酸性，易溶于水，外观为黄褐色、黑褐色或黑色透明液体。PFC 对水温变化不敏感，对水温适应范围广；PFC 溶液中含有大量阳离子，可发挥吸附、电中和的混凝作用；具有一定的盐基度，其酸性低于氯化铁溶液，腐蚀性相对较弱；PFC 在水处理过程中混凝反应迅速、絮体沉降速度快。PFC 的主要合成方法有氯气氯化法、高温水解法和慢速滴碱法。

5.3 产品相关标准

铁系混凝剂的标准体系表见表 5-1，包括基础标准、通用标准、专用标准和应用标准。

表 5-1 标准体系表

标准类型	具体标准
基础标准	《水处理剂产品分类和命名》（HG/T 2762—2019） 《饮用水化学处理剂卫生安全性评价》（GB/T 17218—1998） 《水处理剂混凝性能的评价方法》（HG/T 4331—2012）
通用标准	《水处理剂 硫酸亚铁》（GB/T 10531—2016） 《水处理剂 聚合硫酸铁》（GB/T 14591—2016） 《水处理剂 氯化铁》(GB/T 4482—2018) 《液态氯化铁》ANSI/AWWA B407-2012
专用标准	《水处理剂 砷和汞含量的测定 原子荧光光谱法》（GB/T 33086—2016） 《水处理剂中铬、镉、铅、砷含量的测定 电感耦合等离子体发射光谱（ICP-OES）法》（GB/T 37883—2019） 《水处理剂 密度测定方法通则》（GB/T 22594—2008） 《化学试剂 砷测定通用方法》（GB/T 610—2008） 《水处理剂 镍、锰、铜、锌含量的测定 电感耦合等离子体发射光谱（ICP-OES）法》（HG/T 5747—2020）
应用标准	《城镇给水厂混凝药剂应用技术规程》（T/CAQI 151—2020） 《水库型水源给水厂特定混凝剂使用技术导则》（DB37/T 2678—2015）

① 基础标准中《水处理剂产品分类和命名》（HG/T 2762—2019）规定了水处理剂产品分类和命名的原则和方法，适用于水处理剂产品分类、命名的管理工作，也适用于识别水处理剂产品的基本性能；《饮用水化学处理剂卫生安全性评价》（GB/T 17218—1998）规定了饮用水化学处理剂的卫生安全性要求和监测检验方法，适用于混凝、絮凝、消毒、氧化、pH 值调节、软化、灭藻、除氟、氟化等用途的饮用水化学处理剂；《水处理剂混凝性能的评价方法》（HG/T 4331—2012）规定了水处理剂混凝性能的混凝沉淀试验和混凝脱色、混凝去除有

机物性能测定的评价方法，适用于水处理剂混凝性能的测定，用于水处理混凝剂配方筛选、投药量控制、设计参数提供等。

② 通用标准中《水处理剂　硫酸亚铁》（GB/T 10531—2016）规定了水处理剂硫酸亚铁的分类、要求、试验方法、检验规则、标志、包装、运输和储存，适用于水处理剂硫酸亚铁，该产品主要作为铁系水处理剂的生产原料使用，也可用于工业用水的处理；《水处理剂　聚合硫酸铁》（GB/T 14591—2016）规定了水处理剂聚合硫酸铁产品的要求、试验方法、检验规则、标志、包装、运输和储存及安全要求，适用于水处理剂聚合硫酸铁，该产品主要用于生活饮用水、工业用水、污水及污泥的处理，其中一等品可用于生活饮用水处理，其原料应为硫酸亚铁（Ⅰ类产品）和工业硫酸；《水处理剂　氯化铁》（GB/T 4482—2018）规定了水处理剂氯化铁的分类、要求、试验方法、检验规则、标志、包装、运输和储存。

③ 专用标准中《水处理剂　密度测定方法通则》（GB/T 22594—2018）规定了水处理剂密度测定的通用方法；《化学试剂　砷测定通用方法》（GB/T 610—2008）适用于微量砷的测定，砷斑法适用于测量含量在 1 ～ 5μg（以 As 计）范围内的试液，二乙基二硫代氨基甲酸银法（AgDDTC）的检验范围在吸收液中为 0.1 ～ 4μg/mL（以 As 计）。

④ 应用标准中《城镇给水厂混凝药剂应用技术规程》（T/CAQI 151—2020）规定了城镇给水厂混凝药剂应用过程中的一般要求、混凝药剂选择、质量检验、混凝药剂投加、设施维护及安全管理等内容，适用于城镇给水厂混凝药剂的管理和使用；《水库型水源给水厂特定混凝剂使用技术导则》（DB37/T 2678—2015）规定了 3 类特定混凝剂使用的基本规定、技术要求、投加工艺、检验和储存，适用于特定混凝剂在水库型水源给水厂中的使用，类似水源给水厂中的使用可参照执行。

5.4　产品选择

5.4.1　产品选择

产品应符合《饮用水化学处理剂卫生安全性评价》（GB/T 17218—1998）规定的卫生安全要求。氯化铁和聚合硫酸铁具体要求见表 5-2 和表 5-3。

根据 GB/T 4482—2018，氯化铁按用途分为两类，Ⅰ类用于饮用水处理，Ⅱ类用于工业用水、废污水处理及污泥脱水处理。

表 5-2　氯化铁技术指标（GB/T 4482—2018）

<table>
<tr><th rowspan="4">项目</th><th colspan="6">指标</th></tr>
<tr><th colspan="3">Ⅰ类</th><th colspan="3">Ⅱ类</th></tr>
<tr><th rowspan="2">液体</th><th colspan="2">固体</th><th rowspan="2">液体</th><th colspan="2">固体</th></tr>
<tr><th>无水</th><th>六水</th><th>无水</th><th>六水</th></tr>
<tr><td>氯化铁（$FeCl_3$）的质量分数 /%</td><td>≥ 14.0</td><td>≥ 33.0</td><td>≥ 20.0</td><td>≥ 13.0</td><td>≥ 32.0</td><td>≥ 19.2</td></tr>
<tr><td>氯化亚铁（$FeCl_2$）的质量分数 /%</td><td>≤ 0.10</td><td colspan="2">≤ 0.15</td><td>≤ 0.10</td><td colspan="2">≤ 0.15</td></tr>
<tr><td>不溶物的质量分数 /%</td><td>≤ 0.50</td><td colspan="2">≤ 1.0</td><td>≤ 0.50</td><td colspan="2">≤ 1.0</td></tr>
</table>

续表

项目	指标					
	Ⅰ类			Ⅱ类		
	液体	固体		液体	固体	
		无水	六水		无水	六水
游离酸（以 HCl 计）的质量分数 /%	≤ 0.40	≤ 0.80		≤ 0.40	≤ 0.80	
密度（20℃）/(g/cm^3)	≥ 1.4	—		≥ 1.4	—	
锌（Zn）的质量分数 /%	≤ 0.0006			≤ 0.05		
砷（As）的质量分数 /%	≤ 0.0002			≤ 0.0008		
铅（Pd）的质量分数 /%	≤ 0.0005			≤ 0.003		
汞（Hg）的质量分数 /%	≤ 0.00001			≤ 0.00008		
镉（Cd）的质量分数 /%	≤ 0.0001			≤ 0.0016		
铬（Cr）的质量分数 /%	≤ 0.0008			≤ 0.008		

注：表中所列Ⅰ类产品的锌、砷、铅、汞、镉、铬的质量分数均按铁（Fe^{3+}）含量为 14% 计，Fe^{3+} 含量 >14% 时，按实际含量折算成铁（Fe^{3+}）含量为 14% 产品比例计算出相应的质量分数；表中所列Ⅱ类产品的锌、砷、铅、汞、镉、铬的质量分数均按铁（Fe^{3+}）含量为 13% 计，Fe^{3+} 含量 >13% 时，按实际含量折算成铁（Fe^{3+}）含量为 13% 产品比例计算出相应的质量分数。

根据 GB/T 14591—2016，聚合硫酸铁按用途分为两类，一等品可用于生活饮用水处理。

表 5-3　聚合硫酸铁技术指标（GB/T 14591—2016）

项目	指标				试验方法
	一等品		合格品		
	液体	固体	液体	固体	
全铁的质量分数 /%	≥ 11.0	≥ 19.5	≥ 11.0	≥ 19.5	5.2
还原性物质（以 Fe^{2+} 计）的质量分数 /%	≤ 0.10	≤ 0.15	≤ 0.10	≤ 0.15	5.3
盐基度 w_2/%	8.0 ～ 16.0		5.0 ～ 20.0		5.4
pH 值（1% 水溶液）	1.5 ～ 3.0				5.5
密度（20℃）/(g/cm^3)	≥ 1.45	—	≥ 1.45	—	5.6
不溶物含量 /%	≤ 0.2	≤ 0.4	≤ 0.3	≤ 0.6	5.7
锌（Zn）含量 /%	—	—	≤ 0.005	≤ 0.01	5.12
镉（Cd）含量 /%	≤ 0.00005	≤ 0.0001	≤ 0.00025	≤ 0.0005	5.9
汞（Hg）含量 /%	≤ 0.00001	≤ 0.00002	≤ 0.00005	≤ 0.0001	5.10
铬 (Cr）含量 /%	≤ 0.0005	≤ 0.001	≤ 0.0025	≤ 0.005	5.11
砷（As）含量 /%	≤ 0.0001	≤ 0.0002	≤ 0.0005	≤ 0.001	5.8
铅（Pb）含量 /%	≤ 0.0002	≤ 0.0004	≤ 0.001	≤ 0.002	5.9
镍（Ni）含量 /%	—	—	≤ 0.005	≤ 0.01	5.13

注：本产品Ⅰ类产品用于生产饮用水处理剂的原料时，应符合相关法律法规要求。

铁系混凝药剂选择应根据原水水质、处理后水质要求和工艺特点，经过调查研究及烧杯试验，或参照相似条件下已有水厂的运行经验，结合当地操作管理条件，通过技术经济比较确定。铁系混凝剂选择可参考表 5-4，具备条件的给水厂宜开展混凝药剂适配性试验。选用其他新型混凝药剂时，除满足上述的要求外，在使用前宜进行烧杯试验，具体步骤应参考标准《水的混凝、沉淀试杯试验方法》（GB/T 16881—2008）。

表 5-4　常用铁系混凝剂的适用范围及技术特点

序号	混凝药剂名称	适用范围	技术特点
1	聚合硫酸铁	pH 值适用范围广（pH=4 ～ 10）；腐蚀性小；低温低浊条件下混凝效果相对较好	混凝过程中生成絮凝体小、强度高、沉降快；容易引起色度问题
2	氯化铁	处理低温水或低浊水具有较好的混凝效果	极易溶于水，絮凝体沉淀性好，投加量较少，水体 pH 值下降较快；容易导致出水色度超标，对药剂投加系统的腐蚀性强

5.4.2　产品价格

聚合硫酸铁（固体）市场售价在 1500 ～ 2000 元 / 吨，氯化铁（固体）市场售价在 2500 ～ 3000 元 / 吨。

5.5　运输储存

5.5.1　氯化铁

氯化铁（液体）用玻璃钢制作的专用槽车包装；小包装用食品级聚乙烯塑料桶包装，每桶净重 50kg。用专用槽车包装时，槽车口用塑料盖盖严、卡牢；用聚乙烯塑料桶包装时，塑料桶加内盖封口，外盖内加橡胶垫圈拧紧，严防撞击及容器渗漏。氯化铁溶液储存在钢铁储罐和混凝土储槽内，内衬食品级氯乙烯塑料板，并加盖封存，防止日晒雨淋。保质期一般半年。氯化铁腐蚀性较强，且固体产品易吸水潮解，不易保管。

5.5.2　聚合硫酸铁

固体聚合硫酸铁对包装要求没有液体的高，一般以编织袋包装，不与空气直接接触。而液体聚合硫酸铁必须在偏酸性条件下才能稳定，因此要求在储存、运输时采用聚乙烯储罐、内衬塑料桶或不锈钢、玻璃钢材质槽罐、槽车储运。通常 30m^3 的储存池能够寄存聚合硫酸铁 45t，若选用塑料桶储存，需要进行加厚处理。

固体聚合硫酸铁的储存稳定期为 6 个月，液体聚合硫酸铁的储存稳定期为 3 个月。因此，在购买或配制时不宜过量，特别是液体产品，储存越久其使用效果受影响越严重。

5.6　运行维护

铁系混凝剂的水厂运行、设备维护和安全管理可参照铝系混凝剂执行。给水厂应对每批到厂的混凝药剂做好入库记录并留样进行检验，建立相应档案。

采用铁系混凝剂时，避免过量投加引起出水色度超标问题。选用氯化铁时，产品腐蚀性强，投加设备需进行防腐处理，操作工人应配备劳动保护设施。液体产品可直接计量投加，固体产品需在溶解池调配成 10% ～ 20% 溶液后计量投加。固体产品吸湿性极强，开封后最好一次性配成溶液，有效投加浓度一般在 10 ～ 50mg/L。选用聚合硫酸铁时，对设备基本无腐蚀作用。聚合硫酸铁投药量低，基本不用控制液体的 pH 值。

5.7 注意事项

① 可结合水源 pH 值和生产混凝剂种类或去除目标污染物时通过试验调整水源 pH 值，使混凝剂药效或目标污染物去除效果达到最佳值。

② 净水药剂的投加点，应根据不同药剂的特点和对混合强度的要求及其在制水工艺中的作用调整适宜的投加点。混凝剂应加在混合的最佳处，有机高分子净水剂一般加在混合工序之后、絮凝工序的始端。

③ 混凝药剂的储存量按当地供应、运输等条件确定，宜满足 7 ～ 15d 的最大日用量，特殊时期和小型水厂储存量可适当加大。

第6章 高分子絮凝剂

6.1 产品概述

有机高分子絮凝剂分为天然有机高分子絮凝剂和人工合成有机高分子絮凝剂，主要是利用吸附架桥作用，形成的絮粒大而密实，沉降性能好，处理时间短。人工合成有机高分子絮凝剂是指在一定条件下使丙烯酰胺或其他单体发生聚合反应生成的高分子聚合物。目前水处理使用最多的人工合成有机高分子絮凝剂为聚丙烯酰胺类絮凝剂，即丙烯酰胺的均聚物或与其他单体的共聚物，它可通过交联或接枝等改性方法得到链状或网状结构的共聚物，也可将含有特殊化学基团的单体与丙烯酰胺单体反应得到特定性能的聚合物。按聚丙烯酰胺类絮凝剂所带电荷属性又可将其分为阳离子型、阴离子型、非离子型、两性型四种类别。聚丙烯酰胺（PAM）絮凝剂的作用机理是通过分子链中特有的—$CONH_2$官能团与悬浮物发生吸附架桥作用，增大絮体的尺寸，其絮凝效果与聚合物的分子量密切相关。提高聚合物的分子量，有利于增大絮凝剂在水相的流体力学尺寸或体积，从而提高其絮凝网捕能力。

聚丙烯酰胺在常温下为坚硬的玻璃态固体，产品有胶液、胶乳和白色粉粒、半透明珠粒和薄片等，热稳定性良好。能以任意比例溶于水，水溶液为均匀透明的液体。长期存放后会因聚合物缓慢的降解而使溶液黏度下降，特别是在储运条件较差时更为明显。

6.2 产品分类及性质

6.2.1 阳离子型聚丙烯酰胺

阳离子型聚丙烯酰胺（CPAM）是一种水溶性高分子聚电解质，在其分子链上具有阳离子基团和活性吸附基团，与负离子作用产生沉降、脱稳及絮凝的作用。阳离子絮凝剂含有一些季铵基团，可产生沉淀聚合，降低污水中悬浮固体的质量分数及其浊度。

6.2.2 阴离子型聚丙烯酰胺

阴离子型聚丙烯酰胺（APAM）是带有阴电荷基团的水溶性高分子聚合物。由于其分子链中含有一定数量的极性基团，它能通过吸附水中悬浮的固体粒子使粒子间架桥，或通过电荷中和使粒子凝聚形成大的絮凝物，故可加速悬浮液中粒子的沉降，有非常明显的加快溶液澄清、促进过滤等效果。

6.2.3 非离子型聚丙烯酰胺

市场上大多数非离子型聚丙烯酰胺都是超高分子量的聚合产物。其分子链上没有可电离的基团，主要含有酰氨基，可以发挥亲水和吸附的作用，经常被用作辅助絮凝剂用于水处理过程，功能单一，非选择性明显。

6.2.4 两性型高分子絮凝剂

两性型高分子絮凝剂（ZPAM）一般是由含有阴、阳离子基团的乙烯类单体通过自由基共聚或者高分子改性得到的一类絮凝剂，兼有阴、阳离子高分子絮凝剂的特点。在不同介质条件下，其所带离子类型可能不同，适用于处理带不同电荷的污染物，适用范围广，酸、碱性介质中均可应用。

在高分子絮凝剂中，除用途比较广的聚丙烯酰胺外，聚二甲基二烯丙基氯化铵（PDMDAAC）及二甲基二烯丙基氯化铵 - 丙烯酰胺共聚物（DMDAAC-AM）属阳离子型高分子化合物，用于水处理能获得比目前较常用的无机高分子絮凝剂和有机高分子絮凝剂 PAM 更好的处理效果，可单独使用，也可与无机絮凝剂并用。

6.3 产品相关标准

高分子絮凝剂标准体系表见表 6-1。《水处理剂　阴离子和非离子型聚丙烯酰胺》（GB/T 17514—2017）规定了水处理剂阴离子和非离子型聚丙烯酰胺产品的要求、试验方法、检验规则以及标志、包装、运输、储存等，适用于阴离子和非离子型聚丙烯酰胺产品，该产品主要用作饮用水、工业用水及废水、污水处理的絮凝剂和污泥脱水剂。

表 6-1　标准体系表

标准类型	具体标准
基础标准	《水处理剂产品分类和命名》（HG/T 2762—2019） 《水处理剂混凝性能的评价方法》（HG/T 4331—2012）
通用标准	《水处理剂　阴离子和非离子型聚丙烯酰胺》（GB/T 17514—2017） 《水处理剂　阳离子型聚丙烯酰胺的技术条件和试验方法》（GB/T 31246—2014）
专用标准	《聚丙烯酰胺分子量测定　粘度法》（GB/T 12005.10—1992） 《聚丙烯酰胺固含量测定方法》（GB 12005.2—1989） 《聚丙烯酰胺特性粘数测定方法》（GB 12005.1—1989） 《部分水解聚丙烯酰胺水解度测定方法》（GB 12005.6—1989） 《塑料　聚丙烯酰胺　残留丙烯酰胺含量测定方法》（GB/T 22312—2008） 《粉状聚丙烯酰胺溶解速度测定方法》（GB 12005.8—1989） 《水的混凝、沉淀试杯试验方法》（GB/T 16881—2008） 《水处理剂 pH 值测定方法通则》（GB/T 22592—2008） 《水处理剂　密度测定方法通则》（GB/T 22594—2018）
应用标准	《城镇给水厂混凝药剂应用技术规程》（T/CAQI 151—2020） 《水库型水源给水厂特定混凝剂使用技术导则》（DB37/T 2678—2015）

《水处理剂 阳离子型聚丙烯酰胺的技术条件和试验方法》（GB/T 31246—2014）规定了阳离子型聚丙烯酰胺的要求、试验方法、检验规则以及标志、包装、运输和储存，适用于水处理剂用阳离子型聚丙烯酰胺产品，该产品主要用作工业用水、废水和污水处理及污泥脱水处理的絮凝。

《聚丙烯酰胺固含量测定方法》（GB 12005.2—1989）规定了粉状和胶状聚丙烯酰胺的固含量的测定方法，适用于不同聚合方法生产的粉状和胶状聚丙烯酰胺固含量的测定。

《聚丙烯酰胺分子量测定 粘度法》（GB/T 12005.10—1992）规定了用黏度法测定聚丙烯酰胺的分子量，适用于粉状或胶状非离子型聚丙烯酰胺分子量的测定和粉状或胶状阴离子型聚丙烯酰胺表观分子量的测定。不适用于含有添加剂的聚丙烯酰胺分子量的测定。

6.4 产品选择

6.4.1 卫生安全要求

给水厂在选用混凝药剂时，产品应符合 GB/T 17218 规定的卫生安全要求，具有涉水产品卫生许可批件，并对涉水产品卫生许可批件、产品合格证及产品检测报告进行查验并备案。

6.4.2 产品选择及技术要求

聚丙烯酰胺种类选择可参考表 6-2，具备条件的给水厂宜开展混凝药剂适配性试验。

表 6-2　聚丙烯酰胺适用范围及技术特点

序号	混凝剂名称	适用范围	技术特点
1	阳离子型聚丙烯酰胺	一般用于污泥脱水，聚丙烯酰胺严禁与铁接触	阳离子絮凝剂含有一些季铵基团，可产生沉淀聚合，降低污水中悬浮固体的质量分数及其浊度
2	阴离子型聚丙烯酰胺	易受 pH 和盐的影响，pH 为中性或碱性的原水	分子链中含有一定数量的极性基团，通过粒子间架桥或电荷中和使粒子凝聚形成大的絮凝物，可加速悬浮液中粒子的沉降
3	非离子型聚丙烯酰胺	调整被处理水的 pH 值，使非离子型聚丙烯酰胺充分发挥作用	由于分子链含有酰氨基或离子基团，故其显著特点是亲水性高，可以各种比例溶于水中，聚丙烯酰胺水溶液对电解质有很好的容忍性
4	两性型聚丙烯酰胺	pH 为中性或碱性的原水	分子链上既有阳电荷又有阴电荷的两性离子不规则聚合物，具有更优异的性能

所选用的聚丙烯酰胺应符合国家规定的饮用水净水剂的相关标准，阴离子型聚丙烯酰胺和非离子型聚丙烯酰胺产品要求见表 6-3，其中一等品可用于生活饮用水处理。阴离子型聚丙烯酰胺、非离子型聚丙烯酰胺、两性型聚丙烯酰胺技术指标要求见表 6-4。阳离子型聚丙烯酰胺技术指标见表 6-5。

表 6-3　聚丙烯酰胺技术指标

项目	指标	
	一等品	合格品
固含量（固体）/%	≥ 90.0	≥ 88.0
丙烯酰胺单体含量（干基）/%	≤ 0.02	≤ 0.05
溶解时间（阴离子型）/min	≤ 60	≤ 90
溶解时间（非离子型）/min	≤ 90	≤ 120
筛选物（1.00mm 筛网）/%	≤ 2	
筛选物（180μm 筛网）/%	≥ 88	
水不溶物 /%	≤ 0.3	≤ 1
氯化物含量 /%	≤ 0.5	
硫酸盐含量 /%	≤ 1	

注：1. 交替聚丙烯酰胺的固体含量应不小于标称值。

2. 用户对产品粒度有特殊要求时，可另订协议。

表 6-4　阴离子型聚丙烯酰胺、非离子型聚丙烯酰胺、两性型聚丙烯酰胺技术指标

项目	外观	固含量 /%	分子量 /Da	电荷密度（摩尔分数）/%
阴离子型聚丙烯酰胺	白色颗粒	≥ 88	600 万～ 1800 万	20 ～ 30
非离子型聚丙烯酰胺	白色颗粒	≥ 88	200 万～ 1200 万	<5.0
两性型聚丙烯酰胺	白色颗粒	≥ 88	800 万～ 1000 万	阳离子度：5% ～ 60% 阴离子度：0 ～ 10%

表 6-5　阳离子型聚丙烯酰胺技术指标

项目	数值	项目	数值
分子量	≥ 100 万	水不溶物 /%	≤ 0.30
阳离子度 w/%	5.0 ≤ w ≤ 95.0	硫酸盐 /(g/g)	≤ 0.05
固含量 /%	≥ 88.0	氯化物 /(g/g)	≤ 0.05
丙烯酰胺单体含量（干基）/%	≤ 0.10	筛余物（1.4mm 筛网）/%	≤ 5
溶解时间（1g/L）/min	≤ 60	筛余物（180μm 筛网）/%	≥ 85

6.4.3　产品价格

饮用水处理方面通常采用 800 万、1000 万、1200 万、1400 万、1800 万分子量聚丙烯酰胺。聚丙烯酰胺市场价格在 15000 ～ 20000 元 / 吨之间。

6.5　运输储存

6.5.1　运输

采用纸塑复合包装袋。储运时，注意防热、防潮。干粉产品长期露置会吸潮结块，应储

存于阴凉通风的干燥处。堆码层数不得超过 20 层，有效储存期为 2 年。

真空包装阴离子型聚丙烯酰胺可以改善其防潮性，从而可以保护 PAM 在使用时更好地发挥作用，在真空环境下产品离子结构得到了更好的保护，其稳定性会更佳。

6.5.2　储存

装于防潮聚乙烯袋或内衬聚乙烯层的铁桶内，由于固体粉末吸湿性非常强，必须密封，开封后使用的聚丙烯酰胺为了不影响下次的使用效果也应当及时密封。在普通环境中，聚丙烯酰胺的稳定性较强。若储存不当，则会大大缩短存放时间。聚丙烯酰胺乳液型储存时间相对较短，在密封条件下储存于铁桶或木桶内，储存期限在 4 ～ 6 个月，在使用时应充分搅拌，存放温度不宜高于 32℃和低于 0℃。

聚丙烯酰胺受潮后会变成块状，一旦有受潮的现象，应及时使用完毕，若受潮严重，则会影响使用效果或直接失去絮凝效果。

6.6　运行维护

6.6.1　水厂运行

颗粒状聚丙烯酰胺絮凝剂不能直接投加到原水中。使用前必须先将它溶解于水，用其水溶液加入处理的原水。溶解颗粒状聚合物的水可采用自来水，不能是污水。常温的水即可，一般不需要加温。水温低于 5℃时溶解很慢。水温提高溶解速度加快，但 40℃以上会使聚合物加快降解，影响使用效果。一般自来水都适合于配制聚合物溶液。强酸、强碱、高含盐的水不适于用来配制。

聚合物溶液浓度的选择，一般为 0.1% ～ 0.3%，即 1L 水中加 1 ～ 3g 聚合物粉剂。在投加聚丙烯酰胺之前，应先进行小型试验，以便确定较佳用量和使用条件。用作絮凝剂时，一般用量在 0.1 ～ 0.5mg/L。

6.6.2　混合顺序

在使用复合絮凝剂的时候必须注意添加的先后顺序和投加时间间隔。聚合氯化铝（PAC）与 PAM 联合使用就是让 PAC 先完成中和电荷 / 胶体脱稳形成细小絮体之后，进一步加大絮体体积有利于充分沉淀。由于 PAC 反应时间很短，所以加入后需要强烈的混合，PAM 作用时间要长，混合注意先强后弱，先强是为了混合均匀，后弱是为了避免破坏絮体。聚丙烯酰胺属于絮凝剂，聚合氯化铝属于混凝剂，一般情况下是先加聚合氯化铝再加聚丙烯酰胺，但为了保险起见，建议通过试验效果来确定添加的顺序。加药点、加药量、加药时间以及混合强度需要试验确定，不应把两种药剂放在一起使用，否则会影响效果，增大使用成本。

6.6.3　失效判断方法

不同种类的聚丙烯酰胺的保质期区别较大，与其结构有关联，相对来说阴离子型聚丙烯酰胺的有效期时间更长。聚丙烯酰胺失效可以从两个方面来判断：一是黏度降低；二是絮凝效果变差。例如，聚丙烯酰胺絮凝剂结块，溶解后水溶液有一定黏度，则没有失效。

6.7 注意事项

① 聚丙烯酰胺容易吸收水分，打开包装使用后，应紧密捆绑包装袋，防止水分吸收和结块。

② 聚丙烯酰胺产品在使用前，必须先溶解成溶液，使高分子链伸展后备用。严禁大量配药，过多的聚丙烯酰胺会堵塞加药泵。

③ PAM 分子链在溶液中受剪切力作用会导致分子链断裂降解，影响性能，故溶解稀释 PAM 时应尽可能减少搅拌时间、降低搅拌强度，搅拌转速一般应控制在 50 ～ 250r/min。

第7章 次氯酸钠溶液

7.1 产品概述

次氯酸钠（sodium hypochlorite）分子式 NaClO，分子量 74.4，CAS 号 7681-52-9，溶液呈微黄色，属于含氯消毒剂，是一种用途极为广泛的广谱杀菌灭藻的强氧化剂，具有与氯气和氯的化合物相同的氧化性和相当的消毒作用，能与水任意比互溶，目前在水处理领域中是一种较为理想的消毒方式。次氯酸钠具有制备成本低和制备工艺简单等优势，并且对芽孢、真菌、细菌、病毒都有着很好的杀灭效果。

商品次氯酸钠溶液有效氯含量一般为 10% ～ 13%，其自身存在分解反应，稳定性不足，特别是当气温较高时，分解速度更快。当温度处于 15℃以下时，次氯酸钠水溶液处在一个相对稳定的状态，而温度越高则次氯酸钠水溶液的分解也就越剧烈，至 70℃，次氯酸钠水溶液会猛烈分解，大量产生的活性氧甚至会引发爆炸，其原因是次氯酸钠溶液中出现自氧化还原反应（即歧化反应），使次氯酸钠转化为氯化钠和氯酸钠。不但使次氯酸钠的使用效果降低，而且产生了有害物氯酸钠。所以，生产中提高次氯酸钠的稳定性以及储存中优化其储存条件是次氯酸钠应用中一直被关注的重要问题。

图 7-1 显示了不同温度条件下储存 15d 商品次氯酸钠溶液衰减情况。

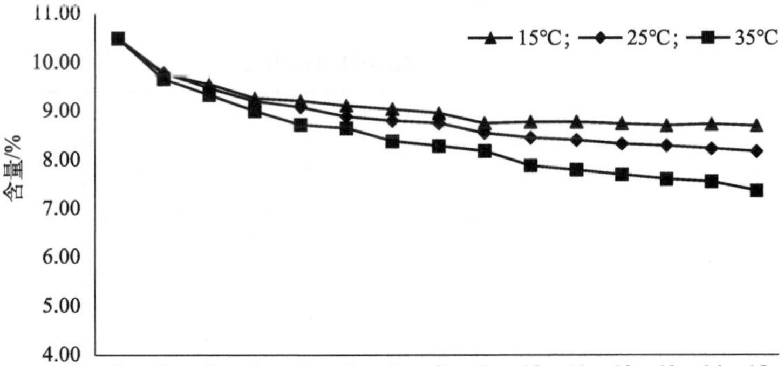

图 7-1　商品次氯酸钠溶液不同温度条件下衰减情况

次氯酸钠消毒杀菌原理为：次氯酸钠水解形成次氯酸，次氯酸进一步分解形成新生态氧 [O]，具有极强氧化性的新生态氧使菌体和病毒的蛋白质变性，从而使病原微生物致死。研究表明，次氯酸钠水解会受pH值的影响，当pH值超过9.5时不利于次氯酸生成，而10^{-6}级浓度的次氯酸钠在水中几乎完全水解成次氯酸，其效率高达99.99%。其过程可用化学反应方程式简单表示如下：

$$NaClO+H_2O = HClO + NaOH$$

$$HClO \longrightarrow HCl + [O]$$

另外，次氯酸在杀灭微生物过程中，不仅可作用于细胞壁和病毒外壳，而且因次氯酸分子小，不带电荷，还可渗透入菌（病毒）体内与菌（病毒）体蛋白、核酸和酶等发生氧化反应或破坏其磷酸脱氢酶，使糖代谢失调而致细胞死亡，从而杀死病原微生物。同时，次氯酸产生出的氯离子还能显著改变细菌和病毒体的渗透压，使其细胞丧失活性而死亡。

$$R—NH—R+HClO \longrightarrow R_2NCl+H_2O$$（细菌蛋白质）

影响次氯酸钠消毒杀菌效果的因素较多。pH值越高，在碱性环境下次氯酸钠以次氯酸根的形态存在，其消毒杀菌作用越弱，pH值降低，其消毒杀菌作用增强；在一定范围内，温度的升高能增强杀菌作用，此现象在浓度较低时较明显；有机物能消耗有效氯，降低其杀菌效能；在pH值、温度、有机物等不变的情况下，有效氯浓度增加，杀菌作用增强；水中的Ca^{2+}、Mg^{2+}等离子对次氯酸盐溶液的杀菌作用没有任何影响；在含有氨和氨基化合物的水中，游离氯的杀菌作用大大降低；在氯溶液中加入少量的碘或溴可明显增强其杀菌作用；硫代硫酸盐和亚铁盐类可降低氯消毒剂的杀菌作用。

7.2 产品来源

商品次氯酸钠溶液的化学制备方法如表7-1所列，但是商品次氯酸钠溶液的制备主要通过氢氧化钠溶液和氯气反应实现。制备的溶液的有效氯含量一般为10%～13%。制备工艺为向氢氧化钠溶液中通氯，生产装置分间歇和连续两大类，设备有槽式、塔式、管道反应器等，可采用人工控制和自动控制两种方式。该方法是唯一大规模生产商品次氯酸钠溶液的工业方法。

表7-1 次氯酸钠制备方法

序号	原料	反应方程式	简况	特点
1	氢氧化钠，液氯或氯气	$2NaOH+Cl_2 \longrightarrow NaClO+NaCl+H_2O$	向氢氧化钠溶液中通氯。生产装置分间歇和连续两大类，设备有槽式、塔式、管道反应器等。有用人工控制，也有自动控制	经济合理，可制各种有效氯含量的溶液，是大批量生产的主要方法
2	碳酸钠、液氯或氯气	$2Na_2CO_3+Cl_2+H_2O \longrightarrow NaClO+NaCl+2NaHCO_3$	把氯气通入碳酸钠溶液中，因碳酸钠溶解度低，所以成品有效氯低，仅在4%	需要上法2倍的钠，费用高，但反应热低，不需冷却装置，pH值在8.5～9之间。此法生产的次氯酸钠溶液基本不含游离氢氧化钠，且稳定性较强

续表

序号	原料	反应方程式	简况	特点
3	漂白液与纯碱溶液，漂白液与硫酸钠溶液	$Ca(ClO)_2+Na_2CO_3 \longrightarrow 2NaClO+CaCO_3$ $Ca(ClO)_2+Na_2SO_4 \longrightarrow 2NaClO+CaSO_4$	在储槽内进行复分解反应，控制温度不超过35℃，生成有效氯1%的次氯酸钠溶液，碳酸钠或硫酸钠也同时与氯化钙反应	生产量少，仅用于洗衣房
4	次氯酸钙与氯化钠溶液	—	使含5%有效氯的$Ca(ClO)_2$溶液通过阴离子交换树脂，然后用水及15%的食盐溶液再生	用于少量生产

7.3　产品相关标准

次氯酸钠标准体系见表 7-2。

表 7-2　标准体系表

标准类型	具体标准
基础标准	《次氯酸钠》(GB/T 19106—2013) 《含氯消毒剂卫生要求》(GB/T 36758—2018) 《次氯酸钠溶液包装要求》(GB 19107—2003)
技术手册	《室外给水设计标准》(GB 50013—2018)
通用标准	《化学品分类和危险性公示　通则》(GB 13690—2009)

①《次氯酸钠》(GB/T 19106—2013）适用于氢氧化钠经氯化而制得的次氯酸钠，主要规定了商品次氯酸钠溶液的技术要求、检验规则及标志、包装、运输和储存等。

②《含氯消毒剂卫生要求》(GB/T 36758—2018）适用于以有效氯为主要杀菌成分的消毒剂，包括次氯酸钠，规定了其原料要求、技术要求、应用范围、使用方法、运输储存、包装、标识要求和检验方法等。

③《次氯酸钠溶液包装要求》(GB 19107—2003）适用于次氯酸钠溶液的包装，规定了用于盛装次氯酸钠溶液（漂白水或漂白液）的包装容器的要求、性能试验和检验规则。

④《室外给水设计标准》(GB 50013—2018）在 9.9 消毒一节中，规定了商品次氯酸钠消毒的选型、浓度和储存等要求。

⑤《化学品分类和危险性公示　通则》(GB 13690—2009）规定了有关 GHS 的化学品分类及其危险公示；适用于化学品分类及其危险公示、化学品生产场所和消费品的标志。

在产品质量要求方面，以上标准为商品次氯酸钠溶液在供水行业的大规模推广应用提供了技术支撑，是指导编制商品次氯酸钠应用规范化文件的基础。

7.4 产品选择

7.4.1 产品价格

商品次氯酸钠溶液的价格受生产工艺条件、运输距离和购买数量等因素的影响，根据2020年的调研数据显示，浓度为10%左右的商品次氯酸钠溶液价格范围为1000～2000元/吨。

7.4.2 基本要求

商品次氯酸钠溶液应取得“涉及饮用水卫生安全产品卫生许可批件”。外观：浅黄色液体，无可见杂质，无分层沉淀。主要指标满足以下要求：有效氯（以Cl计）≥5%；游离碱（以NaOH计）0.1%～1%；氯酸盐（以ClO_3^-计）含量与有效氯含量比值≤3%；铁（Fe）≤0.005%；重金属（以Pb计）≤0.001%；砷（As）≤0.0001%。

城镇给水工程宜根据设计规模和原料供应等因素合理选择商品次氯酸钠溶液。给水工程规模较大，在合理运输距离内有大型商品次氯酸钠溶液生产厂家时，可选择其作为消毒剂。相关设备设施配置应根据水厂设计规模、处理工艺、水质条件，结合实际运行负荷确定，应满足最大投加量要求，同时应配置备用设备设施。

7.4.3 药剂投加

次氯酸钠溶液宜采用计量泵投加；计量泵应具有防腐能力；计量泵的选型应根据次氯酸钠的投加量、投加压力等参数确定；实际投加量不应小于计量泵最大流量的20%；应配备备用计量泵。

次氯酸钠溶液与计量泵连接的进口管路，应设计适量排气点；出口管路上流量计宜采用垂直安装方式，采用水平安装方式时，流量计下游和上游宜增加“拱门”设计，宜在流量计上游最高点增加排气点。

次氯酸钠投加点如果直接连接到供水管道上，加注口应处于管道中心位置，并沿水流方向开45°切口；如果投加点在清水池，投加点应在水面以下。

管道布置应符合管线短，附件少，走向平直，整齐美观，便于安装、检修、支吊和安全等原则；管路上应设置相应的标识说明，标识出介质类别和走向；跨越人行过道的室内管道，其净高不应低于2m，并加设托管，管道布置不应影响设备起吊，不宜遮挡窗；经常手动操作的阀门布置高度不宜超过1.6m，高于2m的应有阀门操作措施，阀门的布置应便于操作。

7.5 运输储存

商品次氯酸钠溶液运输过程中，应采用适应次氯酸钠溶液特性的塑料桶包装，包装容器上必须标明危险货物包装标记，适合积载，便于安全装卸和运输，能承受正常运输条件小的风险，避免阳光照射，禁止与其他可能与次氯酸钠溶液发生反应的货物一起运输。

次氯酸钠溶液储罐、输送管路及其密封件应避免使用金属材质，储罐和输送管宜采用聚乙烯（PE）、聚氯乙烯（PVC）、聚四氟乙烯（PTFE）和聚偏二氟乙烯（PVDF）等材质，密封件宜选用三元乙丙橡胶等材质。

次氯酸钠溶液储存间内应避免光照，应设通风设备，换气 8 ～ 12 次 /h；室温宜 <25℃，不宜＞30℃，不宜＜5℃；室内可能与次氯酸钠接触的建筑构件、墙面和地面应做防腐处理；应有良好的排水设施；房间出入口附近应设置一套快速淋浴和洗眼器。

次氯酸钠溶液储罐容积应为实际储存量体积的 110%，应设置进口、出口、排污口、通气口（现场制备次氯酸钠溶液储罐应设进风口和出风口两个通气口）和溢流口，并配备液位变送器。溢流口所接溢流管的出口需引到室外。如果不设置溢流口，应在储罐上设置 2 个液位检测仪器，进行双重的液位保护。储罐下应设收集池，体积不小于 1 个储罐体积。

商品次氯酸钠溶液储备量宜按照储存浓度 5%（有效氯）和最大用量的 7 天计算。

7.6　运行维护

供水企业应要求商品次氯酸钠溶液供货商具有第三方检测报告，并执行索证及验收制度。应对购置的每批次商品次氯酸钠溶液中 7.4 规定的指标进行检测，所有指标均应合格。

采用次氯酸钠溶液消毒，投加后与水接触时间不应＜ 30min；投加量应根据需氯量试验来确定。

城镇给水系统应用次氯酸钠消毒时，应通过进水管路流量和出水中余氯在线监测，实时调整消毒剂投加量，余氯应符合 GB 5749 要求；应定期检测出水中氯酸盐浓度，氯酸盐应符合 GB 5749 要求。

商品次氯酸钠溶液在储存期间，应每天检测次氯酸钠溶液有效氯浓度；在新旧批次转换期间，应根据次氯酸钠溶液的差异及时调整投加量；储罐每次注入新药剂之前原药剂应尽量用完。

定期采用自来水或酸溶液清洗次氯酸钠溶液投加管路，每 1 ～ 2 月 1 次；定期清洗次氯酸钠溶液储液池 / 罐，1 ～ 2 次 / 月。

控制柜（含电气、自动设备）、计量泵、超声液位计等设备及附属配件的维护按生产厂家提供的技术文件要求进行。

次氯酸钠溶液停止投加后（停用期间），应以自来水清洗计量泵和次氯酸钠投加管路，如果管路有结垢情况，宜用酸溶液清洗，以备再次启用。

7.7　注意事项

① 操作人员应定期开展安全教育培训，严格遵守操作规程。操作人员接触次氯酸钠时应戴化学安全防溅护目镜，戴耐酸碱手套，穿防酸碱工作服和戴面罩，次氯酸钠操作区域内合理安装淋浴器和洗眼器。

② 次氯酸钠溶液应远离火种、热源；应与还原剂、酸类分开存放，不应混储。在投加泵和输送管道区域宜设置防喷溅围挡或防护帘或隔板等。

③ 次氯酸钠溶液储存间应设置防护用品（含防护眼镜和耐酸碱手套）多套，置于储存间进口侧墙壁。

④ 若皮肤、眼睛不慎接触到次氯酸钠溶液，应用大量流动水冲洗；若不慎吸入次氯酸钠溶液中挥发出的气体，应立即转移到空气新鲜、通风处；上述情况严重者应到医院医治。

参考文献

[1] 曹旭平 , 张丽媛 . 中国活性炭产业国际竞争战略选择 [J]. 林业经济问题 , 2011, 31(5): 416-419.

[2] 蒋煜 , 刘德钱 , 解强 . 我国煤基活性炭生产技术现状及发展趋势 [J]. 洁净煤技术 , 2018, 24(1): 26-32.

[3] 郭俊春 . 煤基活性炭生产技术工艺及发展 [J]. 生物化工 , 2018, 4(5): 134-136.

[4] 段友丽 , 周婷 , 王晋 . 煤质活性炭在饮用水处理中的应用 [J]. 中国给水排水 , 2012, 28(8): 31-34.

[5] 李艳芳 , 孙仲超 . 国内外活性炭产业现状及我国活性炭产业的发展趋势 [J]. 新材料产业 , 2012(11): 4-9.

[6] 梁大明 . 中国煤质活性炭 [M]. 北京 : 化学工业出版社 , 2008.

[7] 沈曾民 , 张文辉 , 张学军 , 等 . 活性炭材料的制备与应用 [M]. 北京 : 化学工业出版社 , 2006.

[8] 张文辉 , 梁大明 . 我国煤基活性炭发展趋势探析 [J]. 煤质技术 , 2003(4): 26-28.

[9] 李艳芳 , 梁大明 , 刘春兰 . 国内外活性炭应用发展趋势分析 [J]. 洁净煤技术 , 2009, 15(1): 5-8.

[10] 孙仲超 . 我国煤基活性炭生产现状与发展趋势 [J]. 煤质技术 , 2010(4): 49-52.

[11] 钱慧娟 . 国外活性炭生产和市场回顾与展望 [J]. 林产化工通讯 , 2001, 35(6): 30-33.

[12] 张文辉 , 阎文瑞 . 配煤技术在活性炭生产中的应用 [J]. 洁净煤技术 , 2000, 6(2): 28-31.

[13] 张文辉 , 王岭 , 李书荣 . 我国活性炭技术与标准化发展 [J]. 煤质技术 , 2005(6): 6-7.

[14] 刘媛 . 活性炭在水处理中的应用 [J]. 化工管理 , 2020 (4): 122.

[15] 蔡璇 . 饮用水深度处理技术研究进展及应用现状 [J]. 净水技术，2015, 34(s1): 44-47.

[16] 万蓉芳 , 高乃云 , 伍海辉 , 等 . 颗粒活性炭吸附饮用水中卤乙酸特性研究 [J]. 给水排水 , 2005, 31(12): 5-10.

[17] 解炜 . 我国煤基活性炭的应用现状及发展趋势 [J]. 煤炭科学技术 , 2017, 45(10): 16-23.

[18] 梅胜权 , 陆晓东 , 申甄华 . 煤基活性炭在饮用水处理中的应用现状及发展趋势 [J]. 洁净煤技术 , 2018, 24(s1): 76-79.

[19] 陈国光 , 朱慧峰 , 钱静汝 . 上海供水现状及深度处理工艺改造进展情况 [J]. 给水排水 , 2015, 41(12) : 11-13.

[20] 安东 , 李伟光 , 崔福义 , 等 . 固定化生物活性炭强化饮用水深度处理 [J]. 中国给水排水 , 2005, 21(4): 1-5.

[21] 施荫锐 , 王瑛 . 我国活性炭生产现状与发展趋势 [J]. 林产化学与工业，1993(3): 257-261.

[22] 李英 , 李军 , 刘景祥 . 粉状活性炭处理微污染低温低浊水的研究 [J]. 黑龙江水专学报 , 2003, 30(2): 21-22.

[23] 伍悦滨 , 杜玉柱 , 王欢 . 粉状活性炭净化水试验研究 [J]. 黑龙江水专学报 , 1999, 26(1): 68-71.

[24] 李晓东 , 王志军 , 纪峰 , 等 . 粉状活性炭在水处理工艺的应用 [J]. 城镇供水 , 1999 (3): 8-10.

[25] 刘强 . 粉末状木质活性炭的生产方法与工艺探索 [J]. 炭素 , 2005(1): 40-41.

[26] 王祥清 . 活性炭在水处理工艺中的应用研究 [J]. 辽宁化工 , 2022, 51(9): 1292-1295.

[27] 苏晓濛 , 汤昊洋 , 吕伟 , 等 . 活性炭吸附技术在水处理中的应用 [J]. 化工管理 , 2022 (9): 38-40.

[28] 时运铭 , 沈铁焕 , 魏青 , 等 . 粉状活性炭的生产方法及工艺技术改进趋势 [J]. 石家庄师范专科学校学报 , 2000, 2(4): 36-38.

[29] 刘俊良 , 叶丽红 , 李秀 . 水处理填料与滤料 [M]. 2 版 . 北京：化学工业出版社，2015.

[30] 马卫东 . 武汉市白沙洲水厂出厂水控浊技术改造前期研究 [J]. 中国给水排水 , 2017, 33(14) ：13-17.

[31] 纪银传 , 庄金练 , 曾华屹 , 等 . 梅岭水厂 V 型滤池黑化石英砂滤料解决方案 [J]. 城镇供水 , 2010(1) ：22-25.

[32] 王利平 , 张世华 , 王峰慧 , 等 . 均质石英砂滤料过滤性能的试验研究 [J]. 西安建筑科技大学学报，1996, 28(1):65-68.

[33] 丁卫 , 胡小芳 , 巢猛 , 等 . 炭砂滤池去除有机物的生产性示范工程研究 [J]. 中国给水排水 , 2015, 31(7): 43-45.

[34] 李浩 , 贾瑞宝 , 刘衍波 , 等 . 济南鹊华水厂深度处理改造工程设计及运行分析 [J]. 给水排水 , 2012, 38(4): 22-25.

[35] 郭敬华 , 刘衍波 , 李世俊 , 等 . 济南玉清水厂技改工程的设计、施工与运行 [J]. 中国给水排水 , 2012, 28(18): 57-59.

[36] 李润生 , 沈开义 , 李凯 . 我国水处理混凝剂的发展新趋势 [J]. 中国给水排水 , 2010, 26(8): 145-146.

[37] 李为兵 , 金雪中 , 张红春 , 等 . 处理低温低浊水的混凝剂优选 [J]. 中国给水排水 , 2006, 22 (13) : 49-52.

[38] 秦建昌 , 冯雪冬 , 栾兆坤 , 等 . 聚合硫酸铝的制备及形态特征 [J]. 环境化学 , 2004, 23(5) : 515-519.

[39] Shi B, Li G. Removal of direct dyes bycoagulation: The perfomance of preformed polymeric aluminum species[J]. J Hazard Mater, 2007, 143: 567-574.

[40] 高宝玉，岳钦艳，黄红杉．水处理无机混凝剂的研究进展 [J]. 油气田环境保护，1998(2)：41-43.

[41] Geng C, Cao N, Xu W, et al. Molecular characterization of organics removed by a covalently bound inorganic-organic hybrid coagulant for advanced treatment of municipal sewage[J]. Environmental Science&Technology, 2018, 52: 12642-12648.

[42] 高宝玉，王燕，岳钦艳，等．PAC 与 PDMDAAC 复合絮凝剂中铝的形态分布 [J]. 中国环境科学，2002,22 (5)：472-476.

[43] Allouche L, Dr C G. Al30：A giant aluminum polycation[J]. Angewandte Chemie International Edition, 2000, 39(3)：511-514.

[44] Chadwick D J, Whelan J, eds. Aluminium in Biology and Medicine (Ciba Foundation Symposium No.169) [M]. Chichester: Wiley, 1992.

[45] Jugdaohsingh R, Reffitt D M, Oldham C,et al. Oligomeric but not monomeric silica prevents aluminum absorption in humans[J]. Am J Clin Nutr, 2000, 71: 944-949.

[46] 曹百川．铁系混凝剂处理引黄水库水的混凝效果和絮体特性的研究 [D]. 济南：山东大学，2012.

[47] 何嘉莉，张晓娜，刘清华，等．聚合硫酸铁对东江原水的适用性试验研究 [J]. 城镇供水，2018(4): 13-16.

[48] 李风亭．我国混凝剂应用现状及问题探讨 [J]. 净水技术，2018, 37(7): 1-3, 13.

[49] 李润生，俞明华，聂祥，等．水处理混凝剂的评价 [J]. 无机盐工业，2017, 49(5): 1, 4.

[50] 谢经良，张艳文，李常芳，等．氯化铁混凝剂中亚铁含量对混凝效果的影响 [J]. 环境工程学报 ,2014,8(9): 3559-3562.

[51] 武道吉，谭凤川，王新文，等．絮凝动力学机理与控制指标研究 [J]. 环境工程，2000,18(5): 22-25, 3.

[52] 骆禹璐，王啸天，高敏，等．改性天然高分子絮凝剂制备的研究进展 [J]. 高分子通报，2022(8): 1-11.

[53] 赵君，任俊鹏，周进康，等．高分子絮凝剂的研究进展 [J]. 化工技术与开发，2021, 50(7): 35-37.

[54] 王学军，王旭峰，褚平安，等．聚丙烯酰胺相关标准分析研究 [J]. 工业水处理，2021, 41(12): 127-131

[55] 秦晔．次氯酸钠消毒工艺在水厂中的应用 [J]. 供水技术，2014, 8(3): 21-23.

[56] 王万林．次氯酸钠溶液稳定性研究进展 [J]. 无机盐工业，2007, 39(9): 12-15.

[57] 陆宇骏．次氯酸钠现场生产系统在大中型水厂的应用 [J]. 净水技术，2010, 29(1): 70-73.

[58] 刘丽君，周娅琳，阮建明，等．次氯酸钠消毒剂的分解特性及氯酸盐副产物形成规律探讨 [J]. 给水排水，2019, 45(6): 54-58.

[59] 曹勤，胡兴利，黄晓斌，等．次氯酸钠消毒在自来水厂中的应用及优化 [J]. 中国给水排水，2016, 32(15): 91-95.

[60] 王秋生．次氯酸钠消毒在自来水厂中的应用及优化 [J]. 科技经济导刊，2017(26): 146-147.

[61] 朱海涛，张富标，徐飚，等．嘉兴市贯泾港水厂次氯酸钠消毒技术工程应用研究 [J]. 中国给水排水，2017, 33(6): 39-42.

第二篇

净水设备

第 8 章 臭氧发生器

8.1 产品概述

臭氧分子由三个氧原子组成，分子式为 O_3，是氧气（O_2）的同素异形体。臭氧其中一个氧原子与另外两个氧原子以单键的形式相连接，这种单键不稳定，断裂后生成一个单原子氧和一个氧气分子，其中单原子氧具有极强的氧化能力，所以决定了臭氧的性质极为活跃、易分解、氧化能力强的特点。人工产生臭氧的装置统称臭氧发生器，英文名 ozone generator 或 ozonizer，但因臭氧分子结构不稳定、极易分解，一般自然条件下无法储存和运输，只能通过臭氧发生器现场制造产生。

城镇供水系统臭氧发生器均为大型臭氧发生器，一般采用介质阻挡放电方式大型臭氧系统，臭氧系统由臭氧发生器、气源装置、接触反应装置、尾气处理装置、监测控制仪表等设备组合组成。臭氧 - 生物活性炭工艺是目前饮用水深度处理最为成熟的工艺，集活性炭物理吸附、臭氧化学氧化、生物降解及臭氧灭菌消毒等功效为一体，在世界发达国家已得到广泛运用，有悠久应用历史、丰富实施技术数据和大量成功案例。欧洲的自来水厂在 20 世纪初就开始采用臭氧工艺，目前法国、德国的水厂大多采用了臭氧深度处理工艺。20 世纪 80 年代以来，由于美国环保局对出厂水和管网水的消毒做了更加严格的规定，迫使当时的美国水厂必须采用臭氧深度处理技术改造来达到供水要求。我国饮用水应用臭氧 - 生物活性炭深度处理技术已有二十几年历史。

8.2 产品分类及性质

8.2.1 臭氧制取技术

臭氧制取技术是指产生臭氧的技术，按发生方式一般有气体放电法、电解法和紫外线辐射法。气体放电法是最常用的方式，在工业上臭氧发生器主要采用介质阻挡放电，氧气和含有氧气的气体通过介质阻挡放电产生臭氧，放电室结构主要有管式和板式两种。电解臭氧发生器主要是以纯水为原料，在催化剂和外电场的作用下，将水电解为阳极气体（O_2 和 O_3）和阴极气体（H_2）。185nm 波长的紫外线照射氧气能产生臭氧，紫外线除产生臭氧外，254nm 波长的紫外线本身也能起到杀菌消毒等目的，难以归为专门的臭氧发生器，市场上也少有采用紫外线照射法的臭氧发生器。市场上在售的臭氧发生器主要有气体放电法臭氧发生器和电解臭氧发生器两种。介质阻挡放电技术是工业应用臭氧发生器普遍采用的类型，是应用市场占有率最高、应用最广的技术，尤其是大中型臭氧发生器，下面均按介质阻挡放电型臭氧发生器描述。

介质阻挡放电法基本原理是使氧气或含氧气体通过由放电电极和绝缘介质构成的放电间隙，当电极间施加的外部交流高压电场超过气体的击穿电压时，气体发生充分电离，从高压电场获得能量的电子与氧分子发生非弹性碰撞，电子把能量转移给氧分子，气体被激励后，发生电子雪崩，形成等离子体。当电子从放电电场获得的能量大于 6.0eV 或 8.4eV 时，氧分子开始分解、电离，产生的有效的氧原子与氧分子结合，最终形成臭氧。臭氧主要通过式（8-1）、式（8-2）两种路径产生：

$$\begin{aligned} &e + O_2 \longrightarrow e + O_2(A^3\Sigma_u^+) \qquad 6\text{eV 时} \\ &\longrightarrow e + O(^3P) + O(^3P) \\ &O_2 + O(^3P) \longrightarrow O_3 \end{aligned} \tag{8-1}$$

$$\begin{aligned} &e + O_2 \longrightarrow e + O_2(B^3\Sigma_u^-) \qquad 8.4\text{eV 时} \\ &\longrightarrow e + O(^3P) + O(^3D) \\ &O_2 + O(^3P) \longrightarrow O_3 \end{aligned} \tag{8-2}$$

介质阻挡放电臭氧发生原理见图 8-1。

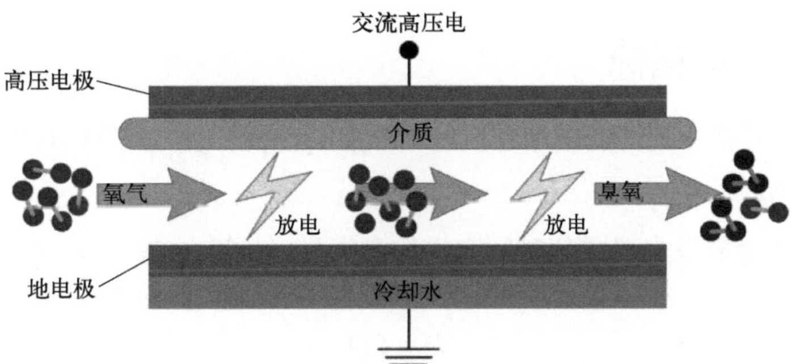

图 8-1　介质阻挡放电臭氧发生原理示意

8.2.2　臭氧设备分类

目前工业应用的大型臭氧发生器都采用介质阻挡放电方法，介质阻挡放电的具体分类方法有以下几种。

（1）结构形式

按臭氧发生单元的结构形式分为管式和板式。目前工业应用大型臭氧发生器普遍采用管式，板式近些年也开始采用且有一定的发展潜力。用于饮用水处理用臭氧发生器绝大多数采用管式，也有个别采用板式。

（2）放电频率

按放电频率分为工频（50Hz、60Hz）、中频（100 ～ 1000Hz）和高频（≥ 1000Hz）。目前市场上主要采用中高频臭氧发生器，频率范围为 600 ～ 4000Hz。工频臭氧发生器放电所需的电压高，臭氧出气浓度低，体积大，效率低，目前处于逐步淘汰的阶段。

（3）气源类型

按供气气源分为空气源型和氧气源型。氧气源型包括液氧源型和富氧源型，自来水厂臭氧系统一般采用液氧源的居多，也有采用富氧源的。采用富氧源时，臭氧规模较小的采用 PSA 现场制氧，臭氧规模较大的采用 VPSA 现场制氧。供氧设备都可选择采购或租赁两种方式。

（4）冷却方式

按冷却方式分为水冷却式和空气冷却式。用于饮用水处理用臭氧系统采用水冷却式设备，用于空气消毒、果蔬保鲜等领域的小型臭氧发生器多为空气冷却式。

（5）固定方式

按臭氧发生单元的固定形式分为立式和卧式。一般用于水处理的大型臭氧发生器多采用卧式，小规格设备多采用立式。

（6）臭氧产量

按臭氧产量分为小型臭氧发生器（<100g/h）、中型臭氧发生器（100g/h ～ 1kg/h）和大型臭氧发生器（≥ 1kg/h）。据不完全调研，目前国产品牌单台臭氧发生器臭氧产量最高达 135kg/h。

8.2.3 产品性能指标

衡量臭氧发生器的主要性能指标包括臭氧产量、臭氧浓度与臭氧电耗以及使用寿命。

（1）臭氧产量

臭氧产量是指臭氧发生器单位时间产生的臭氧量（标准状态下），臭氧产量是臭氧浓度数值与臭氧化气流量（标准状态）数值的乘积，计算公式为式（8-3）：

$$D=CQ \tag{8-3}$$

式中 D——臭氧产量，g/h，达到或超过 1000g/h 的臭氧发生器的臭氧产量换算成 kg/h 表示；

C——臭氧浓度，g/m^3 或 mg/L；

Q——臭氧化气流量，m^3/h。

（2）臭氧浓度

臭氧浓度是指臭氧发生器出气口的臭氧含量（标准状态下），臭氧浓度为臭氧质量与标准状态下体积的比值，按式（8-4）；或臭氧浓度为臭氧质量与气体质量的比值，按式（8-5）：

$$C=\frac{m}{V} \tag{8-4}$$

式中 C——臭氧浓度，g/m^3 或 mg/L；

m——臭氧质量，g 或 mg；

V——标准状态下体积，m^3 或 L。

$$C=\frac{m}{M} \tag{8-5}$$

式中　C——臭氧浓度，%；

m——臭氧质量，g；

M——气体质量，g。

臭氧浓度通过碘量法或紫外吸收法测定。大型介质阻挡放电型臭氧发生器空气源臭氧浓度大致为 20 ～ 40mg/L，氧气源大致为 100 ～ 180mg/L。

（3）臭氧电耗

臭氧电耗是指产生 1kg 臭氧消耗的电能，臭氧电耗为有功功率与臭氧产量的比值，按式（8-6）。

$$P=\frac{W}{D} \tag{8-6}$$

式中　P——臭氧电耗，kW·h/kg；

W——有功功率，kW；

D——臭氧产量，kg/h。

大型介质阻挡放电型臭氧发生器空气源臭氧电耗大致为 13 ～ 17kW·h/kg，氧气源大致为 7 ～ 11kW·h/kg；小型介质阻挡放电型臭氧发生器臭氧电耗从十几到几十千瓦时 / 千克（kW·h/kg）不等。

（4）使用寿命

使用寿命是指臭氧发生器主要部件和整个系统持续稳定运行的时间，单位为时（h）或年（a）。介质阻挡放电型臭氧发生器寿命要求为 15 年。

臭氧产量和浓度关系到臭氧在工业应用中的效果，电耗和使用寿命则关系到臭氧设备的运行成本。在相同条件下，产量越大、浓度越高、电耗越低的臭氧设备技术越先进。另外，在臭氧设备技术指标先进的基础上，还要实现运行中的稳定性、可靠性，从某种程度上讲稳定性和可靠性的重要程度更高，臭氧系统应在稳定可靠运行的基础上实现技术指标先进性。以上核心技术指标代表着臭氧设备的性能，也标志着从事臭氧设备制造公司的技术实力。

8.3　产品相关标准

臭氧作为化学消毒剂在我国应用已有多年历史，发展较快的是生活饮用水深度处理、制药工业消毒净化和食品加工消毒等，不同应用使用不同类型的臭氧发生器。早在 1980 年德国发布相关标准，而我国臭氧发生器的相关标准少，特别在产品性能指标与技术参数方面。

（1）国内臭氧相关标准

我国较早的标准是由国家住房和城乡建设部发布的《臭氧发生器》（CJ/T 3028.1—1994）和《臭氧发生器臭氧浓度、产量、电耗的测量》（CJ/T 3028.2—1994），后期陆续颁布了《水处理用臭氧发生器》（CJ/T 322—2010）、《水处理用臭氧发生器技术要求》（GB/T 37894—2019）、《臭氧消毒器卫生要求》（GB 28232—2020）、《环境保护产品技术要求　臭氧发生器》（HJ/T 264—2006）、《室外给水设计标准》（GB 50013—2018）等标准。见表 8-1。

表 8-1　臭氧发生器标准体系表

标准类型	具体标准
基础标准	《生活饮用水标准检验方法》（GB/T 5750） 《臭氧消毒器卫生要求》（GB 28232—2020）
通用标准	《环境保护产品技术要求　臭氧发生器》（HJ/T 264—2006） 《环境空气质量标准》（GB 3095—2012） 《生活饮用水卫生标准》（GB 5749—2022） 《消毒技术规范》（2002 年版） 《二次供水设施卫生规范》（GB 17051—1997） 《电气设备安全设计导则》（GB/T 25295—2010） 《生产设备安全卫生设计总则》（GB 5083—1999） 《机电产品包装通用技术条件》（GB/T 13384—2008）
专用标准	《水处理用臭氧发生器》（CJ/T 322—2010） 《水处理用臭氧发生器技术要求》（GB/T 37894—2019） 《给水处理臭氧系统应用规程》（T/CAMIE 10—2020） 《给水处理臭氧系统检测评估技术规程》（T/CAQI 150—2020） 《水处理用臭氧发生设备》（DIN 19627-2018-01） 《臭氧发生器》（NSF/ANSI 222-2006e）
技术手册	《生活饮用水净化用臭氧系统设备选用指南》 《生活饮用水消毒剂和消毒设备卫生安全评价规范（试行）》 日本臭氧协会《臭氧技术手册（2016 年修订版）》

①《臭氧消毒器卫生要求》（GB 28232—2020）规定了臭氧消毒器的原材料要求、技术要求、应用范围、使用方法、检验方法、运输和储存、铭牌和使用说明书。该标准适用于通过介质阻挡放电、紫外线照射和电解方式产生臭氧的臭氧消毒器。

②《水处理用臭氧发生器技术要求》（GB/T 37894—2019）由国家住房和城乡建设部提出、全国城镇给水排水标准化技术委员会归口，由国家市场监督管理总局和国家标准化管理委员会发布，规定了水处理用臭氧发生器的分类、型号标记和规格、结构设计和材料、一般规定、要求、试验方法、检验规则、标志、包装、运输和储存，适用于采用介质阻挡放电方式产生臭氧、用于水和废水处理的臭氧发生器。

③《给水处理臭氧系统应用规程》（T/CAMIE 10—2020）规定了给水处理臭氧系统的基本要求、臭氧发生器、气源装置、接触反应装置、尾气处理装置、仪器仪表与控制装置、安装调试与验收、运行与维护等，是为提高给水处理臭氧系统应用水平，保障给水处理中臭氧系统的工程设计、安装调试与验收、运行与维护质量，保证臭氧系统应用效果的标准。

④《给水处理臭氧系统检测评估技术规程》（T/CAQI 150—2020）规定了给水处理臭氧系统的检测评估项目及要求、检测评估方法、检测评估结果判定和检测评估报告，是规范给水处理臭氧系统的设计建设与运行管理、保证臭氧系统的应用效果、对臭氧系统开展检测评估的标准。

⑤《环境保护产品技术要求　臭氧发生器》（HJ/T 264—2006）规定了用于环境污染处理和其他用途的臭氧发生器的产品分类、命名、技术要求、检验规则以及标志、包装、运输和储存等，适用于辉光放电产生臭氧的各种类型的臭氧发生器。

⑥《室外给水设计标准》（GB 50013—2018）由国家住房和城乡建设部、国家市场监督管理总局联合发布，标准在第 9 章“水处理”的第 10 节“臭氧氧化”中，按一般规定、气

源装置、臭氧发生装置、臭氧气体输送管道、臭氧接触池、尾气臭氧消除装置等几部分，从臭氧氧化工艺设计的角度提出了对臭氧发生器、臭氧系统的设备及管道的要求，提出了臭氧设备间、臭氧接触池及气体制备等建筑物或构筑物的结构及安全要求以及相关的安全配置与操作要求等，是给水处理中臭氧应用重要的设计文件。

（2）国外臭氧相关标准

国外的臭氧技术标准主要有德国的《水处理用臭氧发生设备》（DIN 19627-2018-01）、美国的《臭氧发生器》（NSF/ANSI 222-2006e）、日本臭氧协会的《臭氧技术手册（2016 年修订版）》等。德国的《水处理用臭氧发生设备》（DIN 19627-2018-01）替代 DIN 19627-1993-03 以及更早的 DIN 19627-1980-01。该标准在历史上对臭氧技术发展起了重大的导向作用，臭氧行业的许多术语、定义、规则等内容都是在其基础上发展过来的，标准虽然有最新修订，但基本门槛要求不高。美国的《臭氧发生器》（NSF/ANSI 222-2006e）也是国际标准，内容全面翔实，作为标准的作用较好。但标准内容中的气体标准状态的条件并不与国际接轨，适用范围也有限制（500g/h 以下）等。日本臭氧协会的《臭氧技术手册（2016 年修订版）》是近年比较系统介绍臭氧技术应用的著作，以历史与发展篇、基础篇和应用篇分别介绍日本、北美、欧洲和中国以水处理为主的应用现状与展望；从理论角度详尽讲述臭氧的性质、反应特性和高级氧化特性，也介绍了臭氧对动物和人体的影响及安全标准与臭氧发生、测定方法；应用篇以多种水处理技术为主线详述臭氧处理系统的发生器、反应装置、排出臭氧处理装置的结构、控制与测量和基本设计原则，并介绍了臭氧在气体脱硝、纸浆漂白、半导体清洗、杀菌消毒、食品加工业和人体治疗等方面的应用，还介绍了臭氧在高级氧化中的应用、日本的臭氧操作相关安全标准和耐臭氧腐蚀材料，内容比较翔实。

8.4　产品选择

给水处理中臭氧系统工艺及参数确定应按 GB 50013 的总体规定，完成臭氧系统工艺确定及以下各项基本设计和主要臭氧系统设备选型，有臭氧发生器的选型、气源装置的选型等。

8.4.1　系统组成

臭氧发生器是氧气或空气通过介质阻挡放电方式产生臭氧的装置，气源装置是为臭氧发生器提供合格原料气体的单机或成套装置，接触反应装置是臭氧投加到水中并和水中物质进行反应的装置，尾气处理装置是将接触反应残留的臭氧气体经过处理降低到臭氧浓度允许排放限值的装置。大型臭氧发生器主要包括臭氧发生室、臭氧电源装置、控制装置、冷却装置、仪器仪表等部分，集成设备组成示意如图 8-2 所示。

臭氧发生室是由多组臭氧发生单元组成的装置，臭氧发生单元是产生臭氧的基本部件，由放电管与被其分隔的电极和放电空间组成，多组臭氧发生单元并联。电源系统是将输入的工频交流电源转化为中频高压交流电源的装置，使臭氧发生室内形成高压电场。大型臭氧发生器采用 PLC 来实现全自动控制，并可进行本地 / 远程操作。

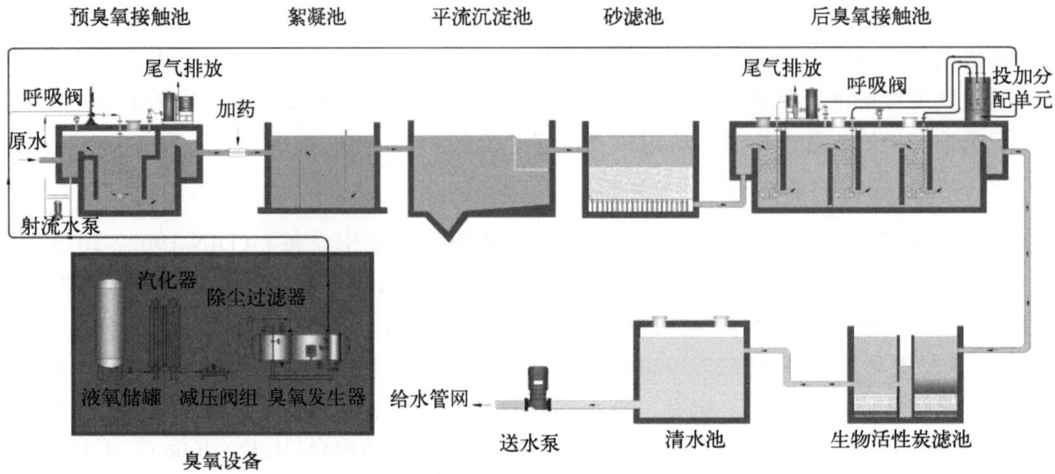

图 8-2　臭氧在饮用水处理工艺中的应用示意

臭氧发生器生产制造技术是涉及近代物理、材料、电力电子、精密机械、自动化控制、电子信息、应用化学等多学科的综合性技术。臭氧系统及臭氧发生器各部分组成关系如图 8-3 所示。

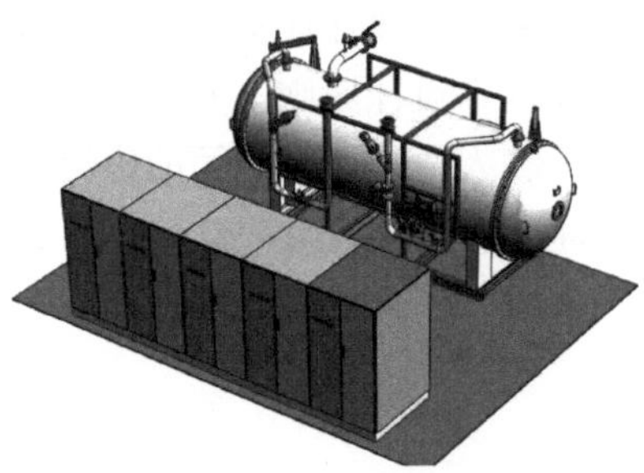

图 8-3　臭氧发生器组成示意

8.4.2　臭氧发生器选型

臭氧发生器选型应根据水处理所需要的臭氧需求量、额定量、最大量、设计余量等确定。

臭氧需求量是臭氧投加量与处理水量的乘积，计算公式如下：

$$D = QC \tag{8-7}$$

式中　D——臭氧需求量，g/h，达到或超过 1000g/h 的臭氧量换算成 kg/h 表示；

C——臭氧投加量，g/m³、mg/L 或 10^{-6}；

Q——处理水量，m³/h。

根据额定量、最大量分别计算臭氧需求量，选定一定的设计余量。确定接触反应装置的数量和容积（尺寸）、接触反应时间、每一点的臭氧投加量。接触反应装置一般分为预臭氧、后臭氧，根据建设规模、工艺设计要求确定接触池数量和尺寸、接触反应时间，确定各点的臭氧投加量。臭氧投加位置及臭氧设计投加量应符合 GB 50013 的规定，水中溶解臭氧浓度及接触时间应符合 GB 5749 及 GB 50013 的要求。

接触反应装置的容积为需处理的水流量与水和臭氧接触反应时间的乘积，计算公式如下：

$$V = Qt \tag{8-8}$$

式中　V——臭氧接触反应装置的容积，m^3；

Q——需处理的水流量，m^3/h；

t——水和臭氧接触反应时间，h。

给水处理宜选择氧气源臭氧发生器，额定臭氧浓度按 150g/m^3 或 10%，臭氧浓度调节范围一般为 6% ～ 3%。较小规模的也可采用空气源臭氧发生器。

按照选定臭氧发生器规模，结合最大臭氧需求量、设计余量确定臭氧发生器的产量规格及台数，并经技术经济比较选择备用方案。臭氧发生器最少也要采用 2 台，采用软备用时，此时一台臭氧发生器的最大臭氧产量应符合最大臭氧需求量。

确定臭氧发生器各主要技术参数后，按照 GB/T 37894 的 4.2 节规定的臭氧发生器的型号标记进行选型。GB/T 37894 臭氧发生器的型号标记格式如下：

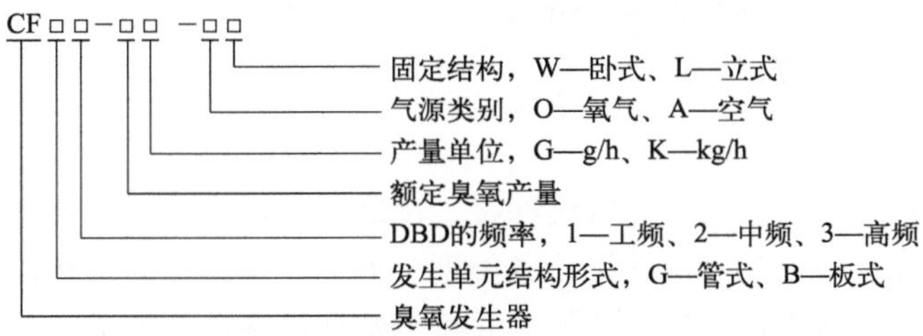

注：在不强调臭氧发生器的供气气源类别和臭氧发生单元的固定结构时，型号标记中的此部分内容可省略。

示例：CFG2-20K-OW，表示每小时额定臭氧产量 20kg/h 的管式中频氧气源卧式臭氧发生器。

按照 GB/T 37894 的 4.3 节规定的臭氧发生器的规格标记进行选型。臭氧发生器额定臭氧产量规格见表 8-2。

表 8-2　臭氧发生器额定臭氧产量规格

臭氧发生器产量单位	额定臭氧产量
g/h	5 10 15 20 25 30 40 50 60 70 80 90 100 120 150 200 250 300 400 500 600 700 800
kg/h	1 1.2 1.5 2.0 2.5 3.0 4.0 5.0 6.0 7.0 8.0 10 12 15 18 20 25 30 40 50 60 70 80 90 100 110 120 130 140 150 ……

注：生产、订购优先选用额定臭氧产量规格表中的系列产品。

确定了臭氧发生器的规格、型号后，再确定所选产品的具体技术参数，主要包括臭氧浓度、臭氧电耗、运行功率、设备供电条件、冷却水条件、气源类型、结构重量 / 工作重量、设备尺寸等。

8.4.3　气源装置和设备选型

经技术经济比较选择气源装置类型及备用方案。气源装置提供的气量应能满足臭氧发生器所需臭氧化气流量（即臭氧出气流量）要求，臭氧化气流量为臭氧发生器的臭氧产量与臭氧浓度的比值，计算公式如下：

$$Q=\frac{D}{C} \tag{8-9}$$

式中 D——臭氧产量，g/h；

C——臭氧浓度，g/m^3；

Q——臭氧化气流量，m^3/h。

当气源装置为氧气源或应用的臭氧浓度较高、可能影响气源装置规格时，精确计算气源装置提供的气量还应通过臭氧出气流量（即臭氧化气体积流量）换算得出，计算公式如下：

$$Q_{in}=Q_{out}\times\frac{48\times2+C\times0.0224}{48\times2} \tag{8-10}$$

式中 Q_{in}——气源装置提供的气体体积流量，m^3/h；

Q_{out}——臭氧化气体积流量，m^3/h；

C——臭氧浓度，g/m^3。

（1）空气源装置

空气源装置包括空气压缩机、储气缓冲罐、冷冻式干燥机、吸附式干燥机、空气过滤器等设备的部分或全部，根据空气压缩机设备类型、效率、管路损漏系数、备用系数、后级干燥设备的工作原理及气量损耗等确定选型，并按当地环境条件、海拔高程等对空压机排气量进行修正。

空气压缩机宜选用最高排气压力为0.7MPa型；根据吸附式干燥机的再生原理确定吸附式干燥机的再生耗气量，并按进气压力、进气温度等进行实际处理气量修正，选择适应空气处理要求的吸附式干燥机；冷冻式干燥机的选型根据气源的进气压力、进气温度等参数来选择，并按进气压力、进气温度、环境温度（风冷型）、冷却水温度（水冷型）等进行实际处理气量修正；按空压机的工作类型、最高排气压力、排气量等来选型压缩空气储气缓冲罐，储气缓冲罐上应包含安全阀、压力表组件、排污 / 放空阀等配件。

（2）氧气源装置

氧气源装置一般是指液氧源装置，包括液氧储罐、汽化器、热交换器（根据需要选用）、减压装置、过滤器等。液氧储罐容量一般宜在GB 50013的基础上适当增大，并根据当地运输便捷条件、槽车一次送货的规模、使用现场的运行管理便利等因素最终确定；汽化器一般选用空温式汽化器，正常工作时汽化量一般宜为铭牌汽化量规格的1/4～1/3，留有必要的安全余量以应对可能出现的极端恶劣气候条件，空温式汽化器可按一用一备设计，改善汽化能力并实现化霜便利。

大型液氧源臭氧系统宜设计氮气添加装置，液氧汽化、减压后加入0.5%～3%氮气，氮气添加宜采用干燥空气。可设计一套用于吹扫的空气源装置节约吹扫氧气。

（3）富氧源装置

富氧源装置分为PSA富氧源装置和VPSA富氧源装置。PSA富氧源装置包括空气压缩机、储气缓冲罐、冷却器、除水除油过滤器、空气干燥机、PSA制氧主机、除尘过滤器等设备的部分或全部。VPSA富氧源装置包括鼓风机、真空泵、吸附器、储气缓冲罐、仪表空气系统、仪表控制系统、电气控制系统、切换系统、氧气压缩机等设备和系统。

PSA 制氧主机一般采用双塔吸附，通过程控阀门实现双塔交替循环压力吸附、常压解吸，得到连续的不低于 90% 高纯度氧气。为实现 PSA 制氧主机吸附罐稳定快速进气，宜在制氧主机前配置储气缓冲罐。

VPSA 制氧主机采用单塔、双塔或多塔吸附，一般采用双塔吸附，通过程控阀门实现吸附塔交替循环加压吸附、真空解吸，得到连续的不低于 90% 高纯度氧气。VPSA 富氧源装置比 PSA 富氧源装置具有更低的能耗，一般在产氧量较大时采用。

（4）选型对比计算

选型对比应先假定条件。按 20kg/h 臭氧系统举例计算设备运行费用（不包含设备投资、折旧、维护及管理费用），假定条件如下：

① 氧气源臭氧电耗 7.5kW • h/kg，臭氧浓度 10% ;

② 液氧价格按 1400 元 / 吨;

③ PSA 型制氧机产生 $1m^3$ 氧气需要电能 1.4kW • h（0.7MPa 排气压力空压机）;

④ VPSA 型制氧机产生 $1m^3$ 氧气需要电能 0.42kW • h（海拔不高于 500m）;

⑤ 空气源臭氧电耗 15kW • h/kg，臭氧浓度 25mg/L，气源功耗 5.5kW • h/kg ;

⑥ 电价按 1 元 / （kW • h）。

根据以上条件核算每小时的直接运行费用，对比见表 8-3。

表 8-3　各类型气源每小时直接运行费用对比

系统类型	臭氧浓度 /(mg/L)	臭氧发生器运行电费 / 元		气源费用 / 元		合计费用 / 元
		计算	结果	计算	结果	
液氧源系统	147.8	7.5×20×1	150	0.2×1400	280	430
PSA 富氧源系统	147.8	7.5×20×1	150	1.4×140×1	196	346
VPSA 富氧源系统	147.8	7.5×20×1	150	0.42×140×1	58.8	208.8
空气源系统	25	15×20×1	300	5.5×20×1	110	410

通过以上对比得出的相对结论如下：

① 由于氧气源型系统的臭氧发生器运行费用相同，直接对比气源装置即可；

② VPSA 富氧源装置比 PSA 富氧源装置液氧源系统的运行费用低得多；

③ PSA 富氧源系统、VPSA 富氧源系统、空气源系统的直接运行费用只与电费有关，空气源系统的直接运行费用最高；

④ 电价相对稳定，液氧价格随市场波动较大，按假定条件中的电价及液氧价格变化时，液氧源装置的运行费用变化较大，可按具体市场价重新核算对比；

⑤ 臭氧浓度、电耗指标、液氧价格、电价等与假定数据不同时，应按实际数据计算。

臭氧系统的综合运行费用核算时还应关注设备造价及折旧、维护保养、运行管理费用等。空气源装置、富氧源装置中包括大量的动设备、阀门、仪表、联动控制，故障点多、稳定性受到影响。液氧源装置的稳定性是最高的。

VPSA 富氧源装置、液氧源装置可采用租赁方式，应将租金与设备采购费用、折旧及运行管理费用等进行综合对比，并充分评估设备全年运行时间，综合选择确定（租赁方式 VPSA 制氧机停机影响生产时，应由供应商负责提供备用液氧，但因客户原因停机期间依然需要支付租金）。

不考虑氧气制备的费用，臭氧系统规模越大时越应该采用氧气源装置，具体应根据项目实际条件结合以下综合选择：

① 同等臭氧产量的臭氧发生器电耗约为空气源型的 50%，装机容量约为空气源型的 50%；

② 可以实现 147.8g/m^3（10%）或更高的臭氧浓度；

③ 同等臭氧产量的臭氧发生器设备体积小、投资低，约为空气源型的 50%；

④ 由于臭氧浓度高、供气量低，臭氧输送管道及臭氧接触反应装置随之减小规格，投加效率更高，进一步降低系统投资；

⑤ 液氧源气源洁净、露点低，臭氧系统长期运行的稳定性高；

⑥ 液氧源的臭氧系统的自动化控制装置等投资降低，管理简单。

8.4.4 尾气臭氧破坏装置选型

根据臭氧应用中尾气臭氧浓度及其变化、工作气量及其变化、尾气破坏器的工作方式、催化剂（如有）效率及设计更换时间、设计余量等需要进行设计选型，并设计备用装置。

尾气处理装置可采用加热分解型装置、催化分解型装置等方式，使尾气臭氧浓度降低到允许排放的浓度限值，加热分解型装置应由电加热器、热交换器、风机、控制装置与仪表等组成，催化分解型装置应由催化反应室、加热装置、风机、控制装置与仪表等组成。两种类型尾气臭氧破坏器的工作原理、运行特点见表 8-4。

表 8-4 尾气处理装置工作原理、运行特点

装置类型		工作原理	运行特点
加热分解型	单加热、不回收热能	用加热器将尾气臭氧加热到 350℃以上彻底分解。一般加热温度高于 370℃、反应时间 2.5s	彻底分解、运行可靠，设备简单，易实现自动化监控。排出的气体温度达到 250 ～ 300℃，运行能耗高
	带热交换器进行热回收	在单加热的基础上使用热交换器回收部分热能对尾气预加热	彻底分解、运行可靠，易实现自动化监控，能耗显著降低。配置多级换热器，结构复杂，造价及占地大
催化分解型		尾气中的臭氧在一定的温度、湿度等条件下，通过催化剂作用快速有效分解为氧气	分解效率高、设备紧凑、自动化运行程度高。尾气中含有杂质及潮气时有催化剂中毒危险

根据运行要求和工艺控制条件，设置有关的阀门、仪表等实现必要的控制、调节、保护、报警等。

8.4.5 主要监测仪表与控制装置

确定各仪器仪表及控制装置的规格型号及数量、参数，如流量、压力、温度、臭氧浓度及露点等。参与控制的仪器仪表应选择在线仪表。当各臭氧仪表不参与控制时，臭氧接触后的臭氧浓度仪可选配，尾气处理装置后臭氧浓度检测仪、水中臭氧浓度检测仪可选择便携式。

确定总控制与单机控制的功能，按手动、全自动等操作方式对各运行参数进行设定、修改、调节，并可对故障实现智能识别、远程控制及联锁等。

各位置臭氧浓度检测仪器应符合表 8-5 的要求。

表 8-5 各位置臭氧浓度检测仪器要求

检测位置	臭氧发生器出口臭氧浓度	水中溶解臭氧浓度	臭氧接触后臭氧浓度	尾气处理后臭氧浓度	环境臭氧浓度
检测要求	在线检测	在线检测	定期检测	在线或定期检测	在线检测
仪器类型	紫外吸收式	极谱化膜电极式或紫外吸收式	紫外吸收式	紫外吸收式、电化学传感器式或 MOS 传感器式	电化学传感器式或 MOS 传感器式
测量范围	0 ～ 200g/m^3	0 ～ 2g/m^3	0 ～ 50g/m^3	0 ～ 20mg/m^3	0 ～ 10mg/m^3
分辨率	0.1g/m^3	0.01g/m^3	0.1g/m^3	0.02mg/m^3	0.02mg/m^3
环境补偿	温度、气压	温度	温度、气压	温度、气压	温度、气压
其他	有信号输出，排气口装设臭氧分解器	可根据具体水中溶解臭氧浓度要求选择量程	仪器进气口的干燥装置应不吸收和分解臭氧	有声光报警功能或信号输出	有声光报警功能或信号输出

注：各臭氧浓度检测仪器可根据具体情况选择量程，量程应覆盖测量范围。

其他主要仪器仪表应符合表 8-6 的要求。

表 8-6 其他主要仪器仪表要求

仪器名称	氧气泄漏报警器	露点仪	臭氧气体流量计	压力传感器	温度传感器
检测位置	臭氧发生器设备间	臭氧发生器进气总管	臭氧发生室进气端或出气端	气路、水路关键点	气路、水路关键点
检测要求	在线检测	在线或定期检测	在线检测	在线检测	在线检测
测量范围	0 ～ 25%（体积分数）	−80 ～ +20℃	按需选定	按需选定	0 ～ 100℃
分辨率	0.1%	0.1℃	2.5%	2.5%	0.1℃
其他	有声光报警功能或信号输出		流量计应符合 GB/T 37894		

装置通过控制处理水量、臭氧投加量、水中溶解臭氧浓度、臭氧气体浓度等中的一个指标或几个指标来控制臭氧的发生量及投加量。臭氧系统中基本的控制方式有“恒定臭氧浓度，调节氧气流量”和“根据水中余臭氧浓度自动调节臭氧产量”两种，应用中应针对性选择。

8.4.6 产品价格

目前，臭氧发生器市场销量日益增长，市场竞争日趋激烈，臭氧发生器元件生产规模不断增大。据对 2020 年市场价格的不完全统计，大型臭氧发生器价格为 2.5 万～ 3 万元 /kg（不含仪表及系统配套），若含不同档次仪表及系统配套为 4 万～ 5 万元 /kg，此价格与设备品牌、厂家销售策略、采购人要求、采购规模等因素相关，最终价格有一定的波动范围。

8.5 安装调试

安装调试与验收前应编制方案与计划大纲，包括准备工作、调试内容与步骤、时间安排、操作步骤及方式、人员及岗位配置、施工设备、图纸及现场条件配合、必要的应急措施、验收大纲等。安装调试前应熟悉臭氧系统设计文件和设备安装调试要求，进行施工图和安装调试技术交底。安装应在土建合格性验收之后进行，并应在安装前将臭氧系统设计文件、设备安装调试要求、现场条件情况等进行核对，发现问题应及时解决或反馈。

各设备及装置安装前应对照清单进行开箱检查，发现问题应及时解决或反馈。

安装、调试及试运行过程中的各项工作过程及结果应记录备案，并结合工作进度同时进行岗位培训。试运行达到约定的要求时应进行臭氧系统验收，签署相应验收文件。

8.5.1 安装

安装工作包括臭氧系统各设备的就位、固定，设备之间的管线及线缆连接，根据臭氧系统的安装图纸及要求，按照安装方案并按相应国家标准及规范进行。

臭氧系统设备间地面要求坚固、平整，安装应考虑地面要铺设瓷砖等处理时的应对调整。设备就位时应按照平面布置图位置摆放、找平找正，横向纵向水平度应不大于2.5mm/m。设备包装在就位安装时应暂时保留。除底座、设备接口处包装外，其余部分包装应到安装结束、开始调试前拆除。设备安装在室外的，应安装在一个水平的基础上，并应设置防雨的构筑物。

安装结束后对所完成的安装内容及安装质量进行系统检查，检查主要包括：

① 所有设备、仪器仪表、阀门、管道、线缆等的安装、连接正确、可靠并符合设计要求；

② 设备内部及连接管道已经做了清洁；

③ 供电开关、配电设备和高压装置的安装与电试验符合设计文件及当地供电部门的要求。

8.5.2 调试

调试前应准备好所需的工具、材料、辅料及可能要更换的零部件，确保安全防护装置齐全可靠，并检查水、气、电等运行条件，按调试大纲要求先辅机后主机、先部件后整机、先空载后带载、先单机后联动等方式及步骤进行。各装置应先用不含臭氧的原料气进行模拟调试，管路连接应密封可靠。

气源装置的空气压缩机、罗茨鼓风机等设备应能正常启停，液氧储罐、汽化器、减压装置、补氮装置、供气管道的阀门等应工作正常，可按要求调整供气压力、流量。检测供气压力、露点、氧含量（富氧源时）等应符合设计要求，温度、压力、流量等仪表应正常工作，气路安全保护装置动作应准确可靠。

接触反应装置扩散器气泡应均匀、射流器吸气口真空度应正常，调节符合设计要求。

尾气处理装置设备及仪器仪表工作正常，加热、保护参数符合设计要求。

臭氧发生器的调试过程如下：

① 臭氧发生室、电源装置、控制装置等检查，确认电、气、水各部分连接正确；

② 进行通气、通冷却水、控制装置通电试验，验证操作及调节功能应符合设计要求；

③ 在气源装置、冷却装置、接触混合装置、尾气处理装置调试工作正常且所产臭氧气体能被破坏时，通电调试验证各项技术性能参数应符合设计要求。

仪器仪表与控制装置的调试时，单机与总控在本地及远程数据显示传输与操控功能应正确通畅，系统应能按设计流程和程序运行及调节，并能根据现场的实际情况进行设置调整。

按操作顺序开启臭氧系统与对应的给水处理系统，按设计文件调节臭氧参数，检查、记录臭氧系统各部分参数值均应达到性能指标要求。调试完毕后应进行一段时间的试运行，如臭氧系统因故障停机或需要停机进行调整，应重新计算试运行时间。试运行期间应对臭氧系统运行参数进行全面检测，各参数均应达到设计指标要求。

8.5.3　验收

应按验收大纲要求对设备、资料、安装、调试等各过程进行验收。设备、仪器与备件清单，各类图纸、说明书、合格证、检测报告、系统操作与维护的运行规程（手册），培训教材、操作规程等资料均应验收、存档。在安装调试过程中有对以上资料调整的，应按照最新调整后进行验收。

臭氧发生器技术性能指标应按设计指标要求进行验收，无设计指标要求的应按 GB/T 37894 的规定进行验收，可就主要技术指标进行重点验收。

气源装置提供的原料气成分、温度、压力、流量、露点等应符合 GB/T 37894 的 6.1 节的规定。

尾气处理装置性能验收应在最大水量负荷、最大臭氧投加量时进行，尾气处理装置排放口的臭氧浓度应低于 0.2mg/m^3。

仪器仪表与控制装置验收应检查各仪表合格证、校验记录等，并验证单机与总控系统的显示及通信功能和操作调节功能、设置功能。有与上位机通信要求的应进行验证。

安全及联锁装置验收应确认接触反应装置双向透气阀（如果有）正、负压动作可靠，确认臭氧发生器工作间臭氧泄漏、氧气泄漏监测仪报警及联锁动作可靠。

8.6　运行维护

8.6.1　运行维护

臭氧系统运行与维护应符合 CJJ 58 等国家、地方政府各项标准及法规的要求。接触生活饮用水的设备，在运行维护时应符合《生活饮用水卫生监督管理办法》相关要求。

（1）基本要求

① 臭氧系统操作运行与维护的说明书、操作手册或规程等资料中应有各单体设备、装置和臭氧系统的相关资料，主要包括空间布置图、功能描述、工艺流程图、操作说明、维护说明等。

② 工作人员应通读所有的操作手册及规程，并应经过专门培训，按手册的规定进行臭氧系统的运行与维护工作。

③ 应配备防臭氧面具以及装有臭氧过滤吸附的呼吸装备，并保证工作人员能熟练使用呼吸装备。

④ 进入有较高浓度臭氧的场所以及进入运行过的臭氧接触反应室的工作人员应佩戴呼吸装备。

⑤ 应定期对臭氧设备间及尾气处理装置构筑物的环境臭氧浓度进行检测。

⑥ 应建立臭氧泄漏的常规处理方案、应急处理方案，并张贴在臭氧系统设备间显著位置。

⑦ 臭氧系统各项运行与维护还应符合国家、地方政府各项标准及法规的要求。

⑧ 运行及维护中应对性能数据、运行条件、工作参数等建立相应的记录及保管制度。

（2）实际操作

① 应按臭氧系统操作手册或规程等进行臭氧系统日常运行操作。

② 臭氧系统大修维护应根据设备情况、气源类型、实际运行时间并结合现场的大修维护计划合理安排，气源质量差时维护周期要缩短。

③ 臭氧系统应提供安装调试及检修维护、操作运行所需的备品备件、易损件。

④ 设备维护时，应确认电源已经切断，并在供电开关处悬挂“禁止合闸”类警示标识。

⑤ 在打开臭氧发生室之前，应对臭氧发生室进行吹扫，清除残留臭氧等气体，并应保证氧气安全排放。

⑥ 检查维护臭氧发生器时，如需接触放电管（板）、电感、电容等储能器件时，应先进行放电，防止可能的电击危险。

⑦ 臭氧发生器的维护中应检查和更换失效或损坏的放电管，检查损坏比例是否在预计的范围以内。如果放电管损坏比例超出范围，应检查原因并及时处理。

⑧ 应定期检查接触反应装置的运行情况，发现异常时应进行检查。有观察窗的接触反应装置可通过观察窗检查臭氧扩散情况。

⑨ 尾气处理装置的运行及维护中应检查或更换失效的催化剂，检查、判断催化剂是否可有效工作到下一个维护周期，检查加热器、风机的工作状态。

8.6.2 安全管理

臭氧系统运行维护中的安全管理主要包括臭氧浓度与安全管理、臭氧泄漏与安全管理、臭氧系统运行与安全管理、氧气使用与安全管理、电气设备与安全管理等。

（1）臭氧浓度与安全管理

臭氧浓度与安全涉及臭氧浓度限值及有关生理安全影响，臭氧氧化处理系统中应对排放臭氧或可能接触臭氧的环节采取安全措施。

① 臭氧氧化处理系统设备间内的臭氧泄漏浓度应符合《工作场所有害因素职业接触限值　第1部分：化学有害因素》（GBZ 2.1—2019）的规定，一个工作日内任何时间接触最高容许浓度不超过0.3mg/m^3。环境空气中的臭氧浓度应符合GB 3095的规定，臭氧安全浓度为0.16mg/m^3（日最大8h平均）、0.20mg/m^3（1h平均）。

② 臭氧对眼、鼻、喉有刺激的感觉，接触后会出现头疼及呼吸器官局部麻痹等症，其毒性与浓度和接触时间有关。人身暴露于臭氧中的早期症状为对鼻腔及咽喉刺激、咳嗽、头痛、疲劳感、慢性支气管炎、胸痛，并可出现呼吸困难症状。

③ 人能感知到气味的臭氧浓度为$0.01\times10^{-6}\sim0.02\times10^{-6}$，长期接触$4\times10^{-6}$以下的臭

氧会引起永久性心脏障碍，但接触 20×10^{-6} 以下的臭氧不超过 2h，对人体无永久性危害。臭氧浓度为 0.1×10^{-6} 时，人们就会明显感觉到并应及时采取避害措施，相对于氯气、甲醛、二氧化碳、一氧化碳等气体，臭氧属于比较安全的气体。

④ 暴露于各级别的臭氧浓度时带来的有关生理影响见表 8-7。

表 8-7 暴露于各级别臭氧浓度下的生理影响

臭氧浓度 $\times10^6$	生理影响
0.01 ~ 0.02	多少会有些可感知的气味（但不久后会适应）
0.1	厌恶的气味，鼻腔和咽喉会感受到刺激
0.2 ~ 0.5	3 ~ 6h 的暴露可使视力降低
0.5	上呼吸道会有明显的刺激感觉
1 ~ 2	2h 的暴露会引起头痛、胸痛、咳嗽，上呼吸道会感觉干燥，反复暴露会引起慢性中毒的发生
5 ~ 10	脉搏增加、身体疼痛，出现麻痹症状，如继续暴露会导致肺水肿的发生
15 ~ 20	小动物会在 2h 内死亡
50	会使人的生命处于危险中

（2）臭氧泄漏与安全管理

① 水厂应建立臭氧泄漏应急处理制度，以应对可能突发的臭氧泄漏事件。应定期对臭氧设备间及尾气处理装置构筑物的环境臭氧浓度进行检测，建立臭氧泄漏的常规处理方案、应急处理方案，并张贴在臭氧系统设备间显著位置。

② 应配备臭氧防护面具以及装有臭氧过滤吸附的呼吸装备，并保证工作人员能熟练使用呼吸装备。进入有较高浓度臭氧的场所以及进入运行过的臭氧接触反应室的工作人员应佩戴呼吸装备。任何作业过程中一旦发现空气中有臭氧，务必立即离开作业现场，在有保护的前提下处理臭氧泄漏。

③ 在进行系统维护之前要确保在无臭氧的前提下进行。在打开含有臭氧气体的系统之前，应先把气体排净，直至检测不到臭氧。采用干燥空气对臭氧系统进行吹扫，清除残留臭氧等气体。采用氧气对臭氧系统吹扫时应保证氧气安全排放。

（3）臭氧系统运行与安全管理

① 臭氧系统严禁吸烟用火，不允许用明火。

② 臭氧发生系统应安装在封闭、带锁的房间。房间内不应设置长期的办公场所。房间应安装臭氧气体监测仪和自动通风装置，保证 1h 之内换气 8 ~ 12 次。必须安装抽风装置，它的入口必须直接位于地面上方，一旦气体监测仪报警，抽风装置的开关立即自动打开。如果因为技术工艺的原因，臭氧发生系统的安装位置不能和办公地点分开，要可靠地在线监测室内的臭氧浓度，工作环境允许的臭氧浓度值最大为 $0.3mg/m^3$。设定 2 个报警浓度值：$\geqslant 0.3mg/m^3$ 系统关闭，$\geqslant 0.15mg/m^3$ 系统报警并启动通风。

③ 车间应安装有气体泄漏报警装置，配备臭氧防护面具和急救医药用品等防护用品，并应定期检查以防失效。臭氧防护面具等防护用品不能放在安装有臭氧系统设备的房间中。

④ 当系统设备发生重大安全故障时，应及时关闭整个设备系统。氧气及臭氧设备的紧急断电开关应安装在氧气及臭氧车间内生产人员易于接近的地方。

⑤ 设备维护时，应确认电源已经切断，并在供电开关处悬挂“禁止合闸”类警示标识。如需接触放电管（板）、电感、电容等储能器件时，应先进行放电，防止可能的电击危险。

⑥ 尾气处理装置防止意外接触的保护装置要安装在臭氧破坏器四周 0.8m 的地方，尾气管要安装在不会造成人身伤害的地方。

⑦ 加热分解尾气处理设备须保证人体不会直接接触到高温部位，并符合消防规定。

（4）氧气使用与安全管理

① 氧气的日常管理应符合《危险化学品仓库储存通则》（GB 15603—2022）内相关要求。液氧的运输应由具有危险品运输资质的单位承担。

② 在利用氧气作为原料气时，应遵守使用氧气的技术安全措施与规定，特别是纯氧储罐必须与周围建筑保持足够的距离。

③ 氧气气源设备的四周设置隔离设施，除氧气供应商操作人员或水厂专职操作人员外，其他人员不得进入隔离区域。氧气以及臭氧输送投加管沟严禁与液氯、混凝剂等投加管沟相通，严禁油脂及易燃物漏入管坑内。

④ 不要在液氧出口处周围 5m 的安全区内储存可燃和自燃的材料。氧气气源设备 30m 半径范围内，不得放置易燃、易爆物品以及与生产无关的其他物品。

⑤ 不得在任何储备、输送和使用氧气的区域内吸烟或有明火，如确需动火时，必须办理“动火许可证”，并做好相应预案。动火作业前，应检测作业点空气中的氧气浓度，作业期间派专人进行监管。

⑥ 所有使用氧气的生产人员在操作时必须佩戴安全帽、防护眼罩及防护手套。操作、维修、检修氧气气源系统的人员所用的工具、工作服、手套等用品，严禁沾染油脂类污垢。

⑦ 液氧厂家应定期对放空阀、减压阀、防爆片和压力表进行检查和更换，对液氧罐系统内的进料阀、增压阀、减压阀、液位表进行定期检查。

⑧ 液氧厂家应定期对液氧罐进行压力容器的安全检查，及时收集压力容器的安全报告编入安全台账。

（5）电气设备与安全管理

① 检查臭氧系统各设备可靠接地，接地应符合 GB 14050 的规定。

② 检查电气设备防止电击危险的绝缘保护措施，装置内任何带电部件只有在通过联锁开关断开电源后才能被触及。

③ 当系统设备发生重大安全故障时，应及时切断电源、关闭整个设备系统。氧气及臭氧设备的紧急断电开关应安装在氧气及臭氧车间内生产人员易于接近的地方。

④ 设备维护时，应确认电源已经切断，并在供电开关处悬挂“禁止合闸”类警示标识。如需接触放电管（板）、电感、电容等储能器件时，应先进行放电，防止可能的电击危险。

8.7 注意事项

国内外一些最有代表性的臭氧饮用水深度处理案例证明，要保持臭氧系统稳定的技术性能指标，必须加强日常的维护管理。通过良好的维护保养及技术更新升级，臭氧系统可保证运行 20 年以上。气源装置的选型及维护非常重要，液氧、现场制氧等供气方案可根据不同时期的市场价格综合选择。另外臭氧处理工艺及参数需要在试验中不断完善、改进，臭氧系统通过技术更新、升级，可以大幅提高产能、效率。

江苏某自来水有限公司深度处理采用科学的臭氧 - 生物活性炭工艺，是江苏省的第一个深度处理工程，是江浙地区早期采用深度处理的工程之一，2007 年完成了 2 套计 7 台某国外品牌的 20kg/h 臭氧系统，2008 年采用的 1 套国产 20kg/h 臭氧发生器是国产臭氧设备首次在市政自来水臭氧深度处理上的应用，2009 年采用了 2 套国产 20kg/h 臭氧发生器。各臭氧系统一直做定期维护、检修保养，至今均运行良好。

美国洛杉矶水厂 1986 年 11 月底开始试运行，是 20 世纪 80 年代世界最大臭氧水厂，且持续运行了几十年，在全球范围具有特别重要的代表性。当时，洛杉矶水厂所用的臭氧发生系统的产量是当时美国其他地方用于饮用水处理的臭氧产量总和的 5 倍还大。该水厂臭氧系统最初有 5 台 37.3kg/h 的臭氧发生器，后来增加了 1 台 37.8kg/h 的臭氧发生器，连续经过了十多次较大技术更新和升级。洛杉矶水厂 B ～ E 这 4 台臭氧发生器更换为先进的电极及全新臭氧电源，翻新后的臭氧发生器可产生浓度为 6%、产量为 56.7kg/h 的臭氧，在浓度接近 10% 时臭氧产量为 37.8 ～ 49kg/h。

以下列举了臭氧饮用水深度处理运行管理中一些最有代表性的问题描述及原因分析、解决方案及实施要点、应用效果总结。

（1）放电管故障

某水厂臭氧系统共 4 台进口品牌臭氧发生器，2# 发生器在运行了 6 年后，无法开机。现场按照控制时序启动开机程序后，开机报警、提示重大故障。检查臭氧电源无异常，现场对发生室进行高压检查，发现有短路故障，判断有放电单元损坏或击穿，导致无法开机。

由于该臭氧发生器的放电单元为玻璃介质类型，分为两段式，分别对这两段放电单元的罐体整体进行高压检测，其中一端完好，另一端短路。对短路端臭氧发生室开盖检查，发现放电单元无高压熔断器，因此只要有一根放电管出现故障，设备即无法开机，必须找到、摘下该损坏放电管，更换后才能开机。首先对该端的放电单元进行分区，拆除各区之间连接的导电片，最终发现了 1 支损坏的放电管，拆除该放电管的高压连接后，进行高压测试，设备正常，判断该发生器总共损坏 1 支放电管，故障就是由该放电管引起。由于该臭氧发生器已经运行 6 年，放电管上有严重积灰及污染，抽出该损坏放电管非常不容易，并在拆除过程中意外碰碎 2 支紧挨着的放电管。更换 3 支新的放电管后，逐区进行高压检测，装配好所有高压导电连接后进行整体高压测试，测试合格后臭氧发生器封盖并开机，设备运行正常。

该品牌臭氧发生器的放电管较细，放电间隙也非常小。虽然设备一直运行较稳定，但出现放电管故障、维护时比较麻烦，需要有丰富经验的专业技术人员进行，并要小心不要因为维护损坏的放电管而损坏其他完好的放电管。

（2）放电管发黄

某水厂 3# 臭氧发生器在运行了 5 年后，发生器内放电管发黄，发生器运行时有 30% 放电管不亮。放电管发黄主要原因是发生器受潮造成：一是氧气源露点偏高，达不到要求；二是主臭氧接触池曝气盘内的潮气进入到发生器内。臭氧发生器在工作时，会加入少量的氮气，在气源露点达不到要求时氮气和氧气在电离时会发生反应产生氮氧化物，并在潮湿环境中会进一步形成硝酸，附着在放电管表面生成黄褐色物质，它会腐蚀放电管，导致放电管损坏。另外两台臭氧发生器由于运行正常，并未出现上述状况，就此可排除气源露点偏高的因素。3# 臭氧发生器因配电系统故障停用较长时间，有湿气进入到发生器内，恢复运行前氧气吹扫不够彻底，发生器内仍有湿气，3# 臭氧发生器工作时受潮造成故障。

为确保发生器的正常运行，需对 3# 臭氧发生器进行揭盖大修。由于臭氧发生器维护的特殊性，交由厂家进行揭盖大修，主要包括臭氧发生器开盖及保险丝检测、放电管进行高压测试；对放电管以及臭氧发生器进行清洗；更换新的保险丝及放电管；更换后的臭氧放电管进行高压测试；臭氧发生器封盖并开机运行。臭氧发生器揭盖分批取出 1152 根放电管，清洗并吹干，检测放电管，检测出损坏放电管共 24 根，损坏率 2.08%，检测出保险丝损坏 87 根，占总量的 30%。将清洁干净且检测完好的放电管安装入发生器内，安装保险丝，更换发生器密封环，封盖、检查密闭性。耐压测试通过后，通入氧气对臭氧发生器进行吹扫，吹扫 12h 以上，且对发生器吹扫后的露点进行在线检测，露点值＜ −65℃。吹扫达标后，臭氧发生器进行试运行阶段，对相关运行数据进行检测。

臭氧发生器的揭盖大修建议委托专业厂家进行，设备需要专业人员和专用工具以确保维护后的效果达到预期的目的。臭氧发生器停用较长时间后再次运行前，必须用氧气充分吹扫，以去除发生器内的潮气。发现发生器放电管大面积发黄的情况，应及时申请揭盖大修，以防放电管大面积的损坏。

（3）调节功率异常

某水厂臭氧系统共 2 台臭氧发生器，已运行 3 年，其中发生器一直在接近最大功率运行，无法按照气量大致比例调节功率（估算气量约为额定值 1/2）。现场检查臭氧发生室、检查臭氧电源、检查流量温度压力仪表无异常，因此把检查重点放在臭氧浓度监控仪上。臭氧系统切换到半自动模式，切断臭氧浓度监控仪的在线自动控制，并换用现场另一台臭氧发生器上的臭氧浓度监控仪，故障的臭氧发生器切换为自动模式，设备运行正常，判断为臭氧浓度监控仪失灵或故障。

该臭氧系统为“恒定臭氧浓度，调节氧气流量”控制方式，根据水处理需要计算出臭氧需求量，按照设定的臭氧浓度计算、调节出所需要的臭氧流量，驱动臭氧电源实现该流量和臭氧浓度下应运行的功率。如果臭氧浓度达不到，系统就会不断增加功率，最终接近满负荷功率。

对臭氧浓度监控仪测量腔进行了必要的清洗及维护，恢复系统、切换到自动运行状态，系统基本恢复正常。由于臭氧系统已运行 3 年，建议用户在必要时将浓度监控仪送厂家维护保养。

臭氧系统采用“恒定臭氧浓度，调节氧气流量”的控制方式时，依赖高测量精度、高稳定性的臭氧浓度监控仪。另外，控制系统还需完善算法，并要求现场加强巡检及运行维护管理，发现异常及时与设备供应商联系，并在必要时及时切换至人工控制方式。

（4）曝气盘维护保养

某水厂主臭氧接触池现场观察发现曝气盘产生的气泡偏大，分布也不均匀，曝气盘两侧肉眼可见深黄褐色的黏附物，水中残余臭氧浓度时大时小。主臭氧接触池微孔曝气盘因长期使用导致上面大量微孔被杂质堵塞，无法有效均匀曝气，曝气效率大为下降。

水厂停运深度处理单元，将曝气盘拆卸，采用三组不同清洗剂做试验：第一组清洗剂由

1∶1 的浓硝酸和水组成；第二组清洗剂是 68% 的浓硝酸；第三组清洗剂是 31% 的浓盐酸。在浸泡 4h 后，三组曝气盘盘面都比较干净，但对于曝气盘两侧的杂质，第一、二组均未清除，只是颜色变为灰黑色，且不易洗掉，第三组大部分能溶解掉，剩下一小块也很容易人工洗掉。最终选择了浓盐酸（31%）为浸泡用的清洗剂。浸泡工作完成后，采用大量清水进行冲洗，个别堵塞严重的曝气盘需再配以人工刷洗，待曝气盘清洗干净后，利用压缩空气在水中进行模拟曝气时，却发现曝气盘清洗前后的曝气效果并没有明显改善，在多次分析和尝试后，最终发现对清洗后的曝气盘用高压空气吹扫，其曝气效果立即提升。这也是整个清洗过程中必要且关键的一环，采用高压空气吹扫（约 30s），可以去除部分卡在曝气盘微孔内的杂质，提升曝气效果。最后，还对磨损的曝气盘托架进行了修补。

试验表明采用浓盐酸的清洗维护方法有效可行，全部曝气盘（共 364 块）均恢复至九成新，清洗后的曝气盘安装回去后，用空气曝气观察，曝气效果明显提升，气泡更加均匀细密；臭氧吸收效率大幅提高，当臭氧投加量均为 1mg/L 时，曝气盘清洗前后尾气中臭氧的含量相差较大，检测数据如表 8-8 所列。

表 8-8　曝气盘清洗前后尾气中臭氧含量

检测次数	1	2	3
清洗前尾气中臭氧浓度 /(g/m^3)	12.4	12.5	9.5
清洗后尾气中臭氧浓度 /(g/m^3)	1.32	1.88	2.09

此外，为确保主臭氧投加效率，建议应定期观察接触池内布气是否均匀，判断曝气盘是否需要拆卸清洗。

（5）臭氧破坏器催化剂失效

某水厂臭氧系统尾气处理采用催化剂型臭氧处理器，该系统自 2007 年投运以来一直使用系统原装的进口催化剂。2009 年某月该厂操作人员巡检经过主臭氧接触池附近时突然闻到很浓的臭氧味道，遂紧急系统停机检查。操作人员穿戴好防护装备后，重新开机运行并对主臭氧接触池附近设备进行详细检查，对范围内臭氧尾气浓度进行了测试，最终检测破坏器入口浓度 10.6g/m^3，出口浓度 2.4g/m^3，尾气破坏器出口浓度严重超标，经联系系统供应商判断催化剂已经失效。

由于某水厂臭氧系统为国外进口，催化剂并没有备品备件，紧急订货周期长、价格太贵（报价 1100 元 /kg，供应商给优惠到 1000 元 /kg），而且使用期限也只有 2 年左右，因此水厂尝试采用国产催化剂替代。经厂家对国内臭氧设备生产商技术咨询及询价对比，最终购置了某国产品牌催化剂，价格为 220 元 /kg，厂家负责更换替代。更换国产品牌催化剂后对臭氧尾气进行检测：尾气处理器入口浓度 10.8g/m^3，出口浓度稳定在 0.08 ～ 0.12mg/m^3，满足正常运行需要。某水厂经过数月的跟踪监测，一直运行正常。后期预臭氧维护时也采用国产品牌催化剂。

2 年以后，水厂趁某次系统检维修，考虑系统运行安全稳定，顺便更换了催化剂，仍然采用该国产品牌催化剂。到目前为止都是每 2 年左右更换一次主臭氧接触池催化剂，每 4 年左右更换一次预臭氧接触池催化剂，设备运行良好。该厂十多年的运行经验表明，国产催化剂完全可以代替进口催化剂使用，年限没有明显差异，价格也更经济，但应注意筛查选择供应商。另外，预臭氧处理的臭氧处理器催化剂的更换时间可以适当延长。

第 9 章 紫外线发生器

9.1 产品概述

紫外线发生器用于水消毒时又叫紫外线水消毒设备。紫外线发生器是指通过紫外灯管照射水体而进行消毒的设备。紫外线发生器分为管式和渠式两种。管式紫外线发生器是指紫外灯管布置在闭合式的管路中的紫外线消毒设备；渠式紫外线发生器是指紫外灯管布置在敞开式的水渠中的紫外线消毒设备。其中，应用于给水消毒的一般采用管式紫外线发生器。紫外线发生器一般主要由紫外灯、石英套管、镇流器、紫外线强度传感器和清洗系统等部分组成。其中，紫外灯是整个设备的核心部件，穿插在石英套管内；石英套管需要定期清洗，清洗方式分为人工清洗、化学清洗、机械清洗、在线机械加化学清洗等。

9.2 产品分类及性质

9.2.1 技术原理

紫外线是电磁波频谱的一部分，波长在 100 ～ 400nm 之间，分为 4 个波段，有杀菌作用的波长位于 200 ～ 300nm 的光谱范围内，即 UV-C 和 UV-B 中的部分。

UV-A（长波段紫外光）：315 ～ 400nm

UV-B（中波段紫外光）：280 ～ 315nm

UV-C（短波段紫外光）：200 ～ 280nm

真空 UV：100 ～ 200nm

紫外线消毒技术是一种物理消毒方式，不使用化学消毒剂，其原理是通过光化学作用破坏其遗传物质核酸的方式，使微生物不能分裂复制。微生物细胞的核糖核酸（RNA）和脱氧核糖核酸（DNA）能吸收短波紫外光的高能量，被吸收的强烈紫外光能量波长范围在 240 ～ 280nm 之间，可以导致邻近核苷形成新的结合物，在核酸中产生双倍结构或二聚物，细菌和病毒 DNA 中大量胸腺嘧啶二聚物的形成防止了 DNA 复制，从而导致细胞不能分解繁殖。

9.2.2 产品分类

目前能大规模应用于水处理领域的紫外线发生器根据紫外灯内汞蒸气压的不同，主要分为低压、低压高强和中压三种。其中，低压汞灯灯内气压为千分之几大气压，中压汞灯灯内气压约为 1 个大气压。

低压灯 90% 以上紫外输出在 253.7nm，单根灯管功率较低，功率范围从几十瓦到上百瓦，灯管运行温度在 40℃左右，寿命在 10000h 至 15000h 不等，低压灯系统较适用于小型水处理厂或低流量水处理系统的应用。

低压高强灯 90% 以上紫外输出在 253.7nm，单根灯管功率相对低压灯功率高，灯管运行温度在 100℃左右，寿命在 10000h 至 15000h 不等，其输出功率一般可根据水流水质等变化进行调节，低压高强灯系统较适用于中型水处理厂的应用。

中压灯紫外输出在 200 ～ 300nm，波段多频谱输出，单根灯管功率一般在 400W 以上，目前最高功率可达 12kW，运行温度在 600 ～ 1000℃，寿命在 5000h 左右，其功率亦可根据水流和水质情况进行调节，中压灯系统的紫外输出是所有紫外灯中最强的，对水体的穿透力强，消毒能力高，较适用于大型水处理厂和高悬浮物、紫外线穿透率低的水处理系统。

9.3　产品相关标准

紫外线发生器的相关标准如表 9-1 所列。

表 9-1　紫外线发生器标准体系表

标准类型	标准名称	标准编号
基础标准	紫外线消毒技术术语	GB/T 32092—2015
通用标准	城镇给排水紫外线消毒设备	GB/T 19837—2019
	室外给水设计标准	GB 50013—2018
	紫外线水消毒设备　紫外线剂量测试方法	GB/T 32091—2015
	杀菌用紫外辐射源　第 1 部分：低气压汞蒸气放电灯	GB/T 19258.1—2022
	高强低压紫外线杀菌灯	DB44/T 1357—2014
	环境保护产品技术要求　紫外线消毒装置	HJ 2522—2012
	NORM M 5873-1	奥地利，1996
	DVGW	德国，2006
	UDGDWWR	加拿大和美国，2000 年（第 1 版），2003 年（第 2 版）
技术手册	UVDGM 2006	美国，2006

①《城市给排水紫外线消毒设备》（GB/T 19837—2005）标准是我国第一个有关紫外线消毒设备的国家标准，标准规定了城市给排水紫外线消毒设备的分类和组成、要求、测试与检测、检验规则、标志、包装。该标准颁布实施以来，随着消毒技术的不断推广应用，暴露出一系列问题，如灯管的选择和数量问题、水质影响问题、灯管与镇流器的匹配问题、设计和参数设定不合理问题、消毒后取样点选择问题等，为此，《城镇给排水紫外线消毒设备》启动修编，并于 2019 年 12 月正式发布实施。

② 2015 年 6 月 1 日国家颁布实施《紫外线消毒技术术语》和《紫外线水消毒设备　紫外线剂量测试方法》两部国家推荐标准。其中《紫外线消毒技术术语》界定了紫外线消毒中涉及的紫外线消毒设备有效剂量、紫外灯老化系数、紫外灯套管结垢系数、紫外灯模块、Petri 系数等 38 个专业术语；《紫外线水消毒设备　紫外线剂量测试方法》则参考美国 UDGM 2006 标准，详细说明了生物验证的应用方法，包括使用紫外线水消毒设备进行消毒时对紫外线剂量测试的基本要求、微生物选择和设备要求、生物验证测试程序、测试数据分析与报告和测试质量控制等，适用于紫外线水消毒设备在各种不同运行条件及水质条件下紫外线剂量的测试和验定。

③ 2012 年，环保部颁布实施《环境保护产品技术要求　紫外线消毒装置》（HJ 2522—2012），规定了包括饮用水在内的紫外线消毒装置的基本要求、性能要求、试验方法、检验规则以及标志、包装、运输和储存等技术要求。

另外，紫外灯为紫外消毒设备的核心部件。国家标准《杀菌用紫外辐射源　第 1 部分：低气压汞蒸气放电灯》由 TC224（全国照明电器标准化技术委员会）归口，TC224SC1（全国照明电器标准化技术委员会电光源及其附件分会）执行，主管部门为中国轻工业联合会。该标准代替 GB/T 19258—2012《紫外线杀菌灯》并规范了低压汞蒸气放电紫外线灯的相关技术指标和测试方法，对目前品类繁多、质量良莠不齐的双端、单端或自镇流紫外线杀菌灯市场进行引导和规范。2014 年广东省质量监督局发布《高强低压紫外线杀菌灯》（DB44/T 1357—2014）地方标准，规定了功率为 280 ～ 750W 直管型高强低压紫外线杀菌灯的分类、要求、试验方法、检测规则、标志、包装、运输和储存，适用于空气消毒、水处理杀菌等场合使用的高强低压紫外线杀菌灯。

④ 奥地利于 1996 年颁布了 NORM M 5873-1，德国于 1997 年颁布了 DVGW W 294，这两部标准对饮用水紫外线消毒设备的技术标准做了规定。

⑤ 德国燃气及饮用水协会于 1994 年推出第一份 DVGW 文件（DVGW W 293:1994-10），规范了紫外线消毒设备的功能和应用；在 1997 年推出了第二份 DVGW 文件（DVGW W 294:1997-10），规范了紫外线消毒设备的设计、流动力等方面。这些年，紫外线消毒设备在结构、操作概念和操作方法要求方面有了相当大的改进，且这两份文件在内容上密切相关，2006 年进行了联合修订和合并，即最新版 DVGW 标准。此标准认为，绝大多数的有害病原微生物暴露在 400J/m^2 的 C 波段紫外线环境中是不能存活的。因此，要求紫外线消毒系统在任何条件下，最低紫外辐射剂量为 400J/m^2，即常用的饮用水紫外线剂量标准为 40mJ/cm^2。

⑥ 加拿大国家水研究院（NWRI）和美国水协会研究基金会（AWWARF）于 2000 年联合颁布了针对饮用水和回用水紫外线消毒的标准和规范（UDGDWWR），并于 2003 年颁布第 2 版。该标准规定了紫外消毒系统的紫外剂量、反应器设计、可靠性设计、监测和报警设计、生物验证剂量测试等相关内容。

⑦ 2003 年 6 月，美国环保局公布了针对饮用水紫外线消毒的紫外线消毒指导手册（草稿），经过 3 年多的反复征求意见和修改，于 2006 年颁布了 UVDGM 手册（2006）。该手册对紫外线消毒设备的规划、设计、验证和运行做了规范说明，概述了运用现有的紫外设备应如何处理指定微生物以使其丧失活性，并提出了针对指定微生物的紫外线辐射剂量要求，是世界上应用最广、最权威的规范之一。

9.4　产品选择

9.4.1　产品类型

紫外线发生器有封闭式和明渠式两种，用于生活饮用水时一般选用封闭式装置，系统一般包括紫外反应器、配电中心柜（含配电柜、镇流器柜）、控制中心柜、套管清洗系统、紫外探头、低水位开关、温度开关等。其中，紫外反应器内一般设有套管清洗系统、紫外探头、低水位探测器、温度传感器等；配电中心柜一般包括配电系统、镇流器、控制面板等。

紫外线发生器根据紫外灯内汞蒸气压的不同，主要分为低压、低压高强和中压三种。其中低压设备适用于小规模水厂；低压高强设备适用于大中型规模水厂；中压设备适用于大型或对占地面积紧张的水厂。

我国紫外线发生器设备没有标准的产品命名方式，各厂家命名规则不同，例如国内某厂家命名规则见图 9-1。

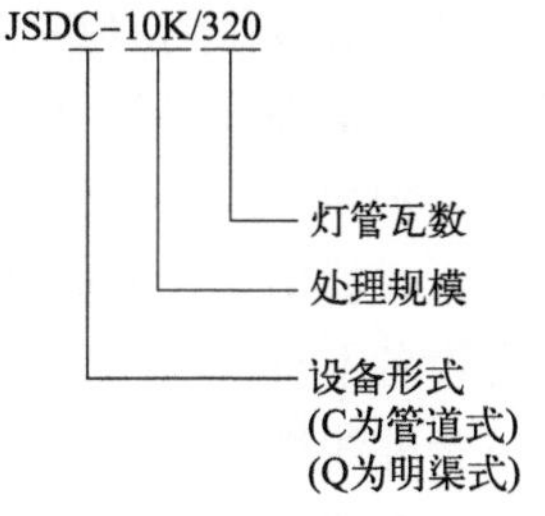

图 9-1　某厂家命名规则

9.4.2　产品选用

紫外线设备的选用必须结合进水水质和目标污染物的去除效果确定，其中水质一般应满足水体紫外线透过率（UVT）不小于 90%，污染物去除效果根据需要确定，从而确定污染物去除所需的紫外线有效剂量。如选择隐孢子虫去除率为 4lg，则理论上需要的有效紫外线剂量仅为 10mJ/m^2。我国《城镇给排水紫外线消毒设备》（GB/T 19837—2019）及《环境保护产品技术要求　紫外线消毒装置》（HJ 2522—2012）规定用于饮用水消毒的紫外线有效剂量为 40mJ/m^2，该剂量基本可以灭活除腺病毒以外的现知病原体 4lg 以上的去除率。拟选择设备的紫外线有效剂量一般应参考第三方验证报告，且用于实际工程项目的水质、流态等条件不应差于第三方验证报告中提供的测试条件。

紫外线设备选用时同时需关注影响紫外线有效剂量的指标，包括紫外灯老化系数、紫外灯套管结垢系数。紫外灯老化系数用于保证灯管寿命周期内的紫外辐射强度，一般不应超过 0.8；紫外灯套管结垢系数用于体现紫外线透过套管的能力，保证紫外设备长期性能稳定，一般不超过 0.8。如设备配套的紫外灯及套管的老化系数、结垢系数通过第三方验证，则其数据更为可靠。

为便于运行维护与管理，设备宜配有系统控制中心，包括自动机械清洗、紫外灯累计使用时间、温度过高保护、低水位保护、清洗故障报警、灯管故障报警、超高水位报警、紫外光强度在线监控系统等。

同时，应根据《城镇给排水紫外线消毒设备》（GB/T 19837—2019）考虑防护及安全等相关因素。

9.4.3　工艺设计

应根据处理规模、用地条件、原水水质、进入紫外线水消毒设备的水质、经济性、合理性、管理便利性等情况，合理确定紫外灯类型、紫外线水消毒设备的数量和备用方式。

采用紫外线作为主消毒工艺时，后续应设置化学消毒设施。

当紫外消毒作为主消毒工艺时，紫外线设计剂量宜通过试验并根据相似条件水厂运行经验按照最大量确定，一般不应小于 40mJ/cm^2。

紫外线消毒工艺应设置于过滤后，且应设置超越系统。

当作为紫外高级氧化工艺时，紫外系统下游应设置残余氧化剂的猝灭单元。若氧化剂采用过氧化氢（H_2O_2），猝灭单元可采用颗粒活性炭（GAC）池或生物活性炭（BAC）池，活性炭的使用应按 CJ/T 345 执行或通过选炭试验确定。若消毒单元采用次氯酸钠为消毒剂，次氯酸钠可直接作为 H_2O_2 的猝灭剂。如采用臭氧为氧化剂，则必须设置尾气破坏装置。

作为紫外高级氧化工艺时，紫外线设计剂量宜在 200 ～ 800mJ/cm^2 之间，并根据不同目标污染物和不同的控制要求，结合中试和已有实际工程确定。

管式消毒设备的选型应根据适用的流速与消毒效果，结合水头损失综合考虑确定。管式消毒设备本身水头损失宜＜ 0.5m，管路系统的设计流速宜采用 1.2 ～ 1.6m/s。

紫外线灯套管的清洗方式应根据水质情况、使用寿命、维护管理等选择化学、机械或者两者结合的方式。

紫外线消毒 / 高级氧化应保证充分照射的条件，并选用使用寿命内稳定达到设计剂量的紫外线水消毒设备。

9.4.4 产品价格

紫外线发生器产品价格根据国内外不同品牌、不同处理规模、不同反应器形式、不同灯管类型、不同灯管数量而差异极大。总体来说，目前国外产品价格远远高于国内产品，管道式反应器价格高于渠道式反应器，相同反应器形式处理规模越大价格越高，而相同处理规模的反应器内配置灯管数量越多则价格越高。另外，反应器的电控系统配置不同价格也差异较大，如有的设备配备防干烧、恒水位、适应水量自动调节灯管功率等功能，价格就相对较高。一般地，满足相同处理技术要求的进口产品价格大约是国内产品价格的几倍。据 2020 年度市场价格不完全统计，以处理规模为 5 万吨 / 天的低压管道式紫外线消毒反应器为例，进口品牌反应器价格在 100 万～ 200 万元之间；而国产品牌的价格在 40 万～ 80 万元之间。

9.5 安装调试

紫外线设备可水平安装，也可竖直安装。安装时需对空间限制和特殊的安装条件进行考虑，包括管道、阀门和流量计的布置，如在流量计前后所需要的直线管段；电源柜和控制柜与反应器间需有足够的空间以保证开启柜子时安装和维护人员无障碍操作；同时还要考虑电源配线的长度不能超过厂家规定的长度，一般要小于 7.5m ；对于一些需要进行非在线化学清洗等维护的紫外线设备，仍需考虑清洗系统所需的空间；另外，为了解工艺段运行效果，安装时要考虑加装紫外线设备的前后取样口和紫外线 UVT 分析仪。

安装紫外线设备灯管尤其是低压高强紫外线灯管时，要在拧紧灯管座之前转动灯管，使灯管汞合金点位于灯管底部，防止在长期运行中汞合金点发生位置改变或者形态改变，从而影响紫外线灯管的寿命。

由于大部分紫外线设备功率较大，且在运行过程中的变化会导致运行的功率、电流和电压谐波失真，从而影响其他电器和电子系统（如变频器和 PLC 等），安装时需采取措施把紫外线设备的供电系统和水厂其他供电系统相隔离，并满足供电系统温度、湿度、通风等相关要求。

此外，安装时还应避免将紫外传感器置于反应器顶部，确保出水口位于最高点，做好连接设备管道及水泵等的支撑固定。

设备安装完毕后，必须注水检查是否漏水，并清洗设备腔体。打开控制面板上的紫外灯开关，预热后开始调试，确保系统可正常运行。

9.6　运行维护

9.6.1　运行维护要点

一般紫外线发生器维护时需检查的部件、现象、保养周期等见表 9-2。

表 9-2　紫外线发生器维护时需检查的部件、现象、保养周期

<table>
<tr><th>部件</th><th>检查现象</th><th>保养周期</th></tr>
<tr><td>灯管</td><td>灯管烧毁
灯管玻璃的颜色改变</td><td>灯管状态报警
灯管的寿命已到</td></tr>
<tr><td>套管</td><td>石英套管污染或结垢</td><td>每月清洗一次或紫外强度过低报警时清洗</td></tr>
<tr><td>紫外感应器</td><td>石英窗口污染或结垢</td><td>每月清洗一次或紫外强度过低报警时清洗</td></tr>
<tr><td>套管封口，O 形环</td><td rowspan="4">紫外线变弱</td><td rowspan="4">一年更换一次或更换套管时一并更换</td></tr>
<tr><td>套管支持垫圈</td></tr>
<tr><td>套管轴衬</td></tr>
<tr><td>芯盒面板</td></tr>
<tr><td>灯管插座</td><td>插针过热或潮湿
插针腐蚀</td><td>灯管状态报警或灯管断开连接</td></tr>
<tr><td>反应器</td><td>严重的固体附着</td><td>一年清洗一次</td></tr>
</table>

（1）灯管更换

灯管的紫外输出随着时间的推移而减弱，即使紫外灯管未发生任何故障，运行至寿命已到后也应更换灯管。更换带有汞合金点的新灯管时，仍要注意保证灯管汞合金点位于灯管底部。

（2）套管清洗

运行中，应定期（建议每月）记录紫外线强度数值，当系统报警时（紫外线强度减少约

20% 时）需进行清洗。如果没有备用消毒系统，更应密切关注紫外线强度变化，提前进行清洗。需要注意的是，紫外线强度下降也可能是由灯管老化和水质变化（紫外线透光率减少）引起，因此在清洗前需查看灯管运行时间和近期紫外线透光率数值。

套管清洗溶液一般采用弱酸溶液，如选用 15%磷酸、5%硝酸、10%柠檬酸等。柠檬酸溶液不可再次利用，其他溶液均可储存起来重复使用，直至没有作用为止。

（3）套管更换

套管结垢严重且清洗后恢复差时需进行更换。可将反应器中的每根套管单独更换，也可以将套管固定器进行拆卸。拆除套管时必须同时更换 O 形圈。

（4）UV 强度传感器拆除与清洗

紫外线强度是系统性能的关键指标，可以直接反映消毒系统的工作状态，也是控制系统运行的最重要的信号来源。美国 UVDGM 要求必须每月依照基准传感器检查紫外线强度传感器，并且每年由有资格的实验室来重新校准紫外线强度传感器，确保精度< 10%。但目前国内可以提供校准服务的专业机构不多，而且费用较高，因此尤其需要做好紫外线强度传感器的维护工作，可请专业机构进行紫外线强度传感器的检查和校核工作，或者与产品制造商签订长期维护合同，确保紫外线强度传感器正常运行。

9.6.2 故障排除及解决方法

不同厂家不同规格型号的紫外线发生器故障报警、排除及解决方法不尽相同，以某品牌紫外线发生器为例介绍有关系统操作的故障排除及解决方法，具体见表 9-3。

表 9-3 紫外线发生器产品故障排除及解决方法汇总

现象	原因	解决方法
灯管状态指示灯闪烁	灯管损坏 镇流器损坏	更换灯管 更换镇流器
灯管状态指示灯显示的灯管数目与系统实际灯管数目不符	灯管数目设置错误	重设系统灯管数目
时间计时指示灯闪烁	灯管寿命已到	更换系统的所有灯管 并将时间计时器复位
控制面板显示上高温信息闪烁	次报警，由于以下原因使反应器超过运行上限温度： 反应器空运转 反应器内有水但未流动	检查反应器中是否有水流， 当温度降低到正常水平时报警会自动消除
控制面板显示上 高温信息闪烁，并且灯管被关闭	主报警，由于以下原因使反应器超过运行上限温度，且公共报警继电器动作： 反应器空运转 反应器内有水但未流动	检查反应器中是否有水流，当温度降低到正常水平时报警会自动消除，系统重启
时间指示灯上关闭信息闪烁	灯管已经被关闭 电源故障	按下灯管开 / 关按钮打开灯管
时间显示上暂停信息闪烁	远程电源功能动作	检查远程电源动作的原因

续表

现象	原因	解决方法
紫外强度显示闪烁	由于以下原因使紫外强度低于报警值： 灯管故障 灯管老化 套管结垢 传感器窗口结垢 紫外穿透率低	 更换灯管 更换灯管 清洗套管 清洗传感器窗口 检查水源的浊度

9.7　注意事项

① 紫外灯管发出紫外线，眼睛和皮肤未经保护而暴露在紫外线下会引起严重的灼伤。禁止裸眼直视紫外线，观察紫外线时应通过合适的观察窗或使用合适的防护眼镜。当暴露在紫外线下时应穿着防护衣。在启动系统前确保所有反应器中的灯管均处于安全状态。在维护前应先关闭系统。

② 在运行过程中，紫外线灯管发热会引起烫伤，在维护前应先使灯管冷却。

③ 谨防触电，在拆除反应器的盖子或打开控制面板前应先关闭系统。

④ 装在反应器里面的紫外线灯管和套管均由石英制成，因石英管易碎裂，禁止敲击、弯折或加压于石英管，否则会引起碎裂。碎裂的灯管或套管会割伤皮肤。

⑤ 用于清洗石英套管的酸性物质会烧伤皮肤。当进行清洗处理时务必穿好保护性工作服并做好眼睛防护措施。清洗完之后要用蒸馏水彻底冲洗所有部件。清洗过程应严格按照清洗液生产厂家的安全操作程序来进行清洗。

⑥ 用于清洗视窗的酸液会造成烧伤。当接触这些酸液时应穿着防护衣并佩戴防护眼镜。用酸液清洗后应用流动水仔细冲洗。

第10章 二氧化氯发生器

10.1 产品概述

二氧化氯具有广谱杀菌性。二氧化氯的杀菌原理是：呈分子状态的二氧化氯容易吸附接触在细菌的表面上，能较大限度地改变细胞外膜的蛋白质和类脂组成，使膜的通透性增加。由于二氧化氯扩散速度和渗透能力都比氯快，对细菌的细胞壁有较强的吸附和穿透能力，因此能渗透到细胞内部，有效地氧化细菌内含巯基的酶，使微生物蛋白质中的氨基酸和核酸氧化分解，导致氨基酸链断裂，蛋白质合成被抑制、破坏并失去功能。在氨基酸中，芳香族和含硫氨基酸最容易被二氧化氯破坏。微生物被杀灭以后，其残留的细胞结构也会被二氧化氯分解。二氧化氯可以杀灭一切微生物，包括细菌繁殖体、细菌芽孢、真菌、分枝杆菌和病毒等。二氧化氯具有杀菌性能优越，有效控制三卤甲烷生成，除藻、除铁和除锰效果好，能够去除酚类等特点。

二氧化氯相较于其他消毒剂具有明显的处理优势，但是使用二氧化氯进行消毒具有一定的危险性。这是因为二氧化氯能与许多化学物质发生爆炸性反应，对热、振动、撞击和摩擦相当敏感，极易分解发生爆炸，受热和受光照或遇有机物等能促进氧化作用的物质时能促进分解并易引起爆炸。自然条件下无法储存和运输，一般通过二氧化氯发生器现场制备获得。二氧化氯发生器（chlorine dioxide generator）是使用反应原料发生化学反应生成主要产物为二氧化氯的设备。二氧化氯发生器根据二氧化氯制备原理可分为化学法和电解法，目前饮用水消毒中应用最为普遍的是化学法。化学法二氧化氯发生器由供料系统、反应系统、安全系统、自动控制系统和吸收投加系统组成。而根据反应原料的不同，化学法又可分为亚氯酸钠法和氯酸盐法。

亚氯酸钠法是以亚氯酸钠为主要原料生产二氧化氯的方法，主要有酸化法、氯氧化法、过硫酸盐氧化法、电化学法以及有机物或过渡金属（如 Fe^{3+}）氧化法等，其中以酸化法应用较多。主要化学反应方程式见表 10-1。亚氯酸钠法在发生技术、二氧化氯产率、纯度上有一系列的优点，但由于采用亚氯酸钠为主料，发生成本相对较高。因此，亚氯酸钠法在发达国家普遍使用，而在国内，虽然发生二氧化氯的成本在一定程度上限制了其使用，但由于该法自身所具有的技术优越性，在国内也有一定的市场。

表 10-1　亚氯酸钠法制备二氧化氯

方法	主要反应方程式
酸 - 亚氯酸钠	$4HCl+5NaClO_2 = 4ClO_2+5NaCl+2H_2O$ $2H_2SO_4+5NaClO_2 = 4ClO_2+2Na_2SO_4+NaCl+2H_2O$
氯气 - 亚氯酸钠	$Cl_2+2NaClO_2 = 2ClO_2+2NaCl$
液氯 - 亚氯酸钠	$Cl_2+H_2O = HOCl+HCl$ $HOCl+HCl+2NaClO_2 = 2ClO_2+2NaCl+H_2O$
过硫酸盐法	$2NaClO_2+Na_2S_2O_8 = 2ClO_2+2Na_2SO_4$

氯酸盐法主要是指氯酸盐在酸性条件下与不同还原剂反应制取二氧化氯的方法。因为氯酸钠价格便宜，在大规模生产中常被用作发生二氧化氯的主要原料。常用的还原剂有二氧化硫（SO_2）、氯离子（Cl^-）、甲醇（CH_3OH）和过氧化氢（H_2O_2）等，其中氯离子被认为是直接还原剂，其他则为间接还原剂。按照还原剂的不同，氯酸盐法主要分为 5 类，详见表 10-2。最普遍采用氯酸钠和盐酸为原料的 R5 法在国内占主导地位，由于国内各厂家对该方法的研究深度不同，采用的反应器材料、反应器结构、工艺条件的控制不同，因而发生器的性能差别很大。据相关部门抽查，部分厂家的二氧化氯发生器主要性能指标没有达到国家标准合格品的要求。

表 10-2　氯酸盐发生法制备二氧化氯

还原剂	制取方法
SO_2	马蒂逊法、R1 法、大曹法、佩尔松法
NaCl	R2 法、R3 法、R7 法、SVP
HCl	开斯汀法、开麦蒂法、R4 ～ R6 法
CH_3OH	索尔维法、R8 法、R9 法、SVP-LITE 法、SVP-SCW 法、SVP-GAP/S 法
H_2O_2	R11 法、SVP-HP 法、SVP-HPA 法、SVP-GLS 法
$C_{12}H_{22}O_{11}$	蔗糖法
$(NH_2)_2CO$	尿素法

10.2　产品分类及性质

目前，市场上二氧化氯发生器不以反应原料命名，而以产物的纯度作为通俗命名原则，分为复合二氧化氯发生器和纯二氧化氯发生器。复合二氧化氯发生器为以氯酸钠和盐酸为主要原料经化学反应生成二氧化氯和氯气为主要产物的发生器。纯二氧化氯发生器为二氧化氯纯度不小于 90% 的二氧化氯发生器。根据反应原料不同分为二元高纯法和三元高纯法。

二元高纯法的反应原料为亚氯酸盐和盐酸，反应方程式如下：

$$5NaClO_2+4HCl = 4ClO_2+5NaCl+2H_2O \tag{10-1}$$

三元高纯法的反应原料为氯酸盐、还原剂（双氧水、蔗糖或尿素）和硫酸，反应方程式如下：

$$2NaClO_3+H_2SO_4+H_2O_2 = 2ClO_2+2H_2O+Na_2SO_4+O_2 \tag{10-2}$$

$$2NaClO_3+2H_2SO_4+H_2O_2 = 2ClO_2+2H_2O+2NaHSO_4+O_2 \quad (10\text{-}3)$$

$$48NaClO_3+C_{12}H_{22}O_{11}+24H_2SO_4 = 48ClO_2+12CO_2+24Na_2SO_4+35H_2O \quad (10\text{-}4)$$

$$6NaClO_3+(NH_2)_2CO+6H_2SO_4 = 6ClO_2+6NaHSO_4+5H_2O+CO_2+N_2 \quad (10\text{-}5)$$

复合二氧化氯发生器制备二氧化氯的同时会产生氯气，GB 28931 中规定复合二氧化氯发生器制备得到的消毒液中二氧化氯和氯气的质量比值不小于 0.9，而且这类设备反应原料转换率受反应釜温度和压力等反应条件的影响显著，设备自身设计不合理或运行过程中维护不到位时原料转化率可能会降低，除了无法满足二氧化氯与氯气比值的规定外，反应原料会直接进入水中，导致水中出现氯酸盐问题。另外，使用复合二氧化氯发生器的水厂，当出厂水满足 GB 5749 中对二氧化氯限值规定时余氯也会达到一定的含量，存在消毒剂重复使用的问题。

相对于复合二氧化氯发生器，纯二氧化氯发生器中反应原料对反应条件易于达到和控制，原料转换率高，产生的二氧化氯纯度能够达到 90%，能够避免原料直接进入水中或者消毒剂重复使用的问题。

10.3 产品相关标准

二氧化氯发生器的相关标准如表 10-3 所列。

表 10-3 二氧化氯发生器标准体系表

标准类型	具体标准
基础标准	《二氧化氯消毒剂发生器安全与卫生标准》（GB 28931—2012） 《化学法复合二氧化氯发生器》（GB/T 20621—2006） 《二氧化氯消毒剂卫生要求》（GB/T 26366—2021） 《工业用合成盐酸》（GB/T 320—2006） 《工业硫酸》（GB/T 534—2014） 《工业过氧化氢》（GB/T 1616—2014） 《工业氯酸钠》（GB/T 1618—2018） 《工业亚氯酸钠》（HG/T 3250—2010） 《白砂糖》（GB/T 317—2018）
通用标准	《化学品分类和危险性公示　通则》（GB 13690—2009）
技术手册	《室外给水设计标准》（GB 50013—2018）

①《二氧化氯消毒剂发生器安全与卫生标准》（GB 28931—2012）规定了化学法二氧化氯消毒剂发生器的技术要求、应用范围、使用方法、检验方法、标志与包装、运输和储存、使用说明书和铭牌与注意事项，适用于化学反应产生二氧化氯的发生器或消毒机。

②《化学法复合二氧化氯发生器》（GB/T 20621—2006）规定了化学法复合二氧化氯发生器的术语与定义、要求、试验方法、检验规则以及标志、标签、包装、运输、储存。该标准规定了化学法复合二氧化氯发生器的术语与定义、要求、试验方法、检验规则以及标志、标签、包装、运输、储存。

③《二氧化氯消毒剂卫生要求》（GB/T 26366—2021）规定了二氧化氯消毒剂的原料和技术要求、应用范围、使用方法、检验方法、运输储存和包装以及标签标识和说明书。该标准适用于应用时为水溶液的二氧化氯消毒剂。

④《工业用合成盐酸》（GB/T 320—2006）规定了工业用合成盐酸的要求、采样、试验方法、检验规则及标志、包装、运输和储存、安全；适用于由氯气和氢气合成的氯化氢气体、用水吸收制得的工业用合成盐酸。

⑤《工业硫酸》（GB/T 534—2014）规定了工业硫酸的分类、要求、试验方法、检验规则及标志、运输、储存和安全，适用于由硫铁矿、硫黄、冶炼烟气或其他含硫原料制取的工业硫酸。

⑥《工业过氧化氢》（GB/T 1616—2014）规定了工业过氧化氢的要求、试验方法、检验规则以及标志、标签、包装、运输和储存，适用于工业过氧化氢。该产品主要用作氧化剂、漂白剂和清洗剂等，广泛用于纺织、化工、造纸、电子、环保、采矿、医药、航天及军工等行业。

⑦《工业氯酸钠》（GB/T 1618—2018）规定了工业氯酸钠的分类、要求、试验方法、检验规则、标志、标签、包装、运输和储存，适用于工业氯酸钠。该产品主要用于生产二氧化氯、亚氯酸钠及高氯酸盐、氯酸盐，还用于除草剂、氧化剂，印染、冶金、造纸、皮革行业。

⑧《工业亚氯酸钠》（HG/T 3250—2010）规定了亚氯酸钠的要求、试验方法、检验规则、标志、标签、包装、运输、储存及安全，适用于工业亚氯酸钠。该产品主要用于纸浆、纸张、各种纤维、白砂糖、面粉、淀粉、油脂和蜡等的漂白，还可用于皮革脱毛、某些金属的表面处理等，可用作阴丹士林染色的拔染剂，是生产二氧化氯的主要原料。

⑨《白砂糖》（GB/T 317—2018）规定了白砂糖的技术要求、试验方法、检验规则和标识、包装、运输和储存，适用于以甘蔗、甜菜或原糖为直接或间接原料生产的白砂糖。

⑩《化学品分类和危险性公示　通则》（GB 13690—2009）规定了有关 GHS 的化学品分类及其危险公示，适用于化学品分类及其危险公示、化学品生产场所和消费品的标志。

⑪《室外给水设计标准》（GB 50013—2018）在 9.9 消毒一节中，规定了二氧化氯的投加、制备二氧化氯所需原料的储存和二氧化氯发生器设备间等要求。

以上标准为供水企业选择二氧化氯发生器提供了技术支撑，促进了其大规模推广应用，是进一步编制应用方面的规范性文件的基础。

10.4　产品选择

10.4.1　产品价格

二氧化氯发生器价格受产品质量水平、品牌影响力、产品类型、地区人工费用和用户供水规模等因素的影响，2020 年调研的 25 家供水企业（0.3 万～ 10 万吨 / 天）涵盖地表水和地下水两种水源类型，投资总费用在 7 万元至 70 万元不等，总体低于次氯酸钠发生器的投资成本。

10.4.2 基本要求

二氧化氯发生器应符合 GB 28931 要求，并取得“涉及饮用水卫生安全产品卫生许可批件”；为保证运行安全和方便后期对二氧化氯发生器的检测，二氧化氯发生器水射器进水口应安装流量计和压力表，出口处预留取样口。

二氧化氯发生器原料投加系统出现故障时，会导致原料直接进入供水系统，污染水质，原料反应釜的温度和压力会直接影响原料的转换效率，进而影响二氧化氯纯度，所以为了掌握原料投加系统和反应系统的工作状态，二氧化氯发生器要配备原料流量在线监测、原料断流报警、温度和压力的监控装置和投加控制装置。

二氧化氯发生器作为设备有其运行的最佳工况条件，用户宜要求设备厂家提供二氧化氯发生器额定产量和适宜工作范围等性能参数。二氧化氯系统中原料储罐、发生器、管材及配件应有良好的密封性和耐腐蚀性。

10.5 设计安装

二氧化氯发生器应根据给水系统的规模、水质和处理工艺等选择，如果各种条件均具备，第一选择使用纯二氧化氯发生器。设备的能力应按设计最大投加量考虑设置合理规格与台套数，并留有检修备用余量。二氧化氯发生器水射器进水口应安装流量计和压力表，出口处预留取样口。

二氧化氯投加量不大于 1.0mg/L 时，可单独选用二氧化氯；二氧化氯投加量大于 1.0mg/L时，不宜单独选用二氧化氯，可选择二氧化氯和其他药剂联合使用。二氧化氯用于消毒时，接触时间不应少于 30min；用于预氧化时，先于混凝剂投加的时间宜大于 3min。

二氧化氯投加点在管道上的，加注口应处于管道中心位置，并沿水流方向开 45° 切口。如果投加点在清水池，投加点应没入水中。应设置防止水射器动力水断流与断流报警装置。

原料和设备应设置在不同的房间中，原料间和设备间的防爆、防腐、防潮、通风和人员安全防护等的设计和安装要求按照 GB 50013 规定执行。

二氧化氯的制备原料盐酸、硫酸和氯酸钠、亚氯酸钠严禁相互接触，必须分别储存在分类的库房内，储存槽应设置隔离墙，并符合 GB 50013 规定。二氧化氯制备的原料间储存量可按不大于 10 天最大用量计算，特殊时期可适当加大储存量。10000m^3/d 以下规模的小型水厂原料最大储存期可适当放宽。

10.6 运行维护

所购置二氧化氯发生器应具备完整的标识，随机文件应包括使用说明书、安全操作规程、产品合格证、装箱单、随机备件、附件清单和其他有关技术文件资料。

要对新购置的二氧化氯发生器的额定产量及波动范围、二氧化氯纯度、二氧化氯与氯气的质量比值、二氧化氯收率等技术指标进行检测，所有检测指标均应符合 GB 28931 规定。

另外，对正在使用的二氧化氯发生器，也应该定期对其技术指标进行检测。

二氧化氯用于消毒时接触时间不应少于 30min，用于预氧化时先于混凝剂投加的时间宜大于 3min。二氧化氯应避光投加，宜采用水射器投加，投加量应通过需二氧化氯量试验确定，应保证出厂水的亚氯酸盐和氯酸盐浓度不超过 GB 5749 规定的限值。水厂使用二氧化氯时，二氧化氯的投加量不宜超过 1.0mg/L。

现场制备二氧化氯时应合理控制反应器运行条件，达到所需产量和收率要求。应每 15d 测定二氧化氯发生器出口溶液中二氧化氯和氯的浓度等指标。

应用二氧化氯发生器时，宜配置智能化控制系统，通过进水管路流量和出水口药剂余量在线监测实时调整投加量，出厂水及管网末梢水中二氧化氯浓度或游离氯浓度应符合 GB 5749 上、下限值要求。

应定期检测评价出厂水和管网水中微生物、二氧化氯、游离氯、氯酸盐和亚氯酸盐浓度，其测定方法应按 GB/T 5750 执行，评价标准按照 GB 5749 执行，根据检测结果对二氧化氯投加量做适当调整。

二氧化氯计量泵和反应釜是二氧化氯发生器关键部件，应每个月校核二氧化氯发生器原料计量泵准确度和清洗反应釜，按时更换易损部件，做好检查和设备维护记录。

消毒作为水厂工艺的必要环节，要记录该环节的详细信息以备查阅，所以用户要建立健全消毒工艺进出水水质、处理水量、加药量、原料使用量、投加设施运行情况等在内的运行档案。

GB 28931 规定，氯酸钠法制备二氧化氯的发生器用于饮水消毒时，应具有气液分离（或称残液分离）功能，对残液进行有效分离，分离出来的残液可回收利用或适当处置。因此，对二氧化氯发生器产生的残液应妥善处置，可通过委托有处理资质的公司集中回收处理，也可通过中和处理满足 GB 8978 要求排放。

10.7　注意事项

① 设备间内二氧化氯、氯气和氯化氢等有害气体的允许浓度应符合 GBZ 2.1 要求；设备间、原料间应有安全标识牌、风险告知卡和急救措施牌。

② 二氧化氯发生器原料属于危险化学品，所以原料间应严格执行“双人双锁管理制度”，原料储罐上应具备明显标志，标志应符合 GB 190 相关要求。

③ 为了在出现安全事故时能妥善处置，用户应建立二氧化氯发生器原料、设备的安全管理制度和生产安全事故应急预案。

④ 二氧化氯设备操作人员应熟悉储存原料的特性和事故处理程序及方法，需经专门培训并由使用单位发证后上岗，操作时应佩戴防护手套和穿防护服等个人安全防护用品。

⑤ 当二氧化氯设施发生事故时，供水单位应立即启动应急预案；若不慎吸入二氧化氯并有不适感，应立即转移到空气新鲜、通风处，情况严重者应到医院医治。

第 11 章 次氯酸钠发生器

11.1 产品概述

次氯酸钠发生器是水处理消毒杀菌设备的一种，水处理消毒杀菌系统主要由软水器、地埋式储盐罐、稀盐水调配箱、次氯酸钠发生器、成品储液箱、投加泵组及其管配件系统组成（见图 11-1）。

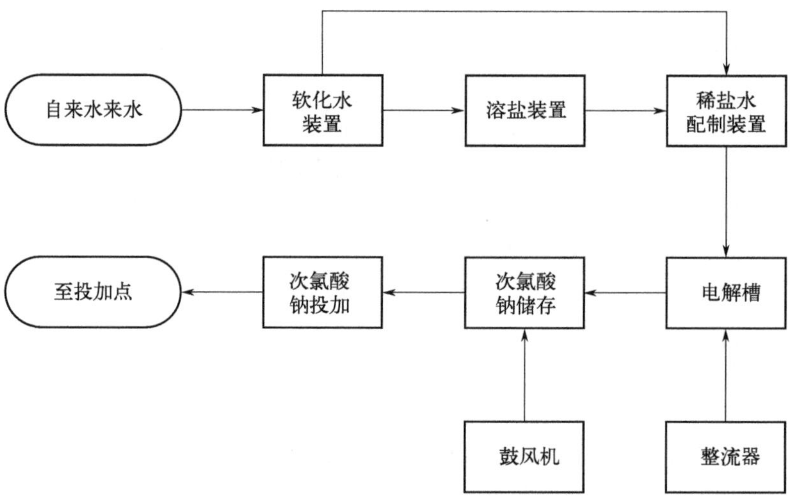

图 11-1 次氯酸钠发生器工艺流程

次氯酸钠发生器的工作原理为电解食盐水获得次氯酸钠溶液，通过稀盐水计量投加入电解槽，通过硅整流器接通阴阳极直流电源电解生成次氯酸钠。在盐水溶液中含有 Na^+、H^+ 等几种离子，按照电解理论，当插入电极时，在一定的电压下，电解质溶液由于离子的移动和电极反应发生导电作用，这时 Cl^-、OH^- 等负离子向阳极移动，而 Na^+、H^+ 等正离子向阴极移动，并在相应的电极上发生放电，从而进行氧化还原反应，生产相应的物质。

盐水溶液电解过程可用下列反应方程式表示：

$$NaCl = Na^+ + Cl^- \tag{11-1}$$

阳极电解作用：

$$H_2O = H^+ + OH^- \tag{11-2}$$

$$2Cl^- \longrightarrow Cl_2\uparrow + 2e^- \quad (11\text{-}3)$$

阴极电解作用：

$$2H^+ + 2e^- \longrightarrow H_2\uparrow \quad (11\text{-}4)$$

次氯酸钠溶液作为消毒剂，鉴于其安全性和与氯消毒原理的相似性，在供水企业应用越来越多，次氯酸钠发生器是获得次氯酸钠溶液的一种重要途径。次氯酸钠发生器早在 20 世纪 70 年代早期就被推出用于饮用水消毒，但由于美国当时氯气便宜且饮用水法规宽松，发生器并没有得到广泛的使用。而今随着饮用水法规越来越严格和氯气价格的不断上涨，次氯酸钠发生器被证明是行之有效的消毒方法，从而在美国得到了越来越广泛的使用。据 2017 年统计数据显示，在美国约有 10% 的自来水厂使用次氯酸钠发生器用于水厂消毒。我国的用量目前呈现逐年增多的趋势，尤其是小规模供水厂。

11.2 产品相关标准

次氯酸钠发生器的相关标准如表 11-1 所列。

表 11-1　次氯酸钠发生器标准体系表

标准类型	具体标准
基础标准	《次氯酸钠发生器卫生要求》(GB 28233—2020) 《环境保护产品技术要求　电解法次氯酸钠发生器》(HJ/T 258—2006) 《含氯消毒剂卫生要求》（GB/T 36758—2018） 《次氯酸钠溶液包装要求》（GB 19107—2003） 《次氯酸钠》(GB/T 19106—2013) 《食品安全国家标准　食用盐》（GB 2721—2015） 《食用盐》（GB/T 5461—2016） 《自动控制钠离子交换器技术条件》（GB/T 18300—2011）
技术手册	《室外给水设计标准》（GB 50013—2018）
通用标准	《化学品分类和危险性公示　通则》（GB 13690—2009）

①《次氯酸钠发生器卫生要求》（GB 28233—2020）适用于产生次氯酸钠消毒液的次氯酸钠发生器，规定了主要元器件要求、技术要求、应用范围、使用方法、检验方法、运输、储存和包装以及标识、铭牌和使用说明书等。

②《环境保护产品技术要求　电解法次氯酸钠发生器》（HJ/T 258—2006）适用于废水处理和饮用水消毒、卫生防疫及工业生产部门使用的次氯酸钠发生器，规定了无隔膜电解法电解低浓度食盐水的次氯酸钠发生器的分类与命名、技术要求、试验方法、检验规则、标志、包装、运输和储存。

③《次氯酸钠》（GB/T 19106—2013）适用于氢氧化钠经氯化而制得的次氯酸钠，主要规定了商品次氯酸钠溶液的技术要求、检验规则及标志、包装、运输和储存等。

④《含氯消毒剂卫生要求》（GB/T 36758—2018）适用于以有效氯为主要杀菌成分的消

毒剂，包括次氯酸钠，规定了其原料要求、技术要求、应用范围、使用方法、运输储存、包装、标识要求和检验方法等。

⑤《次氯酸钠溶液包装要求》（GB 19107—2003）适用于次氯酸钠溶液的包装，规定了用于盛装次氯酸钠溶液（漂白水或漂白液）的包装容器的要求、性能试验和检验规则。

⑥《食品安全国家标准　食用盐》（GB 2721—2015）适用于食用盐，规定了原料要求、感官要求、理化指标、污染物限量和食品添加剂等内容。

⑦《食用盐》（GB/T 5461—2016）适用于以海水、地下卤水、盐湖卤水、海盐、岩盐或湖盐为原料制成的食用盐，不适用于低钠盐，也不适用于其他原料生产的盐产品，特别是化工、轻工等副产品盐。规定了食用盐的术语和定义、要求、试验方法、检验规则、判定规则、包装、标识、运输和储存。

⑧《自动控制钠离子交换器技术条件》（GB/T 18300—2011）规定了自动控制钠离子交换器的定义、分类与型号、设计、制造、检验、试验、标志、包装、储运等要求，适用于工作压力不大于 0.5MPa、采用多路阀自动控制的钠离子交换器，不适用于流动床、移动床钠离子交换器，也不适用于非自动控制的钠离子交换器。

⑨《室外给水设计标准》（GB 50013—2018）在 9.9 消毒一节中，规定了次氯酸钠发生器设备间、原料储备量和储存间、产物次氯酸钠溶液的储存等要求。

⑩《化学品分类和危险性公示　通则》（GB 13690—2009）规定了有关 GHS 的化学品分类及其危险公示，适用于化学品分类及其危险公示、化学品生产场所和消费品的标志。

以上标准为供水企业选择次氯酸钠发生器提供了技术依据，为次氯酸钠发生器的大规模推广应用起了促进作用，是编制次氯酸钠应用技术规范性文件的基础。

11.3　产品选择

11.3.1　产品价格

次氯酸钠发生器价格受产品质量水平、品牌影响力、产品规格、地区人工费用和用户供水规模等因素的影响。根据 2020 年对 20 余家供水企业的调研数据，供水厂投资总费用在 10 万～ 300 万元不等。万吨水建设成本段的比例分别为：＞ 15 万元 / 万吨占比 28.6%；10 万～ 15 万元 / 万吨占比 57.1%；＜ 10 万元 / 万吨占比 14.3%。

11.3.2　基本要求

次氯酸钠发生器产生的次氯酸钠消毒液的有效氯含量范围应达到额定值均值 ±15%，pH 值（原液）为 8 ～ 10，流量达到额定值 ±5%。用于生活饮用水消毒时，消毒过程中带入的铅、铜、镉等含量不应超过 GB 5749 的限值要求。用于生活饮用水消毒的次氯酸钠消毒液卫生质量应符合《生活饮用水消毒剂和消毒设备卫生安全评价规范（试行）》的规定。另外，除满足以上要求外，还应满足 11.3.6 电解槽部分中关于交流电耗、直流电耗、盐耗和阳极强化寿命等性能指标的要求。

11.3.3 软化水装置

软化水装置的作用是软化自来水，除去自来水中钙镁等离子，降低系统用水的硬度。软化水装置宜采用多路控制阀技术，配套树脂罐、盐箱、管道构成全自动软化水机组。机组可全自动实现运行、反洗、再生。软化水装置的额定产水量应该大于整套装置满负荷运行时的最大水量需求，设计压力不应小于 0.6MPa。软化水装置采用单级软化时，产水硬度应小于 3mg/L；软化水装置宜采用两级软化，采用两级软化后，产水硬度应小于 1mg/L；软化水装置应在出水管设置取样口和旁路，便于取样检测和处置故障。软化水器的树脂选用强酸性苯乙烯系阳离子交换树脂，树脂层高应通过计算确定，层高不宜小于 1m。

11.3.4 溶盐装置

溶盐装置的功能是配制饱和食盐水，溶盐装置一般有溶盐池和溶盐罐两种方式。溶盐池宜采用钢筋混凝土结构，内壁需做防腐处理，顶部采用玻璃钢格栅盖板，需设置进水口、出水口、溢流口和排污口，可根据场地的实际情况设置成地下、半地下或地上结构。对于采用吨袋包装盐的，还需设置开袋器和起重机。溶盐池的容积需要考虑储存盐的量，盐的储存量至少需要满足 5d 使用的需求（食盐的堆积密度约为 1t/m^3）。溶盐罐可以采用食品级 PE 或 FRP 材质，溶盐罐的容积通常为＜ 10m^3。对于高度＞ 1.4m 的溶盐罐，通常需要配备输送机（螺旋输送机、斗式提升机或气力输送机）以方便加盐。溶盐池或溶盐罐的入水口需要设置浮球阀，材质需要耐盐水腐蚀，浮球阀可以保证盐池液位的稳定，进出水连续均匀。宜在浮球阀前面加装电动阀，同时在溶盐池或溶盐罐上加装液位计，将电动阀和液位计进行联锁，加强系统的可靠性。对于有条件的给水系统宜采用溶盐池。

11.3.5 水温控制和稀盐水配制装置

次氯酸钠发生装置入口管路宜设置水温控制装置，使入口水温保持在 10 ～ 20℃。

稀盐水配制装置的作用是将溶盐装置出来的饱和食盐水（浓度约 26%）和软化水混合，配制成浓度为 2.8% ～ 3.5% 的稀盐水。稀盐水配制可采用计量泵、水力比例泵或蠕动泵比例调配的方式，直接安装在供水管线上，可随时启动使用，可通过调整比例来设定，配比精度高。稀盐水配制装置可采用喷射器配制稀盐水，在喷射器的驱动端和吸入端分别设置可调节阀门，调整驱动端和吸入端水的流量配制稀盐水。稀盐水配制装置应在稀盐水管路设置电导率检测仪器。

11.3.6 电解槽

电解槽是次氯酸钠发生器的核心设备，主要由电解槽壳体、电极及间隔组成。电解槽技术指标见表 11-2。电解槽的结构设计应便于进行电极的清洗，阴极、阳极便于拆卸，槽体材料充分考虑到腐蚀、磨损。电解槽应配置一系列传感器，这些传感器的功能应包括温度监测和保护、盐度监测和保护、流量监测和保护、液位判断和保护等。电解槽的槽体宜采用透明材质，便于观察电解槽内部情况，应有良好的密封性，其水密性试验压力为 0.3MPa。电解槽阳极应采用钛涂贵金属氧化物涂层阳极；电解槽阴极应采用钛、钛合金、哈氏合金等耐次氯酸钠溶液腐蚀的材料；电解槽阴阳极之间在干燥状态下的绝缘电阻不应小于 1kΩ。每套次氯酸钠发生器可以包含若干个电解槽，电解槽之间的水路连接可以采用串联或并联，并且需要按照下进上出的原则进行布置，电路宜采用串联；每根电解槽的出口端应有液位和温度的监测。

表 11-2　电解槽技术指标

序号	技术指标	单位	数值
1	直流电耗	kW・h/kg	≤ 4.5
2	交流电耗	kW・h/kg	≤ 6.0
3	盐耗	kg/kg	≤ 3.5
4	阳极强化寿命	h	≥ 200

电解槽的技术指标应同时满足表 11-1 的规定。

11.3.7　电源系统

电源柜应采用恒电流输出方式。输出直流功率≤ 200kW 时，宜采用开关电源；＞ 200kW 时，宜采用硅整流电源。电源系统所用仪表、开关、指示灯、标牌应正确安装，牢固可靠；指示灯的颜色应符合 GB/T 4025 的规定；宜采用水冷或风冷方式。

11.3.8　排氢系统

排氢系统由鼓风机、气液分离罐、风管及排氢管道、风量传感器组成。鼓风机的风量应能使产生的氢气稀释到 1% 以下，并设置备用风机。风管中空气的流速应≤ 20m/s，并应在其上设置风量传感器，检测稀释风量。排氢管道中的流速应≤ 15m/s。

11.3.9　酸洗设备

次氯酸钠发生器在运行一段时间后会在极板上产生钙镁沉淀，影响电解槽的正常运行。为了恢复电解槽的性能、保持电解槽的良好运行状态，需要对电解槽进行酸洗。

11.4　设计安装

次氯酸钠发生器应取得涉及饮用水卫生安全产品卫生许可批件。次氯酸钠发生器原料用盐要求应满足 GB 5461 精制盐一级以上，卫生要求符合 GB 2721 规定，并且满足以下指标：铁≤ 10mg/kg，锰≤ 10mg/kg，溴化物≤ 100mg/kg，碘化物＜ 5mg/kg，钙≤ 100mg/kg，镁≤ 100mg/kg。现场制备次氯酸钠溶液技术指标：pH 8 ～ 10，有效氯浓度≥ 0.7%。

城镇给水工程宜根据设计规模和原料供应等因素选择现场制备次氯酸钠；设备设施配置应根据水厂设计规模、处理工艺、水质条件，结合实际运行负荷确定，应满足最大投加量要求，同时应配置备用设备设施。

现场制备次氯酸钠溶液储存间内应避免光照，应设通风设备，每小时换气 8 ～ 12 次；室温宜低于 25℃，不宜超过 30℃，不宜低于 5℃；室内可能与次氯酸钠接触的建筑构件、墙面和地面应做防腐处理；应有良好的排水设施；房间出入口附近应设置一套快速淋浴和洗眼器。

次氯酸钠溶液储罐、输送管路及其密封件应避免使用金属材质，储罐和输送管宜采用聚乙烯（PE)、聚氯乙烯（PVC)、聚四氟乙烯（PTFE）和聚偏二氟乙烯（PVDF）等材质，密封件宜选用三元乙丙橡胶等材质。

次氯酸钠溶液储罐容积应为实际储存量体积的 110%，应设置进口、出口、排污口、通气口（现场制备次氯酸钠溶液储罐应设进风口和出风口 2 个通气口）和溢流口，并配备液位变送器。溢流口所接溢流管的出口需引至室外。如果不设置溢流口，应在储罐上设置 2 个液位检测仪器，进行双重的液位保护。储罐下应设收集池，体积不小于 1 个储罐体积。

次氯酸钠发生器原料食盐储备量可按平均投加量的 5 ～ 10d 量设计。次氯酸钠发生器设备间温度应在 5 ～ 40℃之间，相对湿度不大于 80%；应设置满足每小时换气 8 ～ 12 次的高位通风的机械通风设备。

次氯酸钠发生器设备间应安装氢气监测报警装置；报警装置应设在氢气释放源上方或者房间顶部，安装高度宜高出释放源 0.5 ～ 2m，周围并留有不小于 0.3m 的净空；报警装置有效覆盖室内水平平面半径宜为 7.5m。

次氯酸钠发生器设备间应设有通道；设备之间净距离不宜小于 0.6m，同时要根据设备的需要留有巡回检查通道，通道净距离不应小于 0.8m。

次氯酸钠发生器有效氯产量大于 5kg/h 的设备间，应设置起吊设备，供设备安装、维护和保养使用。次氯酸钠溶液宜采用计量泵投加；计量泵应具有防腐能力；计量泵的选型应根据次氯酸钠的投加量、投加压力等参数确定；实际投加量不应小于计量泵最大流量的 20%；应配备备用计量泵。

次氯酸钠溶液与计量泵连接的进口管路应设计适量排气点。出口管路上流量计宜采用垂直安装方式；采用水平安装方式时，流量计下游和上游宜增加“拱门”设计，宜在流量计上游最高点增加排气点。次氯酸钠投加点如果直接连接到供水管道上，加注口应处于管道中心位置，并沿水流方向开 45° 切口；如果投加点在清水池，投加点应在水面以下。

管道布置应符合管线短，附件少，走向平直，整齐美观，便于安装、检修、支吊和安全等原则；管路上应设置相应的标识说明，标识出介质类别和走向；跨越人行过道的室内管道，其净高不应低于 2m，并加设托管；管道布置不应影响设备起吊，不宜遮挡窗；经常手动操作的阀门布置高度不宜超过 1.6m，高于 2m 的应有阀门操作措施，阀门的布置应便于操作。

11.5　运行维护

次氯酸钠发生器应具备完整的技术文件，应包括使用说明书、安全操作规程、产品合格证、装箱单、随机备件、其他相关技术资料等。次氯酸钠发生器安装完成并运行稳定后，用户应选择有检测能力的机构对其有效氯含量范围、盐耗、直流电耗和交流电耗等指标进行检测，所有检测指标均应符合 11.3 规定。

采用次氯酸钠溶液消毒，投加后与水接触时间不应小于 30min；投加量应根据需氯量试验来确定。城镇给水系统应用次氯酸钠消毒时，应通过进水管路流量和出水口余氯在线监测实时调整消毒剂投加量，余氯应符合 GB 5749 要求；应定期检测出水中氯酸盐浓度，应符合 GB 5749 要求。

定期采用自来水或酸溶液清洗次氯酸钠溶液投加管路，每 1 ～ 2 月 1 次；定期清洗次氯酸钠溶液储液池 / 罐，每月 1 ～ 2 次。次氯酸钠溶液停止投加后（停用期间），应以自来水清洗计量泵和次氯酸钠投加管路，如果管路有结垢情况，宜用酸溶液清洗，以备再次启用。

次氯酸钠发生器电解槽每 3 个月应用酸溶液清洗 1 次，定期清理电极水垢；停用 48h 以上，再次使用时，应用设备自产软化水对设备管路进行冲洗。次氯酸钠发生器软化水装置进口和浓盐罐出口阀门处过滤器应定期用清水或温水进行清洗。

次氯酸钠发生器计量泵应注意防水，应经常检查以防止泄漏；应避免计量泵输料管中进入气体，一旦进入应及时排出；计量泵软管宜每半年更换一次。

控制柜（含电气、自动设备）、计量泵、超声液位计等设备及附属配件的维护按生产厂家提供的技术文件要求进行。

11.6 注意事项

① 操作人员应定期开展安全教育培训，严格遵守操作规程；应编制次氯酸钠泄漏事故应急预案；操作人员接触次氯酸钠时应戴化学安全防溅护目镜、戴耐酸碱手套、穿防酸碱工作服和戴面罩，次氯酸钠操作区域内合理安装淋浴器和洗眼器。

② 在投加泵和输送管道区域宜设置防喷溅围挡或防护帘或隔板等。次氯酸钠溶液储存间应设置防护用品（含防护眼镜和耐酸碱手套）多套，置于储存间进口侧墙壁。

③ 次氯酸钠溶液应远离火种、热源；应与还原剂、酸类分开存放，不应混储。若皮肤、眼睛不慎接触到次氯酸钠溶液，应用大量流动水冲洗；若不慎吸入次氯酸钠溶液中挥发出的气体，应立即转移到空气新鲜、通风处。上述情况严重者应到医院医治。

第12章 投溶药设备

12.1 产品概述

投溶药设备结构与原水类别、水质质量、投加药剂的品种、产品状态（如固态、液态、气态）、投药方法、加注方法等有着直接的关系。城镇水厂中，常规的水处理流程为：水流进入投加池中，混凝、絮凝等药剂原料通过投溶药设备按照一定的药剂配比投加到水中；然后水流在反应室中停留，使絮状物在聚合物的作用下黏结、沉淀；絮状混凝沉淀物增加的同时，经过滤去除；水流澄清后，混入一定比例的石灰等药剂进行pH调节；最后各项指标合格的水流通过市政供水管网到达用户端，供用户使用。

常用的水处理药剂有凝聚剂、絮凝剂和助凝剂。凝聚剂主要指混凝过程中起脱稳作用而投加的药剂，也被称为混凝剂，如PAC药剂；絮凝剂主要指通过架桥作用把颗粒连接起来所投加的药剂，如聚丙烯酰胺（PAM）；助凝剂指为改善混凝效果而投加的各种辅助药剂，包括用于调整水的pH值和碱度的酸碱类、消除有机污染对混凝干扰并改善混凝效果的氧化剂，以及为改善某些特殊水质的絮凝性质而投加的助凝剂，如高锰酸钾、活性炭、石灰等。以上用于生活饮用水的药剂必须符合卫生部颁发的《生活饮用水化学处理剂卫生安全评价规范》。

投溶药设备主要的配件有药液制备系统以及加药泵。药液制备系统用于溶解及稀释药剂，在投药系统中是必不可少的环节。在各种规模水厂中，药剂溶解和稀释主要采用搅拌的方式完成。目前加药泵主要有计量泵、螺杆泵、普通耐酸离心泵及无泄漏磁力泵。计量泵应用于液体药剂的正压投加，加注量精确、运行稳定可靠，应用较为广泛，是各类供水企业在选择加药设备时的首选。螺杆泵主要应用于投加高黏度大流量的PAM溶液时采用。耐酸离心泵及无泄漏磁力泵多作为药液输送泵，向原水中直接定量投加时需配备流量计及调节控制阀。

根据原水水质、水量变化和既定的出水水质目标确定最优药剂投加量，是水厂生产管理的重要内容。目前药剂投加自动控制的主要方法有数学模拟法即前后反馈参数共同参与控制的闭环控制法、流动电流检测法、显示式絮凝控制法。上述几种方法，国内许多单位自行研究、开发了自动加药控制系统，已在一些水厂中得到应用并取得良好效果。

12.2 产品分类

常用药剂投加方式有干式投加法及湿式投加法两种。

表 12-1 为两种投加方式的优缺点对比。

表 12-1　干式投加设备与湿式投加设备优缺点对比

投加方式	优点	缺点
干式投加	设备占地小 设备遭受腐蚀的可能性小 投加量要求突变时易于调整	用药量大时需要破碎药剂的设备 对搅拌机性能要求较高，药液与水不易混合均匀 劳动条件差
湿式投加	不易堵塞入口，管理方便 易于与原水充分混合 投加量易于调节	设备占地大 设备易受腐蚀 投加量要求突变时投药量调整较慢

① 干式投加为直接向水中投加固体状（一般为粉末）药剂的过程。主要用于石灰及活性炭的添加。一般加药工艺过程较少采用，但对于不易制成溶液或者适合干投的药剂，仍需采用干式投加法。干式投加设备一般由干粉投加机和药剂破碎设备组成。

② 湿式投加法中，投加的药剂是液体状态，液体药剂可以是固体药剂的溶解溶液，也可以是药剂的成品溶液。湿法投加工艺容易控制，投药均匀性较好，目前该投加方式为市面上主流方式。城镇供水中高锰酸钾、PAC、PAM 主要采用这种方式。石灰和活性炭根据用户需求，也可以采用湿式投加方式。

目前，国内投溶药设备以湿式压力投加设备为主，以下重点介绍湿式投加设备（压力投加）应用相关技术内容。

12.2.1　PAM 投溶药设备

PAM 目前市面常见的物料来源有液体原液、小袋来料、吨袋来料，进料系统一般分别采用原液泵、一体化真空吸料机、吨袋破包机三种设备或者三者的互相组合。PAM 溶液配制投加系统见图 12-1。液体原液来料通过原液泵将其输入制备罐中，根据所需要的浓度稀

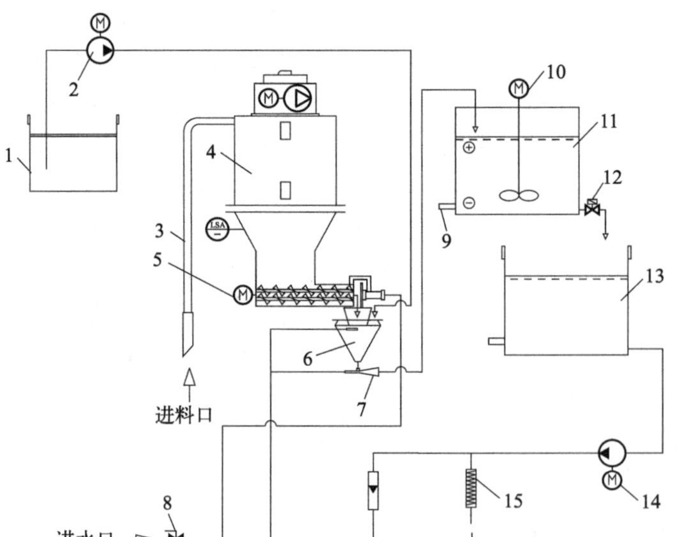

图 12-1　PAM 溶液配制投加系统

1—PAM 液体；2—PAM 原液泵；3—吸料机；4—料仓；5—螺旋给料机；6—湿化槽；7—水射器；8—阀门；9—液位计；10—搅拌机；11—制备罐；12—电动放空阀；13—储液罐；14—投加泵；15—在线稀释静态混合器

释后投加即可。颗粒状原料一般利用真空吸料机从低位储料箱内将 PAM 颗粒料吸入高位料仓储存，料仓下面安装螺旋给料机，均匀地将 PAM 输送至湿化槽。湿化槽出口可直接接入三厢式制备装置或通过射流器送入两厢式制备装置的溶解箱内，由于 PAM 溶液特性黏稠度比较大，制备溶液时颗粒料需均匀撒入水体，否则颗粒抱团后很难溶解。制备好的 PAM 溶液一般浓度在 0.1% ～ 0.3%，实际作为助凝剂使用，要求投加浓度比较低，因此需要在线稀释 5 ～ 10 倍后输送至投加点。黏稠溶液通常采用螺杆泵搭配流量计完成投加。PAM 制备和投加完全采用自动控制运行，投加量控制基本采用流量配比形式。

12.2.2　PAC 投溶药设备

PAC 目前市面常见的物料来源有液体原液、小袋来料或吨袋来料。PAC 溶液配制投加系统见图 12-2。

液态原液通过原液泵将其输送至制备罐，根据需要浓度调配稀释即可。PAC 原料由于扬尘性比较大且易受潮，使用真空吸料机容易粘在过滤网上且不易清洗，目前袋装来料一般采用人工破包或全封闭吨袋破包系统通过给料机输送至制备罐。由于 PAC 具有腐蚀性，直接接触药剂的设备如吨袋破料机以及给料机、输送机、溶解罐等均需做好防腐措施。这种上料制备方式对于高位罐体实用性很好，既减少人力又降低高空作业的安全隐患，整个上料溶解过程全自动化完成，故障率极低。制备好的 PAC 溶液储存在储液罐内，用计量泵投加至各投加点。

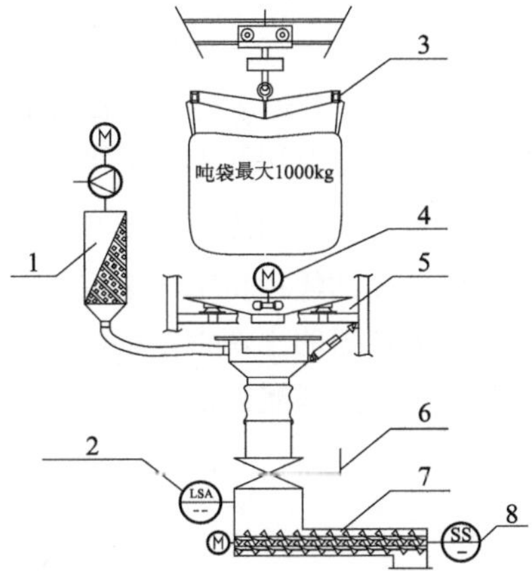

图 12-2　PAC 溶液配制投加系统

1—除尘装置；2—料位计；3—吊架；4—振动器；5—吨袋卸料系统；6—检修隔离阀；7—喂料机；8—防堵探测仪

12.2.3　石灰 / 活性炭湿式投溶药设备

目前市面常见的石灰 / 活性炭物料来源形式多为小袋、吨袋或槽罐车。由于原料具有扬尘性以及原料性价比问题，故多考虑采用散装槽车上料输入密闭料仓的储存方式。密闭料仓配有除尘器、安全阀、称重系统、料位计、振打器及冷却降温系统，料仓出料口配置螺旋给料机或机械刮片喂料机。振打器结合机械刮片喂料机或螺旋给料机双重助流作用及时破坏仓内形成的拱桥和空穴，保证仓内粉料均匀顺利输出。石灰 / 活性炭溶液配制投加系统见图 12-3。

石灰 / 活性炭通过给料机和输送机计量输送到制备罐制成乳液，乳液由螺杆泵或耐磨离心泵计量送入投加点完成石灰 / 活性炭投加过程。由于石灰微溶于水，形成的是浆液，所以一般采用连续式配药的方式。石灰 / 活性炭投加全自动控制系统通过进出水的 pH 值反馈信号来调节石灰投加量的 PID 闭环控制。

12.2.4　高锰酸钾投溶药设备

高锰酸钾目前市面常见物料来源为小袋或者桶装。高锰酸钾溶液配制投加系统见图 12-4。

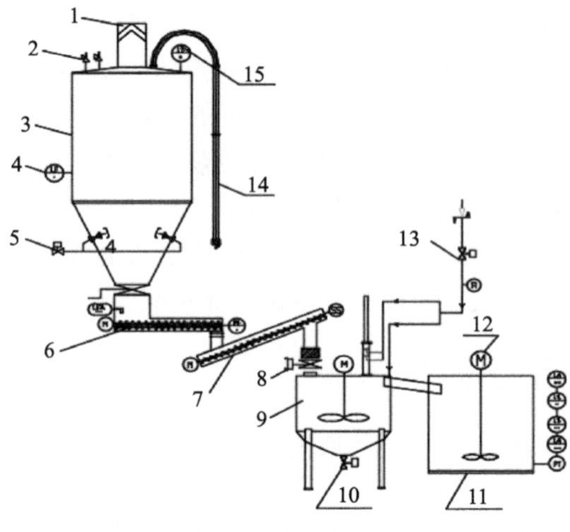

图 12-3　石灰 / 活性炭溶液配制投加系统

1—吸料机；2—安全阀；3—料仓；4—缺料位计；5—电磁阀；6—螺旋给料机；7—螺旋输送机；8—电动阀；9—溶药罐；10—排空阀；11—储药罐；12—搅拌器；13—电磁阀；14—吸料管；15—满料位计

投加系统可以采用真空吸料机吸料至料仓中，然后通过螺旋输送给料机和射流混合器输送至制备罐。高锰酸钾粉末极易受潮，为了避免粉剂结块，粉剂可预先湿润。精确计量的药量进入配有搅拌器的不锈钢溶解罐中，制成高锰酸钾溶液，然后自动排入储存罐，通过加药泵送入投加点。高锰酸钾投加控制方式基本采用流量配比的形式实现。

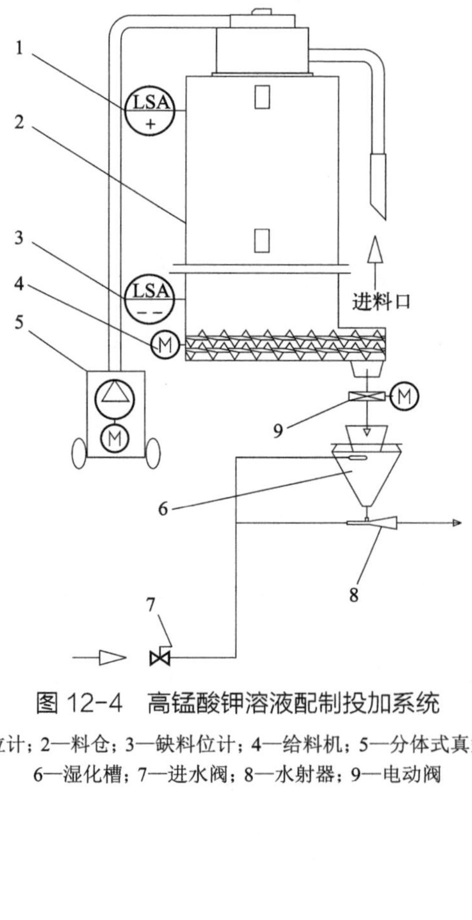

图 12-4　高锰酸钾溶液配制投加系统

1—满料位计；2—料仓；3—缺料位计；4—给料机；5—分体式真空上料机；6—湿化槽；7—进水阀；8—水射器；9—电动阀

12.3 产品相关标准

投溶药设备在产品方面所出台的质量和检验标准主要针对加药装置在粉剂及药剂原料投加的分类与命名、要求、试验方法、检验规则、标志、包装、运输和储存以及相关溶药搅拌设备与计量泵的产品分类、技术要求、试验方法、检验规则及包装和储运等。具体有《环境保护产品技术要求　水处理用加药装置》(HJ/T 369—2007)、《水处理设备性能试验　第 4 部分：加药装置》(DB44/T 841.4—2010)、《螺旋给料机技术条件》(JB/T 5363—2007)、《水处理用溶药搅拌设备》(CJ/T 3061—1996)、《搅拌器型式及基本参数》(HG/T 3796.1—2005)、《桨式搅拌器》(HG/T 3796.3—2005)、《开启涡轮式搅拌器》(HG/T 3796.4—2005)、《水处理装置用复合材料罐》(GB/T 26747—2011)、计量泵 (GB/T 7782—2020)、单螺杆泵 (JB/T 8644—2017)，以及国外计量泵标准 [容积式标准 (API675)、往复式标准 (API674)、回转泵标准 (API676)]。

相关标准体系如表 12-2 所列。

表 12-2　标准体系表

标准类型	标准名称
通用标准	《环境保护产品技术要求　水处理用加药装置》(HJ/T 369—2007)
	《水处理设备性能试验　第 4 部分：加药装置》(DB44/T 841.4—2010)
相关设备标准	《螺旋给料机技术条件》(JB/T 5363—2007)
	《单螺杆泵》(JB/T 8644—2017)
	《水处理用溶药搅拌设备》(CJ/T 3061—1996)
	《搅拌器型式及基本参数》(HG/T 3796.1—2005)
	《桨式搅拌器》(HG/T 3796.3—2005)
	《开启涡轮式搅拌器》(HG/T 3796.4—2005)
	《水处理装置用复合材料罐》(GB/T 26747—2011)
	《水库型水源给水厂特定混凝剂使用技术导则》(DB37/T 2678—2015)
	《计量泵》(GB/T 7782—2020)

目前针对市政供水领域的投溶药设备原标准出台时间都较早，在检验、技术指标、应用范围等许多方面已落后于目前的发展需要；同时，在化学药剂方面出台较多标准，但现行标准多以药剂的配比、运输、储存标准为主，针对市政供水应用的药剂投加溶药设备标准有待补充，尤其缺少针对产品分类、结构标准的界定、产品整机出厂质量的统一检测指标、产品选型、设计结构、技术参数、性能以及维护等相关标准。目前，国内厂商多以自主专利产品为标准，并无统一的产品标准以及第三方检测认证机构标准。涉及的产品标准及市政供水行业应用领域标准亟待完善及提升。

①《环境保护产品技术要求　水处理用加药装置》(HJ/T 369—2007) 规定了给水处理用加药装置 (粉剂及药剂原料投加) 的分类与命名、要求、试验方法、检验规则及标志、包装、运输和储存。

②《水处理设备性能试验　第 4 部分：加药装置》(DB44/T 841.4—2010) 规定了水生产

和供应业加药设备性能试验的要求、测量方法和试验报告的形式。

③《螺旋给料机技术条件》(JB/T 5363—2007）规定了螺旋给料机的技术要求、试验方法、检验规则等。

④《单螺杆泵》（JB/T 8644—2017）规定了单螺杆泵的型式与基本参数、技术要求、试验方法、检验规则、标志、包装、运输和储存。适用于输送清洁的或含有固体颗粒及纤维的水状、糊状直至高黏度腐蚀性和非腐蚀性介质的单螺杆泵。

⑤《水处理用溶药搅拌设备》（CJ/T 3061—1996）规定了水处理用溶药搅拌设备的产品分类、技术要求、试验方法、检验规则及包装和储运等。

⑥《搅拌器型式及基本参数》（HG/T 3796.1—2005）规定了搅拌器型式及基本参数。适用于机械搅拌容器所设置的搅拌器，用于密度＜ 2000kg/m^3 的液 - 液、气 - 液、固 - 液两相及气 - 液 - 固三相介质进行各种物理和化学过程的搅拌。

⑦《桨式搅拌器》（HG/T 3796.3—2005）规定了桨式搅拌器的产品分类、结构与主要参数、技术要求，以及检验、包装和储存等要求。

⑧《开启涡轮式搅拌器》(HG/T 3796.4—2005）规定了开启涡轮式搅拌器的分类、结构与主要参数、技术要求，以及检验、包装和储存等要求。

⑨《水处理装置用复合材料罐》（GB/T 26747—2011）规定了水处理装置用复合材料罐的规格、分类和标记、结构和原材料、要求、试验方法、检验规则、标志、包装、运输、储存。

⑩《计量泵》（GB/T 7782—2020）规定了计量泵的信息确认、要求、试验和检验、交付准备、标志、包装及储存。该标准适用于输送温度为 –30 ～ 150℃、黏度为 0.3 ～ 2000mm^2/s 的液体的柱塞计量泵和隔膜计量泵，输送含固体颗粒液体的柱塞计量泵不适用该标准。

12.4 产品选择

投溶药设备根据投加药剂种类以及物理性质的不同，上料及输送方式、投加方式均有不同。以下重点根据以上两方面进行选型分类介绍。

12.4.1 进料及输送方式

目前市面药剂来料方式一般为液态原料、小袋包装原料以及吨袋包装三种方式。液态原料可通过原液泵输送至制备罐，颗粒状原料一般通过真空吸料机或投料站或人工上料输送至料仓。不同上料方式优缺点详见表 12-3。

表 12-3 上料设备介绍

上料方式	优缺点	适用情况
投料站、吸料机、射流器组合	低位操作远离制备罐体 劳动强度低	适用于 PAC、高锰酸钾等
真空吸料机、喂料机组合	低位操作远离制备罐体 劳动强度低	适用于 PAM、高锰酸钾等 不宜投加 PAC 等易潮粉状药剂
人工上料	劳动强度高 高位操作存在安全隐患	适用于少量投药

粉剂输送至料仓后，通过输送机械输送至制备罐中。输送机械有螺旋输送喂料机和射流器组合、螺旋输送喂料机和旋流下料器组合、机械刮片喂料输送机和射流器组合几种方式。三种输送机械组合特点见表 12-4。

表 12-4　输送机械介绍

输送机械	优缺点	适用情况
螺旋输送喂料机和射流器组合	优点：可以输送高位制备罐 缺点：低温地区输送管需做防堵措施	适用于 PAM、石灰石、活性炭的输送
螺旋输送喂料机和旋流下料器组合	优点：可以输送高位制备罐	适用于 PAM
机械刮片喂料输送机和射流器组合	可对料仓内形成的拱桥和空穴进行破坏，保证粉料下滑顺畅均匀，提高粉料计量准确度，降低劳动强度	适用于石灰石、活性炭投加

12.4.2　投加计量设备

药剂投加设备主要有计量泵、螺杆泵、离心泵及水射器等，不同药剂投加设备选型见表 12-5。

表 12-5　药剂投加设备选型表

设备类型	最高日供水量		
	> 100 万吨	50 万～ 100 万吨	< 50 万吨
重力式：流量计 + 调节阀	新建水厂不再采用		
	老水厂已有的，可采用高精度流量计和自动调节阀进行自动化改造		
水射器投加	新建、改建停止使用		
计量泵投加	推荐使用液压隔膜计量泵	推荐使用机械隔膜计量泵，规模较大有条件的可选择液压隔膜计量泵	推荐使用电磁计量泵或机械隔膜计量泵
螺杆泵投加	推荐用于投加量 >2500L/h 的 PAM 溶液投加		
离心泵投加	投加量 >3000L/h，对剪切不敏感的药液投加，推荐采用无泄漏磁力泵	不推荐	不推荐
离心泵输送	推荐采用无泄漏磁力泵	耐腐蚀机械密封离心泵，有条件的可选用无泄漏磁力泵	
连续溶液制备	推荐用于 PAM、石灰乳液制备、活性炭悬浮液制备		

计量泵为常用的投加计量设备，下面主要对计量泵的选型进行介绍。

计量泵是专门用于计量输送液体的泵。绝大多数计量泵采用柱塞泵和隔膜泵的结构，也有用齿轮泵结构的，在选购计量泵时应注意。计量泵有流量可调节和不可调节两种，前者的适用性更广。流量计量泵主要通过改变行程长度调节，例如改变曲柄半径柱塞回程时后止点位置和柱塞杆与十字头连接处的间隙，也可通过改变往复次数或同时采用两种方法来调节流量。虽然行程长度可以从零调至最大，但为保证计量精度，一般都限制在 30% ～ 100% 范围内。计量泵的计量精度是指流量复现性的精度，通常按最大流量计算。在 10% ～ 100% 调节范围内，一般计量泵的计量精度为 ±1%，特殊的计量泵精度更高。计量泵根据过流部分的不同可以分为柱塞式计量泵、机械隔膜式计量泵、液压隔膜式计量泵、波纹管计量泵。

计量泵选型时必须注意的事项：

① 被计量液体的流量（L/h）。

② 被计量液体的主要特性，例如化学腐蚀性、黏度和密度等。

③ 系统的背压（MPa）。

④ 计量泵扬程（m）。

⑤ 选取合适的吸升高度。

⑥ 选取合适的控制方式，如模拟量控制、脉冲量控制、流量监视和定时器。

⑦ 建议一般情况下不要选用电磁驱动式计量泵，一旦电磁电路板出问题，根本无法维修，如果更换新的电路板，价格和整台计量泵的价格差不多，成本相当高。

⑧ 计量泵泵头的选用。涉及计量泵泵头，通常的问题是出现在计量酸、氯、氟化物和过氧化氢的情况时。由于药品浓度和操作温度的不同很难确定具体泵头材质。

⑨ 为了实时监测隔膜的完好情况，建议选择带有隔膜破裂报警装置的计量泵。尤其是进口的计量泵，关键备品备件必须在第一次订货时采购，如果设备运行后采购则备品备件的价格会很高。

12.4.3 常用药剂设备选型

常用的药剂有 PAM、PAC、高锰酸钾、石灰、活性炭等，四种药剂的投溶药设备选型见表 12-6 ～表 12-9。

表 12-6　PAM 投溶药设备选型表

<table>
<tr><td colspan="2">名称</td><td colspan="2">PAM 投加系统</td></tr>
<tr><td colspan="2">投加方式</td><td colspan="2">湿式投加</td></tr>
<tr><td colspan="2">原料状态</td><td colspan="2">PAM 颗粒料</td></tr>
<tr><td colspan="2">上料方式</td><td colspan="2">真空吸料机</td></tr>
<tr><td colspan="2">输送机械</td><td>双 / 单螺旋输送机输送至射流器，可以输送高位制备罐，但增加射流器后低温地区输送管需做防堵措施，制备精度 ±2%</td><td>双 / 单螺旋输送机输送至旋流下料器，直接进入三厢式制备罐，简单，制备精度 ±2%</td></tr>
<tr><td colspan="2">制备储液形式</td><td>叠式双罐，批处理制备方式，PAM 溶液制备完全均匀，制备精度 ±2%</td><td>三厢式并列结构，可实现连续制备，低温末端易出现未完全溶解现象，制备精度 ±2%</td></tr>
<tr><td rowspan="3">投加药泵</td><td>无密封自吸泵</td><td>不适合</td><td>不适合</td></tr>
<tr><td>耐磨离心泵</td><td>不适合</td><td>不适合</td></tr>
<tr><td>螺杆泵</td><td>适合</td><td>适合</td></tr>
<tr><td colspan="2">适合水厂规模</td><td>任何水厂</td><td>任何水厂</td></tr>
<tr><td colspan="2">运行维护难易</td><td>一般</td><td>容易</td></tr>
<tr><td colspan="2">运行成本</td><td>略高</td><td>低</td></tr>
<tr><td colspan="2">性能稳定性</td><td>稳定</td><td>一般</td></tr>
</table>

表 12-7　PAC 投溶药设备选型表

<table>
<tr><td colspan="2">名称</td><td colspan="3">PAC 投加系统</td></tr>
<tr><td colspan="2">投加方式</td><td colspan="3">湿式投加</td></tr>
<tr><td colspan="2">原料状态</td><td colspan="2">PAC 颗粒料</td><td>原液</td></tr>
<tr><td colspan="2">上料方式及特点</td><td>投料站＋射流器
制备浓度精度 ±1%</td><td>人工搬运
制备浓度精度 ±1%</td><td>浓度误差由成品厂商决定</td></tr>
<tr><td colspan="2">适合水厂规模</td><td>100km 内没有成品药剂出售</td><td>3万吨/天以下的水厂，100km 内没有成品药剂出售</td><td>3 万吨 / 天以上的水厂，100km 内有成品药剂出售</td></tr>
<tr><td rowspan="4">投加计量设备</td><td>耐腐蚀离心泵</td><td colspan="3">适合 50 万吨 / 天以上大型多点（6 个以上）投加的水厂，故障率低，投加精度高，可控制在 1% 以下</td></tr>
<tr><td>数字计量泵</td><td colspan="3">线性度、均匀性好，计量精度 ±1%，流量调节比 1∶800，保持精度，无须外置变频器，无须更换润滑油，一般膜片使用寿命 3 ～ 4 年，耗能低，背压 4 ～ 10bar</td></tr>
<tr><td>机械隔膜计量泵</td><td colspan="3">计量精度 ±2%，流量调节比 1∶10，配置外置变频器，需要定期更换润滑油，一般膜片使用寿命 1 ～ 2 年，能耗高，背压 3 ～ 10bar</td></tr>
<tr><td>液压计量泵</td><td colspan="3">计量精度 ±1.5%，流量调节比 1∶30，配置外置变频器，需要定期更换润滑油，一般膜片使用寿命 1 ～ 2 年，能耗高，背压 5 ～ 500bar</td></tr>
<tr><td colspan="2">运行维护难易</td><td>一般</td><td>一般</td><td>简单</td></tr>
<tr><td colspan="2">运行成本</td><td>低</td><td>低</td><td>高</td></tr>
<tr><td colspan="2">性能稳定性</td><td>稳定</td><td>稳定</td><td>稳定</td></tr>
</table>

注：1bar=0.1MPa，下同。

表 12-8　高锰酸钾投溶药设备选型表

<table>
<tr><td colspan="2">名称</td><td colspan="3">高锰酸钾投加系统</td></tr>
<tr><td colspan="2">投加方式</td><td colspan="3">湿式投加</td></tr>
<tr><td colspan="2">原料状态</td><td colspan="3">高锰酸钾颗粒料</td></tr>
<tr><td colspan="2">上料方式及特点</td><td>投料站＋射流器
制备浓度精度 ±1%</td><td>吸料机＋输送机
制备浓度精度 ±3%</td><td>人工搬运
制备浓度精度 ±1%</td></tr>
<tr><td colspan="2">适合水厂规模</td><td>50 万吨 / 天以上的水厂</td><td>10 万～ 50 万吨 / 天的水厂</td><td>10 万吨 / 天以下的水厂</td></tr>
<tr><td rowspan="4">投加计量设备</td><td>耐腐蚀离心泵</td><td colspan="3">适合50万吨/天以上大型多点（6个以上）投加的水厂，故障率低，投加精度高，可控制在1%以下</td></tr>
<tr><td>数字计量泵</td><td colspan="3">线性度、均匀性好，计量精度 ±1%，流量调节比 1∶800，保持精度，无需外置变频器，无须更换润滑油，一般膜片使用寿命 3 ～ 4 年，耗能低，背压 4 ～ 10bar</td></tr>
<tr><td>机械隔膜计量泵</td><td colspan="3">计量精度 ±2%，流量调节比 1∶10，配置外置变频器，需要定期更换润滑油，一般膜片使用寿命 1 ～ 2 年，能耗高，背压 3 ～ 10bar</td></tr>
<tr><td>液压计量泵</td><td colspan="3">计量精度 ±1.5%，流量调节比 1∶30，配置外置变频器，需要定期更换润滑油，一般膜片使用寿命 1 ～ 2 年，能耗高，背压 5 ～ 500bar</td></tr>
<tr><td colspan="2">运行维护难易</td><td>一般</td><td>复杂</td><td>一般</td></tr>
<tr><td colspan="2">运行成本</td><td>低</td><td>高</td><td>低</td></tr>
<tr><td colspan="2">性能稳定性</td><td>稳定</td><td>一般</td><td>稳定</td></tr>
</table>

表 12-9　石灰 / 活性炭投溶药设备选型表

<table>
<tr><td colspan="2">名称</td><td colspan="2">石灰投加系统</td><td colspan="2">粉末活性炭投加系统</td></tr>
<tr><td colspan="2">原料状态</td><td colspan="2">粉料</td><td colspan="2">粉料</td></tr>
<tr><td colspan="2">上料方式</td><td>槽罐车直接泵送至密闭料仓</td><td>人工搬运</td><td>槽罐车直接泵送至密闭料仓</td><td>所有设备集成在集装箱内</td></tr>
<tr><td colspan="2">输送机械</td><td>机械刮片喂料机或射流器，制备精度 ±1.5%</td><td>无，制备精度 ±1%</td><td>机械刮片喂料机或射流器，制备精度 ±1.5%</td><td>机械刮片喂料机或射流器，制备精度 ±1.5%</td></tr>
<tr><td colspan="2">制备储液形式</td><td>制备、储液双罐顺次放置，制备罐到储液罐中间设置沉砂器，可实现连续制备，制备精度 ±2%</td><td>制备池独立运行。人工直接倾倒准确控制量，制备精度 ±1%</td><td>制备、储液罐左右连体设置，制备罐到储液罐中间设置内置沉砂器，同时，制备罐上设置负压除尘器，完全去除粉尘并加速鱼眼气泡释放，利于保护后续设备和管路。可实现连续制备，制备精度 ±2%</td><td>制备池独立运行。人工直接倾倒准确控制量，制备精度 ±2%</td></tr>
<tr><td colspan="2">湿式投加</td><td>适合</td><td>适合</td><td>适合</td><td>适合</td></tr>
<tr><td colspan="2">干式投加</td><td>通过快速预湿器后进入射流器投加（不建议长时间使用）</td><td>不适合</td><td>通过快速预湿器后进入射流器投加</td><td>通过快速预湿器后进入射流器投加</td></tr>
<tr><td rowspan="3">投加药泵</td><td>无密封自吸泵</td><td colspan="4">适合 50 万吨 / 天以上大型水厂，无密封材料故障率低，维护费用低，但能耗高，投加精度 4% 以下</td></tr>
<tr><td>耐磨离心泵</td><td colspan="4">适合 30 万吨 / 天以上大型水厂，密封易磨损，维护费用低，投加精度 3.5% 以下</td></tr>
<tr><td>螺杆泵</td><td colspan="4">适合 30 万吨 / 天以下中小型水厂，控制稳定，投加精度 2% 以下，但定子转子易磨损，维护费用高</td></tr>
<tr><td colspan="2">适合水厂规模</td><td>>3 万吨 / 天的水厂</td><td><3 万吨 / 天的水厂</td><td>5 万吨 / 天以上的水厂</td><td>5 万吨 / 天以下的水厂</td></tr>
<tr><td colspan="2">运行维护难易</td><td>一般</td><td>容易</td><td>一般</td><td>一般</td></tr>
<tr><td colspan="2">运行成本</td><td>略高</td><td>低</td><td>略高</td><td>略高</td></tr>
<tr><td colspan="2">性能稳定性</td><td>稳定</td><td>很稳定</td><td>稳定</td><td>一般</td></tr>
</table>

12.4.4　产品价格

分体式投溶药设备和一体式投溶药设备在配置、性能、稳定性以及做工精细度等一样的情况下，设备价格差别不大，基本在 5% 以内。据 2020 年不完全统计，一体式投溶药设备价格差异较大，平均价格由几万元、十几万元到几百万元不等。从整套设备的吨水投资成本来看差异也较大，若是选型中使用较好品牌的设备，每万吨水的投资可在 20 万元以上，而使用一般品牌的产品，每万吨水的投资可在 5 万～ 10 万元。投溶药设备核心部件，如常见隔膜式计量泵通常国产价格低的在 7000 ～ 8000 元区间，价格高的在 1 万～ 2 万元区间；数字计量泵国产通常价格区间为 1 万～ 2 万元。

12.5 安装调试

常用的粉态药剂湿式投加设备投溶药设备主要包括吸料机、料仓、螺旋给料机或机械刮片喂料机、输送机、制备罐、储药罐、螺杆泵、阀、流量计、计量泵等，安装时根据图纸按顺序依次安装。

料仓安装时务必保证垂直度和基础固定件的牢固连接，吸料机、空穴振打器和螺旋给料机安装于料仓上，螺旋输送器和给料机通过法兰连接。制备罐安装位置需无振动，无阳光直射、雨淋等问题，地面平整度不低于 1∶20，制备罐配有搅拌机，安装时垂直度和水平度必须按国家相关标准执行。螺杆泵安装时，储液罐出液口至螺杆泵进液口管道应低于搅拌机保护液位或储液罐最低控制液位。流量计安装时注意前后不变径直管段长度，流量计前不变径直管段长度＞ 5 倍管道直径，流量计后不变径直管段长度保持 3 倍管道直径。混合器安装在流量计后端，稀释水管道也必须安装转子流量计控制稀释水量完成稀释。

设备单机调试之前注意清水管道冲洗和试压。确保预溶解槽、注水原件、溶解罐、储药罐和管线是完全清洁并没有污物和异物。高分子聚合物给料设备在系统启动前需进行流量标定。控制柜根据图纸，依次检查端子排的接线。检查每个电机接线是否完好，三相绕组阻值是否一致，绕组对的电阻、电磁阀的接线、电磁阀的阻值是否正常，检查电磁流量计接线，确保电磁流量计电源线与信号线正确无误。根据各电机的额定电流，按照额定电流的 120% ～ 150% 调整电机空气开关的保护电流。

单机调试时手动和点动每个阀门和设备，确保设备单机动作正常，具体调试内容如下。

（1）料仓部分

① 除尘器：接线正确，确保除尘器关闭后可自动延时清灰。

② 安全阀：上料至满料位，继续上料时安全阀可打开。

（2）螺旋给料机部分

① 螺旋给料机在负荷运转前应先进行空运转试验。空运转时需注意：确定给料机没有异响，各运动机构应平稳、无冲击声，紧固件应防松可靠；空运转时间不少于 4h，滚动轴承温升不应超过 35℃，最高温度不应超过 75℃；给料机空运转条件下噪声声压级不应大于 75dB(A)；减速器应无渗漏现象，密封应良好；电气、联轴器应安全可靠、无异常声响。

② 空运转后需进行负荷试验。负荷试验时需注意：点动给料机并检查给料螺旋的转向，如果转向不对，立即停机，改变电机接线和转向，然后重启给料机观察转向；各连接口处（如检视门、连接口等）应无明显粉尘外泄现象；同一种物料进行负荷试验时间不应少于 10min，装卸料情况应良好，负荷功率不应超过电动机的额定功率值；负荷试验时，生产率应符合技术文件要求。负荷试验前通过给料机出口的玻璃片 / 检查罩检查物料是否连续供给，在取样进行给料机的能力测试之前给料螺旋应完全填满物料；通过多螺旋精确计量给料机能力，测试校准药剂设定量和投加量，生产率的测定，共测量 3 次，取算术平均值为给料机的日常率。

（3）螺旋输送器

① 确认电机转向正确。

② 确认螺旋输送器运行无异响，如有刮擦声可打开取样口检查是否有异物，如果是螺旋轻微碰擦内壁，可松开螺旋两端螺丝，将螺旋尽量抬高，再上紧螺丝。

（4）机械刮片喂料输送机

确保机械刮片喂料输送机安装时仓刮刀与内壁没有摩擦。

（5）搅拌机

① 确认电机转向正确。

② 观察搅拌机有无晃动现象，检查搅拌机安装是否水平、有无倾斜。

（6）位计

判定接线是否正确，一般采用 2 线式，注意正负不能接反；确认量程是否正确。

（7）电动阀

确保接线正确，调整阀门内的凸轮或限位开关，保证阀门的到位信号正常。检查阀门有无完全打开或关闭。

（8）螺杆泵

① 泵启动前，向泵内注入试验介质，并把试验系统进、出口压力调节阀全部打开，安全阀调到关闭状态。

② 确认电机转向正确，检查泵在运行时是否存在不正常的声响及异常振动现象、各结合面是否有外泄漏。

③ 检查投加泵的实际流量，根据变频器的最高最低频率确认投加泵的对应流量是否在正常范围。

④ 检查投加泵出口压力是否正常。

（9）计量泵

① 建议吸入管路采用自灌式安装，泵的吸液端低于储液池的最低液位。如必须采用吸入提升式安装方式，必须在吸入管口加装脚阀。

② 建议在吸入管路中安装过滤器，以便检查和清洗。同时必须有必要的截止阀和管路活接，以便日后维护。

③ 在计量泵出口管路中必须安装脉动缓冲器、安全阀。如压力低于 3bar（1bar=0.1MPa），建议加装背压阀，以免管路产生虹吸现象。

④ 吸入管路的管径必须大于计量泵入口阀尺寸。确定管径尺寸必须考虑计量泵的峰值流量、管路长度和物料黏度等参数。出口管路未安装脉动缓冲器时也必须参照吸入管径的选择来确定管径尺寸。

⑤ 电动机接线必须参照电动机铭牌和操作说明书。同时注意电动机转向，从风扇侧观察，电动机为逆时针旋转。

⑥ 将计量泵出口管路断开，或打开管路排气阀。

⑦ 按油位指示加入润滑油，然后将冲程调至 0%。启动计量泵，辨别泵体内是否有异常噪声。

⑧ 将计量泵启动 / 停止，反复多次。然后，将冲程调至 25%，运行 2min；再将冲程调至 90%，运行 2min。如此反复 3 ～ 5 次。

⑨ 逐步调大冲程至 100%，观察计量泵出口是否有物料输送，且流量随冲程调节而变化。

（10）控制柜

① 检查电源是否正常。

② 根据图纸，先后控制电源断路器，检查 220V 控制电压和 24V DC 电压是否正常。

③ 根据图纸，依次合上其他的断路器。

④ 上述设备单机调试完成后，即可联机调试运行。

12.6　运行维护

投溶药设备有进水 / 料系统、调制（溶药）系统、储液系统、投加计量系统、排污系统、自控系统。为了确保设备安全可靠地运转，设备需要周期性的维护保养，不同设备的运行维护方法如下。

（1）空压机

① 定期检查皮带的张紧及磨损情况，必要时更换。

② 定期检查空气滤清器，用压缩空气清理滤清器，必要时更换。

③ 定期检查润滑油油位，定期更换润滑油。

（2）真空吸料机

半年更换一次滤芯。

（3）料仓

① 除尘器：每 3 个月清理检查滤芯。

② 安全阀：定期检查清理阀门，防止物料在隔膜上结块，检查并调节阀门的压力设置。

（4）螺旋给料机

① 小修。每隔 3 个月进行一次小修，小修内容如下：检查所有紧固螺栓；校正联轴器，更换易损件；检查、修理螺旋叶片及轴；更换润滑油。

② 大修。每隔 12 个月进行一次大修，大修内容如下：修理或更换轴承；机壳、轴、螺旋体修理或更换；整机防腐。

③ 日常维护保养。检查两端轴承转动是否灵活、是否有异响，检查减速机是否有异响、润滑油是否够。

（5）长距离螺旋输送器

① 小修。每隔 3 ～ 6 周进行一次小修，小修内容如下：检查齿轮的张紧及磨损情况，对齿轮进行润滑；检查密封的磨损情况，对损坏密封进行更换；检查、处理螺旋输送器及辅助管线接头的泄漏问题；轴承添加润滑油；检查螺旋输送器，清除螺旋叶片间的杂物。

② 大修。每隔 12 ～ 24 周进行一次大修，大修内容如下：更换转子的支撑轴承；拆卸螺旋输送器，检查螺旋输送器转子磨损情况；检查螺旋输送器壳内壁损伤情况，必要时进行修复；测量转子各部位尺寸，修复轴颈等损伤部位；每年更换润滑油。

③ 日常检查维护保养。检查螺旋输送器运行有无异响，如有刮擦声可打开取样口检查是否有异物，如果是螺旋轻微碰擦内壁，可松开螺旋两端螺丝，将螺旋尽量抬高，再上紧螺

丝；检查轴承与密封之间有无泄漏，检查轴承、密封是否润滑良好，必要时加适量的润滑脂；检查螺旋减速机温升是否正常、润滑油的油位是否合适。

（6）搅拌机

① 观察搅拌机有无晃动，检查搅拌机的安装是否水平良好、有无倾斜。

② 检查减速机温升是否正常、有无异响、减速箱油位是否正常。每运行 10000h 或者 2 年更换一次合格的润滑油。

（7）排渣阀

检查排渣阀是否能正常开启、是否被渣堵住。

（8）液位计

检查清理压力变送器探头结垢，检查超声波探头有无冷凝水。

（9）电动阀

调整阀门内的凸轮或限位开关，保证阀门的到位信号正常。检查阀门有无完全打开或关闭。

（10）管道

在输送 PAC/ 次氯酸钠 / 高锰酸钾等药剂时要侧重观察管道药剂结晶问题的出现，发现结晶及时疏通并清理泵、阀等设备过流位置的结晶体，避免造成运行故障。

（11）螺杆泵

① 小修。每 6 个月进行一次小修，小修内容如下：检查轴封泄漏情况，调整压盖与轴的间隙，更换填料或修理机械密封；检查轴承；检查各部位螺栓紧固情况。

② 大修。每 24 个月进行一次大修，大修内容如下：解体检查各部件磨损情况，测量并调整各部件配合间隙；检查齿轮磨损情况，调整同步齿轮间隙；检查螺杆泵直线度及磨损情况；检查泵体内表面磨损情况。

③ 日常维护保养。检查泵出口压力；检查泵轴承温度及螺栓紧固情况；检查各密封部位有无泄漏；检查螺杆泵运行时是否有异响。

（12）计量泵

① 检查各密封部位有无泄漏，检查轴承温升。

② 润滑油在最初运行 250h 后需更换，以后每 2500h 或 6 个月更换一次润滑油。

③ 每 6 个月检查一次单向阀，根据实际使用情况决定是否更换。

④ 环境温度低于 10℃时应更换冬季润滑油。

12.7 注意事项

① 保证各投溶药设备的运行完好，投加药剂应符合工艺要求的质量标准。

② 根据进厂原水水质调整药剂投加量，以适应原水变化和出水水质要求。

③ 交接班时需交代清楚储药池、投药池剩余量及浓度，保证药剂余量充足。

④ 经常检查投药管，防止管道堵塞或断裂，保证抽升系统正常运行。出现断流现象时应尽快检查维修。

第13章 气浮设备

13.1 产品概述

气浮是在待处理水中通入或产生大量高度分散的微细气泡，使其与杂质、絮粒相互黏附，形成密度小于水的浮渣，依靠浮力浮上水面，以完成固液分离的一种净水方法。气浮技术起源于选矿行业，利用气浮技术产生的微气泡具有比表面积大、水中停留时间长、上升速度慢、气体溶解率高、能自身增压溶解、界面ζ电位高、能产生大量羟基自由基、强传质效率等特性，在给水处理领域气浮技术能够解决传统沉淀工艺无法解决的难题，如低温低浊、高藻水体固液分离问题，同时具有投资少、占地面积小、自动化程度高、操作管理方便等特点。

气浮净水起初是应用在矿选业，采用加压溶气气浮法，随着气浮技术应用的领域越来越广泛，气浮设备类型也逐渐丰富，主要分为溶气气浮设备、散气气浮设备、离子气浮设备、浅层气浮设备、电解气浮设备等。目前在国内外给水气浮中应用最广泛的是加压溶气气浮，溶气气浮设备能够产生数量较多、气泡微细、粒度均匀、密集度大、上浮稳定的微气泡，对液体扰动效果微小、气浮效果好，设备也相对简单，便于维护和管理，尤其是对疏松絮凝体、细小颗粒的固液分离效果显著。我国的天津芥园水厂采用溶气气浮工艺除藻，进水量 $5.0\times10^5m^3/d$，叶绿素去除率达 90%，浊度< 0.4NTU，出水水质良好，成为使用国内气浮技术的大型给水厂中的典型示范；资阳市二水厂应用溶气气浮除藻工艺进行改造，藻类平均去除率达到 92.5%；深圳宝安区的长流陂水厂采用浅层气浮工艺进行除藻工作，藻类去除率达 80% 以上，排渣含水率高达 99.3%，处理效果明显，可以代替传统的混凝沉淀工艺。

目前气浮设备已经广泛应用在给水处理领域，在保障饮用水安全方面发挥着越来越重要的作用。

13.2 产品分类

气浮设备主要有产气泡方式、气泡粉碎方法及溶气水来源三种分类方式。

13.2.1 产气泡方式

（1）微孔布气气浮设备

微孔布气气浮设备是通过压缩气体经过位于气浮池底的微孔陶瓷扩散板形成大量小气泡，小气泡黏附水中的固体或液体颗粒，通过分离区，形成含有大量固体或液体颗粒的浮渣浮至水面。浮渣从上部的排渣口排出，水从位于气浮池下部的出水管排出。

（2）压力溶气气浮设备

溶气气浮设备包括加压溶气气浮设备和溶气真空气浮设备。加压溶气气浮设备是指能将空气在加压条件下溶于水，再使压力降至常压，把溶解的过饱和的空气以微气泡的形式释放出来的设备。溶气气浮设备能够产生数量较多、气泡微细、粒度均匀、密集度大、上浮稳定的微气泡，对液体扰动效果微小、气浮效果好，设备也相对简单，便于维护和管理，尤其是对疏松絮凝体、细小颗粒的固液分离效果显著，是目前应用较为广泛的气浮设备。

（3）电解气浮设备

电解气浮形式包括平流式和竖流式两种。电解气浮法的工作原理是电极在直流电的作用下使水电解，在电极周围产生细小均匀的氢气泡和氧气泡，这些气泡黏附在水中的固体或液体污染物上，共同上浮，实现去除水中污染物。利用电解气浮法能够产生尺寸微小的气泡，且上浮过程中不产生紊流，对废水负荷变化的适应性强，生成的污泥量少，占地面积小，不产生噪声，对于一些结合微气泡应用的精密制造领域，电解气浮设备应用较为广泛。但电解处理也存在高能耗的问题、操作运行管理要求高等限制。

13.2.2 气泡粉碎方法

微孔布气气浮设备按气泡粉碎方法可分为以下几种。

（1）水泵吸水管吸气气浮设备

利用原始的泵吸式进行气体溶解，设备较为简单，但由于水泵工作特性的限制，吸入的空气量不能过多，一般不大于吸水体积的10%，否则将破坏吸水管的负压工作。气泡在水泵内破碎得不够完全，粒径大，因此气浮效果不好。

（2）射流气浮设备

采用以水带气射流器向水中混入空气进行气浮的方法。由喷嘴射出的高速水流使吸入室形成负压，并从吸水管吸入空气，在水气混合体进入喉管段后进行激烈的能量交换，空气被粉碎成微小气泡，然后进入扩压段，动能转化为势能，进一步压缩气泡，增大了空气在水中的溶解度，然后进入气浮池中进行气水分离。

（3）扩散气浮设备

扩散气浮设备是通过压缩空气使空气通过具有微细孔隙的扩散板或微孔管，以微小气泡形式进入水中，进行气浮过程。该方法简单易行，但微孔易堵，气泡较大，气浮效果不高。

（4）叶轮气浮设备

叶轮气浮设备的叶轮在电机的驱动下高速旋转，在盖板下形成负压吸入空气，水由盖板上的小孔进入叶轮区域，在叶轮的搅动下空气被粉碎成细小的气泡，并与水充分混合成水气混合体，水气混合体经整流板稳流后，在池体内平稳地垂直上升，进行气浮，形成的浮渣不断地被缓慢转动的刮板刮出槽外。

13.2.3　溶气水来源

气浮设备按溶气水来源方式不同可分为以下几种。

（1）全溶气气浮设备

全溶气气浮法是将水全部加压，在泵前或泵后注入空气，如图 13-1 所示。

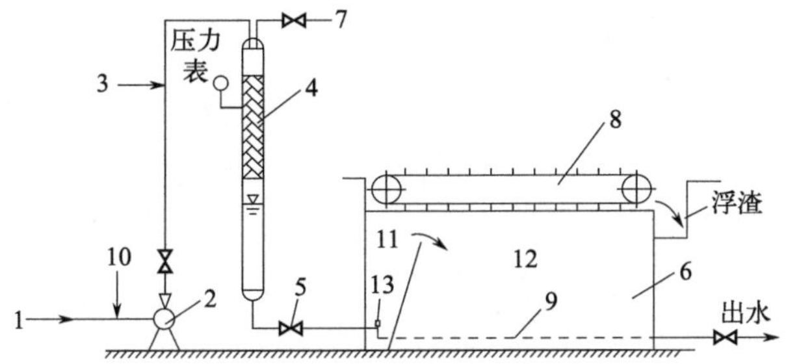

图 13-1　全溶气气浮法示意

1—原水进入；2—加压泵；3—空气加入；4—压力溶气罐；5—减压阀；6—气浮池；7—放气阀；8—刮渣机；9—集水系统；10—化学药剂；11—接触室；12—分离室；13—释放器

在溶气罐内，空气溶解于水中，然后通过减压阀将原水送入气浮池中。

全溶气气浮的特点：

① 溶气量大，增加了悬浮颗粒与气泡的接触机会；

② 在处理水量相同的条件下，它较部分回流溶气气浮法所需的气浮池小，减少基建投资；

③ 当原水中含有大量悬浮物时，溶气罐中会产生富集造成堵塞；

④ 原水全部加压，动力消耗大。

（2）部分溶气气浮设备

部分溶气气浮法是取部分水加压和溶气，其余直接进入气浮池并在气浮池中与溶气水混合，如图 13-2 所示。

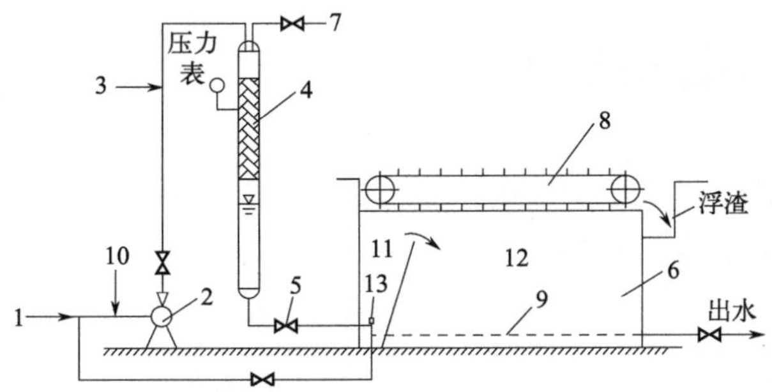

图 13-2　部分溶气气浮法示意

1—原水进入；2—加压泵；3—空气进入；4—压力溶气罐；5—减压阀；6—气浮池；7—放气阀；8—刮渣机；9—集水系统；10—化学药剂；11—接触室；12—分离室；13—释放器

部分溶气气浮的特点：

① 较全溶气气浮法所需压力泵小，故动力消耗低；

② 气浮池的大小与全溶气气浮法相同，但较部分回流溶气气浮法小；

③ 部分原水直接进行溶气，易造成释放器堵塞。

(3)部分回流溶气气浮设备

回流加压溶气气浮法是取一部分经滤池或气浮池处理后水回流进行加压和溶气，减压后直接进入气浮池，与来自絮凝池的原水混合，如图 13-3 所示。

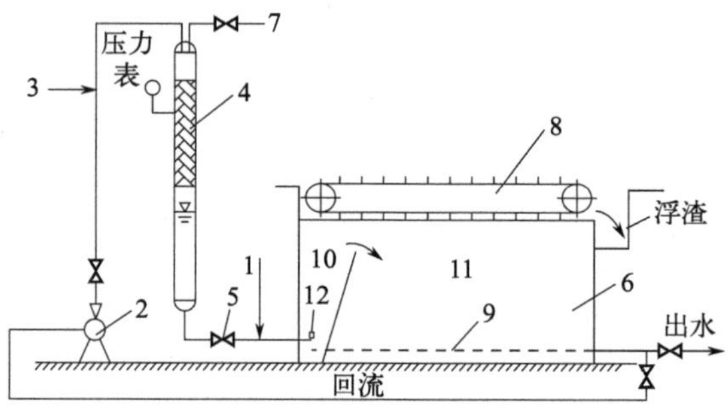

图 13-3　回流加压溶气气浮法示意

1—原水进入；2—加压泵；3—空气进入；4—压力溶气罐；5—减压阀；6—气浮池；
7—放气阀；8—刮渣机；9—集水管及回流清水管；10—接触室；11—分离室；12—释放器

回流加压溶气气浮法的特点：

① 加压的水量少，动力消耗省；

② 矾花形成好，出水中絮凝剂少；

③ 气浮池的容积较前两种的容量大。

(4)真空气浮设备

真空气浮设备又称为减压气浮设备，用于在真空条件下进行气浮水处理的工艺过程。使气体在常压时溶于水中，真空时从水中析出，产生大量气泡，达到气浮的处理效果。这种气泡生成方式气体的溶解度低，气泡释放有限，气浮在负压下运行，刮渣机等设备都要在密封气浮池内，所以气浮池构造复杂，运行维护困难，此方法应用较少。

13.3　产品相关标准

气浮设备主要包括溶气泵、空气压缩机（或射流器）、压力溶气罐、溶气释放器以及其他附属设备。气浮标准体系见表 13-1。

表 13-1　标准体系表

标准类型	具体标准
基础标准	《城镇给水气浮处理工程技术规程》(T/CECS 791—2020) 《污水气浮处理工程技术规范》（HJ 2007—2010）

续表

标准类型	具体标准
通用标准	《离心泵技术条件（Ⅲ类）》（GB/T 5657—2013） 《给水排水构筑物工程施工及验收规范》（GB 50141—2008） 《室外给水设计标准》（GB 50013—2018） 《含藻水给水处理设计规范》（CJJ 32—2011） 《环境保护产品技术要求　压力溶气气浮装置》（HJ/T 261—2006） 《环境保护产品技术要求　浅池气浮装置》（HJ/T 282—2006） 《水处理设备　技术条件》（NB/T 10790—2021）
专用标准	《微型往复活塞空气压缩机》（GB/T 13928—2015） 《二次气浮过滤净水器》（JB/T 6931—2020） 《容积式压缩机用球墨铸铁件技术条件》（JB/T 9104—2013）
技术手册	给排水设计手册（第三版，第 03 册 城镇给水）

①《污水气浮处理工程技术规范》（HJ 2007—2010）。该标准规定了污水处理工程中所采用的气浮工艺的总体要求、工艺设计、设备选型、检测和控制、运行管理的技术要求。

②《环境保护产品技术要求　压力溶气气浮装置》（HJ/T 261—2006）。该标准自 2006 年 6 月 15 日起实施，自实施之日起代替《压力溶气气浮装置认定技术条件》（HCRJ 008—1999）。该标准规定了压力溶气气浮装置的技术要求、试验方法和检验规则。

③《环境保护产品技术要求　浅池气浮装置》（HJ/T 282—2006）。该标准自 2006 年 9 月 15 日起实施，自实施之日起代替《浅池气浮装置认定技术条件》（HCRJ 052—1999）。该标准规定了浅池气浮装置的技术要求、试验方法和检验规则。

④《离心泵技术条件（Ⅲ类）》（GB/T 5657—2013）。该标准代替 GB/T 5657—1995《离心泵技术条件（Ⅲ类）》，与 GB/T 5657—1995 相比，除编辑性修改外主要技术差异如下：修改了标准的规范性引用文件；增加了 NPSH3 的规定；增加了振动测量方法的要求。

⑤《微型往复活塞空气压缩机》（GB/T 13928—2015）。该标准与 GB/T 13928—2002 相比，主要变化如下：在“范围”中，增加了 18.5kW、0.5MPa 挡的往复活塞空气压缩机亦适用；增加了可供选用的公称容积流量参数表及其选用条件；调整了 0.7（0.8）MPa、1.0MPa、1.25MPa 等常用压力等级的部分比功率指标，补充了 18.5kW、0.5MPa 挡的比功率指标；增加了节能考核指标；增加了安全阀工作压力的要求，补充了安全阀应符合的标准及规程；调整了对储气罐及其安全附件的要求，规定应接受 TSG R0003 的监检；增加了机组输入比功率的测量方法按 GB 19153 的规定；删除了检验规则中的“抽样检验”；在形式检验的内容中增加了机组输入比功率的检查要求；调整了出厂检验时的检验项目，规定仅考核额定排气压力下的容积流量和功率，并且允许以间接的方法进行考核和验证。

⑥《二次气浮过滤净水器》（JB/T 6931—2020）。该标准代替 JB/T 6931—2010《二次气浮过滤净水器》。该标准与 JB/T 6931—2010 相比，主要变化如下：修改了规范性引用文件；修改了“型式检验”等相关内容。

⑦《水处理设备　技术条件》（NB/T 10790—2021）。该标准代替 JB/T 9667—1999《水处理设备型号编制方法》和 JB/T 2932—1999《水处理设备　技术条件》。该标准与 JB/T 9667—1999、JB/T 2932—1999 相比，除结构调整和编辑性改动外，主要技术变化如下：增加了水处理设备型号编制方面的规定、增加了术语和定义；在性能指标内容方面，改进了部分设备

的性能指标并对超滤、反渗透等原标准未列及的水处理设备提出了具体要求；在试验方法内容方面，对超滤、反渗透等原标准未列及的水处理设备提出了相应的试验方法；增加了材料方面的内容，对水处理设备的材料选用进行了要求；增加了制造方面的内容，对水处理设备的生产工艺进行了要求；增加了非金属水处理设备的检验要求；增加了水处理设备调试验收的要求。

⑧ 中国工程建设协会团体标准《城镇给水气浮处理工程技术规程》（T/CECS 791—2020），填补了给水气浮处理相关规范的空白，提出了气浮设备性能测定的方法和限定值，更新了部分气浮技术的运行参数。

13.4 产品选择

溶气气浮池配套设备可由溶气泵、溶气罐、释放器、空压机、刮渣机等组成。溶气气浮所涉水设备及材料的卫生要求应符合现行国家标准《生活饮用水输配水设备及防护材料的安全性评价标准》（GB/T 17219）的有关规定。

13.4.1 溶气泵

① 溶气泵应符合现行国家标准《离心泵技术条件（Ⅲ类)》（GB/T 5657）的有关规定。

② 溶气泵宜选用离心泵，水泵出口压力宜为 0.2 ～ 0.5MPa，并应经计算确定。溶气泵宜设置在室内，若设置在室外，溶气泵的防护等级不应低于 IP65。

溶气泵的出口压力选定为 0.2 ～ 0.5MPa，通过对国内水厂进行调研，通过调节进气量和溶气泵的进水量，在溶气泵正常工作状态时，溶气泵出口压力为处理效率较好的压力值，即与溶气罐的压力值相匹配，为 0.2 ～ 0.5MPa；溶气泵应尽可能安装在室内，也应考虑正常环境条件下的室外安装，如果溶气泵仅适合于室内安装，则在制造厂的文件中应清楚地讲明这一情况。买方应规定室外安装时的环境条件。IP 等级是针对电气设备外壳对异物侵入的防护等级，第一个数字为防尘等级，共分为 0 ～ 6 级，第二个数字为防水等级，共分为 0 ～ 8 级，数字越大表示其防护等级越佳。IP65 即要求防护满足完全防止粉尘进入，任何角度低压喷射无影响，为使溶气泵外壳达到防尘防水的要求，该条规定设备外壳防护等级应不低于 IP65。

13.4.2 溶气罐

① 溶气罐应符合现行国家标准《压力容器　第 1 部分：通用要求》（GB/T 150.1）、《压力容器　第 2 部分：材料》（GB/T 150.2）、《压力容器　第 3 部分：设计》（GB/T 150.3）、《压力容器　第 4 部分：制造、检验和验收》（GB/T 150.4）的有关规定。

② 溶气罐应具有压力容器试验合格证方可使用。

③ 溶气罐宜采用空压机供气的压力溶气罐，溶气罐的溶气效率不应小于 80%。

④ 溶气罐体设计标准工作压力应大于空压机和溶气泵工作压力，并应设压力控制调节装置。

⑤ 溶气罐位置宜靠近气浮池，目的是减小因管道过长而造成压力的损失，以及避免管

道内微气泡合并而影响释气效果；溶气罐水力停留时间宜为 2 ～ 3min，有填料时应取低值，并应经计算确定。

⑥ 为考虑布水均匀，溶气罐内应该添加填料。立式溶气罐的截面负荷率可取 100 ～ 150m³/（m²•h），罐高度可采用 3.0 ～ 4.5m；液位控制高宜为罐高的 1/4 ～ 1/2（从罐底计）；溶气罐可装阶梯环填料，填料层高度宜为 1.0 ～ 1.5m。溶气罐铺设填料层，对溶气效果有明显提高。但填料层厚度超过 1m，对提高溶气效率已作用不大。

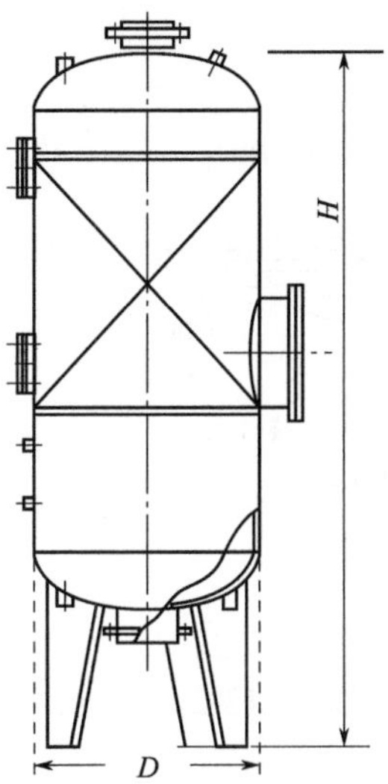

图 13-4　立式喷淋式填料罐

⑦ 立式溶气罐设计高径比（*H*/*D*）宜为 2.5 ～ 4.0，建筑物室内高度满足条件时应取高值；压力溶气罐有立式和卧式两种形式，对于立式溶气罐多推荐采用能耗低、溶气效率高的空压机供气的立式喷淋式填料罐，见图 13-4，溶气罐的高径比必须满足要求。

⑧ 卧式溶气罐宜带有挡流及整流的二相分离装置，并应具有自动安全预泄压系统。卧式溶气罐应用也越来越广泛。卧式溶气罐采用加压射流溶气技术，具有便于观察内部状况和检修的结构特征。卧式溶气罐内需装有自动控制气液平衡的传感器，实现空压机自动加气。溶气罐具有自动安全预泄压系统，可有效防止开关时气浮池产生大气泡破坏池内浮渣及流态，同时可以有效防止气体失压后流入水泵而导致水泵因空转损坏。卧式溶气罐应保证在正常工作压力下不产生对内和对外泄漏。

⑨ 溶气罐应设置压力表、水位计、排水口、溶气水取样口、安全阀等装置，并应设水位和压力控制器自动控制，同时应与溶气水泵联动。溶气罐液位实施自动控制，见图 13-5。压力溶气罐如未装液位自控装置，则运行时罐内水位应加以控制，即水位不能淹没填料层，但也不宜过低，以防在出水中带出大量未溶气泡。一般水位应保持在距罐底 60cm 以上。当空气被压缩进溶气罐内时，空气中的氧气大部分溶解在水中，而氮气则被压缩停留在溶气罐顶部的气体中，为了提高溶气效率，应当定期将溶气罐顶部的被压缩的氮气释放出来。压力溶气罐是溶气水的发生源，为使水中的含气量达到设计要求，进气量与进水量需保持在基本平衡态，保证气水比的协调，因此需设置水位控制阀保证溶气罐内进水量稳定；而进气量与溶气压力有关，溶气压力与溶气泵的压力一致，因此需要设置压力控制阀，控制好进气量，稳定溶气压力，通过联动控制进而保持气液比。

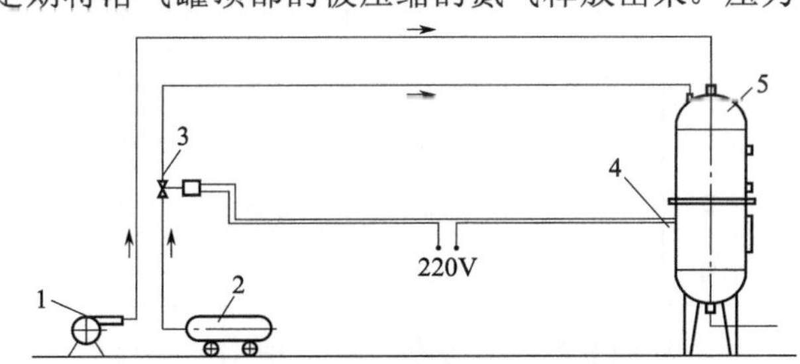

图 13-5　压力溶气罐液位自动控制示意

1—水泵；2—空气压缩机；3—电磁阀；
4—液位传感器；5—溶气罐

13.4.3　释放器

① 释放器释放的微气泡平均粒径宜为 20 ～ 60μm，可通过溶气压力进行调节。

目前国内常用的溶气释放器为 TS 型、TJ 型及 TV 型溶气释放器，其中 TS 型除用于试验性要求外在生产上已很少采用，见图 13-6。释放器的主要特点是：释气充分，溶气压力在 0.15MPa 以上时，即可释出溶气量的 99% 左右；能在较低压力下工作，在溶气压力 0.2MPa 以上时，即能取得良好的净水效果，节省电耗；释出的气泡微细；气泡平均直径为 20 ～ 60μm，气泡密集，附着性能良好。通过试验证明，在不同工况测量的微气泡数量不少于 1000 个的条件下，微气泡尺寸按照等概率分布，气泡直径在 20 ～ 75μm 区间内的概率约为 98%，但由于释放器的规格和实际测量的工况条件不同，微气泡能够达到的最高频率分布也不同。此处规定释放器产生微气泡的平均直径范围为 20 ～ 60μm。

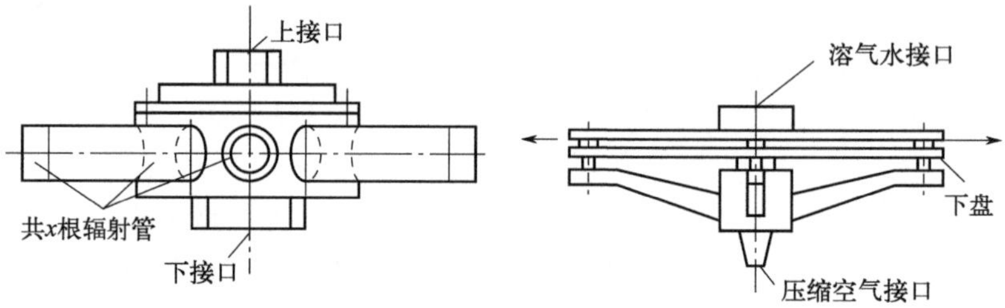

(a) TJ型溶气释放器　(b) TV型溶气释放器

图 13-6　TJ 型溶气释放器、TV 型溶气释放器

② 释放器释放的气泡应细密、均匀，气泡消失时间应＞ 4min。

各种类型不同型号的释放器在不同压力下的流量及作用范围参数见表 13-2。

表 13-2　溶气释放器性能

型号	不同压力下的出流量 /(m^3/h)							作用直径 /cm
	0.20MPa	0.25MPa	0.30MPa	0.35MPa	0.40MPa	0.45MPa	0.50MPa	
TJ-Ⅰ	1.08	1.18	1.28	1.38	1.47	1.37	1.67	40
TJ-Ⅱ	2.37	2.59	2.81	2.97	3.14	3.29	3.45	60
TJ-Ⅲ	4.61	5.15	5.60	5.98	6.31	6.74	7.01	100
TJ-Ⅳ	6.27	6.88	7.50	8.09	8.69	9.29	9.89	110
TJ-Ⅴ	8.70	9.47	10.55	11.11	11.75	—	—	120
TV-Ⅰ	1.04	1.13	1.22	1.31	1.40	1.48	1.51	40
TV-Ⅱ	2.16	2.32	2.48	2.64	2.80	2.96	3.12	60
TV-Ⅲ	4.45	4.81	5.18	5.54	5.91	6.18	6.64	80

③ 释放器的型号及数量，应根据单个释放器在选定压力下的出流量及作用范围确定。

接触室内的溶气释放器，需根据确定的回流水量、溶气压力及各种型号释放器的作用范围确定合适的型号和数量，并力求布置均匀。对逆向 - 同向流气浮工艺，其接触室分为两级，分别为碰撞接触室和黏附接触室，每个接触室均布有溶气释放器，可以根据原水水质的变化选择开启不同释放器，实现同向流气浮池、逆向流气浮池和逆向 - 同向流气浮池的灵活切换。

④ 释放器与溶气罐连接管道应安装可在线拆洗的过滤网、快开阀，是为了防止释放器堵塞。释放管支管应安装快速拆卸管件。

13.4.4 空压机

① 空压机应符合现行国家标准《微型往复活塞空气压缩机》(GB/T 13928)的有关规定。

② 溶气装置供气应采用空压机，空压机的工作压力宜为 0.6 ～ 0.7MPa，供气量应满足溶气装置最大溶气量的要求。

常用的空压机型号、性能及大致配套适用范围参数见表 13-3。

表 13-3 常用空压机性能

型号	气量 /(m^3/mm)	最大压力 /MPa	电动机功率 /kW	配套适用气浮池范围 /(m^3/d)
Z-0.025/6	0.025	0.6	0.375	<5000
Z-0.05/6	0.05	0.6	0.75	<10000
Z-0.2/7	0.20	0.7	2.2	<40000
Z-0.3/7	0.30	0.7	3.0	<60000

③ 空压机应配有储气罐、进气滤清消声器，压缩空气应有除油装置，宜采用无油润滑空压机。空压机应配有储气罐，储气罐能起到稳压、缓冲以及沉淀水、油、杂质等作用，可以保障空压机自动关停，避免因在工作中频繁启闭造成阀门的磨损。目前水厂多采用无油空压机，一般空压机都会存在油污染问题。

④ 空压机的额定工作压力应大于溶气罐内设定的工作压力，但不应大于溶气罐的设计最高标准压力。进气管上应装设止回阀和排水阀，是为了防止压力水倒灌进入空压机。

13.4.5 刮渣机

桥式或链板式刮渣机（见图 13-7）宜用于矩形气浮池，跨度不宜大于 10m；行星式刮渣机（见图 13-8）宜用于直径为 2 ～ 20m 圆形气浮池。

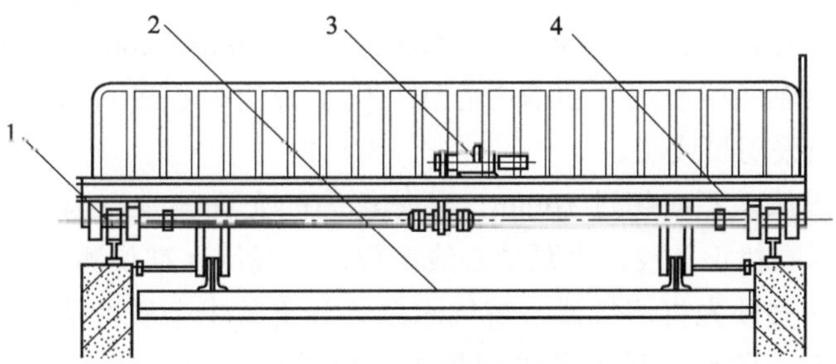

图 13-7 桥式刮渣机

1—行走轮；2—刮板；3—驱动机构；4—桁架

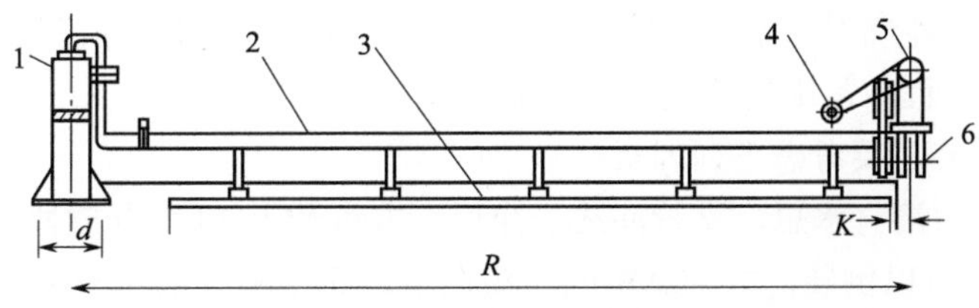

图 13-8 行星式刮渣机

1—中心管轴；2—行星臂；3—刮板；4—电动机；5—传动部分；6—行走轮

13.4.6 产品价格

目前，随着气浮设备在给水处理中的应用日益增长，气浮设备的生产规模也在不断增大，但各设备生产厂家的规模参差不齐，导致产品价格也存在不小的差异。根据 2020 年市场价格调研，进口的气浮设备价格在 6 万～ 22 万元 / 套，国内的气浮设备价格在 0.2 万～ 8.5 万元 / 套，气浮设备的价格与品牌、厂区规模、厂商销售种类、进出口量、产品技术的先进性等相关，因此价格会有所波动。又因为国内的气浮设备厂家多为中小型企业，与国外的进口产品相比，国内的价格普遍较低。另外，气浮设备较多，不同种类的设备之间价格也存在差异。气浮设备的最终价格也会随经销商、采购规模等而有所波动。

13.5 安装调试

13.5.1 施工与安装

气浮池设备安装前，所有相关土建工程和隐蔽工程应已验收合格。气浮设备及构件与配件、材料进入施工现场时，必须进行进场验收并妥善保管。气浮设备安装前应对有关的设备基础、预埋件、预留孔的位置、标高、尺寸等进行复核。其中预埋件、预留孔的标高允许偏差应为 ±3mm，中心位置的允许偏差不应大于 5mm。

气浮构筑物的施工应符合现行国家标准《给水排水构筑物工程施工及验收规范》（GB 50141）的有关规定；气浮设备安装应符合现行国家标准《机械设备安装工程施工及验收通用规范》（GB 50231）的有关规定；管道工程的施工应符合现行国家标准《给水排水管道工程施工及验收规范》（GB 50268）的有关规定。

整体安装的溶气泵，纵向安装水平偏差不应大于 0.1/1000，横向安装水平偏差不应大于 0.2/1000；解体安装的溶气泵纵、横水平偏差均不应大于 0.05/1000。中心线找正是校正溶气泵的纵中心线（水泵轴的中心线）和横中心线（出水管的中心线），使溶气泵的中心线位置符合设计要求，一般采用吊线法。

溶气泵安装位置偏差不应超过 10mm，泵体标高的允许偏差应为 ±10mm。溶气泵安装位置要进行找正，标高找正是校正水泵轴心线高程，一般用水准仪测量。

释放器在安装前必须先将溶气罐、溶气水总管和支管中杂质冲洗干净，并应水平安装。在气浮池投入运行时，除对各种设备进行常规的检查外，还需对溶气罐及管道进行多次清洗，待出水没有易堵的颗粒杂质时再安装释放器。对释放器进行清洗，最好利用气、水混合反复冲洗数次，以使较大的杂质能被冲净，然后根据不同类型的释放器进行对应的安装操作。释放器水平安装能确保原水出流均匀、释出气泡微细、防堵部分正常工作。

目前国内实际工程中常用的溶气释放器类型为 TJ 型和 TV 型。

TJ 型释放器安装需要考虑下列因素：

① 必须先将压力溶气水总、支管冲洗干净后，方可装上 TJ 型释放器；

② TJ 型释放器可以倒装，即抽真空的一头在下，而接溶气水的一头在上；

③ 不管释放器正装或倒装，水射器及其控制闸门都宜装在便于操作处；

④ 每只水射器容许接 8 ～ 10 只 TJ 型释放器；

⑤ TJ 型释放器应水平安装，以防各出口流量分配不均；

⑥ 如果释气水出流需要改变方向，可在出口端自行加装弯头改向，但不宜加接长管。

TV 型释放器安装时需要考虑下列因素：

① 首先将压力溶气水总、支管中杂质冲洗干净，最好利用气、水混合反复冲洗数次，以使大杂质能被冲净，然后在固定的溶气总管上接出支管，连接并安装 TV 型释放器；

② 为了保证释放器出水均匀和正常工作，安装时应保持释放器位置不倾斜；

③ 耐腐蚀橡胶与固定压缩空气总管上的支管连接处应予箍紧，并保证能承受 0.50MPa 气压；

④ 通气阀与放气阀应固定在便于操作处，TV 型释放器一般不宜倒装。

13.5.2　调试与验收

气浮构筑物的验收应符合现行国家标准《给水排水构筑物工程施工及验收规范》（GB 50141）的有关规定；气浮设备验收应符合现行国家标准《机械设备安装工程施工及验收通用规范》（GB 50231）的有关规定；溶气泵、空压机的安装验收应符合现行国家标准《风机、压缩机、泵安装工程施工及验收规范》（GB 50275）的有关规定；管道工程的验收应符合现行国家标准《给水排水管道工程施工及验收规范》（GB 50268）的有关规定。

气浮池进水至设计运行水位，应启动溶气回流装置至稳定状态，并观察分离室水面气泡分布情况。

刮渣机在调试运行时应观察行走状态以及限位开关、刮板插入深度、刮板翻起时的推渣效果等，不合适时应调整刮渣机的行程和刮板提升器的钢丝绳，调整刮板的角度和高度。刮渣时检验刮渣机行走状态，需要尽可能避免扰动浮渣而影响出水水质，并根据浮渣堆积厚度及浮渣含水率选定刮渣周期。

气浮工程竣工验收前应进行试运行。压力溶气系统调试运行应包括溶气水泵开停、空压机压力范围设定、溶气罐液位自动控制、溶气水溶气效率等。气浮工程试运行至少应核定下列项目：回流水量；处理水量；浮渣的形成时间。

13.6　运行维护

13.6.1　检测与监测

气浮池运行时应检测进出水的水质。气浮池运行时，检测项目一般包括浊度、耗氧量、叶绿素、藻类计数等，当出水水质达不到工艺出水要求时还需要进行混凝剂残留的检测，同时观察藻渣厚度，合理确定排渣周期。

气浮运行中应监测下列内容：溶气罐水位、压力；溶气泵的流量及压力；空压机的工作压力、供气量。溶气罐的水位、压力，溶气泵的流量、压力，空压机的工作压力、供气量等都有在线控制仪表，建议巡检人员每天巡检设备的运转情况并进行记录。

气浮运行中应随时观察接触区或分离区浮渣面不平、局部冒出大气泡等气浮池池面异常情况。经常观察气浮池面情况，若发现接触区浮渣面不平、局部冒出大气泡，则很可能是由于释放器被堵，需进行释放器清通。若发现气浮分离区浮渣面不平、池面常有大气泡鼓出或破裂，则表明气泡与絮粒黏附不好或气泡并聚现象，应采取相应的措施（如投加表面活性剂、调整溶气压力等）加以解决。

冬季水温过低时，气浮池宜增加回流水量或溶气压力，并应增加相应指标的检测与监测。通常把温度低于10℃的地表水称为低温度水。根据实际生产经验，我国北方气候寒冷，冬春季节水温常降至0～2℃，冬季水温较低影响混凝效果时，除可采取增加投药量的措施外，还可以利用增加回流水量或提高溶气压力的方法增加微气泡的数量及其与絮粒的黏附，以弥补因水流黏度的升高而降低带气絮粒的上浮性能，并应加强相关出水指标的监测，进行实时调整，保证出水水质。

气浮运行管理人员在运行、巡视、交接班、检修等生产活动中，应做好相关检测、监测记录。运行管理人员在运行、巡视等生产活动中应对处理水量、投药量、溶气水量、溶气罐压力、水质、刮渣周期等做好相关的记录。

13.6.2 维护

① 气浮池应定期清洗，刮渣机、释放器、溶气罐应定期维修保养，气浮设施的维护检修应符合现行行业标准《城镇供水厂运行、维护及安全技术规程》（CJJ 58）的有关规定。

鉴于气浮池设施大部分是长期处于潮湿或腐蚀的环境中，这对设施的正常运行、安全供水会带来不利影响，甚至产生不良后果，因此对气浮池设施进行维护、检修是一项重要的经常性工作。气浮池定期维护保养的项目、内容及要求建议如下：a. 每1～3年放空清洗1次；b. 刮渣机每年检查维修1次，传动部件每年检查加油维护1次；c. 底部排泥系统每年检查维修1次，检查排泥管道无松动、排泥孔无堵塞等；d. 溶气罐每年检查维修1次，释放器每半年检查1次，空压机系统每半年加油维修保养1次；e. 气浮池系统所涉及使用的仪器仪表类，参照相应的仪器仪表维护要求进行定期维护保养；压力表、安全阀及时进行校验；f. 装填填料的溶气罐进水管设置的除污器应定时清洗，损坏时进行更换；溶气罐的填料也需定时排污、清洗。

② 气浮池大修项目、内容、质量要求主要包括：a. 每3年将气浮池放空，对气浮池构筑物、刮泥设备、底部排泥系统进行全面维护；b. 每3～5年对压力容器罐进行解体维修，建议按压力容器相关要求进行；c. 与气浮系统相关的设备、仪器等的大修项目参考相关维护规定。

③ 气浮池的运行参数应根据溶气罐水位与水压、空压机压力、溶气水泵启停、刮渣机运行速度与刮渣周期等进行调整。

④ 混凝剂的投加量应根据反应池的絮凝情况及气浮池出水水质进行调节，气浮前处理若为铁盐混凝，应采取防止加药管堵塞的措施。

若气浮前为铁盐混凝，需要定时排除沉泥及浮渣。为防止加药罐堵塞，在加药过程中需要注意的事项如下：a. 禁止任何混凝剂一边配药一边投加（浓度无法保证）；b. 加药时溶解罐内确保有一半或至少1/3的水；c. 加药时要开启搅拌泵，禁止一次性加入，应少量并缓慢地加入；d. 药品不需要的时候应妥善储存，防止受潮结块。

⑤ 释放器应定期清理。根据溶气水来源，若为水质较差的气浮后或沉淀出水，建议每周

清理 1 次；若溶气水为水质较好的滤后水，建议每月清理 1 次。针对不同的释放器有不同的清理方式：TJ 型释放器，堵塞时可通过从上接口抽真空，提起释放器内舌簧，以清除杂质；TV 型释放器，堵塞时可接通压缩空气，即可使下盘体向下移动，增大盘间水流通道，使堵塞物排出。

⑥ 溶气罐进水管上过滤器堵塞时应随时清洗，损坏时应立即更换。溶气罐的填料应每年排污、清洗 1 次。溶气罐在检修时，同时对填料进行清洗，溶气水水质对填料影响较大，建议 1 年左右清洗 1 次。

13.6.3　安全

压力溶气罐应具有检测合格报告并备案，并按照现行行业标准《压力容器定期检验规则》（TSG R7001）的有关规定进行检测。

运行人员应严格执行安全生产规章制度。气浮池应配备救生衣及救生圈。溶气罐内进行清理和维修作业时，作业人员应戴呼吸器。

13.7　注意事项

（1）回流比的选择

回流比作为气浮系统的重要参数，在实际应用过程中回流比选择得恰当与否直接影响着气浮的效果和设备投资及运行费用。设计规范中一般指导值为 5% ～ 10%，含藻量高时采用 11% ～ 15%。通过进行广泛调研，多数水厂的回流比在 10%，当遇到水质波动较大时加大回流比能够适当提高除浊除藻的效率，因此回流比的选择应从处理效果、投资、能耗等方面综合考虑。

（2）刮渣机的设置

在进行气浮排渣时，若刮渣不及时泥渣层的破碎泥渣会下沉，将会对出水水质产生影响。常用的除渣方式有机械除渣和水力除渣。当采用刮渣机去除浮渣时，应保持行车速度不大于 5m/min，根据实际运行经验应保持在 2 ～ 3m/min，顺流刮渣效果相对较好；另外，顺流刮渣可以避免逆行操作时浮渣与水体分界面上的移动剪切力加大而不影响出水水质；刮渣机的刮渣板建议设计成 L 状，这种形式的刮渣板能够减轻刮板处因浮渣受挤压而向下部沉降或延伸的现象；但机械刮渣容易出现卡阻、断链等问题，刮渣机的使用也会增加部分能耗，运行中会对液面存在的浮渣产生扰动。利用水力排渣方式是在气浮分离区的末端渣槽处设置可调节的出水堰，利用分离区液面的上升去除浮渣，不会造成液面浮渣扰动，但存在需水量大、浮渣含水量高、排渣不彻底等问题。因此，大多数水厂采用机械刮渣的排渣方式可自动刮渣，提高工作效率。

（3）释放器堵塞问题

由于管道生锈、池体附着物冲刷脱落、池体内污泥附着、溶气水浊度较高等原因，会造成释放器堵塞，在液面处会发现浮渣不平、有大气泡，气泡释放得不均匀，出水浊度会增加。目前已经有防堵塞释放器，可以自动利用水力清洗，缩短了检修清洗的周期，提高气浮工艺的使用期限；常规的释放器仍需定期检修清理。为了防止释放器堵塞，可以在释放器与溶气罐连接管道处安装滤网，回流水建议选用滤后水等水质条件较好的水，能够减少清理的次数，节省人力、物力。

（4）溶气罐的选择

在气浮系统中必不可少的溶气罐，一般多采用填料式溶气罐，通过装填填料加剧罐内紊动程度，提高液相的分散程度，提高溶气效率，但溶气罐中的填料易污染堵塞，也需要定期清洗；也有部分水厂选用在罐内安装水射器，利用射流加压式溶气罐代替传统的填料式溶气罐。

（5）溶气水管路的选择

气浮工艺中，回流水经加压后从溶气罐顶部通入溶气罐中，然后再由溶气罐底部流入气浮池底部的释放器减压释放出来，因此在设计溶气水的管路走向时，为防止溶气水在输水管道中产生较大的压力损失，一般是将溶气罐与气浮池内释放器并列排放，溶气水从溶气罐底部输送出来后直接进入气浮池底部，溶气水输水管道分支分别连入各自的释放器上，这样能够减少采用释放器串联形式造成的压力损失。某水厂的溶气水管路设计的不合理性造成了溶气压力的浪费，因此在今后的工程设计中应吸经验教训，优化输送管路，减少沿程损失，提高释气效率。

（6）穿孔配水板

为提高气浮出水的均匀性，避免短流，更好地实现流量分配，呈现更一致的垂直流，保证使出水更均匀，多在分离区设置穿孔配水板。选用大阻力穿孔配水板的开孔率对浮沉池的水头损失影响较大，在设计计算中应该仔细核算，以免影响水厂的正常使用。

（7）气水比的有效调控

溶气罐内的水位高低对于气浮装置的气浮效能有着直接的影响。当溶气罐内水位过低，气大于水，容易产生大气泡；水位过高，水大于气，则会缩小水与气的接触容积，会导致出水气泡浓度减小。因此，需要对溶气罐进行优化，可以在其内部设置多孔隔板，通过隔板的作用来增加气水间的接触面积，提高气体溶解效率。

第14章 蝶阀/自动切断阀

14.1 产品概述

蝶阀又叫翻板阀，是一种结构简单的调节阀。可用于低压管道介质的开关控制的蝶阀是指关闭件（阀瓣或蝶板）为圆盘，围绕阀轴旋转来达到开启与关闭的一种阀。阀门可用于控制空气、水、蒸汽、各种腐蚀性介质、泥浆、油品、液态金属和放射性介质等各种类型流体的流动，在管道上主要起切断和节流作用。蝶阀启闭件是一个圆盘形的蝶板，在阀体内绕其自身的轴线旋转，从而达到启闭或调节的目的。蝶阀有弹性密封和金属密封两种密封形式。弹性密封阀门，密封圈可以镶嵌在阀体上或附在蝶板周边。采用金属密封的阀门一般比弹性密封的阀门寿命长，但很难做到完全密封，金属密封能适应较高的工作温度，弹性密封则具有受温度限制的缺点。目前蝶阀在低压大中口径管道上的使用越来越多。

自动切断阀是自动化系统中执行机构的一种，由多弹簧气动薄膜执行机构或浮动式活塞执行机构与调节阀组成，接收调节仪表的信号，控制工艺管道内流体的切断、接通或切换，具有结构简单、反应灵敏、动作可靠等特点。

供水管网作为城市发展的基础，能否安全稳定运行至关重要。而阀门作为供水管网中的重要控制设备，它不仅能控制管网中的流量和压力，而且在抢修时能迅速关闭事故管段，因此对阀门的要求就是停水迅速、操控方便、结构简单、性能优良。但是在实际的供水管网建设中，由于阀门的使用数量较大，加上管理上重视不够及产品的材质和工艺技术落后等诸多原因，对供水企业造成不小的损失，并且损失在不断加大。因此，如何合理选用优质的阀门是当前急需解决的一项重要问题。

14.2 产品分类

14.2.1 作用用途

按用途和作用可分为以下类别。

① 截断阀类：主要用于截断或接通介质。包括闸阀、截止阀、隔膜阀、旋塞阀、球阀、蝶阀等。

② 止回阀：止回阀又称单向阀或逆止阀，其作用是防止管路中的介质倒流。水泵的底阀

也属于止回阀类。

③ 安全阀：安全阀类的作用是防止管路或装置中的介质压力超过规定数值，从而达到安全保护的目的。

④ 调节阀：调节阀类包括调节阀、节流阀和减压阀，其作用是调节介质的压力、流量等参数。

⑤ 分流阀：分流阀类包括各种分配阀和疏水阀等，其作用是分配、分离或混合管路中的介质。

⑥ 排气阀：排气阀是管道系统中必不可少的辅助元件，广泛应用于锅炉、空调、石油天然气、给排水管道中。排气阀往往安装在制高点或弯头等处，排除管道中多余气体、提高管道使用效率及降低能耗。

14.2.2 公称压力

按公称压力可分为以下类别。

① 真空阀：指工作压力低于标准大气压的阀门。

② 低压阀：指公称压力 PN ≤ 1.6MPa 的阀门。

③ 中压阀：指公称压力 PN 为 2.5MPa、4.0MPa、6.4MPa 的阀门。

④ 高压阀：指公称压力 PN 为 10 ～ 80MPa 的阀门。

⑤ 超高压阀，指公称压力 PN ≥ 100MPa 的阀门。

14.2.3 工作温度

按工作温度可分为以下类别。

① 超低温阀：用于介质工作温度 t<−100℃的阀门。

② 低温阀：用于介质工作温度 −100℃≤ t ≤ −40℃的阀门。

③ 常温阀：用于介质工作温度 −40℃＜ t ≤ 120℃的阀门。

④ 中温阀：用于介质工作温度 120℃＜ t ≤ 450℃的阀门。

⑤ 高温阀：用于介质工作温度 t ＞ 450℃的阀门。

14.2.4 驱动方式

按驱动方式可分为以下类别。

① 自动阀是指不需要外力驱动，而是依靠介质自身的能量来使阀门动作的阀门。如安全阀、减压阀、疏水阀、止回阀、自动调节阀等。

② 动力驱动阀：动力驱动阀可以利用各种动力源进行驱动。

a. 电动阀：借助电力驱动的阀门。

b. 气动阀：借助压缩空气驱动的阀门。

c. 液动阀：借助油等液体压力驱动的阀门。

此外，还有以上几种驱动方式的组合，如气 - 电动阀等。

③ 手动阀：手动阀借助手轮、手柄、杠杆、链轮，由人力来操纵阀门动作。当阀门启闭力矩较大时可在手轮和阀杆之间设置蜗轮减速器。必要时，也可以利用万向接头及传动轴进行远距离操作。

14.2.5　公称通径

按公称通径可分为以下类别。

① 小通径阀门：公称通径≤ 40mm 的阀门。

② 中通径阀门：公称通径为 50 ～ 300mm 的阀门。

③ 大通径阀门：公称通径为 350 ～ 1200mm 的阀门。

④ 特大通径阀门：公称通径≥ 1400mm 的阀门。

14.2.6　连接方法

按连接方法可分为以下类别。

① 螺纹连接阀门：阀体带有内螺纹或外螺纹，与管道螺纹连接。

② 法兰连接阀门：阀体带有法兰，与管道法兰连接。

③ 焊接连接阀门：阀体带有焊接坡口，与管道焊接连接。

④ 卡箍连接阀门：阀体带有夹口，与管道夹箍连接。

⑤ 卡套连接阀门：与管道采用卡套连接。

⑥ 对夹连接阀门：用螺栓直接将阀门及两头管道穿夹在一起的连接形式。

14.3　产品相关标准

蝶阀 / 自动切断阀相关产品及技术标准见表 14-1。

表 14-1　标准体系表

标准类型	具体标准
基础标准	《工业阀门　标志》（GB/T 12220—2015） 《钢制阀门　一般要求》（GB/T 12224—2015） 《工业阀门　压力试验》（GB/T 13927—2022）
通用标准	《通风蝶阀规范》（CB 1285—1996） 《不锈钢蝶阀》（CB/T 3991—2008） 《船用金属密封蝶阀》（CB/T 4414—2015） 《法兰衬里中线蝶阀》（CJ/T 471—2015） 《供热用偏心蝶阀》（CJ/T 92—1999） 《船用中心型蝶阀》（GB/T 3036—2017） 《热塑性塑料蝶阀》（GB/T 27725—2011） 《船用液压控制蝶阀》（CB/T 4333—2013） 《船用双偏心型蝶阀》（GB/T 3037—2017） 《法兰和对夹连接弹性密封蝶阀》（GB/T 12238—2008） 《液控止回蝶阀》（JB/T 5299—2013） 《烟道蝶阀》（JB/T 8692—2013） 《高温连杆式切断蝶阀》（YB/T 4157—2007） 《金属密封蝶阀》（JB/T 8527—2015） 《给水排水用蝶阀》（CJ/T 261—2015）
专用标准	《蝶阀：双法兰　凸耳式和对夹式》（API STD 609–2004） 《蝶阀》（MSS SP 67–2002） 《一般用途的铸铁和碳钢蝶阀》（BS 5155-1985）

①《工业阀门　标志》（GB/T 12220—2015）规定了工业阀门的标志内容和标记方法。该标准适用于工业金属阀门。如果阀门产品标准与该标准不一致时，以阀门产品标准中要求为准。其他阀门可参照执行。

②《钢制阀门　一般要求》（GB/T 12224—2015）规定了钢制阀门的压力 - 温度额度值、材料、设计要求、检验与试验、标志和对特殊压力级阀门及限定压力级阀门的要求等内容。该标准适用于阀体采用铸造、锻造滚压，轧制和组焊加工；法兰、螺纹和焊连接，以及对夹式和用于单法兰安装的阀门。该标准包括公称压力为 Class 系列和 PN 系列的阀门。

③《工业阀门　压力试验》（GB/T 13927—2022）规定了工业用阀门压力试验附加条件、压力试验要求、试验方法和试验验收准则。该标准适用于金属阀门的压力试验。

④《通风蝶阀规范》（CB 1285—1996）规定了通风蝶阀的要求、质量保证规定和交货准备，适用于舰船动力舱通风及舱室空调管路系统。

⑤《不锈钢蝶阀》（CB/T 3991—2008）规定了法兰连接尺寸和密封面符合 GB/T 2501、结构长度符合 GB/T 11698 的不锈钢蝶阀（以下简称蝶阀）的分类、要求、试验方法、检验规则、标志和包装。

⑥《船用金属密封蝶阀》（CB/T 4414—2015）规定了法兰连接尺寸和密封面按 GB/T 2501 的船用金属密封蝶阀（以下简称蝶阀）的分类和标记、要求、试验方法、检验规则、标志、包装和储存。该标准适用于船舶管路系统用蝶阀的设计、制造和验收。

⑦《法兰衬里中线蝶阀》（CJ/T 471—2015）规定了法兰衬里中线蝶阀的术语和定义、结构形式、产品型号、材料、要求、试验方法、检验规则、标志、包装、运输和储存。该标准适用于公称压力不大于 PN 25MPa，公称尺寸 DN 50 ～ 4000mm 球墨铸铁壳体材质的法兰衬里中线蝶阀。介质为非腐蚀性的液体和气体及轻度腐蚀性的污水、海水、盐水。介质为液体时，工作温度为 0 ～ 80℃。

⑧《供热用偏心蝶阀》（CJ/T 92—1999）规定了供热用偏心蝶阀的术语、型号、结构型式、技术要求、试验方法、检测规则、标志及供货要求。该标准适用于公称压力 PN 1.0 ～ 2.5MPa，公称通径 DN 50 ～ 1200mm，介质温度不大于 350℃，介质为热水、蒸汽的法兰和对夹连接偏心蝶阀。

⑨《船用中心型蝶阀》（GB/T 3036—2017）规定了法兰连接尺寸按 GB/T 2501、CB/T 4196、JIS B 2220、JIS B 2239、JIS B 2240，结构长度按 GB/T 12221、JIS B 2002 的船用中心型对夹式和法兰式蝶阀（以下简称蝶阀）的分类和标记、要求、试验方法、检验规则、标志、包装、储存和运输。该标准适用于船舶管路用中心型蝶阀的设计、制造与验收。

⑩《热塑性塑料蝶阀》（GB/T 27725—2011）规定了热塑性塑料蝶阀（以下简称蝶阀）的术语和定义、技术要求、检验规则、标注和标志、包装、运输、储存。该标准适用于工业一般用途的输水、污废水系统及生活用冷热水、饮用水和暖通等系统，用手动或动力驱动的蝶阀。该标准规定的蝶阀的公称通径（mm）的范围是 DN15、DN20、DN25、DN32、DN40、DN50、DN65、DN80、DN100、DN125、DN150、DN200、DN250、DN300、DN350、DN400、DN450、DN500 和 DN600。公称压力（MPa）范围是 PN0.6、PN1.0、PN1.6。

⑪《船用液压控制蝶阀》（CB/T 4333—2013）规定了法兰连接尺寸和密封面按 GB/T 2501 的船用液压控制蝶阀（以下简称蝶阀）的分类和标记、要求、试验方法、检验规则、标志、包装、运输和储存。该标准适用于船舶管路系统用蝶阀的设计、制造和验收。

⑫《船用双偏心型蝶阀》（GB/T 3037—2017）规定了法兰连接尺寸和密封面按 GB/T 2501、CB/T 4196、JIS B 2220、JIS B 2239、JIS B 2240，结构长度按 GB/T 12221、JIS B 2002 的船用双偏心型对夹式和法兰式蝶阀的分类和标记、要求、试验办法、检验规则、标志、包装、储存和运输。该标准适用于船舶管路用双偏心型蝶阀的设计、制造与验收。

⑬《法兰和对夹连接弹性密封蝶阀》（GB/T 12238—2008）代替《通用阀门　法兰和对夹连接蝶阀》（GB/T 12238—1989）。该标准与 GB/T 12238—1989 相比，主要变化如下：标准名称更改为"法兰和对夹连接弹性密封蝶阀"；修改了标准的适用公称尺寸范围，扩大到 DN 4000mm；修改和增加"蝶阀的性能"内容；修改了部分"阀座最小直径"数据；修改了"蝶板和阀杆""轴承和轴封""材料""操作""涂漆、包装和储运"的技术要求；修改了"试验方法""阀体标志"内容，增加"检验规则"和"铭牌"标志内容的要求。该标准由中国机械工业联合会提出。

⑭《液控止回蝶阀》（JB/T 5299—2013）代替《液控止回蝶阀》（JB/T 5299—1998），与 JB/T 5299—1998 相比主要技术变化如下：扩大了公称尺寸、公称压力、工作介质的范围；取消了工作温度的限定和对夹连接形式；增加了阀门主体金属密封形式和阀门流阻系数技术要求；调整了关阀的快慢关阶段角度行程范围和时间。该标准由中国机械工业联合会提出。

⑮《烟道蝶阀》（JB/T 8692—2013）代替 JB/T 8692—1998《烟道蝶阀》，该标准与 JB/T 8692—1998 相比主要技术变化如下：扩大了公称尺寸范围；修改了泄漏级别和泄漏率、密封检验方法、检验规则和检验项目以及标志、供货等方面的要求；增加了部分大口径法兰连接尺寸和主要零件材料表。该标准由中国机械工业联合会提出。

⑯《高温连杆式切断蝶阀》（YB/T 4157—2007），高温连杆式切断蝶阀为冶金行业专用阀门，其结构形式不同于普通阀门，性能也有较大差异。阀门的检验与试验依据为 GB/T 13927，该标准参照了欧盟标准 BS EN 12266-1.2003 的泄漏率指标。该标准由中国钢铁工业协会提出。

⑰《金属密封蝶阀》（JB/T 8527—2015）代替《金属密封蝶阀》（JB/T 8527—1997），与 JB/T 8527—1997 相比主要技术变化如下：增加了蝶板与管道的最小间隙要求；增加了流阻系数要求；增加了操作力矩和驱动力矩安全系数要求；修订了材料的选择范围；增加了外观质量要求；增加了无损检测、带压启闭试验的要求；修订了出口流速要求；删除了允许泄漏量表格；删除了资料性附录。该标准由中国机械工业联合会提出。

⑱《给水排水用蝶阀》（CJ/T 261—2015）代替 CJ/T 261—2007《给水排水用蝶阀》，与 CJ/T 261—2007 相比主要技术变化如下：扩大了公称压力范围；修改了壳体材质；增加了 K 型、T 型承插接口连接方式；确定了宜采用中线型、双偏心型软密封蝶阀基本结构型式；修改了限位机构承受力矩数值；修改了双向密封相关要求；修改了手动操作力数值；修改了启闭循环次数数值。该标准由住房和城乡建设部标准额定研究所提出。

⑲《蝶阀：双法兰　凸耳式和对夹式》（API STD 609–2004）标准包括灰铸铁、球墨铸铁、青铜、钢、镍合金或特殊合金蝶阀的设计、材料、结构长度和压力 - 温度额定值以及检验、检查和试验要求。

⑳《蝶阀》（MSS SP 67–2002）标准惯例包括蝶阀尺寸、设计、试验和标记的要求，包括关闭密封的蝶阀和允许密封泄漏的蝶阀。

㉑《一般用途的铸铁和碳钢蝶阀》（BS 5155–1985），英国标准协会。

14.4 产品选择

14.4.1 蝶阀材质

蝶阀的不同部件所采用的材质通常各不相同，这也就给蝶阀的选择提供了多样性。在考虑经济因素的同时还要考虑安全因素。例如，丁腈橡胶（NBR）和乙丙橡胶（EPDM）在生产时通常要在天然橡胶中加入多种添加剂，选用这种合成橡胶作为蝶阀的密封部分时必须要检查材质的安全性。蝶阀不同部位不同材质的优势及适用范围见表 14-2。

表 14-2 蝶阀不同部位不同材质的优势及适用范围

部位	材质	优势和适用范围
阀体	铸铁	铸铁的机械切削性能优于钢，通常用于铸造蝶阀铸件，如阀板可用铸铁、可锻铸铁铸造
	铸钢	灵活性强，有利于提高整体强度，能够适应更大压力的变化，性能比铸铁好，但是比不锈钢差
	不锈钢	耐高温，耐腐蚀，使用寿命最长，性能在各种材料中最为优异。铬不锈钢 Cr13、2Cr13、3Cr13，奥氏体不锈钢 1Cr17Ni2、1Cr18Ni9Ti 等可用于制作阀杆；奥氏体不锈钢 0Cr19Ni9、1Cr18Ni12Mo2Ti 等与橡胶复合可制作阀板与阀座
密封圈	天然橡胶（NR）	弹性好，耐磨性强，力学性能出色
	丁腈橡胶（NBR）	耐高温，有优秀的耐油性
	乙丙橡胶（EPDM）	耐高压和高温水汽，耐酸碱腐蚀
	复合材料	以聚四氟乙烯为例，其具有耐高温、耐腐蚀、耐有机溶剂的优点，但弹性较差。可以包覆在橡胶表面，使同时具备二者的优点

14.4.2 连接方式

蝶阀的连接方式多种多样，有对夹式、法兰式、对焊式、卡箍等形式。在城镇供水管网体系中对夹式和法兰式最为常见。

对夹式蝶阀构造简单，在重量和体积上都有优势，启闭时仅需旋转 90°，操作迅速，稳定性好，但遇到维修施工面窄小的情况时施工难度很大。法兰式蝶阀自身带有法兰，只需与管道法兰连接固定，其结构简单，不受介质压力影响，密封面耐磨性好，应用条件比对夹式宽泛。表 14-3 对两种连接方式的蝶阀进行了比较。在具体的工程中应根据施工地点的实际条件选择合适的蝶阀。

表 14-3 对夹式蝶阀和法兰式蝶阀的比较

项目	对夹式蝶阀	法兰式蝶阀
优缺点	（1）高温情况下，温度对螺栓的影响大，受热膨胀会导致泄漏 （2）价格便宜 （3）占用空间大，结构长度长，重量大	（1）耐高温 （2）价格相对较高 （3）结构长度短，重量比对夹式轻
安装	安装时需使用对应的法兰，拆卸方便，安装时两面的法兰要严格对中，否则会受剪切力的影响而引发泄漏。拆卸时需要拆开两个密封面	施工安装简单。当仅拆卸阀门一端的螺栓螺母时，管道的另一端依旧可以正常运行

14.4.3　密封形式

蝶阀根据密封形式的不同可分为硬密封蝶阀和软密封蝶阀。

软密封蝶阀是将橡胶圈安装在阀板周围，与金属阀体相接触，橡胶的弹性以及挤压后橡胶的延伸保证了良好的密封性能。硬密封蝶阀的密封形式为金属对金属密封，由扭矩而产生弹性密封。表 14-4 对两种密封形式蝶阀的优缺点进行了比较。此外，原水水质也会影响蝶阀密封。例如，长江口水源会发生“咸潮”现象，水中卤化物含量过高会使管道中结垢，水垢的锋利边缘在蝶阀的启闭过程中可能会将橡胶圈划伤，影响蝶阀的正常使用。

表 14-4　软密封蝶阀与硬密封蝶阀优缺点比较

项目	优点	缺点
软密封蝶阀	（1）体积小 （2）质量轻 （3）成本低 （4）工艺要求不高 （5）密封性能好	（1）橡胶密封圈在频繁的启闭过程中易擦伤或脱落 （2）橡胶耐腐蚀性较差，不耐高温，易老化，力学性能较差 （3）使用寿命较短，橡胶密封座寿命一般为 15 ～ 20 年
硬密封蝶阀	（1）耐高温 （2）抗磨损，力学性能较好 （3）使用寿命长，金属密封座寿命为 80 ～ 90 年	（1）加工和阀板安装精度要求高 （2）密封性能不及软密封蝶阀 （3）价格较高

14.4.4　安装方式

蝶阀在城镇供水体系中有卧式和立式两种安装方式，二者在功能上没有任何区别。选择安装方式应结合蝶阀口径、当地工况等条件具体分析。卧式蝶阀与立式蝶阀的优缺点和适用情况见表 14-5。

表 14-5　卧式蝶阀与立式蝶阀的优缺点和适用情况

分类	优缺点	适用情况
卧式蝶阀	（1）可避免管道上方的高温辐射 （2）阀门井占用空间大，可能会影响其他管线的布置 （3）阀瓣和阀杆的自重分布均匀，不易发生位置偏移 （4）应用性能好，使用寿命长	大口径蝶阀通常采用卧式安装，在主管线中较为常见。卧式手动蝶阀在安装时要在水平位置一侧给操控装置留出足够的空间。卧式电动蝶阀的电气控制装置安装位置比立式蝶阀低，安装在阀门井或管沟内不利于运行维护，应安装在地面以上
立式蝶阀	（1）占用空间较小，安装方便 （2）若安装位置较高维护比较困难，安装覆土较深时水中的杂物会影响阀门的正常工作 （3）由于重力的影响，阀瓣和阀杆的位置会下沉，导致蝶阀失效	适用于中型中口径蝶阀。地下水位较高时，应注意不要淹没阀门的电气控制装置

14.4.5　产品价格

目前，随着蝶阀 / 自动切断阀市场的日益增长、蝶阀 / 自动切断阀元件生产规模的增大，蝶阀 / 自动切断阀价格日趋降低。根据 2022 年度市场调研情况，不同口径、不同厂家的蝶阀 /

自动切断阀产品价格跨度较大，而且同种口径、不同性能的产品之间同样存在着较大差异，如 DN200mm 法兰硬密封蝶阀市场价格在 6000 ～ 9000 元 / 个。蝶阀 / 自动切断阀产品价格与品牌、经销商销售策略、采购规模等相关，最终价格有一定的波动范围。由于国产蝶阀 / 自动切断阀产品厂家规模化受限，导致生产成本高、品种多、规格杂。蝶阀 / 自动切断阀产品元件与进口产品相比，价格略低。最终产品价格也会随经销商、采购规模等而有波动。

14.5 运输储存

14.5.1 运输

蝶阀在搬运过程中应对两密封面加以保护，以防止碰伤。

中、小口径电动蝶阀应以草绳捆扎，并以集装箱方式运输为宜。大口径阀门亦有简易木条框架固定包装，以免运输过程中碰损。

14.5.2 储存

蝶阀应在防雨、防尘、干燥处存放，使蝶板处于开启 5° ～ 10° 状态，并加以覆盖，防止杂物进入密封面。

电动蝶阀的两端加工表面应清除污垢，并涂以防锈剂。

存放期超过 18 个月的电动蝶阀，在安装使用前应重新试验，以确保结构及功能的完整性。

电动蝶阀放置时，应保证电动装置不受挤压和接线端子不受破坏，并防止接触腐蚀物质。搬运时应小心轻放，以免损坏电气元件和机械零件。

14.6 安装与维护

14.6.1 安装

安装前应核对蝶阀规格、压力、温度、耐腐蚀性是否满足使用要求。应检查各零部件是否损坏或松动。

如蝶阀可安装在任意角度的管道上，宜在关闭条件下安装；焊接管道法兰时应将阀门密封口用板挡住以防止颗粒、杂物挫伤密封面，焊后取下阀门，对阀门密封面及管道内腔进行清洁，然后再安装固定阀门。

安装前应将密封面（两端密封面、蝶板密封面、阀座密封面）彻底擦干净，去掉灰尘和污物。

安装前应空试蝶阀，启闭应灵活，启闭位置与指针指示位置相符合。

14.6.2 维护

加强对职工的技术培训，掌握部分冲关的判断和技术处理技能，掌握蝶阀运行规律。

建立和健全相关制度，如缺陷登记、处理、考核奖励制度。

加强对蝶阀的日常检查与维护。对出现的非正常“蝶阀关闭”信号应做好记录，分析原因；正常巡回检查时应加强对蝶阀和旁路阀的检查；要求操作机构都在正确的位置上，各电磁操作阀、继电器、监控系统、油泵应符合规程要求；增加巡检内容，尤其注意检查接力器、四通阀、给排油管回路有无漏油现象。

14.7 注意事项

（1）密封问题

密封性能是评价阀门的重要指标，也是影响蝶阀使用寿命的主要因素。造成蝶阀泄漏的主要部位以及在该部位泄漏的主要原因如表 14-6 所列。

表 14-6 蝶阀泄漏的主要原因

泄漏部位	泄漏原因
填料处	（1）填料的选用不恰当，不满足实际工况的要求； （2）填料已老化，超过了自身的使用期限； （3）填料的安装问题，存在着以小代大、上松下紧等现象； （4）阀杆发生了弯曲、腐蚀等问题； （5）填料安装时操作不当； （6）填料圈数不足； （7）填料处压紧程度不够
关闭件	（1）关闭件不稳固，易脱落； （2）选用的连接材质受到流动介质的腐蚀或发生机械磨损； （3）操作问题导致关闭件损坏
密封面	（1）密封面接触不严密，无法产生有效密合； （2）关闭件产生磨损，与其他部件连接不牢固； （3）密封面的材质选用不当； （4）选阀时没有满足工况条件； （5）密封面不洁净，如有油污等
密封圈	（1）密封圈处受到介质腐蚀； （2）连接密封圈的压圈、螺钉出现松动，无法形成有效密合； （3）密封圈与本体的焊接质量差； （4）密封圈辗压不严
阀体与阀盖	（1）铸铁材料质量差，存在砂眼、夹渣等问题； （2）外界或介质温度急剧变化使其断裂； （3）焊接质量差，夹渣等问题明显； （4）铸铁件受到外部力量冲击而发生断裂； （5）密封形式或垫片品种选用不当； （6）阀盖发生倾斜； （7）垫片损坏或垫片规格不符合要求； （8）螺栓预紧力不够或阀盖有损伤

在大口径管网中，管网压力一般都大于 30m。蝶阀在开启和关闭的过程中，承受的压力比这还要大，水流流态也会因为启闭动作而发生改变。关闭状态的阀门逐渐打开形成间隙，

水流形成的剪切力作用在闸板上，导致闸板边缘被切割，长时间后可能导致橡胶圈断裂或脱落，闸板边缘由于水流的剪切力而被切出缺口，从而导致蝶阀密封不严的现象。在阀门的日常使用过程中，正常的启闭也会对蝶阀的密封结构带来不可避免的机械磨损，从而影响其密封性能。

评价阀门密封性能的优劣主要看密封填料。在大口径管路中，因维护填料而中断供水，代价十分昂贵。为满足实际需求，避免填料老化过快，需控制填料的磨损性。阀门的阀轴盘根填料可以用三道细胶圈和一个胶质防尘罩，确保阀体、阀盖同心，并且确保胶圈接触面足够光滑平整。这种阀轴密封模式可保证 10 年不滴漏，还可以大幅减小启闭力矩。

（2）腐蚀问题

在供水管网中，阀门长期处于水流的环境中，防止锈蚀一直是研究的重点。阀门不同部位材料不同，可能产生电化学腐蚀现象。对金属阀门来说，水就是一种电解液，电化学腐蚀会导致阀体出现渗漏的情况，不利于提升阀门的整体密封性。部分阀门生产厂家不重视阀门的防腐工作，在阀体内仅仅涂刷一层防锈漆，阀门在较短时间内就会结垢，导致阀门的密封面和传动机构受到影响，厂家应对此类问题负主要责任。

阀门是城镇供水管网的重要组成部分，必须做好防腐蚀工作以保障阀门的密封性，同时还要保证阀门内衬材料的无毒性。有些厂家使用不符合卫生标准的防锈漆涂刷阀体，危害人体健康。为防止腐蚀现象的发生，阀体的内衬材料阀盖、阀体、变速传动箱内外清砂工作完成后，可以进行静电喷涂无毒环氧树脂，既可以满足无毒无害的要求，还能达到光洁耐腐蚀、水流阻力小的目的。

（3）开关过快问题

当阀门启闭速度过快时，管道内的水流流速变化剧烈，导致管内压强的突然升高或降低，产生水锤。在水锤压强的强大作用下管内流体会发生压缩，而管壁会发生膨胀。当水锤的压强远远超过管道正常工作压力时，会使管道发生剧烈振动，进而损害阀体和管道的连接部位，严重时甚至发生爆管等事故。水流流速的变化还有可能将管内水垢冲刷下来，随水流进入用户，造成水体浑浊。

针对这一问题，还是要回归到实践中，在工作中不断探索，多思考，把握蝶阀的特性，掌握开关蝶阀的速度，在不影响蝶阀快速启闭的同时还可以减少水锤的影响。

（4）施工管理问题

城镇供水管网的建设和改造是一项复杂且系统的工程，阀门的施工安装是其中一项重要工作。有些施工负责人过于担心设备供应问题，就过早地把阀门等附属设备运到施工现场。阀门在工地得不到良好的保养和监管，在未安装之前可能就会出现质量问题。在蝶阀安装过程中，阀板和阀体之间可能会卡住异物。当工作人员进行启闭操作时，异物会使蝶阀关闭不严，而工作人员则可能认为操作不到位而加大操作力矩，导致蝶阀阀杆弯曲变形等机械损害。某些尖锐物品如金属片等会直接损害蝶阀的密封面。

相关技术人员应根据实际的工况条件和技术要求选择阀型和零部件，以保证阀门的质量，把事故的发生率降到最低。同时，供水单位应在多次考察的基础上谨慎选择阀门生产厂家，同时要求厂家提供良好的售后服务。供水单位还应对阀门生产厂家确立起完善的定期检验制度，并对原有的技术条件进行必要的修订和补充。施工单位应严格施工管理，加强阀门安装人员的责任心，提高工人素质。

（5）运行管理问题

阀门的良好运行，不仅需要产品质量过硬、选型恰当、安装合适，还需要维护人员的精心维护，才能在运行中做到万无一失。目前出现的阀门问题，很大一部分是由于运行维护人员不熟悉蝶阀所致。进行阀门的启闭工作时，工作人员的错误操作导致阀杆弯曲，或开关力度太大、开启度不到位等，都会对阀门造成人为原因的损害。

技术主管部门应组织阀门维修人员学习供水管网中阀门的知识，熟悉阀门的操作，避免操作失误，降低人为原因导致机械损害事故的发生概率。必要时可组织人员去阀门生产厂家学习、考察，提高基层工作人员的知识水平，避免操作失误，使事故发生率大幅下降。

参考文献

[1] 水处理用臭氧发生器技术要求 [S]. GB/T 37894—2019.

[2] 张磊，王承宝，丁香鹏．昆山自来水公司 20 万 m^3/d 水厂臭氧系统的设计 [J]. 中国建设信息（水工业市场），2008(10): 55-59.

[3] 邢思初，陈冠浩．青草沙水源水厂深度处理臭氧投加量及发生器配置分析 [J]. 净水技术，2022, 41(11): 49-54.

[4] 紫外线消毒技术术语 [S]. GB /T 32092—2015.

[5] 紫外线水消毒设备　紫外线剂量测试方法 [S]. GB /T 32091—2015.

[6] 城镇给排水紫外线消毒设备 [S]. GB /T 19837—2019.

[7] 环境保护产品技术要求　紫外线消毒装置 [S]. HJ 2522—2012.

[8] 杀菌用紫外辐射源　第 1 部分：低气压汞蒸气放电灯 [S]. GB/T 19258.1—2022.

[9] 高强低压紫外线杀菌灯 [S]. DB44/T 1357—2014.

[10] USEPA．Ultraviolet disinfection guidance manual [R]．2006.

[11] 孙文俊，吕东明，贾瑞宝，等．紫外设备剂量标准化验证方法及必要性 [J]. 净水技术，2019, 38(5) : 1-6.

[12] 郄燕秋，朱晓辉，吕东明，等．饮用水紫外线消毒——实施安全消毒的技术选择 [J]. 给水排水，2008, 34(6) : 9-13.

[13] 孙文俊．饮用水紫外线消毒生物安全性研究 [D]. 北京：清华大学，2010.

[14] 黄孟斌，王长平，张毅，等．净水厂紫外消毒工艺改造工程实践 [J]. 水处理技术，2020, 46(8) : 132-134.

[15] 茹临锋，潘晓．低压高强紫外线消毒系统在上海临江水厂的工程应用 [J]．给水排水，2011, 37(8) : 17-21.

[16] 孙淑琴，常华．紫外线消毒技术在天津泰达净水厂中的应用 [J]．中国给水排水，2013，29(11) : 44 -46.

[17] 方自毅，何凤华，刘文君，等．紫外线消毒技术在天津开发区净水厂三期工程中的应用［J］．给水排水，2010，36(1) : 12 -14.

[18] 张伟，陈仁灼．北美给水厂紫外线消毒系统设计方法简介 [J]．中国给水排水，2010，26(8) : 50-53.

[19] 谭相彦，付刚，朱晨光．“氯酸钠法”二氧化氯发生器在给水厂的运行实践 [J]. 中国给水排水，2014, 30(14): 7-9.

[20] 陆崖典，章国军．不同方法的二氧化氯发生器在水处理中的比较 [J]. 中国农村水利水电，2003 (12): 44-45.

[21] 邹启光，关小红．二氧化氯取代液氯消毒剂的可行性研究 [J]. 净水技术，2002, 21(3): 13-16.

[22] 岳银铃，鄂学礼，凌波，等．二氧化氯消毒技术在农村饮用水消毒中的应用探讨 [J]. 中国卫生检验杂志，2010, 20(4): 773-775.

[23] 尤作亮，王春，陈均贤．我国饮用水二氧化氯净化的主要问题与技术对策分析 [J]. 城镇供水，2014 (5): 33-37.

[24] 时文歆，杨观乐，黄进，等．高纯二氧化氯消毒饮用水的工程应用研究 [J]. 哈尔滨商业大学学报：自然科学版，2003, 19(5): 543-546.

[25] 何涛，张岚，鄂学礼，等．饮用水中二氧化氯及其消毒副产物分析方法研究进展 [J]. 环境卫生学杂志，2008, 35(2): 88-91.

[26] 闫云涛，马春元．二氧化氯制备过程中氯酸盐控制技术 [J]．净水技术，2018, 37(8): 56-60.

[27] 汪红访，张翠玲，唐玉霖，等．次氯酸钠发生器及在水处理中的应用研究进展 [J]. 当代化工研究，2018(9):16-18.

[28] 刘珂．次氯酸钠发生器技术的研究与应用 [D]. 上海：同济大学，2007: 19-38.

[29] 朱海涛，张富标，徐飚，等．嘉兴市贯泾港水厂次氯酸钠消毒技术工程应用研究 [J]. 中国给水排水，2017, 33(6): 39-42.

[30] 次氯酸钠发生器卫生要求 [S]. GB 28233—2020.

[31] 颉亚玮，樊丞越，张奔，等．两种大型饮用水厂次氯酸钠发生器运行评价分析 [J]. 中国给水排水，2022, 38(15): 1-6.

[32] 万建信，尹国枫，王赫然，等．电解盐水制次氯酸钠对饮用水消毒效果影响的研究 [J]. 现代工业经济和信息化，2017, 7(12): 48-57.

[33] 刘晓松，吴前俊．次氯酸钠发生器基本知识 [J]. 环境与健康杂志，1989, 6(3): 43-48.

[34] 水处理用溶药搅拌设备 [S].CJ/T 3061—1996.

[35] 城镇给水气浮处理工程技术规程 [S]. T/CECS 791—2020.

[36] 王永磊, 鞠玲, 田立平, 等. 城镇供水气浮设备应用现状及存在问题分析 [J]. 能源与环境, 2020(5): 69-72.

[37] 刘国祥, 孙志民, 刘万里. 新型气浮 - 沉淀工艺用于南方水库含藻水处理改造工程 [J]. 中国给水排水, 2012, 28(14): 55-57.

[38] 王永磊, 王文浩, 代莎莎, 等. 微纳米气泡发生机理及其应用研究进展 [J]. 山东建筑大学学报, 2017, 32(5): 474-480.

[39] 王永磊, 刘威, 田立平, 等. 气浮工艺中微纳米气泡应用特性与检测技术研究 [J]. 工业水处理, 2020, 40(4): 18-23.

[40] 给水排水用蝶阀 [S]. CJ/T 261—2015.

[41] 缪克在, 李海聪, 孙志民. 控制蝶阀质量评价性能测试与标准分析 [J]. 标准科学, 2022(4): 88-92.

[42] 武德坤, 杭晶烽, 刘学勇. 蝶阀控制系统开发及参数优化 [J]. 仪器仪表用户, 2022, 29(2): 87-90.

第三篇

供水器材

第 15 章 铸铁管及管件

15.1 产品概述

铸铁管，用铸铁浇铸成型的管子。铸铁管用于给水、排水和煤气输送管线，它包括铸铁直管和管件。按铸造方法不同，分为连续铸铁管和离心铸铁管，其中离心铸铁管又分为砂型和金属型两种。按材质不同分为灰口铸铁管和球墨铸铁管。表 15-1 为两种铸铁管的性能对照。

表 15-1 铸铁管主要性能一览

序号	性能指标	球墨铸铁管	灰口铸铁管
1	抗拉强度 /MPa	≥ 420	150 ～ 260
2	抗弯强度 /MPa	≥ 590	200 ～ 360
3	延伸率 /%	DN 80 ～ 1000mm，≥ 10 DN 1100 ～ 2600mm，≥ 7	忽略
4	弹性系数 /（N/mm^2）	约 16×10^4	约 11×10^4
5	硬度（HB）	≤ 230	≤ 230

由于连续铸造的灰口铸铁管存在着强度低、脆性大和易爆管等质量问题，已被住房和城乡建设部列为被淘汰供水管材。离心球墨铸铁管材具有铁的本质、钢的性能，强度高（抗拉强度≥ 420MPa），伸缩性能好（管径≤ 1000mm 铸管的伸长率≥ 10%，管径 >1000mm 铸管的伸长率≥ 7%），质量轻（平均为灰口铸铁管的 2/3），耐压、承载、抗震能力强（日本几次大地震后，仅有球墨铸铁管线不被损坏），易运输、安装。工业发达国家在 20 世纪 70 年代就基本完成了上述两个转变，球墨铸铁离心铸管的比例已高达 95%。由于灰口铸铁管在给水行业已是淘汰管材，因此下面将着重介绍球墨铸铁管材。

15.2 产品分类

15.2.1 产品类型

（1）产品种类

球墨铸铁管材产品分为管道和管件，管道产品目前主流的管径为 DN 80 ～ 2000mm，国内有新产品甚至可达到 DN 3000mm，管件种类繁多。常用管道、管件具体情况见表 15-2。

表 15-2　球墨铸铁管道、管件规格

序号	名称	DN/mm
1	管道	80 ~ 2000
2	盘插短管	80 ~ 2000
3	承插短管	80 ~ 1800
4	双承套管	80 ~ 2000
5	盘承短管	80 ~ 2000
6	双插短管	80 ~ 2000
7	双承 90° 弯头	80 ~ 1400
8	双承 45° 弯头	80 ~ 2000
9	双承 22.5° 弯头	80 ~ 2000
10	双承 11.25° 弯头	80 ~ 2000
11	承插 90° 弯头	80 ~ 1400
12	承插 45° 弯头	80 ~ 2000
13	承插 22.5° 弯头	80 ~ 2000
14	承插 11.25° 弯头	80 ~ 2000
15	双盘 90° 弯头	80 ~ 1400
16	双盘 45° 弯头	80 ~ 2000
17	双盘 22.5° 弯头	80 ~ 2000
18	双盘 11.25° 弯头	80 ~ 2000
19	双盘 90° 鸭掌弯头	80 ~ 1000
20	双承渐缩管	80 ~ 2000
21	双盘渐缩管	80 ~ 2000
22	双承乙字管	100 ~ 300
23	承插乙字管	100 ~ 300
24	双承单支盘丁字管	100 ~ 2000
25	全盘三通	80 ~ 2000
26	全承三通	80 ~ 2000
27	承插单支承丁字管	80 ~ 2000
28	承插单支盘丁字管	80 ~ 2000
29	双承单支盘底三通	100 ~ 2000
30	全承底三通	100 ~ 2000
31	承插单支盘底三通	100 ~ 2000
32	全承 45° 斜三通	80 ~ 600
33	全盘 45° 斜三通	80 ~ 600
34	全承四通	80 ~ 600
35	全盘四通	80 ~ 600

续表

序号	名称	DN/mm
36	承插双承四通	80 ～ 600
37	插堵	80 ～ 1800
38	承堵	80 ～ 1800
39	柔性接头	80 ～ 1600
40	法兰接头	80 ～ 1600
41	可拆卸接头	80 ～ 1600
42	喇叭口	80 ～ 2600
43	法兰盘	80 ～ 2000
44	焊接法兰	40 ～ 2000
45	焊接穿墙法兰	80 ～ 2000
46	盲法兰	80 ～ 2000
47	减径法兰	80 ～ 800
48	活动穿墙法兰	80 ～ 1400
49	法兰盘连接用螺栓	80 ～ 2000

（2）接口形式

按管的对接（接口）形式可分为滑入式（T 型）、机械式（K 型、N_{II}型、S_{II}型）和法兰式三类接口形式。在GB/T 13295国家标准中，DN 80～1200mm中小口径铸管采用T型接口，DN 1400mm 为 STD 型接口，≥ DN 1600mm 大口径铸管采用 T 型接口。

滑入式（T 型）柔性接口目前广泛应用于 DN 1200mm 以下口径的球墨铸铁管道，可地下 / 地上铺设，且管道的铺设坡度不超过 20%（地上铺设）或 25%（地下铺设）。其具有结构简单、密封性较好、价格较低、安装简单方便的特点。在承口结构上考虑了密封圈的定位和接口的偏转，通过控制插口的安装深度使得接头具有一定的轴向伸缩量，因此，这种接口能适应一定的基础沉降，同时可利用其偏转角 θ 实现管线长距离的转向安装。胶圈由硬胶和软胶两部分组成，硬胶对管道接口有一定支撑和对心作用，同时安装时也需要更大的推力。T 型接口没有防止管道滑脱的能力，因此须在管线的拐弯等处设置抵抗轴向力的支墩或铺设一定长度的自锚接口球墨铸铁管。

STD 型接口是一种滑入式接口，通过胶圈在安装时的径向压缩起到密封作用，主要应用于 DN 1200 ～ 2000mm 口径的球墨铸铁管道，具有安装简单快速、承压性能高、承插口存在间隙、允许角度偏转等特点。STD 型接口的设计使得胶圈和金属的接触压力随着水压的增大而增大，因而能够保证良好的密封性能，同时它能够抵抗 3bar 压力（30m 水柱），具有良好的抗外压性能。STD 型接口的允许偏转角能够为设计和施工提供较高的灵活性，有时可以省去弯头的使用，它所提供的角度偏转和轴向位移使其在地质运动或土壤流失造成的底蚀情况下具有良好的性能。

K 型接口的密封原理是，通过螺栓紧固，将压力传递到压兰，再到胶圈，胶圈压缩后得到密封。适用于 DN 1600 ～ 2600mm 的大口径管道。其在管道的检修和维护上较为方便，可通过紧固螺栓或拆卸压兰更换胶圈的办法来解决管道接口泄漏问题，大口径管安装力小，可靠性较好，但是受安装者的技能影响较大。

TF 自锚接口采用了 T 型接口的密封结构。相比 T 型接口，它增加了焊接在管子插口端的焊环、活动开口挡环、特殊压兰以及连接螺栓等附件，使接口具有较好的抗拔脱能力。挡环和压兰之间可以滑动，使接口具有一定的轴向伸缩和偏转能力。其工作原理为：压力管线在拐弯、三通等处产生的轴向推力使接口处的承插口组件产生相对位移。插口端轴向应力通过焊环、挡环、压兰、连接螺栓传递给承口，从而实现了轴向应力的传递，使接口具备防滑脱能力。当形成约束连接一定长度的管道与周围土壤的摩擦力超过管道内部产生的轴向应力时，就能保证管道的安全运行，从而避免了砌筑混凝土支墩。在下列情况下可通过铺设一定长度的自锚接口球墨铸铁管来防止管线接口滑脱：a. 弯头、三通、异径管和堵头等处；b. 当管线的铺设坡度超过 20%（地上铺设）或 25%（地下铺设）时；c. 设置混凝土支墩不经济时（如大口径高压管线等），或在某些特殊情况下设置支墩措施不能实施时，如施工场地过于狭窄，没有空间设置规范规定的支墩，施工工期紧张等。

Xanchor 自锚接口是国内自主研发设计的自锚式接口，承口内设计有密封腔和挡块仓两个环形腔，密封腔安装密封胶圈，挡块仓安装自锚组件，自锚组件由前排挡块、后排挡块、支撑圈和插口焊环组成。Xanchor 接口的自锚工作原理与传统自锚接口有较大区别，其核心是利用前后两排刚性挡块提供可靠的防滑脱能力，同时前后两排挡块沿挡块仓环向的滑动使接口具有较大的柔性，该设计使 Xanchor 接口与其他自锚接口相比结构更简单、安装更方便，同时具有更大的轴向抗拔脱能力和柔性。其应用领域与 TF 自锚接口相同。

法兰接口是通过拧紧连接螺栓，使法兰挤压密封圈来实现接口密封的。法兰接口为刚性接口，密封性能好，通常在与泵、阀门、消火栓连接以及穿过基础、墙体等特殊需要场所使用。

（3）防腐涂层

球墨铸铁管防腐涂层分为外防腐涂层和内防腐涂层，防腐涂层类型多种多样。外防腐涂层有锌＋终饰层、锌铝稀土合金＋环氧涂层、锌＋烯终饰层＋聚乙烯套、特殊涂层（聚氨酯涂层）。内防腐涂层最常用的为水泥砂浆内衬，球墨铸铁管水泥砂浆内衬根据输送水质的不同可选择不同的水泥种类，例如普通水泥（硅酸盐、波特兰）、抗硫酸盐水泥（包括矿渣水泥）、高铝水泥。若水质较为特殊，还可选择水泥砂浆内衬环氧密封层、聚氨酯内衬和环氧陶瓷内衬。

15.2.2　性能指标

（1）力学性能

离心球墨铸铁管的力学性能见表 15-3。

表 15-3　GB/T 13295—2019（ISO 2531:2009）标准中对力学性能的要求

铸件类型	抗拉强度 /MPa	延伸率 δ/%		布氏硬度（HBS）
	DN 40 ～ 2600mm	DN 40 ～ 1000mm	DN 1100 ～ 2600mm	
离心铸铁管	420	≥ 10	≥ 7	≤ 230
管件、附件、非离心铸铁管	420	≥ 5	≥ 5	≤ 250

（2）水压试验压力

水压试验应全数检验，试验应在涂覆前进行。在规定的压力下，保压时间不少于15s。试验中管子不应有出汗、渗漏的痕迹或其他任何形式的漏水现象。试验压力要求见表15-4。

表15-4　离心球墨铸铁管水压试验的试验压力

公称直径DN/mm	铸管试验压力/MPa		管件试验压力/MPa
	GB/T 13295—2019标准 K9级管	ISO 2531:2009标准 C级管	
80～300	5.0	4.0	2.5
350～600	4.0	3.0	1.6
700～1000	3.2	2.5	1.0
1100～2000	2.5	2.5	1.0
2200～2600	1.8	2.5	1.0

（3）接口形式、壁厚和公差

N_{II}型、S_{II}型常用于输送气体的管道。不同规格离心球墨铸铁管的外径见表15-5。

表15-5　离心球墨铸铁管的外径和不同标准的壁厚　　单位：mm

规格DN	外径DE
80	98
100	118
150	170
200	222
250	274
300	326
350	378
400	429
450	480
500	532
600	635
700	738
800	842
900	945
1000	1048
1100	1152
1200	1255
1400	1462
1500	1565
1600	1668

续表

规格 DN	外径 DE
1800	1875
2000	2082
2200	2288
2400	2495
2600	2702
2800	国内新开发
3000	

ISO 2531:2009 国际标准按压力等级管（即 C 级管）推荐选用铸管的壁厚，GB/T 13295—2019 国家标准则规定可从 C 级管或壁厚分级管（即 K 级管）中选用铸管的壁厚。不同管径 C 级管和 K9 管的壁厚见表 15-6。

表 15-6　离心球墨铸铁管不同标准的壁厚　　单位：mm

规格 DN	C 级管	K9 管	K9 管最小壁厚
80	4.4	6	4.7
100	4.4	6	4.7
150	4.5	6	4.7
200	4.7	6.3	4.8
250	5.5	6.8	5.3
300	6.2	7.2	5.6
350	6.3	7.7	6.1
400	6.5	8.1	6.4
450	6.9	8.6	6.9
500	7.5	9	7.2
600	8.7	9.9	8
700	8.8	10.8	8.8
800	9.6	11.7	9.6
900	10.6	12.6	10.4
1000	11.6	13.5	11.1
1100	12.6	14.4	12
1200	13.6	15.3	12.8
1400	15.7	17.1	14.4
1500	16.7	18	15.2
1600	17.7	18.9	16
1800	19.7	20.7	17.6

续表

规格 DN	C 级管	K9 管	K9 管最小壁厚
2000	21.8	22.5	19.2
2200	23.8	24.3	20.8
2400	25.8	26.1	22.4
2600	27.9	27.9	24
2800	国内新开发	国内新开发	
3000			

注：K9 管最小壁厚为公称壁厚减去下公差。

K 级铸管的壁厚可按下式进行计算：

$$\delta = K(0.5 + 0.001\mathrm{DN}) \tag{15-1}$$

式中 δ——标准壁厚，mm；

DN——管径（公称直径），mm；

K——壁厚级别系数，取 7、8、9、10、11、12、…。

K 级离心球墨铸铁管的最小壁厚定为 6mm。在订货时要注明壁厚等级，未注明则按 K9 供货。C 级管和 K 级管的配套管件壁厚仍按式（15-1）计算，其 K 值取 12。

表 15-7 列出了离心铸造球墨铸铁管生产时必须注意的尺寸和重量公差要求。

表 15-7 离心铸造球墨铸铁管的公差要求

项目			公差	备注
铸管长度 /mm			±30	双方可商定用较小的公差
铸管挠度 /mm			≤ 0.125%× 管长	
铸管壁厚 /mm		δ=6	−1.3	
		δ > 6	−（1.3 + 0.001DN）	
铸管插口	外径 DE/mm		+ 1.0，负公差视 DN 而有区别	
	圆度 /mm	DN 40 ～ 200	在外径 DE 公差范围内	
		DN 250 ～ 600	≤外径 DE 的 1%	
		DN > 600	≤外径 DE 的 2%	
内径 /mm	DN 40 ～ 300		−13	未规定正偏差
	DN 350 ～ 1000		−10	
	DN 1100 ～ 2600		−0.01DN	
直管重量偏差		DN ≤ 200	−8%	未规定正偏差
		DN > 200	−5%	

（4）外防腐涂层

1）锌涂层

锌层外防护已经在世界范围内被证明为最有效的防腐措施之一，可以有效地延长管道的使用寿命。（ISO 8179:2004）《球墨铸铁管—表面涂锌》标准执行喷（涂）层要求：锌层应无暴露的疤痕或缺陷，锌层厚度应≥ 130g/m²。ISO 8179-1:2017 金属锌涂层厚度为 200g/m²，锌铝合金为 400g/m²。

2）涂覆沥青漆层

执行 GB/T 17459 标准（DIN 30674），沥青涂层厚度≥ 70μm。

3）锌铝稀土合金＋环氧树脂涂层

在球墨铸铁管表面采用电弧喷涂锌铝稀土三元合金（即在 85Zn15Al 中加入微量稀土元素），单位面积涂层质量 400g/m²，并在合金涂层之上喷涂环氧树脂密封涂层（最小厚度不小于 100μm）组成的防腐涂层。

4）外防腐聚氨酯涂层

外防腐聚氨酯涂层平均厚度宜≥ 900μm，最小厚度宜≥ 700μm。

5）内防腐涂层

① 水泥砂浆内衬涂层　标准水泥衬层厚度应符合 ISO 4179:2005 标准要求，见表 15-8。

表 15-8　水泥砂浆内衬厚度要求（ISO 4179:2005）　单位：mm

DN 组	公称规格 DN	内衬厚度		最大裂缝宽度和径向位移（饮用水）	最大裂缝宽度（局部满流污水管道）
		公称值	某一点最小值		
Ⅰ	40 ～ 300	3	2	0.8	0.6
Ⅱ	350 ～ 600	5	3	0.8	0.7
Ⅲ	700 ～ 1200	6	3.5	1	0.8
Ⅳ	1400 ～ 2000	9	6	1.2	0.8
Ⅴ	2200 ～ 2600	12	7	1.5	0.8

② 环氧密封层　水泥砂浆内衬环氧密封层是在水泥砂浆内衬表面喷涂一层水性环氧涂料固化而成，如无特殊要求，环氧涂料密封层厚度一般控制在 70μm 左右。

③ 内防腐聚氨酯涂层　根据所输送水质及口径不同，聚氨酯内衬厚度不同，符合 ISO 2531 饮用水输送的管和管件的内衬厚度见表 15-9。

表 15-9　聚氨酯内衬厚度要求（ISO 2531）

DN/mm	管身		承插口（与水接触部位）		承插口（不与水接触部位）
	平均厚度 /μm	最小厚度 /μm	平均厚度 /μm	最小厚度 /μm	最小厚度 /μm
80 ～ 200	1300	800	300	250	150
＞ 200	1500				

④ 环氧陶瓷内衬　由于环氧陶瓷涂料中至少含有 20% 体积分数以上的陶瓷填料，因此这样的内衬具有优异的防腐性能和耐磨性。一般管身环氧陶瓷内衬最小厚度为 100μm，承插口与水接触部位最小厚度为 250μm，不与水接触部位最小厚度为 150μm。

15.3　产品相关标准

国内外相关产品指导标准及检测方法见表 15-10。

表 15-10　球墨铸铁管产品标准及相关检测标准

标准类型	具体标准
基础标准	《水及燃气用球墨铸铁管、管件和附件》（GB/T 13295—2019） 《球墨铸铁管、配件和附件》（EN 14901-1:2014+A1:2019） 《低压流体输送用焊接钢管》（GB/T 3091—2015） 《球墨铸铁管和管件　水泥砂浆内衬》（GB/T 17457—2019） 《球墨铸铁管和管件　聚氨酯涂层》（GB/T 24596—2021） 《球墨铸铁管外表面锌涂层　第 1 部分：带终饰层的金属锌涂层》（GB/T 17456.1—2009） 《球墨铸铁管外表面锌涂层　第 2 部分：带终饰层的富锌涂料涂层》（GB/T 17456.2—2010） 《球墨铸铁管、管件及附件　环氧涂层（重防腐）》（GB/T 34202—2017）
通用标准	《球墨铸铁金相检验》（GB/T 9441—2021） 《产品几何技术规范（GPS）　几何公差　检测与验证》（GB/T 1958—2017） 《金属材料　拉伸试验　第 1 部分：室温试验方法》（GB/T 228.1—2021） 《金属材料　布氏硬度试验　第 1 部分：试验方法》（GB/T 231.1—2018） 《灰铸铁金相检验》（GB/T 7216—2023） 《产品几何技术规范（GPS）　光滑工件尺寸的检验》（GB/T 3177—2009） 《可锻铸铁金相检验》（GB/T 25746—2010） 《金属和氧化物覆盖层　厚度测量　显微镜法》（GB/T 6462—2005） 《给水排水管道工程施工及验收规范》（GB 50268—2008） 《球墨铸铁给水排水管道工程施工及验收规范技术条件》（T/CFA 02010202.3—2018） 《输水用球墨铸铁管、管件和附件　招标技术文件编制指南》（T/CFA 02010202.7—2017）
专用标准	《压力和非压力管道用球墨铸铁管和配件　水泥灰浆内衬》（ISO 4179:2005） 《输水和输气用球墨铸铁管、配件、附件及其接头》（ISO 2531:2009） 《铸铁微观结构　第 1 部分：通过目视分析进行石墨的分类》（ISO 945-1:2017） 《磁性基质上的非磁性镀层　镀层厚度的测量　磁性法》（ISO 2178:2016） 《金属材料　布氏硬度试验　第 1 部分：试验方法》（ISO 6506-1:2014）

（1）国外相关标准

国外标准包括《压力和非压力管道用球墨铸铁管和配件　泥灰浆内衬》（ISO 4179:2005）、《输水和输气用球墨铸铁管、配件、附件及其接头》（ISO 2531:2009）、《铸铁微观结构　第 1 部分：通过目视分析进行石墨的分类》（ISO 945-1:2017）、《磁性基质上的非磁性镀层　镀层厚度的测量　磁性法》（ISO 2178:2016）、《金属材料　布氏硬度试验　第 1 部分：试验方法》（ISO 6506-1:2014）等，主要是规定了对产品的检测试验方法。

（2）国内相关标准

而我国的标准涵盖了球墨铸铁管管材、管件、接头、涂层、内衬等产品标准，以及产品拉伸性能等试验检测标准。其中球墨铸铁管标准《水及燃气用球墨铸铁管、管件和附件》（GB/T 13295—2019），该标准与 ISO 2531:2009 标准或 EN545:2010 标准等效。

①《球墨铸铁金相检验》（GB/T 9441—2021）规定了球墨铸铁的球化率计算、金相试样制备、检验规则、检验项目和评级图、结果表示和检验报告；规定了目视法评定球墨铸铁显微组织及用计算机图像分析软件评定球墨铸铁球化率的方法；适用于评定铸态、正火态、退火态球墨铸铁的金相组织。

②《金属材料　拉伸试验　第 1 部分：室温试验方法》（GB/T 228.1—2021）规定了金属材料拉伸试验方法的原理、定义、符号和说明、试样及其尺寸测量、试验设备、试验要求、性能测定、测定结果数值修约和试验报告。该文件适用于金属材料室温拉伸性能的测定。

③《球墨铸铁管和管件　水泥砂浆内衬》（GB/T 17457—2019）规定了球墨铸铁管和管件水泥砂浆内衬的特性、涂覆方法、表面状态和最小厚度。适用于提高球墨铸铁管及管件的水力特性（与无内衬球铁管及管件相比）和防腐性能的内衬，还给出了部分满流的自流污水管道内衬的特殊要求。对于输送特殊腐蚀性液体的内衬可以单独采用或组合采用增加内衬的厚度、改变水泥的类型、在内衬上增加涂层等方法。

④《球墨铸铁管和管件　聚氨酯涂层》（GB/T 24596—2021）规定了球墨铸铁管和管件内外聚氨酯防腐涂层的技术要求、试验方法和检验规则等。适用于输送不超过 50℃、符合 GB/T 13295 和 GB/T 26081 要求介质的聚氨酯内涂层和埋设环境温度不超过 50℃的聚氨酯外涂层。

⑤《灰铸铁金相检验》（GB/T 7216—2023）适用于评定灰铸铁的显微组织，对石墨分布形状、石墨长度、石墨含量、珠光体含量、碳化物含量、磷共晶含量、共晶团数量的评定方法做了规定。

⑥《产品几何技术规范（GPS）光滑工件尺寸的检验》（GB/T 3177—2009）规定了通用计量器具，如游标卡尺、千分尺及车间使用的比较仪、投影仪等量具量仪的使用，对图样上注出的公差等级为 6 ～ 18 级（IT6 ～ IT18）、公差尺寸至 500mm 的光滑工件尺寸的检验以及对一般公差尺寸的检验。

⑦《可锻铸铁金相检验》（GB/T 25746—2010）适用于评定可锻铸铁的金相显微组织，规定了可锻铸铁的石墨形状、石墨形状分级、石墨分布、石墨颗数、珠光体形状、珠光体残余量分级、渗碳体残余量分级、表皮层厚检验评定方法。

⑧《金属和氧化物覆盖层　厚度测量　显微镜法》（GB/T 6462—2005）规定了运用光学显微镜检测横断面，以测量金属覆盖层、氧化膜层和釉瓷或玻璃搪瓷覆盖层的局部厚度的方法。

⑨《低压流体输送用焊接钢管》（GB/T 3091—2015）规定了低压流体输送用焊接钢管的尺寸、外形、重量、技术要求、试验方法、检验规则、包装、标志及质量证明书。该标准适用于水、空气、采暖蒸汽和燃气等低压流体输送用直缝电焊钢管、直缝埋弧焊（SAWL）钢管和螺旋缝埋弧焊（SAWH）钢管，并对它们的不同要求分别做了标注，未标注的同时适用于直缝高频电焊钢管、直缝埋弧焊钢管和螺旋缝埋弧焊钢管。

⑩《球墨铸铁管外表面锌涂层　第 1 部分：带终饰层的金属锌涂层》（GB/T 17456.1—2009）规定了球墨铸铁管外表面锌涂层及终饰层的技术要求和厚度测定方法。该部分适用于球铁管外表面带终饰层的金属锌涂层。

⑪《球墨铸铁管外表面锌涂层　第 2 部分：带终饰层的富锌涂料涂层》（GB/T 17456.2—2010）规定了 GB/T 13295 中球墨铸铁管外表面富锌涂料涂层以及终饰涂层的技术要求和厚度测定方法。该部分适用于球铁管外表面带终饰层的富锌涂料涂层。

⑫ 在球墨铸铁管的招标、施工上，可参考的标准有《给水排水管道工程施工及验收规范》《球墨铸铁给水排水管道工程施工及验收规范技术条件》《输水用球墨铸铁管、管件和附件　招标技术文件编制指南》。

⑬《给水排水管道工程施工及验收规范》（GB 50268—2008）适用于新建、扩建和改建城镇公共设施和工业企业的室外给排水管道工程的施工及验收，不适用于工业企业中具有特

殊要求的给排水管道施工及验收。

⑭《球墨铸铁给水排水管道工程施工及验收规范技术条件》（T/CFA 02010202.3—2018）规定了球墨铸铁给水排水管道工程中球墨铸铁管、管件和附件的术语和定义、吊装、运输和储存、沟槽开挖和支护、沟槽地基处理、开槽管道施工和安装、沟槽回填、非开挖管道施工和安装、管道功能性实验和工程验收规范的技术条件。该标准适用于新建、扩建和改建的室外给水排水管道工程施工及验收，不适用于具有特殊要求的给水排水管道施工及验收。

⑮《输水用球墨铸铁管、管件和附件　招标技术文件编制指南》（T/CFA 02010202.7—2017）适用于“输水用球墨铸铁管、管件和附件”招标单位在编制招标技术文件时参考使用。

15.4　产品选择

15.4.1　管材选用

室外给水管网的管材应选择水力条件好、耐腐蚀、无有害物析出、不易结垢、不产生二次污染、使用寿命长、施工及维护方便、运行安全、经济合理的优质管材和配件。

管材选用应根据不同的工作压力、使用条件和地质状况，经技术经济比较后选择，一般情况下：

① 管径≥ 1800mm，宜采用钢管、球墨铸铁管、预应力钢筒混凝土管（PCCP）；

② 管径≥ 200mm，＜ 1800mm，宜采用球墨铸铁管；

③ 管径≥ 100mm，＜ 200mm，宜采用球墨铸铁管、高密度聚乙烯管（HDPE）；

④ 管径＜ 100mm，宜采用不锈钢管、高密度聚乙烯管（HDPE）、薄壁不锈钢管；

⑤ 明设室外给水管道管材不得采用塑料管。

15.4.2　防腐涂层选用

（1）外防腐涂层选用

目前使用的外防腐涂层大多是锌层＋终饰层，此涂层在大多数土壤环境中具有很好的防腐性能，但在有些情况下锌层的保护不能抵抗强腐蚀性土壤的侵蚀，因此附加使用聚乙烯套作为防腐层或者使用特殊涂层等强防腐手段对管子加以保护。在管道设计时应对管道埋设的土壤环境以及土壤腐蚀性进行判断，设计能够满足使用要求且性价比合适的管道外防腐方案。表 15-11 为不同腐蚀等级土壤中可选择的防腐涂层方案。

表 15-11　不同腐蚀等级土壤防腐涂层方案

防腐级别	外防腐选择	要求
一般腐蚀性（大多数土壤属于此种类型）	锌＋高氯化聚乙烯终饰层	锌层：GB/T 13295 聚乙烯层：70μm
较强腐蚀性	锌铝稀土合金＋蓝色环氧树脂涂层＋高氯化聚乙烯终饰层＋聚乙烯套	单位面积涂层质量：400g/m^2 环氧树脂密封涂层：100μm
特强腐蚀性	特殊涂层（聚氨酯涂层）	平均厚度：900μm

一般腐蚀性土壤环境选择锌层加终饰层。该防腐方案，一方面锌层可形成致密的不溶解保护膜附着在管壁上，可以很大程度地减少电化学腐蚀；另一方面，锌＋终饰层的防腐能力还反映在两者相互间的作用上：锌与铸铁之间以及锌与终饰层之间具有很好的附着性，给管道与外界筑起了一道完整的保护屏障，并预防防腐失效。

较高腐蚀性土壤中（即低电阻率土壤，受地下水影响的土壤或混杂土壤条件下）可选用锌铝稀土合金＋环氧树脂涂层。在具有锌层＋终饰层的性质上，该涂层因为稀土的化学活泼性强，它可与 Zn-Al 合金中的许多元素形成金属间化合物，这些金属间化合物硬度高且呈网状分布于晶界，可阻碍蠕变滑移，因而起到了强化的作用，从而改善合金涂层的硬度和耐磨性能，涂层寿命明显提高。在涂层凝固过程中，稀土元素能降低镀液的表面张力，使结晶核心增加，进而使晶粒细化，这种细小的共晶组织能阻止裂纹的扩展，使组织均匀，消除镀层表面裸露点。这是稀土能提高涂层塑性和韧性的重要机理，也是稀土合金涂层特有的性能。由于稀土元素能细化涂层的微观结构，减少喷涂层的孔隙率，同时对 Zn-Al 合金涂层具有一定的强化作用，因此少量稀土元素的加入能进一步提高 Zn-Al 合金涂层的耐蚀性能。但是在低的土壤电阻率（高腐蚀性迹象）土壤环境、含有杂散电流地区、分析表明具有高的氯含量或者硫含量的地区，或者细菌活跃的地区，还需使用聚乙烯保护套。

聚氨酯涂层适用于所有的土壤环境，但推荐使用于强腐蚀性的土壤环境，如酸性泥炭土壤，海港、沼泽等潮湿地带，含水的盐碱地带，含有垃圾、氧化皮、矿渣或是被废水、工业废液污染过的土壤，有杂散电流存在的土壤。聚氨酯涂层具有以下优势：a. 机械强度高，抗岩石冲击，抗土壤应力，在搬运吊装过程中不易损伤；b. 耐水性好，抗渗系数为 0，在海洋环境下长期使用不会受贝类生物的侵蚀；c. 由于聚氨酯涂层具有很好的耐化学腐蚀性和耐电腐蚀性，因此此种涂层的球墨铸铁管可以满足复杂的土壤埋设环境，提高铸铁管的使用寿命。

（2）内防腐涂层选用

作为球墨铸铁管的内壁防腐涂层，必须具有良好的水力性能及防腐性能，因此在选择球墨铸铁管内衬时就要衡量所要输送液体的腐蚀性、水流速度以及使用的环境温度等因素，另外内壁的光滑程度也是衡量内衬的指标之一。作为输送饮用水的管道内壁防腐层应该是无毒的，这是选用内衬最基本的要求。球墨铸铁管内衬一般分为 3 种类型（表 15-12）。

表 15-12　内衬类型及适用范围

类型	内衬材料	适用范围
标准内衬	普通硅酸盐水泥砂浆内衬	适用于大多数的原水和饮用水
加强级	高铝水泥 抗硫水泥 水泥砂浆内衬＋封面涂层	用于水质对普通水泥具有侵蚀性的情况下 （软水、弱酸性水或者高磨损水质）
特殊涂层	聚氨酯、环氧陶瓷内衬	用于非常特殊的案例或者腐蚀性水质（工业排水等）

水泥砂浆内衬是较为经济也是最为常用的防腐涂层，在供水行业已有近百年的历史，经过不断的发展衍生出了不同种类的水泥砂浆。普通硅酸盐水泥砂浆内衬球墨铸铁管可用于供水工程；抗硫酸盐水泥砂浆内衬球墨铸铁管可用于供水工程和表 15-13 所列水质范围内的输

水工程；高铝水泥砂浆内衬球墨铸铁管一般用于污水、废水管线的排污工程和含有一定化学物质的工业废水工程。水泥砂浆内衬球墨铸铁管当量粗糙度 K 值为 0.030mm，考虑到由于管件、阀门和其他装置而引起的粗糙度，再加上容差，在用于设计目的的时候，建议取 K 值为 0.10mm。

表 15-13 不同水泥砂浆内衬类型输送介质参考

水质特征	硅酸盐水泥砂浆内衬	抗硫酸盐水泥砂浆内衬	高铝水泥砂浆内衬
pH 值	≥ 6	≥ 5.5	≥ 4
腐蚀性 CO_2 含量 /(mg/L)	≤ 7	≤ 15	不限
SO_4^{2-}含量 /(mg/L)	≤ 400	≤ 3000	不限
Mg^{2+} 含量 /(mg/L)	≤ 100	≤ 500	不限
NH_4^+ 含量 /(mg/L)	≤ 30	≤ 30	不限

水泥砂浆防腐层缺点是水泥砂浆中会有碱性物质析出，引起输送水 pH 值升高，影响水质以及导致水泥内衬逐渐破坏，这点在通水初期及小口径、低流速管道中尤为明显。

水泥砂浆内衬环氧密封层球墨铸铁管结合了水泥砂浆内衬的主动防腐与有机涂层的被动防腐综合性能，即环氧涂料密封层的实施为球墨铸铁管内壁提供了一个物理屏障，减少或隔绝了水与球墨铸铁管内壁的接触机会，此为被动防腐；同时也减缓或阻止了水泥砂浆内衬中的碱性物质向水中释放的机会，这也就保证了水泥砂浆的碱性物质会长久地富集于球墨铸铁管内壁，通过钝化现象对球墨铸铁管内壁提供了化学保护，此为主动防腐，从而保证了内衬长久的防腐性。该组合适用于输水量小的小口径支管线，例如小城镇的管网建设中，管径小，水在管子中滞留时间较长时。其当量粗糙度 K 值检测结果为 0.020mm，低于水泥砂浆内衬当量粗糙度 K 值。价格上约为普通水泥内衬的 1.3 倍。

聚氨酯内衬采用双组分、无溶剂、100%固含量的聚氨酯材料喷涂而成，是一种被动防腐涂层，其有效性依赖连续性、附着力和涂层随时间变化的稳定性，因此每支聚氨酯内衬球墨铸铁管都必须进行漏电检测，电压不低于 4kV。该涂层具有优异的附着力，在 23℃时附着力可大于 11MPa；该内衬具有很好的化学稳定性和抗老化性：50℃蒸馏水浸泡 180 天涂层增重不超过4%；户外暴露6个月后，聚氨酯内衬的附着力大于8MPa；该涂层还具有表面光滑、磨阻小的特点，水力性能优良。当量粗糙度 K 值为 0.010mm。考虑到由于管件、阀门和其他装置而引起的粗糙度，再加上容差，在用于设计目的的时候，建议取 K 值为 0.050mm。其适用于从软水到硬水的所有水质的供水工程和市政排污工程，缺点是造价较高，价格约为普通水泥内衬的 1.8 倍。2009 年天津生态城北疆电厂淡化海水送出工程，由于该工程输送水质接近纯净水，一般防腐内衬无法满足输水水质要求，所以选用了聚氨酯内衬球墨铸铁管道。

15.4.3 采购建议

球墨铸铁管及其管件的采购可参照 GB/T 13295，该标准与 ISO 2531 标准或 EN 545 标准等效。还可借鉴由中国铸造协会发布的《输水用球墨铸铁管、管件和附件　招标技术文件编制指南》。以下为相关采购建议。

（1）采购原则

① 采购符合国家标准要求的产品

管材、管件的质量是工程质量的基本保证。

在购买管材、管件的过程中，应要求供应商提供证明材料，证明生产厂具有必要的生产设备、工艺能力及人员，生产符合 GB/T 13295 的球墨铸铁管、管件和附件；证明管、管件和附件的表面质量与修复符合 GB/T 13295 的要求，以确定该产品的实际水平。

② 售后服务

施工难度较大时，需要厂家负责技术支持。如果厂家售后服务不完善，将给施工造成极大的困难。

③ 价格

工程造价是必须考虑的因素，优质优价的原则是对的，但实际工作中应注意性能价格比是否恰当。应该注意，钢铁原材料价格浮动较大，在适当的时机购入原料可以有效地控制工程费用。

（2）原材料

生产球墨铸铁的铁矿石选用进口铁矿石或国内高品质铁矿石，厂家独立拥有高炉系统以供生产铁水。

管的材质应为铁素体基体的球墨铸铁，铁水经球化处理后，管材和管件的球化率达到 80% 以上、球化等级不低于三级。

铁水生产过程中配备实时在线查询监测系统，保证 100% 铁水成分控制，并通过完善的除渣系统确保铁水的纯净度。

（3）铸造

球墨铸铁管采用金属水冷或热模工艺生产，全自动化精确控制工艺，并有均匀清晰的工艺点。管件采用金属模树脂砂工艺生产或消失模工艺生产。内外表面均不允许有冷隔、裂缝、错位等妨碍使用的明显缺陷。

管材和管件的承口内表面和插口外表面的工作面应当光滑平整，轮廓清晰，不允许影响密封性能的铸造缺陷存在。

（4）接口方式和等级要求

管及管件的常用接口方式为 T 型滑入式柔性接口，有特殊技术要求时也可采用自锚接口或其他接口。

球墨铸铁管的壁厚宜为 K9 级，管件的壁厚宜大于或等于 K12 级，并能与 K9 级球墨铸铁管配套安装使用。

（5）力学性能、尺寸及壁厚

球墨铸铁管、管件及附件的拉伸性能、布氏硬度等性能应符合 GB/T 13295 的规定。

DN 100 ～ 1000mm 球墨铸铁直管的单根有效长度为 6m，直管长度公差为 −30/+70mm。

承接管件长度公差为 ±20mm，带法兰接口的管件长度公差为 ±10mm；DN 1000mm 以上球墨铸铁直管的单根有效长度为 6m 或 8.15m。其尺寸及壁厚应符合 GB/T 13295 的规定。

（6）胶圈

橡胶圈执行标准 GB/T 21873—2008 或 ISO 4633—2002 中相关要求。橡胶圈材质：采用丁苯橡胶或三元乙丙橡胶，不得含有任何对输水、密封圈、管材和配件的寿命有害的物质，在使用条件下不得损害水质，材质符合《生活饮用水输配水设备及防护材料的安全性评价标准》（GB/T 17219）的要求。

（7）外防腐涂层

管材外表面防腐要求采用先喷金属锌后喷终饰层。管的锌涂层、终饰层应符合 GB/T 17456.1 的相关要求，管件的锌涂层、终饰层应符合 GB/T 17456.2 的相关要求，压力分级管终饰层颜色应区别于壁厚分级管。压力分级管喷涂的锌涂层单位面积平均重量不应低于 200g/m^2，局部最小值不应低于 180g/m^2。对于低腐蚀性区域，经供需双方协商并在合同中注明，锌涂层单位面积平均重量可不低于 130g/m^2，局部最小值不应低于 110g/m^2。

在喷锌防腐基础上再喷涂沥青漆，执行 GB/T 17459—1998 标准，承口做喷锌防锈处理工艺。喷涂沥青漆平均厚度不小于 70μm，最小厚度不小于 50μm。

管件外表面底涂层采用金属锌涂层加终饰层。如采用富锌涂料，则涂层须符合《球墨铸铁管外表面锌涂层　第 2 部分：带终饰层的富锌涂料涂层》（GB/T 17456.2—2010），涂料需使用干膜含锌量不少于 85%（质量分数）的无机富锌涂料。管件表面富锌涂料重量不少于 150g/m^2，任一区域最小重量不少于 130g/m^2。在特殊腐蚀条件下采用环氧树脂外涂层，环氧树脂的平均厚度不小于 150μm，局部厚度不小于 100μm，附着强度≥ 8MPa，电刷试验无漏点，冲击强度≥ 5J。

管材和管件外表面涂层（即终饰层）采用沥青涂层：终饰层应符合《球墨铸铁管　沥青涂层》（GB/T 17459—1998）要求，终饰层 10 次测试沥青涂层平均厚度≥ 0.07mm，任何一点值不小于 0.05mm，沥青涂层不应看到垂弛趋势。

在特殊腐蚀条件下，为保证管网的安全性，球墨铸铁管使用 400g/ m^2 的锌铝合金防腐涂层。在喷锌铝合金的基础上再喷涂环氧沥青漆，喷涂平均厚度不小于 100μm。

（8）内防腐涂层

球墨铸铁管内衬可选用水泥砂浆内衬，对于水质有更高要求的可选用高炉矿粉水泥砂浆内衬或环氧树脂内衬。水泥涂衬要求执行 GB/T 17457—2019 或 ISO 4179:2005 标准。要求涂料中不含有任何有毒成分。内涂衬材料应符合《生活饮用水输配水设备及防护材料的安全性评价标准》（GB/T 17219）的要求。

球墨铸铁管件内衬采用环氧树脂内衬或水泥砂浆内衬。水泥砂浆内衬参考 GB/T 17457。环氧树脂的平均厚度不小于 150μm，局部厚度不小于 100μm，附着强度≥ 8MPa，电刷试验无漏点，冲击强度≥ 5J。

涂覆内衬之前，金属表面不应有松散杂质、油或润滑剂。管材采用离心法涂覆在内壁上，管件采用手工涂抹或喷涂砂浆于管内壁，内衬砂浆不得有空腔孔穴和可见的气泡，砂子的粒度从管壁至表面层按由粗到细的规律排列，水泥砂浆内衬层经养护 28d 后的抗压强度不小于 50MPa。

（9）内外压

K9 管材的允许工作压力及环刚度应满足表 15-14 要求。

表 15-14 K9 管材的允许工作压力及环刚度

DN/mm	100	150	200	250	300	350	400	450	500	600
PFA/bar	64	64	62	54	49	45	42	40	38	36
环刚度 /（kN/m^2）	1350	480	230	155	110	88	72	61	52	41
DN/mm	700	800	900	1000	1200	1400	1600	1800	2000	
PFA/bar	34	32	31	30	28	27	27	26	26	
环刚度 /（kN/m^2）	34	30	26	24	20	18	17	16	16	

注：1bar=0.1MPa。

（10）检测要求

① 球墨铸铁管壁厚检测 供货方需具备超声波检测管道壁厚的能力且实际进行检查控制。

② 水压试验 在每根管材出厂前均应按照 GB/T 13295 规定进行水压试验，试验应在内外涂覆前进行，锌层涂覆可在试验前进行，压力持续时间不少于 15s，保压 10s。

③ 外防腐喷锌量或锌铝合金量试验 参考标准 GB/T 17456.1 或 ISO 8179 借助米拉条进行米拉试验。

④ 球墨铸铁管件环氧涂层检测 参考标准 EN 14901 进行电刷、附着强度、冲击试验。

⑤ T 型接口及其他接口的密封试验 T 型接口及其他接口应按 GB/T 13295—2019 的规定进行柔性接口型式试验，或提供第三方具有认证签订资格的机构出具的型式试验报告。

（11）标志和质量证明书

参照 GB/T 13295 执行。管道上必须有标志。

① 管道具有管号追溯系统。

② 每根直管都必须在管身上注明制造厂名或商标、规格；并有清晰持久的标记标出材质、制造日期及编号。

③ 每件管件都必须在管身上注明制造厂名或商标、规格、生产日期。

④ 每批直管、管件应附有质量证明书，其上注明以下内容：a. 制造商名称或商标；b. 标准编号；c. 产品名称、规格；d. 产品批号；e. 水压试验数值和 / 或气密性试验数值；f. 力学性能数值；g. 内外涂层种类。

（12）商务要求

在中华人民共和国境内注册的有合法经营资格的国内独立法人，具有相关经营范围。

企业符合 ISO 9001 质量管理体系认证。

企业符合 ISO 14001 环境管理体系认证。

企业符合 OHSAS 18001 或 ISO 45001 职业健康安全管理体系认证。

企业应具有国家质检总局颁发的可从事铸铁管制造生产的《特种设备制造许可证（压力管道）》。

15.4.4 产品价格

生产球墨铸铁管的各企业价格存在比较大的差别，不同口径、不同品质的球墨铸铁管价格亦不相同。目前，国内销售价格在4000～8000元/吨之间（K9级球墨铸铁管出厂含税价）。据调研，DN 100mm 管径政府招标价格 7000 元，二级市场价格 6000 元；DN 150 ～ 250mm 管径政府招标价格 5500 元，二级市场价格 4800 元；DN 300 ～ 800mm 管径政府招标价格 5000 元，二级市场价格 4500 元；DN 900 ～ 1000mm 管径政府招标价格 5500 元，二级市场价格 4800 元；DN 1100 ～ 2600mm 管径政府招标价格 5800 元，二级市场价格 4800 元。

国际上，球墨铸铁管因后续加工程度不同，销售价格差别较大。欧洲主要出口球墨铸铁管的国家，由于原材料涨价，人工费高达总成本的 50%，加上高额的管理费用、劳动环境和劳资纠纷等，每吨铸铁管的生产成本高达 600 美元以上。另外，如美国、日本、欧洲、澳大利亚等地区主要需求是精深加工的球墨铸铁管，因而价格相对我国市场更加昂贵。

15.5 运输储存

15.5.1 调运与储存

（1）吊装

球墨铸铁管应采用吊带或专用工具起吊，装卸时应轻装轻放，在倒运、运输时应垫稳、垫牢，不得相互撞击，严格按照防护和紧固的要求进行操作，避免对管子及防护层造成损坏。

可使用吊车、叉车，在起吊时应使用专用吊钩，如图 15-1 所示。专用吊钩应是在钢钩外包橡胶皮或使用尼龙绳吊带、外包橡胶管的钢丝绳，使水泥内衬和外防腐涂层不被破坏，达到保护管子内外涂层目的。

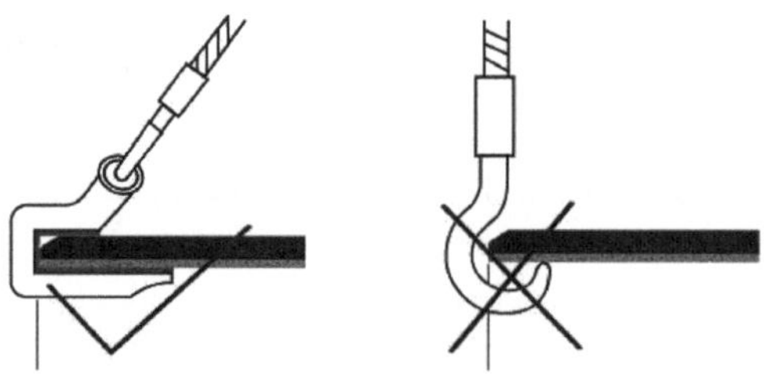

图 15-1 专用吊钩示意

对于打捆包装的球墨铸铁管，要求使用吊带和专用吊具整捆兜底吊装，如图 15-2 所示，严禁用吊钩直接钩住管子或包装钢带起吊，以免吊装时包捆变形或包装带断裂散捆。起吊时一钩一捆，若需要一钩多捆，应使用专用吊具，确保包装不发生变形，以防出现钢带断裂、包捆变形等包装损坏现象。

对于散装的球墨铸铁管，可采用专用吊钩或吊装带一次吊运一根或数根，如图 15-2 所示。若采用叉车提升，作业过程中可能与钢管接触的地方都必须进行保护。

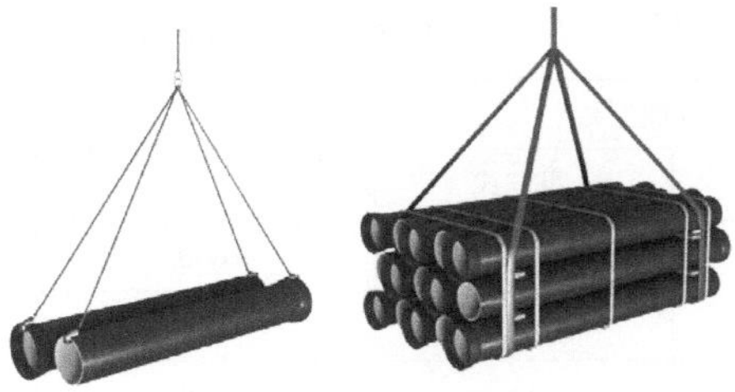

图 15-2 提升操作示意

（2）运输

采用汽车或火车运输，车厢内必须清扫干净，不得有异物，同时根据运载工具的允许荷载量制定装车方案。

采用汽车或火车运输，都应在车厢底板上放置两块或更多木块，以避免球管承口直接与车厢底板接触；如采用平板车运输，管子置于木块上后用楔块固定；管子伸出车体部分不得超过管长的 1/4；所装的管子多于一层时，每层管子的承口、插口应交错排放，最后用钢丝绳固定牢固，管子间、管子与刚性车体间以及管子与紧固用钢丝绳间都要用软性防护材料加以隔离。

从车上卸货时严禁将球墨铸铁管直接在地上拖拉或摔下，即使在沙地上或球墨铸铁管被包裹着也不能在地上拖拉或摔下。

（3）储存

所选择存放球墨铸铁管的场地应平整、坚实，管子堆放时应避免：

① 斜坡，不平坦的地方；

② 沼泽地；

③ 污染严重的地方。

管子下面应加两道垫木，避免管子直接和地面接触，所选用的垫木应结实。

长时间储存时应用帆布或编织布覆盖，避免管内落入灰尘或脏物。

球墨铸铁管有四方式堆放和金字塔式堆放两种方式。

四方式堆放方式如图 15-3 所示。底层放置垫木，并用楔木牢固，每层球墨铸铁管应将承、插口相间排列，相邻层的球墨铸铁管承口和插口也要相间，上下两层管方向垂直。每层管的排列宽度不应大于 5.5m。

金字塔式堆放方式如图 15-4 所示。球墨铸铁管底层放在两排平行的枕木上，枕木距管子两端约 1000mm，枕木用楔子进行固定，在堆放时每层管子的承口和插口相间排列。

图 15-3 四方式堆放方式

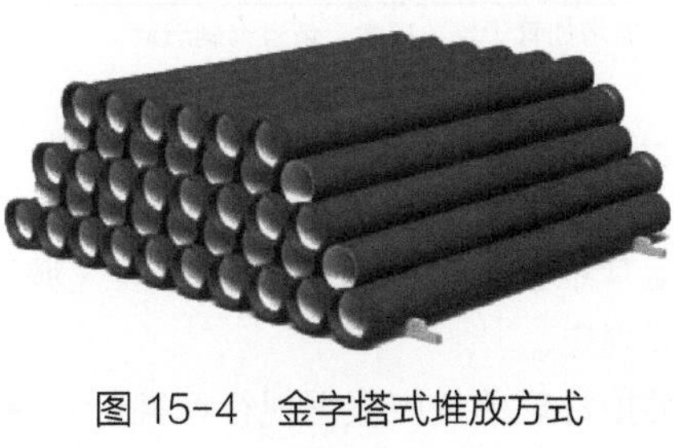

图 15-4 金字塔式堆放方式

考虑到底层铸管的承受力，建议 K9 级球墨铸铁管的堆放层数如表 15-15 所列。C 级首选级别球墨铸铁管的建议堆放高度如表 15-16 所列。

表 15-15　K9 级球墨铸铁管堆放层数

公称直径 DN/mm	建议堆放层数		公称直径 DN/mm	建议堆放层数	
	金字塔式	四方式		金字塔式	四方式
80	32	20	600	8	4
100	26	18	700	7	4
125	24	16	800	6	3
150	20	16	900	5	3
200	18	12	1000	3	3
250	17	9	1100	3	2
300	14	9	1200	2	2
350	12	9	1400	2	1
400	12	6	1500	2	1
450	10	6	1600	2	1
500	9	5	1800 及以上规格	1	1

注：出于安全考虑，垛高建议一般不超过 3m。

表 15-16　C 级首选压力等级球墨铸铁管堆放层数

公称直径 DN/mm	建议堆放层数		公称直径 DN/mm	建议堆放层数	
	金字塔式	四方式		金字塔式	四方式
80	26	18	600	6	4
100	24	16	700	5	3
125	21	14	800	4	3
150	18	14	900	3	2
200	15	11	1000	3	2
250	14	9	1100	2	2
300	12	8	1200	1	1
350	10	7	1400	1	1
400	10	7	1500	1	1
450	8	6	1600	1	1
500	7	5	1800 及以上规格	1	1

注：若增加管子堆放层数，请咨询制造商。

15.5.2　运营维护管理

运营维护管理应符合现行标准《城镇供水管网运行、维护及安全技术规程》（CJJ 207）的有关规定。

维护管理单位应根据现行标准制定相应的管网维护管理制度。

维护管理单位应安排专业人员对管线及其附属设施进行周期性巡查和定期维护保养，做好巡查和维护保养记录。

维护管理单位应对消火栓、管网末梢、滞留管段管网水进行计划排放，每半年不少于一次。

管网维（抢）修施工方式及所用材料不得影响管道整体质量和管网水质；恢复通水前应进行管网水排放，水质合格后方可正式供水。

应对影响水质的管道进行有计划的更新改造。

15.5.3　球墨铸铁管的维修

在管线发生破损时，不断水的紧急情况下可采用哈夫节轻松抢修。

如果正在使用的球墨铸铁管因局部损坏而漏水时，可以使用 K 型承套修复方案将其修复，具体修复步骤如下。

（1）开挖及断管

将损坏部分的管道挖出，确认管子的损坏长度后，再将受损坏的管段切掉，见图 15-5。

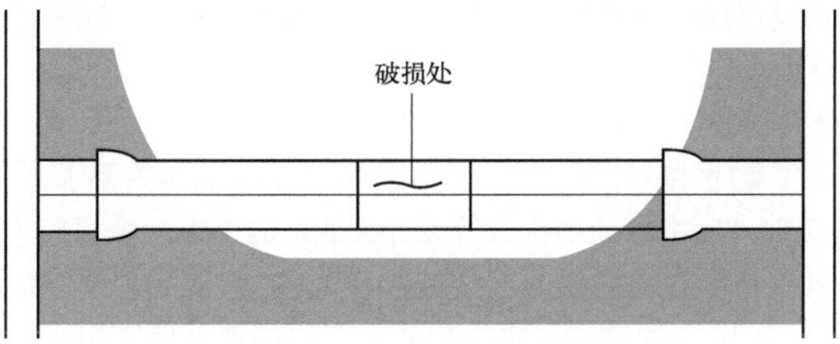

图 15-5　管子切断示意图

（2）换管准备

准备一段同规格的双插直管和两套 K 型承套组件。

（3）安装 K 型承套

将两个 K 型承套的可伸缩端分别连接到待修复管线的两个管端，使原管线的插口端尽量插到 K 型承套的最大安装深度，详见图 15-6。

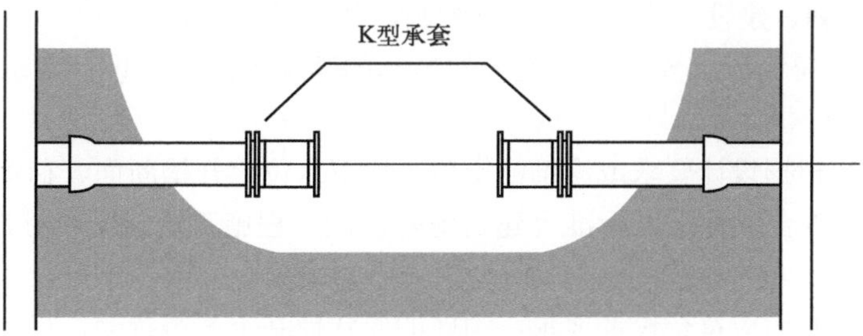

图 15-6　K 型承套安装示意

（4）换管

将同口径的双插短管放入待更换位置。

（5）承套连接

将两个 K 型承套分别向新插入的管段进行轴向移动，然后按照“K 型接口球墨铸铁管安装”的要求进行连接。

（6）涂层修补

在各部件安装前，需按照厂家提供的涂层修复要求对切割过程造成的涂层损坏部位进行修复。

15.6 安装调试

（1）一般性规定

① 球墨铸铁管、管件和附件应符合 GB/T 13295 或 GB/T 26081 的规定，并应有出厂质量保证书。非开挖铺设用球墨铸铁管还应满足 YB/T 4564 的要求，球墨铸铁顶管还应满足 T/CFA 020102024 的要求。

② 橡胶密封圈材料应符合 GB/T 21873 中的相关要求。

③ 输送饮用水时，与水接触的材料应满足 GB/T 17219 的相关要求。

④ 管道工程施工前，应由设计单位进行设计交底，施工方应编写施工组织方案并根据施工需要进行调查研究，掌握管道沿线的下列情况和资料：a. 现场地形、地貌、建筑物、各种管线和其他设施的情况；b. 工程地质、水文地质、工程用地及施工用水、排水条件、供电条件等；c. 工程材料、施工机械供应条件；d. 在地表水体中或岸边施工时应掌握地表水的水文和航运资料；e. 在寒冷地区施工时应掌握地表水的冻结和流冰的资料；f. 在土壤有强腐蚀性时应预先评估土壤的腐蚀性；g. 结合工程特点和现场条件的其他情况和资料。

⑤ 管道工程施工前，必要时应对施工人员进行管、管件和附件使用与施工的技术培训。

（2）管沟开挖

1）管沟开挖应符合的要求

① 沟槽开挖前应按设计图纸进行测量、放线，并应做好沟槽排水组织工作。施工测量应实行施工单位复核制、建设（监理）单位复测制，并填写相关记录。

② 管道地基应符合设计要求，管道天然地基的强度不能满足设计要求时应按设计要求加固。

③ 沟槽支护应根据设计要求或沟槽的土质、地下水位、开槽断面、荷载条件等因素进行布置。沟槽支护应符合现行国家标准《建筑地基基础工程施工质量验收标准》（GB 50202—2018）的规定。

④ 管沟的开挖断面应符合设计要求，沟底的原状地基土不得扰动，机械开挖时沟底预留 200 ～ 300mm 土层由人工开挖至设计工程，整平。

⑤ 管沟底部不得受水浸泡或受冻，沟底局部扰动或被水浸泡时，宜采用砂砾石或石灰土回填。

⑥ 沟底土层为杂填土或腐蚀性土时应全部挖除并按照设计要求进行地基处理。

⑦ 在每个接口处都要给管子的承口留出承口坑，以保证管道平直及满足安装操作需要。

⑧ 对有地下水影响的应按照设计要求制定施工降排水方案。

2）沟槽的开挖质量应符合的规定

① 原状地基土不得扰动、受水浸泡。

② 地基承载力应满足设计要求。

③ 进行地基处理时，压实度、厚度满足设计要求。

④ 槽底中心线、标高和坡度符合设计要求。

⑤ 沟槽应平整、不坍塌，边坡坡度应符合施工设计的规定。

⑥ 沟槽宽度应满足设计要求，槽底中心线每侧的净宽应不小于管道沟槽底部开挖宽度的 1/2。

⑦ 槽底高程的允许偏差要求为：开挖土方时应为 ±20mm；开挖石方时应为 −200 ～ +20mm。

（3）管道安装

1）管道安装准备

① 铺管。安装前应准备好施工所需的工具、器械和设备。所有的管子、管件、阀门和消防栓等都沿着沟渠两侧铺放，最好放在不堆放土壤的一侧。

② 将管子放入沟渠中。使用起重机、绳子或其他合适的工具或设备将管子小心地放到沟渠中，禁止直接将管子抛下或滚入沟渠中。

③ 材质的检查。在安装以前要仔细检查管子是否存在损坏或其他缺陷。

④ 管子承插口连接部位的清理。在铺设管子之前，要将管子的承插口连接部位擦拭干净，尤其是安放密封圈的位置，不得有灰尘、砂子、石块等其他物质。

⑤ 管塞。在不铺管的时候应采取措施将正在安装中的管子端口封住，以防管沟内的污水或砂土等进入管内。

2）接口连接

① 承插式橡胶圈柔性接口连接。橡胶圈安装就位后不得扭曲，当用探尺检查时，沿圆周各点应与承口端面等距，其允许偏差应为 ±3mm；严寒气候条件下，安装前密封圈应升温至 20℃。

安装滑入式橡胶圈接口时，推入深度应达到标记环，并复查与其相邻已安装好的第一至第二个接口推入深度。

采用橡胶圈接口的管道，除应满足相应采用管材本身规范要求外，可允许沿曲线敷设，每个接口的最大偏转角与管材接口形式、口径、沟槽土质等有关，一般采用的转角量为允许值的 1/2。接口安装时，按轴向组装，然后按计算的借距进行拨斜，大口径管在承口弧形背侧应固定。

② 机械式接口（K 型接口）的安装。安装前应清扫承口内表面以及插口外表面，不得有砂、土、水等杂物。

将压兰和涂有润滑剂的密封圈套在插口端。密封圈截面积较小的一端应朝向承口端。安装前应仔细检查连接用密封圈，不得粘有任何杂物。

安装时，应使插口与承口法兰压盖的轴线相重合；螺栓安装方向应一致，宜用扭矩扳手均匀、对称地紧固。安装完成后，承口端面应位于第一条插口线和第二条插口线之间。宜使用测力扳手，连接螺栓的力矩宜达到表 15-17 要求。

表 15-17　螺栓紧固扭矩

规格	规定扭矩值 /(kgf・m)	推荐最小手柄长度 /mm	最小手柄长度时施力值 /kgf
M16	6	150	40
M20	10	250	40
M24	14	350	40
M27	20	450	44
M30	20	450	45

注：1kgf=9.8N。

③ 自锚式接口的安装。安装前应将承口工作面上的杂物清理干净，检查承口内表面尤其是密封工作面有无影响密封的缺陷等。

安装前应检查连接用密封圈、压兰、挡环等有无缺陷。

安装前应检查自锚插口倒角以及插口端部焊环是否满足安装要求。

自锚接口的安装应按照制造商安装手册的要求进行。

自锚接口的最大允许转角及安装允许转角应符合制造商给出的值，制造商无推荐值时应满足表 15-18 的规定。

表 15-18　自锚接口的最大允许转角和安装允许转角

DN/mm	自锚接口	
	最大允许转角 /(°)	安装允许转角 /(°)
80 ～ 300	1.75	1.25
350 ～ 600	1.25	0.75
≥ 700	0.75	0.25

④ 管道法兰连接应符合下列规定：a. 法兰接口的法兰应与管道同心，两法兰间应平行；螺栓自由穿入，高强度螺栓的终拧扭矩应符合设计要求和有关标准的规定。b. 螺栓螺母应使用与法兰材质相同或相近、规格适配的制品，安装方向应一致，螺栓应对称紧固，紧固好的螺栓应露出螺母之外且不应大于螺栓直径的 1/2。c. 衬垫不得凸入管内，其外边缘以接近螺栓孔为宜，并不得安放双垫或偏垫。d. 与法兰接口两侧相邻的第一至第二个刚性接口或焊接接口，待法兰螺栓紧固后方可施工；法兰接口不宜直接埋入土壤中，如必须埋入土中时应采取防腐措施。

（4）沟槽回填

管道安装完毕并经检验合格后，沟槽应按设计要求及时回填。沟槽回填前应复测管道坐标与标高，检查沟槽情况。柔性管道应采取防止竖向变形措施。

回填土或其他回填材料运入槽内时，应在管两侧对称回填并不得损伤管道及其接口；每层回填土的虚铺厚度应根据所采用的压实机具选取；回填作业每层土的压实遍数，应按压实度要求、压实工具、虚铺厚度和含水量，并经现场试验确定。

沟槽回填应根据刚性管道与柔性管道采取相应措施进行回填压实作业。

沟槽回填质量应符合下列规定：

① 回填材料应符合设计要求；

② 沟槽不得带水回填，回填应密实；

③ 柔性管道的变形率不得超过设计要求，管壁不得出现纵向隆起、环向扁平和其他变形情况；

④ 回填土压实度应符合设计要求。

（5）其他施工方式

顶管、盾构、浅埋暗挖、地表式水平定向钻及夯管等不开槽施工室外给水管道工程，相应施工及质量应满足现行国家标准《给水排水管道工程施工及验收规范》（GB 50268）的有关规定。

（6）水压试验

管道安装完成后应进行水压试验，水压试验应满足《给水排水管道工程施工及验收规范》（GB 50268—2008）规定，并应满足如下要求：试验管段安装完毕后、全部回填前进行水压试验；试验分为预试验和主试验阶段；试验合格的判定依据分为允许压力降值和允许渗水量值，按设计要求确定；设计无要求时，应根据工程实际情况选用其中一项值或同时采用两项值作为试验合格的最终判定依据。

管道水压试验前，应编制试验方案。管道水压试验的分段长度不宜大于 1.0km。

管道系统试验压力应按设计要求确定，当设计无要求时金属管道的试验压力为 1.1MPa，非金属管道及复合管道的试验压力为 0.9MPa。

管道采用两种（或两种以上）管材时，宜按不同管材分别进行试验；不具备分别试验的条件必须组合试验，且设计无具体要求时应采用不同管材的管段中试验控制最严的标准进行试验。

小区室外给水管道工程的水压试验可按照建筑给水工程水压试验要求进行。

（7）管道消毒

用于输配送原水的给水管道，管道通水运行前应进行冲洗，经水质检验达到 GB 5749 标准后方可投入运行。

用于配水管网的给水管道并网运行前应进行冲洗与消毒，经水质检验达到标准后方可允许并网通水投入运行。

管道冲洗与消毒应符合下列规定：管道第一次冲洗应用清洁水冲洗至出水口水样浊度小于 3NTU 为止，冲洗流速应大于 1.0m/s；管道第二次冲洗应在第一次冲洗完毕，用有效氯离子含量不低于 20mg/L 的清洁水浸泡 24h 后，再用清洁水进行第二次冲洗，直至水质检验、管理部门取样化验合格为止。

（8）施工质量控制

管道施工的各分项工程应按照施工技术标准进行质量控制，每分项工程完成后必须进行检验。

相关各分项工程之间必须进行交接检验。所有隐蔽分项工程必须进行隐蔽验收，未经检验或验收不合格不得进行下道分项工程。

管道附属设备安装前应对有关的设备基础、预埋件、预留孔的位置、高程、尺寸等进行复核。

管道施工时，生产厂商按照用户要求派驻人员到施工现场进行技术指导，并及时处理施工中的有关问题。

（9）工程验收

小区室外给水管道工程应作为建筑给水排水分部工程的子分部进行验收。

竣工验收应提供下列资料（包括但不限于）：

① 施工许可证、竣工图及设计变更文件。

② 工程主要材料及配件的合格证、检验报告、进场验收记录和复验报告。给水管材及配件的省级卫生许可批件，进口管材及配件的中文说明书和国家检验检疫部门的认可资料。

③ 管道位置及高程的测量记录。

④ 混凝土、砂浆、防腐、防水及焊接检验记录。

⑤ 隐蔽工程记录。

⑥ 管道水压试验记录。

⑦ 回填土压实度检验记录。

⑧ 工程质量事故处理记录。

⑨ 检验批、分项工程、分部（子分部）、单位（子单位）工程质量验收记录。

⑩ 阀门检测报告。

⑪ 管道的冲洗及消毒记录、水质检验合格报告。

⑫ 改建工程的评估报告。

15.7 注意事项

15.7.1 管网安全

为了保证管网的安全，应注意以下几点：

① 首先应考察供应商是否具备必要的生产设备、工艺能力及人员，其生产的球墨铸铁管、管件和附件的质量符合标准 GB/T 13295 的要求，可采用肉眼观察的方法对其产品表面质量进行评定，具体采购可参考本章 15.4.3 部分相关内容，以确定该产品的实际水平，从源头上保证管网质量。

② 在设计上，球墨铸铁管的设计内水压力应计入管线的运行工作压力与水锤增加值，在实际工作压力≤ 0.5MPa 时设计压力应为实际工作压力的 2 倍，在实际工作压力＞ 0.5MPa 时设计压力应比实际工作压力大 0.5MPa。在外载荷上，管线的埋深应小于等于产品的最大埋深。

③ 在施工上，应做好施工质量把控，要保证管网长期稳定运行，力求在承插口、胶圈下管（排管）等位置没有杂物。胶圈已被橡皮锤砸实，不翘不扭，均匀地卡在槽内。具体施工注意事项可参考本章 15.6 部分相关内容。

④ 在运行维护上，除了制定相应的管网维护管理制度外，供水单位还应编制管网安全预警和突发事件应急预案，明确不同类别的管网安全和突发事件的处置办法及处置流程；同时对管网系统进行安全和风险评估，并制定相关安全与应急保障措施。球墨铸铁管的维护保养

过程中，由于动管轴心线是深埋在地下的，因此遇有倾斜角时要小心，若阻力过大，切勿强行开挖，以防橡胶圈扭曲。球墨管在冬季的维护还需要注意用热水预热，以减小硬度，迅速安装。

⑤ 允许对损坏的或有缺陷的部位进行修补，管的涂层修补过程应按照制造商手册的要求进行。

15.7.2　管网安装

① 在铸铁管插口外表面和胶圈上涂刷润滑剂。将润滑剂均匀地涂刷在承口安装好的胶圈内表面，在插口外表面涂刷润滑剂时要将插口线以外的插口部位全部刷匀。

② 下管。应按下管的要求将管子下到槽底，通常采用人工下管法或机械下管法。

③ 安装机具设备。将准备好的铸铁管设备安装到位，安装时注意不要将已清理的管子部位再次污染。

④ 清理管口。将承口内的所有杂物清除擦洗干净。

⑤ 清理胶圈、上胶圈。将胶圈上的黏着物清擦干净，把胶圈弯为梅花形或 8 字形装入承口槽内，并用手沿整个胶圈按压一遍，或用橡皮锤砸实，确保胶圈各个部分不翘不扭、均匀地卡在槽内。

⑥ 顶推管子使之插入承口。在安装铸铁管时，为了将插口插入承口内较为省力、顺利，首先将插口放入承口内且插口压到承口内的胶圈上，接好钢丝绳和倒链，拉紧倒链，直到插口插入承口全部到位，承口与插口之间应留 2mm 左右的间隙，并保证承口四周外沿至胶圈的距离一致。

第 16 章
PE 管及管件

16.1 产品概述

聚乙烯塑料管（PE）是以优质的聚乙烯树脂作为主要原材料，生产时通过添加抗氧剂、紫外线吸收剂等外加剂，采用塑性挤压成型技术生产的一种新型给水管，具有良好的耐腐蚀、不结垢、水阻小、质量轻、使用寿命长和性价比高等优点，同时其具有较优越的柔韧性、抗冲击和抗震性，对工程地形地貌、地质水文等条件适应性较高，已成为给水工程设计、施工和技术改造优选的输配水材料。根据生产原材料不同，聚乙烯管有多种类别，如 PE32、PE42、PE63、PE80 和 PE100 级等。但从我国给水、农村饮水、灌溉等工程实践应用来看，PE80 级和 PE100 级构成的聚乙烯管使用范围最广泛，工程应用最多。根据管材密度成分来划分，PE 又可以划分为 HDPE（高密度 PE 管）、MDPE（中密度 PE 管）和 LDPE（低密度 PE 管）三种类型。根据材料性能及卫生生产标准要求，给水聚乙烯管需为蓝色或黑色加蓝条标识。相比 PVC-U 管、PP-R 管、PB 管、塑料复合管等其他塑料管材，PE 管具有质量轻、耐腐蚀、柔韧性好等优点。但由于聚乙烯原材料自身特性，PE 管也存在强度低、使用压力偏低、无阻燃性、外露容易老化等问题。

16.2 产品分类

16.2.1 产品类型

（1）聚乙烯管产品

聚乙烯管材产品分为管道和管件，管道产品目前主流的管径为 DN 32 ～ 1000mm，目前最小管径可达 DN 16mm，最大管径标准中可达 DN 2500mm。管件种类繁多，常用管道、管件具体情况见表 16-1。

表 16-1 聚乙烯管道、管件规格

序号	名称	DN/mm
1	管道	32 ～ 1200
2	电热熔套筒	20 ～ 1200

续表

序号	名称	DN/mm
3	电热熔三通	20 ～ 250
4	电热熔异径三通	50/32 ～ 250/200
5	电热熔变径	25/20 ～ 250/200
6	电热熔鞍形三通	63/32 ～ 200/63
7	电热熔鞍形修补	90 ～ 400
8	45°电熔弯头	32 ～ 250
9	90°电熔弯头	20 ～ 250
10	电熔式钢塑转换	32 ～ 63
11	电熔马鞍直口	280/90 ～ 2000/500
12	对接焊三通	20 ～ 800
13	对接焊异径三通	63/40 ～ 400/355
14	对接焊四通	90 ～ 250
15	对接焊变径	40/20 ～ 1000/900
16	对接焊 90°弯头	20 ～ 400
17	对接焊 45°弯头	90 ～ 400
18	对接焊 22.5°弯头	90 ～ 800
19	端帽	20 ～ 630
20	法兰	32 ～ 1200
21	钢塑转换	—

（2）连接方式

1）热熔连接

聚乙烯管道系统的热熔连接方式有热熔对接（包括鞍形连接）和热熔承插连接。热熔承插连接适用于直径比较小的管材、管件（一般直径在 DN 63mm 以下），因为直径小的管材、管件管壁较薄，截面较小，采用对接不易保证质量。热熔对接适合于直径比较大的管材、管件，比承插连接用料省、易制造，并且在熔接前切去氧化表面层，熔接压力可以控制，质量较易保证。从发展动向看，给水管道采用热熔对接是主流。聚乙烯管道系统的热熔连接的工艺和设备（工具）都比较简单，热熔连接质量稳定的保证主要是依靠严格遵守规定的操作规程（特别是要严格控制好温度、压力和时间 3 个参数）。

2）电熔连接

电熔连接包括电熔承插连接和电熔鞍形连接。电熔连接的突出优点是质量可靠和施工效率高。但由于电熔管件的制造技术要求较高，其成本也较高。电熔连接 PE 给水管主要应用在直径较小的燃气管道系统。电熔连接质量稳定的保证主要是依靠严格遵守规定的操作规程和电熔管件的高质量。

3）法兰连接

当 PE 管需要与金属管道、阀门等用水设施连接时，需要采用法兰连接。要根据连接管道的大小选择法兰盘，通过法兰盘紧固固定管道和接件，使法兰连接接件与法兰片紧密接触，达到连接的目的。

4）承插式柔性连接

聚乙烯管道承插式柔性连接是参照铸铁管和聚氯乙烯管（PVC-U）的承插式柔性连接原理开发的连接方式，它是在聚乙烯管材一端焊接一个经过加固的聚乙烯承口。承插式柔性连接是将聚乙烯管材一端直接插入管材或管件特制的承口中，通过承口内的锁紧环压紧抗拉拔、橡胶密封圈压紧密封，达到连接管材和管件的目的。

5）钢塑过渡接头连接

钢塑过渡接头连接是采用通过冷压或其他方式预制的钢塑过渡接头来连接聚乙烯管道和金属管道。钢塑过渡接头内有抗拉拔的锁紧环和密封圈，通常要求其有良好的密封性能和抗拉拔、耐压性能要大于系统中聚乙烯管道。

16.2.2 性能指标

聚乙烯混配料的性能、管材的力学性能、管材的物理性能、几何尺寸的具体要求如下。

（1）聚乙烯混配料的性能

生产管材应使用PE80或PE100级混配料，混配料应符合GB/T 13663.1—2017的要求。对原材料来讲，水分含量多少对聚乙烯管的性能有较大的影响，例如水分含量太大，管子易出现气泡、凹陷，从而使管子强度降低。因此，对水分含量应有适当要求，国标GB/T 13663.1—2017规定聚乙烯原料的水分含量应＜300mg/kg。

原料中挥发组分含量的多少会影响注塑生产的管材与管件的性能，因此国标GB/T 13663.1—2017规定聚乙烯原料中挥发组分含量应＜350mg/kg。

对于聚乙烯原料中炭黑含量应有适当的要求。炭黑含量高，不易扩散，易结块，容易吸收，从而使管材易出现气泡，造成凹陷，进而影响管材性能；相反，炭黑含量少会使管材的抗氧化性能降低（抗紫外线性能下降）。国标GB/T 13663.1—2017规定聚乙烯原料中炭黑含量应为2%～2.5%。聚乙烯混配料的性能要求见表16-2。

表16-2 GB/T 13663.1—2017（ISO 4429:2019）标准中对聚乙烯混配料的性能要求

序号	性能	单位 / 参数	要求	试验方法
以混配料颗粒料形式测定				
1	密度	kg/m^3	≥ 930	GB/T 1033.1—2008 GB/T 1033.2—2010
2	熔体质量流动速率（MFR）	5kg，g/10 min	0.2 ～ 1.4，最大变化不应超过混配料标称值的 ±20%	GB/T 3682.1—2018
3	氧化诱导时间	min	≥ 20（210℃）	GB/T 19466.6—2009
4	挥发分含量	mg/kg	≤ 350	GB/T 13663 附录 E
5	水分含量	mg/kg	≤ 300	SH/T 1770—2010
6	炭黑含量	%（质量分数）	2.0 ～ 2.5	GB/T 13021—2023
7	炭黑分散 / 颜料分散	级	≤ 3, 表观：A1, A2, A3 或 B	GB/T 18251—2019

续表

序号	性能	单位 / 参数	要求	试验方法
8	灰分含量	%（质量分数）	≤ 0.02%	GB/T 9345.1—2008
9	屈服应力	MPa	PE 80：≥ 18；PE100：≥ 22	GB/T 1040.2—2022
以管材形式测定				
10	对接熔接拉伸强度	DN 110 mm SDR11	试验至破坏：韧性破坏—通过，脆性破坏—未通过	GB/T 19810—2005
11	耐候性（黑色混配料）	≥ 3.5GJ/m²	混配料制造商提供，要求见 GB/T 13663	GB/T 13663
12	耐快速裂纹扩展（RCP）		裂纹抑制，参数见 GB/T 13663	GB/T 19280—2003
13	耐慢速裂纹增长	DN 110mm 或 125mm SDR11	≥ 500h；无破坏，无泄漏	GB/T 18476—2019

注：试验参数及试验方法参见 GB/T 13663.1—2017 第 4.5 条。

（2）管材的力学性能

在一定的温度下对按规定制作的样品进行拉伸，当材料被拉屈服时所获得的强度被称为拉伸屈服强度，被拉断时所获得的强度被称为拉伸断裂强度，断裂时的伸长率被称为断裂伸长率。对于 PE80 的原材料而言，在常温下，它的拉伸屈服强度一般为 19MPa 左右；PE100 材料在常温下的拉伸屈服强度一般为 24MPa 左右。当聚乙烯材料被拉伸时，拉伸的应力首先达到一个最高点，在这点之前应变不大，而需要拉伸的应力要连续增加。最高点所对应的应力为拉伸屈服强度。经过这一最高点，拉伸需要的应力下降，然后缓慢增加直到拉断，拉断时所需要的应力为拉伸断裂强度，拉断时的伸长率为断裂伸长率。

聚乙烯管道在搬运和安装过程中管的表面可能被尖锐物划伤。这类表面缺陷可能导致开裂及开裂的慢速增长。在按规定连接过程中也会出现尖锐沟槽，如热熔承插接头、对接焊的翻边、鞍形热熔接头以及电熔焊的冷料区等。合适的试验能帮助判断材料抗应力开裂的慢速增长，从而确定应力集中因素，以评估管材及原料优劣。

给水聚乙烯管管材的力学性能见表 16-3。

表 16-3　GB/T 13663.2—2018（ISO 4429-2:2019）标准中对管材的力学性能要求

性能	单位	试验参数	性能要求
静液压强度（HS）	h	20℃	破坏时间≥ 100
		环应力 12.0MPa	
		80℃	破坏时间≥ 165
		环应力 5.4MPa	
		80℃	破坏时间≥ 1000
		环应力 5.0MPa	
断裂伸长率	%	≥ 350	
耐快速裂纹扩展（RCP）			

续表

性能	单位	试验参数	性能要求
全尺寸（FS）试验：DN ≥ 250mm	MPa	0℃	全尺寸试验的临界压力 PCFS ≥ 1.5×MOP
S4 试验：管材试样壁厚≥ 15mm	MPa	0℃	S4 试验的临界压力 PCS4 ≥ MOP/2.4−0.072°
耐慢速裂纹增长（EN ＞ 5mm）	h	80℃，4.0MPa	165

注：1. 仅考虑脆性破坏。如果在 165h 内发生韧性破坏，则按 GB/T 13663.2—2018 表 6 选择较低的应力和相应的最小破坏时间重新试验，如不通过视为不合格。

2. RCP 试验适合在以下条件下使用的 PE 管材：最大工作压力 MOP>0.01MPa，DN ≥ 250mm 的输配系统；最大工作压力 MOP>0.4MPa，DN ≥ 90mm 的输配系统。

3. 如果 S4 试验结果不符合要求，可以按照全尺寸试验重新进行测试，以全尺寸试验的结果作为最终依据。

4. 试验方法参见 GB/T 13663.2—2018 第 6.4 条。

（3）管材的物理性能

聚乙烯管材、管件加工和熔接温度一般为 190 ～ 235℃，为了防止原料在加工过程中以及管材、管件在熔接过程中发生降解，使管材、管件具有良好的热稳定性，聚乙烯用料中需加入稳定剂，其热稳定性用氧化诱导期来衡量。国标 GB/T 13663.2—2018 规定 210℃时聚乙烯管件氧化诱导期＞ 20min。

纵向回缩率试验是对管材加工时内部残余变形大小的判别试验，目的是将内部的残余变形控制在适当值内。国标规定管材的热稳定性应不超过 3%。见表 16-4。

表 16-4 GB/T 13663.2—2018（ISO 4427-2:2019）标准中对管材的物理性能要求

项目	单位	试验参数	性能要求
热稳定性（氧化诱导时间）	min	210℃	≥ 20
熔体质量流动速率（MFR）	G/10min	190℃，5kg	加工前后 MFR 变化≤ 20%
纵向回缩率	%	110℃	≤ 3

注：试验方法参见 GB/T 13663.2—2018 第 6.5 条。

（4）几何尺寸

① 管材长度：管材长度一般为 6m、9m、12m，也可由供需双方商定。长度不应有负偏差。盘管长度由供需双方商定，盘卷的最小内径应不小于 18DN。

② 平均外径、不圆度：管材的平均外径、不圆度应符合 GB/T 13663.2—2018 中的规定。管材端口处的平均外径可小于 GB/T 13663.2—2018 中的规定，但不应小于距管材末端 1.5DN 或 300mm（取两者之中较小者）处测量值的 98.5%。

16.3 产品相关标准

PE 管及管件的标准体系见表 16-5。

表 16-5　标准体系表

标准类型	具体标准
基础标准	《给水用聚乙烯（PE）管道系统　第 1 部分：总则》（GB/T 13663.1—2017） 《给水用聚乙烯（PE）管道系统　第 2 部分：管材》（GB/T 13663.2—2018） 《给水用聚乙烯（PE）管道系统　第 3 部分：管件》（GB/T 13663.3—2018） 《给水用聚乙烯（PE）管道系统　第 5 部分：系统适用性》（GB/T 13663.5—2018） 《给水用钢丝网增强聚乙烯复合管道》（GB/T 32439—2015） 《给水用聚乙烯（PE）柔性承插式管件》（QB/T 2892—2007）
通用标准	《塑料管道系统　塑料部件　尺寸的测定》（GB/T 8806—2008/ISO 3126） 《流体输送用热塑性塑料管道系统　耐内压性能的测定》（GB/T 6111—2018/ISO 1167） 《塑料　差示扫描量热法（DSC）　第 6 部分：氧化诱导时间（等温 OIT）和氧化诱导温度（动态 OIT）的测定》（GB/T 19466.6—2009/ISO 11357-6） 《热塑性塑料管材　纵向回缩率的测定》（GB/T 6671—2001/ISO 2505） 《聚烯烃管材和管件　炭黑含量的测定　煅烧和热解法》（GB/T 13021—2023） 《聚烯烃管材、管件和混配料中颜料或炭黑分散度的测定》（GB/T 18251—2019/ISO 18553:2002） 《塑料　灰分的测定　第 1 部分：通用方法》（GB/T 9345.1—2008/ISO 3451-1） 《热塑性塑料管材　拉伸性能测定》（GB/T 8804/ISO 6259） 《聚乙烯管材　耐慢速裂纹增长　锥体试验方法》（GB/T 19279—2003） 《给水管道系统用聚乙烯（PE）专用料》（SH/T 1758—2007） 《给水用钢骨架聚乙烯塑料复合管》（CJ/T 123—2016） 《给水用聚乙烯（PE）管材混配料用炭黑母粒》（QB/T 4132—2010） 《给水用低密度聚乙烯管材》（QB/T 1930—2006） 《埋地聚乙烯排水管管道工程技术规程》（CECS 164—2004） 《给水管道系统用聚乙烯（PE）专用料》（SH/T 1758—2007） 《埋地塑料给水管道工程技术规程》（CJJ 101—2016）

①《给水用聚乙烯（PE）管道系统　第 1 部分：总则》（GB/T 13663.1—2017）规定了给水用聚乙烯管道系统的术语和定义、缩略语、材料和卫生要求。适用于水温不大于 40℃、最大工作压力不大于 2.0MPa、一般用途的压力输水和饮用水输配的聚乙烯管道系统及组件。

②《给水用聚乙烯（PE）管道系统　第 2 部分：管材》（GB/T 13663.2—2018）规定了聚乙烯混配料为原料，经挤出成型的给水用聚乙烯管材的术语和定义、符号、缩略语、材料、产品分类、要求、试验方法、检验规程、标志、包装、运输、储存。适用于水温不大于 40℃、最大工作压力不大于 2.0MPa、一般用途的压力输水和饮用水输配的聚乙烯管道系统及组件。

③《给水用聚乙烯（PE）管道系统　第 3 部分：管件》（GB/T 13663.3—2018）规定了以聚乙烯混配料为原料，经注塑或其他方式成型的给水用聚乙烯管件的术语和定义、符号、缩略语、材料、产品分类、要求、试验方法、检验规程、标志、包装、运输、储存。适用于水温不大于 40℃、最大工作压力不大于 2.0MPa、一般用途的压力输水和饮用水输配的聚乙烯管道系统及组件。

④《给水用聚乙烯（PE）管道系统　第 5 部分：系统适用性》（GB/T 13663.5—2018）规定了给水用聚乙烯管道系统适用性的术语和定义、符号、缩略语、组件类型、试样制备和要求。适用于水温不大于 40℃、最大工作压力不大于 2.0MPa、一般用途的压力输水和饮用水输配的聚乙烯管道系统及组件。

⑤《给水用聚乙烯（PE）柔性承插式管件》（QB/T 2892—2007）规定了给水用聚乙烯（PE）柔性承插式管件（以下简称“管件”）的术语、定义和符号、材料、要求、试验方法、检验

规则和标志、包装、运输、储存。适用于由 PE100 为主体材料制造的管件。规定的管件适用于水温不超过 40℃的埋地市政给水以及饮用水的输送。

⑥《塑料管道系统　塑料部件　尺寸的测定》（GB/T 8806—2008/ISO 3126）规定了塑料管材和管件尺寸的测量或测定方法以及测量的准确度。为检测产品几何尺寸的符合性，该标准规定了壁厚、直径、长度、角度和垂直度等的测量步骤。

⑦《流体输送用热塑性塑料管道系统　耐内压性能的测定》（GB/T 6111—2018/ISO 1167）规定了在给定温度下测定流体输送用热塑性塑料管材、组件和组合件耐内压性能的试验方法。该标准适用于试样内部为水，外部为水（水 - 水试验）、空气（水 - 空气试验）及其他液体（水 - 其他液体试验）的耐内压性能试验。

⑧《塑料　差示扫描量热法（DSC）　第 6 部分：氧化诱导时间（等温 OIT）和氧化诱导温度（动态 OIT）的测定》（GB/T 19466.6—2009/ISO 11357-6）规定了用差示扫描量热法（DSC）测定聚合材料氧化诱导时间（等温 OIT）和氧化诱导温度（动态 OIT）的试验方法。该标准适用于充分稳定混配的聚烯烃材料（原料或最终产品）。

⑨《热塑性塑料管材　纵向回缩率的测定》（GB/T 6671—2001/ISO 2505）规定了测定热塑性塑料管材纵向回缩率的两种试验方法：一种是在液体中（方法 A）；另一种是在空气中（方法 B）。该标准适用于所有内外壁光滑、横截面恒定的热塑性管材。

⑩《聚烯烃管材和管件　炭黑含量的测定　煅烧和热解法》（GB/T13021—2023）规定了聚烯烃管材、管件及其原料炭黑含量测定的试验方法，提供了一个适用于聚烯烃管材和管件的基本方法。该标准适用于聚烯烃管材、管件及其原料炭黑含量的测定。

⑪《聚烯烃管材、管件和混配料中颜料或炭黑分散度的测定》（GB/T 18251—2019/ISO 18553:2002）规定了聚烯烃管材、管件和混配料中颜料或炭黑粒子和粒团的尺寸和分散度的测定方法。测定炭黑时，适用于炭黑质量分数小于 3% 的聚烯烃管材、管件和混配料。

⑫《塑料　灰分的测定　第 1 部分：通用方法》（GB/T 9345.1—2008/ISO 3451-1）规定了测定各种塑料（树脂及混合料）中灰分的通用方法及合适的试验条件。某种材料所有选择的具体条件，可在该塑料的材料规范中规定。含有增强材料玻璃纤维、填料和 / 或某些添加剂的塑料的具体试验条件将在 GB/T 9345 的有关特定类型塑料的其他部分中规定。

⑬《热塑性塑料管材　拉伸性能测定》（GB/T 8804/ISO 6259）规定了热塑性塑料管材的拉伸性能的试验方法，拉伸性能主要包括以下性能：a. 拉伸屈服应力；b. 断裂伸长率。

⑭《聚乙烯管材　耐慢速裂纹增长　锥体试验方法》（GB/T 19279—2003）规定了一种测定聚乙烯管材耐慢速裂纹增长的试验方法，试验结果以缺口管材环在承受恒定环向应变并浸没在较高温度表面活性溶液中的裂纹增长速率来表示。

⑮《给水管道系统用聚乙烯（PE）专用料》（SH/T 1758—2007）规定了给水管道系统用聚乙烯（PE）专用料的命名、分类、要求、试验方法、检验规则、标志及包装、运输和储存。适用于具有特殊添加剂和着色剂（黑色或蓝色）的颗粒状聚乙烯材料。该材料可用于制造给水管道系统用的聚乙烯管材和管件。

⑯《给水用钢骨架聚乙烯塑料复合管》（CJ/T 123—2016）规定了给水用钢骨架聚乙烯塑料复合管的术语和定义、原料、一般规定、要求、试验方法、检验规则、标志、包装、运输和储存。该标准适用于建筑物内外架空与埋地的给水用钢骨架聚乙烯塑料复合管。

⑰《给水用聚乙烯（PE）管材混配料用炭黑母粒》（QB/T 4132—2010）规定了给水用聚

乙烯（PE）管材混配料用炭黑母粒的分级和命名、主要原料、通用要求、技术指标、试验方法、检验规则和标志、包装、运输、储存。该标准适用于以炭黑、抗氧剂及聚乙烯树脂为主要原料的炭黑母粒。该炭黑母粒可用于制造给水用聚乙烯（PE）管材混配料。

⑱《给水用低密度聚乙烯管材》（QB/T 1930—2006）规定了低密度聚乙烯（LDPE）树脂或线型低密度聚乙烯（LLDPE）树脂及两者的混合物经挤出成型的低密度聚乙烯管材（以下简称“管材”）的规格、要求、试验方法、检验规则和标志、包装、运输、储存。该标准适用于公称压力不大于 0.6MPa、公称外径 16 ～ 110mm、输送水温在 40℃以下的给水用管材。

⑲《埋地聚乙烯排水管管道工程技术规程》（CECS 164—2004）适用于新建、扩建和改建的无内压作用的埋地聚乙烯（PE）排水管管道工程的设计、施工及验收。该规程是依据现行国家标准《给水排水工程管道结构设计规范》（GB 50332）和《给水排水管道工程施工及验收规范》（GB 50268）规定的原则编制的。

⑳《给水管道系统用聚乙烯（PE）专用料》（SH/T 1758—2007）规定了给水管道系统用聚乙烯（PE）专用料的命名、分类、要求、试验方法、检验规则、标志及包装、运输和储存。该标准适用于具有特殊添加剂和着色剂（黑色或蓝色）的颗粒状聚乙烯材料。该材料可用于制造给水管道系统用的聚乙烯管材和管件。

㉑《埋地塑料给水管道工程技术规程》（CJJ 101—2016）用于水温不大于 40℃的新建、扩建和改建的埋地塑料给水管道工程的设计、施工及验收。

16.4　产品选择

16.4.1　管材选用

室外给水管网的管材应选择水力条件好、耐腐蚀、无有害物析出、不易结垢、不产生二次污染、使用寿命长、施工及维护方便、运行安全、经济合理的优质管材和配件。

管材选用应根据不同的工作压力、使用条件和地质状况，经技术经济比较后选择，一般情况下：

① 管径≥ 1800mm，宜采用钢管、球墨铸铁管、预应力钢筒混凝土管（PCCP）；

② 管径≥ 200mm，＜ 1800mm，宜采用球墨铸铁管；

③ 管径≥ 100mm，＜ 200mm，宜采用球墨铸铁管、高密度聚乙烯管（HDPE）；

④ 管径＜ 100mm，宜采用不锈钢管、高密度聚乙烯管（HDPE）、薄壁不锈钢管；

⑤ 明设室外给水管道管材不得采用塑料管。

16.4.2　连接方式选择

聚乙烯管材与管材、管材与管件、管材与配件以及聚乙烯管与金属管之间的连接方式很多，不同的连接方式都有自身的优点和局限性，用户可根据管道直径、工作压力、使用场所等环境选择合适的连接方式。但是，严禁以任何形式直接在聚乙烯管材、管件上车制管螺纹，采用螺纹连接；严禁采用明火烘烤聚乙烯管材、管件，直接连接。城镇供水聚乙烯管道最常用的连接方式有热熔连接、电熔连接、承插式柔性连接、法兰连接、钢塑过渡接头连接等。

（1）热熔连接

1）热熔对接连接

对于公称直径＜63mm或壁厚＜6mm的聚乙烯管材或管件、熔体流动速率相差较大的聚乙烯管材或管件以及焊接端部标准尺寸比（SDR）或壁厚不同的聚乙烯管材或管件，不推荐使用热熔对接连接；熔体流动速率相差不大的聚乙烯管材或管件采用热熔对接连接时，应调整加热温度、焊接压力、熔接时间，并进行拉伸强度、静液压强度和爆破试验检验，符合要求方可使用。热熔对接连接温度通常在200～235℃之间，HDPE、MDPE管道典型推荐值为210℃ ±10℃。

2）热熔承插连接

公称直径不大于125mm的管道可采用热熔承插连接，其中公称直径小于63mm的管道可在复圆工具的辅助下采用手工热熔承插连接，公称直径不小于63mm的管道应采用机械热熔承插连接。最近几年，热熔承插连接在城镇供水聚乙烯管道连接中使用越来越少，但在建筑给水聚乙烯管道连接中使用较为普遍。

热熔承插连接熔接温度通常为260℃±10℃。

3）热熔鞍形连接

热熔鞍形连接一般分为两种类型：一种是从管材侧面分支的鞍形连接；另一种是从管材顶部分支的鞍形连接。对于小口径管可采用手工操作，但是为保证质量，对所有尺寸的管道都推荐使用鞍形焊机。最近几年，热熔鞍形连接在城镇供水聚乙烯管道连接中使用越来越少。

热熔鞍形连接参数取决于使用的聚乙烯（PE）材料、管材直径和壁厚，一般要求如下：焊接温度220℃ ±10℃ ；加热压力0.15MPa ；吸热压力≈0；切换时间≤ 8s ；连接压力0.15MPa，冷却时间≥ 15min。

（2）电熔连接

电熔连接一般用于公称直径不大于315mm的聚乙烯管道连接。对于公称直径大于315mm的城镇供水聚乙烯管道，由于电熔管件价格较高，很少采用电熔连接。但是，因为电熔连接安装方便、快捷，在城镇供水聚乙烯管道维修中使用较为普遍。

（3）承插式柔性连接

承插式柔性连接一般适用于公称直径在90～315mm的城镇供水聚乙烯管道的连接。公称直径超过315mm的城镇供水聚乙烯管道采用承插式柔性连接，接头抗拉拔性能得不到有效保证。

（4）法兰连接

对于公称直径大于63mm的聚乙烯管与金属管或金属附件连接，可采用法兰连接，公称直径不大于63mm的聚乙烯管一般不推荐采用法兰连接。

（5）钢塑过渡接头连接

对于公称直径不大于160mm的聚乙烯管与钢管连接，可采用钢塑过渡接头连接。

对于法兰连接和钢塑过渡接头连接两种连接方式的选用，一般为不方便或不可能采用热熔连接或电熔连接时。如有的现场没有电源；如在地坑中修理损坏的埋地管道，因埋入的管材不能移动而无法采用热熔连接，现场条件不能保证连接处完全无水也没法采用电熔连接。又如需要在野外连接少量大直径管道，采用热熔连接需要专用大型熔焊设备，可能很不经济。

16.4.3　采购建议

聚乙烯管及其管件采购的标准可参考 GB/T 13663 和 ISO 4427，还可参考《埋地塑料给水管道工程技术规程》（CJJ 101—2016）。以下为相关采购建议。

（1）采购原则

1）采购符合国家标准要求的产品

管材、管件的质量是工程质量的基本保证。

在购买管材、管件的过程中一定要索取原材料生产厂家名称、牌号及出厂质检报告；同时也必须向加工厂家索要产品出厂检验报告及破坏性试验报告，以确定该产品的实际水平。

2）售后服务

施工机械的自动化水平很高，需要厂家负责技术支持。如果厂家售后服务不完善，将给施工造成极大的困难。

3）价格

工程造价是必须考虑的因素，优质优价的原则是对的，但实际工作中应注意性能价格比是否恰当。如果采取带料加工方式，应该注意，聚乙烯原料国际价格浮动较大，在适当的时机购入原料可以有效地控制工程费用。

（2）原材料要求

由基础聚合物聚乙烯（PE）和抗氧剂、颜料、抗紫外线（UV）稳定剂等添加剂经挤出加工而成的颗粒料，由混配料制造商提供并通过定级。所有添加剂应分散均匀。

混配料制造的管材和管件严禁采用基础树脂加母料的方式。混配料应根据材料类型（PE）和最小要求强度（MRS）命名，混配料生产商应提供混配料的分级证明。按照 GB/T 18252（ISO 9080）对原料进行长期静液压强度测定时，在 80℃外推曲线上 5000h 内不能出现拐点。表 16-6 为推荐的混配料牌号。

表 16-6　推荐的混配料牌号

产品	生产商	产地
BorSafe HE3490-LS	北欧化工	瑞典
BorSafe HE3490-LS-H	北欧化工	瑞典
Hostalen CRP100	利安德巴塞尔	德国
Hostalen CRP100 Resist CR	利安德巴塞尔	德国
BorSafe HE3490-LS	博禄集团	阿联酋
BorSafe HE3490-LS-H	博禄集团	阿联酋
SABIC P006	沙特基础	沙特阿拉伯

采购时，可要求供应商提供与原材料厂商签订的原材料采购合同，并提供相应的报关单、缴税单、材料证明书和原产地证明，上述 4 项材料必须具有对应关系。

混配料性能应满足 GB/T 13663.1—2017 标准中的要求，可参照 2.3.3 部分中表 2-15 选购。

在回用料方面，目前国标允许厂商少量使用来自本厂的同一牌号的生产同种产品的清洁回用料。但该手册不推荐使用回用料生产的管材，并且推荐选择管材专一生产聚乙烯管材的生产商，如生产商同时生产其他类塑料产品，其聚乙烯管材生产必须有独立的生产场所。

（3）管材与管件尺寸要求

1）管材的一般尺寸要求

① 长度。直管长度一般为 6m、9m、12m，也可由供需双方约定。管材长度不应存在负误差。

② 壁厚。管材壁厚一般选用 SDR17 和 SDR11 两个系列，其他系列可由供需双方约定，但要符合产品标准 GB/T 13663 要求。

③ 外径、壁厚、不圆度。管材尺寸：外径、内径、壁厚、壁厚公差和不圆度应符合 GB/T 13663 中“平均外径和不圆度”和“壁厚及其公差”所给出或要求的值和公差指标。

管材端口处的平均外径不应小于距管材末端 1.5DN 或 300mm（取两者之中较小者）处测量值的 98.5%。

2）管件的一般尺寸要求

① 电熔管件。电熔管件承口端的直径和长度应符合 GB/T 13663.3—2018 中 6.5.2.1 的要求。

电熔管件的壁厚应符合 GB/T 13663.3—2018 中 6.5.2.2 的要求。

电熔管件承口端的最大不圆度不应超过 0.015DN。

② 管件插口端的尺寸。管件插口端的尺寸应符合 GB/T 13663.3—2018 中 6.5.1 的要求。

③ 热熔承插连接管件的尺寸。热熔承插连接管件的尺寸应符合 GB/T 13663.3—2018 中 6.5.1 和 6.5.3 的要求。

④ 鞍形旁通的尺寸。鞍形旁通的尺寸应符合 GB/T 13663.3—2018 中 6.5.4 的要求。

⑤ 构造焊制类管件的尺寸。构造焊制类管件的尺寸应符合 GB/T 13663.3—2018 中 6.5.5 的要求。

⑥ 机械连接类管件的尺寸。机械连接类管件的尺寸应符合 GB/T 13663.3—2018 中 6.5.6 的要求。

⑦ 聚乙烯法兰接头的尺寸。聚乙烯法兰接头的尺寸应符合 GB/T 13663.3—2018 中 6.5.7 的要求。

（4）管材与管件技术要求

1）管材技术要求

管材的力学、物理性能应符合表 16-7 的要求。

表 16-7　管材的力学、物理性能

序号		项目	要求	试验参数	试验方法
管材力学性能	1	静液压强度（HS）	破坏时间≥ 100h	20℃（环应力）；PE 100（12.0MPa）	GB/T 6111
			破坏时间≥ 165h	80℃（环应力）；PE 100（5.4 MPa）	
			破坏时间≥ 1000h	80℃（环应力）；PE100（5.0MPa）	
	2	断裂伸长率	≥ 350%	按 GB/T 8804.3	GB/T 8804

续表

序号		项目	要求	试验参数	试验方法
管材力学性能	3	耐慢速裂纹增长 $e \leqslant 5$mm（锥体试验）	< 10mm/24h	—	GB/T 19279 GB/T 18476
		耐慢速裂纹增长 $e > 5$ mm（切口试验）	≥ 500h	80℃（试验压力） PE100 SDR11（0.92MPa）	
管材物理性能	1	熔体质量流动速率（MFR）	加工前后MFR变化< 20%	190℃	GB/T 3682
	2	氧化诱导时间	≥ 20min	210℃	GB/T 19466.6—2009
	3	纵向回缩率	≤ 3%，表面无破坏	110℃	GB/T 6671
	4	炭黑含量	2.0% ～ 2.5%	—	GB 13021—1991
	5	灰分含量	≤ 0.02%	850℃±50℃	GB/T 9345.1

2）管件技术要求

① 试样。管件应与管材装配成组合件后测试，或作为多个管件与管材熔接形成的组合件（装配体）的一部分进行试验。管材应符合GB/T 13663的要求。

制备组合件的部件（管材和管件）应具有相同的压力等级。

② 力学性能要求。管件的力学、物理性能应符合表16-8要求。

表16-8 管件的力学、物理性能

序号		项目	要求	试验参数	试验方法
管件的力学性能	1	（20℃，100h）静液压强度	无破坏，无渗漏	环应力：PE80，10.0MPa； PE100，12.0MPa （焊制管件：PE80，10.0MPa×f； PE100，12MPa×f）	GB/T 6111
		（80℃，165h）静液压强度	无破坏，无渗漏	环应力：PE100，5.4MPa	
		（80℃，1000h）静液压强度	无破裂，无渗漏	环应力：PE80，4.0MPa； PE100, 5.0MPa （焊制管件：PE80，4.0MPa×f； PE100，5.0MPa×f）	
	2	电熔承口管件的熔接强度	脆性破坏所占百分比≤ 33.3%	—	GB/T 19808 GB/T 19806
	3	带插口端管件-对接管件的拉伸强度	试验到破坏为止： 韧性为通过 脆性为未通过	试验温度23℃	GB/T 19810
	4	电熔鞍形管件的熔接强度	脆性破坏： $L_d \leqslant 50\%$ 和 $A_d \leqslant 25\%$	试验温度23℃	ISO 13956:2010
	5	鞍形旁通的冲击强度	无破坏，无渗漏	试验温度0℃±2℃ 重锤质量2500g±20g 下落高度（2000mm±10mm）	GB/T 19712

续表

序号		项目	要求	试验参数	试验方法
管件的物理性能	1	熔体质量流动速率（MFR）	加工前后 MFR 变化 20%	190℃	GB/T 3682
	2	氧化诱导时间	≥ 20min	210℃	GB/T 19466.6
	3	炭黑含量	2.0% ～ 2.5%	—	GB 13021—1991
	4	灰分含量	≤ 0.02%	850℃ ±50℃	GB/T 9345.1

③ 焊制管件的技术要求　对于口径 630mm 以上管件，可采用管段焊制的构造型管件，应符合表 16-7 和表 16-8 的力学和物理性能要求，其折减系数见表 16-9。

焊制管件应在工厂预制。采用管段焊制的弯头，应按照以下折减原则计算其公称压力 PN：PN=f×PN 管材；根据表 16-9 的试验结果可以确定系数 f 取值的适用性。

表 16-9　焊制管件的折减系数

产品	图	切割角 β	折减系数
焊制弯头（最大切割角不应超过 150°）	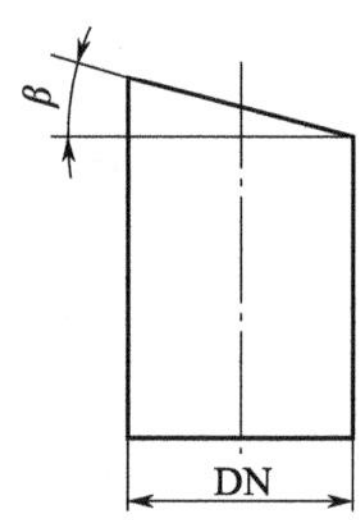	≤ 7.50	1.0
		7.50 < β ≤ 150	0.8
焊制弯头		一般不做折减	
焊制三通			0.5

注：具体内容可参阅 ISO 4427-3:2019。

3）其他技术要求

① 管材、管件连接要求。管材 DN 63mm 以下（含 63mm）、SDR11、1.6MPa，PE100 级别的管材、管件应采用电熔连接。

管材 DN 63mm 以上（不含 63mm）、SDR17、1.0MPa，PE100 级别的管材、管件宜采用电熔连接和热熔连接。

② 管材、管件生产要求。管材采用挤出方式生产，宜有烘干系统和在线壁厚测控系统。

管件主体宜采用注塑生产，DN 630mm 以上管材可采用管段对接焊制生产。

管材、管件须同一厂家生产或同一品牌。

③ 铜包钢、铜包铝、专用连接件应满足以下要求：示踪线应采用 PE 外层，两条铜包钢和金线，铜导电率 30%，宜采用高强度低碳钢，截面积 2.5mm^2 或以上，聚乙烯 PE 材料作为防腐保护层。

④ 卫生性能。用于输配饮用水的管材、管件卫生性能应符合 GB/T 17219 的规定。

（5）合格供应商的选择

1）供应商资质基本要求

在中华人民共和国境内注册的有合法经营资格的国内独立法人，具有相关经营范围。

企业符合 ISO 9001 质量管理体系认证。

企业符合 ISO 14001 环境管理体系认证。

企业符合 OHSAS 18001 或 ISO 45001 职业健康安全管理体系认证。

2）优秀供应商的特征

① 能坚持高起点的标准依据，注重产品质量；

② 能正确选用满足要求的恰当原料；

③ 采用先进成熟的生产技术和状态良好的设备生产；

④ 拥有规格齐全、配套合理的生产能力；

⑤ 实施先进完善的质量管理体系，拥有良好的运行记录；

⑥ 拥有先进配套的检测能力和服务能力。

企业的质保及售后可考虑：售后服务应急响应速度、质保期年限、售后服务计划；维修期内免费维修方案与服务质量状况；免费保修期满后的维保计划及承诺。

16.4.4　产品价格

聚乙烯管行业从价格上看，国产给水聚乙烯管产品平均价格为 40 元 / 米左右，普遍低于进口产品价格 10% 及以上。2017 年，中国塑协塑料管道专业委员会公布的给水聚乙烯管材建议价格为（出厂价）15700 元 / 吨（PE 原材料参考价按 11000 元 / 吨计），而从市场实际采购给水聚乙烯管主流规格的管件价格来看，口径不同价格相差很大，从最低价 20 元 / 米到最高价 1400 元 / 米左右。

16.5　运输储存

16.5.1　运输与储存

（1）聚乙烯管材运输

保护好聚乙烯管材和附件，不得粗暴吊卸和搬运，并严禁与油类和化学物品混合存放。

搬运时，不得抛、摔、滚、拖；在冬季搬运时，应小心轻放。当采用机械设备吊装直管时，必须采用非金属绳（带）吊装，避免划伤管材。

装卸盘管时，必须采用非金属绳（带）吊装或人工方式；使用前不可将盘管捆绑带拆除。

管材运输时，应有适当的管托支撑，并采用非金属绳（带）捆扎、固定，管材接触处不得有可能损伤管材的尖凸物。

聚乙烯管件、阀门运输时，应按箱逐层叠放整齐、固定牢靠，并应有防晒、防雨淋措施。

在聚乙烯管件焊接使用前不应拆除密封包装袋。

未安装前，聚乙烯法兰的密封面应有适当的保护措施，避免其受到划伤或磨损。

（2）聚乙烯管材储存

聚乙烯管材、管件和阀门应存放在通风良好的库房或棚内，远离热源，并应有防晒、防雨淋的措施。

管材应水平堆放在平整的地面上，管道底部应放置方木或砂袋管托，管托高出地面不宜小于 150mm。

聚乙烯直管的堆放高度，在仓库内不宜超过 1.5m，在施工现场不宜超过 1m。直管堆放应稳固，管端应有封堵保护管盖。

原厂捆扎的直管，堆叠不应超过两捆。盘管应储存在盘卷架上或平放储存，平放储存时堆叠不宜超过两捆。

管材、管件和阀门存放时，应按不同规格尺寸、不同类型、不同时间分别存放，悬挂或张贴物料信息标识，并应遵守“先进先出”原则。

所有运送到施工现场的材料都应检查其有无损坏，发现不合格的材料应及时向管理人员报告，做醒目标记并单独存放，适时运离施工现场做废弃处理。

在施工现场发现损坏包装的聚乙烯电熔管件，应标记、单独存放并同时向管理人员报告。如经检查其熔合面洁净无污染，应及时更换新包装袋密封后保存；熔合面污染的电熔管件，应适时运离施工现场做废弃处理。

管材在户外临时存放时，应采用遮盖物遮盖。在施工现场的管件，应存放在储物箱内。

应定期检查施工单位的材料存放，其存放条件应符合要求。

16.5.2 运营维护管理

运营维护管理应符合现行标准《城镇供水管网运行、维护及安全技术规程》（CJJ 207）的有关规定。

维护管理单位应根据 CJJ 207 制定相应的管网维护管理制度。

维护管理单位应安排专业人员对管线及其附属设施进行周期性巡查和定期维护保养，做好巡查和维护保养记录。

维护管理单位应对消火栓、管网末梢、滞留管段管网水进行计划排放，每半年不少于一次。

管网维（抢）修施工方式及所用材料不得影响管道整体质量和管网水质；恢复通水前应进行管网水排放，水质合格后方可正式供水。

应对影响水质的管道进行有计划的更新改造。

16.5.3 聚乙烯管的维修

（1）一般规定

① 管道在施工验收或运行中发生管壁漏水、管材破裂和接头渗漏等情况，应根据管道损害程度、部位及破坏原因确定修补方法。

② 更换损坏的管材及管件应按照施工敷设要求进行。

③ 因管道地基沉降、温度变化、外部荷载变化等原因造成的管道破坏，在管道修复后还

应采取相应措施消除各种外部因素。

（2）管道维修方法

① 管材、管件电熔、热熔连接的接口漏水时应切断管材，按施工要求重新对管材、管件进行电熔、热熔连接。

② 电熔、热熔连接的管道损坏范围很小时，采用电熔套筒或改造的鞍形电熔管件的修理法，将管材损坏处切断，然后用电熔套筒或改造的鞍形电熔管件连接起来。

③ 电熔、热熔连接的管道损坏范围较大时，必须切除损坏管段而用新管替换，接口处可采用电熔、热熔连接或法兰连接，但最后一个焊口一定要用电熔套筒连接或法兰连接。

④ 采用承插式橡胶圈柔性连接的管道损坏时，可将损坏的管切除，更换新管，然后用双承管箍或活络套筒（抢修接头）连接。

⑤ 公称外径≤ 63mm 的管道损坏时，可将损坏的管段切除，更换新管，然后用活络管箍连接。

16.6　安装调试

聚乙烯管及其管件的安装调试可参考的标准规范有 GB/T 13663 一系列有关聚乙烯管的国标、《埋地塑料给水管道工程技术规程》（CJJ 101—2016）、《给水排水管道工程施工及验收规范》（GB 50268）等。

聚乙烯管的施工安装大体有以下几个步骤：施工准备（审定图纸、确定施工方案、技术交底）—管沟开挖—找坡及铺设碎石和砂垫层—安装埋地管—水压及水冲洗试验—管沟回填—通水试验。

（1）施工前的技术准备

施工前应熟悉、掌握施工图；准备好相应的施工机具，主要是热熔对焊机、管道切割工具；对操作工人进行上岗培训，培训合格后方可进行施工；按照标准对管材、管件进行验收。

1）设备要求

① 焊机。包括：a. 电熔焊机、对接焊机应符合 GB/T 20674.2、ISO 12176 标准要求；b. 电熔焊机应设有环境温度测量装置，可自动调整焊接参数对环境温度进行补偿，并采用条形码扫描方式输入管件信息（采用可识别电阻的管件除外）；c. 电熔焊接打印记录中应能显示管件电阻和焊接能量；d. 所有焊机应定期校准和检定，周期不宜超过 1 年；e. 焊机的校准和检定期应贴在机体上，应经常检查其是否在有效校准和检定期内，并提前做好下次校准和检定计划。

② 辅助设备和工具。包括：a. 测量焊接环境温度应配有温度计，有风环境还需配有风速仪；b. 电熔焊接应配备固定夹具，且需良好的维护和保养；c. 电熔焊接的管端氧化皮刮削操作，在沟底进行或管道口径较大时，宜采用机械刮刀，必要时配合手刮刀使用；d. 经常使用的辅助工具还有水平尺、记号笔、切管器、支撑滑轮、复圆夹、焊接检验尺、刨边器、卷边检测尺等。

2）人员要求

① 承担聚乙烯燃气管道焊接的人员，必须具有国家相关部门颁发的聚乙烯压力管道焊工证，且在证书有效期及合格范围内从事焊接操作。

② 根据工程质量管理要求，施工单位还应配有质量员、资料员等专职人员，且应经国家有关培训机构或合资公司内部培训合格后上岗。

（2）管沟开挖与回填

1）管沟开挖

① 由于聚乙烯管材质的刚性及线性膨胀系数，在考虑强度问题时必须增加固定点的数量来保证供水管网的刚性；在考虑线性膨胀系数时，必须考虑到长距离管道的铺设须有一定的伸缩量。

② 管道的埋设深度根据外部荷载与其他管道交叉等因素确定。在一般情况下，埋设在车行道下时，不应小于 0.8m；埋设在非车行道下时，不应小于 0.6m；埋设在耕地、水田下时，不应小于 0.8m。

③ 开挖沟槽底宽一般为管外径加 0.3m。如管道在地下连接时，管道沟槽底宽不宜小于管外径加 0.5m，且总宽度不得小于 0.7m。人工开挖沟槽时，管沟底应平整、密实、无尖锐物体，沟槽可以有起伏，但必须有平滑的支撑管材。用机械挖沟时，沟底应留 20 ～ 30cm 厚的土层暂不开挖，最后应当用人工清理沟底至标高位置。管道两侧及管顶 20cm 内不得含有坚硬的物体。

④ 管道铺设时，一般情况下管顶回填 20cm 的中粗砂，管底做 15cm 的砂垫层。

⑤ 管道设置阀门、消火栓、伸缩器等附件时，其重量不得由管道支撑，必须设置混凝土或砖砌支墩，支墩应有足够的体积和稳定性。

2）管沟回填

① 管道两侧及管顶以上 0.15m 内的回填土，不得含有碎石、砖块、木质物料、木屑等杂物，且不得采用灰土回填。灰土是石灰与土按一定比例混合的回填土。距管顶 0.5m 以上的回填土中的石块不得多于 10%、直径不得大于 0.1m，且均匀分布。

② 当采用原土回填时，其质量应符合以上标准；达不到标准的采用孔径不大于 10mm 的网筛过滤。严禁回填土中含有坚硬土块直接撞击造成管道损坏。

③ 正常施工的管道底部不应出现悬空，局部出现时应先回填管底悬空部位并捣固，再回填管道两侧。

④ 回填土应分层夯实，每层虚填厚度不宜大于 0.3m，管道两侧及管顶以上 0.5m 内的回填土必须采用人工压实，其余回填土可采用小型机械压实。

⑤ 管线布置复杂部位，回填前宜照相并加入竣工资料存档。

（3）管道安装与铺设

① 施工前，对管材、管件等做二次外观检查，发现有问题的均不能使用。

② 由于高密度聚乙烯管管身质量轻，在安装过程中人工即可搬动，一般不需要动用机械，因而在将其放入沟槽时不得与沟壁和沟底激烈碰撞。

③ 安装法兰接口的阀门和管件时，应采取防止造成外加拉应力的措施。

④ 在高密度聚乙烯管穿越公路等障碍时，应设套管或箱沟，以起到保护管材作用。

⑤ 对于直径＜ 63mm 的管材不宜采用对接焊，应采用热熔承插焊接。

⑥ 管道安装和铺设工程中断时，应用木塞或其他盖堵将管口封闭，防止杂物进入管道。

⑦ 管道热熔连接应采用专用连接机具。热熔连接时间和加热温度应符合热熔连接工具

生产厂和管材、管件生产厂的规定，连接温度一般以 200 ～ 235℃为宜。但冬天与夏天有所区别。

⑧ 管道安装敷设完毕，待隐蔽工程验收后，应立即回填。回填必须从管道两侧同时回填，回填一层夯实一层。管道试压前，一般情况下回填不宜少于 500mm。管道试压后的大面积回填，宜在管道内充满水的情况下进行，管道敷设后不宜长时间处于空管状态。

（4）焊接质量检查

1）电熔焊接主要检查项目

包括以下内容：

① 检查管件与管道轴线是否已对准成一直线；

② 检查管件外周围管道上是否都有刮削痕迹；

③ 检查管件和管道结合线外是否有熔融物溢出；

④ 检查管件与其外侧管道上的定位线是否对齐；

⑤ 检查熔合指示针（如有此装置）是否已升起；

⑥ 检查焊接关键工序的照片；

⑦ 每年度应对每名焊工施工的焊口随机抽取进行破坏性试验。

2）热熔焊接主要检查项目

包括外卷边外观及切除检查：

① 接头对正性检查。检查焊缝两侧管道的轴线对正和错边量应满足要求。

② 连接完成后，应对外卷边进行 100% 外观检查。沿管材整个外圆周的翻边应平滑、饱满、均匀、对称；卷边表面不应有缺口和海绵状浮渣出现。

③ 应对外卷边进行 100% 切除。

④ 检查外卷边切除面，其上应无夹杂物。将切除的外卷边每隔 50mm 进行 180° 背弯试验和扭曲检查，卷边切削面中线附近不应开裂。如发现夹杂或开裂等缺陷，应检查管道接口的对应位置是否存在同样的问题。

⑤ 检查不合格的接口均应切除，并重新进行热熔焊接。

⑥ 每年度应对每名焊工施工的焊口随机抽取进行破坏性试验。

（5）水压冲洗试验

1）水压试验

按照《埋地塑料给水管道工程技术规程》（CJJ 101—2016）规定进行，还可参考下列要求：

试验压力值是指管道末端最低点的压力。但若压力最高点的压力超过 1.0MPa，管道应采取分段试压。

管道试压前应进行充水浸泡，时间不少于 12h。

水压试验的静水压力不应小于管道工作压力的 1.5 倍，且试验压力不应低于 0.80MPa，不得用气压试验代替水压试验。

2）预试验阶段

应按如下步骤，并符合下列规定：

① 将试压管道内的压力降至大气压，并持续 60min。期间应确保空气不进入管道。

② 缓慢地将管道升压至试验压力并稳压 30min，期间如有压力下降可注水补压，但不得

高于试验压力。检查管道接口、配件等处有无渗漏现象。当有渗漏现象时应中止试压，并应查明原因采取相应措施后再重新组织试压。

③ 停止注水补压并稳定60min。若60min后压力下降至试验压力的70%以上，则预试验阶段的工作结束；当60min后压力下降至试验压力的70%以下，应停止试压，并应查明原因采取相应措施后再组织试压。

3）主试验阶段

应按如下步骤，并符合下列规定：在预试验阶段结束后，迅速将管道泄水降压，降压量为试验压力的10%～15%；期间准确计算降压所泄出的水量，设为ΔV（L）。

计算允许泄出的最大水量ΔV_{max}（L），计算公式见式（16-1）。

$$\Delta V_{max} = 1.2V\Delta P[1/E_w+d_i/(e_nE_p)] \tag{16-1}$$

式中 V——试压管道的总容积，L；

ΔP——降压量，MPa；

E_w——水的体积模量，MPa；

E_p——管材的弹性模量，MPa；

d_i——管道内径，m；

e_n——管材公称壁厚，m。

当ΔV大于ΔV_{max}，停止试压。泄压后排除管内过量空气，再从预试验阶段的“步骤②”开始重新试验。

① 每隔3min记录一次管道剩余压力，应记录30min。当30min内管道剩余压力有上升趋势，则水压试验结果合格。

② 当30min内试压管道剩余水压无上升趋势，则应再持续观察60min。当在整个90min内压力下降不超过0.02MPa，则水压试验结果合格。

（6）管道消毒

① 用于输配送原水的给水管道，管道通水运行前应进行冲洗，经水质检验达到GB 5749标准后方可投入运行。

② 用于配水管网的给水管道并网运行前应进行冲洗与消毒，经水质检验达到标准后，方可允许并网通水投入运行。

③ 管道冲洗与消毒应符合下列规定：管道第一次冲洗应用清洁水冲洗至出水口水样浊度小于3NTU为止，冲洗流速应大于1.0m/s；管道第二次冲洗应在第一次冲洗完毕，用有效氯离子含量不低于20mg/L的清洁水浸泡24h后，再用清洁水进行第二次冲洗，直至水质检验、管理部门取样化验合格为止。

（7）工程验收

① 隐蔽工程应经过中间环节验收合格后方可进行下一步工序的施工。室外给水管道工程竣工验收合格后方可投入使用。

② 中间验收及验收应填写验收记录表，其格式宜符合国家或地区的有关规定。

③ 验收程序应按照检验批、分项工程、分部（子分部）、单位（子单位）工程进行验收，且均应在施工单位自检合格的基础上进行，并做好相应验收记录。

④ 小区室外给水管道工程应作为建筑给水排水分部工程的子分部进行验收。

⑤ 竣工验收应提供下列资料（包括但不限于）：a. 施工许可证、竣工图及设计变更文件；b. 工程主要材料及配件的合格证、检验报告、进场验收记录和复验报告，给水管材及配件的省级卫生许可批件，进口管材及配件的中文说明书和国家检验检疫部门的认可资料；c. 管道位置及高程的测量记录；d. 混凝土、砂浆、防腐、防水及焊接检验记录；e. 隐蔽工程记录；f. 管道水压试验记录；g. 回填土压实度检验记录；h. 工程质量事故处理记录；i. 检验批、分项工程、分部（子分部）、单位（子单位）工程质量验收记录；j. 阀门检测报告；k. 管道的冲洗及消毒记录、水质检验合格报告；l. 改建工程的评估报告。

（8）其他注意事项

① 在运输或施工安装过程中，严禁在地面上拖、拉、推动管材，以免划伤管身，影响管材的整体强度。

② 施工箱具应选用性能齐全、自动化程度高的焊机。市场上不同品牌的聚乙烯生产厂家均配备了焊机，现阶段仍可租用或借用厂家的焊机，条件成熟时施工单位应购置焊机。

③ 雨季或在地下水位高的地区施工时，防止管道上浮。

④ 施工过程中应及时清洁管材与管件的熔接部位（一般用酒精擦拭清洁熔接部位），避免水、砂子、灰尘等与其接触而引起的热熔黏接不牢固。

⑤ 在施工覆土时应使用合格的回填土，避免尖锐石块等一并埋入导致聚乙烯管损伤。

⑥ 管道连接采用热熔焊接时宜采用同种牌号、材质及相同SDR的管材和管件。对性能相似的不同牌号、材质的管材与管件或管材与管材之间的连接，应通过试验，判定连接质量能得到保障后，方可进行。

⑦ 管件宜采用同质材料，其压力等级与管材压力等级相同或高一个等级。

⑧ 管道在改变方向时，可利用管材的自然柔性而不设置弯头，在安装时要充分利用这一点进行铺设。一般情况下，管材弯曲半径应≥30～100倍管径，但不应机械弯曲管材或用加热的办法弯曲管材。

⑨ 高密度聚乙烯管应避免紫外线直接照射。

16.7 注意事项

16.7.1 管网安全

聚乙烯管道同金属管道相比，具有耐化学腐蚀、质量轻、寿命长、易施工、环保和易成型等优点。但强度远小于钢管，容易遭到人为的破坏；只能在埋地或遮挡紫外线情况下使用；受温度影响大。因此，如何保证聚乙烯管网的安全是一个重要的问题。

要保证聚乙烯管网的安全，首先要从原材料的可靠性入手，选用合格的聚乙烯混配料生产产品，同时参考本章进行聚乙烯管的采购，对厂家提供的管材、管件进行普查，了解管材、管件标识的明确含义，了解管材、管件材质情况，从源头上保证管网质量。

在设计上，聚乙烯管的设计内水压力应计入管线的运行工作压力与水锤增加值，具体为工作压力的1.4～1.5倍。在外载荷上，管线的埋深应小于等于产品的最大埋深。

在施工上，在满足施工质量的前提下尽量选择全自动焊机，以最大限度地减少人为因素对工程质量的影响。同时应对施工人员注册并建立个人档案，实现专业人员持证上岗。具体施工注意事项可参考本章。

在运行维护上，除了制定相应的管网维护管理制度外，供水单位还应编制管网安全预警和突发事件应急预案，明确不同类别的管网安全和突发事件的处置办法及处置流程；同时对管网系统进行安全和风险评估，并制定相关安全与应急保障措施。

16.7.2 管网安装

1）重视塑料管材安装技术人员的培训工作

① 安装技术人员必须经正式培训后方能上岗。

② 培训内容：对塑料管材的基本认识、不同型号安装机器的正确使用、安装机器的保养、现场安全文明施工、焊接管材的基本程序和注意事项等内容。

③ 要求施工单位必须有固定的经培训合格的塑料管道焊接技术人员。

2）要求安装期间每天必须认真填写施工日志

内容包括当天的温度和是否有风等，焊接管道的壁厚压力，焊接机器的型号规格，设定加热板的温度、电压，当天焊接管道的长度，有几个焊口、几个管件及位置，安装人员姓名等，以便以后查证。

3）安全施工，主要是用电安全

要定期检查保养安装机器，检查电线接头处是否包扎完好；下雨天尽量不要施工，以免因潮湿引发漏电事故，并注意防止安装机器淋雨受潮损坏，发生事故。

4）安装时应特别注意的几个地方

① 加热板的温度控制。一般设定在 210 ～ 225℃（加热板的实际温度）（根据不同的施工季节以及当天的气温适当调整，冬季略高，夏季略低）。过高过低都不行，如低于 200℃管材不能充分熔化，而高于 250℃会导致塑料炭化。

② 管材端面要清洁。由于管道安装现场灰尘较重，PE 管材带静电，会主动将灰尘吸到管材上。而 PE 管材采用热熔分子对接，如对接处有灰尘，影响焊接质量（可用工业酒精或高浓度医用酒精擦拭管口端面）。

③ 焊接中压力控制是关键。管材夹紧对好后，用铣刀将端面铣平，用酒精卫生纸清洁端面，放上加热板（也需要清洁），加压使两个管子的端面紧靠加热板，360° 观察管材是否起边，确认全部起边后，将机器压力回零，再根据壁厚确定加热时间，加热时间到则迅速退后机架，取出加热板，马上前进机架行程，管材两端快速接触时，先调小压力，在两根管材端口接触时慢慢加大压力，一旦翻边合适立刻停止加压（并保持压力），合口时间在 5s 以内，冷却几分钟后降低一些压力，保留部分压力（根据具体情况），然后自然冷却，不能用水冷，冷却时间由管材口径和壁厚来确定。

④ 加热时间要保证，一般为管材壁厚 ×（18 ～ 20）s。

⑤ 当施工现场有风时，要注意将管材两端进行封堵，做好防风处理。

⑥ 电压要求在 220V（+10V），以免损坏设备，影响接口质量。

5）管道回填

尽量选择细砂或无尖锐物的原土回填。由于石硝过于尖锐，容易嵌入 PE 管里，损坏管道，建议不要使用。也可先用细砂或黄土打垫层 20 ～ 30cm 后再用石硝回填。

6）管件安装注意事项

管径＞ 110mm 的管件安装时，应按施工规范进行支墩加固（如弯头、三通处），应按要求安装排气阀门。管材试压时，应将管材接口处外露，以方便检查接口是否焊好。其余地方回填。

7）管材划痕处理

如发现管材有较明显的划痕，应及时采取措施处理，即用单面刀片将划痕处划出“V”形槽，做压力释放处理；如不做处理，就可能在以后的运用中出现开裂、爆管等事故。

8）管材搬运

管材不能在有尖锐物的地面拖动或滚动。如管材口径小，可采用人工抬的方式搬运；如管材口径较大，可采用吊装工具或在地面加滚木做铺垫，以免管材划伤。

9）技术要求

① 颜色。市政饮用水管材的颜色为蓝色或黑色，黑色管上应有蓝色色条。色条沿管材纵向至少有 3 条。其他用途水管可以为蓝色或黑色。暴露在阳光下的敷设管道（如地上管道）必须是黑色。

② 外观。管材的内外表面应清洁、光滑，不允许有气泡、明显的划伤、凹陷、杂质、颜色不均等缺陷。管端头应切割平整，并与管轴线垂直。

③ PE 管材的焊接最关键的就是要掌握好：a. 加热的时间、加热板的温度、防风处理；b. 合口时的压力、速度；c. 管材的清洁；d. 冷却时间。

第 17 章 超滤膜材料及组件

17.1 产品概述

膜技术是一门新兴的分离技术，广泛应用于水处理、食品加工、化工、制药等领域。膜分离技术代表着未来水处理发展的时代潮流，被称为21世纪最具发展前景的技术之一。水处理中常用的膜技术包括微滤、超滤、纳滤和反渗透4种。通常可针对不同的原水水质，选用不同的膜技术用于分离、截留、去除水中的有害物质，因此属于一种严格的、物理的和“绿色”的分离技术。膜分离过程是以带有极细孔径的膜为分离介质，在膜的一侧加以压力推动时，原料侧组分选择性地透过膜，从而达到分离或提纯的目的，见图17-1。在膜分离技术中，超滤技术在市政供水中应用最为广泛。

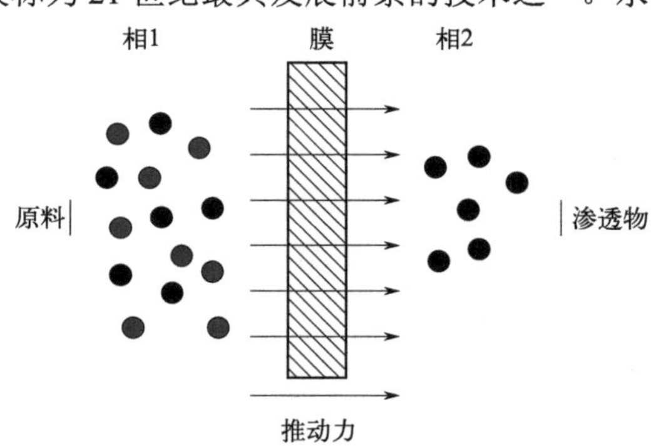

图 17-1 膜分离原理

超滤膜的孔径范围在0.01～0.1μm之间，对水体中的颗粒物、细菌、病毒、胶体、大分子有机物等污染物有很好的去除效果。超滤膜一般为高分子有机膜，以往用作超滤膜的高分子材料主要有纤维素衍生物、聚砜、聚丙烯腈、聚酰胺及聚碳酸酯等，可被做成平板膜、卷式膜或中空纤维膜等形式。

17.2 产品分类

17.2.1 材料

按制膜材料可分为有机材料和无机材料两大类。而有机材料主要包括聚偏氟乙烯（PVDF）、聚砜（PSF）、聚醚砜（PES）、聚丙烯（PP）、聚丙烯腈（PAN）、聚氯乙烯（PVC）、醋酸纤维素（CA）等。超滤膜有机原材料性能参数见表17-1。

表 17-1　超滤膜有机原材料性能参数

材料名称	聚偏氟乙烯（PVDF）	聚醚砜（PES）	聚氯乙烯（PVC）	聚砜（PSF）	聚丙烯（PP）	聚丙烯腈（PAN）
密度 /（g/cm^3）	1.75 ～ 1.78	1.37	1.40	1.24	0.905	1.184
结晶性	结晶性聚合物，结晶度 68%	无定形	部分结晶性聚合物，结晶度 35% ～ 40%	无定形	高结晶性聚合物，结晶度约 95%	无定形
玻璃化温度 T_g/℃	−39	220 ～ 225	87	190	−20	95
熔融温度 T_m/℃	174	—	212	—	160 ～ 175	317
长期使用温度 /℃	−40 ～ 125	−100 ～ 170	<80	−100 ～ 150	<120	—
氧指数 /%	44	—	33 ～ 34	>30	17.8	—
抗张强度 /MPa	30 ～ 50	83	48 ～ 69	70	35	62
断裂伸长率 /%	20 ～ 50	25 ～ 75	25 ～ 50	50 ～ 100	10	3 ～ 4
耐酸碱性	良好，室温下不被酸、弱碱、强氧化剂腐蚀	耐强酸、强碱性能良好	耐强酸、强碱性能良好	耐强酸、强碱性能良好	优秀，除氧化性酸有腐蚀作用外，能耐多数酸碱	耐强酸、强碱性能中等
耐有机溶剂性能	除酮、有机胺、DBP、DMAc、DMSO 等强极性有机溶剂能使其溶解或溶胀外，能耐其他大部分溶剂	中等，不耐芳烃、卤代烃、极性非质子溶剂等。脂肪醇能使其溶胀。NMP、DMF、DMAc 使其溶解	良，低分子量的易溶于酮类、酯类和氯代烃类等溶剂，高分子量的难溶	差，不耐芳烃、卤代烃、极性非质子溶剂等，脂肪烃、脂肪醇有溶胀作用，NMP、DMF、DMAc 等使其溶解	低分子量的烃类和氯代烃等能使其软化和溶胀	溶于 DMF、硫氰酸盐溶液，不溶于乙醇、丙酮等，对普通化学药品稳定
耐油脂	好	良	中等	良	好	良
耐日光性	好	差	良	差	差，对紫外线敏感	中等
原料成本	中等	高	低	高	低	低

17.2.2　结构形式

目前市场上超滤膜有平板式、卷式、管式和中空纤维式四种结构形式。平板式，其比表面积小，处理能力偏低，不适合工程放大。卷式，不可反洗，且预处理要求高。管式，装填密度低、单位体积内膜面积小，且能耗大。中空纤维式，装填密度高，能耗低，通量大，寿命长，且可以反洗，在工程实际中用得比较多。

不同形式膜组件之间比较见表 17-2。

表 17-2　各种结构形式膜组件之间的比较

比较项目	卷式	中空纤维	管式	平板式
组件结构	复杂	复杂	简单	很复杂
膜更换方式	组件	组件	膜或组件	膜
料液预处理	高	较高	低	低
抗污染性	中等	一般	非常好	中等
清洗效果	难	较易	易	较易
工程放大难易	中	中	易	难
能耗	低	低	高	中
投资	较低	低	高	较高

17.2.3　应用领域

超滤膜的应用范围极其广泛，基本上涉及过滤的行业都可以用到过滤设备。

① 市政工程：市政自来水厂，市政污水，中水回用。

② 工业废水：汽车清洗水的循环使用；含油废水的处理；印刷油墨的去除；垃圾渗滤液的处理；感光乳剂的浓缩与回收。

③ 制药 / 生化：蛋白质的纯化、脱盐与浓缩；生化产品的澄化；各种发酵全液的浓缩；经澄化的生化制品液的浓缩；酶的提取；医药产品的除菌；去除热源。

④ 食品工业：牛奶和乳清蛋白的浓缩；奶酪的生产；酒和食醋的过滤；果汁的澄清；明胶的浓缩；食用油的精炼；淀粉和糖的浓缩。

⑤ 金属加工：油 / 水乳化液的分离；除油渍溶液的处理。

⑥ 油漆应用：（汽车）电泳涂漆的过滤；水基喷溅的回收。

⑦ 纺织 / 造纸：上浆液的回收；胶乳的回收；涂层颜料的循环；造纸工业废液处理。

⑧ 化学工业：各种化工废水处理过程；染料脱盐；胶乳液的浓缩；催化剂的回收。

17.3　产品相关标准

超滤膜材料及组件标准体系见表 17-3。

表 17-3　国内的超滤膜材料及组件标准

序号	标准名称	标准编号	标准类别	种类
1	膜组件及装置型号命名	GB/T 20502—2006	国标	基础标准
2	膜分离技术　术语	GB/T 20103—2006	国标	基础标准
3	超滤组件的纯净水渗透性能测试方法	JJS K3821–1990	日标	检验标准
4	超滤组件细菌内毒素抑制性的测试方法	JIS K3824–2012	日标	检验标准
5	超滤组件细菌抑制性的测试方法	JIS K3823–2012	日标	检验标准
6	超滤膜测试方法	GB/T 32360—2015	国标	检验标准

续表

序号	标准名称	标准编号	标准类别	种类
7	中空纤维超滤膜测试方法	HY/T 050—1999	行标	检验标准
8	中空纤维超 / 微滤膜断裂拉伸强度测定方法	HY/T 213—2016	行标	检验标准
9	中空纤维超滤膜组件	HY/T 062—2002	行标	产品标准
10	卷式超滤技术　卷式超滤膜元件	HY/T 073—2003	行标	产品标准
11	卷式超滤技术　平板超滤膜	HY/T 072—2003	行标	产品标准
12	超滤膜及其组件	HY/T 112—2008	行标	产品标准
13	柱式中空纤维膜组件	HG/T 5111—2016	行标	产品标准
14	饮用水处理用浸没式中空纤维超滤膜组件及装置	CJ/T 530—2018	行标	产品标准

①《膜组件及装置型号命名》（GB/T 20502—2006）标准规定了膜组件及装置型号的命名规则；适用于反渗透、纳滤、超滤、微滤和气体分离膜组件的命名；适用于反渗透、纳滤、超滤、微滤、气体分离膜、电渗析和电去离子装置的命名。

②《膜分离技术　术语》（GB/T 20103—2006）标准界定了膜分离技术领域的术语，即电渗析、反渗透、纳滤、超滤、微滤、气体膜分离及其他膜分离过程中的常用术语；适用于膜与膜材料、膜组件、各种溶液、气体分离及其他膜分离过程中涉及的术语。

③《超滤组件的纯净水渗透性能测试方法》（JJS K3821–1990）标准规定了中空纤维膜组件初期纯水透过率的测试方法；适用于用聚乙烯薄膜等密封的膜，或者出厂时干燥、一旦湿润后保存在湿润水状态下的膜。

④《超滤组件细菌内毒素抑制性的测试方法》（JIS K3824–2012）标准规定了使用源自 S 型大肠杆菌（大肠杆菌 O111 等）作为内毒素（细菌毒素）的内毒素测试液体确定超滤模块内毒素排斥的测试方法。

⑤《超滤组件细菌抑制性的测试方法》（JIS K3823–2012）标准规定了使用 *Brevundimonas* 作为挑战生物体来确定超滤模块抑制细菌的测试方法。

⑥《超滤膜测试方法》（GB/T 32360—2015）标准规定了超滤膜纯水透过率和切割分子量（又称截留分子量）的测试方法；适用于中空纤维、平板、管式超滤膜纯水透过率和切割分子量的测试。

⑦《中空纤维超滤膜测试方法》（HY/T 050—1999）标准规定了用分光光度法测试溶液中不同分子量的聚乙二醇或蛋白质含量，计算出截留率，估算中空纤维膜孔径大小，确认中空纤维超滤膜的性能；适用于不同材质的中空纤维超滤膜性能的测试。

⑧《中空纤维超 / 微滤膜断裂拉伸强度测定方法》（HY/T 213—2016）标准规定了中空纤维超 / 微滤膜断裂拉伸强力、断裂拉伸强度及断裂伸长率的测定方法；适用于干态保存的中空纤维超 / 微滤膜，不适用于湿态保存的中空纤维超 / 微滤膜。

⑨《中空纤维超滤膜组件》（HY/T 062—2002）标准规定了中空纤维超滤膜组件的分类与型号、要求、试验方法、检验规则及标志、包装、运输和储存；适用于中空纤维超滤膜组件。

⑩《卷式超滤技术　卷式超滤膜元件》（HY/T 073—2003）标准规定了卷式超滤膜元件的分类、技术要求、试验方法、检验规则、标志、包装、运输与储存；适用于水溶液分离系统的卷式超滤膜元件系列产品。

⑪《卷式超滤技术　平板超滤膜》(HY/T 072—2003）标准规定了平板超滤膜的技术要求、试验方法、检验规则、标志、包装、运输与储存；适用于水溶液分离系统的平板超滤膜系列产品。

⑫《超滤膜及其组件》(HY/T 112—2008）标准规定了超滤膜及其组件的分类与命名、要求、试验方法、检验规则、标志、包装、运输和储存；适用于海水、苦咸水预处理、污水处理、工业及生活用水处理中使用的超滤膜和组件的生产、验收、检验。

⑬《柱式中空纤维膜组件》(HG/T 5111—2016）标准规定了柱式中空纤维膜组件的术语和定义、型号与命名、要求、试验方法、检验规则以及标志、合格证、使用说明书、包装、运输和储存；适用于微滤和超滤柱式中空纤维膜组件的科研、生产、设计和使用，其主要内容是纤维、微滤、中空、超滤、柱式、组件。

⑭《饮用水处理用浸没式中空纤维超滤膜组件及装置》(CJ/T 530—2018）标准规定了饮用水处理用浸没式中空纤维超滤膜组件及装置的型号、材料、要求、检测、检验规则、标志、包装、运输和储存；适用于饮用水处理用浸没式中空纤维超滤膜组件及装置。

17.4 产品选择

17.4.1 适用范围

适用于饮用水处理用中空纤维超滤膜以及超滤膜组件。

17.4.2 型号命名

17.4.2.1 膜组件

膜组件型号由类别代号、形式代号、切割分子量、有效膜面积、膜材质代号、结构形式代号六个部分构成。各部分以“-”连接。六个部分表述格式见图 17-2。

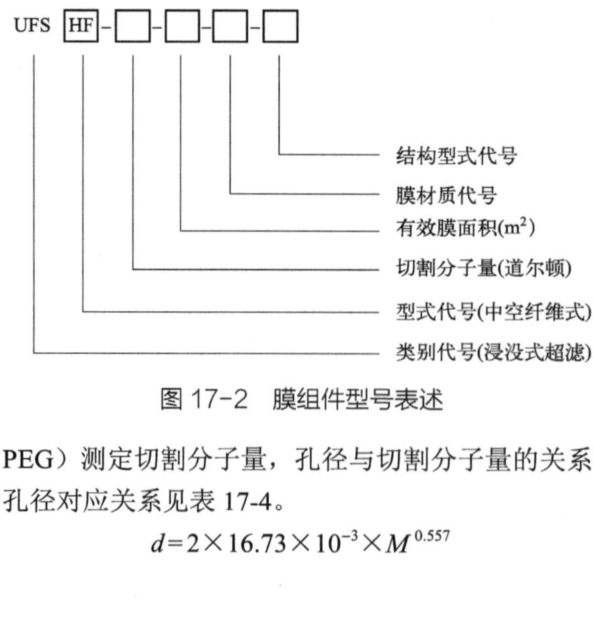

图 17-2　膜组件型号表述

使用聚乙二醇（PEG）测定切割分子量，孔径与切割分子量的关系可用式（17-1）表示，常见的切割分子量与孔径对应关系见表 17-4。

$$d=2\times16.73\times10^{-3}\times M^{0.557} \tag{17-1}$$

式中　d——聚乙二醇当量直径，即相当于孔径，nm；

M——聚乙二醇分子量，道尔顿。

表 17-4　切割分子量与孔径对应关系

切割分子量 / 道尔顿	1×10^3	1×10^4	5×10^4	1×10^5	3×10^5	5×10^5	1×10^6
孔径 /nm	1.6	6	14	20	38	50	74

17.4.2.2　材质代号

中空纤维超滤膜组件过滤层材质以字母表示，常用过滤层材质代号见表 17-5。

表 17-5　常用过滤层材质代号

过滤层材质	膜材质代号
聚偏氟乙烯	PVDF
聚砜	PSF
聚醚砜	PES
聚氯乙烯	PVC
聚丙烯腈	PAN
聚四氟乙烯	PTFE
聚丙烯	PP
聚三氟氯乙烯	PCTFE
上述材质增强型	*P

17.4.2.3　结构形式代号

膜组件分为柱式和帘式。柱式结构形式代号为 C，帘式结构形式代号为 F。

型号示例如下。

示例 1：UFS-HF-5×105-36-PVDF-C

表示：浸没式超滤，中空纤维式，切割分子量为 5×10^5 道尔顿，组件有效膜面积为 $36m^2$，膜材质为 PVDF，柱式膜组件。

示例 2：UFS-HF-105-35-PVC*P-F

表示：浸没式超滤，中空纤维式，切割分子量为 10^5 道尔顿，组件有效膜面积为 $35m^2$，膜材质为增强型 PVC，帘式膜组件。

17.4.3　外形尺寸

17.4.3.1　柱式膜组件

柱式膜组件结构如图 17-3 所示。

外形尺寸包括外径、长度和接口外径（包括连接方式），柱式膜组件常用规格尺寸可按表 17-6 确定。

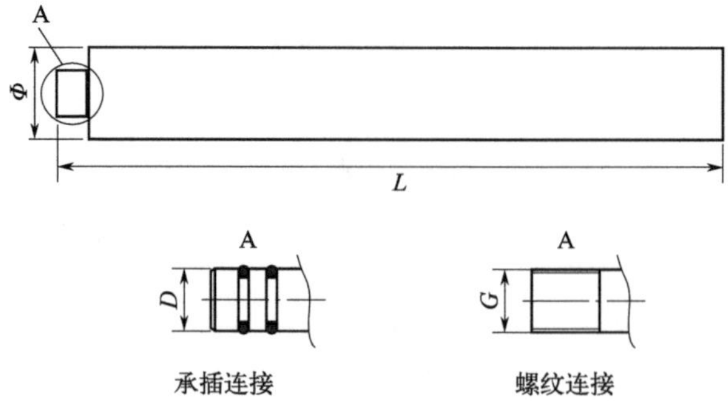

图 17-3　柱式膜组件尺寸图

注：Φ 为外径，mm；L 为长度，mm；D（G）为接口外径，mm。连接形式为螺纹连接或承插连接。

表 17-6　柱式膜组件常用规格尺寸

序号	规格 [$\Phi \times L \times D$（G）]/mm	允许偏差 /mm		
		Φ	L	D（G）
1	160×1800×76	±1.0	±3.0	±0.5
2	127×2220×40	±1.0	±3.0	±0.5
3	127×1745×40	±1.0	±3.0	±0.5

17.4.3.2　帘式膜组件

帘式膜组件结构如图 17-4 所示。

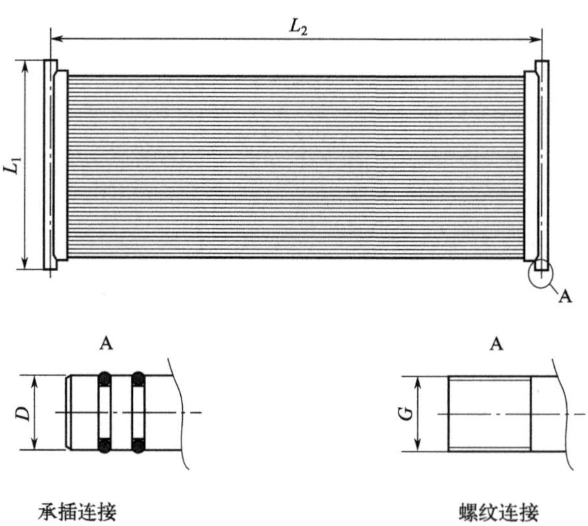

图 17-4　帘式膜组件尺寸图

注：L_1 为集水管长度，mm；L_2 为集水管中心距，mm；D（G）为集水管接口外径，mm。连接形式为螺纹连接或承插连接。

外形尺寸指集水管长度、集水管中心距和集水管接口外径，帘式膜组件常用规格尺寸可按表 17-7 确定。

表 17-7 帘式膜组件常用规格尺寸

<table>
<tr><th rowspan="2">序号</th><th rowspan="2">规格
[D（G）×L_1×L_2]/mm</th><th colspan="3">允许偏差 /mm</th></tr>
<tr><th>D（G）</th><th>L_1</th><th>L_2</th></tr>
<tr><td>1</td><td>40×568×2000</td><td>±0.5</td><td>±1.0</td><td>±5.0</td></tr>
<tr><td>2</td><td>40×534×2000</td><td>±0.5</td><td>±1.0</td><td>±5.0</td></tr>
<tr><td>3</td><td>40×720×2000</td><td>±0.5</td><td>±1.0</td><td>±5.0</td></tr>
</table>

17.4.4 性能参数

超滤膜元件规格、型号、性能参数、测试条件及使用条件均应参考厂家提供的技术手册，市场某膜元件规格与性能参数见表 17-8，温度校正系数见表 17-9。

表 17-8 某超滤膜组件性能参数一览

<table>
<tr><td rowspan="3">规格</td><td colspan="2">膜材质</td><td>PVC 合金</td></tr>
<tr><td colspan="2">有效膜面积 /m²</td><td>40</td></tr>
<tr><td colspan="2">公称孔径 /μm</td><td>0.01</td></tr>
<tr><td rowspan="4">性能</td><td rowspan="2">膜丝孔径</td><td>内径 /mm</td><td>1.0</td></tr>
<tr><td>外径 /mm</td><td>1.6</td></tr>
<tr><td rowspan="2">过滤通量（25℃）</td><td>最高 /[L/(m²•h)]</td><td>200</td></tr>
<tr><td>最低 /[L/(m²•h)]</td><td>50</td></tr>
<tr><td rowspan="4">耐药测试</td><td colspan="2">次氯酸钠</td><td>通常 500 ～ 1000mg/L；最大 5000mg/L（≤ 40℃）</td></tr>
<tr><td colspan="2">盐酸</td><td>通常 0.5%；最大 3%（≤ 40℃）</td></tr>
<tr><td colspan="2">柠檬酸</td><td>通常 0.5%；最大 3%（≤ 40℃）</td></tr>
<tr><td colspan="2">氢氧化钠</td><td>通常 0.5%；最大 4%（≤ 40℃）</td></tr>
<tr><td rowspan="6">使用条件</td><td colspan="2">最高进水压力 /kPa</td><td>300</td></tr>
<tr><td colspan="2">进水流量 /（m³/h）</td><td>2 ～ 11</td></tr>
<tr><td colspan="2">进水温度 /℃</td><td>0 ～ 40</td></tr>
<tr><td colspan="2">进水 pH 值范围</td><td>3 ～ 10</td></tr>
<tr><td colspan="2">化学清洗时进水 pH 值范围</td><td>1 ～ 13</td></tr>
<tr><td colspan="2">最高跨膜压差 /kPa</td><td>120</td></tr>
</table>

表 17-9 某超滤膜组件温度校正系数

水温 /℃	温度校正系数	水温 /℃	温度校正系数	水温 /℃	温度校正系数
2	0.544	7	0.615	12	0.726
3	0.559	8	0.628	13	0.739
4	0.572	9	0.648	14	0.754
5	0.587	10	0.670	15	0.782
6	0.600	11	0.698	16	0.796

续表

水温 /℃	温度校正系数	水温 /℃	温度校正系数	水温 /℃	温度校正系数
17	0.810	25	1.000	33	1.207
18	0.838	26	1.020	34	1.229
19	0.866	27	1.048	35	1.257
20	0.880	28	1.076	36	1.276
21	0.908	29	1.104	37	1.304
22	0.936	30	1.132	38	1.341
23	0.963	31	1.159	39	1.369
24	0.978	32	1.187	40	1.397

17.4.5 产品价格

目前，随着超滤市场的日益增长，超滤膜元件生产规模随即增长，伴随着国产品牌的崛起，市场价格趋低。根据市场评估情况，国产超滤膜组件价格约为 6000 元 / 支，最终价格也会随经销商、采购规模等而有波动。

17.4.6 选型指南

17.4.6.1 选型流程

超滤膜材料及组件选型流程如图 17-5 所示。

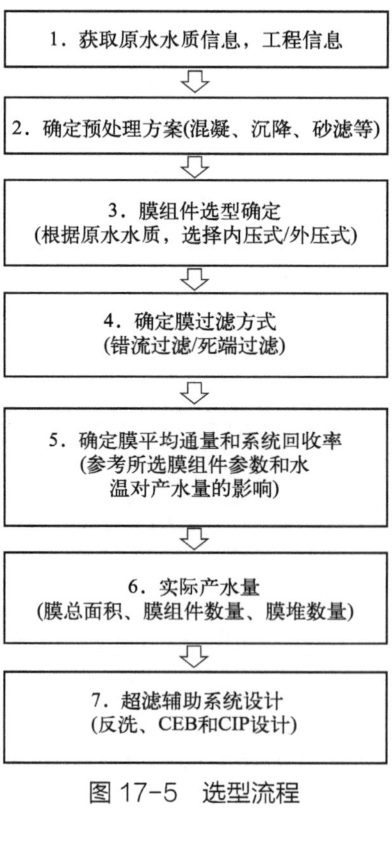

图 17-5 选型流程

17.4.6.2　压力式膜组件选型

① 压力式膜处理系统的主要工艺设计参数应通过试验或参照相似工程的运行经验确定。

② 膜组的数量应结合工程规模综合考虑后确定，并应符合下列要求：a. 满足各种设计工况条件下膜系统的通量和跨膜压差不宜大于最大设计通量和最大跨膜压差；b. 膜组数量不宜小于 4 组。

③ 压力式超滤膜通量设计导则见表 17-10。

表 17-10　压力式超滤膜通量设计导则

工艺参数	自来水（NTU<1）	地下水（NTU<3）	地表水（NTU<3）	地表水（NTU<10）
典型通量 /[L/(m^2·h)]	70 ～ 85	70 ～ 85	65 ～ 75	50 ～ 70
产水周期 /min	30 ～ 45	30 ～ 45	30 ～ 45	30 ～ 45
顺冲时间 /s	10 ～ 20	10 ～ 20	20 ～ 30	20 ～ 30
反洗时间 /s	20 ～ 30	20 ～ 30	20 ～ 30	30 ～ 40
维护性清洗	选用	选用	必用	必用

注：表中数据为 25℃水温条件，数据仅供参考，具体设计前可通过与厂家技术人员讨论后确定。

④ 设计跨膜压差建议＜ 0.08MPa，最大设计跨膜压差建议不大于 0.10MPa。

⑤ 预过滤器的过滤精度宜为 150 ～ 500μm，且备用台数不应小于 1 台。

⑥ 物理清洗周期宜＞ 30 min，清洗历时宜为 1 ～ 3min。

⑦ 气冲洗和水反洗强度按照不同产品的建议值并结合水质条件确认。

⑧ 反洗水泵与鼓风机备用台数不应小于 1 台。

⑨ 维护性清洗的周期不宜小于 1 周，恢复性清洗的周期不宜小于 3 个月。

⑩ 化学药剂的储存量不应小于 1 次化学清洗所需的用药量，其中次氯酸钠的储存天数不宜大于 1 周。

⑪ 完整性检测用气的压力参考各品牌建议值，最大用气压力不应该导致膜破损。

17.4.6.3　浸没式膜组件选型

① 浸没式膜处理系统的主要工艺设计参数应通过试验或参照相似工程的运行经验确定。

② 膜组的数量应结合工程规模综合考虑后确定，并应符合下列要求：a. 满足各种设计工况条件下膜系统的通量和跨膜压差不宜大于最大设计通量和最大跨膜压差；b. 膜组数量不宜小于 4 组。

③ 浸没式超滤膜通量设计导则见表 17-11。

表 17-11　浸没式超滤膜通量设计导则

工艺参数	自来水（NTU<1）	地下水（NTU<3）	地表水（NTU<3）	地表水（NTU<10）
典型通量 /[L/(m^2·h)]	30 ～ 35	30 ～ 35	25 ～ 30	20 ～ 25
产水周期 /min	90 ～ 120	90 ～ 120	60 ～ 90	45 ～ 60
反洗时间 /s	30 ～ 60	30 ～ 60	60 ～ 90	60 ～ 90
维护性清洗	选用	选用	必用	必用

④ 设计跨膜压差建议小于 0.05MPa，最大跨膜压差建议不大于 0.06MPa。

⑤ 物理清洗周期建议大于 60min，清洗历时宜为 1 ～ 3min。

⑥ 空气擦洗强度按膜池内膜箱或膜组件投影面积计建议为 40 ～ 80m³/(m²·h)，水冲洗强度建议为 30 ～ 80L/(m²·h)。

⑦ 清洗水泵与鼓风机备用台数应大于 1 台。

⑧ 维护性清洗的周期不宜小于 1 周，恢复性清洗的周期不宜小于 3 个月。

⑨ 化学药剂的储存量不应小于 1 次化学清洗所需的用药量，其中次氯酸钠的储存天数不宜大于 1 周。

⑩ 完整性检测用气的压力参考各品牌建议值，最大用气压力不应该导致膜破损。

17.5 运输储存

17.5.1 储存

新膜组件可放置在通风干燥、清洁、无腐蚀、无污染、远离冷热源的室内，储存环境温度控制在 0 ～ 40℃范围内。短暂的室外转运放置时须在指定区域，有相应的支撑和保护，避风、避免太阳直晒和过热。

新膜组件出厂时已用保护剂进行处理并密封，在满足以上储存条件下，最长可以存1年。超过 1 年期限时，必须更换指定的保护液。

短期停用时（＜ 7d），需先进行物理清洗，必要时可进行化学加强反洗。清洗后，注入 1% 焦亚硫酸钠溶液，关闭进出口阀门保存。

长期停用时（＞ 7d），需先进行物理清洗，并进行化学加强反洗，然后注入 1% 焦亚硫酸钠溶液，关闭进出口阀门保存。每月检查一次保护液的 pH 值，如果 pH ＜ 3 时应及时更换保护液。

在停运期间，确保膜组件内充满保护液，避免膜丝脱水变干，造成不可逆的损坏。同时，必须防止膜组件内冻结。

17.5.2 运输

膜组件出厂时内有防止微生物滋生和防止膜丝脱水变干的保护液。

膜组件运输过程中，要注意防潮、防暴晒、防重压，避免剧烈的撞击、颠簸，严禁倒置，运输环境温度为 0 ～ 40℃。

运输过程中需保证包装完好。运输车辆和吊车的选择，参考各厂家提供的产品技术参数。

17.6 运行维护

17.6.1 运行管理

① 膜处理系统的运行管理人员应熟悉系统与设备的工作原理，并能熟练运用专用的维护

设备和器具。

② 膜处理系统正常运行的启动应符合下列要求：a. 启动前应检查阀门、管路及设备能否正常运转，确认后启动膜处理系统；b. 膜处理系统启动后，应逐渐加大供（出）水泵的频率和出水阀的开度。

③ 膜处理系统正常运行的停止应符合下列要求：a. 应先停系统出水，后停系统进水；b. 应逐渐降低供（出）水泵的频率或出水阀的开度，直至泵完全停止和阀门完全关闭。

④ 膜处理系统正常运行的物理清洗应符合下列要求：a. 自动运行状态下的物理清洗应按自控系统预先设定的程序自动进行；b. 人工强制清洗时，应依次逐个膜架（膜池）进行，并应按规定的操作步骤操作。

⑤ 膜处理系统正常运行的化学清洗应符合下列要求：a. 清洗时机和周期应根据水质和系统主要运行状态综合分析后确定，其中维护性清洗的周期可预先设定自动控制进行，恢复性清洗的周期应人为确定，并不宜在低温季节进行；b. 化学清洗之前应先进行物理清洗；c. 应依次逐个膜架（膜池）进行清洗，清洗的过程应按自控系统预先设定的程序自动进行；d. 清洗过程中应定期监测药剂浓度是否满足要求，不满足时应及时增加药量；e. 清洗完成后，应对清洗部件上系统重启后可能污染出水的污染物进行彻底的物理清洗；f. 化学清洗及其结束后的物理清洗过程中的所有废液应排入化学处理池处理或集中外运处理，不得排入其他排水系统或回用。

⑥ 膜处理系统正常运行过程中应对水质和系统主要运行状态进行实时监测和记录，并应对监测项目进行综合分析，按需调整系统自动运行参数和维护计划。

⑦ 进行综合分析的监测项目至少应包括下列项目：a. 总进水温度、浊度和流量；b. 总出水浊度、颗粒数和流量；c. 每个膜架（膜池）的跨膜压差和出水浊度；d. 物理清洗的水量、气量和历时；e. 每个膜池的排水周期、流量和历时（物理清洗时不采用每次同时排水方式的）；f. 化学清洗的药量、浓度和历时。

⑧ 根据综合分析需调整的系统自动运行参数至少应包括下列参数：a. 总进水流量；b. 物理清洗周期和历时；c. 每个膜池的排水周期和历时（物理清洗时不采用每次同时排水方式的）；d. 维护性化学清洗周期、药量、浓度和历时。

⑨ 根据综合分析需调整的系统维护计划至少应包括下列内容：a. 维护性化学清洗周期、药量、浓度和历时；b. 恢复性化学清洗周期、药量、浓度和历时。

17.6.2　维护

① 膜处理系统的维护应包括膜系统完整性检测、膜组件更换和破损丝的封堵修复以及管道、其他配套机电设备与土建构筑物的维护与保养。

② 膜系统完整性检测与维护应符合下列规定：a. 运行过程中应每月进行一次膜系统的完整性检测，当某个膜架（膜池）出水浊度或整个处理系统出水颗粒物计数超出规定值时应进行完整性检测；b. 完整性检测应逐个膜架（膜池）进行；c. 完整性检测之前被检测的膜架（膜池）应停止运行；d. 完整性检测时，每个膜架上除了水阀处于开启状态外，其他阀门应处于关闭状态，且膜组件应充分浸润；e. 完整性检测时，每个膜池内水位应没过膜组件 10cm，且膜池的所有阀门应处于关闭状态；f. 完整性检测可采用压力衰减法检测、泄漏检测或两种方法相结合的方法进行；g. 应将完整性检测确定的破损膜组件或膜箱拆除，移出膜架（膜池）

做进一步的膜丝破损比例和位置的检测，破损膜组件或膜箱的拆卸应在相关膜架（膜池）停止运行和膜组件（膜池）中的存水排放干净后进行，并应采用专用工具拆卸。

③ 膜组件的更换。包括：a. 经恢复性清洗后膜通量仍不能达到要求的应更换膜组件；b. 经检测确定膜组件的膜丝破损比例超出膜组件供应商规定的允许继续使用比例时应更换膜组件；c. 膜组件的更换应在相关膜架（膜池）停止运行和膜组件中的存水排放干净后进行；d. 膜组件的更换应采用专用工具和材料。

④ 膜组件破损膜丝的封堵修复。包括：a. 经检测确定膜组件的膜丝破损比例未超出膜组件供应商规定的允许继续使用比例时可对膜组件破损膜丝进行封堵修复；b. 膜组件破损膜丝的封堵修复应按膜组件供应商规定的操作要求进行，并采用专用材料。

17.7 注意事项

17.7.1 温度影响

水的黏度会随着温度的升高而降低，在给定的工作压力下，产水量增加；反之，产水量减少。因此即使同一超滤膜系统在冬天和夏天产水量的差异也是很大的。超滤膜通量随温度变化的校正系数参阅各个厂家的温度校正系数表，根据此表可以查出对应的校正系数。

示例：假设 25℃下的设计通量为 60 L/(m^2·h)，实际运行中的液体水温为 10℃，要求计算压差不变的情况下 10℃下的通量。

计算：

查 A 厂家附录表得 10℃下超滤膜组件通量的温度校正系数为 1.35。

则 10℃下的通量：60L/(m^2·h)÷1.35=44.44L/(m^2·h)。

17.7.2 膜污染控制

超滤膜污染的特性与水中污染物的物理、化学、微生物性质密切相关，可分为无机污染、有机污染和微生物污染。在超滤的应用过程中很难完全避免产生膜的污染，但是可以通过对不同的膜污染情况来采取相应的措施减小膜的污染程度。

（1）物理清洗

在运行过程中，进水中的颗粒物会逐渐累积在膜的外表面，从而使过滤系统的跨膜压差增加，超滤系统要停止过滤，进行周期性的反洗。

反洗过程中一方面将超滤产水反向透过中空纤维膜，同时在浸没式膜堆底部通过气冲擦洗中空纤维膜丝表面去除沉积物，反洗结束后将膜池中的液体排到废液池或污水管。

（2）化学清洗

超滤膜长期运行后，膜表面和膜丝内部积累的污染物通过正常的气水反洗不能很好地去除，此时就需要进行清洗。清洗又分为维护性清洗和恢复性清洗。

1）维护性清洗

维护性清洗是通过化学药剂浸泡的方式清除超滤膜表面污染物，达到延长恢复性清洗周期的工艺过程。维护性清洗频率根据产生的污染物频繁情况而定。其所使用的化学药剂种类根据原水水质可能产生的污垢进行选用，一般使用的化学药剂为次氯酸钠、氢氧化钠和酸等。根据所使用的化学药剂不同，维护性清洗一般分为针对由于原水中生物及有机物引起的污染的 NaClO 维护性清洗（200 ～ 500mg/L NaClO）和 NaOH 维护性清洗（0.5% NaOH）、针对由于原水中铁和铝的胶体或者无机结垢类污染的酸维护性清洗（0.5% 盐酸或者 0.5% 柠檬酸）。

2）恢复性清洗

当超滤膜采用多次常规反洗或者维护性清洗仍不能使膜通量恢复到设计值时，此时就需要对超滤膜进行恢复性清洗。对于药剂的选取，取决于膜表面的污染物种类。针对不同的污染物，选择相应的清洗方法和药剂才能达到有效清洗效果。

常见的超滤膜污染与相应使用的化学清洗药液为：有机污染，采用 0.5% ～ 2% 氢氧化钠（NaOH）溶液；生物污染，采用 500 ～ 2000mg/L 次氯酸钠（NaClO）溶液；无机污染，采用 0.5% ～ 2% 盐酸（HCl）溶液、0.5% ～ 2% 柠檬酸溶液。

恢复性清洗系统主要包括化学清洗箱、化学清洗泵以及清洗过滤器。

① 化学清洗箱。根据单支超滤膜组件内部的液体容积、单套超滤膜装置的膜组件总数量以及清洗管道内的液位容积，计算得到单套超滤膜装置进行恢复性清洗所需的化学清洗溶液的总量，作为化学清洗箱的容积。

② 化学清洗泵。按照每支超滤膜组件 1 ～ $3m^3/h$ 的清洗液循环流量以及单套超滤膜装置的膜组件数量，计算得到化学清洗泵的设计流量。同时，泵的过流部件材质应为不锈钢或其他防腐材料。

③ 清洗过滤器。清洗过滤器流量可按照化学清洗泵流量选取，材质为不锈钢或其他防腐材料。

第 18 章 纳滤膜元件

18.1 产品概述

纳滤膜（nanofiltration membranes）是 20 世纪 80 年代末期问世的一种新型分离膜，其截留分子量介于反渗透膜和超滤膜之间，截留有机物的分子量为 200 ～ 800，截留溶解盐类的能力为 20% ～ 98% 之间，孔径在 1nm 以上，一般为 1 ～ 2nm，故称之为“纳滤”。

纳滤膜是一种新型膜，具有荷电性，可通过静电斥力排斥与膜上电性相同的离子并吸附电性相反的离子。这种荷电效应和纳米级孔径的筛分效应使其对二价、高价离子以及分子量大于200的有机物具有很好的截留作用，同时，纳滤膜的工作压力一般介于0.5～1.5MPa间，具有运行成本低和安全性能高的优点。目前，纳滤膜已经逐渐应用于市政给水处理领域，并在保障饮用水安全方面发挥着越来越重要的作用。

18.2 产品分类

目前，国内外所采用的纳滤膜制备方法主要有界面聚合法、相转化法、表面接枝技术、化学交联法、层层组装法等，其中界面聚合法和相转化法已用于工业化生产。

纳滤膜的分类按形式分为中空纤维、管式和平板式。纳滤膜元件按照形式分类，主要有中空纤维式、卷式、板框式和管式等。其中，中空纤维式和卷式膜元件的填充密度高，造价低，元件内流体力学条件好；但是这两种膜元件的制造技术要求高，密封困难，使用中抗污染能力差，对预处理要求高。而板框式和管式膜元件虽然清洗方便、耐污染，但膜的填充密度低、造价高。因此，在纳滤系统中多使用卷式膜元件或中空纤维式元件，其中市政给水行业均以卷式纳滤膜元件为主（图 18-1）。

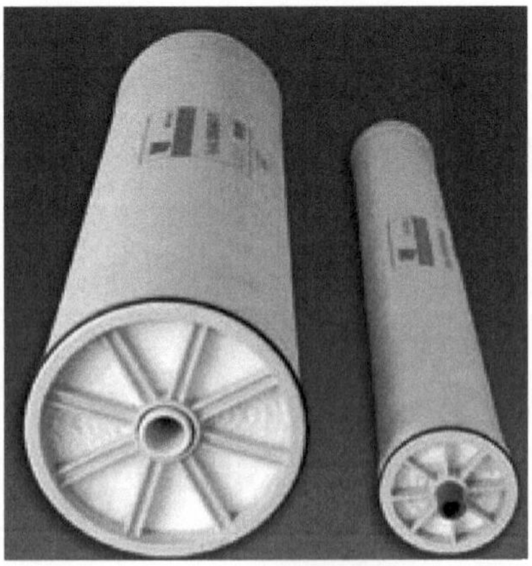

图 18-1　卷式纳滤膜元件

以下重点介绍卷式纳滤膜元件应用相关技术内容。

18.3　产品相关标准

纳滤膜元件标准体系表见表 18-1。

表 18-1　标准体系表

标准类型	具体标准
基础标准	《用于微滤、超滤、纳滤和反渗透膜处理的标准术语》（ASTM D6161–2005） 《膜分离技术　术语》（GB /T 20103—2006） 《膜组件及装置型号命名》（GB /T 20502—2006） 《家用和类似用途饮用水处理装置用纳滤膜元件》（T/CAQI 16—2016） 《家用和类似用途节水型纳滤净水器》（T/CAQI 49—2018）
通用标准	《反渗透装置和纳米过滤装置操作特性的标准试验方法》[ASTM D4194–03(2014)] 《反渗透和纳滤系统记录保持标准指南》[ASTM D4472–08(2014)] 《卷式反渗透和纳滤膜》（Q/EM 002—2012） 《纳滤膜测试方法》（GB/T 34242—2017） 《纳滤装置》（HY/T 114—2008） 《纳滤膜及其元件》（HY/T 113—2008）
专用标准	《反渗透和纳滤装置中渗漏检测的标准操作规程》[ASTM D3923–08(2014)] 《塑料、薄膜和薄板　电晕处理薄膜的水接触角的测量》（ISO 15989:2004） 《精细陶瓷（高级陶瓷，高级工业陶瓷）　半导体光催化材料的自清洁性能的测试方法　水接触角的测定》（ISO 27448:2009） 《保护文化财产 测试方法 测定静态接触角》（BS EN 15802:2009） 《纳滤膜表面 Zeta 电位测试方法　流动电位法》（GB/T 37617—2019） 《家用反渗透及纳滤膜元件耐氯性测试方法》（GB/T 38908—2020） 《反渗透和纳滤装置渗漏检测方法》（GB/T 37200—2018）
技术手册	《FilmTec™ 反渗透和纳滤膜元件产品与技术手册（2020 版）》 《美国海德能公司反渗透和纳滤产品技术手册（2015 版）》 《东丽膜产品技术手册——反渗透和纳滤（2016 版）》 《湖南沁森高科反渗透和纳滤膜产品选型技术手册（2019 版）》 《反渗透膜元件产品技术支持与服务手册（2016 版）》

（1）国际相关标准

① 国际标准主要是针对相关产品的检测方法。ASTM D6161–2005 Standard terminology used for microfiltration, ultrafiltration, nanofiltration and reverse osmosis membrane processes，即《用于微滤、超滤、纳滤和反渗透膜处理的标准术语》。ASTM D3923–08(2014) Standard practices for detecting leaks in reverse osmosis and nanofiltration devices，即《反渗透和纳滤装置中渗漏检测的标准操作规程》。ASTM D4472–08(2014) Standard guide for recordkeeping for reverse osmosis and nanofiltration systems，即《反渗透和纳滤系统记录保持标准指南》。

②《反渗透装置和纳米过滤装置操作特性的标准试验方法》[ASTM D4194–03(2014)]，除了规定纳滤设备的具体操作方法外，还提出了测试过程中的具体操作条件。另外，在该标准中还提出了产水流速和盐水透过率测试方法精度的计算方法。

③ ISO 15989:2004 Plastics-film and sheeting - Measurement of water-contact angle of coronatreated films，即《塑料、薄膜和薄板　电晕处理薄膜的水接触角的测量》，该标准规定了一种测量在经过电晕处理的聚合物薄膜表面上水滴接触角的方法，并可确定薄膜的润湿张力。该方法实际适用于任何聚合物薄膜。但不适用于表面具有亲水性薄膜的测试。

④ ISO 27448: 2009 Fine ceramics（advanced ceramics，advanced technical ceramics）- Test method for self-cleaning performance of semiconducting photocatalytic materials - Measurement of water contact angle，即《精细陶瓷（高级陶瓷，高级工业陶瓷）　半导体光催化材料的自清洁性能的测试方法　水接触角的测定》，规定了一种用于测定材料的自清洁性能的测试方法，这些材料通常是由半导体金属氧化物（例如二氧化钛）制成，这些材料的表面含有光催化剂或具有光催化膜，该方法用于测量紫外线照射下的水接触角。

（2）国内相关标准

①《膜分离技术　术语》（GB/T 20103—2006）标准界定了膜分离技术领域的术语，即电渗析、反渗透、纳滤、超滤、微滤、气体膜分离及其他膜分离过程中的常用术语；适用于膜与膜材料、膜组件、各种溶液、气体分离及其他膜分离过程中涉及的术语。

②《膜组件及装置型号命名》（GB/T 20502—2006）标准规定了膜组件及装置型号的命名规则；适用于反渗透、纳滤、超滤、微滤和气体分离膜组件的命名；适用于反渗透、纳滤、超滤、微滤和气体分离膜、电渗析和电去离子装置的命名。

③《纳滤膜及其元件》（HY/T 113—2008）标准规定了纳滤膜及其元件的分类与型号、要求、检测、检验规则、标志、包装、运输与储存；适用于纳滤膜及其元件的生产、验收、检验。技术要求规定了在标准条件下纳滤膜对于一价离子及二价离子的水通量和脱除率，脱盐率可按重量法或电导率法测量。一价离子以 500mg/L 的 NaCl 为测试液，脱除率不应小于 30%；二价离子以 2000mg /L 的 $MgSO_4$ 为测试液，脱除率不应小于 90%。

④《纳滤膜测试方法》（GB/T 34242—2017）标准规定了纳滤膜厚度均匀性、水通量、离子脱除率、低分子量有机物脱除率、耐酸碱性能的测试方法；适用于平板纳滤膜的测试，其他形式的纳滤膜可参考执行。

⑤《反渗透和纳滤装置渗漏检测方法》（GB/T 37200—2018）标准规定了反渗透或纳滤装置整体渗漏检测、膜组件渗漏检测和膜组件内渗漏点的检测方法；适用于以脱盐为目的的市政及工业水处理系统中安装有卷式膜元件的反渗透或纳滤装置的渗漏检测，安装其他类型的反渗透和纳滤膜元件的装置可参照执行。

⑥《纳滤装置》（HY/T 114—2008）标准规定了纳滤装置的要求、试验方法、检验规则、标志、包装、运输和储存；适用于水质软化等应用领域的纳滤装置的制造、出厂检验和型式检验。

⑦《纳滤膜表面 Zeta 电位测试方法　流动电位法》（GB/T 37617—2019）标准规定了流动电位法测试纳滤膜表面 Zeta 电位的原理、仪器、条件及步骤；适用于平板式纳滤膜表面 Zeta 电位的测试，其他平板膜、管式膜以及外压中空纤维膜 Zeta 电位的测试可以参考使用。

⑧《家用反渗透及纳滤膜元件耐氯性测试方法》（GB/T 38908—2020）标准规定了家用反渗透和纳滤膜元件的耐氯性测试的原理、试剂、仪器设备、测试步骤、数据处理和测试报告；适用于各种型号的家用反渗透及纳滤膜元件的耐氯性测试，其他反渗透及纳滤膜元件的耐氯性测试可参考执行。

⑨《家用和类似用途饮用水处理装置用纳滤膜元件》（T/CAQI 16—2016）标准规定了家

用和类似用途饮用水处理装置用纳滤膜元件的术语和定义、命名、技术要求、试验方法、检验规则和标志、包装、运输、储存。

⑩《家用和类似用途节水型纳滤净水器》（T/CAQI 49—2018）标准规定了家用和类似用途纳滤净水器的范围、术语和定义、技术要求和试验方法；适用于以市政自来水或其他集中式供水为原水，以纳滤膜为主要净化单元，供家用和类似用途的使用的饮用水处理装置。

（3）相关的膜元件产品与技术手册

以陶氏膜和沁森膜为例。

①《FilmTec™ 反渗透和纳滤膜元件产品与技术手册（2020 版）》：该技术手册包括了公司概况；产品特点和性能规范，包括产品概述、用途、选型指南、测试条件及温度校正系数等；膜元件的发展历史、原理与影响因素等；水化学与预处理，包括结垢控制、预防结垢、预防胶体和颗粒污堵、预防生物污染等的措施；系统设计与设计软件，包括单段或多段系统、设计导则、系统性能预测、系统主要部件（离心泵、阀门、水箱等）；安装与操作，包括装卸元件、系统操作管理等；清洗与消毒，包括清洗的药剂及设备、步骤，并且包含特殊污染物的清洗；保存与运输；故障排除；应用技术文献等。

②《湖南沁森高科反渗透和纳滤膜产品选型技术手册（2019 版）》：该技术手册主要包括该公司产品的类型及应用领域、不同系列膜元件性能、技术规格确认书、设计提示、进水水质要求、温度校正系数、安装及系统运行维护、工程实例、包装与保存、常见故障分析与处理建议等。

18.4 产品选择

18.4.1 型号命名

卷式纳滤膜元件，由纳滤膜片、进水格网、产水格网围绕产水中心管卷制，并与端盖、外壳封装而成膜分离单元。卷式纳滤膜元件的型号命名由分类代码、外形尺寸、产水量、分类四部分组成。分类代码由英文字母“NF”表示；膜元件外形尺寸、产水量、分类以阿拉伯数字表示。见图 18-2。

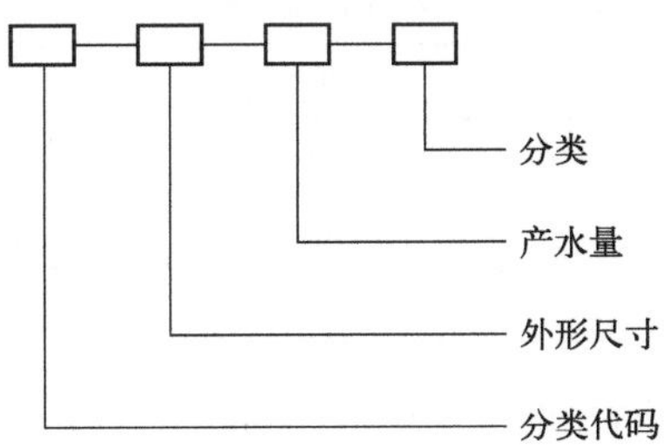

图 18-2　纳滤膜元件型号示意

膜元件外形尺寸以 4 位数字表示，其中前两位表示外径，其值为以英寸（in，1in=2.54cm）为单位表示的外径数值的 10 倍值；后两位表示长度尺寸，其值为以英寸（in）为单位表示的长度数值（取整数）。

膜元件产水量表示在规定测试条件下的产水量，单位为 m^3/d。

膜元件分类表示在规定测试条件下的性能分类，以数字 1 或 2 表示，见表 18-2。

表 18-2　8040 型纳滤膜元件性能指标

纳滤膜种类	产水量 /(m^3/d)	脱除率 /%		
		总硬度	硫酸盐	总有机碳
1 类	≥ 45	＜ 90	≥ 95	≥ 80
2 类	≥ 38	≥ 90		

示例：NF-8040-40-1，“NF”表示生活饮用水处理用纳滤膜元件，“8040”表示膜元件外径为 201mm（8in）、长度为 1016mm（40in），“40”表示膜元件产水量为 $40m^3/d$，“1”表示膜元件性能属于 1 类。

18.4.2 外形尺寸

常用纳滤膜元件外形尺寸示意见图 18-3，市场某膜元件具体尺寸见表 18-3。8040 型纳滤膜元件外形尺寸及尺寸偏差，长度 A 为$1016mm^{+0.5mm}_{-0.5mm}$，膜元件外径 B 为$200mm^{+2.0mm}_{-2.0mm}$。

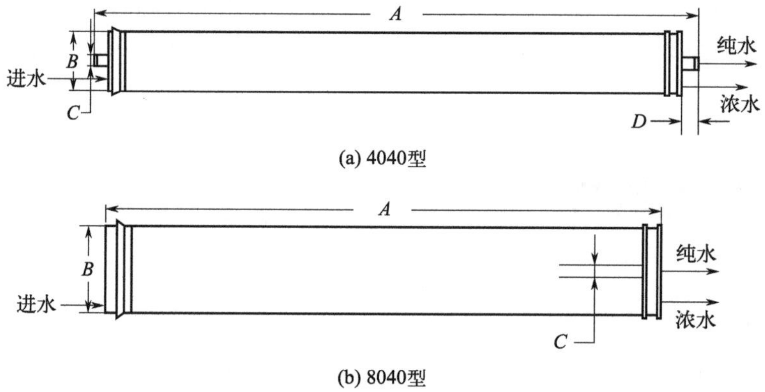

图 18-3　纳滤膜元件外形尺寸示意

A—膜元件长度，mm；*B*—膜元件外径，mm；*C*—产水管外径，mm；*D*—产水管长度，mm

表 18-3　常用纳滤膜元件外形尺寸　　单位：mm

参数	8040 型	4040 型
A	1016	1016
B	201	99
C	28.6	19.0
D	—	26.5

18.4.3 性能参数

膜元件规格、型号、性能参数、测试条件及使用条件均应参考厂家提供的技术手册，市场某 4040 型膜元件规格与性能参数见表 18-4。

表 18-4　某 4040 型膜元件性能参数一览表

规格	膜材质		芳香族聚酰胺复合材料	
	有效膜面积 /ft^2		85	
性能	脱盐率 /%	平均	$MgSO_4$ 97	NaCl 90
		最低	$MgSO_4$ 92	NaCl 80
	产水量	gpd	2200	1952
		m^3/d	8.3	7.4
测试条件	测试溶液		500mg/L $MgSO_4$ 溶液	500mg/L NaCl 溶液
	操作压力 /psi（MPa）		80（0.55）	75（0.5）
	测试液温度 /℃		25	
	单支膜元件回收率 /%		15	
	测试液 pH 值		6.5 ～ 7.5	
使用条件	最高操作压力 /psi（MPa）		600（4.16）	
	最高进水流量 /gpm (m^3/h)		16（3.6）	
	最高进水温度 /℃		45	
	进水 pH 值范围		3.0 ～ 10.0	
	进水最高浊度 /NTU		1.0	
	进水最高 SDI（15 min）		＜ 5	
	最高进水自由氯浓度 /（mg/L）		＜ 0.1	
	单支膜元件上浓缩水与透过水量的最小比例		5∶1	
	单支膜元件最高压力损失 /psi（MPa）		10（0.07）	

注：1psi=0.00689MPa，1ft=0.3048m。

进水压力、温度、盐浓度、pH 值及回收率等运行参数均对膜产水量和脱盐率产生影响，具体可查阅生产厂家产品手册中提供的相应性能曲线或温度校正系数表。市场某纳滤膜不同压力下产水量及脱盐率性能曲线见图 18-4，温度校正系数表见表 18-5。

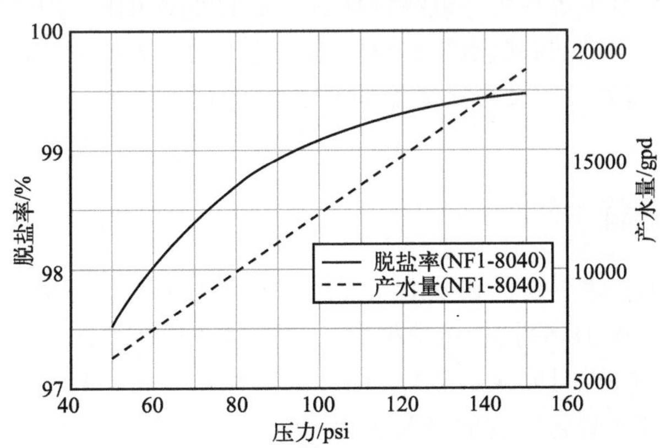

(a)

图 18-4

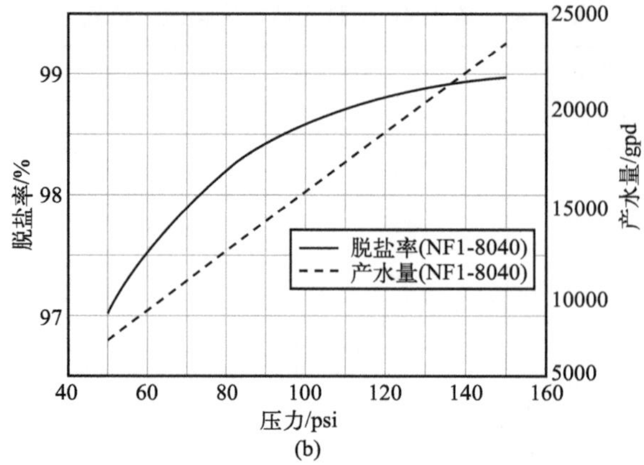

图 18-4　不同进水压力对膜产水量和脱盐率的影响

表 18-5　某纳滤膜元件温度校正系数表

温度 /℃	+0.0	+0.1	+0.2	+0.3	+0.4	+0.5	+0.6	+0.7	+0.8	+0.9
5	2.014	2.007	2.000	1.993	1.986	1.979	1.972	1.965	1.958	1.951
10	1.690	1.685	1.679	1.673	1.667	1.661	1.655	1.650	1.644	1.638
15	1.419	1.414	1.409	1.404	1.399	1.394	1.390	1.385	1.380	1.375
20	1.191	1.187	1.183	1.179	1.175	1.171	1.166	1.162	1.158	1.154
25	1.000	0.997	0.993	0.990	0.986	0.983	0.979	0.976	0.972	0.969
30	0.839	0.837	0.834	0.831	0.828	0.825	0.822	0.819	0.816	0.813
35	0.705	0.702	0.700	0.697	0.695	0.692	0.690	0.688	0.685	0.683

注：某温度下实际产水量 =25℃下的标准产水量 / 该温度下的校正系数。

18.4.4　产品价格

目前，随着纳滤膜需求的增长、生产规模的增大，膜元件价格日趋降低。根据市场需求情况，进口水处理用纳滤 / 反渗透膜元件（8in）为 5000 元 / 支左右，膜元件价格与品牌、经销商销售策略、采购规模等相关，最终价格有一定的波动范围。国产膜厂家规模受限，导致生产成本高，但由于中国的制膜水平和材料选择的不同，再加上关税的原因，相比之下国产纳滤膜的价格相对国外进口要低，普通国产水处理用纳滤膜元件（8in）为 4000 元 / 支左右。

18.4.5　选型指南

参照膜生产制造的技术手册，依据进水含盐量、膜系统设计指标、进水水质等相关要求进行纳滤膜产品选型（图 18-5），也可依据膜厂家的设计软件进行产品选型。进水水质一般包含 K^+、Na^+、Mg^{2+}、Ca^{2+}、HCO_3^-、NO_3^-、Cl^-、F^-、SO_4^{2-}、pH 值、水温、SDI 等，根据产水量、回收率等设计要求设定适宜的段前压力，考虑是否调节进水 pH 值、Mg^{2+}、Ca^{2+} 等水质参数以及是否添加化学药剂等因素，进而设定系统级数、段数等信息，综合选定适宜的膜元件及工艺参数。

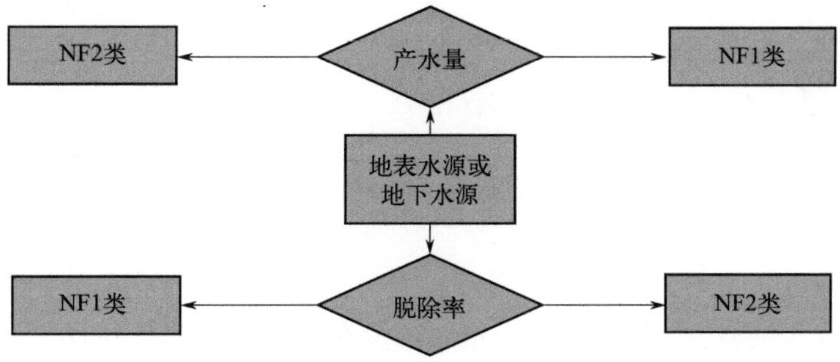

图 18-5　纳滤膜元件选型指南

18.5　运输储存

使用纳滤膜元件必须采取恰当的处理与储存方法防止膜元件在长期储存、运输或系统停运期间微生物的滋生和膜性能的变化。膜元件最好放置在出厂时的原始包装内，仅在系统投运前装入压力容器内。

当使用消毒剂作为膜元件的保护液时，应遵循规定的安全操作规程，配电护目镜，并参阅相关化学品供应商的材料安全参数表。

18.5.1　保护

膜元件出厂时大部分为干式元件，也有少部分是经抽查测试过含有保护液的湿元件，这些经过测试的湿元件保存在 1% 浓度的焦亚硫酸氢钠或亚硫酸氢钠的标准保护液中，它能在元件的储存运输期间起到防止微生物滋生的作用。干元件一般采用单层塑料包装，也不需要任何保护液，在开封使用前必须保证包装密封完好。

膜元件经使用并从压力外壳内取出后，必须按下列方式对元件进行保管才能进行储存或运输：配制 1% 食品级焦亚硫酸氢钠或亚硫酸氢钠标准保护液，优先采用纳滤产水配制上述溶液；将膜元件浸泡在该标准保护液中 1h，元件应垂直放置，以便赶走元件内的空气；然后将元件沥干，放置在能隔绝空气的塑料袋中，建议使用原包装袋。无需在塑料袋中灌入保护液，以防止塑料袋破损引起运输麻烦。在元件塑料袋外面标注元件编号和保护液成分。

18.5.2　再润湿

经过使用之后的膜元件不慎干燥之后，可能出现不可逆水通量下降，可采用以下方式进行元件再润湿：

① 在 50% 乙醇水溶液或丙醇水溶液中浸泡 15min。

② 加压到 10bar（$1bar=10^5Pa$）并将产水口关闭 30min，但应切记在进水压力泄压之前必须先打开出水阀门，该步骤可在元件装入系统内进行，在这种情况下，产水出口关闭时，进水端与浓水端的压差不应大于 0.7bar，否则在浓水端就会出现产水背压，引起膜片的损坏，可将产水出口阀关小，使产水压力接近浓水端压力。

③ 将膜元件浸泡在 1% HCl 或 4% HNO_3 中 1 ～ 100h，元件必须垂直浸泡，以便于排除

元件内的空气。

18.5.3 储存

① 将元件尽可能一直保存在原始的包装内，在温度低于 45℃时干元件的保存时间没有限制。

② 用保护液保存的元件，每 3 个月必须检查一次微生物生长状况，如果保护液发生浑浊或超过 6 个月，应从包装袋中取出元件，重新浸没在新鲜的保护液中 1h，沥干后再重新做密封包装。

③ 如果没有设备进行保存（如新鲜的保护液、清洁的环境或封袋机），元件可在原始的含保护液的袋中最多存放 12 个月，当元件装入压力容器时，启用前则应采用碱性清洗液进行清洗。

④ 保存液 pH 值不可低于 3。当亚硫酸氢钠氧化成硫酸钠时，pH 值会降低，膜元件在低 pH 值储存时脱盐率会受到影响。亚硫酸氢钠保存液的 pH 值每 3 个月至少抽样检测一下，当 pH 值低于 3 时，需更换保存液。

18.5.4 运输

膜元件运输必须按照储存的规定对元件用保护液进行保存，并保证塑料袋不渗漏、元件和保护液已做合适的标识，建议使用原包装中的聚苯乙烯泡沫垫防止膜元件受到机械的损坏，特别是尺寸小于 8in 的元件两端最容易受到机械损坏。膜元件在运输、储存、测试、使用等过程中应禁止触碰、挤压膜片的正面即脱盐层，避免其受到物理损伤后性能下降。

18.5.5 废元件处理

用过的废元件可按照一般市政废物处理，但元件内应不含保护液或其他有毒液体，膜面不存在有毒有害物质。

18.6 安装与拆卸

18.6.1 安装准备

为了记录每支压力容器和膜元件所处的相对位置，首先应设计一张用于辨别压力容器和膜元件安装位置的示意图；在装卸元件的同时，立即在示意图上填写膜元件的系列号（位于膜元件标签上）作为元件编号；标明压力容器和膜元件位置的示意图将有助于跟踪系统中的每一支膜元件的运行情况。

装卸元件前，建议准备橡胶安全靴或防水铁头靴、橡皮手套、甘油润滑剂、防护眼镜、内六角扳手、管钳、剪子、干净的布、能填满压力容器内径的拖把等物品。

仔细检查上游净水管路，并除去管路中可能存在的所有灰尘、油脂、金属碎屑等；如有必要，应对管路和压力容器进行化学清洗，以保证所有的异物均被有效去除。

仔细检查进水水质；在膜元件安装前，用有效的预处理系统产水冲洗膜系统大约 30min，并检查膜系统进水水质是否符合规定，检查管路是否有泄漏。

拆下压力容器的短板和止推环，用净水冲洗已打开的压力容器，有效地去除可能存在的灰尘或沉积物。在使用一个能填满压力容器内径的拖把吸满甘油水溶液后，来回擦拭压力容器内壁，使压力容器内壁干净、润滑。

安装元件前，要保证安全及投运系统的所有零部件和化学药剂均齐全、预处理系统运转正常有效，否则不要打开膜元件包装袋，直到以上事项全部得到认可。

18.6.2　安装

打开包装纸箱，从包装袋中小心取出膜元件，检查元件上的盐水密封圈（Y 形圈）位置和方向是否正确（Y 形圈开口方向必须向进水方向，见图 18-6）；将所有待安装膜元件全部取出后按顺序竖直摆放。

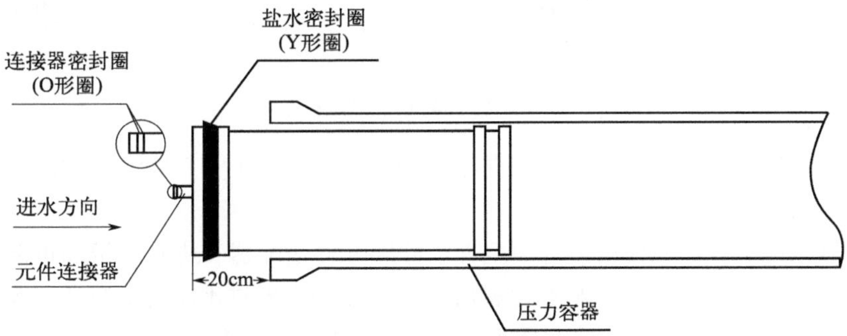

图 18-6　膜元件安装示意

将膜元件 Y 形圈和中心管处涂抹少量甘油润滑后从压力容器进水端平行推入（注意让不带 Y 形圈的一端先进入），直到元件带 Y 形圈的一端露出压力容器进水端外面约 20cm，以上操作基于从压力容器的进水端安装元件。

将连接器插入膜元件中心管内，注意需在连接器密封圈（O 形圈）上涂抹少量甘油润滑，并检查 O 形圈是否损坏，注意不要将 O 形圈扭曲安装。

托住压力容器外的“待推入”膜元件，如图 18-7 所示，并将已进入压力容器的“待连接”膜元件中心管连接器插入“待推入”膜元件的中心管内（注意不要让连接器承受膜元件重量），然后将“待推入”膜元件推入压力容器内，直到其尾端露在压力容器进水端外面约 20cm（注意不要让膜元件与压力容器边缘碰撞而损坏）。

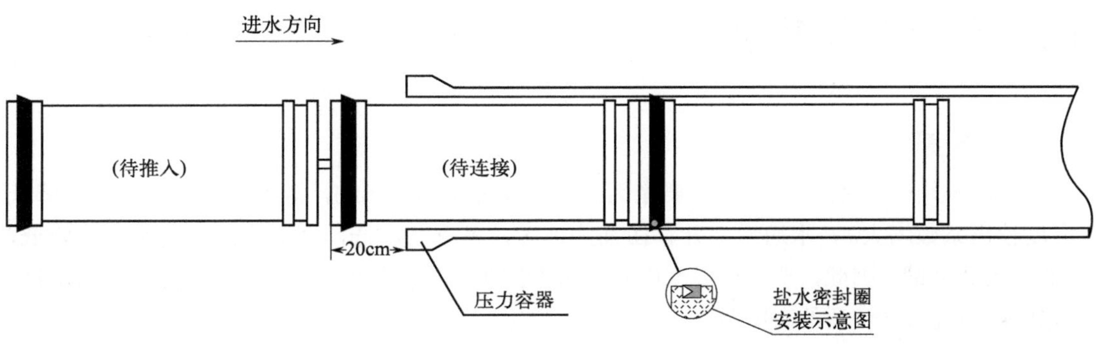

图 18-7　膜元件连接安装示意

重复上述步骤，直到该压力容器内装满膜元件。将膜元件适配器、止推环和浓水端板正确组合对准“第 1 支”膜元件中心管平行推入压力容器，旋转调整浓水端板，使之与外部连接管对准，并用螺丝或端板卡环固定，如图 18-8 所示。

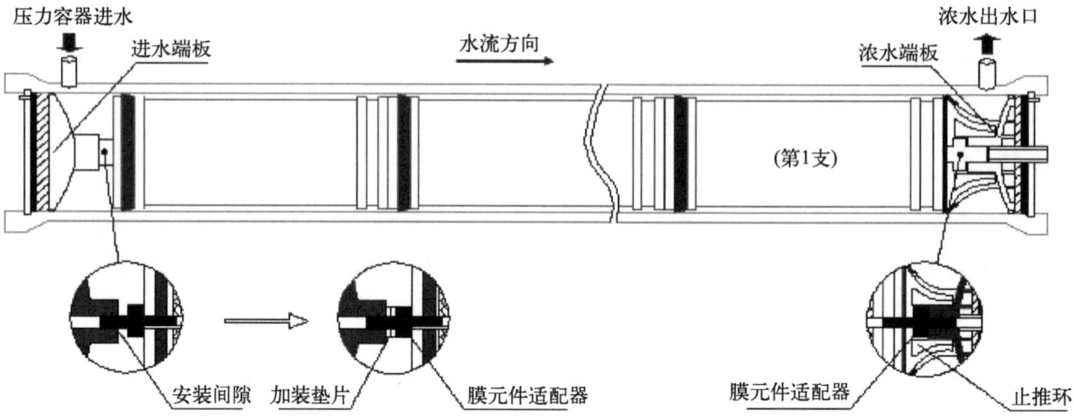

图 18-8　膜元件封堵示意

从进水侧将压力容器内的膜元件推向浓水侧，直到“第 1 支”膜元件与浓水端板组合件紧密连接，然后再进行进水端板安装。

在安装进水端板时，应使用垫片调整并消除膜元件适配器和进水端板间可能存在的间隙（图 18-8），防止膜元件在系统开机和停机时，由于压力容器进水压力的骤变，膜元件在压力容器中产生轴向位移，导致盐水密封圈磨损老化而影响密封性能。

重复以上步骤，安装所有膜元件。

18.6.3　拆卸

拆下压力容器上相连的进水、浓水、产水管道，除去连接配件；拆除压力容器两端的端板；用一根 PVC 管或其他拆卸工具从进水端向浓水端推膜元件，直至浓水端露出膜元件，注意每次只能推出一支元件，当元件被推出压力容器时应及时接住该元件，以免造成膜元件损坏或人员受伤（同时注意不要让连接器承受膜元件重量）；将拆下的膜元件用“1% 食品级焦亚硫酸氢钠或亚硫酸氢钠标准保护液”浸泡后，放入干净的塑料袋中，再密封保存。

18.7　注意事项

（1）温度影响

温度是影响膜元件产水量的主要原因之一。受分子活性影响，温度升高，水的黏度降低（温度校正系数增大），水通量上升。在某些地区，冬季气温低，会造成系统进水温度降低，从而影响产水量。因此，要考虑温度影响，可参照膜厂家提供的温度校正系数表（表 18-5），根据实际情况选择合适的高压泵。

(2) 膜污染控制

纳滤膜污染的特性与水中污染物的物理、化学、微生物性质密切相关，可分为无机污染、有机污染和微生物污染。

纳滤膜一般性机理是：当截留的污染物质没有从膜表面传质回浓水中，纳滤膜面上污染物质的沉淀与积累使水透过膜的阻力增加，妨碍了纳滤膜面上的溶解扩散，从而导致膜产水量和水质的下降。同时由于沉积物占据了盐水通道空间，限制了组件中的水流流动，增加了水头损失。在纳滤膜的应用过程中很难完全避免产生膜的污染，但是可以通过对不同的膜污染情况采取相应的措施来减小膜的污染程度。

常用膜污染控制方法主要有以下几种。

1）清洗

清洗方法的选择主要取决于纳滤膜的构型、膜种类和耐化学试剂能力以及污染物的种类，常用的方法有物理方法和化学方法两类。具体清洗方法可参考膜厂家提供的产品应用技术手册。

2）改变物料的性质

在纳滤膜过滤之前，对料液进行预处理，如热处理、加配合剂（EDTA 等）、活性炭吸附、预微滤和预超滤等，以去除一些较大的粒子；也可调节 pH 值远离蛋白质等电点，从而减轻吸附作用造成的膜污染。

3）改变操作方式

改变操作方式实际上是改善膜面流动方式，其主要方法有：a. 在纳滤膜过程中采取一定的操作策略；b. 优化和改进膜组件及膜系统结构设计。用这两种方法可以让流体在膜组件中的流动呈现出减轻膜污染和浓差极化的理想状态。

4）纳滤膜的改性

改变膜材料或膜的表面性质把膜表面改变成亲水性的，为了强化纳滤膜的操作性能，减少膜污染，膜表面的更新是一种方法，膜面与溶质的物理化学相互作用可由合适的表面活性剂来控制。

第 19 章 反渗透膜元件

19.1 产品概述

反渗透膜（reverse osmosis membrane）是指用特定的高分子材料制成的，如醋酸纤维素膜、芳香族聚酰肼膜、芳香族聚酰胺膜等，其表面微孔直径一般在 0.5 ～ 10nm 之间，具有选择性半透性能力的薄膜。它能够在外加压力作用下使水溶液中的水和某些组分选择性透过，从而达到纯化或浓缩、分离的目的。

反渗透膜具有以下特征：

① 在高流速下应具有高效脱盐率；

② 具有较高机械强度和使用寿命，能在较低操作压力下发挥功能；

③ 能耐受化学或生化作用的影响；

④ 受 pH 值、温度等因素影响较小；

⑤ 制膜原料来源容易，加工简便，成本低廉。

由于反渗透膜自身结构上的特殊性，其分离性能除与膜材料自身的性质及制膜工艺有关外，还受操作条件、物质性质和组件构型 3 个方面的影响。

19.2 产品分类

目前，国内外所采用的反渗透膜制备方法主要有界面聚合法、相转化法、表面接枝技术、化学交联法、动态法等，但除了界面聚合法和相转化法外，其他方法尚未实现工业化生产。

反渗透膜的结构有非对称膜和均相膜两类。当前膜材料主要为醋酸纤维素和芳香聚酰胺类。反渗透膜的分类按形式分为中空纤维式、卷式、管式和平板式。其中，卷式反渗透膜又分醋酸纤维素复合膜、聚砜膜和卷式复合膜三种。工业上应用最广泛的膜材料主要是醋酸纤维素膜和芳香聚酰胺膜，醋酸纤维素原料价格便宜，其主要性能为透水量大、除盐率高，因此应用最为普遍，主要缺点为不耐细菌的侵蚀、不耐湿、抗化学药品侵蚀能力弱和抗压实性能差。反渗透所用的膜元件，主要是中空纤维式或卷式的膜元件。其中市政给水行业均以卷式反渗透膜元件为主（图 19-1）。

以下重点介绍卷式反渗透膜元件应用的相关技术内容。

① 按适用的水质类型，分类为：淡水膜组件；苦咸水膜组件；海水膜组件。

② 按膜组件直径，分类为：9mm（4.0in）膜组件；201mm（8.0in）膜组件；其他。

③ 按膜组件长度，分类为：1016mm（40in）膜组件；其他。

图 19-1　卷式反渗透膜元件

19.3　产品相关标准

反渗透膜元件标准体系表见表 19-1。

表 19-1　标准体系表

标准类型	具体标准
基础标准	《膜分离技术　术语》（GB /T 20103—2006） 《膜组件及装置型号命名》（GB /T 20502—2006）
通用标准	《反渗透装置和纳米过滤装置操作特性的标准试验方法》[ASTM D4194–03(2004)] 《用不同溶解物的水溶液测试反渗透薄膜元件和组件的溶解物排斥和水溶剂的试验方法》（JIS K 3805–1990） 《反渗透装置中检测渗漏的规范》（ASTM D3923–2008） 《反渗透水处理设备》（GB/T 19249—2017） 《卷式聚酰胺复合反渗透膜元件》（GB/T 34241—2017） 《中空纤维反渗透技术　中空纤维反渗透组件》（HY/T 054.1—2001） 《饮用纯净水制备系统 SRO 系列反渗透设备》（HY/T 068—2002） 《移动式反渗透淡化装置》（HY/T 211—2016） 《海岛反渗透海水淡化装置》（HY/T 246—2018） 《卷式反渗透和纳滤膜》（Q/EM 002—2012） 《卷式反渗透膜组件》（Q/ZJK R003—2011）
专用标准	《塑料、薄膜和薄板　电晕处理薄膜的水接触角的测量》（ISO 15989-2004） 《精细陶瓷（高级陶瓷，高级工业陶瓷）半导体光催化材料的自清洁性能的测试方法　水接触角的测定》（ISO 27448:2009）
技术手册	《FilmTec™ 反渗透和纳滤膜元件产品与技术手册（2020 版）》 《美国海德能公司反渗透和纳滤产品技术手册（2015 版）》 《东丽膜产品技术手册——反渗透和纳滤（2016 版）》 《湖南沁森高科反渗透和纳滤膜产品选型技术手册（2019 版）》 《反渗透膜元件产品技术支持与服务手册（2016 版）》

（1）国外相关标准

① ASTM 标准《反渗透装置和纳米过滤装置操作特性的标准试验方法》[ASTM D 4194–03(2004)]，规定了反渗透设备的具体操作方法，提出了测试过程中的具体操作条件。另外，在该标准中还提出了产水流速和盐水透过率测试方法精度的计算方法。

② ASTM 标准《反渗透装置中检测渗漏的规范》（ASTM D3923–2008）中提到了反渗透装置中中空纤维和卷式反渗透膜元件的验漏方法。卷式反渗透膜元件采用密封膜元件的一端抽真空后观察真空度下降速度的方法（真空衰减法）来检验其渗漏性。另外，还提出通

过利用分光光度计检测染料（甲基蓝 2B）在膜中透过率的方法检验卷式膜和管式膜的渗漏性。

③ 日本工业标准《用不同溶解物的水溶液测试反渗透薄膜元件和组件的溶解物排斥和水溶剂的试验方法》（JIS K 3805–1990），给出了反渗透膜溶质脱盐率和水通量的测试方法，给出了详细的测试装置示意图。按要求配制测试液，氯化钠和硫酸镁的浓度用电导率仪测定，异丙醇的浓度用 GC 或 TOC 分析仪测定。另外，该标准还给出了脱盐率和水通量的相关数据计算方法。

（2）国内相关标准

①《反渗透水处理设备》（GB/T 19249—2017）标准规定了反渗透水处理设备的术语和定义、分类与型号、要求、试验方法、检验规则、标志、包装、运输与储存；适用于采用反渗透膜（卷式、碟管式）技术对水进行除盐、净化、分离处理的设备。

②《卷式聚酰胺复合反渗透膜元件》（GB/T 34241—2017）标准规定了卷式聚酰胺复合反渗透膜元件的分类与型号、要求、试验方法、检验规则、标志、包装、运输和储存；适用于卷式聚酰胺复合反渗透膜元件的生产、科研、使用和管理等，其他形式的反渗透膜元件可参考执行。

③《中空纤维反渗透技术　中空纤维反渗透组件》（HY/T 054.1—2001）标准规定了中空纤维反渗透组件的技术要求、检验规则及标志、包装、运输和储存；适用于膜材料为纤维素系列的中空反渗透组件。

④《饮用纯净水制备系统 SRO 系列反渗透设备》（HY/T 068—2002）标准规定了饮用纯净水制备系统 SRO 系列反渗透设备的技术要求、检验规则和包装、运输与储存；适用于采用芳香聚酰胺复合膜卷式反渗透元件组装而成的制取饮用纯净水的反渗透设备。

⑤《移动式反渗透淡化装置》（HY/T 211—2016）标准规定了移动式反渗透淡化装置的分类、技术要求、试验方法、检验规则以及标志、包装、运输和储存的要求；适用于采用反渗透技术从海水或苦咸水中制取淡水的移动式淡化装置的生产、验收和检验。

⑥《海岛反渗透海水淡化装置》（HY/T 246—2018）标准规定了海岛反渗透海水淡化装置分类、技术要求、测试方法、检验规则、标志、包装、运输及储存；适用于在海岛地区采用反渗透技术的中小型海水淡化装置的设计、制造、检验。

⑦《反渗透膜测试方法》（GB/T 32373—2015）标准规定了平板反渗透膜厚度均匀性、脱盐率、水通量、脱盐层完整性和耐压性能的测试方法；适用于平板反渗透膜的测试，其他形式的反渗透膜可参考执行。

⑧《海水淡化反渗透膜装置测试评价方法》（GB/T 32359—2015）标准规定了开展海水淡化反渗透膜装置测试评价的要求、项目以及对膜装置进行测试、计算和评价的方法；适用于以海水为进水，产水规模不小于 $100m^3/d$，采用能量回收技术的一级反渗透海水淡化装置。其他规模和类型的海水淡化反渗透膜装置测试评价可参照使用。

⑨《反渗透和纳滤装置渗漏检测方法》（GB/T 37200—2018）标准规定了反渗透或纳滤装置整体渗漏检测、膜组件渗漏检测和膜组件内渗漏点的检测方法；适用于以脱盐为目的的市政及工业水处理系统中安装有卷式膜元件的反渗透或纳滤装置的渗漏检测，安装其他类型的反渗透和纳滤膜元件的装置可参照执行。

⑩《中空纤维反渗透膜测试方法》（HY/T 049—1999）标准规定了中空纤维反渗透膜的

除盐率和水通量的测试条件和测试方法；适用于进水为自来水、苦咸水和海水的中空纤维反渗透膜的测试，也可用于对中空纤维反渗透膜无损害的其他水溶液的分离测试。

⑪《中空纤维反渗透技术　中空纤维反渗透组件测试方法》（HY/T 054.2—2001）标准规定了中空纤维反渗透组件的测试条件和测试方法；适用于给水为自来水、苦咸水和海水的中空纤维反渗透组件的测试，也可用于对中空纤维反渗透膜无损害的其他水溶液的分离测试，可供卷式反渗透组件测试时参考。

⑫《卷式反渗透膜元件测试方法》（HY/T 107—2017）标准规定了卷式反渗透膜元件完整性、气密性和渗透性能的测试方法；该标准气密性和渗透性能测试适用于所有卷式反渗透膜元件，完整性测试仅适用于长度为 1016mm 的反渗透膜元件。

⑬《反渗透膜亲水性测试方法》（HY/T 212—2016）标准规定了用接触角法测试反渗透膜的亲水性；适用于平板反渗透膜片亲水性的测试。

（3）我国反渗透膜及设备相关工程建设标准

反渗透膜及设备在我国应用推广相对较早，形成了系列的工程建设标准，主要有国家标准 3 项——《海水淡化反渗透系统运行管理规范》（GB/T 31328—2014）、《反渗透能量回收装置通用技术规范》（GB/T 30299—2013）、《反渗透系统膜元件清洗技术规范》（GB/T 23954—2009），行业标准 3 项——《反渗透海水淡化工程设计规范》（HY/T 074—2018）、《反渗透用能量回收装置》（HY/T 108—2008）、《反渗透用高压泵技术要求》（HY/T 109—2008）。这些标准的实施，对于规范我国反渗透膜及设备的推广应用起到了指导作用，规范了膜法水处理市场。

①《海水淡化反渗透系统运行管理规范》（GB/T 31328—2014）标准规定了海水淡化反渗透系统运行管理的工作内容，包括运行准备、运行管理、安全、健康和环境要求等；适用于日产千吨级以上的海水淡化反渗透系统的运行管理，其他反渗透系统的运行管理参照使用。

②《反渗透能量回收装置通用技术规范》（GB/T 30299—2013）标准规定了反渗透能量回收装置的分类与型号、要求、试验方法、检验规则，以及标志、包装、运输和储存的要求；适用于反渗透法海水淡化、苦咸水淡化等脱盐系统的功交换式能量回收装置。

③《反渗透系统膜元件清洗技术规范》（GB/T 23954—2009）标准规定了反渗透系统膜元件清洗过程中的技术要求、清洗前的准备工作、污染物判断、系统清洗及清洗效果验收；适用于反渗透膜系统的膜元件清洗。

④《反渗透海水淡化工程设计规范》（HY/T 074—2018）标准规定了以反渗透技术为核心的海水淡化工程设计的一般原则和方法；适用于产水量 100m^3/d 及以上规模的新建、扩建和改建的反渗透海水淡化工程设计，其他规模的海水和高盐度苦咸水（溶解性总固体 ≥ 10000mg/L）淡化工程设计可参考使用。

⑤《反渗透用能量回收装置》（HY/T 108—2008）标准规定了反渗透用能量回收装置的分类、技术要求、测试方法、检验规则、标志、包装、运输和储存；适用于反渗透海水或苦咸水淡化用能量回收装置的生产、检验。

⑥《反渗透用高压泵技术要求》（HY/T 109—2008）标准规定了反渗透用高压泵的技术要求、试验方法、检验规则与包装、运输和储存；适用于输送介质未经处理的苦咸水、海水或其他工业用原料水反渗透用高压泵的生产、验收、检验。

（4）相关的膜元件产品与技术手册

以进口陶氏膜和国产沁森膜为例，具体参见 18.3 中（3）部分相关内容。

19.4 产品选择

19.4.1 分类与型号

卷式反渗透膜，是由反渗透膜和多孔网状分隔层按照一定的技术要求围绕轴心及产水收集管卷绕而成的组合构件。卷式聚酰胺复合反渗透膜元件根据操作压力及应用水源分类，具体分类见表 19-2。

表 19-2　反渗透膜元件分类

种类	分类代码
家用反渗透膜元件	TWL
超低压反渗透膜元件	TW
低压苦咸水反渗透膜元件	BWL
苦咸水反渗透膜元件	BW
海水淡化反渗透膜元件	SW

反渗透膜元件的型号由分类代码、外形尺寸、产水量、脱盐率四部分组成，见图 19-2。分类代码由英文名称大写的缩写字母表示，膜元件外形尺寸、产水量、脱盐率以阿拉伯数字表示。

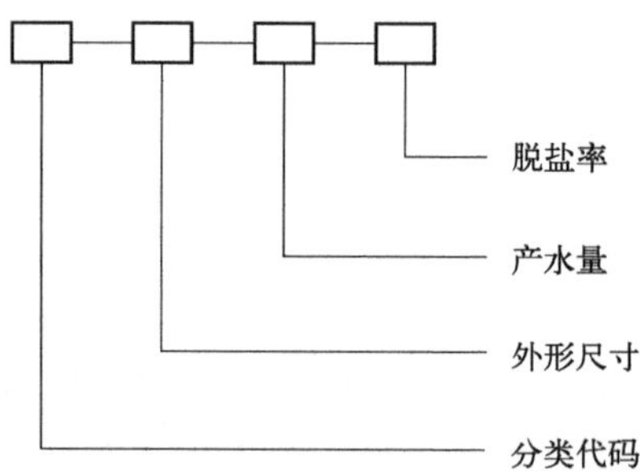

图 19-2　反渗透膜元件型号示意

膜元件外形尺寸以 4 位数字表示，其中前两位表示外径，其值为以英寸（in）为单位表示的外径数值的 10 倍值；后两位表示长度尺寸，其值为以英寸（in）为单位表示的长度数值（取整数）。

膜元件产水量表示在规定测试条件下的产水量，单位为 m^3/d。

膜元件脱盐率表示在规定测试条件下的脱盐率，以百分数表示。

例如：BW-8040-28.1-99.80

“BW”表示苦咸水反渗透膜元件，“8040”表示膜元件外径为 201mm（8in）、长度为 1016mm（40in），“28.1”表示膜元件产水量为 28.1m³/d，“99.80”表示膜元件脱盐率为 99.80%。

19.4.2 外形尺寸

常用反渗透膜元件外形尺寸与纳滤膜元件外形尺寸一致，详见 18.4.2 部分相关内容。

19.4.3 性能参数

膜元件规格、型号、性能参数、测试条件及使用条件均应参考厂家提供的技术手册，市场某反渗透膜元件规格与性能参数参见表 19-3。

表 19-3　某反渗透膜元件性能参数一览表

型号	8040 型		4040 型	
规格	膜材质		芳香族聚酰胺复合材料	
	有效膜面积 /ft²（m²）		440（40.9）	90（8.4）
性能	脱盐率 / %	稳定	99.2	99.2
		最低	99.0	99.0
	产水量	gpd	11000	2400
		m³/d	41.6	9.1
测试条件	测试溶液		500mg/L NaCl 溶液	
	操作压力 /psi（MPa）		100（0.69）	
	测试液温度 /℃		25	
	单支膜元件回收率 / %		15	
	测试液 pH 值		7.5 ~ 8	
使用条件	最高操作压力 /psi（MPa）		600（4.14）	
	最高进水流量 /(m³/h)		17（8040），3.6（4040）	
	最高进水温度 / ℃		45	
	进水 pH 值范围		3 ~ 10	
	进水最高浊度 /NTU		1.0	
	进水最高 SDI（15 min）		＜5	
	最高进水自由氯浓度 /(mg/L)		＜0.1	
	连续运行时进水 pH 值范围		2 ~ 11	
	化学清洗时进水 pH 值范围		1 ~ 13	
	单支膜元件最高压力损失 / psi（MPa）		15（0.1）	

进水压力、温度、盐浓度、pH 值及回收率等运行参数均对膜产水量和脱盐率产生影响，具体可查阅生产厂家产品手册中提供的相应性能曲线或温度校正系数表。市场某 BW 型反渗透膜不同压力下产水量及脱盐率性能曲线见图 19-3；温度校正系数与纳滤膜元件一致，见表 18-5。

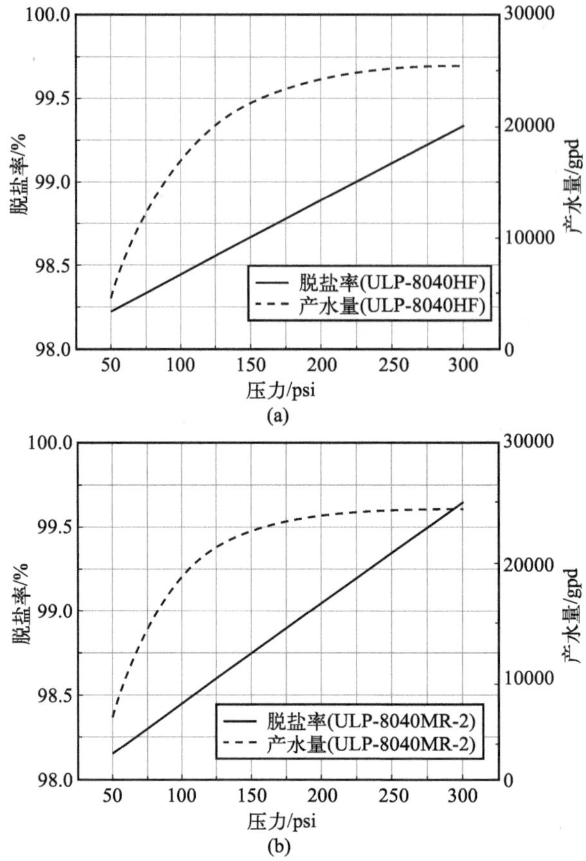

图 19-3 不同进水压力对 BW 膜产水量和脱盐率的影响

测试条件：25℃、1500mg/L NaCl、pH 7.5、回收率 15%

19.4.4 产品价格

目前，随着反渗透市场的日益增长、反渗透膜元件生产规模的增大，膜元件价格日趋降低。根据 2021 年市场价格调研情况，进口海水淡化反渗透膜元件（8in）价格为 4000 ～ 8000 元 / 支，苦咸水淡化反渗透膜元件（8in、抗污染）价格为 3500 ～ 4000 元 / 支，普通反渗透纯水膜元件（8in）价格为 3000 ～ 3500 元 / 支。当然，膜元件价格与品牌、经销商销售策略、采购规模等相关，最终价格有一定的波动范围。由于国产反渗透膜厂家规模化受限，导致生产成本高，反渗透膜元件与进口产品相比价格略低；以时代沃顿产品为例，海水淡化反渗透膜元件（8in）价格为 4000 ～ 6000 元 / 支，普通反渗透纯水膜元件（8in）价格为 2000 ～ 2500 元 / 支，最终价格也会随经销商、采购规模等而有波动。

19.4.5 选型指南

参照膜生产制造的技术手册，依据进水含盐量、膜系统设计指标、进水水质等相关要求进行反渗透膜产品选型（图 19-4），也可依据膜厂家设计软件进行产品选型。进水水质一般包含 K^+、Na^+、Mg^{2+}、Ca^{2+}、HCO_3^-、NO_3^-、Cl^-、F^-、SO_4^{2-}、pH 值、水温、SDI 等，根据产水量、回收率等设计要求设定适宜的段前压力，考虑是否调节进水 pH 值、Mg^{2+}、Ca^{2+} 等水质参数以及是否添加化学药剂等因素，进而设定系统级数、段数等信息，综合选定适宜的膜元件及工艺参数。

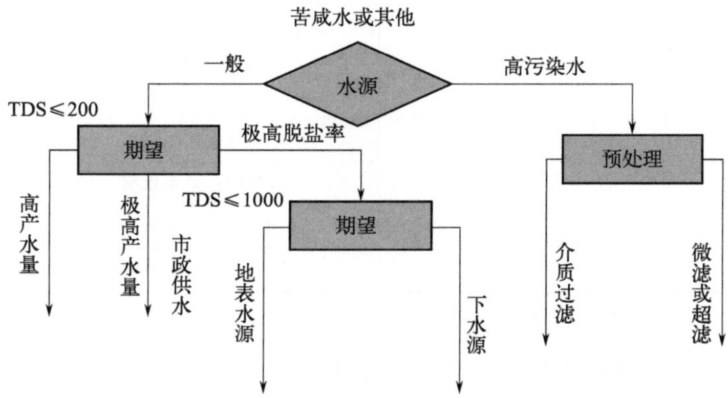

图 19-4　反渗透膜元件选型指南

19.5　运输储存

常用反渗透膜元件储存与运输要求与纳滤膜元件一致，详见 18.5 部分相关内容。

19.6　安装与拆卸

常用反渗透膜元件安装与拆卸要求与纳滤膜元件一致，详见 18.6 部分相关内容。

19.7　注意事项

① 常用反渗透膜元件的温度影响、膜污染控制与纳滤膜元件一致，详见 18.7 部分相关内容。

② 反渗透膜元件部分故障及对策见表 19-4。

表 19-4　反渗透膜故障及对策

异常原因	现象			检查部位	对策
	流量	脱盐率	压降		
膜功能衰退	↑	⇩	↓	运行时间；进水温度；pH 值；余氯	清洗或更换元件
膜泄漏	↑	⇩	↓	振动；压降；冲击压力	更换元件
膜压密	⇩	↑	↑	进水温度；压力；运行时间	清洗或更换元件
O 形圈泄漏	↓	⇩	↑	振动；冲击压力	更换 O 形圈

续表

异常原因	现象			检查部位	对策
	流量	脱盐率	压降		
浓水侧密封圈泄漏	↓	⇩	↓	材料老化；短路	更换浓水侧密封圈
内连接器断	↑	⇩	↓	压降大；高温	更换连接器
中心管断	↑	⇩	↓	压降大；高温	更换元件
元件变形	↓	↓	⇧	压降大；高温	更换元件
悬浮物污染膜	↓	↓	⇧	预处理；原水水质	化学清洗
结垢	↓	↓	⇧	预处理；原水水质	化学清洗
有机物污染膜	⇩	↓	↑	预处理；原水水质	化学清洗

注：↑ ⇧ 为增加，⇩ ↓ 为减少，⇧⇩ 为主要现象。

③ 反渗透膜元件污染症状和处理对策见表 19-5。

表 19-5　反渗透膜元件污染症状和处理对策

污染物	症状	化学清洗法	物理清洗法
钙沉淀 $CaCO_3$、$Ca_3(PO_4)_2$ 经常出现在系统中	脱盐率明显下降，进出口压差出现中等程度的增加	酸性清洗液	
氧化水合物（有机物、铁和硅酸盐）	脱盐率迅速下降，进出口压差速增，产水量迅速降低	酸性清洗液	
胶体化合物（有机物、铁和硅酸盐）	脱盐率略有降低，进出口压差迅速增加，产水量在几周内逐渐减小	碱性清洗液	二氧化硅胶层的污染只有直接冲洗才略去除一些，效果有限
硫酸钙（$CaSO_4$）一般在系统浓缩端发现	脱盐率极大降低，进出口压差逐渐增加，产水量略有下降	碱性清洗液	让反渗透系统在低于规定的回收率下运行一段时间
有机物沉淀	脱盐率明显下降，进出口压差逐渐增加，产水量逐渐减小	碱性清洗液；若污染严重用专用清洗液	

在选择清洗药品和使用复合聚酰胺膜时有其他注意事项如下：

① 遵守制造商建议的药品选择清单、剂量、pH 值、温度和接触时间。

② 使用侵蚀性最小的药品完成清洗工作，延长膜的使用寿命。

③ 在调节 pH 值时，一定要审慎以延长膜的使用寿命。药品侵蚀性较小的 pH 值范围是 4 ～ 10，允许的最大 pH 值范围是 2 ～ 12。

④ 酸和碱不要混合。在加入下一种溶液之前，彻底冲洗系统以排尽上一次的清洗液。

⑤ 用高 pH 值的产水冲洗出洗涤剂。

⑥ 确认遵守正确的清洗液处理要求。

第20章 斜管、斜板

20.1 产品概述

斜管、斜板是斜管（板）沉淀池的主要设备，在沉淀池容积一定的条件下，可有效增加沉淀面积，提高悬浮颗粒的去除率。理论上，沉淀池分为 n 层，其处理能力是原来的 n 倍，但是分层排泥的难度随之增加。为解决排泥问题，将众多分层的水平隔板改为倾斜隔板，并预留排泥区间，这就变成了斜板沉淀池。用管状组件代替斜板，即为斜管沉淀池。

斜管是常用的高效沉淀装置，过水直径小、湿周大、*Fr* 大、*Re* 小，为沉淀提供了最优的水力条件，处理能力高于水平沉淀、加速澄清、脉冲方式数倍。其液面负荷高、投资省、效果好、管理方便，广泛适用于水处理沉淀池和沉淀设备中，既适用于新建工程又适用于旧池的改造。

斜板由塑料平板和肋条组成，采用热熔焊接固定。主要以浅层沉淀理论为研制基础，缩短颗粒沉淀距离，能够有效保障高效沉淀和出水水质；具有沉淀效率高、滑泥性能好、不易堵塞、抗蚀性强、容积利用率高、节约用地、净水处理效率高等优势，广泛适用于各种传统沉淀池的技术改造、水厂扩建新建和大量水质增量提标项目，经济效益和社会效益都非常可观。

20.2 产品分类

20.2.1 产品类型

斜管主要为定制化产品，根据形状分主要为蜂窝斜管、交叉式斜管。蜂窝斜管在使用过程中较交叉式斜管沉淀效果好，处理效率高，为目前的主流斜管。

（1）蜂窝斜管

蜂窝斜管由浅池理论原理发展而成，适用于斜管沉淀池，如图 20-1 所示。斜管呈六边形，一般材质为PP、PVC及不锈钢。由于斜管过水直径小、湿周大，因而*Re*就小、*Fr*就大，为沉淀提供了最优的水力条件。

塑料制品的蜂窝斜管使用寿命≥ 8 年、光滑度尚可、强度一般、易老化、质轻、无毒，抗腐蚀性和耐高低温性差。不锈钢制品的蜂窝斜管使用寿命＞ 20 年、光滑度极佳、不易老

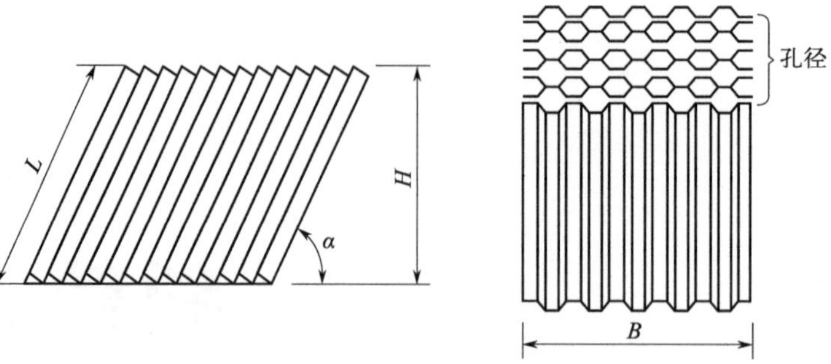

图 20-1　蜂窝斜管示意

化、卫生各项指标合格、抗腐蚀性和耐高低温性强，但造价高。目前，市场上主流的是性价比高的塑料制品的蜂窝斜管。

(2) 交叉式斜管

交叉式斜管是客户根据现场工况确定的，组合交叉式斜管是由聚丙烯片材经热压而成型的 60° 倾角连续梯形的斜管型片与按规定尺寸制作的平片递层交叉排列焊接而成的组合件，材质为 PP，质量轻，耐腐蚀，坚硬不变形，抗冲击负荷能力强，如图 20-2 所示。

图 20-2　小间距斜板示意

(3) 波纹板箱

波纹板箱利用浅池沉淀理论，以斜板增大沉淀面积，使颗粒在斜板间的沉淀距离缩短到 0.04m 内，如图 20-3 所示。其是侧向流沉淀池的优先选择。水流为水平方向，沉于斜板上的泥在斜板面上，下滑为垂直方向，水流与沉泥下滑方向互相垂直，水流对沉泥下滑没有干扰，有利于泥水分离。水流在波形板间呈波形流动，又由于波形间隙的变化，为水中颗粒提供了继续絮凝结大的条件。框架式波形斜板沉淀装置是逆向流斜板沉淀池的最佳选择。沉于斜板面上的沉泥向波形板的波谷集中形成泥束，大大提高了沉泥的下滑性能，不易积泥，缩短了斜板的冲洗周期，提高了使用寿命。

在结构上利用波形板代替平板，具有刚度强、便于支撑的优点，较平板节约材料。波形斜板平行、等间距排列放置于斜端面框架之中，由弧形托将其固定在框架上，形成一个波形板组单元。斜板倾角为 55° ～ 60°。波形板的波长为 500mm，波高为 100mm，斜板间为 40 ～ 100mm。

侧向流波纹板斜板间距 60mm，设计水平流速 5 ～ 20mm/s，容积负荷约 10m^3/h，水力停留时间 5 ～ 7min；逆向流波纹板斜板间距 40 ～ 100mm，上升流速 1.5 ～ 6mm/s，斜板斜长 1000 ～ 1500mm。

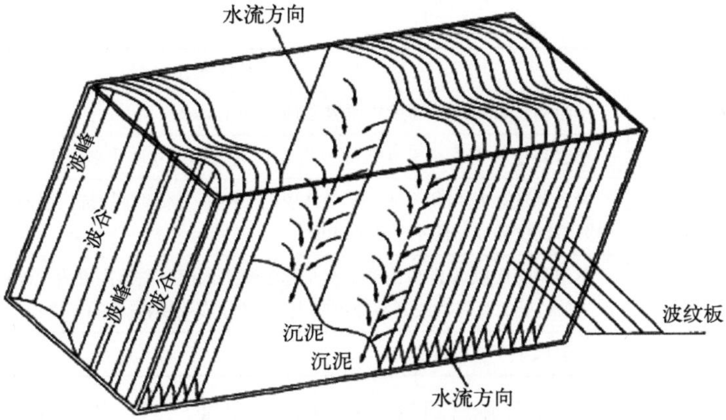

图 20-3　波纹板箱示意

（4）斜板材质

不同材质斜板特点见表 20-1。

表 20-1　不同材质斜板特点

项目	斜板材质		
	PP（聚丙烯）斜板	PVC（聚氯乙烯）斜板	不锈钢斜板
常用片厚 /mm	1 ～ 2	1 ～ 2	1 ～ 2
单片尺寸 /mm	客户自定	客户自定	客户自定
成型尺寸 /mm	客户自定	客户自定	客户自定
产品应用	给水、中水、污水	给水、中水、污水	给水、中水、污水
外观颜色	乳白色	灰色	随意定制
安装角度 /(°)	60	60	60
使用寿命	约 8 年	约 8 年	约 20 年
使用频率	少	较多	少
使用温度 /℃	5 ～ 50	5 ～ 50	5 ～ 70
产品特点	耐酸、耐碱、美观	微毒（食品级 PVC 除外）	耐酸、耐碱
生产方式	预定	预定	预定
常规包装	包装带捆扎裸装	包装带捆扎裸装	包装带捆扎裸装
运输方式	散片运输	散片运输	散片运输

20.2.2　性能指标

（1）斜管

斜管的通用性能指标主要包括产品的材质种类、管壁厚度、管口水平面承压强度、侧面承压变形率、抗拉强度、耐冲击强度、出水浊度范围，具体要求见表 20-2。

表 20-2　斜管通用性能指标

序号	性能指标	具体内容
1	材质种类	多种材质，如聚乙烯、聚氯乙烯、不锈钢材质
2	管壁厚度	管壁厚度标准中为 0.05 ～ 0.08mm

续表

序号	性能指标	具体内容
3	管口水平面承压强度	单组斜管管口水平面承压强度不应小于 1.4 kPa
4	侧面承压变形率	单组斜管 A 向在承受 0.6kPa 压强后，其外形尺寸变化率应小于 1%
5	抗拉强度	聚乙烯的抗拉强度不应小于 25MPa；聚氯乙烯塑料的抗拉强度不应小于 45MPa；不锈钢的抗拉强度不应小于 520MPa
6	耐冲击强度	单组斜管应以 A 向自由跌落至平整混凝土地面，跌落高度为 1.0m 时，塑料斜管的焊接点或黏结处的脱焊数或开裂数不应大于 2 处，不锈钢斜管的焊接点的脱焊数不应大于 1 处
7	出水浊度范围	一般应小于 3.0NTU

目前，在市场上主流的斜管为蜂窝斜管，蜂窝斜管在满足通用性能指标时在实际生产过程中要求更高，主要的性能指标见表 20-3。

表 20-3 蜂窝斜管性能指标

材质	内切圆直径 /mm	壁厚度 /mm	倾角 /（°）	相对密度	抗拉强度 /MPa	耐温 /℃	直角撕裂强度 /MPa	外观色泽
乙丙共聚、不锈钢等	25	0.4，0.45，0.5	60	0.91～0.95	≥ 29	−20～80	16.5	白色半透明
	30	0.45，0.5，0.6						
	35	0.45，0.5，0.6						
	50	0.5，0.6，0.8						
	80	0.8，1.0，1.2						

（2）斜板

斜板的性能指标主要包括斜板厚度、板间距、安装倾角等。目前关于斜板并没有像斜管一样性能指标比较完善，基本是企业根据市场需求定制的产品，且很多生产斜管的厂商也会生产斜板，所以在检测斜板的产品质量时会部分参考斜管的相关指标。侧向流斜板规格、性能见表 20-4。

表 20-4 侧向流斜板规格、性能

材质	斜板尺寸长度 × 宽度 /mm	斜板厚度 /mm	板间距 /mm	安装倾角 /（°）	垂直层数	水平组数
ABS	1200×1000	1.2～1.5	60～100	60	3～5	4～6
	1000×1000					
PVC	1200×1000	1.0～1.2				
	1000×1000					

小间距斜板规格、性能见表 20-5。

表 20-5 小间距斜板规格、性能

材质	型号	板间距 /mm	清水区上升流速 /(mm/s)	单元几何尺寸 /mm
乙丙共聚	XJB-20	20	2.0～2.5	1000×1000×500
	XJB-25	25	1.8～2.0	
	XJB-30	30	1.5～1.8	
	XJB-35	35	1.3～1.5	

波纹板箱规格、性能见表 20-6。

表 20-6　波纹板箱规格、性能

材质	斜波长 /mm	板波长 /mm	斜板间距 /mm	板间倾角 /（°）	外形尺寸	设计水平流速 /（mm/s）	容积负荷 / [m^3/（m^2•h）]	水力停留时间 /min
ABS 或不锈钢	500	100	60	55 ～ 60	根据设计要求	5 ～ 20	10	5 ～ 7

20.3　产品相关标准

国内目前涉及斜管、斜板的标准见表 20-7。

表 20-7　现有斜管、斜板标准

标准类型	标准名称
通用标准	《水处理用斜管》（CJ/T 83—2016）
基础标准	《侧向流倒 V 型斜板沉淀池设计标准》（T/CECS 587—2019） 《室外给水设计标准》（GB 50013—2018）

《水处理用斜管》（CJ/T 83—2016）规定了水处理用斜管的术语和定义、分类和型号、材料、要求、试验方法、检验规则、标志、包装、运输和储存。

《侧向流倒 V 型斜板沉淀池设计标准》（T/CECS 587—2019）规范了给水排水工程中侧向流倒 V 型斜板沉淀池的设计。

《室外给水设计标准》（GB 50013—2018）规范了斜管沉淀池和斜管的技术要求。

纵观目前市政供水行业中斜管、斜板的标准，相关标准有 3 个，涉及国标和行标，且标准从产品标准到设计标准都比较健全，仅仅是安装工程技术标准还不完善，且斜管、斜板的现场施工质量也受到多方面因素如设备、施工人员技术水平、环境因素等的影响，进而导致斜管、斜板焊接质量的不稳定。斜管、斜板的安装技术标准可以参考《室外给水设计标准》（GB 50013—2018）中的相关安装要求。

20.4　产品选择

20.4.1　沉淀池选型

城镇给水厂沉淀池多见平流式沉淀池和斜管（板）式沉淀池，相关选型建议见表 20-8。

表 20-8　沉淀池选型建议

形式	优缺点		适用条件
平流式	优点	（1）造价较低； （2）操作管理方便，施工较简单； （3）对原水浊度适应性强，潜力大，处理效果稳定； （4）带有机械排泥设备，排泥效果好	一般用于大、中型净水厂

续表

<table>
<tr><th>形式</th><th colspan="2">优缺点</th><th>适用条件</th></tr>
<tr><td>平流式</td><td>缺点</td><td>（1）占地面积较大；
（2）需维护机械排泥设备</td><td>一般用于大、中型净水厂</td></tr>
<tr><td rowspan="2">斜管（板）式</td><td>优点</td><td>（1）沉淀效率高；
（2）池体小，占地少</td><td rowspan="2">（1）可用于各种规模水厂；
（2）宜用于老沉淀池的改建、扩建和挖潜；
（3）适用于需保温的低温地区；
（4）单池处理水量不宜过大</td></tr>
<tr><td>缺点</td><td>（1）斜管（板）耗用较多材料，老化后尚需更换，费用较高；
（2）对原水浊度适应性较平流沉淀池差；
（3）布设机械排泥装置时排泥较困难，设机械排泥装置时维护较平流式麻烦</td></tr>
</table>

20.4.2 斜管、斜板的选用

斜板（管）沉淀池在生产实践中取得了较好效果，特别对分散性颗粒的去除效果更为显著，有一些地方在澄清池的分离区中加设斜板或斜管以提高出水效率，也取得一定的效果。

（1）斜管参数的选用与采购

斜管沉淀池与斜板沉淀池的工作原理基本相同，但从水力条件来看，斜管要比斜板更为优越，因为斜管的水力半径更小，因而雷诺数更低（一般＜50），沉淀效果亦较显著。斜管的选用与采购可参考《水处理用斜管》（CJ/T 83）最新标准。

1）国内斜管采用的主要材料相关规定

① 斜管所用聚氯乙烯原料应符合 GB/T 5761 的规定。聚氯乙烯塑料片（处理饮用水时应为无毒塑料片）厚度为 0.4 ～ 0.5mm，热压成半蜂窝形，用聚氨酯等树脂胶合成蜂窝形。

② 斜管所用聚丙烯、乙丙共聚原料应符合 GB/T 12670 的规定，但在气温较高地区容易发软变形。

③ 玻璃钢斜管质地较硬，必须是无毒的，目前给水方面应用较少。

④ 不锈钢材质不应低于 GB/T 3280 中 0Cr18Ni9 的规定，适用于较大孔径。

⑤ 用于饮用水处理的斜管材料应符合 GB/T 17219 的规定。

⑥ 不得使用废旧塑料再生材料生产。

2）斜管外观

表面光滑，无裂缝、气泡，无明显色差、杂质，无明显凹凸点。

3）斜管断面

一般采用蜂窝六角形或山形（较少采用矩形或正方形），其内径或边距一般采用 30 ～ 40mm。

4）斜管长度

一般为 800 ～ 1000mm，也有的设计长度可达 1200mm，可根据水力计算结合斜管材料决定。

5）斜管的水平倾角

常采用 60°。

6）斜管强度

① 抗拉强度。聚丙烯、乙丙共聚塑料的抗拉强度不应小于 25MPa；聚氯乙烯塑料的抗拉强度不应小于 45MPa；不锈钢的抗拉强度不应小于 520MPa。

② 管口水平承压强度。单组斜管管口水平承压强度不应小于 1.4kPa，同时应符合下列规定：聚丙烯、乙丙共聚塑料单组斜管总脱焊点不应大于 5 个，同一焊接线上脱焊点不应大于 2 个；聚氯乙烯塑料单组斜管黏结部位开裂数不应大于 5 处，同一黏结线上开裂数不应大于 2 处；不锈钢单组斜管总脱焊点不应大于 3 个，同一焊接线上脱焊点不应大于 1 个。

③ 耐冲击强度。单组斜管应以 A 向自由跌落至平整混凝土地面，跌落高度为 1.0m 时，塑料斜管的焊接点或黏结处的脱焊数或开裂数不应大于 2 处，不锈钢斜管的焊接点的脱焊数不应大于 1 处。

④ 侧面承压变形率。单组斜管 A 向在承受 0.6kPa 压强后，其外形尺寸变化率应小于 1%。

7）半成品焊接

斜管应由成型的半成品片材通过高频焊接或同等或更好的技术焊接组装而成。

8）斜管规格参考

塑料斜管和不锈钢斜管规格尺寸可参考表 20-9 和表 20-10。

表 20-9　塑料斜管规格尺寸

材质	主要指标								
	斜管直径 d /mm		单组斜管外形尺寸 $L\times B\times H$/mm		斜管倾角 /（°）		管壁厚度 /mm		斜管单位面积质量 /（kg/m²）
	基本尺寸	极限偏差	基本尺寸	极限偏差	基本尺寸	极限偏差	基本尺寸	极限偏差	
聚丙烯、乙丙共聚	25	±1.5	1000×500×866 或 1000×1000×866	L±10 B=±10 H=±10	60	±2	0.4 ~ 0.5	±0.05	19 ~ 30
	30	±1.5					0.45 ~ 0.55	±0.05	18 ~ 27
	35	±2.0					0.5 ~ 0.6	±0.06	18 ~ 25
	50	±2.5					0.5 ~ 0.6	±0.06	20 ~ 24
	60	±2.5					0.6 ~ 0.8	±0.06	20 ~ 26
	80	±2.5					1.0 ~ 1.3	±0.06	25 ~ 32
	100	±2.5					1.0 ~ 1.3	±0.08	20 ~ 26
聚氯乙烯	25	±1.5	1000×500×866 或 1000×1000×866				0.3 ~ 0.5	±0.05	21 ~ 47
	30	±1.5					0.4 ~ 0.5	±0.05	24 ~ 38
	35	±2.0					0.4 ~ 0.6	±0.05	21 ~ 40
	50	±2.5					0.5 ~ 0.6	±0.06	19 ~ 28
	60	±2.5					0.5 ~ 0.6	±0.06	27 ~ 35
	80	±2.5					0.5 ~ 0.6	±0.06	19 ~ 25

表 20-10 不锈钢斜管规格尺寸

<table>
<tr><th rowspan="3">材质</th><th colspan="9">主要指标</th></tr>
<tr><th colspan="2">斜管直径 d/mm</th><th colspan="2">单组斜管外形尺寸
$L\times B\times H$/mm</th><th colspan="2">斜管倾角 /(°)</th><th colspan="2">管壁厚度 /mm</th><th rowspan="2">单组斜管理论质量 /kg</th></tr>
<tr><th>基本尺寸</th><th>极限偏差</th><th>基本尺寸</th><th>极限偏差</th><th>基本尺寸</th><th>极限偏差</th><th>基本尺寸</th><th>极限偏差</th></tr>
<tr><td rowspan="8">不锈钢</td><td>40</td><td rowspan="8">±2.5</td><td rowspan="4">1000×500×866</td><td rowspan="8">L=±10
B=±10
H=±10</td><td rowspan="8">60</td><td rowspan="8">±2</td><td rowspan="8">0.3</td><td rowspan="8">±0.03</td><td>72</td></tr>
<tr><td>50</td><td>57</td></tr>
<tr><td>60</td><td>48</td></tr>
<tr><td>80</td><td>36</td></tr>
<tr><td>40</td><td rowspan="4">1000×1000×866</td><td>144</td></tr>
<tr><td>50</td><td>114</td></tr>
<tr><td>60</td><td>96</td></tr>
<tr><td>80</td><td>72</td></tr>
</table>

注：不锈钢斜管理论重量的密度按不锈钢 0Cr18Ni9 材质 7.93×10^3kg/ m^3 计。

（2）斜板参数的选用与采购

在沉淀池增加斜板后，可以使颗粒沉淀距离缩短，减少沉淀时间，还可以加大水池过水断面的湿周，减小水力半径，在同样的水平流速 v 时可以大大降低 Re，从而减少水的紊动，促进沉淀。

① 斜板沉淀池水流方向主要有上向流、侧向流及下向流（同向流）三种。

② 颗粒沉降速度 μ ：应根据水中颗粒情况通过实际试验测得，在无试验资料时可参考已建类似沉淀设备的运转资料确定，一般反应后的 μ 大致为 0.3 ～ 0.6mm/s ；侧向流斜板沉淀池 μ 大致为 0.16 ～ 0.3mm/s，液面负荷 6 ～ 12mm^3/(m^2 • h)。低温低浊水可用下限值 0.12 ～ 0.15mm/s。

③ 有效系数 η 是斜板沉淀池在实际生产运转中因受进水条件、斜板结构等影响而使沉淀效率降低的系数，一般在 0.7 ～ 0.8 之间。

④ 倾斜角根据斜板材料和颗粒状况而异，一般为了排泥方便，倾斜角为 50°～60°，常用 60°。

⑤ 板距 P，即两块斜板间的间距，侧向流斜板 P 一般采用 80 ～ 100mm，下向流斜板 P 常用 35mm。

⑥ 斜板板长：侧向流斜板沉淀池单层斜板板长 L 不宜大于 1.0m。

⑦ 板内流速：上向流时根据表面负荷计算（类同于斜管计算）；侧向流时可参考相当于平流沉淀池的水平流速，一般为 10 ～ 20mm/s ；下向流时可根据下向表面负荷计算。

⑧ 斜板材质与斜管材质类似，可参考斜管材质进行选用。所有斜板保证有足够的整体强度和刚度。

⑨ 斜板单片尺寸长度误差≤ 10mm，整块斜板制作的总误差≤ 2mm，斜板制作总误差≤ 2mm，斜板组装的水平误差≤ 2mm。

⑩ 不锈钢斜板焊接部位的连接采用氩气保护焊接，焊后进行酸洗处理：在焊接处不允许有裂纹和显著凹陷，不能有气孔夹渣、咬边及间断焊缝等，焊缝处应无脱焊现象。塑料斜

板方面，各种间距斜板填料均是通过不同高度的塑料肋条来支撑斜板片，肋条与斜板热熔焊接，每两层斜板片之间需要多根肋条支撑，组装工艺复杂，而且传统斜板内部水流流道呈矩形，适用于上向流沉淀池。

20.4.3　产品价格

衡量斜管、斜板的造价高低，一般折算成每平方米综合单价，包含材料费、运输费、安装调试费、税费等。质量要求较高的斜管、斜板价格达每平方米 1000 元以上，一般斜管、斜板价格为每平方米 800 ～ 1000 元，价格较低的斜管、斜板每平方米 500 ～ 800 元，甚至可达到 500 元以下。按照吨水单位成本换算，塑料材质的斜管、斜板的产品均价在 4.5 ～ 5.5 元 / 吨水，而不锈钢材质的斜管、斜板的价格比较高，为塑料产品的 5 ～ 6 倍。

20.5　运输储存

20.5.1　标志

① 产品装箱应有清单及产品合格证书。合格证书应标明：产品名称、型号、规格尺寸、重量、出厂日期、制造商名称、产品标准代号等。

② 每批产品应附产品说明书。

20.5.2　包装

① 产品包装应符合 GB/T 191 的规定。

② 外包装应保证产品不受划伤、破损，在运输过程中不应产生变形。

③ 包装好的产品应符合运输工具的运输要求。

20.5.3　运输

产品运输过程中不应在阳光下暴晒，不得与易燃物质混合装运。

20.5.4　储存

产品应存放在干燥、通风的库房内，应避免与具有腐蚀性的物质存放在一起。储存场所应具备防火、避光等条件。

20.6　安装调试

20.6.1　斜管、斜板的安装

斜管、斜板的现场施工质量受到多方面因素影响，如设备、施工人员技术水平、环境因素等，进而会导致斜管、斜板焊接质量的不稳定，所以斜管、斜板在安装过程中每一个环节都要谨慎。以下以斜管安装为例介绍产品主要安装方法。

斜管的安装主要包括沉淀池底部排泥管安装、填料支架安装、斜管焊接（烫接）、斜管沉淀池内组装、斜管上部固定、斜管沉淀池运行调试6个环节。安装过程中需做好防护措施，避免斜管安装过程中受暴晒、风吹等影响产品质量。

（1）沉淀池底部排泥管安装

斜管沉淀池安装顺序一般从底部开始，先完成最底部的排泥管道系统的安装，确保排泥管道开孔符合设计要求、固定牢靠，检查无误后才允许进入下一道安装工序。

（2）填料支架安装

沉淀池填料支架一般为扁钢、角钢、圆钢制作，间隙不能太大，以 30 ～ 50cm 为宜。一定要够牢固，安装期间是水排空时期，所承受的重量是填料的重量，运行期间除去水的浮力，要承受大量污泥下滑的重量。沉淀池的支架要平整，有的用钢筋制作，人踩上去就向下弯曲，这样不行，因为面积大时中间部位在重力作用下容易下坠，上面的斜管孔径就容易变形，滑泥受到影响增加局部重量，容易形成垮塌。

因此，应根据斜管沉淀池填料支架安装施工图，先将填料支架安装到位，检查所有焊接结点牢靠、支架强度足以承受填料重量，若采用的支架不是不锈钢材质，应在支架表面完成防腐处理。

（3）斜管焊接（烫接）

斜管为管状结构斜管或由成型的半成品片材通过高频焊接或烫接组装而成。采用高频焊接方式的，片材之间焊点不少于 4 排；焊接紧密，熔融均匀，不得有烧焦情况，完成后在场地上整齐堆放（保留少量的散片备用）。有的采购要求焊接在工厂完成，再运抵现场。

（4）斜管沉淀池内组装

将焊接后的填料单元在填料支架上部自左向右进行组装。保持好安装角度（一般为 60°）不变，每一单元顺序组装时要适当压紧，组装到最右侧时若尺寸不是正合适，需要根据尺寸用散片斜管填料焊接后进行组装，直至全部到位。

（5）斜管上部固定

由于斜管填料相对密度为 0.92，略小于水，因此需确保斜管安装由圆钢压实抗浮，圆钢规格为 Φ6mm，每块体 2 根，斜管的安装水平尺寸误差不大于 5mm。圆钢可选择 SUS304 以上不锈钢材质，若为其他材质，应做好防腐处理。圆钢两端在沉淀池池壁上可靠固定，安装圆钢后可以很好地防止斜管填料在初期使用时有可能发生的松动上浮现象。

（6）斜管沉淀池运行调试

① 检查进水是否均匀，不得对沉淀池造成冲击，影响沉淀效果。

② 调整出水堰槽高低及水平度至合适，保持出水均匀。

③ 经过以上施工工序，斜管沉淀池填料安装已经全部完成。正常投入使用后需要根据进水中悬浮物浓度情况确定排泥周期，注意及时排泥，确保斜管沉淀池始终保持良好的运行状态及令人满意的出水水质。

应注意斜管的安装水平尺寸误差不大于 ±5mm，不锈钢产品的误差甚至可以达到 ±3mm。

20.6.2　斜管（板）沉淀池运行维护

（1）沉淀池的运行维护

应符合下列规定：

① 沉淀池应实现制水工艺过程中的固液分离。

② 沉淀池的类型一般包括平流式沉淀池和斜管（板）沉淀池等。

③ 应定期监测沉淀池进、出水情况，并应及时根据出水状况反馈调整混凝池加药量和排泥频次。

④ 沉淀池出水口宜设水质监测点，浊度宜控制在 3NTU 以下，特殊情况可适当调整。

⑤ 沉淀池应及时清理内部沉积的絮体和泥渣。

⑥ 沉淀池宜采取适当的避光设施，减少藻类滋生。当藻类较多时，应采取适宜的除藻类措施。

（2）斜管、斜板沉淀池的运行维护

除应符合上述的规定外，尚应符合下列规定：

① 启用或排空斜管（板）时，初始的上升流速及排空的下降流速应缓慢，防止斜管（板）漂起。

② 斜管、斜板沉淀池的出口应设质量控制点，浊度指标一般宜控制在 3NTU 以下。

③ 应做好排泥工作，保持排泥阀的完好、灵活以及排泥管道的畅通。排泥周期根据原水浊度和排泥水浊度确定。

④ 斜管（板）表面及斜管管内沉积产生的絮体泥渣应定期进行清洗。

⑤ 斜管（板）沉淀池的日常维护，应符合下列规定：a. 日检查进出水阀门、排泥阀、排泥机械运行状况并进行保养，加注润滑油；b. 检查机械、电气装置，并进行相应保养。

⑥ 定期维护项目、内容，应符合下列规定：a. 每月对机械、电气检修一次，对斜管（板）每三个月或半年冲洗清通一次；b. 排泥机械、阀门，每年解体检修或更换部件，每年排空一次，检查斜管（板）、支托架、池底、池壁等，并进行检修、涂料涂刷等。

⑦ 大修项目、内容、质量，应符合下列规定：a. 斜管（板）沉淀池 3～5 年应进行检修，支承框架、斜管（板）局部更换；b. 大修施工允许偏差符合表 20-11 的规定。

表 20-11　沉淀池大修施工允许偏差

<table>
<tr><th>序号</th><th colspan="2">项目</th><th>允许偏差</th></tr>
<tr><td>1</td><td colspan="2">泥斗斜面的平整度</td><td>±3mm</td></tr>
<tr><td rowspan="2">2</td><td rowspan="2">出水堰堰口高程</td><td>混凝土</td><td>±5mm</td></tr>
<tr><td>钢制</td><td>±2mm</td></tr>
<tr><td>3</td><td colspan="2">出水堰堰口水平度</td><td>±2mm/L</td></tr>
<tr><td>4</td><td colspan="2">轨道混凝土基础（高程）</td><td>±5mm</td></tr>
<tr><td>5</td><td colspan="2">轨道正面、侧面的直顺度</td><td>L/1500mm 且不大于 2</td></tr>
<tr><td>6</td><td colspan="2">轨道轴线位置</td><td><5mm</td></tr>
<tr><td>7</td><td colspan="2">轨道高程</td><td>±2mm</td></tr>
</table>

续表

序号	项目	允许偏差
8	轨道接头间缝宽	±0.5mm
9	轨基螺栓对轨道中心线距离	±2mm

注：L 为出水堰堰口长度。

20.7 注意事项

① 检查进水是否均匀，不得对沉淀池造成冲击，影响沉淀效果。

② 调整出水堰槽高低及水平度至合适，保持出水均匀。

③ 经过以上施工工序，沉淀池填料安装已经全部完成。正常投入使用后需要根据进水中悬浮物浓度情况确定排泥周期，注意及时排泥，确保沉淀池始终保持良好的运行状态及令人满意的出水水质。

第21章 滤池配水器材

21.1 产品概述

滤池的配水系统有大阻力、中阻力、小阻力三种形式，近些年来，由于节能等原因，大多数滤池已采用小阻力配水系统。在小阻力配水系统中，一般滤池开孔比为1.25%～2%，水头损失＜0.5m，代表产品有预制滤板及滤头、整体浇筑滤板及可调式长柄滤头、面包管布水布气管。以目前大中型水厂应用较广的V型滤池为例，采用“滤板＋滤头”的气水反冲洗系统，技术成熟，效果良好。在中阻力配水系统中，一般滤池开孔比为0.6%～0.8%，水头损失0.5～3m，代表产品为滤砖。大阻力配水系统属于早期产品，目前已逐步淘汰，一般滤池开孔比为0.2%～0.28%，水头损失＞3m，代表产品为丰字形管。

滤池的进出水系统中，根据滤池形式不同，有堰板、V型槽、排水槽等。在滤池工作过程中，反洗阶段是非常重要的，如果配水配气不均匀，容易造成滤池反洗短流，反洗不彻底，给滤池正常运行带来困扰。所以配水配气系统配水的均匀性、安装的简单程度对滤池来说是非常重要的。保持配水配气均匀性的方法就是要提高配水孔和配气孔的流速，从而增加反冲洗及过滤时的水头损失和压力损失；通过增大配水配气渠道断面尺寸降低配水配气渠道流速，从而提高配水配气的均匀性。

以最常用的滤板＋滤头的气水反冲洗系统为例，滤池配水器材中的滤板按材料可分为混凝土滤板、不锈钢滤板、玻璃钢滤板、塑料滤板，按施工方式可分为分块制滤板和整体浇筑滤板。滤头由具有缝隙的滤帽和滤柄组成，按材料分为ABS滤头、PP滤头、不锈钢滤头，按长度分为短柄滤头和长柄滤头，滤帽形状有蘑菇形、圆柱形、半球形等。

21.2 产品分类

21.2.1 产品类型

21.2.1.1 滤头

滤头广泛用于水厂、污水厂的滤池中，主要安装于滤池的滤板上，是用来均匀收集过滤水和均匀分布反冲洗气和反冲洗水的专用器材，采用高强度工程塑料注塑成型，具有承压强度高、布水均匀、水头损失小、能耗低、不漏砂、使用寿命长、维护方便等特点。滤头主要由滤帽、预埋套管、滤杆、密封圈等构成，滤头结构示意见图 21-1。根据反冲洗工艺不同分短柄滤头（适用于单水冲洗）和长柄滤头（适用于气水反冲洗）。

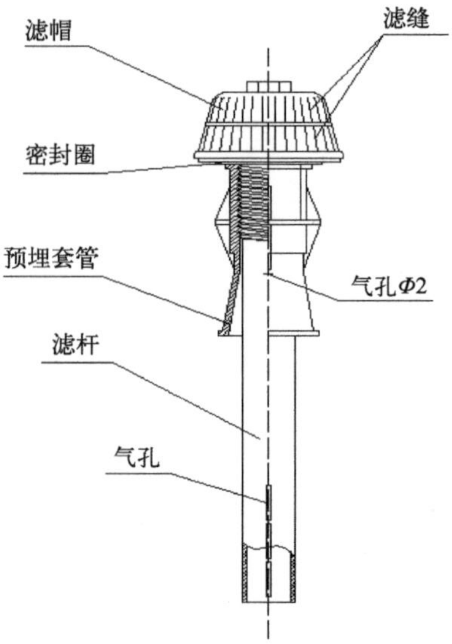

图 21-1 滤头结构示意

反冲洗滤头的滤帽弧面上均匀开有长条细缝，既能防止滤料的漏出，又能确保配气和配水均匀。滤杆是一根塑料管顶端开有一个小孔，靠近底部有进气条缝，压缩空气进入滤板下面的空间后，缓慢地形成空气层，并逐渐变厚，空气层下面的水不断下降，直到水面降至滤杆下部的长条进气条缝处时，这时空气开始由条缝孔流入滤杆。当流进的空气流量与经滤帽缝隙流走的流量相等时，水面便停止下降，稳定在一定位置上，进入的空气经滤杆上升，通过滤帽的缝隙喷射到滤料层中去，由于多个滤头的交叉喷射均匀分布，达到良好的反冲洗效果。

（1）短柄滤头

短柄滤头应用于滤池单水反冲洗和重力式、压力式滤罐及离子交换滤床等配水过滤系统。短柄滤头和滤帽弧面上均匀开有长条缝隙，既能防止滤料的漏出，又能确保配气和配水的均匀。

（2）长柄滤头

长柄滤头应用于滤池气水反冲洗配水系统。长柄滤头既可用于生活饮用水处理，也可用于饮料、印染等各种工业用水处理，同样可以应用于工业废水、生活污水处理过程中。

可调式长柄滤头主要由滤帽、预埋座、滤杆、锁紧螺母等构成，与整体浇筑滤板配套使用。滤帽和滤杆是分开独立的部件，都应该分别能与预埋座结合在一起，其中滤杆设有调节功能的螺纹，旋转滤杆可上下调整滤杆上进气孔在同一水平高度，并且有锁紧圈予以固定，弹性防脱瓣可精确控制定位。预埋座有稳定卡销，可以牢固而垂直地固定在模板上。滤帽连接面带有防脱齿。由于可调节滤杆所有气孔设置的上下调节范围为 0 ～ 50mm，所以反冲洗均匀度较好。

21.2.1.2 滤板

滤板是水处理工艺中关键装置，在滤池中起到承载滤料层过滤和反冲洗配水（气）的双重作用。滤板（滤板的平整度和精度）直接关系到水厂、污水厂的滤后水质、过水量及运行的长期效益。

（1）预制滤板

预制滤板宜采用卧式钢模具，每次生产 1 块，脱模时间为 24h（夏季高温时应不少于 16h，即两天三脱模）。另外有立式模具，每次可生产 5 块。但模具内气体排出困难，所产滤板气泡较多，还有由于重力作用，在插入式振捣器振捣密实时造成混凝土不均匀，强度很低；钢筋位置难固定，露筋多；滤板边缘密实度更低，毛刺、缺损、掉角甚多。预制滤板示意见图 21-2。

① 优点：造价低，1000 ～ 1500 元 /m²；施工灵活，可以工地现场施工，也可以在工厂预制；施工机械要求低，只需 1 台小型的混凝土搅拌罐。

② 缺点：采用预制钢筋混凝土板拼装，然后再对接缝处理的工艺。该工艺存在的问题是接缝容易漏气、接缝高差大、拼装时板底平整度控制困难。

图 21-2 预制滤板示意

（2）整体浇筑滤板

整体浇筑常见的混凝土滤板底模板是特制高强度食品级塑料一次而成的楞型板，也有可脱模的整浇滤板；凸处开有带颈套的圆孔用以固定长柄滤头的预埋座。可调式滤头由预埋座、滤杆、滤帽组成。预埋座上有卡销以便于固定在模板上。滤杆上设有调节螺纹，可上下调节，设有调节瓣与预埋座内调节瓣防脱条配合，可控制滤杆调节精度。整体浇筑滤板示意见图 21-3。

图 21-3 整体浇筑滤板示意

① 优点：没有了板间的接缝，不需要做接缝的密封及防水措施；用定型塑制底模板，现场连续浇筑混凝土成为整体，并与滤池池壁连接为一体，安装可调试滤头的钢筋混凝土滤板，从而提高气水反冲滤池配水系统配水配气的均匀性和可靠性。

② 缺点：造价高，与预制相比增加 50% ～ 100%；施工机械要求高，要满足泵送商品混凝土和吊架式工作平台浇筑；需要专业厂家提供的 ABS 预制模块。

（3）滤板材质

1）高精度钢筋混凝土

① 规格：标准尺寸 1000mm×1000mm×100mm 或根据设计要求。

② 制作混凝土强度：C25 ～ C30，按 GB 50204 执行。出厂龄期在 28d 以上单板，平面水平误差小于 ±2mm，滤板厚度误差小于 ±1mm，预埋套管定位尺寸误差小于 ±2mm。滤板间接缝采用专用密封胶，锚固件和压板均采用食品级不锈钢材料，使用寿命长且安全无害。

2）不锈钢

滤板采用不锈钢板制造，按照工艺要求，滤板双面开设有安装滤头预埋件孔及卡槽，不锈钢滤板示意见图 21-4。滤板上表面机械模压一次成型，对应于滤头安装位置分布多条凸凹结构的加强筋条；滤板下部与上部加强筋垂直方向布置多条加强肋板，起到固定滤头预埋件及底部加强作用；特殊构造的滤头预埋件上下设有卡槽，穿过滤板上下两层固定孔后旋转一定角度后定位锁紧固定。

图 21-4 不锈钢滤板示意

① 优点：高精度不锈钢滤板采用优质不锈钢板材机械加工成型。配水系统安装后双向承压强度高；采用高强度工程塑料制造的专用滤头组件，开孔比科学；在结构中

滤头采用强化螺纹固定，橡胶垫圈密封，连接牢固，永不脱落；滤板与滤头间无死水区，不积泥、不锈蚀、耐老化；安全卫生、耐久使用、无须维护保养。可根据用户滤池池型灵活定制，改变了以往滤板因工艺限制只能采用近正方形的块状设计模式，实现了滤池内两条滤梁间滤板整块通长制造和安装，滤板底部无承托处不存在拼接缝，确保滤池滤板的整体性和永久性稳定、安全、高效运行的理想目标。

② 缺点：造价高、安装难度较高。

21.2.1.3 滤砖

滤砖具有上层布水、下层输水和自身受力平衡的特点，不需锚固，耐蚀耐磨，效果稳定，节省金属材料，见图 21-5。但由于滤砖的价格比较高，在国内的给水系统中使用极少。

图 21-5 滤砖示意

21.2.1.4 配水配气管

配水配气管（面包管）主要为翻板阀滤池配水配气系统的一个组成部分，如图 21-6 所示。面包管配水配气系统主要由配水配气横管及配水配气纵管组成，常用于翻板滤池。采用二次双层配水配气层，由配水配气横管、配水配气竖管、中间配水配气渠三部分组成。中间配水配气渠的纵向配水配气及面包管的横向二次配水配气的结构特点，使翻板滤池具有良好的配水配气均匀性。

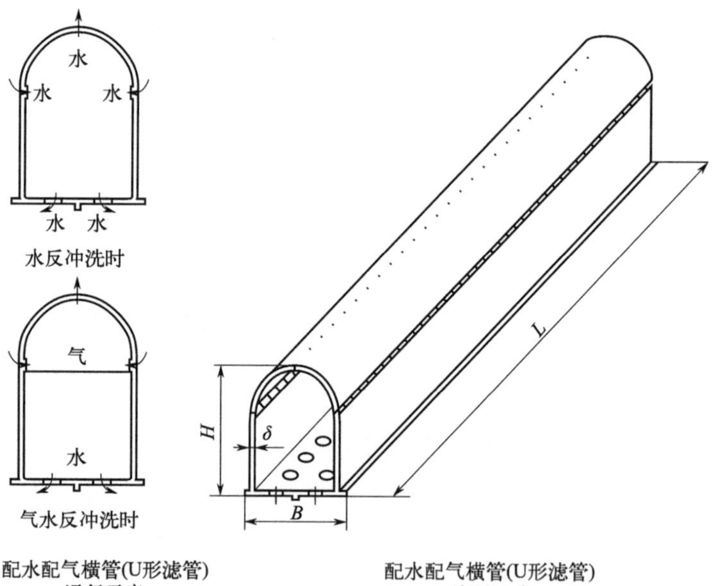

图 21-6 配水配气管横管示意

21.2.2 性能指标

（1）滤头

滤头的性能指标参数主要包括滤头滤帽水平高程误差、ABS 拉伸强度、ABS 冲击强度、

ABS 硬度、PP 滤杆 / 预埋座拉伸强度、PP 滤杆 / 预埋座冲击强度、PP 滤杆 / 预埋座硬度、滤帽缝隙宽度误差、滤帽缝隙长度误差等，具体性能指标要求见表 21-1。

表 21-1　通用滤头性能指标

序号	性能指标	具体内容
1	滤头滤帽水平高程误差 /mm	不得大于 ±5
2	ABS 拉伸强度 /MPa	35 ～ 45
3	ABS 冲击强度 /(kJ/m²)	9 ～ 30
4	ABS 邵氏硬度 / 度	98 ～ 108
5	滤帽缝隙宽度误差 /mm	±0.05
6	滤帽缝隙长度误差 /mm	±1.0
7	PP 滤杆 / 预埋座拉伸强度 /MPa	35 ～ 40
8	PP 滤杆 / 预埋座冲击强度 /(kJ/m²)	62 ～ 240
9	PP 滤杆 / 预埋座邵氏硬度 / 度	60 ～ 70

滤头细分产品中，不同产品的技术规格也有差异，不同滤头常见技术规格见表 21-2。如长柄滤头通过混凝土滤板上的预埋件安装，单块预制滤板多为固定式长柄滤头，整体浇筑滤板使用可调式长柄滤头。长柄滤头长度 300 ～ 400mm，缝隙宽度 0.25 ～ 0.4mm，每平方米滤板上安装长柄滤头 50 ～ 60 个，开孔比约 1.5%。研究表明，长柄滤头的水头损失与流速有关，而与缝隙的开口形状无关。而可调式滤头可以将整个滤池滤头的滤杆进气、进水孔调整到同一水平高程，使滤池配气配水最大限度达到均匀理想。

表 21-2　滤头常见技术规格

类型		滤帽形式	缝隙宽度 /mm	缝隙面积 /(cm²/ 个)	总长度 /mm	滤杆长度 /mm	可调高度 /mm
长柄滤头	气水反冲洗	蘑菇形、半球形	0.25 ～ 0.30	2.5 ～ 3.5	292、335		
短柄滤头	单水反冲洗	蘑菇形、半球形	0.25 ～ 0.30	2.5 ～ 3.5	100、146		
可调式滤头	—	蘑菇形、半球形	0.30 ～ 0.50	1.3 ～ 2.2		380	65

（2）滤板

滤板的性能指标包括单块滤板水平误差、混凝土滤板抗压强度、使用寿命等，具体性能指标见表 21-3。

表 21-3　滤板性能指标

尺寸 /mm	单块滤板水平误差 /mm	混凝土滤板抗压强度	使用寿命	安装密度 /(个 /cm²)	滤板厚度误差 /mm	滤板直角边垂直误差 /mm
1000×1000×100	≤ 2	C25 ～ C30	＞ 20 年	36 ～ 64	±1	≤ 2

目前混凝土滤板是主流，单块预制混凝土滤板尺寸一般按照设计要求都可订制，常见尺寸为 1000mm×1000mm×100mm，整体浇筑滤板则在现场采用专制塑料模板（ABS 或 UPR）

或可拆钢模板，单格滤池整体浇筑钢筋混凝土。混凝土强度等级不低于C25，钢筋直径ϕ10或ϕ12。整浇滤板与不锈钢滤板常见技术规格见表21-4。

表21-4 整浇滤板与不锈钢滤板常见技术规格

类型		开孔比/%	技术规格（$L\times B\times H\times\delta$)/mm	承载能力/(kN/m^2)
整浇滤板	A	1.4～1.6	1138×617×100×5	双向≥80
	B		963×467×80×5	
	C		964×950×40×4	
不锈钢滤板	气水反冲洗	1.4	长度：按滤池尺寸布置，中间无拼缝	双向≥98
	单水反冲洗	1.6	宽度：可任意定制 厚度：60	

整体浇筑滤板没有任何接缝，彻底消除了传统小块预制滤板可能存在的滤板间密封不严密的隐患，从而杜绝了翻板、漏砂等弊病。

（3）滤砖

滤砖分为Ⅰ型滤砖和Ⅱ型滤砖两种。Ⅰ型滤砖多用于市政给水工程，该滤砖为二次或二次以上配水配气滤砖；Ⅱ型滤砖多用于市政污水与再生水工程。按照《水处理用滤砖》(CJ/T 47—2016）标准规定，滤砖聚乙烯原料应符合GB/T 11115—2009中的规定，添加回用料仅限于本厂同类产品回用料且不应高于5%；混凝土应符合GB 50164规定，且强度不低于C35。滤砖具体性能指标见表21-5。

表21-5 滤砖的性能指标

指标	Ⅰ型滤砖	Ⅱ型滤砖
耐压强度/kN	≥15	≥20
耐寒性能/℃	−20±2	−20±2
耐热性能/℃	80±2	80±2
耐冲击强度/(kJ/m^2)	≥25	—
耐氧化性能	10%次氯酸钠溶液浸泡，干燥后的质量变化率不应大于±0.5%。膨胀率不应大于±0.5%。颜色及外观不应有明显变化	耐10%次氯酸钠溶液氧化，干燥后的质量变化率不应大于±0.5%。膨胀率不应大于±0.5%。颜色及外观不应有明显变化（外壳）
跌落强度	2m无破裂	—

（4）配水配气管

配水配气管的指标包括材质、允许承压强度、管壁厚、布气孔孔径、布水孔孔径、配水配气纵管型号、滤池开孔比、拉伸强度、拉伸屈服强度、断裂伸长率、氧化诱导期等，具体要求见表21-6。

表21-6 配水配气管规格与性能

项目	参数	备注
配水配气横管（宽×高）/mm	161×185	长度根据设计要求制作
	138×169	

续表

项目	参数	备注
材质	HDPE 工程塑料或不锈钢材质	—
允许承压强度 /(N/cm²)	38	—
管壁厚 /mm	5（HDPE 材质）	—
	2（不锈钢材质）	
布气孔孔径 /mm	2.5 ～ 3.5	根据设计要求开孔
布水孔孔径 /mm	15 ～ 20	—
配水配气纵管型号	配水管 D89，配气管 D30	可根据设计要求进行变更
滤池开孔比 /%	0.8 ～ 1.25	—
拉伸强度 /MPa	≥ 18	—
拉伸屈服强度 /MPa	≥ 16	—
断裂伸长率 /%	≥ 350	—
氧化诱导期 /min	＞ 30	—

不论采用何种形式的滤板、滤头，归根结底是为了保证滤池反冲洗配水配气的均匀性。因此，单格滤池水平误差是评估滤头、滤板施工质量的核心指标，直接决定滤池反冲洗的效果，同时影响滤池工艺的运行效率和运行费用。《室外给水设计标准》（GB 50013—2018）规定，单格滤池所有滤头滤帽或滤柄顶表面的水平高程误差不得大于 ±5 mm。

滤板与滤板之间、滤板与池壁之间的密封应避免开裂、脱胶等隐患，否则将导致漏气、漏砂甚至翻板。对于预制滤板而言，由于配套滤头的滤杆和滤帽是连成一体的，只能依靠小块滤板的水平度来间接控制滤头的水平度。整体浇筑滤板和可调式滤头是气水冲洗滤池配水配气系统的进步，解决了预制滤板和固定式滤头这种传统组合方式的诸多弊端。

21.3　产品相关标准

国内的滤池配水器材标准有 5 个，其中有 2 个标准是和滤池相关的，见表 21-7。

表 21-7　现有标准体系表

标准类型	具体标准
通用标准	《彗星式纤维滤池工程技术规程》（CECS 276:2010） 《气水冲洗滤池整体浇筑滤板及可调式滤头技术规程》（T/CECS 178—2023） 《上向流滤池设计规程》（CECS 451:2016） 《水处理用滤砖》（CJ/T 47—2016） 《室外给水设计标准》（GB 50013—2018）

①《彗星式纤维滤池工程技术规程》（CECS 276:2010）适用于新建、扩建和改建的城镇给水处理、工业给水处理、工业废水深度处理、城镇污水处理及升级改造或再生利用、海水除浊处理等工程中彗星式纤维滤池的设计、安装及运行维护。

②《气水冲洗滤池整体浇筑滤板及可调式滤头技术规程》（T/CECS 178—2023）适用于新建、改建或扩建水处理工程中安装可调式滤头的气水冲洗滤池整体浇筑滤板的材料与

产品、设计、施工与安装、调试与验收。

③《上向流滤池设计规程》（CECS 451:2016）适用于新建、扩建或改建的城镇及工业给排水处理工作中用重质滤料和活性炭滤料上向流滤池的设计，不适用于采用轻质滤料上向流滤池的设计。

④《水处理用滤砖》（CJ/T 47—2016）规定了水处理用滤砖的术语和定义、分类、材料、要求、试验方法、检验规则、标志、包装、运输和储存。该标准适用于水处理用滤砖的制造和检验。

21.4　产品选择

21.4.1　产品选型

滤池配水配气系统，应根据滤池形式、冲洗方式、单个面积、配水与配气的均匀性等因素考虑选用。采用单水冲洗时，可选用穿孔管、滤砖、滤头等配水配气系统；采用气水冲洗时，可选用长柄滤头、塑料滤砖、穿孔管等配水配气系统。各种配水配气系统见表 21-8。

表 21-8　常用的配水配气系统

配水配气系统名称	常见形式	开孔比 /%	水头损失 /m
大阻力	带有干管（渠）和穿孔支管的“丰”字形配水配气系统	0.20 ～ 0.28	＞3
中阻力	（1）滤球式 （2）管板式 （3）二次配水滤砖 （4）三角形内孔的二次配水（气）滤砖（Leopord）	0.6 ～ 0.8	0.5 ～ 3.0
小阻力	（1）豆石滤板 （2）格栅式 （3）平板孔式 （4）三角槽孔板式 （5）滤头 （6）面包配水配气管	1.25 ～ 2.00	＜0.5

采用单水冲洗时，大阻力、中阻力和小阻力配水配气系统均适用，一般可选择的滤池配水器材有穿孔管、滤砖、滤头等；采用气水冲洗时，一般可选用中阻力和小阻力配水配气系统，包括长柄滤头、塑料滤砖、穿孔管、面包型配水配气管。

滤池配水器材产品类型、规格及优缺点可参考 20.4 部分，同时还可参阅《给水排水设计手册》第 12 册《器材与装置》进行选型。

21.4.2　滤板、滤头的采购

21.4.2.1　整体浇筑滤板用塑料模板（底模）技术要求

（1）塑料模板

模板的设计应满足无接缝滤板整体浇筑的施工条件和滤池工艺条件，整体浇筑滤板的模板使用符合《气水冲洗滤池整体浇筑滤板及可调式滤头技术规程》（T/CECS 178—2023）的免拆除模板要求。A 和 B 型模板常用材质为 ABS 工程塑料，C 型模板常用材质为不饱和聚酯。

1）模板结构

模板可安装可调节滤头的预埋座，模板设计有固定滤头预埋座的带内环扣的特殊颈套。颈套设计间距布置合理，以满足配水均匀的工艺要求，同时能满足整体浇筑钢筋绑扎和混凝土浇筑要求。

2）模板材质

模板为不拆除的模板时，模板需为防腐材质制作，同时保证混凝土初凝时释放热量不引起模板热形变，应选择有较高马丁耐热和热变形温度的优质塑料不饱和聚酯作模板材料。

3）模板强度

模板形变：荷载 4kN/m^2 时，挠度＜ 1.2 mm。

模板表面必须平整，无开裂、缩痕、气泡、溢边等缺陷。模板拉伸强度、冲击强度、硬度指标要求见表 21-9。

表 21-9　模板机械物理性能

项目	指标
拉伸强度 /MPa	35 ～ 45
冲击强度 /（kJ/m^2）	9 ～ 30
邵氏硬度 / 度	98 ～ 108

4）模板卫生指标

符合《生活饮用水输配水设备及防护材料的安全性评价标准》（GB/T 17219）的规定，有无毒检验报告。

（2）可拆式钢制模板

1）模板结构

模板结构可参考表 21-10，其中滤头孔数量、孔距可依设计实际情况调整。模板高度指弯折高度。

表 21-10　钢制模板结构　　单位：mm

模板				滤头预埋座孔		
长度	宽度	高度	厚度	孔径	孔数量	孔距
1050±2	400±1	50	4±0.3	11+0.3	24	144×133
1050±2	290±1	50	4±0.3	11+0.3	16	144×133
890±2	404±1	50	3±0.3	11+0.3	21	135×135

2）模板材质

钢制模板材料应采用高强度碳钢或品质更好的材质，其结构设计牢固，便于拆卸。

3）模板强度

① 模板形变：荷载 4kN/m^2 时，模板的跨中挠度应小于 1.2mm。

② 模板的表面应平整，无开裂、锈蚀严重等缺陷。

③ 模板卫生指标：符合《生活饮用水输配水设备及防护材料的安全性评价标准》（GB/T

17219）的规定，有无毒检验报告。

21.4.2.2　滤板技术要求

整体浇筑滤板及可调式滤头的选型采购可参考《气水冲洗滤池整体浇筑滤板及可调式滤头技术规程》（T/CECS 178—2023）中的相关要求及标准。预制滤板亦可参考该标准制定采购规则。

（1）原材料要求

制作滤板用的混凝土强度等级应大于 C25，可要求厂商达到 C30 强度等级。水泥采用 425 号或 525 号普通硅酸盐水泥。碎石：采用公称粒径 5 ～ 25mm，针、片状含量（以重量计）不大于 15%，含泥量不大于 1%，无有害物质，颗粒级配符合 GB 50204 的要求。砂采用中细天然石英砂，粒径 0.5 ～ 2mm，颗粒级配符合 GB 50204 的要求，含泥量不大于 3%，无有害物质。用水采用符合国标饮用水标准的地面水或地下水，严禁使用海水或工农业污水。钢筋采用双层双向优质螺纹钢筋。

（2）制作要求

1）预制滤板制作要求

① 钢筋骨架制作：按图纸规格标准及保护层要求，做到钢筋落料规格准确，扎丝牢固。

② 按技术要求安装高精度立式钢模，要求钢模定位准确。

③ 钢筋骨架安置：定位准确，偏差不大于 ±5mm，上下、四边保护层标准 20mm±5mm。

④ 滤头套管预埋：准确、无遗漏，无倒位差错，误差≤ 2mm。

⑤ 混凝土搅拌：采用 500L 容积强制式搅拌机，每浇一模拌和作业两次，每次出料次序先石子，再水泥、砂，然后缓慢均匀分散加水。

⑥ 浇模振捣：采用插式振捣棒在专用振动平台上进行足够的振捣，分层浇模，分层振捣，先四角四边，然后中间充分振捣，每块滤板双面平整度误差不超过 ±1.0mm。

⑦ 脱模及养护：混凝土必须达到一定强度才能脱模。脱模时间：平均气温 15℃以上，不小于 10 ～ 12h；平均气温 15℃以下，不小于 18 ～ 20h。养护：竖板放置角度不小于 85°，挨放齐、紧，覆盖保湿养护，按具体气温情况浇水湿护（见表 21-11）。

表 21-11　滤板养护时间

气温	最少养护时间	第一次养护时间
5℃以上	14d	浇筑后 12h 内加盖浇水保湿
10℃以上	10d	
15℃以上	7d	
20℃以上	6d	

2）整浇滤板制作要求

滤板一次浇筑完成，滤板支撑结构采用滤梁支撑，平行于配气配水的流向布置。浇筑前滤池内模板上平面水平误差≤ ±2mm。

① 整浇滤板浇筑混凝土时应进行足够的振捣，使混凝土均匀密实。

② 钢筋骨架制作：按图纸规格标准及保护层要求，做到钢筋规格准确，扎丝牢固。

③ 钢筋安装：定位准确，允许偏差不大于 ±5mm。

④ 滤板抗压强度：滤板为正、反方向受力板，应能承受滤前水和滤料的正压力 50kPa 和反冲洗水的反向压力 25kPa。

（3）性能要求

① 滤板抗拉强度≥ 280MPa。

② 滤板抗压强度≥ 280MPa。

③ 滤板冲击强度≥ 230MPa。

（4）精度要求

预制滤板精度应达到以下要求：滤板平面尺寸公差为 ±1.5mm；滤板平整度公差为 ±1.5mm；滤板厚度公差为 ±2.0mm；滤板四周垂直度公差为 ±2.0mm；滤头孔中心偏差为 ±1.5mm；预埋套管垂直偏差为 ±1.0mm；滤板对角线长度公差为 ±2.0mm。

对于整体浇筑滤板精度达到：单格滤池滤板水平度误差≤ ±2.0mm；滤池滤板整体水平度分别要求总误差≤ ±5.0mm，预埋座位置偏差≤ ±2.0mm。

（5）外观要求

滤板制作外观应表面平整，无露筋、翘曲、振裂、蜂窝、麻面、破损、开裂现象。滤头预埋座预埋准确，无歪斜遗漏现象，预埋座内无堵塞，能保证滤头拧紧到位。

21.4.2.3　滤头技术要求

（1）整体技术要求

整个滤头系统包括带有窄缝的滤头和埋在滤板内滤头装配所用的密封环或套管等主要部件，卫生性能符合《生活饮用水输配水设备及防护材料的安全性评价标准》(GB/T 17219)。

外观上滤头缝隙无残缺、气泡、飞边和毛刺等缺陷，表面光滑、无明显杂质、无裂纹，色泽一致，洁面有光泽，无挠曲、收缩、不足料等现象。

所选用的材料有良好的防腐性能，并有足够的强度和刚度，有良好的抗老化性能。一般选用 ABS 工程塑料为滤头原料。对于可调式滤头，一般滤帽采用 ABS 工程塑料，滤杆和预埋座的材料采用改性聚丙烯（PP），但不允许使用再生料。

滤头应适用于水和空气冲洗，通过形成气垫层使空气均匀分布，滤头与滤板间无死水区。

单纯用气反冲洗时，滤头的水头损失和气水同时反冲洗的滤头损失符合设计要求。

滤板上的所有部件都要能承受压力、安装时踩碰不得破碎。

对于可调式滤头，还应满足：

① 可调式滤头为由滤帽、滤杆、预埋座三部分组成的长柄滤头。通过旋转滤杆的上下调整，使安装在滤板上的所有滤头进气孔保持在同一水平高度，颜色为本色。

② 滤帽和滤杆是分开独立的部件，都应该分别能与预埋座结合在一起，其中滤杆设有调节功能的螺纹，旋转滤杆可上下调整滤杆上进气孔在同一水平高度、滤池内滤头上平面水平 ±1mm，并且有锁紧圈予以固定。弹性防脱瓣可精确控制定位。预埋座有稳定卡销，可以牢固而垂直地固定在模板上。滤帽连接面带有防脱齿。

③ 滤头开孔比即配水孔眼总面积与服务过滤面积之比应大于 1%。由于长柄上气孔的开孔位置的重要性，可要求厂家提供的可调节滤杆所有气孔设置的上下调节范围为 0 ～ 50mm。

④ 从滤头内部的凸起处测量，滤头的内径不小于长柄的内径。

⑤ 滤头和长柄的设计应保证便于从预埋座中安装或拆卸，还应保证无论水是从滤板上方往下流还是由滤板下方往上流，都只能从滤头狭长缝中经过，而不能从其他部位渗透。

（2）材料性能要求

ABS 滤头（帽）材料性能符合表 21-12 规定。

表 21-12　ABS 滤头（帽）材料性能

项目	单位	指标
拉伸强度	MPa	35 ～ 45
冲击强度	kJ/m^2	9 ～ 30
邵氏硬度	度	98 ～ 108

注：以最新 CECS 178 为准。

采用的改性聚丙烯（PP）的滤杆和预埋座的材料性能应符合表 21-13 规定。

表 21-13　改性聚丙烯（PP）的滤杆和预埋座的材料性能

项目	单位	指标
拉伸强度	MPa	35 ～ 45
冲击强度	kJ/m^2	6 ～ 240
邵氏硬度	度	60 ～ 70

注：以最新 CECS 178 为准。

（3）安装精度

滤头滤帽安装时应确保其顶表面在同一水平高程，整座滤池内所有滤头滤帽顶表面高差不得大于 ±5mm。

（4）附件

滤头密封环或套管为伴形壳体、长度与滤板厚度相符，套管上有翼环，预埋在滤板内，并要求位置准确垂直、固定紧密，不渗水；数量同滤头总数。

滤头和嵌固套管、堵头等均为原生料制成，采用注塑模工艺，所有滤头及附件无毒无害，适用于饮用水。

21.4.3　产品价格

伴随着我国生活用水量逐年增长，滤池配水器材的需求量逐渐变大。虽然滤池配水器材厂家竞争愈发激烈，但是近几年混凝土原材料价格上涨和人工安装成本不断升高导致滤池配水器材价格还会保持上涨。通常滤头的价格比较便宜，滤板价格偏贵，而滤砖价格要远高于滤头滤板的组合，价格要比滤头滤板高出 1 ～ 2 倍，故一般在给水系统中应用不普遍。滤头 6 ～ 20 元 / 套，混凝土预制滤板 1000 ～ 1500 元 /m^2，整体浇筑滤板 1500 ～ 2500 元 /m^2。当然，价格与品牌、经销商销售策略、采购规模等相关，最终价格有一定的波动范围。

21.5　运输储存

21.5.1　包装

① 产品包装应符合 GB/T 191 的规定。

② 外包装应保证产品不受划伤、破损，在运输过程中不应产生变形。

③ 包装好的产品应符合运输工具的运输要求。

21.5.2　运输

产品运输过程中不应在阳光下暴晒，不得与易燃物质混合装运。

21.5.3　储存

产品应存放在干燥、通风的库房内，应避免与具有腐蚀性的物质存放在一起。储存场所应具备防火、避光等条件。

21.6　安装调试

(1) 整体安装要求

1）滤板安装

滤板安装平整度是保证配气配水均匀的关键，要求必须对每块滤板边铺边用水平仪测量调整，保证达到标准。

2）滤板密封

滤板间接缝、滤板与池壁的密封是保证滤板配气配水均匀的关键。要求必须严格按操作程序进行操作，保证密封严密不漏气、漏水。

3）滤池要求

① 核实池体滤池土建施工中，池内壁尺寸不能过大偏离，长度方向误差 ±40 mm，宽度方向误差应控制在 ±10mm。

② 池内壁四角角度准确，保持直角。

③ 池壁与砂层接触处应拉毛呈锯齿状，以免过滤水在该处形成“短路”而影响水质。

④ 滤梁找平：滤梁找平未达到精度，滤板安装时平整度达不到设计要求，即使铺板时平整度在误差范围内，固定螺栓紧固后也会出现误差变形大的现象。

(2) 整体浇筑滤板模板安装要求

免拆除模板安装在滤池滤梁上，绑扎二级钢筋骨架并与滤池内壁预留钢筋焊接牢固，滤板上的钢筋必须与滤池池壁及滤梁上的钢筋绑扎，然后将预埋座插入预留孔内，盖好施工盖，并浇筑合格的商品混凝土。

（3）滤板安装要求

清除施工时池底遗留的杂物，并复核滤梁的间距。

对滤梁顶进行找平，找平后的水平度误差≤ ±2.0mm。

滤板安装前逐个进行清理除尘工作和各项尺寸的检测，合格后进行安装；滤板铺好后检测滤板平整度，并做适当调整，控制单格滤池水准差≤ ±2.0mm。滤池滤板整体水平度分别要求总误差≤ ±5.0mm，预埋座位置偏差≤ ±2.0mm。

对于预制板要安装不锈钢压块固定滤板，用螺帽紧固；整浇滤板滤池池壁及滤梁要按规范预留钢筋，以保证反冲洗时滤板稳定。同时再次复核滤板标高，当一格滤池完全复核合格，并经过买方和工程监理确认后，才能进行滤板间的密封嵌缝。

安装完成后的滤板下面应清扫干净，不得有任何垃圾和遗漏物品。

（4）滤板密封嵌缝

滤板嵌缝工作不得在恶劣气候条件下进行。

先清除混凝土表面的浮尘和杂物，并用水冲干净，保持基面潮湿但无浮水。对混凝土的缺陷如蜂窝、麻面等，应先用水泥砂浆修补抹平，对漏水点可用堵漏材料封堵或埋设灌浆管引流，密封防水层有一定强度后再灌浆封堵。

滤板嵌缝应在每一格滤板安装全部完成并经买方及工程监理确认后进行。

（5）滤头安装要求

滤头安装应在单格滤池滤板全部安装、调平检测，固定、嵌缝完毕后进行。

每块滤板上的滤头在该滤板安装前试装，以保证滤头安装准确到位。

预埋滤头柄套及滤头应无堵塞、无破损、无漏装，滤杆及套管内的螺纹处必须清洁，不能有任何杂物。

可调式长柄滤头的安装，首先将预埋座施工工盖卸下，按顺序安装滤杆。滤杆的调节预留量不少于 15mm，用于滤池不均匀沉淀引起滤杆进气孔的水平度调节。向滤池布水区注水至预埋座内调节螺纹上口齐平，作为滤杆调节基准。用专用工具调节滤杆，使其上端平面与布水区水平面在同一水平高度。滤杆水平调节完毕，应按顺序安装滤帽，并用专用工具紧固。

滤头上部平整竖直，不得有高低、歪斜现象；单格滤池滤头顶标高误差不得大于 ±2.0mm。

（6）现场检查、测试和验收

在将滤料装入滤床前，应检查配水系统的安装，确保工程按照要求及既定的安装程序进行。

1）气反冲均匀性试验

试验滤头气反冲洗时是否均匀、滤头有否堵塞或损坏。试验时，先将滤池内放水约 0.2m，然后再开鼓风机，将空气通过滤头排出，观察气流是否均匀、滤板接缝处有否漏气等。稳压时间为 10min。经测试确认合格、符合技术条件后，由业主与监理等有关部门做最终验收。

2）水冲和气冲

水气只能在滤帽缝隙出水和出气，其他任何地方不得出现漏水和跑气现象。水冲、气冲、气水同时反冲，滤板不得有任何松动，而且整池气水翻泡必须均匀。滤池反冲结束，石英砂必须在同一水平面上，不允许局部出现堆积现象。

21.7　注意事项

对滤池的日常保养项目、内容，应符合下列规定：每日检查滤池、阀门、冲洗设备（水冲、气水冲洗、表面冲洗）、电气仪表及附属设备（空压机系统等）的运行状况，并做好设备、环境的清洁工作和传动部件的润滑保养工作。

（1）定期维护项目、内容

应符合下列规定：

应每月对阀门、冲洗设备、电气仪表及附属设备等检修一次，并及时排除各类故障。

每季测量一次砂层厚度，砂层厚度下降 10% 时必须补砂（一年内最多一次）。

应每年对阀门、冲洗设备、电气仪表及附属设备等解体检修一次或部分更换；铁件油漆一次。

（2）大修项目、内容、质量

应符合下列规定：

① 滤池、土建构筑物、机械大修周期不应超过 5 年，考虑的原则为：a. 滤层含泥量超过 3%；b. 滤池冲洗不均匀，大量漏砂；c. 过滤性能差，滤后水浊度长期超标；d. 结构损坏等。

② 滤池大修内容应包括下列各项：a. 检查滤料、承托层，按情况更换；b. 检查、更换集水滤管、滤砖、滤板、滤头、尼龙网等（根据损坏情况决定）；c. 控制阀门、管道和附属设施的恢复性检修；d. 土建构筑物的恢复性检修；e. 清水渠检查，清洗池壁、池底。

③ 滤池大修质量应符合下列规定：a. 滤池壁与滤料层接触面的部位凿毛；b. 集水滤管或滤砖、滤头、滤板安装平整、完好，固定牢固；c. 配水系统铺填滤料及承托层前进行冲洗以检查接头紧密状态及孔口、喷嘴的均匀性，孔眼畅通率应大于 95%；d. 滤料及承托层应按级配分层铺填，每层应平整；e. 滤料经冲洗后，表层抽样检验，不均匀系数应符合设计的工艺要求；f. 滤料全部铺设后应进行整体验收，经过冲洗后的滤料应平整，并无裂缝和与池壁分离的现象；g. 新铺滤料前需对滤池清洗、消毒，新铺滤料后需进行反冲洗，然后试运行，待滤后水合格后方可投入运行；h. 冲洗水泵、空压机、鼓风机等附属设施及电气仪表设备的维护按相关规定要求进行。

第22章 生物填料

22.1 产品概述

生物填料是用于给水、污水、废水处理工程中配套于接触氧化塔、氧化池氧化槽等设备的生物载体，即在水处理过程中可为微生物生长提供受保护空间的载体材料。在城镇给水方面，生物填料通常在微污染原水的生物预处理过程中使用。当原水进入构筑物时，在足够的充氧条件下，填料表面不断生长出生物形成生物膜层，具有生物活性的生物膜通过自身代谢活动——氧化、还原、合成、分解等过程，使得水中许多有机污染物逐渐被转化和去除。目前填料在污废水中使用较为广泛，在给水系统中主要适用于氨氮含量相对较高的原水处理工程。

22.2 产品分类

在供水系统使用的生物填料主要分为弹性填料、颗粒填料、轻质填料和悬浮填料等。

（1）弹性填料

弹性填料也称固定式填料，弹性立体填料丝一般选用聚烯烃类塑料丝，具有弹性，表面带波纹及微毛刺，利于填料挂膜，如图22-1所示。单元一般采用170～200mm，填料丝径0.5mm，丝密度平均22～24丝/cm。弹性立体填料在池体中一般将各单元组合呈梅花形布置，也可相互适当搭接。每一单元的立体填料可以尼龙绳或包芯塑料绳作中心绳，将聚烯烃类塑料丝通过中心绳绞合固定成辐射状立体结构，悬挂于吊索或吊杆下。弹性填料既能有效去除水中污染物，又因其丝条在水中松散辐射分布的特点，保证了不易被原水中各类杂质堵塞。

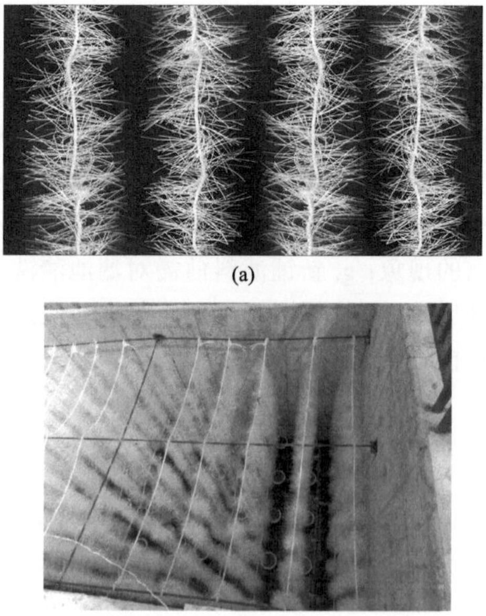

(a)

(b)

图22-1 弹性填料照片

（2）颗粒填料

颗粒填料粒径宜为 2 ～ 5mm，可选种类较多，应用较多的主要是页岩陶粒。

颗粒填料具有如下几种特点。

① 比表面积大：颗粒填料一般选用适宜的粒径、表面粗糙的惰性材料（页岩陶粒、砂子、褐煤、沸石、炉渣、麦饭石、焦炭等）。这种填料有利于微生物的接种挂膜和生长繁殖，保持较大的生物量；有利于微生物代谢过程中所需氧气和营养物质以及所产生废物的传质过程。

② 足够的机械强度：填料必须有足够的机械强度，以免在冲洗过程中气和水对颗粒冲刷而磨损或破碎。

③ 合适的颗粒松散密度：既有利于冲洗过程，又不致被冲走。

④ 具有化学稳定性，以免填料在过滤过程中发生有害物质溶解于水中的现象，能就地取材、价廉。

（3）轻质填料

轻质填料是一种密度很低的颗粒填料，采用 EPS 圆珠滤料，粒径一般为 4 ～ 6mm，该填料具有来源广泛、比表面积大、适宜微生物生长、价格便宜、化学稳定性好等优点。填料比表面积可达 1000 ～ 1500m^2/m^3，堆积密度小于 0.1kg/L，附着的生物量较多，容积负荷大，使生物预处理去除效率提高。

（4）悬浮填料

悬浮填料一般比表面积较大，耐腐蚀和耐磨性较好，且质量小。与其他生物接触氧化法的填料不同，悬浮填料能与污水频繁多次接触，因而被称为“移动的生物膜”，如图 22-2 所示。

悬浮填料按照材料可分为聚乙烯、聚丙烯等，其密度与水接近（0.94 ～ 0.97g/cm^3）。按照形状可分为柱形、球形等规则形状（图 22-2），比表面积一般在 400 ～ 1200m^2/m^3，直径在 10 ～ 100mm 之间，在水中的流动性好。

(a) 球形

(b) 柱形

图 22-2　悬浮填料照片

悬浮填料的主要特点如下：

① 比表面积大。悬浮填料通过采用内部空心的结构方式设置多个凹槽和网架，大大增加了填料的比表面积。通常悬浮填料的比表面积在 $400m^2/m^3$ 以上，最大可达 $1000m^2/m^3$。比表面积增加，填料表面附着的生物膜数量和浓度也相应增加。

② 反应形态好。悬浮填料在反应器内处于流化状态，其反应形态类似于完全混合反应器，填料与气、水接触比较充分，提高了填料上的生物膜与水中营养物质的传质作用。与其他固定填料相比，悬浮填料层基本没有水头损失，有利于布气、布水的均匀性。同时，在流化状态下，老化的生物膜可通过水力冲刷自动脱落，促进生物膜的更新。

③ 氧利用率高。通过填料层分割作用以及填料不断与水流和气流接触，可大大提高氧的利用率。由于悬浮填料上的生物总量较大，生物膜对水中有机物和氧的利用充分，因此悬浮填料的生物反应效率显著提高。

22.3 产品相关标准

填料相关标准、手册共 7 项，如表 22-1 所列。

表 22-1　生物填料标准统计表

序号	归口	编号	名称	范围
1	环境保护部	HJ/T 245—2006	环境保护产品技术要求　悬挂式填料	适用于污水悬挂填料（固定填料）
2	环境保护部	HJ/T 246—2006	环境保护产品技术要求　悬浮填料	适用于污水处理用悬浮填料
3	住建部标委会	CJ/T 461—2014	水处理用高密度聚乙烯悬浮载体填料	适用于污水处理高密度聚乙烯填料
4	住建部标委会	CJJ/T 229—2015	城镇给水微污染水预处理技术规程	设计参数规定，仅微污染水处理
5	环境保护部	HJ 2009—2011	生物接触氧化法污水处理工程技术规范	污水处理用
6	美国水环境联合会（WEF）	—	生物膜反应器设计与运行手册	污水处理用
7	环保机械协会	T/CAMIE 06—2021	城镇给水处理用悬浮填料	给水用产品标准
8	住房和城乡建设部	GB 50013—2018	室外给水设计标准	给水工程设计

《生物膜反应器设计与运行手册》主要是针对污水中运用的移动床生物膜反应器介绍相关设计参数及使用情况。

《室外给水设计标准》（GB 50013—2018）和《城镇给水微污染水预处理技术规程》（CJJ/T 229—2015），主要规定了生物接触氧化池的设计参数、布置形式、施工验收等内容。

《生物接触氧化法污水处理工程技术规范》（HJ 2009—2011）对生物接触氧化技术及其组合工艺的污水处理工程的工艺设计、主要工艺设备和材料、检测和过程控制、施工与验收、运行与维护等技术要求等进行规定。

《环境保护产品技术要求　悬浮填料》（HJ/T 246—2006）对部分柱状及球形填料做了一些性能规定，但由于该标准制定于 10 多年前，填料产品规格参数较少，无法覆盖现有的已使用的悬浮填料产品。

《水处理用高密度聚乙烯悬浮载体填料》(CJ/T 461—2014）侧重于高密度聚乙烯材料的污水处理用的悬浮填料，对于利用其他材质（如聚丙烯）悬浮填料的规定较为缺乏。

22.4　产品选择

22.4.1　型号命名

根据分类情况，不同填料分类代码见表 22-2。

表 22-2　给水类填料分类

种类	分类代码
颗粒填料	KT
轻质填料	QT
悬浮填料	XT
弹性填料	TT

填料的主要性能参数包括规格尺寸、比表面积，因此型号命名中含填料类别、规格尺寸、比表面积。见图 22-3。

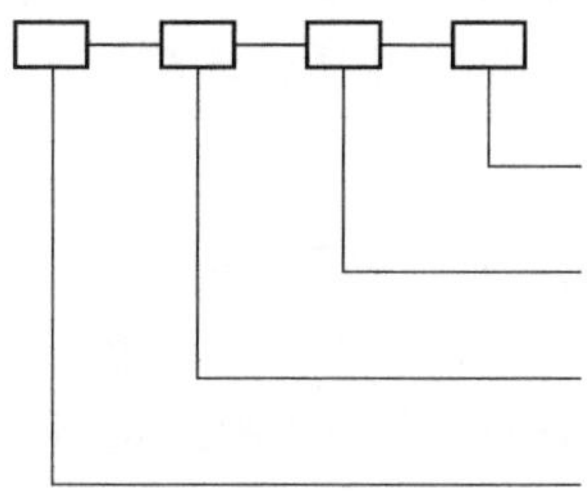

图 22-3　填料的型号命名

22.4.2　外形尺寸

不同产品的外形及尺寸不一致。颗粒填料主要是颗粒状，代表性产品是陶粒填料。陶粒主要尺寸为 1.8 ～ 2.5mm、3.15 ～ 5mm、4 ～ 6.3mm、6.3 ～ 9mm 等。另外还有免烧陶粒，其规格为 3.15 ～ 5mm、4 ～ 6.3mm、6.3 ～ 9mm。

轻质填料主要是聚苯乙烯塑料微球，颗粒尺寸主要集中在 4 ～ 6mm。

弹性填料主要是瓶刷状，填料单元直径、丝条直径等尺寸如表 22-3 所列。

表 22-3　弹性填料部分性能参数

填料单元直径 /mm	丝条直径 /mm	丝条密度	比表面积 /(m^2/m^3)	空隙率 /%	成膜重量 /(kg/m^3)
80，100，120，150，173，180，200，220	0.20，0.35，0.50	A 高密度，B 中密度，C 中低密度，D 低密度	50 ～ 300	＞ 99	50 ～ 110

悬浮填料尺寸根据构型划分不同，球形填料尺寸主要是直径和壁厚，柱形填料尺寸主要是直径、高度和壁厚。尺寸如表 22-4 所列。

表 22-4　悬浮填料尺寸

类型	直径 /mm	高度 /mm	壁厚 /mm
球形填料	25±0.5	—	0.25±0.05
	50±0.5	—	0.25±0.05
	60±0.5	—	0.50±0.05
	75±0.5	—	0.50±0.05
	100±0.5	—	0.60±0.05
柱形填料	15±0.5	10±1.0	0.25±0.05
	25±0.5	15±1.0	0.25±0.05
	40±0.5	20±1.0	0.40±0.05
	50±0.5	25±1.0	0.50±0.05

22.4.3 性能参数

生物填料的性能指标一般分为常规性能指标及特定性能指标两类。常规性能指标包含规格、密度、空隙率、单位体积填料堆积个数、比表面积、填料因子、堆积密度等。特定性能指标包含表面性质、挂膜性能、充氧性能、传质性能等。

（1）常规性能指标

① 规格。如填料的外形尺寸，长、宽、高等参数。

② 密度（相对密度）。填料密度与水密度的比，密度小，容易呈流化状态，动力消耗小。

③ 空隙率。指干燥状态下反应器内填料层中空隙部分所占的体积与填料层体积之比。填料空隙率与填料颗粒形状、均匀程度以及压实程度等有关，粒径均匀和形状不规则填料的空隙率大。

④ 单位体积填料堆积个数。

⑤ 比表面积（填充后）。比表面积指单位质量填料颗粒具有的表面积综合，也可以表示单位堆积体积填料所具有的表面积综合。

⑥ 填料因子。填料比表面积与空隙率三次方的比值。它反映填料的几何特性；填料被液体润湿后，填料表面覆盖了一层液膜，它表示填料流体力学性能，填料因子越小，流动阻力越小。

⑦ 堆积密度。堆积密度 =（1− 空隙率）× 材料密度。

（2）特定性能指标

① 表面性质。填料表面性质包括亲水性、粗糙度等。亲水性一般采用称重法对两种填料的亲水性进行测定，含水率越高亲水性越好。粗糙度直接影响挂膜速度，粗糙度越大，挂膜越快。

② 挂膜性能。挂膜性能一般包括挂膜速度、挂膜量和生物膜特性等指标，这些指标的影响因素比较多，但无法量化。

③ 充氧性能。一般用溶解氧增长速度、饱和溶解氧值、氧转移系数等指标来衡量。

④ 传质性能。传质性能包括布水均匀程度、切割气泡大小、水流紊动程度等。这些指标

一般以肉眼观察为主，可以加入示踪剂辅助，一般只能定性描述。

不同类型的填料关注的产品质量指标不完全一致，弹性填料和悬浮填料部分性能参数见表 22-3 和表 22-5。

表 22-5　悬浮填料部分性能参数

类型	直径 /mm	高度 /mm	比表面积 /(m^2/m^3)	密度 /(g/cm^3)	空隙率 /%
球形填料	25	—	> 100	0.94 ～ 0.97	≥ 90
	50	—			
	75	—			
	100	—			
柱形填料	15	10 ～ 30	> 350		
	25				
	40	30 ～ 40	> 200		
	50				

22.4.4　产品价格

一般而言，陶粒填料产品的单价在 2000 ～ 3000 元 / 吨；弹性填料价格相对较低，单价在 1000 ～ 3000 元 / 吨。悬浮填料根据比表面积等特质不同而不同，一般在 3000 ～ 5000 元 / 吨。

22.4.5　选型指南

根据水质条件及用地等参数先初步选取填料类型。一般轻质填料和陶粒填料采用的是滤池形式，弹性填料和悬浮填料采用的是生物接触氧化工艺形式。应用时可根据实际选择的工艺及水质进行选型，其主要选型依据如表 22-6 所列。

表 22-6　填料种类及选型依据

种类	工艺形式	进水浊 /NTU
颗粒填料	下向流滤池	< 40
轻质填料	下向流滤池	< 40
悬浮填料	生物接触氧化	< 100
弹性填料	生物接触氧化	< 60

根据调研，悬浮填料为主要的关键性填料，一般根据形状、表面积等进行选型，另外需要考虑客户需求，计算填料用量，核算池体体积，核实填充比等过程进行选择（表 22-7），其中客户需求和选型考虑因素如下。

表 22-7　填料选型流程

客户需求	选定产品系列
进出水水质 占地 预算 施工周期 其他	确定比表面积，选定产品型号 计算相关参数（停留时间、曝气量、生物池尺寸） 确定安装、曝气方式

（1）进出水水质、占地等因素确定

根据工程项目进出水水质要求及厂区占地、施工周期等因素，选择合适的填料工况及相应的填料。

（2）参数计算

① 所需填料体积计算　理论上需硝化的氮量 TN_d：

$$TN_d = Q \times \frac{\Delta C_{NH_3\text{-}N} - 0.05\Delta C_{BOD_5}}{1000} \tag{22-1}$$

式中　TN_d——理论上需硝化的氮量，kg/d；

Q——设计水量，m^3/d；

ΔC_{BOD_5}——进、出水 BOD_5 差值，mg/L；

$\Delta C_{NH_3\text{-}N}$——进、出水 COD 差值，mg/L。

理论耗氧量所需微生物量为：

$$X = \frac{TN_d}{ONR_n} \tag{22-2}$$

式中　X——理论耗氧量所需微生物量，gMLSS；

ONR_n——生物膜硝化负荷，$kgNH_4^+/(kgMLSS \cdot d)$。

需要填料面积为：

$$S = \frac{X}{ONR_m} \tag{22-3}$$

式中　ONR_m——填料上生物膜量，$gMLSS/m^2$，值由厂家推荐。

需要填料的体积为：

$$V = S/S_{比} \tag{22-4}$$

式中　V——所需填料的体积，m^3；

$S_{比}$——填料的比表面积，可测试获得或者由厂家提供。

② 曝气量计算　理论总需氧量 R_T 可按下列公式计算：

$$R_T = R_0 + R_N \tag{22-5}$$

$$R_0 = \frac{Q \times \Delta C_{BOD_5} \times 1.2}{1000} \tag{22-6}$$

$$R_N = \frac{Q \times 4.57 \times \Delta C_{NH_3\text{-}N}}{1000} \tag{22-7}$$

式中　R_0——每天去除 BOD_5 的需氧量，kgO_2/d；

Q——进水量，m^3/d；

ΔC_{BOD_5}——进、出水 BOD_5 差值，mg/L；

R_N——每天氨氮硝化需氧量，kgO_2/d；

$\Delta C_{NH_3\text{-}N}$——进、出水 COD 差值，mg/L；

1.2——需氧量系数，$kgO_2/kgBOD_5$；

4.57——氨氮硝化需氧量系数，$kgO_2/kgNH_3$-N。

鼓风曝气时，可按照以下公式将标准状态下需氧量换算成标准状态下的供气量 G_s。

$$G_s=\frac{R_s}{0.28E_A} \tag{22-8}$$

式中　R_s——标准状态下的需氧量，m^3/h；

E_A——系统氧利用率，%；

0.28——标准状态下每立方米空气中的含氧量，kgO_2/m^3。

（3）确定填料安装、曝气方式

根据不同的填料选择不同的安装及曝气方式。弹性填料可采取梅花形等方式进行安装，布置如图 22-4 所示；悬浮填料无需特殊安装，直接投加。

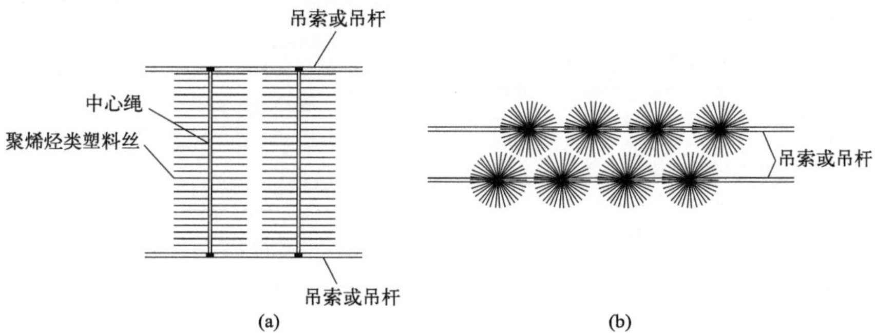

图 22-4　弹性填料单元及梅花形布置

根据填料类型、占地、经济性指标等综合选择合适的曝气方式，一般曝气方式有穿孔曝气、鸭嘴曝气、筛板曝气等方式。

22.5　运输储存

① 悬浮填料运输应符合 GB/T 6388 的规定。运输过程中不应在阳光下暴晒，不应与煤油等易燃物质混合装运，用汽车运输时应使用篷布遮挡。

② 悬浮填料储存场所应具备防火、避光、通风等条件。

③ 悬浮填料运输和储存过程中堆积高度不应超过 1.5m。

22.6　运行维护

22.6.1　运行调试

运行调试一般分为构筑物及设备检查、填料挂膜、低流量调试、满负荷调试 4 个步骤。每个步骤具有不同的具体操作、化验要求、相应的调试周期及工艺控制参数，具体见表 22-8。

表 22-8 运行调试具体内容及要求

调试步骤及内容	具体操作	化验项目	调试周期	工艺控制参数
第 1 步：构筑物及设备检查	曝气管道吹扫；调试相关设备清水单机试车、联动试车，曝气管道清水检查，确保设备可以正常运行；构筑物满水检测，封堵漏水点，确保可以通水调试	—	2 ～ 5 天	—
第 2 步：填料挂膜	开启风机，同时进水进泥，将液位控制在有效水深的 1/3，闷曝 24h，测上清液 COD_{Mn}、氨氮；之后根据化验数据，每天进水，将液位提升至有效水深的 1/4 ～ 1/3，闷曝后测上清液，确保在生化池出水前 COD_{Mn} 和氨氮达到设计要求；如果填料开始投加，需要调整曝气确保填料流化正常	COD_{Mn}、氨氮	3 ～ 5 天	溶解氧、pH 值、水温
第 3 步：低流量调试	生化出水 COD_{Mn}、氨氮达标后，按设计流量的 70% ～ 80% 连续进水，开启内外污泥回流，每天化验生化出水水质，根据水质调整工艺参数；如果填料投加，需要调整曝气，确保填料正常流化	COD_{Mn}、BOD_5、氨氮、TN、TP、镜检微生物	具体时间视实际情况而定	pH 值、水温、填料流化
第 4 步：满负荷调试	生化池出水水质基本达标后，将水量提至满负荷，同时调整曝气，保证填料流化正常，根据化验数据调整工艺参数，使生化系统稳定运行，填料挂膜，出水达标	COD_{Mn}、BOD_5、氨氮、TN、TP、镜检微生物	2 ～ 5 个月	pH 值、水温、填料流化

22.6.2 验收

在填料到达现场后，对填料质量进行验收，悬浮填料验收步骤及要求如下。

① 第 1 步：选取内部为 1m×1m×1m 的正方形箱体作为验收核算容器，将相应型号的悬浮填料自然堆积在箱体内，称量出 $1m^3$ 填料的实际质量。$1m^3$ 填料的实际质量应在验收全程随机抽验，抽验频率不低于 1%。

② 第 2 步：不同型号悬浮填料的有效比表面积不同，所以需根据采购的总有效比表面积换算成相应型号填料的总体积，并核算悬浮填料的填充率。

③ 第 3 步：相应型号填料的总体积乘以称量出的 $1m^3$ 该型号填料的实际质量，所得的总质量为最终验收的填料量。

④ 第 4 步：验收误差范围不超过 0.5%，即检验合格。

22.6.3 运行维护

① 定期对填料进行性能检测，检测项目包括总生物量、填料附着生物量、填料附着生物膜厚度和生物膜活性。

② 应及时检查曝气器堵塞和损坏情况，保持曝气系统状态良好。

③ 应时常观察生物池后续单元是否有填料跑漏现象，及时发现问题和解决问题，填料的年跑漏率应低于 0.5%。

④ 应观察生物膜上生物相的变化，发现异常及早解决。

⑤ 通过在线液位计和人工巡视相结合的方式时刻关注生物池填料区的液位是否上升，如比正常水位上升超过 5cm，应开启或加大填料拦截装置前的吹扫气量，找到问题症结所在，

及时排除故障点。如比正常水位上升超过 10cm，应立即关闭进水和内外回流，液位恢复正常并排除故障 10min 后再恢复正常生产。

22.7　注意事项

① 运行过程中，需重点留意现场填料流化情况以及拦截筛网前面填料是否有堆积。为了避免填料随水流方向流动而堆积到拦截网上造成堵塞，使得筛网前后形成液位差，需要保障筛网曝气系统一直处于正常曝气状态，任何时候不得关闭。

② 运行过程中，若出现筛网被填料阻塞无法过水，导致筛网前后出现液位差，应加大筛网曝气量，如果无法解决再停止进水，待堆积阻塞问题解决后恢复正常通水。

③ 填料挂膜需要一定的时间周期，不同水质情况挂膜周期不定。若系统运行过程中存在较多抑制微生物生长的物质，如金属离子、Cl^- 以及其他有毒有害物质，会抑制挂膜，需延长挂膜周期。

④ 填料使用一段时间后需注意填料的磨损、破损问题。

⑤ 填料在使用时应注意长螺的问题，并及时进行冲洗除螺等措施。

参考文献

[1] 刘韶山，韩晰宇，崔慧远 . 我国铸铁管业的现状与发展 [J]. 山东冶金，2003(S1): 81-83.

[2] 刘安强，李晓明，王嵩 . 球墨铸铁管新技术的应用与发展 [C]// 中国城镇水务发展国际研讨会 , 2015.

[3] 高立新 . 城镇供水聚乙烯管道连接技术 [J]. 给水排水，2005, 31(12): 83-86.

[4] 邹丽君，卢培丰 . 聚乙烯供水管道的应用与发展——正确选择管道产品的合格供应商 [C]// 中国城镇供水排水协会 . 2007 年全国城镇供水管网暨配水系统安全与技术发展战略研讨会论文集 , 2007: 542-547.

[5] 王春 . 浅谈 PE 给水管的设计与安装要求 [J]. 思茅师范高等专科学校学报 , 2008, 24(6): 133-134.

[6] 王湛，周翀 . 膜分离技术基础 [M]. 第 2 版 . 北京 : 化学工业出版社 , 2006.

[7] 华耀祖 . 超滤技术与应用 [M]. 北京 : 化学工业出版社 , 2004

[8] 徐又一，徐志康 . 高分子膜材料 [M]. 北京 : 化学工业出版社 , 2005.

[9] 邓麦村，金万勤 . 膜技术手册 [M]. 第 2 版 . 北京 : 化学工业出版社 , 2020.

[10] 缪斌 . 超滤技术在城镇自来水厂改造中的应用［J］. 城市建筑 , 2013(8): 124.

[11] 郑志明，芮旻 . 压力式和浸没式超滤膜在市政给水厂应用差异分析 [J]. 给水排水 , 2021, 47(2): 10-14, 34.

[12] 韩兴国，杨继，刘彬 , 等 . 浸没式超滤膜在市政中水中的应用 [J]. 冶金动力 , 2015(3): 44-47.

[13] 刘利，方佩晖 . 超滤技术用于饮用水处理领域案例分析 [J]. 中国给水排水 , 2009, 25(24); 72-75.

[14] 张艳，李圭白 . 混凝沉淀 - 浸没式超滤膜处理东江水的中试研究 [J]. 中国给水排水 , 2009, 25(11): 37-39.

[15] 李永红，张伟，张晓健 , 等 . 超滤膜的污染控制研究进展［J］. 中国给水排水 , 2009, 25(2): 1-4.

[16] 纪洪杰，高伟，常海庆 , 等 . 南郊水厂超滤膜组合工艺运行情况评价 [J]. 供水技术， 2011, 5(3): 1-5.

[17] 王金敖，李延平，符晓梅 , 等 . 中空纤维超滤装置的净水安全与效果［J］. 中国给水排水 , 1993, 9(6): 49-53.

[18] 成海亮，肖宏康 . 纳滤膜的应用现状 [J]. 新材料产业，2015，17(5)：49-52.

[19] 石雅滨，张学彬，田明 , 等 . 纳滤膜的制备及其应用现状 [J]. 化工时刊，2018，32(10): 35-38.

[20] 张烽，徐平 . 反渗透、纳滤膜及其在水处理中的应用 [J]. 膜科学与技术，2003, 23(4): 241-245.

[21] 郑祥，魏源送 . 中国水处理行业可持续发展战略研究报告（膜工业卷）[M]. 北京：中国人民大学出版社，2013.

[22] 侯立安，赵海洋，高鑫，等 . 反渗透技术在我国饮用水安全保障中的应用 [J]. 给水排水，2017，43(4): 135-141.

[23] 杨银，丰桂珍，徐瑶瑶，等 . 净水处理中膜技术应用研究进展 [J]. 净水技术 , 2019, 38(1): 25-30, 37.

[24] 蔡璇 . 饮用水深度处理技术研究进展及应用现状 [J]. 净水技术，2015, 34(S1): 44-47.

[25] 周栋，傅寅翼，薛立新 , 等 . 采用高效纳滤 - 低压反渗透集成膜工艺的海水淡化研究 [J]. 膜科学与技术，2016, 36(3): 62-70.

[26] 水处理用斜管 [S].CJ/T 83—2016.

[27] 上海市政工程设计研究总院（集团）有限公司 . 给水排水设计手册：城镇给水 [M]. 北京 : 中国建筑工业出版社，2017

[28] 田腾 , 周斌 , 王心海 . 低温条件下污水处理运行优化路径 [J]. 环境与发展 , 2018, 30(1): 40-41.

[29] 贺珊珊，陈才高，刘海燕 , 等 . 生物接触氧化工艺在市政给水中的应用 [J]. 净水技术 , 2021, 40(S1): 60-65.

[30] 桑军强 , 王占生 . BAF 在微污染源水生物预处理中的应用 [J]. 中国给水排水 , 2003, 19(2): 21-23.

[31] 陈汉辉，孙国胜 . 生物接触氧化法处理微污染源水的研究进展与应用 [J]. 环境污染治理技术与设备 , 2000, 1(3): 55-60.

[32] 桑军强，张锡辉，张声 , 等 . 原水生物预处理的轻质滤料滤池和陶粒滤池运行效果对比 [J]. 环境科学 , 2004, 25(3): 40-43.

[33] 徐斌，夏四清，高廷耀 , 等 . 悬浮生物填料床处理微污染原水硝化试验研究 [J]. 环境科学学报 , 2003, 23(6): 742-747.

[34] 吴为中，王占生 . 水库水源水生物陶粒滤池预处理中试研究 [J]. 环境科学研究 , 1999, 12(1): 13-17.

[35] 徐斌，夏四清，胡晨燕 , 等 . MBBR 工艺预处理黄浦江微污染原水 [J]. 中国给水排水 , 2004, 20(8): 5-9.

[36] 邹伟国，李正明，李春森 , 等 .BIOSMEDI 生物滤池处理微污染原水 [J]. 给水排水 , 2002, 28(2): 5-8.

[37] 陈洪斌，梅翔，高廷耀，等．受污染源水生物预处理挂膜过程研究 [J]. 水处理技术，2001, 27(4): 196-199.
[38] 朱洁，东刘成，陈洪斌，等．不同填料类型污染源水生物预处理的比较 [J]. 中国环境科学，2012, 32(3): 447-453.
[39] 陈亚男．几种填料生物膜特性与挂膜参数优化研究 [D]. 杭州：浙江大学，2012.
[40] 室外给水设计标准 [S]. GB 50013—2018.
[41] 生物接触氧化法污水处理工程技术规范 [S]. HJ 2009—2011.
[42] 环境保护产品技术要求　悬浮填料 [S]. HJ/T 246—2006.
[43] 包卫彬，张硕，李涵婷，等．赤豆螺在生物接触氧化工艺中的危害及其去除研究 [J]. 给水排水，2009, 35(6):34-38.

第四篇

小型供水设备

第 23 章 常规一体化供水装置

23.1 产品概述

常规一体化供水装置（conventional integrated water supply device）是以地表水或地下水为水源，将混凝、沉淀、过滤三个净水单元合理地组合成一体化设备，再配以加药、消毒工艺而成，使出水水质满足国家标准的规定。常规一体化供水装置具有集成度高、占地面积小、标准化程度高、交货周期短、投资省、操作管理方便等优点。

集成应用水专项研发的关键技术成果，形成以反应、沉淀、砂滤、加药 / 消毒为主流处理工艺单元，配套可选的生物预处理、预沉、气浮、膜处理、臭氧活性炭等工艺单元，经系统的模块化组合集成，形成了针对各类原水净水处理目标的“模块化全流程饮用水安全保障装备”。

23.2 产品分类

常规一体化供水装置是由反应、沉淀、砂滤、加药 / 消毒为主流处理工艺单元，配套可选的生物预处理、预沉、气浮、深度处理等工艺单元，并进行系统模块化组合的集成装置产品。

23.2.1 生物预处理模块

采用悬浮球填料或弹性立体填料作为微生物载体，底部设置曝气系统充氧，提供微生物良好的生长繁殖条件，通过微生物的新陈代谢作用降解水中的氨氮和有机物，达到水质净化的目的。生物预处理模块可用于微污染水源的预处理。

23.2.2 预沉模块

采用蜂窝斜管或者斜板作为预沉模块主体，去除高浊度水中的可沉物、胶体物质和漂浮物，减轻后续处理模块的负荷。通过预沉工艺使细小的固体絮凝成较大的颗粒，强化固液分离效果。同时，预沉模块可起到调节作用，对于原水水质起到均质效果，减缓水质变化对后续工艺模块的冲击。预沉模块主要针对高浊度水的原水处理目标。

23.2.3　絮凝沉淀模块

通过絮凝、沉淀工艺，不断优化设计参数，达到高效去除水中悬浮物和胶体的净水效果。絮凝后水流过渡需要保持低速、平缓，因此需将絮凝和沉淀设置在一套模块中。

23.2.4　气浮模块

通过压力溶气水在水中产生大量细微气泡，气泡与水中的悬浮颗粒相黏附，形成整体密度小于水的“气泡颗粒”复合体，悬浮粒子随气泡一起浮升到水面，形成泡沫浮渣层被刮除，从而固液分离。气浮模块主要针对高藻、低温低浊、色度高等的原水处理目标。

23.2.5　砂滤模块

砂滤模块任务是进一步减低原水中悬浮物和浊度，使出水达到相应标准。砂滤模块过滤介质为石英砂，根据不同的出水悬浮物或浊度要求，选用不同级配的石英砂作为过滤材料。砂滤模块宜采用气水联冲方式进行反冲洗。

23.2.6　臭氧活性炭深度处理模块

通过臭氧的强氧化性，使水中大分子有机物分解为小分子状态，提高有机物进入活性炭微孔内部的概率。再通过活性炭的吸附表面，延长其使用周期。同时，后续的活性炭又能吸附臭氧氧化过程中产生的大量中间产物，包括臭氧无法去除的三卤甲烷及其前驱物，保证了最后出水的化学稳定性。深度处理模块主要针对有机物污染等的微污染原水处理目标或者高品质饮用水的水质目标。

23.2.7　加药 / 消毒模块

加药 / 消毒是给水处理必不可少的工艺环节。加药 / 消毒模块包括药剂上料系统、溶解 / 稀释系统、投加 / 计量系统。该模块采用自动化运行设计，根据工艺运行的需要，能够实现自动溶药、液位报警、药量自动调整投加、设备切换、系统自动启停等功能。

23.3　产品相关标准

常规一体化供水装置标准体系见表 23-1。

表 23-1　常规一体化供水装置标准体系

标准类型	具体标准
基础标准	《碳素结构钢》（GB/T 700—2006） 《不锈钢热轧钢板和钢带》（GB/T 4237—2015） 《不锈钢冷轧钢板和钢带》（GB/T 3280—2015） 《气焊、焊条电弧焊、气体保护焊和高能束焊的推荐坡口》（GB/T 985.1—2008） 《工程机械　焊接件通用技术条件》（JB/T 5943—2018） 《生活饮用水输配水设备及防护材料的安全性评价标准》（GB/T 17219—1998）

续表

标准类型	具体标准
通用标准	《室外给水设计标准》（GB 50013—2018） 《室外排水设计标准》（GB 50014—2021） 《生活饮用水卫生标准》（GB 5749—2022） 《生活饮用水标准检验方法》（GB/T 5750） 《低温低浊水给水处理设计规程》（CECS 110:2000） 《含藻水给水处理设计规范》（CJJ 32—2011） 《高浊度水给水设计规范》（CJJ 40—2011） 《城镇给水微污染水预处理技术规程》（CJJ/T 229—2015） 《常压容器　第 1 部分 : 钢制焊接常压容器》（NB/T 47003.1—2022） 《工业金属管道工程施工规范》（GB 50235—2010） 《工业设备及管道防腐蚀工程技术标准》（GB/T 50726—2023） 《工业管道的基本识别色、识别符号和安全标识》（GB 7231—2003） 《给水排水管道工程施工及验收规范》（GB 50268—2008） 《现场设备、工业管道焊接工程施工规范》（GB 50236—2011） 《现场设备、工业管道焊接工程施工质量验收规范》（GB 50683—2011） 《机械安全　防护装置　固定式和活动式防护装置的设计与制造一般要求》（GB/T 8196—2018） 《风机、压缩机、泵安装工程施工及验收规范》（GB 50275—2010） 《低压成套开关设备和控制设备　第 1 部分：总则》（GB/T 7251.1—2013） 《电气装置安装工程　电缆线路施工及验收标准》（GB 50168—2018） 《电气装置安装工程　低压电器施工及验收规范》（GB 50254—2014） 《机械设备安装工程施工及验收通用规范》（GB 50231—2009） 《自动化仪表工程施工及质量验收规范》（GB 50093—2013）
专用标准	《一体化给水处理装置应用技术规程》（CECS 349:2013） 《一体化供水装置检测评估技术规程》（T/CAQI 190—2021） 《强化絮凝沉淀　全自动净水成套装置》（HG/T 4084—2009） 《二次气浮过滤净水器》（JB/T 6931—2020） 《集成式一体化净水装置》（T/SDAS 44—2018） 《集成式模块化净水处理设备》（JB/T 13740—2019） 《模块化水处理系统技术规程》（CECS 357:2013）
技术手册	《浙江联池水务设备股份有限公司装配式一体化设备水厂技术手册》 《YMS 一体化净水装置说明书》 《FA 型一体化净水器安装使用说明书》

目前发布的关于常规一体化供水装置的专用标准共 7 项，其中检测评估类标准 1 项——《一体化供水装置检测评估技术规程》（T/CAQI 190—2021）；产品类标准 6 项——《一体化给水处理装置应用技术规程》（CECS 349:2013）、《强化絮凝沉淀　全自动净水成套装置》（HG/T 4084—2009）、《二次气浮过滤净水器》（JB/T 6931—2020）、《集成式一体化净水装置》（T/SDAS 44—2018）、《集成式模块化净水处理设备》（JB/T 13740—2019）、《模块化水处理系统技术规程》（CECS 357:2013）。这些标准的实施，对于规范我国常规一体化供水装置的推广应用起到了指导作用，同时进一步推进了我国常规一体化供水装置的研制及产业化的进程。

①《一体化供水装置检测评估技术规程》（T/CAQI 190—2021），该标准规定了一体化供水装置检测评估的术语和定义、基本规定、技术要求、方法、判定规则、报告编制，适用于一体化供水装置的检测评估，是我国在常规一体化供水装置产品性能检测评价方面的唯一指

导性标准，对产品质量、行业规范化提升有深远的意义。

②《一体化给水处理装置应用技术规程》（CECS 349:2013），该标准适用于单体处理规模小于 5000m^3/d 的一体化给水处理装置，且以地表水和地下水为水源的新建、扩建或改建的中小型集中式镇（乡）村以及类似规模的给水工程项目的设计、安装及运行维护。该标准是目前关于常规一体化供水设备从工艺流程、设计和组装到现场施工安装和调试运行，以及后期运行维护管理最全面的标准之一。由于生产技术、工艺技术等的调整，目前此标准也在积极进行修编工作。

③《低温低浊水给水处理设计规程》（CECS 110:2000），该技术规程适用于低温低浊水质特征为主的给水处理设计，也适用于年度内非低温低浊期的给水处理工艺设计。另外在该技术规程中提出了工艺流程以及各工艺参数选择。

④《含藻水给水处理设计规范》（CJJ 32—2011），该规范适用于以含藻的湖泊或水库水为水源的给水处理设计，其他类似含藻水的给水处理设计也可参考执行。另外，该设计规范详细给出了水体中藻类的检测和技术方法。

⑤《高浊度水给水设计规范》（CJJ 40—2011），该规范适用于新建、扩建或改建的以高浊度水为水源的城镇及工业区永久性给水工程设计。另外，该规范从取水工程、净水工程、水处理药剂、沉淀构筑物、排泥等方面详细介绍了高浊度水处理的设计要求。

⑥《城镇给水微污染水预处理技术规程》（CJJ/T 229—2015），该规程适用于城镇给水对微污染水进行预处理的新建、扩建或改建永久性工程的设计、施工、验收及运行管理，不适用于对特种污染水进行预处理的给水工程。另外，该规程从工艺形式、检测与控制、运行与管理等方面回答了微污染水的处理及运维管理。

⑦《强化絮凝沉淀　全自动净水成套装置》（HG/T 4084—2009），该标准规定了强化絮凝沉淀全自动进水成套装置的术语和定义、分类命名和工作参数、要求、检验方法、检验规则、标志、包装、运输和储存。

⑧《二次气浮过滤净水器》（JB/T 6931—2020），该标准规定了溶气气浮过滤净水器的分类与命名、结构形式、基本参数、技术要求、试验方法、检验规则、标志、包装、运输、储存等。另外，该标准适用于处理能力为 5 ～ 100t/h 的净水装置，以气浮、过滤工艺为主，适合对含有疏水性有机物的废水和给水进行净化处理的净水器。

相关常规一体化供水装置技术手册：以联池为例。《浙江联池水务设备股份有限公司装配式一体化设备水厂技术手册》：该技术手册包括了公司概况；产品特点和性能规范，包括产品概述、用途、选型指南等；一体化供水装置工作原理、装置基础要求、操作规程；装置维护、故障排除、注意事项等。

23.4　产品选择

常规一体化供水装置的选型需根据不同地区原水水质情况来确定。根据微污染水、高浊度水、高藻类水、低温低浊水、重金属超标水、有机物超标水、微生物超标水等不同受污染水源的水质情况，形成以反应、沉淀、砂滤、加药 / 消毒为主流处理工艺单元，配套可选的生物预处理、预沉、气浮、臭氧活性炭等工艺单元，并进行系统的模块化组合集成，使得装置出水能够满足《生活饮用水卫生标准》（GB 5749—2022）要求。

23.4.1 工艺选型

23.4.1.1 地表水Ⅲ类水体以上原水水质

地表水Ⅲ类水体以上的原水水质，由于本身的水质情况较好，经过常规处理工艺进一步降低浊度、微生物等指标后即可满足《生活饮用水卫生标准》（GB 5749—2022）要求。针对地表水Ⅲ类水体以上原水，可采用图 23-1 所示工艺。

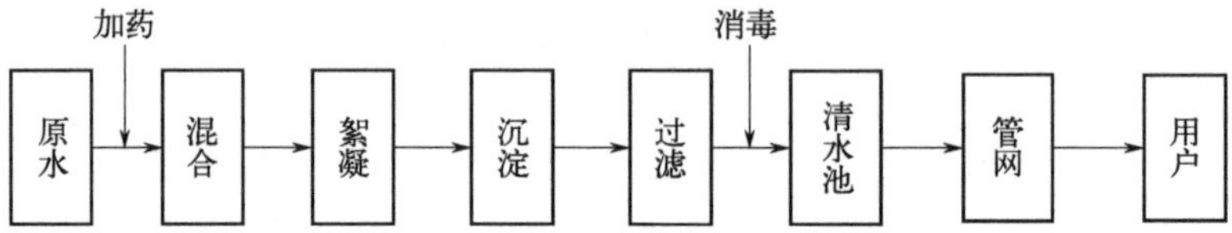

图 23-1 地表水Ⅲ类水体以上原水水质建议处理模块集成

23.4.1.2 微污染水

微污染水源是指水的物理、化学和微生物指标已不能达到《地表水环境质量标准》（GB 3838—2002）中作为生活饮用水源水的水质要求，水体污染物单项指标如浊度、色度、嗅味、硫化物、臭氧化物、有毒有害物质、病原微生物等有超标现象，但多数情况下是受有机物微量污染的水源。微污染水主要为受到排入的工业废水和生活污水影响，其部分水质指标超过饮用水源卫生标准要求。在江河水源上表现为氨氮、总磷、色度、有机物等指标超出饮用水源卫生标准。在湖泊水库水源上，表现为水库和湖泊水体的富营养化，并在一定时期藻类滋生，造成水质恶化，嗅味明显增加。针对此类原水，需在常规处理工艺上扩展生物预处理模块，通过微生物自身生命代谢活动——氧化、还原、合成、分解等过程以及微生物的生物絮凝、吸附、氧化、硝化和生物降解的综合作用，使水中许多有机物逐渐被转化和去除。在单一生物预处理模块无法满足处理要求时，可在砂滤模块后面扩展深度处理模块，采用臭氧活性炭工艺，有机物等物质经臭氧氧化分解为小分子后，利用活性炭吸附以及生物膜降解等综合作用，进一步提高出水水质。针对微污染水，可采用图 23-2 所示工艺。

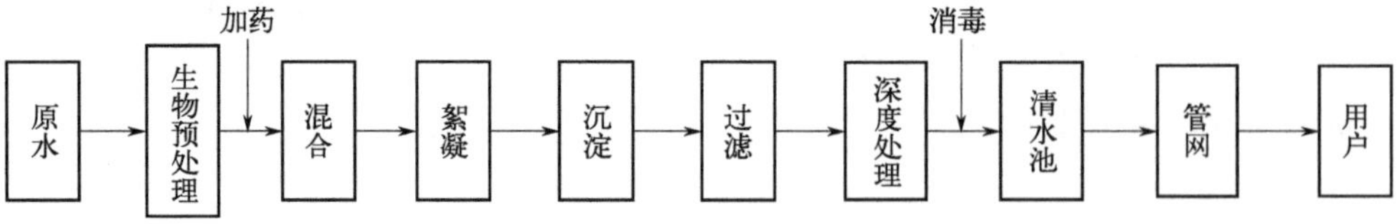

图 23-2 微污染水水质建议处理模块集成

23.4.1.3 高藻水

原水遭受污染，水体呈富营养化状态，会引起藻类繁殖旺盛。藻类大量滋生会使原水带有草腥味或霉味，且有些藻类有毒性或诱发毒性；此外，在水处理过程中带有大量藻类的水体还会影响混凝、沉淀、过滤效果。针对高藻类原水，可以采用在加药模块中扩展粉末活性炭投加工艺，通过活性炭的吸附作用除藻，或者在处理工艺上增加气浮模块。除此之外还有利用预氧化等工艺进行除藻。

针对高藻水，可采用图 23-3 所示工艺。

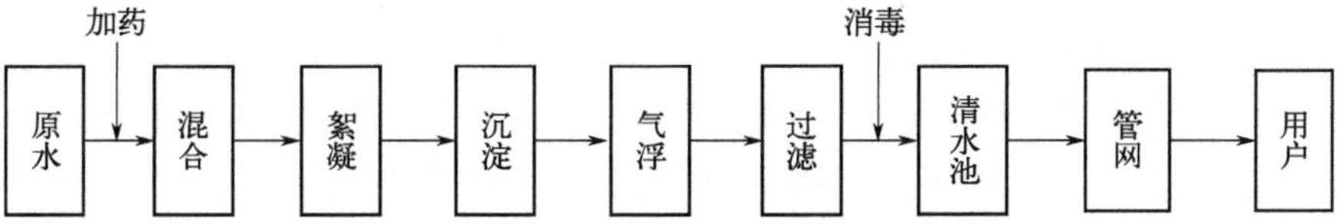

图 23-3　高藻水建议处理模块集成

23.4.1.4　低温低浊水

低温低浊水的水质特征是不仅水温低、浊度低，且水中耗氧量、碱度、pH 值等也很低，水的黏度甚大。因而，当向水中投加混凝剂后，混凝反应速度非常缓慢，形成的矾花细小、轻松，不易下沉，使反应沉淀和过滤效果很差。多年来，我国对低温低浊水净化技术研究，主要从加强混合反应和接触过滤两个方面推进，归纳起来有三种方法，即泥渣回流法、溶气净选法和微絮凝接触过滤法。泥渣回流法是利用沉淀池及滤池冲洗的泥渣具有的吸附能力，将其回流进入原水中可以增加原水中胶体微粒数量，为混凝剂的水解提供附加的沉淀核心，加速矾花形成，提高絮体密实度，加快沉降速度。溶气净选法即溶气气浮法，利用压力溶气水骤然减压所释放的大量微气泡，与水厂的絮凝体黏附在一起，形成密度小于水的微气泡 - 絮凝体系，在浮力作用下，带有微气泡的絮凝体上浮至水面，形成浮渣后刮去。

针对低温低浊水，可采用图 23-4 所示工艺。

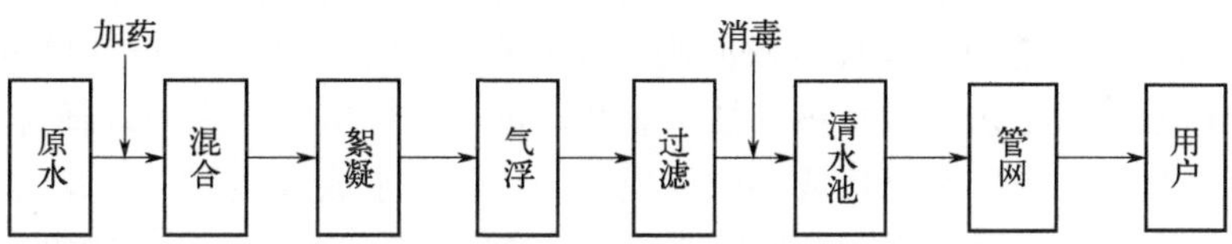

图 23-4　低温低浊水建议处理模块集成

23.4.1.5　高浊水

在浊度较高的含砂水体中，大于均浓水层极限粒径的泥砂，按其粒径大小，以各自的沉速下沉，而等于或小于极限粒径的泥砂组成均浓浑水层。此均浓浑水层中的稳定泥砂，其大小不同的泥砂颗粒以相同的沉速组成群体下沉，此群体的沉速就是混液面沉降，其含砂量一般为 10 ～ 30kg/m^3，短时间内可高达 100kg/m^3 以上，这种水通常称为高浊水。

针对高浊水可以采用预沉模块结合常规处理的工艺流程，通过预沉先去除原水中的可沉物，降低后续工艺运行负荷，再通过常规处理工艺进一步降低出水浊度，具体工艺流程见图 23-5。

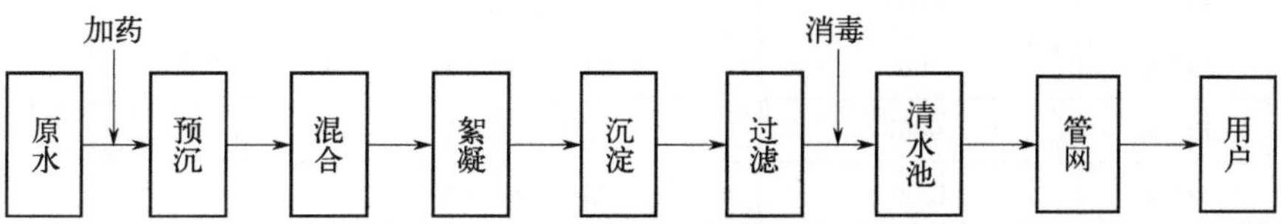

图 23-5　高浊水建议处理模块集成

23.4.2 产品价格

常规一体化供水装置价格主要与规格型号、工艺形式、产品及配套设备（阀门、水泵、风机、电气元件等）、本体材质等息息相关。根据水专项调研结果分析，常规一体化供水装置（常规工艺）的造价成本在 400 ～ 1200 元 / 吨水。当然，价格还与经销商销售策略、项目现场情况等相关，最终价格有一定的波动范围。以浙江联池水务设备股份有限公司产品为例，其一体化供水装置（常规工艺、304 不锈钢材质，配套设备为国优品牌）造价成本约为 600 元 / 吨水。上述产品价格供货范围仅包含装置本体及配套反冲洗、加药消毒、自控等内容，不含土建基础、进出水及排水管道等。

23.4.3 产品型号与选型

常规一体化供水装置的型号由厂家代号、小时产水量两部分组成，见图 23-6。

常规一体化供水装置的小时产水量代表其在规定测试条件下每小时的净水供水量，单位为 m^3/h。

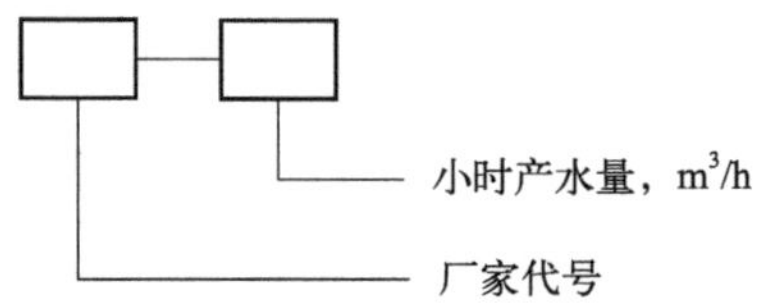

图 23-6　常规一体化供水装置型号示意

例如：LC-440，“LC”表示浙江联池水务设备股份有限公司名称首字母缩写即厂家代号；“440”表示该型号一体化供水装置小时产水量为 $440m^3/h$，可通过公式换算为每日处理规模，即 $10000m^3/d$。

参照各生产厂家的技术手册，依据处理规模、工艺形式、核心技术参数等相关要求进行常规一体化供水装置的产品选型。工艺形式及核心技术参数需根据不同原水水质确定，具体可参考 23.4.1 部分工艺选型。处理规模的确定需根据建设单位需求或设计单位要求来完成。根据需要的处理规模、工艺形式及核心技术参数，可在不同生产厂家中选择合适的产品。部分标准化程度较高的生产厂家已形成不同规模的一体化供水成套装置，由建设单位或设计单位进行选择。部分条件受限地区，例如场地受限、道路受限等，可进行装置的非标定制。

23.4.4 外形尺寸

常规一体化供水装置的外形尺寸与处理规模、处理工艺形式、设计参数取值、不同厂家技术路线等相关。此处列举某厂家不同处理规模下，采用常规处理工艺“絮凝 + 沉淀 + 过滤”，其标准一体化供水成套装置的外形尺寸，如表 23-2 所列。

表 23-2　某厂家不同处理规模下一体化供水装置尺寸表

编号	规格型号	处理规模 /(m^3/d)	外形尺寸（$L×B×H$)/m	备注
1	LC-10	200	4.1×2.0×3.0	以上仅为一体化供水装置本体外形尺寸，不含外部基础、管沟等。基础地耐力须≥ $8t/m^2$
2	LC-20	500	5.5×2.0×3.0	
3	LC-30	700	6.0×3.0×3.7	
4	LC-40	900	6.3×3.5×3.7	
5	LC-50	1200	7.2×3.5×3.7	
6	LC-75	1800	9.5×3.5×3.7	

续表

编号	规格型号	处理规模/(m³/d)	外形尺寸（$L\times B\times H$)/m	备注
7	LC-100	2400	10.5×4.0×4.0	以上仅为一体化供水装置本体外形尺寸，不含外部基础、管沟等。基础地耐力须≥ 8t/m²
8	LC-135	3000	12.5×4.5×4.0	
9	LC-175	4000	12.5×6.0×4.0	
10	LC-220	5000	13.3×7.0×4.0	
11	LC-330	7500	14.5×10.0×4.0	
12	LC-440	10000	15.5×11.2×4.0	
13	LC-660	15000	21.5×12.0×4.0	
14	LC-880	20000	21.0×15.6×4.0	
15	LC-1100	25000	26.0×17.0×4.0	
16	LC-1320	30000	25.5×21.6×4.0	
17	LC-3300	75000	40.2×30.0×4.2	

23.5　生产安装

常规一体化供水装置的生产基本以生产车间加工为主，然后将加工件、各种材料、设备（阀门、水泵、风机、仪器仪表等）、管配件等其他配套设备运至项目现场进行组装。

常规一体化供水装置安装所需的部件分为两类：一类可直发现场，由现场完成质检工作后可直接用于安装；另一类需要生产车间经过切割、折弯、焊接、组装等制造工艺形成标准的产品组件，加工完成的组件产品经检验合格后发往项目现场进行拼装。

常规一体化供水装置进厂前需复核基础情况。人工浇筑钢筋混凝土基础，表面要求平整，浇筑后表面平整度误差不超过 ±5mm，基础地耐力必须≥ 8t/m²。基础水养护满 7d 后设备方可进场施工。进厂施工工序如下：施工准备→测量放线→基础验收→主体结构安装→内部零部件组装→外部阀门、管件安装→配套设备、自控系统安装→防腐及焊接处理→水压及渗漏试验→清理收尾。

23.6　调试及试运行

一体化供水装置的调试工作分为单机调试、系统联动调试和系统试运行。

23.6.1　单机调试

按各设备操作要求进行。

23.6.2　系统联动调试

① 系统联动调试采取先手动、后自动的方式进行。

② 按设计工艺顺序、技术参数及生产要求，将所有单体设备和构筑物连续性地依次从

进水到出水进行不加药、带负荷联动试车，检测设备、电气和操作控制系统性能，如运行正常，开启加药和消毒系统。

③ 在联动试车的同时对常规一体化供水装置进行满水试验，对各构筑物进行抗渗试验。

④ 在低负荷运行的基础上，再按设计负荷对净水系统进行调试，检测设备、电气和控制系统性能。定时检测药剂投加量和出水水质，做好记录。

⑤ 在连续 3 次出水水质检测合格后，方可进行系统试运行。

23.6.3 系统试运行

① 试运行前，应按要求进行管道冲洗和消毒。

② 系统投入试运行后，检测各控制点的水质指标，记录进出水水质水量、运行参数，并形成报表，根据数据分析调整，将各运行参数调整到最佳状态。

③ 设备运行达到设计要求水量，出水水质化验合格，经过 48h 的试运行后转入正常运行。

23.7 运行维护

23.7.1 手动运行

23.7.1.1 正常运行

常规一体化供水装置日常运行需要控制装置的进水阀、出水阀、气冲阀、水冲阀、反冲排水阀、排气阀、反应沉淀池排泥阀等。

① 正常过滤阶段：进水阀、出水阀开；气冲阀、水冲阀、排气阀、反冲排水阀、放空阀关；出水阀根据滤池设定液位实时调节开启度，保持滤池恒水位过滤。

② 常规一体化供水装置进水管路上的其他阀门调整好后保持常开。

③ 为保证出水水质，必须调节加药量，达到最佳剂量。

④ 根据原水浊度适时排泥、适时进行滤池反冲洗。

⑤ 定期观察颗粒“矾花”及取样检测，一般沉后水浊度≤ 3NTU，滤后水浊度≤ 1NTU，如超出上述数值应调节加药量、及时排泥、及时反冲。

⑥ 停止运行：关闭常规一体化供水装置进水阀及出水阀（其水位应淹没至集水堰顶）。

23.7.1.2 滤池反冲洗

(1) 反冲洗阶段

反冲洗分 3 个阶段，气冲洗→气水联洗→水冲洗，并全程表面扫洗。

① 气冲洗：$q_{气}$=15L/(m^2 • s)，1 ～ 2min。

② 气水联洗：$q_{气}$=15L/(m^2 • s)，$q_{水}$=3L/(m^2 • s)，3 ～ 4min，表面扫洗。

③ 水冲洗：$q_{水}$=6L/(m^2 • s)，5 ～ 8min，表面扫洗。

(2) 反冲洗流程

反冲洗流程如下（反冲水泵 3 台，2 用 1 备）：

① 出水阀全开。

② 待滤池水位降至滤料面上 200 ～ 300mm，开排污阀。

③ 待排污阀开到位，关闭出水阀。

④ 开排气阀、进气阀。

⑤ 启动 1 台鼓风机，开始气冲洗，约 15s 后关排气阀。

⑥ 气冲洗时间到，启动 1 台反冲水泵，开反冲水阀，开始气水联洗。

⑦ 气水联洗时间到，停鼓风机，关闭气冲阀，开排气阀，启动第 2 台水泵，开始水冲洗。

⑧ 水冲洗时间到，关反冲水阀，先停 1 台反冲水泵、再停 1 台反冲水泵。

⑨ 等待 30 ～ 60s，关排污阀。

⑩ 再等待 30 ～ 60s，关排气阀。

⑪ 待滤池上升至设定水位（2 ～ 5min），开出水阀，反冲结束，返回到过滤状态。

（3）反冲洗周期

宜采用 24 ～ 36h。

23.7.1.3 排泥

为保证出水水质，必须掌握常规一体化供水装置絮凝池、沉淀池排泥规律，排泥周期受原水浊度、出水水质、污泥浓缩效果等因素的影响，排泥周期经验值可参考表 23-3。

表 23-3 排泥周期经验值

序号	原水浊度 /NTU	排泥周期 /h
1	≤ 20	24 ～ 36
2	100	12 ～ 24
3	200	6 ～ 12
4	500	3 ～ 6

排泥管出口的手动阀（如有）常开，排泥操作如下：

① 打开排泥管上的检修用手动阀（如有），并保持常开。

② 打开 1 ～ 2 个排泥阀进行排泥，排泥时间 0.5 ～ 1.5min（排泥水自浊变清即可关闭排泥阀）。在保证排水沟排水顺畅的情况下，可以增加同时开启的排泥阀数量。

③ 排泥完后，关排泥阀。

④ 重复以上步骤，依次打开其他排泥阀进行排泥。

⑤ 排泥周期、排泥时间总的原则是，根据原水浊度的变化适时调整，勤排少放。

23.7.2 自动控制

23.7.2.1 控制程序

采用基于 PLC 的生产过程自动化系统，系统运行可自动、手动运行，设手动 / 自动转换。

① 排泥：采用快开排泥阀，自动定时排泥、周期排泥或手动排泥。

② 过滤：在自动过滤状态下，滤池在过滤过程中，PLC 依据液位计测得的滤池水位调节滤池出水阀的开度，保证滤池水位恒定。以滤池水位为反馈信号，用 PID 控制出水阀开

度，保证滤池液位在过滤过程中保持相对稳定，保障出水水质。

③ 滤池反冲：根据滤池出水浊度、反冲洗周期及水头损失设定，自动冲洗。

23.7.2.2 中控室电脑操作

中控室电脑系统，监控各个工艺段设备运行状态和实时的数据以及进行相关系统操作，用户可以看到整个工艺流程，用户可以通过点击界面上的按键来切换对应的工艺画面并进行相关的操作。主界面包括数据记录、滤池工艺、排泥控制界面。见图 23-7。

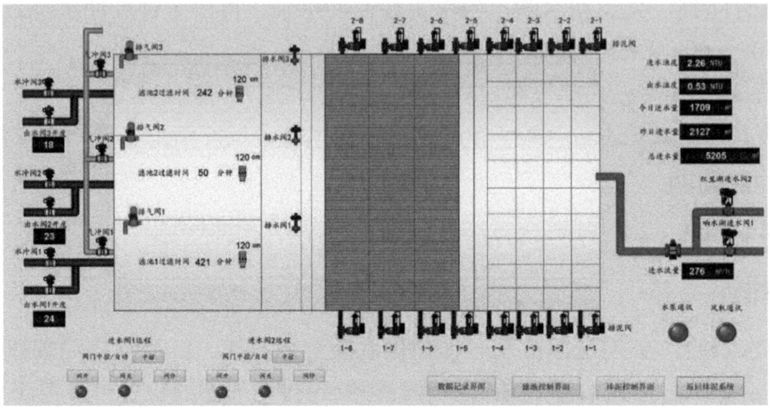

图 23-7 常规一体化供水装置中控界面

① 显示参数：进水流量、进水总累计、今日进水累计、昨日进水累计、进水浊度、出水浊度、出水阀开度、滤池液位、滤池过滤时间。

② 画面内容：一体化净水器工艺流程。

23.8 注意事项

（1）维护

常规一体化供水装置配套设备、仪器仪表维护可按照厂家的说明书。净水系统维护检修，应建立日常保养、定期维护和大修三级维护检修制度。日常保养（属经常性的工作）：由运行值班人员负责清洁环境卫生，检查运行状况，对设备进行经常性的保养和清扫灰尘。定期维护（属阶段性的工作）：由维修人员负责（部分由运行值班人员负责），除按前面各系统的定期维护外，还必须每年进行 1 ～ 2 次专业性的检查、清扫、擦拭、维修、测试，电气设备预防性试验可 1 ～ 3 年一次。大修（属恢复设备原有技术状态的检修工作）：由专业检修人员负责，有计划地对设施进行全面检修及对重要部件进行修复或更换，使设施恢复到良好的技术状态。

（2）日常保养

① 运行值班人员应负责设备的日常维护保养，应检查净水设备运行状况，保持设备、环境卫生清洁。

② 每天清除池面上的落叶、浮渣等漂浮物。

③ 每日检查进出水阀门、排泥阀等运行是否正常，做到不漏水、不漏电。

④ 每日定时巡察，观察矾花形成、沉淀、过滤效果。

⑤ 每日定时取样检测进出水水质。

⑥ 反冲洗时，要现场观察，出现异常及时解决。

(3) 定期维护

① 每年检修一次设备本体的渗漏，检修一次管道、阀门的运转状况。

② 定期对池体进行一次清洗以防止青苔、藻类的滋生，并放空冲洗底部积泥。

③ 定期用高压水枪冲洗清通一次沉淀区。

④ 滤料使用一段时间后，如发现有淤泥结球，应及时进行人工强制反冲洗数次，直至洗净滤料，以延长滤料的使用寿命。

⑤ 每年检查一次滤料的流失情况和截污能力，一旦流失应及时补充，截污能力降低须更换。

⑥ 滤料每 6 年左右进行检查补充或更换。

⑦ 普通碳钢材质的常规一体化供水装置主体内外表面油漆每 2 ～ 5 年维护一次。

(4) 故障处理

见表 23-4。

表 23-4 常规一体化供水装置常见故障处理表

序号	一般故障	原因	排除方法
1	絮凝池无矾花	投药中断	检查加药系统
2	矾花细小，沉后水不清	混凝剂投加量太小	增加投药量
3	矾花松散上漂，颜色发白	混凝剂投加量过大	适当减少投加量
4	沉淀部分带出矾花	（1）进水量过大； （2）投药量过大	（1）减少进水量； （2）减少投药量
5	沉淀区出水端矾花多，沉淀后水浊度高于 5NTU	（1）进水量过大； （2）污泥浓缩区积泥太多； （3）斜板积泥	（1）减少进水量； （2）及时排泥，原水浊度高于 500NTU 时要常排泥； （3）冲洗斜板
6	进水量正常，投药量正常，但出水不清，滤后水浊度高于 1NTU	（1）斜板积泥； （2）滤料不干净； （3）滤料流失	（1）冲洗斜板； （2）冲洗滤料； （3）添加滤料
7	滤池气冲时不均匀，局部有很大气泡、大水量	滤头破裂或脱落	更换滤头
8	滤料表层有凹坑或漏斗状	滤头脱落	更换滤头及维修
9	滤料跑到排水沟内（跑砂）	冲洗强度过大	调整冲洗强度
10	冲洗周期缩短，冲洗次数频繁	（1）原水藻类含量增高； （2）滤料层泥渣堵塞	（1）为了保证出水水质，减少进水量或增加反冲洗频率； （2）增加反冲洗频率，翻洗滤料
11	滤池水位上升过快，出水水质恶化	（1）超过运行周期，滤料截污饱和； （2）滤料层积泥严重	（1）彻底反冲洗； （2）增加反冲洗频率，翻洗滤料

（5）安全操作规程

① 应在做好启动准备工作后才能启动设备。

② 电源电压大于或小于额定电压 5% 时不宜启动电机。

③ 电机设备的运行频率不宜低于 20Hz。

④ 各种机械设备应保持清洁，无漏油、漏水、漏气等。

⑤ 操作人员在启闭电器开关时，应按电工操作规程进行。

⑥ 岗位操作人员应按时做好运行记录，数据应准确无误。

⑦ 各种设备进行维修时必须断电，并在开关处悬挂维修标牌后方可操作。

⑧ 严禁非岗位人员操作本岗位的设备。

⑨ 操作人员发现异常时，应及时处理或上报主管部门。

第24章 超滤膜装置

24.1 产品概述

超滤膜装置是由多支超滤膜组件和安装机架、其他功能部件组成的过滤模块单元，一个或多个这样的过滤模块单元和其他配套设施共同组成膜过滤系统。所述超滤膜组件内的超滤膜一般为多孔性不对称结构，孔径在 0.002 ～ 0.1μm 之间，截留分子量为 1000 ～ 500000。超滤膜能有效截留原液中的胶体物质、大分子物质、颗粒、细菌、病毒和原生动物等，超滤膜装置的运行压力通常在 0.01 ～ 0.4MPa 之间，过滤分离性能稳定，操作运行简便、维护费用低，超滤技术在市政供水中已实现逐步规模化的应用推广。

24.2 产品分类

24.2.1 产品分类

配置不同类型超滤膜组件的超滤膜装置其工艺要求、结构设计等主要特征也不同，而超滤膜组件类型按所用超滤膜结构特征可分为平板超滤膜、管式超滤膜、中空纤维超滤膜等，在相同安装体积内，中空纤维超滤膜可以得到更大的过滤膜面积、更高的产水量，可节省占地、降低投资成本，因此中空纤维超滤膜在市政水处理等大规模应用领域推广更具优势。按结构形式不同，中空纤维超滤膜组件可分为浸没式膜组件、压力式膜组件两大类。中空纤维超滤膜类的超滤装置根据超滤膜组件类型和过滤系统结构形式不同，分为浸没式超滤装置、压力式超滤装置。

按制膜材料可分为有机材料和无机材料两大类，而有机材料主要包括聚偏氟乙烯（PVDF）、聚砜（PSF）、聚醚砜（PES）、聚丙烯（PP）、聚丙烯腈（PAN）、聚氯乙烯（PVC）、醋酸纤维素（CA）等。20 世纪 90 年代初，聚醚砜在商业上取得了应用，而 90 年代末性能更优越的聚偏氟乙烯（PVDF）超滤膜开始被广泛地应用于水处理行业，目前聚偏氟乙烯（PVDF）、聚醚砜（PES）、聚氯乙烯（PVC）等成为制造商业化的中空纤维超滤膜的主流材料。

24.2.2 应用领域

超滤膜的应用范围极其广泛，基本上涉及过滤的行业都可以用到超滤装置类设备。

① 市政工程：市政自来水厂，市政污水，中水回用。

② 工业废水：汽车清洗水的循环使用；含油废水的处理；印刷油墨的去除；垃圾渗滤液的处理；感光乳剂的浓缩与回收。

③ 制药 / 生化：蛋白质的纯化、脱盐与浓缩；生化产品的澄化；各种发酵全液的浓缩；经澄化的生化制品液的浓缩；酶的提取；医药产品的除菌；去除热源。

④ 食品工业：牛奶和乳清蛋白的浓缩；奶酪的生产；酒和食醋的过滤；果汁的澄清；明胶的浓缩；食用油的精炼；淀粉和糖的浓缩。

⑤ 金属加工：油 / 水乳化液的分离；除油渍溶液的处理。

⑥ 油漆应用：（汽车）电泳涂漆的过滤；水基喷溅的回收。

⑦ 纺织 / 造纸：上浆液的回收；胶乳的回收；涂层颜料的循环；造纸工业废液处理。

⑧ 化学工业：各种化工废水处理过程；染料脱盐；胶乳液的浓缩；催化剂的回收。

24.3 产品相关标准

超滤膜装置标准体系见表 24-1。

表 24-1 国内的超滤膜装置标准体系

序号	标准名称	标准编号	标准类别	种类
1	膜组件及装置型号命名	GB/T 20502—2006	国标	基础标准
2	膜分离技术　术语	GB/T 20103—2006	国标	基础标准
3	家用和类似用途饮用水处理装置	GB/T 30307—2013	国标	产品标准
4	野外应急饮用水膜处理装置通用技术规范	GB/T 30298—2013	国标	产品标准
5	膜生物反应器通用技术规范	GB/T 33898—2017	国标	产品标准
6	超滤水处理设备	CJ/T 170—2018	行标	产品标准
7	饮用水处理用浸没式中空纤维超滤膜组件及装置	CJ/T 530—2018	行标	产品标准
8	中空纤维超滤装置	HY/T 060—2002	行标	产品标准
9	中空纤维微孔滤膜装置	HY/T 103—2008	行标	产品标准
10	全自动连续微 / 超滤净水装置	HG/T 4111—2009	行标	产品标准
11	火力发电厂超滤水处理装置验收导则	DL/T 952—2013	行标	产品标准

我国的膜行业起步较晚，分离膜的国家标准、地方标准还比较少。分离膜的标准中涉及超滤膜装置的标准更加少。截至 2019 年 10 月，我国关于超滤膜装置的标准有：5 项国家标准——《膜分离技术　术语》（GB/T 20103—2006）、《膜组件及装置型号命名》（GB/T 20502—2006）、《家用和类似用途饮用水处理装置》（GB/T 30307—2013）、《野外应急饮用水膜处理装置通用技术规范》（GB/T 30298—2013）、《膜生物反应器通用技术规范》（GB/T 33898—2017）；6 项行业标准——《超滤水处理设备》（CJ/T 170—2018）、《饮用水处理用浸没式中空纤维超滤膜组件及装置》（CJ/T 530—2018）、《中空纤维超滤装置》（HY/T 060—2002）、《中空纤维微孔滤膜装置》（HY/T 103—2008）、《全自动连续微 / 超滤净水装置》（HG/T 4111—2009）、《火力发电厂超滤水处理装置验收导则》（DL/T 952—2013）。

①《膜分离技术　术语》（GB/T 20103—2006）标准界定了膜分离技术领域的术语，即电渗析、反渗透、纳滤、超滤、微滤、气体膜分离及其他膜分离过程中的常用术语；适用于膜与膜材料、膜组件、各种溶液、气体分离及其他膜分离过程中涉及的术语。

②《膜组件及装置型号命名》（GB/T 20502—2006）标准规定了膜组件及装置型号的命名规则；适用于反渗透、纳滤、超滤、微滤和气体分离膜组件的命名；适用于反渗透、纳滤、超滤、微滤和气体分离膜、电渗析和电去离子装置的命名。

③《家用和类似用途饮用水处理装置》（GB/T 30307—2013）标准规定了家用和类似用途饮用水处理装置的术语和定义、分类与命名、技术要求、试验方法、检验规则及标志、包装、运输、储存；适用于家用和类似用途饮用水处理装置。

④《野外应急饮用水膜处理装置通用技术规范》（GB/T 30298—2013）标准规定了野外应急饮用水膜处理装置的分类与型号、要求、检验和试验方法、检验规则、标志、包装、运输与储存；适用于野外应急饮用水压力驱动的膜法水处理装置的研究、生产和检验。

⑤《膜生物反应器通用技术规范》（GB/T 33898—2017）标准规定了膜生物反应器的总则、膜生物反应系统设计、安装、调试与检验、运行、清洗与维护等技术要求；适用于中空纤维膜生物反应器。

⑥《超滤水处理设备》（CJ/T 170—2018）标准规定了超滤水处理设备的术语和定义、分类和型号、要求、试验方法、检验规则、标志、包装、运输和储存；适用于水处理中超滤膜过滤设备的生产和检验。

⑦《饮用水处理用浸没式中空纤维超滤膜组件及装置》（CJ/T 530—2018）标准规定了饮用水处理用浸没式中空纤维超滤膜组件及装置的型号、材料、要求、检测、检验规则、标志、包装、运输和储存；适用于饮用水处理用浸没式中空纤维超滤膜组件及装置。

⑧《中空纤维超滤装置》（HY/T 060—2002）标准规定了装置的产品分类、要求、试验方法、检验规则及标志、包装、运输和储存；适用于中空纤维超滤装置。

⑨《中空纤维微孔滤膜装置》（HY/T 103—2008）标准规定了中空纤维微孔滤膜装置的产品分类、要求、试验方法、检验规则及标志、包装、运输和储存；适用于中空纤维微孔滤膜装置的生产、检验。

⑩《全自动连续微 / 超滤净水装置》（HG/T 4111—2009）标准规定了全自动连续微 / 超滤净水装置的术语和定义、分类与型号、基本参数、要求、试验方法、检验规则及标志、包装、运输和储存；适用于原水预处理领域所应用的全自动连续微 / 超滤净水装置，其他领域使用的微 / 超滤设备也可以参照该标准。

⑪《火力发电厂超滤水处理装置验收导则》（DL/T 952—2013）标准规定了火力发电厂超滤水处理装置验收的技术条件和方法；适用于火力发电厂中空纤维式超滤水处理装置的验收。

24.4　产品选择

24.4.1　适用范围

饮用水处理用浸没式中空纤维超滤膜组件及装置。

24.4.2 型号命名

超滤膜装置的型号由表示设备代号超滤的字母 UF、产品类别代码、膜组件标称尺寸代号、膜材质代码及膜组件数量五部分构成。五部分的标注形式如图 24-1 所示。

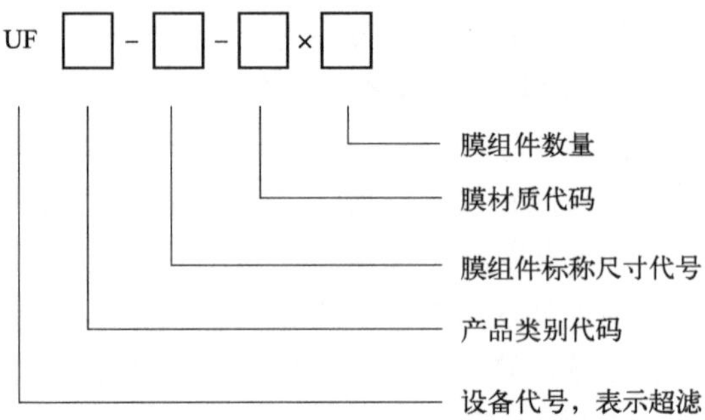

图 24-1 超滤膜装置型号标注形式

示例：UFE-0980-PVDF×20 表示超滤类的外压式中空纤维超滤膜装置，膜组件中含封装膜材料的膜组件壳体外径近似的英制尺寸为 9in (1in=2.54cm)、长度近似的英制尺寸为 80in，膜材料为聚偏氟乙烯，膜组件数量 20 支。

24.4.2.1 产品类别代码

产品类别代码参见表 24-2。

表 24-2 产品类别代码表

产品类别	代码
内压式	I
外压式	E

24.4.2.2 膜组件标称尺寸代号

装置中的膜组件标称尺寸代号以膜组件壳体外径、长度（不含膜组件上下端盖，相当于封装膜纤维总长度；当膜组件壳体与膜材料为一体式封装结构形式时表示膜组件壳体外径、长度，当膜组件壳体与膜材料为可拆卸滤芯装配结构形式时表示滤芯外径、长度）近似的英制尺寸各取两位整数数字表示，不足两位的以零代替，具体常用膜组件标称尺寸代号示例见表 24-3。

表 24-3 常用压力式类膜组件标称尺寸代号示例表

膜组件标称尺寸代号	壳体外径 × 长度 /mm
0660	Φ160×1500
0865	Φ200×1650
0980	Φ225×2000
1080	Φ273×2000

24.4.2.3 膜材质代码

装置中的超滤膜材质以字母表示，常用超滤膜材质及代码见表 24-4。

表 24-4 常用超滤膜材质代码表

超滤膜材质	材质代号
聚氯乙烯	PVC
聚偏氟乙烯	PVDF

续表

超滤膜材质	材质代号
聚醚砜	PES
聚砜	PSF
聚酯纤维编织管＋聚氯乙烯	PV
聚酯纤维编织管＋聚偏氟乙烯	PF

24.4.3　产品价格

近年来，国内给水市场超滤膜设备应用规模快速扩大，国内厂商产品技术水平不断提高，在性价比上远超国外产品。因此，目前国内给水市场国内厂商的超滤膜设备占主体地位。市场价格方面，500m^3/d 规模超滤膜一体化净水装置折合吨水造价在 500 ～ 1200 元，1000m^3/d 规模超滤膜一体化净水装置折合吨水造价在 480 ～ 1100 元，2000m^3/d 规模超滤膜一体化净水装置折合吨水造价在 450 ～ 1000 元。当然价格受供求关系影响，厂商和经销商营销策略影响也比较明显，为此超出以上价格范围的产品也不乏出现。

24.4.4　选型指南

24.4.4.1　选型流程

超滤膜装置选型流程如图 24-2 所示。

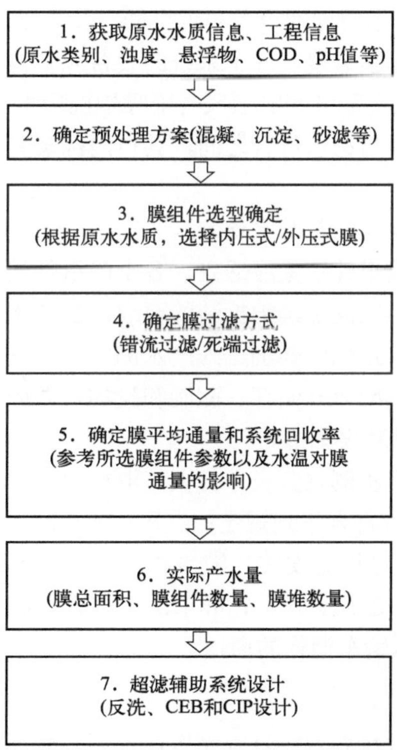

图 24-2　超滤膜装置选型流程

24.4.4.2 工艺选择

① 给水工程可根据不同的原水水质和处理目标，经试验和技术经济比较后，选用膜处理工艺与其他处理工艺组成不同的组合处理工艺。

② 当原水水质较好且浊度常年很低，建议直接采用膜处理工艺，不需要增加预处理。

③ 当水厂需要提升水质或者提高供水量时，建议采用膜处理工艺。

④ 当水厂净水工艺存在生物穿透风险或对出水浊度和微生物指标有很高要求时，建议采用膜处理工艺作为水厂最终化学消毒之前的处理工艺。

⑤ 当回收利用滤池反冲洗废水时，建议采用膜处理工艺或者采用膜处理工艺与其他处理工艺相结合的组合工艺处理。

⑥ 膜前处理工艺投加絮凝剂时，需要做搅拌试验确定最佳投加量。

⑦ 中空纤维膜应选用化学性能好、无毒、耐腐蚀、抗氧化、耐污染、pH 值适用范围宽的成膜材料，并应符合现行国家标准《生活饮用水输配水设备及防护材料的安全性评价标准》（GB/T 17219）的规定；可选用聚氯乙烯、聚偏氟乙烯、聚醚砜和聚砜等。

⑧ 中空纤维膜的平均过滤孔径或切割分子量应根据所去除目标物的尺寸或分子量确定，其中平均过滤孔径不得大于 0.1μm。

24.4.4.3 超滤膜装置的设计

（1）压力式超滤膜装置

① 除膜清洗废液处置子系统外，其他子系统应布置在室内；膜架可单排布置，也可多排布置；对有分期建设要求的应预留远期设备布置空间。

② 在室内集中布置的超滤膜装置，各子系统的设备应各自相对集中布置，并按需要和规定做必要的隔断。各独立功能分隔区间的通风与降噪措施应按有关规定执行。

③ 预过滤器应设在供水泵与进水母管之间，其自清洗装置的清洗排水应设专管排入膜清洗废水处置系统。

④ 应采取措施保证各个膜架间的配水均匀。

⑤ 每个膜架上所连接的膜组件数量应适宜，各个膜组件间的配水应均匀。

⑥ 相邻膜组件之间的间距应满足维护拆装的要求，建议不宜小于膜组件直径的 2/3。

⑦ 化学清洗系统应设有防止化学药剂进入产水侧的自动安全措施。

⑧ 化学药剂间内各类药剂应分开储存、配制和投加，并应设有防护设备及冲洗与洗眼设施；药剂储罐下部应设药剂泄漏收集槽。

⑨ 每个膜架的进水侧和产水侧宜各设一处人工取样口。

⑩ 膜架设置区域的布置应符合下列规定：a. 至少应设置一个通向室外的可搬运最大尺寸设备的大门；b. 室内高度应满足设备安装、维修和更换的要求，膜架上部可设或不设起吊设备；c. 每个膜架周围的检修通道不应小于 1.5m；d. 上部未设起吊设备时，每排膜架一侧宜设置可通向大门的适合于轻型运输车通行的通道。

（2）浸没式超滤膜装置

① 膜池可采用单排也可双排布置，且宜布置在室内，室外设置应加盖。

② 膜池一侧应设置室内管廊；出水总渠（管）、出水泵和连续真空系统应布置在管廊内；

反洗泵及化学清洗加药循环泵宜布置在管廊内；进水总渠（管）和排水总渠（管）宜布置在膜池另一侧。

③ 膜池内膜箱或膜组件的数量及布置应使集水及清洗系统的布气、布水均匀，并应设有防止进水冲刷膜丝的措施；膜箱或膜组件应布置紧凑。

④ 膜池深度应根据膜箱或膜组件高度及其底部排水区高度、顶部浸没水深、膜池超高和膜池面积综合确定；膜箱或膜组件底部排水区高度和顶部浸没水深不宜小于 300mm，膜池超高不宜小于 500mm。

⑤ 采用持续真空虹吸自流出水方式的膜池应在其集水总管出口设置水封堰，并应在集水总管上设置可调节型的控制阀门，且应采用薄壁堰跌落进出水方式。

⑥ 采用虹吸自流出水时，真空节点应设在集水总管最高点处。

⑦ 每个膜池应设有保证排水通畅的排水管和防止底部积泥的措施，膜池排水总渠（管）应设有可排至废水收集池或化学处理池的切换措施。

⑧ 每个膜池进水处应设溢流措施。

⑨ 采用异地恢复性清洗方式时，独立化学清洗池不应少于 2 个，且宜设置在每排膜池的一端；化学清洗池体内壁应做防腐处理，池顶四周应设置围栏和警示标志，并宜设有防护设备及冲洗与洗眼设施。

⑩ 膜池顶部四周应设走道和能够至少临时堆放 1 个膜箱的检修平台，检修平台应设置完整性检测接气头和冲洗与排水设施；膜池上部应设置能覆盖膜池、化学清洗池、走道和检修平台的起吊设备。

⑪ 化学药剂间应单独设置，并宜靠近膜池；药剂间内各类药剂应分开储存、配制和投加，并应设有防护设备及冲洗与洗眼设施；药剂储罐下部应设泄漏药剂收集槽。

24.4.4.4　超滤膜装置调试

① 超滤膜装置的调试应在全部土建和安装工程完工后进行，其中土建工程的储水构筑物应验收合格。

② 超滤膜装置的调试应预先编制调试方案。

③ 通水调试前首先应进行所有机电设备的空载单机调试。

④ 通水调试前应对系统管路、进水渠、膜池、出水渠及反冲洗水池（或者反洗水箱）进行检查，确认无污堵和损伤膜丝的残留物，并应对出水渠及反冲洗水池（或者反洗水箱）进行消毒。

⑤ 通水调试启动前应进行膜系统完整性检测，检测合格后方能启动通水调试。

⑥ 在超滤膜装置完整性检测完毕后通水之前，应先采用气洗方式将膜丝表面保护层清洗干净。

⑦ 通水调试应从单个膜架或膜池扩大至整个系统，控制方式应从手动控制过渡到局部自动控制，直至整个系统自动控制；调试内容应包括过滤和清洗；调试过程的产水应循环使用，不得进入水厂清水库。

⑧ 通水调试应先进行初始水量调试，初始水量宜为正常水量的 1/3。

⑨ 在初始水量调试出水水质达到要求后，可逐渐加大调试水量至正常水量，并维持该水量连续调试运行不少于 72h。

⑩ 化学清洗系统调试可采用达标后的膜产水模拟进行。

⑪ 所有调试过程应记录。

24.5 运输储存

24.5.1 储存

① 装置应储存在阴凉、干燥、通风的库房内，严禁露天堆放。不应日晒、雨淋或靠近热源，注意防火。

② 装置不得与有毒、腐蚀性、易挥发或有异味的物品同库储存。

③ 装置应放在木质垫板上，离地面、墙面的距离不应小于 10cm。

④ 超滤膜组件储存时宜注入保护液，宜保存在 5 ～ 45℃的通风干燥、无腐蚀、无污染的场所，不应暴晒、雨淋。

24.5.2 运输

① 装置运输、装卸过程中，不应受到剧烈撞击、颠簸、抛掷及重压。

② 装置不得与有毒、腐蚀性、易挥发或有异味的物品混装运输。

③ 装置在运输过程中不得雨淋、受潮、暴晒。

24.6 运行维护

24.6.1 运行管理

① 超滤膜装置的运行管理人员应熟悉系统与设备的工作原理，并能熟练运用专用的维护设备和器具。

② 超滤膜装置正常运行的启动应符合下列要求：a. 启动前应检查阀门、管路及设备能否正常运转，确认后启动超滤膜装置；b. 超滤膜装置启动后，应逐渐加大供（出）水泵的频率和出水阀的开度。

③ 超滤膜装置正常运行的停止应符合下列要求：a. 应先停系统出水，后停系统进水；b. 应逐渐降低供（出）水泵的频率或出水阀的开度，直至泵完全停止和阀门完全关闭。

④ 超滤膜装置正常运行的物理清洗应符合下列要求：a. 自动运行状态下的物理清洗应按自控系统预先设定的程序自动进行；b. 人工强制清洗时，应依次逐个膜架（膜池）进行，并应按规定的操作步骤操作。

⑤ 超滤膜装置正常运行的化学清洗应符合下列要求：a. 清洗时机和周期应根据水质和系统主要运行状态综合分析后确定，其中维护性清洗的周期可预先设定自动控制进行，恢复性清洗的周期应人为确定，并不宜在低温季节进行；b. 化学清洗之前应先进行物理清洗；c. 应

依次逐个膜架（膜池）进行清洗，清洗的过程应按自控系统预先设定的程序自动进行；d. 清洗过程中应定期监测药剂浓度是否满足要求，不满足时应及时增加药量；e. 清洗完成后，应对清洗部件上系统重启后可能污染出水的污染物进行彻底的物理清洗；f. 化学清洗及其结束后的物理清洗过程中的所有废液应排入化学处理池处理或集中外运处理，不得排入其他排水系统或回用。

⑥ 超滤膜装置正常运行过程中应对水质和系统主要运行状态进行实时监测和记录，并应对监测项目进行综合分析，按需调整系统自动运行参数和维护计划。

⑦ 进行综合分析的监测项目至少应包括下列项目：a. 总进水温度、浊度和流量；b. 总出水浊度、颗粒数和流量；c. 每个膜架（膜池）的跨膜压差和出水浊度；d. 物理清洗的水量、气量和历时；e. 每个膜池的排水周期、流量和历时（物理清洗时不采用每次同时排水方式的）；f. 化学清洗的药量、浓度和历时。

⑧ 根据综合分析需调整的系统自动运行参数至少应包括下列参数：a. 总进水流量；b. 物理清洗周期和历时；c. 每个膜池的排水周期和历时（物理清洗时不采用每次同时排水方式的）；d. 维护性化学清洗周期、药量、浓度和历时。

⑨ 根据综合分析需调整的系统维护计划至少应包括下列内容：a. 维护性化学清洗周期、药量、浓度和历时；b. 恢复性化学清洗周期、药量、浓度和历时。

24.6.2 维护

① 超滤膜装置的维护应包括膜系统完整性检测、膜组件更换和破损丝的封堵修复以及管道、其他配套机电设备与土建构筑物的维护与保养。

② 超滤膜装置完整性检测与维护应符合下列规定：a. 运行过程中应每月进行一次膜系统的完整性检测，当某个膜架（膜池）出水浊度或整个处理系统出水颗粒物计数超出规定值时应进行完整性检测；b. 完整性检测应逐个膜架（膜池）进行；c. 完整性检测之前被检测的膜架（膜池）应停止运行；d. 完整性检测时，每个膜架上除出水阀处于开启状态外，其他阀门应处于关闭状态，且膜组件应充分浸润；e. 完整性检测时，每个膜池内水位应没过膜组件 10cm，且膜池的所有阀门应处于关闭状态；f. 完整性检测可采用压力衰减法检测、泄漏检测或两种方法相结合的方法进行；g. 应将完整性检测确定的破损膜组件或膜箱拆除，移出膜架（膜池），做进一步的膜丝破损比例和位置的检测，破损膜组件或膜箱的拆卸应在相关膜架（膜池）停止运行和膜组件（膜池）中的存水排放干净后进行，并应采用专用工具拆卸。

③ 膜组件的更换。包括：a. 经恢复性清洗后膜通量仍不能达到要求的应更换膜组件；b. 经检测确定膜组件的膜丝破损比例超出膜组件供应商规定的允许继续使用比例时应更换膜组件；c. 膜组件的更换应在相关膜架（膜池）停止运行和膜组件中的存水排放干净后进行；d. 膜组件的更换应采用专用工具和材料，新组件的安装应符合《城镇给水膜处理技术规程》（CJJ/T 251—2017）9.2 部分的有关规定。

④ 膜组件破损膜丝的封堵修复。包括：a. 经检测确定膜组件的膜丝破损比例未超出膜组件供应商规定的允许继续使用比例时可对膜组件破损膜丝进行封堵修复；b. 膜组件破损膜丝的封堵修复应按膜组件供应商规定的操作要求进行，并采用专用材料。

24.7 安装与拆卸

24.7.1 压力式超滤膜装置

压力式超滤膜装置主要由超滤膜组件、安装机架、泵阀仪表等其他功能部件和配套功能模块组成。小型超滤膜装置可在工厂内完成所有生产制造后，整体运输至项目现场安装；大型超滤膜装置受安装尺寸、运输转运等影响，可选用在工厂内完成各功能模块的预制加工生产后在项目现场二次装配组装的方式。压力式超滤膜装置建议安装在有防护、遮阳功能的室内或半户外，部分项目地点如果冬季温度较低，应选择有防冻措施的室内安装。

(1) 主要安装要求

① 设备的安装基础选用混凝土基础，或同等强度其他刚性基础；

② 基础的平面需水平、表面平整，承重载荷不低于设备满水运行重量；

③ 基础内需预制接地导体用于防雷接地，导体的埋地深度不小于 1.5m ；

④ 基础周边应设置排水沟槽，以避免基础表面积水；

⑤ 基础的尺寸要求参见设备房图纸设计；

⑥ 设备的外部连接管道应不小于设备预留接口管径，避免影响过流水量；

⑦ 排污管路铺设不得高于设备安装基础的平面，以避免影响设备排空；

⑧ 非金属材质外接管道材质推荐使用 PVC 给水管或 PE 给水管；

⑨ 外接管道安装后建议覆土保护，或以专用材料包裹缠绕，以避免光照老化。

(2) 安装主要步骤

① 拆除设备外包装，检查各装配部件有无运输损坏；

② 将设备主体与各功能模块搬运至现场预制的安装基础并调整定位；

③ 单支超滤膜组件拆除包装后，安装至设备主体机架并连接所有接口；

④ 依次安装超滤膜装置内包含的所有超滤膜组件，并检查膜组件接口连接可靠；

⑤ 安装超滤膜装置配套的水箱、泵组、加药系统等其他功能模块；

⑥ 所有管路连接完成后，接通动力电源、通信传输线缆；

⑦ 设备通电后手动点动操作检查各功能模块是否能正常运转；

⑧ 接入自来水或原水，并缓慢加压至设备最高工作压力，检查是否有渗漏；

⑨ 通水试压合格后，设备安装完成，可进入下一步调试阶段。

24.7.2 浸没式超滤膜装置

浸没式超滤膜装置主要由超滤膜组件和膜架装配组成，整体安装至膜池内，与其他配套功能模块组成过滤膜系统工作运行。小型浸没式膜系统的膜池可选用钢结构设计，实现在工厂内完成所有生产制造后整体运输至项目现场安装；大型浸没式膜系统常选用土建结构膜池，超滤膜装置在工厂内完成生产后运输至现场安装至膜池内。

(1) 主要安装要求

① 膜池内壁涂层牢固，无大量脱落或起泡现象，避免划伤膜丝隐患；

② 膜池内进水、排水口设置需避免出现局部高流速水流冲击膜丝；
③ 膜池所有管道内无铁屑、焊渣残留，避免划伤膜丝隐患；
④ 膜池内清洁，无铁屑、焊渣残留，避免划伤膜丝隐患。

（2）安装主要步骤

① 拆除超滤膜装置外包装，检查各装配部件有无运输损坏；
② 将超滤膜装置转运至膜车间内起吊行车正下方；
③ 使用起吊行车将超滤膜装置吊装至膜池内；
④ 将膜架预留的气水接口与膜池内母管连接固定；
⑤ 依次安装膜池内包含的所有膜装置，并检查膜架接口连接可靠；
⑥ 膜池内液位升高至淹没膜架及气水接口连接处；
⑦ 从产水母管输入设定压力的压缩空气，检测膜及管道完整性；
⑧ 观察水面无连续大气泡，膜内气压衰减值在设计范围内，则检测合格；
⑨ 膜及管道完整性检测合格后，可进入下一步调试阶段。

24.8　注意事项

注意事项同 17.7 部分相关内容。

第25章 纳滤/反渗透装置

25.1 产品概述

25.1.1 纳滤

纳滤膜孔径约为1nm，介于反渗透膜和超滤膜之间，截留分子量在200～1000之间，操作压力主要集中在0.3～1MPa之间。纳滤膜选择分离性强，可去除消毒副产物、有机污染物和多价离子，降低水的硬度。超滤膜孔径相对较大，对于金属离子和小分子有机物几乎没有去除能力。纳滤和反渗透对不同有机物的处理效果都较好，但纳滤的操作压力比反渗透低，且纳滤膜对离子具有选择性，对二价离子和多价离子有较高的截留率，而对一价离子截留率却较低。所以，纳滤膜技术在饮用水处理中主要作为深度处理工艺，不仅可以去除水中残留的微量化学物质（如农药、杀虫剂等）以及消毒副产物，而且能够保留水中部分对人体有益的矿物质。

纳滤融合了筛分效应和道南（Donnan）效应两种截留机理。膜的筛分效应，是指膜孔径为纳米级，可以选择性截留分子量大于纳米级孔径的溶质。筛分效应主要选择性截留不带电荷的物质，基于分子量或分子大小和形状（不管其离子电荷如何）将不同分子量的物质进行选择性分离。膜的道南效应又称为电荷效应，是指带负电的膜与溶液中盐分的阴离子之间的电斥力作用，而选择性截留带有正电荷的多价正离子的渗透，提高脱盐率。纳滤膜可高度截留多价盐（截留率≥96%），如硫酸镁；对于一价盐，例如氯化钠，典型截留率为0%～50%，取决于进料浓度。因除筛分效应外尚具有道南效应，因此截留机理复杂，不能简单地理解为纳滤去除高价离子，保留低价离子。由于纳滤膜研制发展快，现对TDS已具有可选择性。对于地表水自来水净化厂，应选择能高效去除有机污染物而又尽可能地保留水中原有益于健康的矿物质离子，使居民喝到高度净化又保留有益离子的健康水。

我国饮用水水源存在较大的安全风险。一方面，饮用水源存在离子超标的问题。健康的饮用水硬度应在150～200mg/L范围，而西北部地区水源钙镁离子普遍偏高，硬度接近或超过国标上限值450mg/L，导致饮水口感差、结石病等问题。沿海城市潮水倒灌导致氯离子超过国标上限值250mg/L，峰值可达1000～1500mg/L。还有部分地区，硫酸盐超过国标上限值250mg/L，峰值可达近1000mg/L，氟离子超过国标上限值1.0mg/L，高氟区可达10～20mg/L。另一方面，随着工业的发展，人工合成的有机物快速增加，如内分泌干扰物及个人防护用品和药品等，通过多种途径进入天然水体和供水系统，虽然浓度很低，但其致癌、致畸、致突变等毒性危害不可小觑。我国环保部的一项调查也发现 56 个城市的 206 个饮用水源地中共检出 132 种有机污染物，其中 103 种属于优先控制污染物。

目前纳滤膜技术可应用于不同水质类别的水源，其水质特征见表 25-1。

表 25-1　水质类别与水质特征

序号	水质类别	水质特征	主要地区
1	持续性离子类	钙镁（硬度）、硫酸盐、氟化物、硝酸盐等离子持续性超标	西北地区（新疆、宁夏、陕西等）
2	季节性离子类	咸潮水源氯化物季节性超标	福建
3	复合类	咸潮水源氯化物季节性超标，合并有机微污染物超标	江苏
4	有机类	有机微污染物超标，或同城同质供水需求	上海等经济发达地区

原则上纳滤出水应将有机污染物最大限度去除，而将无机离子控制到适宜人体的程度（TDS 在 100 ～ 400mg/L 范围内）。因此，应针对表 25-1 中不同水源的水质特征确定特征离子去除率的目标，再根据需求选择合适的纳滤膜元件。例如，长江流域多为有机微污染，原水中 TDS 为 100 ～ 200mg/L，不存在特征离子超标时应尽量少去除 TDS，给予饮用者更多的矿物质。

纳滤膜是纳滤工艺的核心元件，根据具体项目对二价 / 多价离子与一价离子有不同的截留率的需要，选择特定的纳滤膜类型。目前，国内外的纳滤膜厂商均有系列纳滤膜产品，不同型号的纳滤膜对不同离子的脱盐率均不同，变化范围多在 15% ～ 98% 之间，通常有 TDS 去除率 30%、60% 与 90% 左右的纳滤膜可供选择。

而且，纳滤膜技术已广泛应用于食品、医药、水处理、环保、化工、能源、电子等领域，产生了巨大的经济效益和社会效益。随着该技术的发展，不同系列的纳滤膜产品越来越丰富，甚至可以根据饮用水深度处理的要求研发针对性的产品。

25.1.2　反渗透

反渗透装置是将原水经过精细过滤器、颗粒活性炭过滤器、压缩活性炭过滤器等，再通过泵加压，利用孔径为 1/10000 μm（相当于大肠杆菌大小的 1/6000，病毒的 1/300）的反渗透膜，使较高浓度的水变为低浓度水，同时将有机污染物、重金属、细菌、病毒等水中的杂质隔离，从而达到饮用规定的理化指标及卫生标准。

25.2　产品分类

25.2.1　纳滤

以膜装置的产水量和应用场景分类，将市场上的膜供水装置种类分为市政级、商用级和工厂级，见表 25-2。

表 25-2　膜分离供水装置级别分类表

项目	市政级装置	工厂级装置	商用级装置
产水量 /(m^3/h)	50 以上	5 ～ 50	0.2 ～ 5
水源	天然水源	多为天然水源	自来水
工艺	前处理工艺→纳滤→后处理工艺	混凝→沉淀→多级过滤→消毒	多级滤芯（预处理 + 膜分离 + 后处理）→消毒
制造方式	工程建设	定制化生产	商业产品系列化
应用场景	市政集中水厂	村镇、应急供水等	家庭、校园、办公楼等

以膜装置的产水量和应用场景分类，将市场上的膜供水装置分为三类：第一类以天然水为原水，为市政级集中纳滤水厂；第二类为一体化供水装置，主要应用于村镇集中供水；第三类以自来水为原水，为二次供水装置，多为商用，规模一般较小。

（1）第一类市政级装置

第一类装置为中大型纳滤装置或市政自来水厂纳滤系统，主体工艺流程为混凝沉淀→多级过滤→纳滤→消毒。多级过滤的主要目的是保障纳滤系统的进水水质，提高纳滤系统的运行状态，降低清洗频率，延长其使用寿命。

在不同的工程实例中，根据项目实际情况的不同可以选用多种多级过滤的方式，比较常见的有：

① 砂滤→保安过滤→纳滤，实例如法国巴黎某水厂等；

② 砂滤→超滤→保安过滤→纳滤，实例如张家港某水厂、中宁县某水厂等；

③ 超滤→保安过滤→纳滤，实例如太仓某水厂等。

（2）第二类工厂级装置

第二类装置主要为一体化的小型装置，应用于村镇供水及应急供水居多，产水量 5 ～ 50m^3/h，主体工艺流程为“混凝→沉淀→多级过滤→消毒”，如图 25-1 所示。

图 25-1　工厂级纳滤装置

由于应用场景、处理水量、水源和目标水质差异性较大，但需求量有限，此类产品多可以根据进出水条件和去除率需要，选用任意膜生产厂家的产品，进行定制化生产，现场调试通水后交付业主。

（3）第三类商用级装置

第三类装置以市政自来水为原水，多为小型纳滤装置，产水量 0.2 ～ 5m^3/h，主体工艺流程为“预处理→纳滤（活性炭吸附）→消毒”，如图 25-2 所示。此类装置俗称为净水器、直饮机、纯水机等，主要应用在家庭、校园、写字楼、机场、公园等场所，需求量大，企业根据标准生产系列化的产品，满足不同的市场需要，用户可根据产水量和产水水质等直接选购。

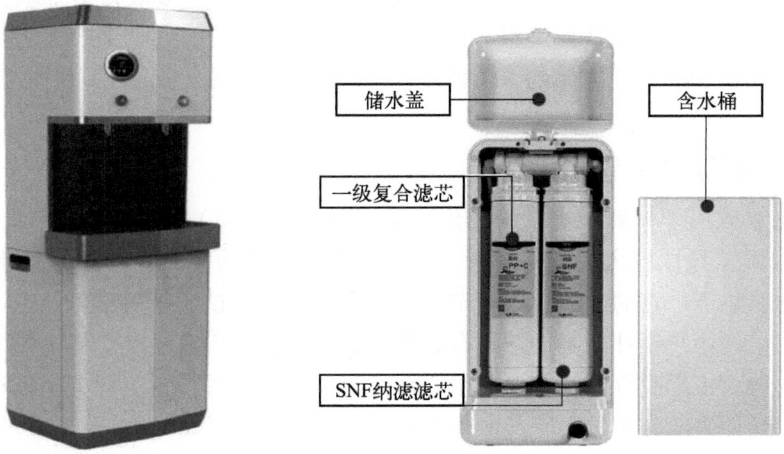

图 25-2 商用级纳滤装置

25.2.2 反渗透

以膜装置的产水量和应用场景分类，将市场上的膜供水装置分为市政级、商用级和工厂级，见表 25-3。

表 25-3 膜分离供水装置级别分类

类型	市政级装置	工厂级装置	商用级装置
产水量 /(m^3/h)	50 以上	5 ～ 50	0.2 ～ 5
水源	天然水源	多为天然水源	自来水
工艺	前处理工艺→反渗透→后处理工艺	混凝→沉淀→多级过滤→反渗透	预处理 + 反渗透 + 后处理
制造方式	工程建设	定制化生产	商业产品系列化
应用场景	市政集中水厂	村镇、应急供水等	家庭、校园、办公楼等

以膜装置的产水量和应用场景分类，将市场上的膜供水装置分为三类：第一类以天然水为原水，为市政级集中纳滤水厂；第二类为一体化供水装置，主要应用于村镇集中供水；第三类以自来水为原水，为二次供水装置，多为商用，规模一般较小。

（1）第一类市政级装置

市政自来水厂反渗透系统的供应厂商主要为反渗透系统设计公司和膜生产厂家，此类厂商具有较强的工程系统设计建设能力与膜产品技术优势。

最近 20 年，金科环境、时代沃顿、沁森高科、招金膜天、杭州水处理中心等国内厂家迅速崛起，正逐渐缩小国内外差距，并试图在某些细分领域实现技术引领。金科环境股份有限公司具备自主研发的膜通用平台装备技术、膜系统应用技术、膜系统运营技术三大核心技术，拥有丰富的工程经验。杭州水处理技术研究开发中心有限公司生产技术完全来源于日本东丽，2010 年先后将世界先进的反渗透、纳滤生产技术引入中国，进行本土化生产，是集研究开发、设计咨询、产品生产、装备制造、系统集成、EPC 和 BOT 一体的水处理业务全方案供应商。贵阳时代沃顿科技有限公司是全球专业的规模化卷式分离膜制造商之一，2011 年开始在反渗透膜技术的基础上主攻纳滤膜研发生产，拥有年产 3000 万平方米复合反渗透膜和纳滤膜的生产能力。沁森环保高科有限公司 2010 年从美国引进膜生产工艺及自动化生产流水线，具备年产 300 万平方米的 RO 膜和 NF 膜、6 万支以上多种不同规格膜元件的生产能力。

（2）第二类工厂级装置

工厂级装置应用于村镇供水及应急供水居多（见图 25-3），由于应用场景、处理水量、水源和目标水质差异性较大，但需求量有限，此类产品多可以根据进出水条件和去除率需要，选用任意膜生产厂家的产品，进行定制化生产，现场调试通水后交付业主。此类厂商不生产膜元件，只做系统设计与制造，具有装置集成的优势，厂家品牌众多，如莱特莱德北京水处理公司、德兰梅勒膜分离设备研究中心、南京启瑞水处理设备工程有限公司等。上述以市政级装置膜元件生产为主的厂商，也有部分生产工厂级装置。

图 25-3　工厂级反渗透装置

（3）第三类商用级装置

此类装置俗称为净水器、直饮机、纯水机等（图 25-4），主要应用于家庭、校园、写字楼、机场、高档小区、公园等场所，需求量大，企业根据标准生产系列化的产品，满足不同的市场需要，用户可根据产水量和水质特征等直接选购。从市场竞争格局来看，中国净水设备市场竞争格局可以划分为三个梯队：第一梯队的三大品牌年出货额为 10 亿元以上，由美的、沁园（包括联合利华）、AO 史密斯组成，地位比较稳固；第二梯队的年出货额在 1 亿～ 5 亿元之间，主要由安吉尔、飞利浦、碧水源、海尔、怡口、开能、浩泽、3M、格力等品牌组成；第三梯队的年出货额在 5000 万～ 1 亿元之间，主要由 TCL、长虹、艾尼克斯、泉来等品牌组成，这些品牌大多进入净水领域年限不长，未来呈现两极分化格局，或进入第二梯队，或被淘汰出局。

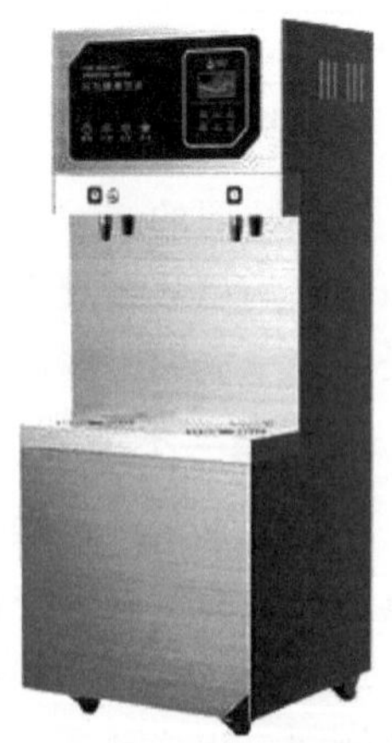

图 25-4　商用级反渗透装置

25.3 产品相关标准

25.3.1 纳滤

纳滤装置标准体系见表 25-4。

表 25-4　纳滤装置标准体系表

标准类型	具体标准
基础标准	《用于微滤、超滤、纳滤和反渗透膜工艺的术语》（ASTM D6161-19） 《膜分离技术　术语》(GB/T 20103—2006) 《膜组件及装置型号命名》(GB/T 20502—2006)
通用标准	《膜过滤指导手册》（USEPA 815-R-06-009） 《膜系统》（ANSI B110—2009） 《水处理用反渗透和纳滤系统》（ANSI B114—2016） 《反渗透和纳滤供水实践手册》（AWWA M46—2007） 《反渗透及纳滤装置运行检测方法》（ASTM D4194–03） 《反渗透和纳滤应用水质分析指南》（ASTM D4195–08） 《反渗透和纳滤系统运行记录指南》（ASTM D4472–08） 《水处理膜系统完整性测试方法》（ASTM D6908–06） 《室内水处理设备　膜分离装置　性能和安全性要求以及测试方法》(DIN EN 14652) 《纳滤装置》（HY/T 114—2008）
专用标准	《反渗透和纳滤设备渗漏检测的实践》（ASTM D3923-08） 《用于反渗透和纳滤的硫酸盐结垢盐（$CaSO_4$、$SrSO_4$ 和 $BaSO_4$）的计算和调整的实践》（ASTM D4692-01） 《家用和类似用途饮用水处理装置》（GB/T 30307—2013） 《家用和类似用途饮用水处理装置性能测试方法》（GB/T 35937—2018） 《家用和类似用途反渗透净水机、纳滤净水机专用加压泵》（QB/T 4697—2014） 《家用和类似用途反渗透净水机、纳滤净水机用储水罐》（QB/T 4828—2015）
技术手册	《FilmTec™ 反渗透和纳滤膜元件产品与技术手册（2020 版）》 《美国海德能公司反渗透和纳滤产品技术手册（2015 版）》 《东丽膜产品技术手册——反渗透和纳滤（2016 版）》 《湖南沁森高科反渗透和纳滤膜产品选型技术手册（2019 版）》

自 20 世纪 60 年代起，反渗透技术开始在美国水处理领域得到应用，自 20 世纪 80 年代起，纳滤膜技术得到应用，从 90 年代起逐步制定系列相关标准和指南。2006 年 LT2ESWTR（Long Term 2 Enhanced Surface Water Treatment Rule，长期 2 加强地表水处理规则）中将膜过滤技术列为一项专项技术，明确了微滤、超滤、纳滤及反渗透的定义，自此以后，有关纳滤的标准文件越来越丰富。USEPA 和 AWWA 分别对所有膜技术制定了指导手册，包括上述四类膜技术的发展历史、过滤原理、工程设计、测试检验等内容，2010 年 ANSI 标准委研究决定对膜技术分为三类分别制定标准，其中纳滤和反渗透被划分为一类，随后制定了 B114 标准，对纳滤技术进行了更为针对性的指引和规定，包括适用水源、工艺设计、膜元件选型、参数设定、装置安装调试、验收、运输等内容。AWWA 编制的 M46《反渗透和纳滤供水实践手册》针对压力膜的实际应用提供了更细致的指南和工程案例分析。同时，ASTM 在 1995 ～ 1998 年间完成第一轮纳滤专项标准的制定，包括水质分析指南、运行检测方法、运

行记录指南、设备渗漏检测、结垢盐的计算和调整等，并在近20年内进行了4次修订，不断完善。

我国膜行业起步较晚，现行与膜分离设备相关的标准较少，包括国家标准和行业标准，行业标准中大部分为海洋行业标准（HY），其余则为环境保护行业标准（HJ）、城镇建设行业标准（CJ）、轻工行业标准（QB）等。现行的膜标准对微滤膜、超滤膜、纳滤膜、反渗透膜及电渗析膜均有涉及，其中有关反渗透及超滤的标准最多。微滤与超滤主要应用于污水处理与回用，纳滤主要用于给水净化，反渗透主要用于海水淡化，电渗析的应用集中于苦咸水的淡化。

纳滤技术是在反渗透基础上最晚发展起来的膜分离技术，饮用水领域的膜标准较污水领域明显偏少，所以城镇供水行业纳滤技术相关标准极为有限。调研发现，专门针对纳滤技术的标准仅有两项且为海洋行业标准，家用和类似用途饮用水处理装置的相关标准较多，此类标准多针对二次供水装置，为各种商用的饮水设备。

25.3.2 反渗透

反渗透装置标准体系见表25-5。

表25-5 反渗透装置标准体系表

标准类型	具体标准
基础标准	《膜分离技术　术语》（GB/T 20103—2006） 《膜组件及装置型号命名》（GB /T 20502—2006）
通用标准	《反渗透水处理设备》（GB/T 19249—2017） 《反渗透和纳滤装置渗漏检测方法》（GB/T 37200—2018）
专用标准	《反渗透能量回收装置通用技术规范》（GB/T 30299—2013） 《反渗透用能量回收装置》（HY/T 108—2008） 《海水淡化装置能量消耗测试方法》（HY/T 245—2018） 《海水淡化反渗透系统运行管理规范》（GB/T 31328—2014） 《反渗透海水淡化工程设计规范》（HY/T 074—2018） 《移动式反渗透淡化装置》（HY/T 211—2016） 《海岛反渗透海水淡化装置》（HY/T 246—2018） 《船用反渗透海水淡化装置》（CB/T 3753—2019）
技术手册	《FilmTec™ 反渗透和纳滤膜元件产品与技术手册（2020版）》 《湖南沁森高科反渗透和纳滤膜产品选型技术手册（2019版）》

目前，国内关于反渗透装置的相关国家标准共计6项，包括《膜分离技术　术语》（GB/T 20103—2006）、《膜组件及装置型号命名》（GB/T 20502—2006）、《反渗透水处理设备》（GB/T 19249—2017）、《海水淡化反渗透系统运行管理规范》（GB/T 31328—2014）、《反渗透和纳滤装置渗漏检测方法》（GB/T 37200—2018）、《反渗透能量回收装置通用技术规范》（GB/T 30299—2013）；国内关于反渗透装置的相关行业标准有：《移动式反渗透淡化装置》（HY/T 211—2016）、《海岛反渗透海水淡化装置》（HY/T 246—2018）、《船用反渗透海水淡化装置》（CB/T 3753—2019）、《反渗透用能量回收装置》（HY/T 108—2008）、《海水淡化装置能量消耗测试方法》（HY/T 245—2018）、《反渗透海水淡化工程设计规范》（HY/T 074—2018）。

①《膜分离技术 术语》(GB/T 20103—2006)标准界定了膜分离技术领域的术语，即电渗析、反渗透、纳滤、超滤、微滤、气体膜分离及其他膜分离过程中的常用术语；适用于膜与膜材料、膜组件、各种溶液、气体分离及其他膜分离过程中涉及的术语。

②《膜组件及装置型号命名》(GB/T 20502—2006)标准规定了膜组件及装置型号的命名规则；适用于反渗透、纳滤、超滤、微滤和气体分离膜组件的命名；适用于反渗透、纳滤、超滤、微滤和气体分离膜、电渗析和电去离子装置的命名。

③《反渗透水处理设备》(GB/T 19249—2017)标准规定了反渗透水处理设备的术语和定义、分类与型号、要求、试验方法、检验规则、标志、包装、运输与储存；适用于采用反渗透膜（卷式、碟管式）技术对水进行除盐、净化、分离处理的设备。

④《海水淡化反渗透系统运行管理规范》(GB/T 31328—2014)标准规定了海水淡化反渗透系统运行管理的工作内容，包括运行准备、运行管理、安全、健康和环境要求等；适用于日产千吨级以上的海水淡化反渗透系统的运行管理，其他反渗透系统的运行管理参照使用。

⑤《反渗透和纳滤装置渗漏检测方法》(GB/T 37200—2018)标准规定了反渗透或纳滤装置整体渗漏检测、膜组件渗漏检测和膜组件内渗漏点的检测方法；适用于以脱盐为目的的市政及工业水处理系统中安装有卷式膜元件的反渗透或纳滤装置的渗漏检测，安装其他类型的反渗透和纳滤膜元件的装置可参照执行。

⑥《反渗透能量回收装置通用技术规范》(GB/T 30299—2013)标准规定了反渗透能量回收装置的分类与型号、要求、试验方法、检验规则以及标志、包装、运输和储存的要求；适用于反渗透法海水淡化、苦咸水淡化等脱盐系统的功交换式能量回收装置。

⑦《移动式反渗透淡化装置》(HY/T 211—2016)标准规定了移动式反渗透淡化装置的分类、技术要求、试验方法、检验规则以及标志、包装、运输和储存的要求；适用于采用反渗透技术从海水或苦咸水中制取淡水的移动式淡化装置的生产、验收和检验。

⑧《海岛反渗透海水淡化装置》(HY/T 246—2018)标准规定了海岛反渗透海水淡化装置分类、技术要求、测试方法、检验规则、标志、包装、运输及储存；适用于在海岛地区采用反渗透技术的中小型海水淡化装置的设计、制造、检验。

⑨《船用反渗透海水淡化装置》(CB/T 3753—2019)标准规定了船用反渗透海水淡化装置的基本参数和产品标记、要求、试验方法、检验规则以及标志、包装、运输和储存等；适用于在船舶及海上结构物上安装的采用反渗透法从海水中制取淡水的淡化装置的设计、制造和验收。

⑩《反渗透用能量回收装置》(HY/T 108—008)标准规定了反渗透能量回收装置的分类、技术要求、测试方法、检验规则、标志、包装、运输和储存；适用于反渗透海水或苦咸水淡化用能量回收装置的生产、检验。

⑪《海水淡化装置能量消耗测试方法》(HY/T 245—2018)标准规定了低温多效蒸馏和反渗透海水淡化装置能量消耗测试的要求、方法及计算；适用于低温多效蒸馏和反渗透海水淡化装置的能量消耗计算，其他类型海水淡化装置能耗测试可参照使用。

⑫《反渗透海水淡化工程设计规范》(HY/T 074—2018)标准规定了以反渗透技术为核心的海水淡化工程设计的一般原则和方法。该标准适用于产水量 $100m^3/d$ 及以上规模的新建、扩建和改建的反渗透海水淡化工程设计，其他规模的海水和高盐度苦咸水（溶解性总固体≥10000mg/L）淡化工程设计可参考使用。

反渗透装置相关技术手册：以陶氏膜和沁森膜为例（内容参见 18.3 部分相关内容）。

25.4 系统设计

25.4.1 系统组成

在饮用水处理中，当原水中某些组分或有机物超标，常规处理工艺达不到现行国家标准《生活饮用水卫生标准》（GB5749）或有特殊供水需求时，可采用纳滤 / 反渗透处理工艺。纳滤 / 反渗透系统组成见表 25-6。

表 25-6 系统组成

序号	分部名称	主要内容	功能
1	供水单元	供水泵、保安过滤器、配套阀组及压力表等	供水
2	加药单元	加药设备、阀门、过滤器、管道和操作平台等	加药
3	增压单元	高压泵等	增压
4	主机	膜堆和阀架，膜主机	纳滤 / 反渗透
5	清洗系统	冲洗泵及配套管件阀组、清洗水箱等配件	冲洗
6	浓水系统	浓液池	—
7	电气系统	低压进线柜、低压出线柜、变频柜、就地控制箱、母联柜、电缆及桥架	—
8	自控系统	控制设备、监测仪器仪表等	—
9	辅助系统	管道、电缆、桥架、支架及安装辅材	—
10	能量回收装置	海水淡化中的必备装置	反渗透系统能量回收

应根据进水水质特征和出水水质等要求按表 25-7 的规定选择纳滤膜元件。纳滤膜系统设计通量应根据进出水水质和纳滤膜性能，经技术经济分析比较选定，一般情况下采用 16 ～ 27LMH。

表 25-7 纳滤膜元件选择

序号	类别	水质特征	膜元件选择
1	离子类	需针对性去除硬度、硫酸盐、氟化物、硝酸盐等离子	（1）当以去除硬度、氟化物、氯化物、硝酸盐为主，宜选用高脱盐率纳滤膜； （2）当以去除硫酸根、硬度为主，且其他离子指标不超标，宜选用低脱盐率纳滤膜
2	有机类	需针对性去除消毒副产物前体物或有机微污染物	宜选用低脱盐率纳滤膜
3	复合类	需同时去除离子和有机微污染物	根据目标去除率，针对性选择

25.4.2 设计程序

（1）基础数据收集

在进行系统设计之初，必须尽量多地了解与设计有关的信息。系统设计基础资料及原水水质分析报告是设计纳滤系统的基础，且资料越全，系统的设计将越有针对性、越合理。

（2）处理方案

根据原水水质及处理水质要求，选择合适的处理工艺，包括前处理、主体膜装置、后处理及浓水处理方案等。

（3）初始设计

根据原水水质或原水及预处理类型与出水水质要求，选择合适的膜元件类型及具体型号，并通过计算确定膜元件数量、膜组件数量及系统排列方式。

（4）系统设计优化和确认

计算每一支膜元件的运行情况并验证其是否满足膜元件设计导则的要求。

25.4.3 预处理

（1）预处理的目的

使膜性能降低的主要因素有：

① 膜发生化学降解，如芳香族聚酰胺受氯等氧化剂及强酸强碱的破坏；

② 膜表面难溶盐结垢；

③ 膜受进水悬浮物、胶体污堵；

④ 膜受微生物、菌类、藻类等黏附、侵蚀后造成污堵与膜降解；

⑤ 大分子有机物对膜污堵以及小分子有机物被膜吸收。

膜寿命与原水预处理效果密切相关，预处理的目的就是要把进水对膜的污染、结垢、损伤等降到最低，从而使系统产水量、脱盐率、回收率及运行成本最优化。因此，良好的预处理对装置长期安全运行是十分重要的，其目的细分为：

① 除去悬浮固体，降低浊度；

② 控制微生物的生长；

③ 抑制与控制微溶盐的沉积；

④ 进水温度和 pH 值的调整；

⑤ 有机物的去除；

⑥ 金属氧化物和硅的沉淀控制。

（2）预处理的目标

为了保证系统的水回收率、透过水质量、透过水流量的稳定、运行费用的最低化、膜使用寿命的最佳化等，必须进行完善的预处理。具体的目标为：

① 防止膜表面发生污染，即必须尽量去除悬浮固体、微生物、胶体物质及有机物，从而防止这些物质在膜表面沉积或污堵在膜元件水流通道；

② 防止膜表面发生结垢，即必须尽量抑制难溶盐如 $CaCO_3$、$CaSO_4$、$BaSO_4$、$SrSO_4$、CaF_2 以及铁、锰、铝、硅化合物等在膜表面的沉积；

③ 防止膜承受物理和化学损伤，即必须尽量避免高温、极端的酸性水或碱性水、氧化剂等对膜的影响。

（3）进水水质要求与预处理工艺

纳滤 / 反渗透装置进水要求及相应的处理工艺见表 25-8。

表 25-8　系统指标控制与处理工艺

序号	项目	控制标准	处理工艺
1	温度	1 ～ 45℃	换热器
2	pH 值	2 ～ 11	投加酸、碱调节 pH 值
3	SDI 值	＜ 5	多介质过滤器、超滤、微滤
4	浊度	＜ 1NTU	混凝沉淀、多介质过滤器、超滤、微滤
5	颗粒物质	—	保安过滤器
6	油脂、表面活性剂	检不出	核桃壳过滤器、吸油毡、气浮
7	COD	—	混凝沉淀、生化法、活性炭过滤器、MBR
8	余氯	＜ 0.1mg/L 或检不出	投加还原剂、活性炭过滤器
9	二氧化硅	—	石灰软化、离子交换、适当提高水温、专用阻垢剂
10	铁、铝及锰离子	DO<0.5mg/L，pH<6， Fe^{3+}< 0.05mg/L， Fe^{2+}< 4mg/L， Mn^{2+}< 0.05mg/L， Al^{3+}< 0.05mg/L	曝气氧化 + 锰砂过滤器

25.4.4　膜处理

（1）工艺流程

1）一级一段系统工艺流程

进水一次通过系统即达到产水要求。有一级一段批处理式、一级一段连续式。推荐基本工艺流程见图 25-5、图 25-6。

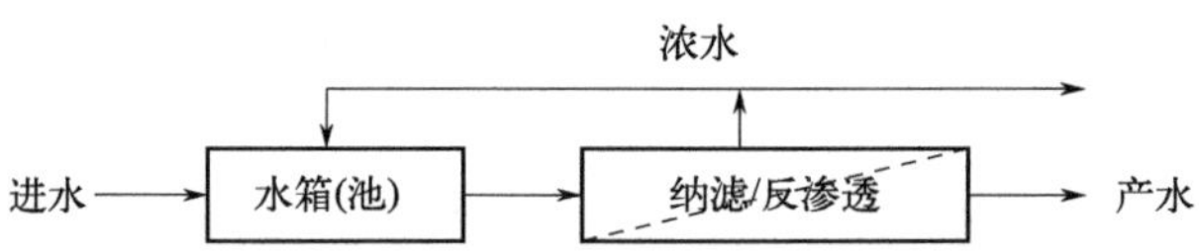

图 25-5　一级一段批处理式基本工艺流程

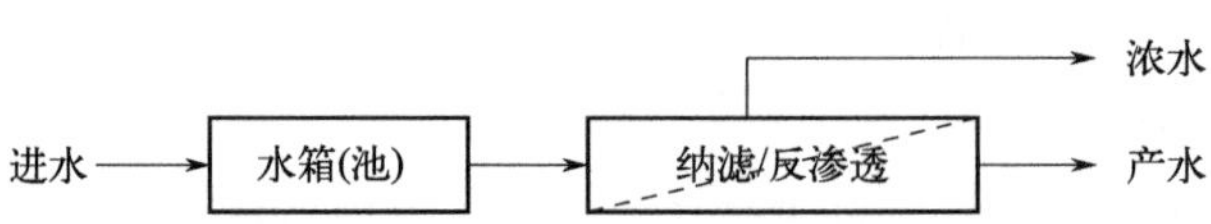

图 25-6　一级一段连续式基本工艺流程

2）一级多段系统工艺流程

一次分离产水量达不到回收率要求时，可采用多段串联工艺，每段的有效横截面积递减，推荐基本工艺流程见图 25-7 ～图 25-9。

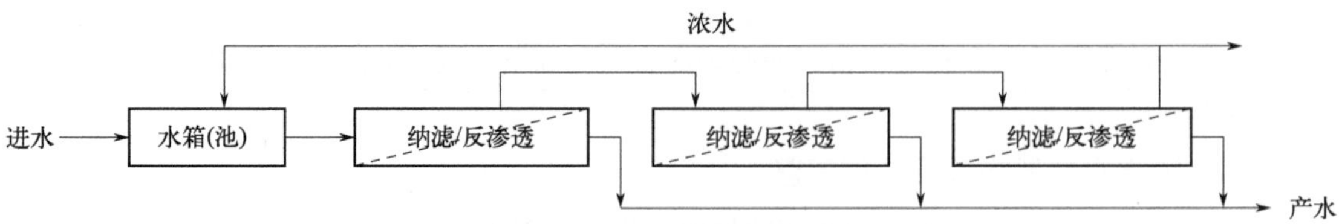

图 25-7　一级多段循环式基本工艺流程

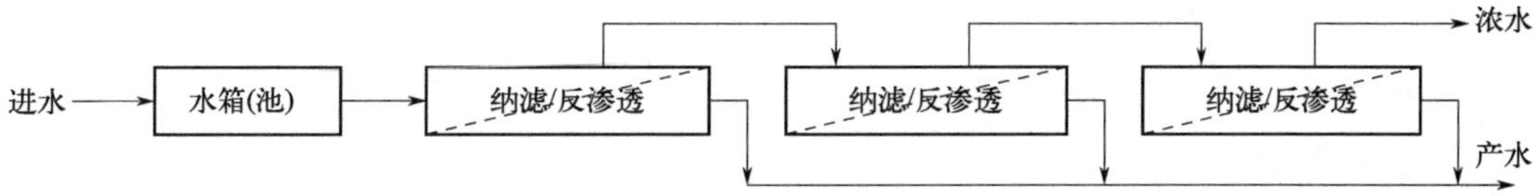

图 25-8　一级多段连续式基本工艺流程

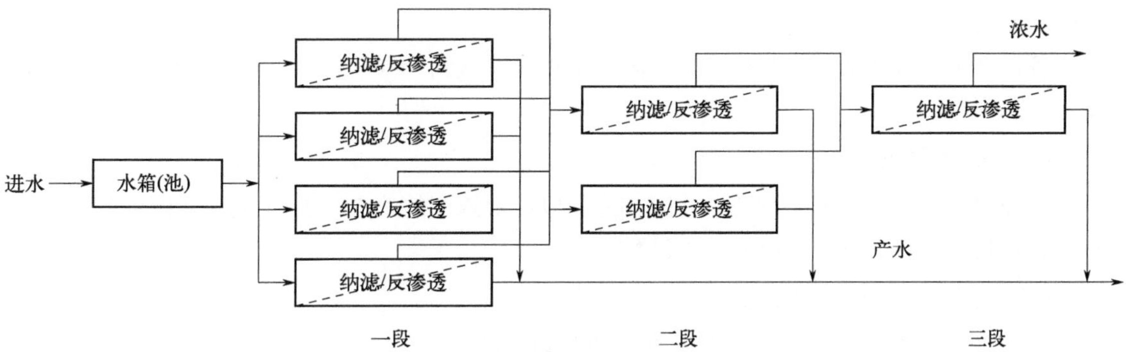

图 25-9　一级多段系统基本工艺流程

3）多级系统工艺流程

当一级系统产水不能达到水质要求时，将一级系统的产水再送入另一个纳滤系统，继续分离，直至得到合格产水。推荐基本工艺流程见图 25-10。

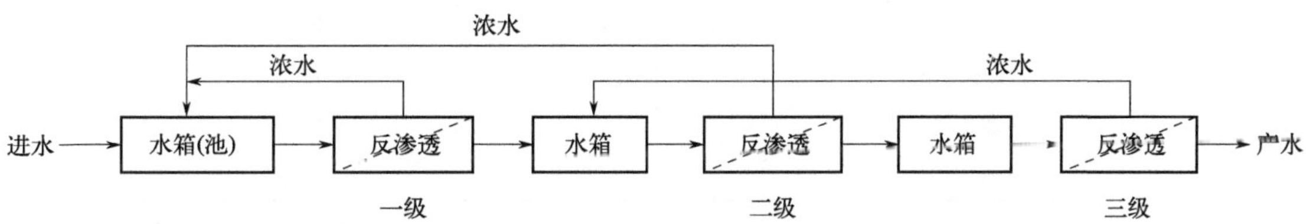

图 25-10　多级系统基本工艺流程

膜组件的排列形式可分为串联式和并联式。

基本设计计算如下：

① 单支膜元件产水量。设计温度 25℃时单支膜元件产水量，m^3/h。应按温度修正系数进行修正。也可以 25℃为设计温度，每升或降 1℃，产水量增加或减少 2.5% 计算。

② 膜元件数量按下式计算：

$$N_e = \frac{Q_p}{q_{max} \times 0.8} \tag{25-1}$$

式中　Q_p——设计产水量，m^3/h；

q_{max}——膜元件最大产水量，m^3/h；

0.8——设计安全系数。

③ 压力容器（膜壳）数量按下式计算：

$$N_v = \frac{N_e}{n} \tag{25-2}$$

式中　N_v——压力容器数；

N_e——设计元件数；

n——每个容器中的元件数。

（2）管道设计

产水量≥ 50m³/h 的膜系统，进水干管设计流量应等于每个压力容器进水设计流量的总和。

产水支管和干管的流速宜≤ 1.0m/s。

各段产水宜直接输入产水箱。如各段产水管应并联到一根总管时，则应在每段产水支管上安装止回阀。

（3）加药系统

应设置带有温度计的药液箱，将药剂配制成一定浓度的溶液。加药方式宜采用计量泵输送，也可使用安装在进水管道上的水射器投加。

（4）自动控制系统和仪表

自控系统的监控项目应包括表 25-9 中的监测项目。

表 25-9　纳滤 / 反渗透系统自控系统监测项目一览表

项目	单位
进水压力	MPa
进水电导率	S/cm
产水流量	m^3/h
产水电导率	S/cm
浓水流量	m^3/h
浓水压力	MPa

进水管应设置余氯监测器，并与还原剂加药装置联动运行。高压泵进水口应设置低压保护开关；高压泵出水口应设置高压保护开关。当加酸调节进水 pH 值时，应设置 pH 值上、下限值切断开关；如进水设有升温措施，则应设置高温切断开关。

25.4.5　后处理

① 进行海水淡化时，后处理通常是进行 pH 值调节、重新调整水中的硬度含量并进行杀菌处理。

② 进行非海水淡化时，后处理通常是将反渗透产水与原水按照一定比例进行勾兑后，进行杀菌处理。

③ 纳滤 / 反渗透后续消毒工艺应符合《生活饮用水卫生标准》（GB 5749）、《消毒技术规范（2002）》、《生活饮用水消毒剂和消毒设备卫生安全评价规范》等的规定。

25.4.6　浓水处理

污水处理过程产生的膜分离浓水可并入污水生化处理系统：亦可与化学清洗废水、介质过滤器和活性炭过滤器反冲洗废水一并进行收集处理。

推荐浓水处理基本工艺流程见图 25-11。

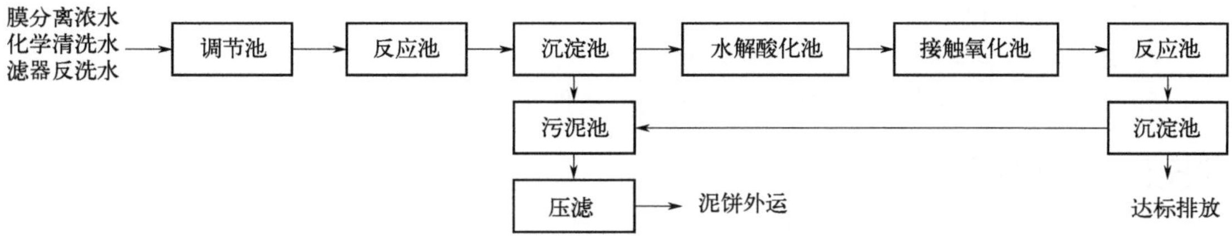

图 25-11 浓水处理基本工艺流程

浓水处理排放应符合国家或地方污水排放标准的规定。

25.5 安装调试

25.5.1 安装

系统安装包括设备主机、水泵、管道、仪器仪表、电控柜等安装，应符合 GB/T 19249、GB 50235、GB/T 985.1、GB/T 1804、GB/T 3797 等标准要求。

具体安装步骤如下。

1）高压泵前安装保安过滤器　为防止金属屑、异物、砂粒、纤维进入到膜组件内，运行开始前应在高压泵前安装保安过滤器，并确认保安过滤器内的滤芯已经正确安装。

2）系统运行前管道冲洗　为防止系统运行时装置内残留异物进入到膜元件中，在安装膜元件前要充分清洗管道和装置。通过冲洗去除管道内残留的金属屑、焊接屑，通过酸洗去除管道内的铁锈，通过碱洗去除机械油。一切杂质都被去除后，最后再用清水冲洗装置，直至排水呈中性。建议冲洗后的排水使用 SDI 滤膜过滤，通过确认过滤后滤膜的表面状况来掌握冲洗效果。

3）检查进水各项指标　包括 SDI 值、残留余氯、pH 值、温度、低溶解度盐类、硅酸类、二氧化硅等，确保满足进水条件。

4）安装膜元件　纳滤膜元件安装步骤：

① 检查上游管路及进水水质，确保管路连接完好无误、管道中无碎屑及其他有害杂质，一般还需要灭菌操作，以免残留的细菌、微生物在管道及超滤膜组件中滋生。水质重点检查进水的浊度或 SDI 值、pH 值和细菌、微生物、余氯等项目，保证符合纳滤设计技术要求。

② 压力容器编号，填写膜元件安装表格。

③ 压力容器的清洗与润滑，用水冲洗压力容器，保证压力容器表面清洁无杂物，用海绵清洗压力容器内部，进一步去除压力容器表面污物，用海绵蘸取 50% 甘油溶液润滑压力容器内壁，便于推动膜元件。

④ 安装浓水端端板。

⑤ 膜元件准备，检查膜元件产水中心管内部盐水密封圈位置和方向是否正确，标明安装示意图，记录膜元件序列号，润滑连接 O 形圈和产水中心管内壁。

⑥ 安装，将第一支膜元件（压力容器末最后一支）从进水端放进压力容器，将润滑后的

连接头插入进水端元件产水中心管内，检查盐水密封圈并润湿，继续安装下一支元件。

⑦ 调整膜元件在压力容器内的轴向间隙。

⑧ 安装进水端端板，进行压力容器密封。

5）其他　安装其他配套系统，并完成初始条件设置。

25.5.2 调试

安装完成后，系统调试步骤如下。

① 膜装置的冲洗。全部开启浓水及产水阀门，纳滤装置进行冲洗时应以低压低流量排出残留在膜元件及膜壳内的空气，进水泵启动后慢慢打开纳滤装置的进水阀门调节流量。直至浓水管出口或流量计不再有气泡冒出时将流量逐渐升高，冲洗 30min 左右。在冲洗过程中需要检查阀门管道是否有泄漏。浓水及产水全部排出，冲洗过程中不需要添加阻垢剂等药品，如进水中残留余氯则要充分添加 SBS；当进水泵的大小不能达到上述运行要求时，应尽量采用低压高流量的方式进行冲洗，清洗中浓水侧及产水侧的阀门不能全部关闭，如果关闭产水侧的阀门则会造成膜元件的破裂。在冲洗过程中，检查渗漏点，立即紧固。低压冲洗运行条件见表 25-10。

表 25-10　低压冲洗运行条件

规格	压力	进水流量
8in 膜壳	≤ 0.3bar	7.2 ～ 12.0m^3/h
4in 膜壳	≤ 0.3bar	1.8 ～ 2.5m^3/h

注：1. 1in=0.0254m。

2. 1bar=10^5Pa。

② 启动高压泵。高压泵启动前，通过调节高压泵出口的阀门开度防止瞬间的高流量和高压力损伤膜元件。启动高压泵后尽量以均匀的速度开启进水阀门，逐渐提升纳滤装置的进水压力，使浓水流量达到设计值，升压速率低于每秒 0.07MPa；一边调节高压泵出口的纳滤装置进水阀，一边慢慢关闭纳滤装置浓水阀。在保持浓水流量的同时注意产水流量的上升，并逐步调节，使回收率达到设计值。

③ 加药。添加阻垢剂等药品的计量泵要在关闭浓水阀的同时开启，确认添加药品的添加量并测定进水 pH 值。

④ 运行参数与水质分析。系统连续运行 24 ～ 48h，记录运行参数作为系统性能基准数据，并进行水质分析，参数应包括进水压力、进水流量、进水电导率、产水流量、产水电导率、浓水压力、浓水流量、系统回收率以及进出水特征离子与有机物的指标等。

上述调节在手动操作模式下进行，待运行稳定后将系统切换到自动控制运行模式。

系统运行第一周内应定期检测系统性能，确保系统性能在运行初始阶段达到设计要求，并处于合适的范围内。

除此以外，还应检测相关设备的抗压性能、有无渗漏、自控程序运行、常规系统操作、预警功能等情况，确保设备运行正常，并形成最终报告。

25.6 运行维护

25.6.1 系统运行与控制

系统采用手动、自动两种控制模式。当系统运行时，发生意外按下急停按钮系统将停止工作。手动控制模式，设备的启动、停机、冲洗均由操作者完成，把开关放到手动位置，打开确认开关，设备开始运行。在自动控制模式下，当系统运行时发生原料箱水位低、进水压力高时系统将自动停止。

系统操作包括启动准备、开机运行、关机、短期停机、长期停机等，程序步骤见表25-11。

表 25-11　系统操作程序步骤一览表

系统操作	程序步骤
启动准备	（1）检查各管路，应按工艺要求连接，各阀门开关状态良好； （2）检查全部仪表，应安装正确并已经过校准； （3）核对联锁、报警、控制参数和接点已经正确设置和整定； （4）检查原水、供电是否正常，打开原水阀门、电箱内三相空气开关，打开系统“电源开关”，检查各用电单元运行状态； （5）冲洗，打开系统“电源开关”“NF 系统启动开关”，待主机进行 35s 慢冲洗后，启动高压泵进行冲洗，冲洗时把浓水调节阀完全打开，大约冲 20min，把管道和水箱全部冲洗干净，排掉废水
开机运行	（1）打开设备总电源开关； （2）打开系统电源开关及各用电单元开关，控制面板指示灯亮，PLC 控制器开始运行，系统的水位、压力监测信号有显示； （3）选择设备运行方式（自动 / 手动）后，开启设备，顺序为：原水泵、高压泵、计量泵、慢开阀。当设备运行 1 ～ 2h 开大浓水调节阀，冲洗 30 ～ 60s。进水阀、产水阀、浓水阀、浓水调节阀常开。注意事项：本设备有原水低压保护，当因原水供水不足致使停机、重新启动后，需认真重新调整系统各运行指标参数；任何时候都不要将浓水调节阀、浓水排放阀完全关闭
关机	顺序为：慢开阀、计量泵、高压泵、增压泵、进料泵。若长期关机，需关闭系统电源开关，检查各压力表是否归零，擦干电器设备和元件上的水迹，在系统内添加保护剂
短期停机	即系统停机 5 ～ 15d，用清水冲洗纳滤系统，同时注意将气体从设备中全部排空，将压力容器及相关管路充满水后，关闭相关阀门，防止气体进入系统，每隔 1 ～ 2d 按上述方法冲洗一次
长期停机	即系统停机 15 天以上，且膜元件仍安装在压力容器中时，系统停运前首先进行化学清洗，通过清洗最大限度去除运行中累积在膜组件内的各种污染物，因为运行中积累的污染物在长期停运后会更难清除。用清水配制 1% 浓度的亚硫酸氢钠消毒剂，并用消毒剂循环冲洗纳滤装置，当消毒剂充满系统后，迅速关闭装置全部阀门使消毒剂保留于系统中，此时应确认系统全部充满，并每周在产水侧取样检查膜内 pH 值，当 pH=3 时需要更换保护液。在系统重新投入使用前，用低压冲洗 1h，然后用高压冲洗系统 5 ～ 10min。无论低压冲洗还是高压冲洗时，系统产水排放阀应全部打开。在恢复系统正常运行前检查并确认产品水中不含有任何消毒剂

注意事项：

① 启动及停止。启动及停止时，流量和压力会有一定幅度的变动。剧烈的流量及压力冲击可能会导致膜元件破裂。故在启动和停止操作时需要纳滤装置进水阀缓慢启闭。

② 进水中的残留余氯。进水中的残留余氯会氧化膜元件聚酰胺层，因此需要使用 SBS 来中和进水中的残留余氯，并将其控制在≤ 0.05mg/L 时设备才能运行。当进水中存在过渡

金属时（如 Fe、Mn 等），余氯对膜的氧化作用将会加剧。因此进水中存在过渡族金属时，应确保进水中不含余氯。

③ 产水侧压力（背压）。产水侧压力高于进水侧压力 0.5bar（1bar=10^5Pa，下同）以上时，膜片粘接处会受到物理性损伤。背压发生在纳滤设备阀门开闭的瞬间。例如，系统停止运行时，在关闭进水泵前关闭产水阀通常会发生背压现象。充分确认阀的开闭及压力的变动，保证运行过程严禁产水侧背压现象的发生。产水管道若高于膜壳上部 5m 以上，系统停止时产水侧落差（0.5bar）会从产水侧施力给进水侧，即发生产水侧背压现象，导致膜片粘接处撕裂。因此在管路安装时要注意进水管与产水管的垂直高程差，同时要注意产水管道与膜壳之间的高程差。

25.6.2 监测及数据监控

监测预处理系统运行的指标是纳滤进水的浊度、SDI、pH 值和电导率等。纳滤系统性能及运行监控是确保系统运行安全、高效的基本前提，定期完备的运行数据记录是系统进行故障诊断、处理及质保的条件。每天的运行管理中通过数据记录、计算、分析和对比及时发现问题是非常重要的。若监测指标远远大于日常测定值，则可证明预处理或水源出现异常。则需要对预处理系统重新调整，使其恢复到正常值。

（1）监控指标

见表 25-12。

表 25-12 监测项目表

工艺段	监测项目
预处理	残留余氯、SDI、pH 值、保安过滤器压差、电导率
膜处理	产水流量、浓水流量、第一段压力、第二段压力、浓水压力、产水压力、进水电导、浓水电导、产水电导、进水温度、进水 pH 值、保安过滤器入口压力、保安过滤器出口压力
后处理	余氯、微生物指标

（2）定期检测和检测点

正常情况下，当进水的水质和运行参数（例如压力、温度、压差、回收率）保持不变的情况下，那么产水流量和产水水质应该在 ±5% 范围内变化，不能有大幅度波动或变化的趋势。

如果运行参数发生了变化，为了使运行数据与标准值进行比较以判断系统的运行状态，应该对运行数据进行标准化。标准化的频率取决于进水水质和运行条件的变化频率和幅度。这将在采取任何可能影响总体运行参数的维护工作开始之前进行。如果有必要的话，纠正操作条件。

（3）系统性能的标准化

标准化日常运行参数是有效评估系统的运行性能的一种必要和必需的手段。

标准化就是设置了一个标准的测试条件（标准化 = 有效对比日常的运行参数），以方便对比现在的运行性能参数与初始性能参数。

标准化的数值可以评估现在的运行性能及参数与设计性能是否一致。如果系统运行性能和参数发生偏离，标准化数值可以帮助去纠正系统的运行参数。

每日的运行参数监控和记录为评估纳滤系统的性能提供了坚实的基础。通过标准化运行参数快速判断系统发生的不正常的运行趋势，可以及时采取必要措施，以有效避免膜元件及系统的其他组成发生破坏和损伤。

25.6.3　膜的清洗

在正常运行一段时间后，膜元件会受到给水中可能存在的悬浮物质或难溶物质的污染，这些污染物中最常见的为碳酸钙垢、硫酸钙垢、金属氧化物垢、硅沉积物及有机或生物沉积物，不同膜污染原因见表 25-13。污染物性质及污染速度与给水条件有关，污染是慢慢发展的，如果不在早期采取措施，污染将会在相对短的时间内损坏膜元件的性能。定期检查系统整体性能是确认膜元件发生污染的一个好方法，不同的污染物会对膜元件性能造成不同程度的损害。

表 25-13　污染原因分析表

污染原因	可能发生位置	压降	产水压力	盐透过率
金属氧化物	一段最前端膜	迅速增加	迅速增加	迅速降低
胶体污染	一段最前端膜	逐渐增加	逐渐增加	轻度降低
难溶类盐污染	末段最末端膜	适度增加	轻度增加	一般增加
聚合硅沉积物	末段最末端膜	一般增加	增加	一般增加
生物污染	任何位置，通常前端膜	明显增加	明显增加	一般增加
有机物污染	所有段	逐渐增加	增加	降低
阻垢剂污染	末段最严重	一般增加	增加	一般增加
氧化损坏	一段最严重	一般增加	降低	增加
水解损坏	所有段	一般降低	降低	增加
磨蚀损坏	一段最严重	一般降低	一般降低	增加
O 形圈渗透	无规律	一般降低	一般降低	迅速增加
膜外壳破损	无规律	可能降低	可能降低	可能增加
膜卷突出	两端	明显增加	明显增加	迅速增加

污染物的去除通常通过化学清洗和物理冲洗来实现，有时亦可通过改变运行条件来实现。

（1）物理冲洗

物理冲洗是一种去除污染物的简单方法，在低压、大流量条件下用大量的进水冲洗可清洁膜元件表面。在显著的性能下降之前，冲洗对于清除轻度有机污染是有效的。在系统关闭之后，最好进行几小时的冲洗，利用浸泡效果使污染层从膜表面分离。具体冲洗如表 25-14 所列。

表 25-14　冲洗操作条件

冲洗用水	（1）经过预处理的进水或产水； （2）在污水回用装置中，应该用产水替代进水作为冲洗用水； （3）在高 pH 值进水的系统中，比如 pH 值为 10 的二级进水，可以用不含 NaOH 的一级或二级产水作为冲洗用水； （4）冲洗水中不得含有任何氧化剂，并且 pH 值范围为 3 ～ 8.5
压力	低压（0.1 ～ 0.2MPa）
流量	最好大流量，每个压力容器的压差最大不超过 0.2MPa
每个压力容器最大流量	8in 膜元件：200L/min； 4in 膜元件：50L/min
温度	低于 40℃
时间	0.5 ～ 1.0h

注：在冲洗过程中，打开产水侧阀门并保证不发生产水侧背压非常重要。浓水压力应该始终高于产水压力，避免产生产水侧背压问题。分段冲洗，不要循环使用冲洗水。

（2）化学清洗

作为一般的原则，当下列情形之一发生时应选用合适的清洗液进行化学清洗：在正常压力下如产品水流量降至正常值的 10% ～ 15%；为了维持正常的产品水流量，经温度校正后的给水压力增加了 10% ～ 15%；产品水质降低 10% ～ 15%，盐透过率增加 10% ～ 15%，产品水电导率比使用初期增加一倍以上；工作压力增加 10% ～ 15%；NF 各段间的压差增加明显；长期停运和封存之前。

确定清洗液前对污染物进行化学分析是十分重要的，可保证选择最佳的清洗剂和清洗方法，应记录每次清洗方法及获得的清洗效果，为在特定给水条件下找出最佳的清洗方法提供依据。常用的清洗液如表 25-15 所列。

表 25-15　清洗液

序号	成分	功能
清洗液 1	pH=4 柠檬酸清洗液	对于去除无机盐垢，金属氧化物 / 氢氧化物及无机胶体十分有效（注意：柠檬酸具有很好的螯合性，不能用氢氧化钠调节 pH 值）
清洗液 2	NaOH 和 Na-EDTA，调 pH=10 ～ 11	用于去除硫酸钙垢和轻微至中等程度的天然有机污染、胶体污染，Na-EDTA 是一种具有螯合性的有机螯合清洗剂，可以有效去除二价和三价阳离子和金属离子
清洗液 3	NaOH 和 SDS（十二烷基磺酸钠），调 pH=10 ～ 11	用于去除天然有机污染物、无机 / 有机交替混合污染物和微生物污染。SDS 是一种阴离子表面活性剂型清洗剂
清洗液 4	HCl 调 pH=4	清洗严重无机垢污染

化学清洗步骤如下：

① 根据污染物选择清洗剂，用膜产水作溶剂，配制相应规定浓度的清洗液。应确保在进入元件循环之前所有的清洗化学品得到很好的溶解和混合。

② 确保管路阀门开闭正确。

③ 开清洗泵，低流量输入清洗液，到膜元件中原水全部被排放为止。

④ 当原水被置换掉后，管路中就应该出现清洗液，让清洗液循环返回清洗液水箱，循环

清洗液时及时添加药品，保证清洗液不发生变化。

⑤ 浸泡，停止清洗泵的运行，让膜元件完全浸泡在清洗液中。元件浸泡时间 30min，为了维持浸泡过程的温度，可采用很低的循环流量，浸泡时间随污染严重程度而定，对于重度污染，浸泡 3 ～ 6h 足够。

⑥ 高流量水泵循环，一般循环 30min，高流量能冲洗掉被清洗液清洗下来的污染物。

⑦ 冲洗，一般浸泡 30min，循环 30min，循环 3 次后，用清水冲洗清洗液，直到清洗液被完全排尽为止。对于直径 100mm 的压力容器，流速为 34 ～ 38L/min。

⑧ 重新启动系统，在产品水排放阀打开状态下运行纳滤系统，直到产品水无泡沫或清洗剂。必须等待元件和系统达到稳定后，记录系统重新启动后的参数，清洗后系统性能稳定的时间取决于原先污染的程度，通常 15 ～ 30min，为了获得最佳的性能，有时需多次清洗和浸泡步骤。冲洗操作条件见表 25-16。

表 25-16　冲洗操作条件

药剂配制用水	软化水或产品水，无重金属、余氯或其他氧化剂，必要时进行化验分析，并使用亚硫酸氢钠溶液来中和残余氯
清洗药剂量	每个 8in 元件：40 ～ 80L（取决于污染程度）； 每个 4in 元件：10 ～ 20L（取决于污染程度）
操作压力	较低的压力（0.1 ～ 0.3MPa），通常不超过 0.4MPa
流速	每个 8in 的压力容器：6 ～ $9m^3/h$； 每个 4in 的压力容器：1.8 ～ $2.3m^3/h$
类型	每个压力容器分别交替进行再循环和浸泡
循环周期	建议每 0.5 ～ 1h（重复 2 ～ 3 次）
浸泡时间	2 ～ 24h（取决于污染程度）

注：在冲洗过程中，打开产水侧阀门并保证不发生产水侧背压非常重要。浓水压力应该始终高于产水压力，避免产生产水侧背压问题。

25.6.4　停机维护

① 在纳滤系统停机时，用高品质的进水在低压条件下冲洗系统，确保浓盐水从压力容器中完全排出。

② 冲洗水中不得含有任何氧化剂，并且 pH 值范围为 3 ～ 8.5。

③ 确保膜元件在停机过程中始终处于湿润状态、被适当地杀菌并且采取了必要的防冻措施。

④ 确保在停机过程中可以监控保存液的温度和 pH 值。

⑤ 注意在任何情况下都要保证产水侧背压不得超过 0.05MPa。产水侧背压是指产品水的压力分别减进水压力和浓水压力。如果几台纳滤装置的产水管汇入产水总管，在切换过程中需要特别注意。在每台纳滤装置上必须单独安装合适的配件，例如止回阀和安全阀。

⑥ 膜元件在任何条件下，都不得接触含有余氯的水。任何这种接触都可能造成膜元件不可恢复的损伤，通常导致的后果是透盐率的增加。

⑦ 在如下的操作中必须格外小心，以免余氯的接触：a. 纳滤装置前的管道或预处理设备的消毒；b. 清洗或储存液的配制；c. 必须确保在纳滤系统的进水中不得有任何剂量的余氯；d. 如果纳滤进水中含有余氯，必须通过投加亚硫酸氢钠去除，并考虑到充分的接触时间以保证完全去除余氯。

25.6.5 膜系统的消毒

膜系统中如果存在细菌活动，容易导致膜受到微生物污染。当发生微生物污染时，应采取相应的清洗方法进行系统清洗，同时采取杀菌消毒。

合适的消毒剂需要与膜材料兼容，发挥较快的消毒作用，且不能影响产品质量。以下列举了一些常用的消毒剂，对于特殊的消毒药剂需要遵循相关药剂厂家的技术指导。

（1）甲醛

可以采用质量分数为 0.2% ～ 0.3% 的甲醛溶液，由碳酸氢钠溶液将 pH 值调整到 6 ～ 8，将使用过的膜元件浸没在消毒液中进行消毒。该方法在系统停机的任何阶段都是可以使用的。

注意：由于甲醛具有一定的毒性，所以使用甲醛时一定注意安全规定，同时膜元件在用甲醛溶液进行消毒前必须在正常条件使用至少 72h，否则可能导致产水流量大大降低。

（2）过氧化氢与亚硫酸氢钠

在系统停机状态下，膜元件可以浸没在消毒溶液中。过氧化氢消毒的常用浓度范围为 2000 ～ 10000mg/L，持续时间 1h；亚硫酸氢钠消毒的常用浓度范围为 500 ～ 1000mg/L，持续时间没有限制。

（3）DBNPA

DBNPA（2,2- 二溴 -3- 氰基丙酰胺）是一种高效的非氧化性消毒剂，在夏季微生物生长繁殖较快，一般投加浓度在 10 ～ 30mg/L，投加频率维持 3 ～ 5d 一次，在冬季可适当减少。消毒剂投加方式分为间歇投加和连续投加，间歇投加的时间在 0.5 ～ 3h。具体的投加方案由系统实际进水中细菌微生物浓度决定。

25.6.6 膜元件的更换

当膜元件发生了氧化、背压和机械性等不可恢复性的损坏，或者随着使用年限增长产生性能的自然衰减时，纳滤系统通过在线甚至离线的化学清洗仍无法满足系统的脱盐率和产水量的要求，就需要进行膜元件的更换。

通过对膜进行性能评价，可以确定一个经济安全的膜元件更换方案。纳滤膜元件的性能评价可以通过在线的探针或离线的平台测试来确认系统中每一个膜元件的性能现状。

通常一个水处理系统的更换计划会在 3 ～ 5 年内完成，每一年可以通过性能评价来确定更换部分膜元件，以保证水处理系统优异的性能表现。如果不是进行逐年的更换，而是选择在 3 ～ 5 年后进行全部更换，虽然更换的膜元件数量一致，但对于每一年系统的维护可能会花费更多的药剂与其他成本。所以推荐水处理系统进行每一年的部分更换计划。

几种典型的更换方案如图 25-12 所示。

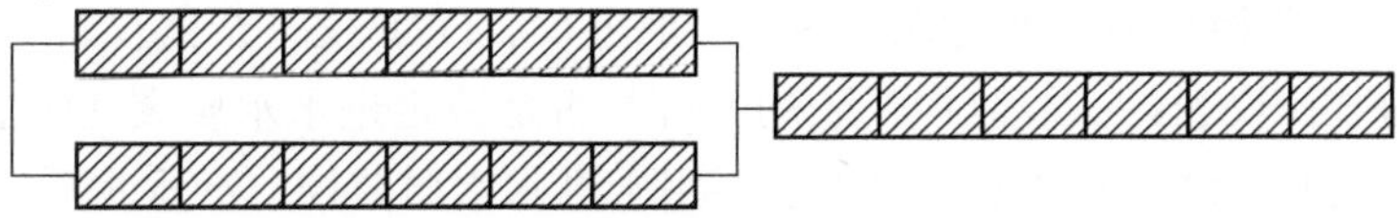

(a) 更换单组全部膜元件

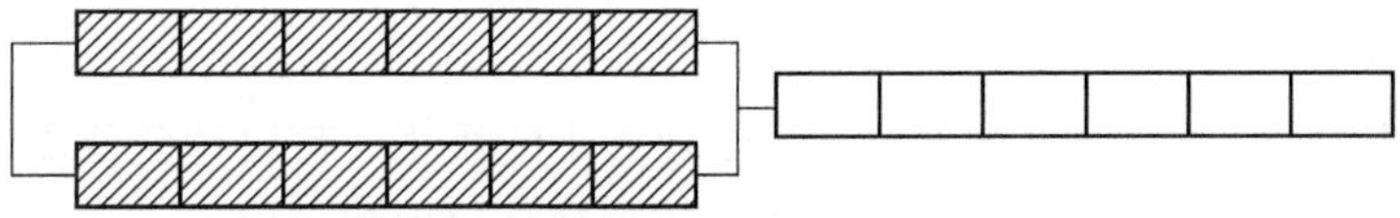

(b) 更换某一段全部膜元件

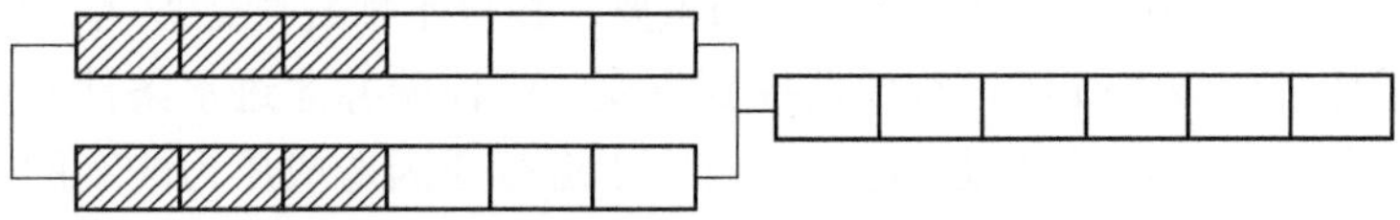

(c) 更换某一段压力容器内同样数量的前几个膜元件

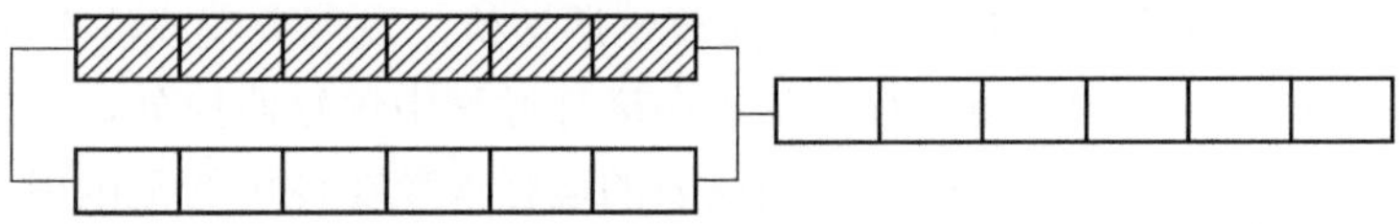

(d) 更换某压力容器内全部膜元件

图 25-12　膜更换方案

如果有足够多的新的膜元件可供替换，第一种方案肯定是最佳的选择；第二和第三种方案相对来说比较经济与安全，尽管新旧膜元件之间存在着压力降的不同，但是如果系统流量保持平衡，对整个系统不会产生不利影响；采用第四种方案的情况下，使用旧膜元件的压力容器比使用新膜元件的压力降高，因此每次调整之后旧膜元件的回收率会比正常情况下高，这样可能会导致新问题的出现，如新膜元件容易污堵。

25.6.7　系统的仪表校正

为了实现纳滤系统的长期稳定运行，有必要监控纳滤系统的各类运行参数，以确保这些参数在纳滤系统运行许可的范围内。各类仪表在使用过程中均存在不同程度的偏差或故障，会影响获取参数的准确性，因此在使用过程中必须对所使用的各类仪表定期做校正。

(1) 系统常用监控数据及常用仪表种类

系统通过仪表可监控的常用数据主要分为温度、压力、流量以及水质参数。

① 温度：温度表按测温方式可分为接触式和非接触式两大类。一般的纳滤系统通常检测进水的温度，防止温度过高或过低对纳滤运行造成不利影响，通常纳滤系统的进水温度范围在 1 ～ 45℃。

② 压力：压力检测仪表根据使用方式可分为压力传感器和现场压力表，主要用于检测纳滤系统的各类泵前后压力、膜系统的运行压力（包括进膜压力，各级 / 段的进水压力、浓水压力以及产水压力等）、纳滤前保安过滤器的压差、能量回收装置的管道压力等。压力范围则需要根据纳滤系统的具体情况进行选择。

③ 流量：流量计有很多种类，纳滤系统常用的流量计主要有电磁流量计、涡轮流量计、转子流量计、超声波流量计等，主要用于监测纳滤系统的进水、产水及浓水的运行情况是否正常。

④ 水质参数：监控仪表主要有在线 SDI、浊度仪、ORP 仪、余氯仪、电导率仪、pH 计以及其他种类的监控仪表。在线监控仪表的准确与否是决定进水水质突变时能否及时发现并调整系统运行参数的关键。水质监控仪表主要用于进水水质监控、产水水质（主要是电导率）监控等。

（2）仪表校正

一般系统调试阶段，各类仪表都会经过专业人士的校正，可以达到使用要求，但是经过一段时间的使用后，由于各种原因，仪表或多或少都会出现测量偏差，严重的会影响到设备的正常运行。因此在运行中发现仪表故障尤为重要。在以下情况中需要考虑仪表校正：

① 在线水质监控仪表在使用过程中监控到突变，经检验并非进水条件发生突变的；

② 在线压力仪表突变，且经过排除并没有由于运行原因造成压力波动的；

③ 流量计流量发生波动，且可以排除设备出现流量变化的；

④ 现场仪表（不能上传到中控室的），需要定期巡检，发现突变或没有示数的。

为了保证纳滤系统的长期稳定运行，除了在运行过程中进行监控外，还需要对各类仪表制定完善的定期维护与校正计划，确保各类仪表的运行误差在许可的范围内。各类仪表的校正需要专业人员按照相关手册的要求进行，包括清洗、消毒、必要零部件更换、操作参数的改变等，并且保留校正记录。

25.7 注意事项

① 反渗透和纳滤膜需要严格控制进水压力和产水压力，避免超过膜的承受范围。过高的压力可能导致膜损坏，而过低的压力则会影响产水量。

② 当膜系统需要停运时，应采取适当的保护措施，如注入保护液、进行低压冲洗等，以防止膜元件干燥和污染。

③ 在纳滤和反渗透装置运行之前，应对可能存在的故障进行分析，并制定相应的对策方案。常见故障与处理方法见表 25-17。

表 25-17 常见故障与处理办法

序号	故障现象	故障原因	处理方法
1	低压保护启动	原水压力较低 精密过滤芯堵塞严重 电路控制出错 低压开关设置出错	提高原水压力 冲洗或更换精密过滤芯 检查低压保护控制电路 重新设置低压开关
2	高压泵不启动	低压保护 高压保护 中间水箱水位开关控制 纯水箱水位控制 电源发生故障 电源控制箱发生故障 电机损坏 高压泵软启动器过热保护	检查并排除故障后启动 检查并排除故障后启动 待中间水箱水位适合时启动 待纯水箱水位适合时启动 检查电源并排除故障 检查电源控制箱并排除故障 维修或更换电机 待电机冷却后关断电源复位

续表

序号	故障现象	故障原因	处理方法
3	膜前压力较低	高压泵反转 高压泵发生故障 高压泵前水量不足 高压泵后阀门调整错误 高压泵旁通阀调整错误	调换高压泵的相线 检查高压泵 参看“原水压力较低”故障 重新调整高压泵后阀门 重新调整高压泵旁通阀
4	出水水质不达标	原水水质发生变化 浓水反馈流量太大 原水温度升高 纳滤膜堵塞 在线水质检测仪发生故障	检查原水水质 减少浓水反馈流量 降低原水温度 清洗或更换纳滤膜 维修或更换在线水质检测仪
5	出水水量不足	原水温度较低 浓水排放量太大 纳滤膜堵塞	升高原水水温或降低纯水流量 减少浓水排放量 清洗或更换纳滤膜
6	浓水高压泻流	膜前压力太高 浓水泻流电磁阀故障 电路控制故障	检查故障原因（参考“高压保护”） 维修或更换电磁阀 检查电路控制
7	出水水量突然降低且膜前、膜后压力下降	浓水控制阀调整错误 高压泵后阀门调整错误 高压泵旁通阀调整错误	调整浓水控制阀 重新调整高压泵后阀门 重新调整高压泵旁通阀
8	原水压力不足，水量不足	原水箱水位过低 原水泵进出水口阀门错误 原水泵故障 个别预处理控制器未处于工作状态	原水箱注水调整水位 重新调整阀门 维修原水泵或更换原水泵 调整该预处理控制器处于工作状态
9	高压泵启动后，过滤前后压力正常，但泵后无水或水量、水压不足	入水电磁阀故障 高压泵泵体内有气体 高压泵电机反转	对高压泵泵体内进行排气 调整高压泵电机电源线
10	高压泵启动后，过滤前压力正常，但过滤后压力异常	过滤器滤芯堵塞	清洗或更换过滤器滤芯
11	膜前压力正常，膜后压力过低，浓水流量过低而纯水流量下降不明显	浓水反馈量过多 纳滤膜污堵	调整浓水反馈阀门 清洗或更换纳滤膜
12	出水水质突然超标数倍且水量维持不变或增加	纳滤膜污堵 压力容器密封 O 形圈损坏	清洗或更换纳滤膜 检查压力容器密封 O 形圈

第 26 章 电渗析装置

26.1 产品概述

电渗析是外加直流电场作用下，带正、负电荷的电解质离子分别通过阳离子交换膜（阳膜）和阴离子交换膜（阴膜）进行从淡室向浓室的定向迁移，从而达到离子从水中分离的一种物理化学过程，实现进水的浓缩与淡化。

图 26-1 为电渗析原理示意图。两电极间交替排列阴、阳膜，通过隔板分开，隔板上有不同流道及隔网可均匀布水。通电后，电解质离子在电势差的驱动下分别向阴、阳两极定向移动。溶液中带正电荷的阳离子会通过阳膜向阴极迁移并被阴膜阻隔留在浓室中，同时带负电荷的阴离子通过阴膜向阳极迁移并被阳膜阻隔也留在浓室中，从而阴膜和阳膜之间交替形成浓室、淡室。与此同时，在电极和溶液的界面上，通过氧化、还原反应，发生电子与离子之间的转换，即电极反应。

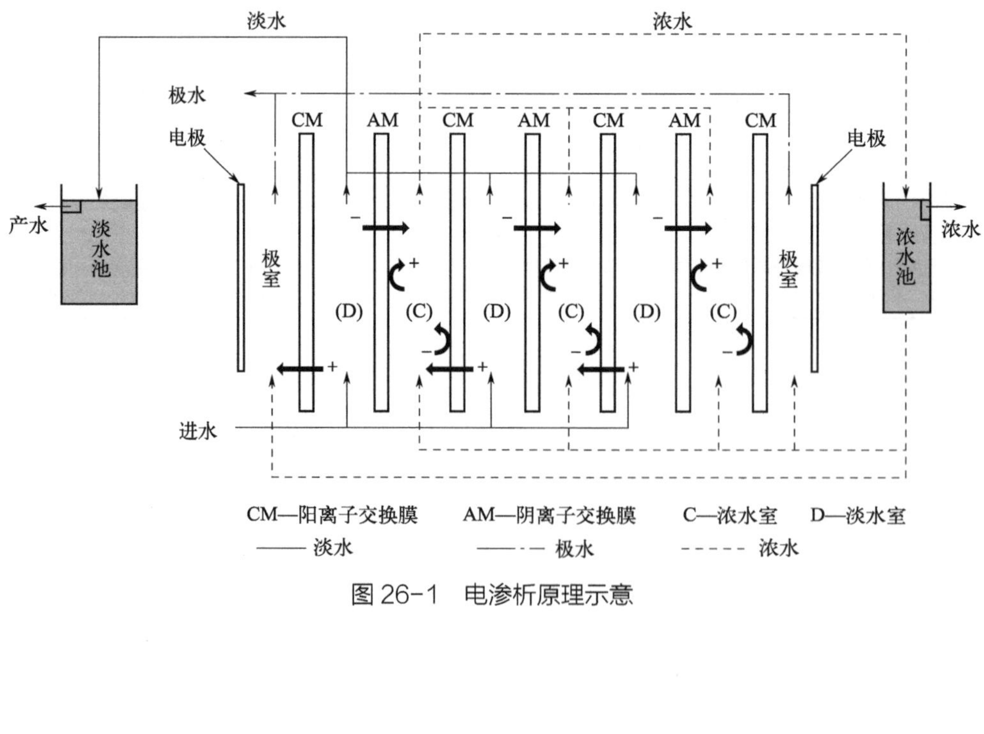

图 26-1 电渗析原理示意

26.2 产品分类

电渗析装置可应用于不同水质类别的水源，还可应用于非常规饮用水源处理，如微苦咸水、高硬、高氟、高硝酸盐等环境，并针对具体项目对水源水质的不同要求选择性去除有毒有害离子。

目前在饮用水处理中，电渗析技术的应用场景主要可分为地下水溶解性离子超标、优质饮用水供给、贫困区域分散水源供水和应急多水源供水等几大类。而根据产水量和应用场景，现有用于饮用水供给的电渗析装置又可分为三大类：第一类为中小型集中供水装置，为村镇级集中水厂或矿泉水厂供水；第二类为一体化供水装置，主要应用于水站供水或矿泉水厂；第三类为多水源家庭式供水，网络式维护管理，是分散供水的一种新型发展趋势。

26.2.1 第一类装置

近十年，国内厂家针对电渗析具有选择性分离溶解性离子特性和适于分散型饮用水处理的特点，先后推出了以目标离子选择性去除为特点的新型中小型饮用水电渗析，如图 26-2 所示的新型导向型电渗析装置。在受水源条件限制无法进入大规模集中供水管网的农村、村镇得到了良好的应用，并在“一带一路”倡议的引领下出口斯里兰卡等国家。

26.2.2 第二类装置

一体化供水装置的电渗析应用在分散型水站、矿泉水生产厂等居多，如图 26-3 所示。这一类型装置是传统电渗析生产与应用的主要市场，这一类型电渗析厂家繁多，数以百计，其采用的离子交换膜国内多为上化、金秋、科佳等，国外以日本产品为主，包括富士、阿斯通、旭化成、旭硝子等。

图 26-2 新型导向型电渗析产品

图 26-3 矿泉水厂电渗析装置

26.2.3 第三类装置

此类装置，类似于反渗透、纳滤装置，多为净水器、直饮机、纯水机等，可应用于家庭、校园、写字楼、机场、高档小区、公园等场所，主要以入户家庭优质供水为主要用户，具有可以充分发挥电渗析保留有益离子或健康离子浓度的特性、适于小型化装置、对水源水质要求低、可太阳能多电源全天候供水、浓水可资源化利用等优点，另外，利用电渗析全电驱动与控制特性，利用网络化监控与管理，使分散饮用水设备管理成本大幅降低，是未来分散饮用水高品质供水的趋势之一。北京京润设计研发了JRTED-Ⅰ家用分散网络电渗析装置，如图 26-4 所示。该装置每小时产水 20 ～ 50L，可采用太阳能等多种电源驱动，网络化远程低维护 MESH 自组网导向去除有害离子电渗析装置，已在多个国家获得应用，受到广大偏远地区用户欢迎。

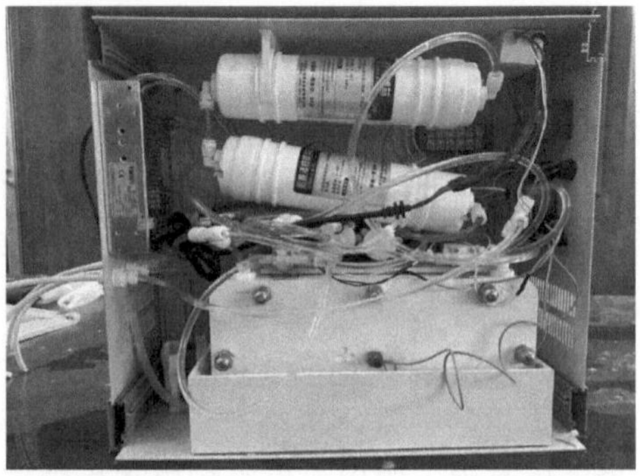

图 26-4　小型电渗析装置

26.3　产品相关标准

电渗析装置标准体系见表 26-1。

表 26-1　标准体系表

标准类型	具体标准
基础标准	《膜分离技术　术语》（GB/T 20103—2006） 《膜组件及装置型号命名》（GB/T 20502—2006） 《材料对人类用水的影响　由迁移造成的影响　水处理膜的试验方法》（BS EN 12873-4:2006） 《材料对人类用水的影响　由迁移造成的影响　第 4 部分：水处理膜的测试方法；德文版》(DIN EN 12873-4:2006)
通用标准	《电渗析 / 倒极电渗析水质分析标准指南》[ASTM D5091–95(2014)] 《电渗析和倒极电渗析系统的记录指南》[ASTM D5131–90(2001)] 《电渗析技术　电渗析器》（HY/T 034.3—1994） 《电渗析技术　脱盐方法》（HY/T 034.4—1994） 《电渗析技术　异相离子交换膜》（HY/T 034.2—1994） 《电渗析设备完好要求和检查评定方法》（SJ/T 31460—1994） 《环境保护产品技术要求　电渗析装置》（HJ/T 334—2006） 《电去离子膜堆（组件）》（HY/T 120—2008）
专用标准	《工业用水软化除盐设计规范》（GB/T 50109—2014） 《电渗析技术　用于锅炉给水的处理要求》（HY 034.5—1994） 《污水处理用倒极式电渗析装置》(JB/T 13743—2019) 《中小型饮用水电渗析处理技术规程》（T/CUWA 20053—2021）

（1）国外相关标准

国际上，美国材料试验协会（ASTM）对电渗析和倒极电渗析制定了指导手册，英国标准协会（BS EN）和德国标准协会（DIN EN）分别对所有膜技术制定了指导手册，包括超滤、纳滤、反渗透和电渗析四类膜技术的发展历史、过滤原理、工程设计、测试检验等内容。国外相关标准的制定起步早，且经过多年的征求意见与修改，较为成熟，被国际所认可。

① ASTM 标准《电渗析 / 倒极电渗析水质分析标准指南》(Standard Guide for Water Analysis for Electrodialysis / Electrodialysis Reversal Applications)，规定了电渗析器和倒极电渗析器进料液的水质要求，测定数据可为系统的分级和设计提供必要信息。适用于采用电渗析或倒极电渗析的任何水处理系统，但用于废水处理系统时可能存在缺陷。

②《电渗析和倒极电渗析系统的记录指南》[Standard Guide for Record Keeping for Electrodialysis / Electrodialysis Reversal Systems (2001)]，对电渗析和倒极电渗析系统进行规定，包括电渗析 / 倒极电渗析、预处理操作、运行数据的启动报告和记录保存。适用于使用电渗析或反向电渗析的任何水处理系统，但用于废水处理系统时可能存在缺陷。

③ BS EN 标准《材料对人类用水的影响　由迁移造成的影响　水处理膜的试验方法》(Influence of materials on water intended for human consumption - Influence due to migration - Test method for water treatment membranes）和 DIN EN 标准《材料对人类用水的影响　由迁移造成的影响　第 4 部分：水处理膜的测试方法》(Influence of materials on water intended for human consumption - Influence due to migration - Part 4: Test method for water treatment membranes; German version)，描述了实验室评估水处理膜对饮用水质量的可能不利影响的测试方法。原则上适用于处理公共用水和建筑物内水的微滤、超滤、纳滤、反渗透和电渗析系统。

（2）国内相关标准

而截至目前，我国现行的电渗析相关标准中，有 2 项国家标准——《膜分离技术　术语》（GB/T 20103—2006）和《膜组件及装置型号命名》（GB/T 20502—2006）。其中《膜分离技术　术语》（GB/T 20103—2006）标准界定了膜分离技术领域的术语，即电渗析、反渗透、纳滤、超滤、微滤、气体膜分离及其他膜分离过程中的常用术语，适用于膜与膜材料、膜组件、各种溶液、气体分离及其他膜分离过程中涉及的术语；《膜组件及装置型号命名》（GB/T 20502—2006）规定了膜组件及装置型号的命名规则，适用于反渗透、纳滤、超滤、微滤和气体分离膜组件的命名，适用于反渗透、纳滤、超滤、微滤和气体分离膜、电渗析和电去离子装置的命名。

现行的电渗析装置行业标准涵盖了海洋学、合成设备综合、加工专用设备、基础标准与通用方法和分离机械等领域，涵盖范围较广。较为重要的是 1994 年制定的行业标准《电渗析技术　电渗析器》（HY/T 034.3—1994）等一系列相关标准，以及 2006 年制定的环境保护行业标准《环境保护产品技术要求　电渗析装置》（HJ/T 334—2006）。其中《电渗析技术　电渗析器》（HY/T 034.3—1994）、《电渗析技术　脱盐方法》（HY/T 034.4—1994）规定了电渗析技术的脱盐工艺的各项技术要求，适用于饮用水、工业用水、低压锅炉补给水、机床用水的脱盐、脱碱、脱硬等；《电渗析技术　异相离子交换膜》（HY/T 034.2—1994）规定了电渗析异相离子交换膜的技术要求、试验方法、检验规则、标志、包装、运输；《电渗析设备完好要求和检查评定方法》（SJ/T 31460—1994）规定了电子工业元器件生产中电子级水制造用电渗析设备完好要求和检查、评定方法，适用于电子元器件、集成电路制造以及清洗工序用电子级水制造的电渗析设备；《环境保护产品技术要求　电渗析装置》（HJ/T 334—2006）规定了电渗析装置的分类与命名、要求、试验方法、检验规则、标志、包装、运输和储存，适用于处理工业废水的电渗析装置系列产品，也适用于一般天然水净化、脱盐的电渗析装置；《电去离子膜堆（组件）》（HY/T 120—2008）规定了电去离子膜堆（简称膜堆）和电去离子组件（简称组件）的分类与型号、要求、试验方法、检验规则、标志、包装、运输与储存等，适用于生产纯水、高纯水的膜堆（组件）的设计、制造。

此外，电渗析装置的基本性能指标与大多数膜分离装置类似，过流速度、脱盐率、极限电流、电流效率、水回收率是电渗析过程中的关键参数，产品性能检测项目及要求应参考《家用和类似用途饮用水处理装置性能测试方法》（GB/T 35937—2018）、《水处理设备性能试验》（GB/T 13922—2011）等现行标准。

在现行国家相关标准中，针对特定水质的电渗析装置标准包括：《电渗析技术　用于锅炉给水的处理要求》（HY 034.5—1994）规定了应用电渗析设备进行除硬、除碱、除盐，制造锅炉给水的完好要求，适用于低压锅炉给水中应用电渗析技术进行除硬、除碱、除盐的锅炉水处理系统；《污水处理用倒极式电渗析装置》（JB/T 13743—2019）规定了污水处理用倒极式电渗析装置的术语和定义、型号和结构、技术要求、试验方法、检验规则、标志、包装、运输和储存，适用于污水处理用倒极式电渗析装置系列产品。

不难发现，现行标准多为基础标准、产品标准、方法标准和水质标准，主要包括膜分离技术术语、电渗析脱盐技术的要求、电渗析装置产品规定、设备完好要求和检查评定的方法等，多涉及工业用水、锅炉补水及机床用水等领域，对电渗析装置的定义、技术要求和运行管理等均无国家统一标准，且针对电渗析装置（包括系统）在饮用水处理方面的技术应用及装置制定目前尚无完善标准。此外，我国电渗析相关标准的平均标龄很长，近 10 年内发布的标准数量很少，标准时效性较差，存在标龄老化现象，亟需建立适用于我国饮用水领域的电渗析装置相关标准。基于此，中国市政工程中南设计研究总院有限公司联合中国科学院生态环境研究中心编制了中国城镇供水排水协会团体标准——《中小型饮用水电渗析处理技术规程》（T/CUWA 20053—2021），针对饮用水处理领域中电渗析装置规模较小的特点，对中小型饮用水电渗析处理系统的设计、施工、验收及运行相关内容进行规定，适用于原水中溶解性总固体、总硬度、氯化物、硫酸盐、氟化物、硝酸盐等特定水质指标超标的新建、改建和扩建的中小型饮用水电渗析处理系统的设计、施工、验收及运行。已于 2021 年 12 月 14 日正式发布，自 2022 年 5 月 1 日起实施。

26.4 产品选择

26.4.1 离子交换膜选型

电渗析器是将阴阳离子交换膜，浓、淡水隔板以及电极板等按一定规则排列起来，并用夹紧装置夹紧的除盐或浓缩设备。而离子交换膜是其最关键的部件，其性能将影响电渗析器的离子迁移效率、能耗、抗污染能力和使用期限等。

其中膜的分类，按膜结构可分为异相膜、均相膜和半均相膜，按膜上活性基团不同可分为阳膜、阴膜和特种膜，按膜材料不同又可分为有机膜和无机膜。在实际生产中，因不同厂家生产的离子交换膜命名方式不尽相同，较难形成统一型号命名方式。

在实际应用中，应根据进、出水水质结合实验室试验比选确定膜种类。如表 26-2 所列为市场上某公司常用的离子交换膜主要技术指标表。

表 26-2　某公司离子交换膜主要技术指标

产品编号	CJMC-3	CJMC-4	CJMA-3	CJMA-4
厚度 /μm	180 ～ 210	140 ～ 150	140 ～ 160	90 ～ 100
离子交换容量 /(meq/g)	0.8 ～ 1.0	0.8 ～ 1.0	0.5 ～ 0.6	0.8 ～ 1.0
含水率 /%	40 ～ 50	35 ～ 40	15 ～ 20	15 ～ 20
爆破强度 /MPa	＞ 0.35	＞ 0.35	＞ 0.35	＞ 0.35
膜面电阻 /(Ω • cm^2)	2.5 ～ 3.5	1.5 ～ 2.5	3.5 ～ 4.5	2.5 ～ 3.5
迁移数	＞ 0.93	＞ 0.98	＞ 0.93	＞ 0.94
应用	电渗析脱盐	电渗析脱盐和浓缩	电渗析脱盐	电渗析脱盐和浓缩

26.4.2　电渗析装置选型

将电渗析器、电源、控制系统、各管道与阀门结合在一起组成的设备称为电渗析装置，也是包含电渗析工艺的水处理系统中最重要的部分。目前在城镇给水处理中所用的电渗析装置大多规模体积较小，一般多采用一体化设计。目前，电渗析装置已可按专业标准组织生产，制水量从每小时几十升到几十吨多种规格可选，工程应用可由单台至几十台组合排列，以满足不同制水量和不同脱盐效果的要求。在设计选型时，应根据用户对于产水量、出水水质的要求，参考厂家提供的产品手册选取适宜的型号规格。现仅列出目前某公司在饮用水处理中常用的几种电渗析装置，其性能规格见表 26-3。

表 26-3　某公司系列电渗析装置主要技术指标

型号	膜片尺寸 /mm	标准产水量 /（m^3/d）	脱盐率 /%	目标水质
JRTED-Ⅰ	1600×800	20 ～ 60	约 60	合格饮用水
		20 ～ 35	约 70	
		20 ～ 30	约 80	
JRTED-Ⅱ	1600×400	60 ～ 120	约 60	
		35 ～ 80	约 70	
		30 ～ 60	约 80	
JRTED-Ⅲ	800×400	120 ～ 240	约 60	
		80 ～ 180	约 70	
		60 ～ 120	约 80	
JRTED-Ⅳ	1600×266	240 ～ 300	约 60	
		180 ～ 240	约 70	
		120 ～ 200	约 80	

26.4.3　产品价格

目前用于饮用水领域的电渗析装置根据项目规模可分为小型和中型装置，其中小型化多为成套装置，分散供水网小型电渗析装置的单台售价大多在 0.15 万～ 0.6 万元 / 台之间。而中型电渗析装置多采用一体化装置，其价格与项目规模、选取的膜元件数量及其他配套设备的品牌等要素相关，项目间差别较大，其中与装置价格最直接相关的就是离子交换膜组件的价格。目前，随着电渗析膜用量逐渐增大，国产电渗析膜生产产品水平和产能也在不断提高，电渗析膜的价格也在发生着变化。根据市场需求情况，进口均相膜价格从原来的3000 ～ 4000 元 /m^2 下降为 2000 ～ 3000 元 /m^2，国产均相膜价格为 1000 ～ 1500 元 /m^2，国产半均相膜价格为 400 ～ 500 元 /m^2，国产异相膜价格为 150 ～ 200 元 /m^2，国产异相膜相对均相膜成本低廉，可用在低盐水的处理上，物美价廉。当然，实际的工程造价也与各品牌、经销商销售策略及采购规模等因素相关，最终价格会有一定的波动范围。

26.4.4 系统设计

电渗析工艺的水处理系统包括预处理、电渗析处理及后处理，如图 26-5 所示。预处理系统是为满足电渗析处理单元进水指标要求，保证电渗析设备处理效果及长期运行稳定性，延长电渗析处理设备的使用寿命，配置在电渗析装置进水前的处理设备。而电渗析处理系统具有脱盐功能，可选择性地去除水中氟离子、硝酸根离子、砷离子、硬度等离子，还包含对电渗析装置所产浓水、极水以及反洗水进行必要的处理，以满足当地排放要求。后处理系统则是对电渗析处理单元产水进行缓存、消毒及供应，满足饮用水标准要求。

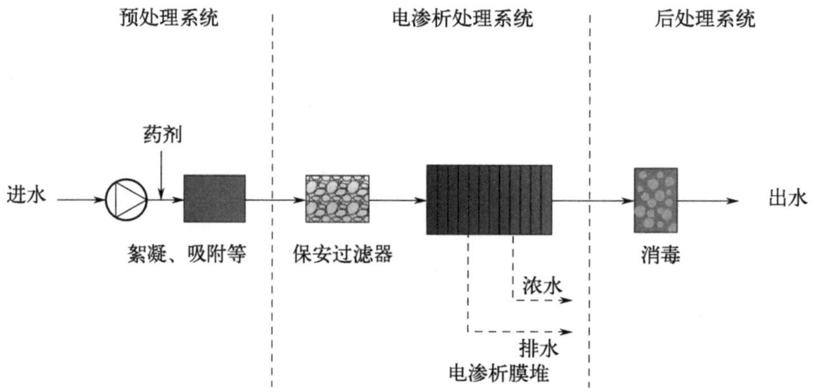

图 26-5　电渗析系统的构成概念图

在进行系统设计时，应根据原水水质及处理水质要求选择合适的处理工艺，包括对预处理系统、电渗析处理系统、后处理系统及浓水处理方案等进行针对性设计。主要设计程序如下。

（1）基础数据收集

在进行系统设计之初，必须尽量多地了解与设计有关的信息。系统设计基础资料及原水水质分析报告是设计电渗析处理系统的基础，且资料越全，系统的设计将越有针对性、越加合理。

（2）处理方案

进水水质、产水量、运行方式和浓水排放标准等因素，结合工程实践经验和实验室评价，经技术经济比较后进行工艺流程选择，计算产水量、产水率、脱盐率、离子选择性去除率、电流效率等，确定系统各单元设计参数。包括前处理、电渗析处理、后处理及浓水处理方案等。

(3) 初始设计

根据日供水量和小时供水量分别计算各功能单元的处理能力，选定相关处理设备。并根据原水水质或原水及预处理类型与出水水质要求，在实验室评价的基础上确定电渗析器的级、段数及其组装方式。

综上，在进行系统设计前，应根据原水水质及处理水质要求选择合适处理工艺，包括对预处理、电渗析处理、后处理方案等进行针对性的系统设计。系统各部分应配置合理，运行稳定，保证出水水质合格，满足设计要求及排放标准。

26.4.5 预处理系统设计

根据进水水质的不同，原水水质预处理工艺可分为包括絮凝、软化、消毒、吸附和多级过滤等，应根据具体进水水质选取不同的预处理工艺，可参照表 26-4 执行。

表 26-4 电渗析系统预处理工艺表

原水水源	预处理方法
地表水	絮凝、软化、澄清、吸附、过滤、杀菌消毒
地下水	过滤
非常规水源	满足电渗析进水水质并保障产水达到生活饮用水标准的组合水处理工艺
微生物污染水源	杀菌消毒
高硬度水源	软化、离子交换

经预处理后，电渗析装置进水应满足表 26-5 中水质要求。

表 26-5 电渗析装置进水水质表

序号	指标	单位	限值
1	温度	℃	4 ～ 40
2	pH 值		6.5 ～ 8.5
3	浊度	NTU	≤ 1.0
4	游离氯	mg/L	≤ 3.0
5	铁	mg/L	≤ 0.3
6	锰	mg/L	≤ 0.1
7	耗氧量（锰法）	mg/L	≤ 3（可达 5）
8	污染指数（SDI)		≤ 7（EDR，可达 12)；≤ 5（ED）

26.4.6 电渗析处理系统设计

用于给水处理的电渗析装置一般规模较小，完整的电渗析处理工艺流程为预处理→电渗析处理→消毒。除电渗析装置外，电渗析处理还应包括电渗析电源、浓水、极水、倒极、清洗、检测与控制等子单元。

26.4.6.1 工艺流程

根据用户产水量和脱盐率等要求，可将电渗析装置进行并联或串联组合，也可将一台电渗析器按照一级一段、多级一段、一级多段和多级多段等方式进行组装，见图 26-6，使得出水满足需求。一级一段是电渗析器最基本的组装形式，产量与膜对数成正比，脱盐率取决于隔板的流程长度；当一级一段电渗析器达不到成品水水质要求时，需将多台电渗析器进行串联，一级多段组装形式串联段数受电渗析器承压能力限制；多级一段组装形式产量大，操作电压低；多级多段组装形式能获得更高的脱盐率。

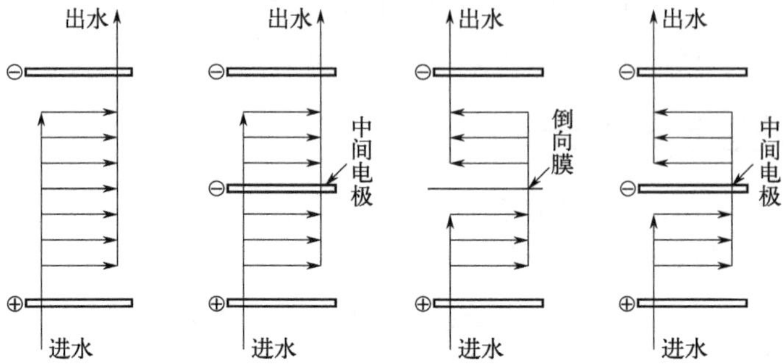

(a) 一级一段　(b) 两级一段　(c) 一级两段　(d) 两级两段

图 26-6　电渗析器组装形式

除可采用不同的电渗析器组装方式外，还能通过调整电渗析脱盐流程来实现不同的产水量和脱盐率，常见的电渗析脱盐流程有以下 4 种形式。

（1）一次式脱盐流程

一次式是指使用单台电渗析器就能达到制水产量与质量要求的一种简单流程形式。这种系统的优点是可以连续供水，辅助设备少、动力消耗小。膜堆多采用一级多段或多级多段组装。此流程形式对产水量和脱盐率的调节能力较低，多在产水量小而脱盐率要求较高的情况下采用，如一次式小型海水淡化装置或制造纯水和高纯水时。

（2）多级连续式脱盐流程

即淡化给水经多台单级或多台多级串联的电渗析器后，一次脱盐达到预定的脱盐要求，直接排出成品水。此流程具有连续出水、管道简单等优点。动力消耗在总电耗中占比例较小。缺点是操作弹性小，在给水含盐量变化时适应性差。此流程是当前国内最常用形式之一，常采用定电压操作。根据产水量、原水及产品水水质等要求，可采用单系列多台串联或多系列并联的流程，适用于中、大型脱盐场地。

（3）部分循环式脱盐流程

如图 26-7 所示，即电渗析器出口的脱盐水部分地返回到电渗析器淡水进水槽，使淡水进水浓度降低，从而可以减少串联的级（段）数。当淡水给水浓度或成品水水质要求有较大的波动时，该流程可以通过调节补充水流量、成品水回流量和操作电流密度等来适应其变化。

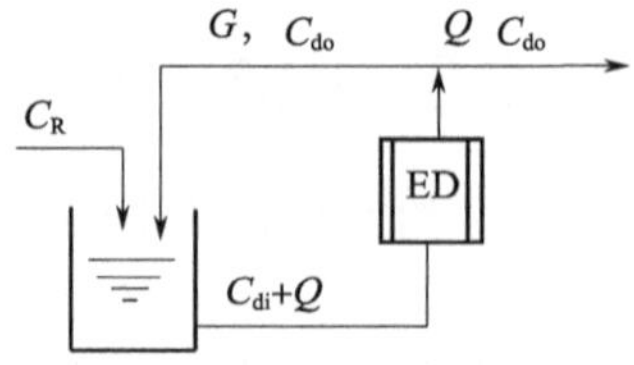

图 26-7　部分循环式脱盐流程

可根据具体设计项目的要求选定合适的回流比。此脱盐流程比一次式、连续式灵活，在进水浓度明显波动的情况下仍能达到产品水质的要求。但配管复杂，动力耗电高于一次式流程。

（4）循环式脱盐流程

如图 26-8 所示。将一定量的原水注入淡水循环槽内，经电渗析器多次反复脱盐。当循环脱盐到预定的成品水水质指标后，输送至成品水槽。它适用于脱盐深度大，并要求成品水水质稳定的小型脱盐站。该流程适应性较强，既可用于高含盐量水的脱盐，也适用于低含盐量水的脱盐，特别适用于给水水质经常变化的场合。但其需要较多的辅助设备，动力消耗大，且只能间歇供水。

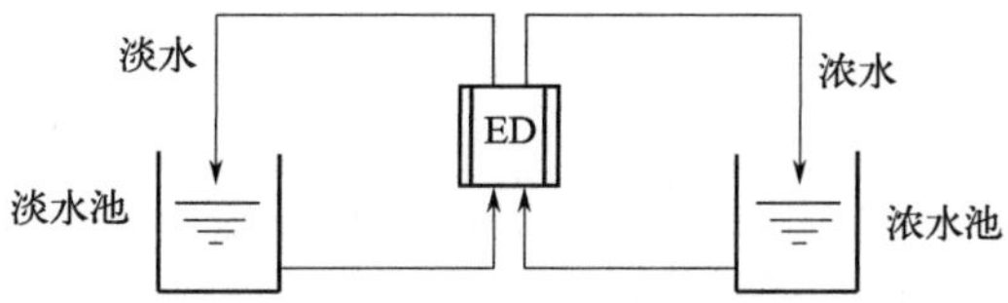

图 26-8　循环式脱盐流程

26.4.6.2　流程设计计算

（1）一次式脱盐流程

对于一级一段组装的电渗析器，可从给定的产水量计算所组装的膜对数 N。

$$N=\frac{100Q}{twv} \tag{26-1}$$

式中　Q——淡水流量，L/s；

t——隔水室流道厚度，cm；

W——隔水室流道宽度，cm；

v——除盐式中的流速，cm/s。

也可以从产水量和水质计算膜对数 N。

$$N=\frac{z(C_{di}-C_{do})}{\eta i A_p} \tag{26-2}$$

式中　z——离子电价数；

C_{di}，C_{do}——淡水系统进、出膜堆的浓度，mol/L；

η——电流效率；

i——操作电流密度，mA/cm^2；

A_p——单张膜的有效通电面积，cm^2。

（2）多级连续式脱盐流程

对于多级连续式脱盐流程来说，若串联的一级一段电渗析器组装的膜对数相等，隔室流速相同，则在极限电流下每级的脱盐率基本不变，在计算上可视常数处理。

若单级的脱盐率为 ε_p，要求脱盐系统的脱盐率为 ε，则串联级数 n 可按下式计算：

$$n=\frac{\lg(1-\varepsilon)}{\lg(1-\varepsilon_p)} \tag{26-3}$$

（3）部分循环式脱盐流程

部分循环式脱盐流程如图 26-7 所示，进入电渗析器的液流浓度 C_{di} 不等于原水的浓度

C_R，且随回流量 G 的增加而降低；电渗析器的流量也不等于产水量 Q。部分产水回流的目的在于提高脱盐系统的脱盐率 ε，使其大于电渗析器的脱盐率 ε_p，降低产水浓度的 C_{do}。从物料平衡可给出下式计算式：

电渗析器进水浓度

$$C_{di}=\frac{C_RQ+C_{do}G}{Q+G} \tag{26-4}$$

回流量

$$G=Q\frac{\varepsilon-\varepsilon_p}{\varepsilon_p(1-\varepsilon)} \tag{26-5}$$

式中，各流量、浓度单位均保持一致。

（4）循环式脱盐流程

循环式脱盐流程中，随着淡水循环槽浓度的变化，系统主要工艺参数不是常数，为了简化计算，采用对数平均电流密度 i_m 作为一个批量的操作电流，并假定电流效率不变，则所需膜对数计算式为：

$$N=\frac{(C_{di}-C_{do})QF}{\eta i_m A_p} \tag{26-6}$$

$$i_m=\frac{i_i-i_n}{\ln\frac{i_i}{i_n}} \tag{26-7}$$

式中　i_i，i_n——循环起始和终止电流密度。

此外，在讨论各种脱盐流程所需膜对数时未考虑膜的物化性能在应用过程中的下降，也忽略了盐的浓差扩散和电渗失水。但在处理高浓度原水时，这部分是不可忽略的，产水量中应考虑水迁移项。

（5）其他子单元设计计算

1）电渗析电源

电渗析装置应采用直流电源，可通过直流开关电源或外部电源供电，若外部电源为交流电源，可采用整流器供电，整流器应选用从零起的无级调压整流器或可控整流器并设有稳压和过流保护装置。当采用多台或多级电渗析器共用电源时，并联电源的额定输出电压应按单台或单级最大的电压设计，串联电源输出电流应按单台或单级最大输出电流设计。

2）浓水、极水单元

电渗析水处理过程中，需排放一部分浓水和极水，若极水和浓水全部由原水供给，增加了预处理的负担和水处理费用，可采用浓、极水循环的方法提高原水利用率，提高产水率。浓、极水循环可独立运行，浓水经由循环泵进入浓水系统，与原水相混合；当原水中不含氟离子时，可采用浓水作为极水补水，极水经溢流外排。需根据原水水质和离子交换膜种类，经技术经济比选确定浓缩倍率。对于含盐量、硬度、碱度较高的原水，应降低浓缩倍率。同时浓缩倍率的选取还应使浓水水质满足浓水排放标准及资源化利用水质标准。

3）倒极单元

倒极是电渗析特有的运行方式，是通过周期性改变直流电压的极性来实现浓水流和淡水流的周期性切换，使电极和阴膜表面结垢条件不断破坏，结垢过程与溶垢过程交替发生，起到自身清净作用，以确保离子交换膜效率的长期稳定性，提高水回收率并延长运行周期。倒极周期需根据出水水质控制，不宜低于 15min。对于无浓水循环的系统，倒极周期不宜小于 4h。倒极后应持续冲洗系统至产水电导率满足水质要求所需，并将换向短时间内的混流水归入浓水系统。

4）检测与控制单元

自动控制系统应配置必要的在线测量仪表，如压力变送器、在线流量计、电导率仪、pH 仪等，并有事故停水报警或自动断电设施。自控系统的监控项目应包括表 26-6 中所列项目。

表 26-6　自控系统的监控项目

项目	单位
进水压力	MPa
进、产水流量	m^3/h
进、产水电导率	μS/cm
直流电压	V
浓水流量	m^3/h
浓水压力	MPa

26.4.7　后处理系统设计

为保证水质的长期稳定性，电渗析系统脱盐水应经后处理单元进行缓存、消毒，使产水满足饮用水标准要求后进入输水管网，保障输水管道中病原微生物无法生长和繁殖。后处理可采用单种消毒工艺或多种工艺组合形式，所选消毒设备应符合相应的技术要求，并做到安全可靠，投加量精准，配备报警功能。当选用紫外线消毒时，应符合《城镇给排水紫外线消毒设备》（GB/T 19837）的有关规定，并应在出水中投加氯消毒剂；当选用氯气及游离氯制剂、氯胺、二氧化氯或臭氧消毒时，应符合《室外给水设计标准》（GB 50013）的有关规定。

26.5　安装调试

26.5.1　安装

应统筹预处理系统、电渗析处理系统、后处理系统施工组织，根据各子系统特点合理安排。其中电渗析处理系统宜采用一体化撬式安装。

电渗析器可选择卧式或立式的安放形式，应根据电渗析器的组装形式和处理对象选定。对于多级多段或单级多段组装的电渗析器宜采用卧式安装形式，对于单级单段组装的电渗析器应采用立式安装形式，水流自下而上，便于排除极室产生的气泡。

为确保设备正常运行，安装前，应审查设计图纸与现场设备基础、几何尺寸、坐标、标高等方面是否一致或控制在允许偏差范围内，发现问题及时进行校正。

在系统安装过程中应注意以下事项：

① 为防止金属屑、异物、砂粒、纤维进入到膜组件内，在电渗析装置前需安装保安过滤器，并确认保安过滤器内的滤芯已经正确安装。

② 为防止系统运行时装置内残留异物进入膜元件中，在安装前要充分清洗管道和装置。通过冲洗去除管道内残留的金属屑、焊接屑，通过酸洗去除管道内的铁锈，通过碱洗去除机械油。

③ 检查进水各项指标，包括浊度、SDI 值、游离氯、Fe、Mn、pH 值、温度等，确保满足进水条件。

④ 应注意电极、隔板和阴、阳离子交换膜的装配顺序，安装隔板时应把浓、淡水隔板和阴、阳离子交换膜的配水孔与电极板配水孔对齐，其配水孔周边错位误差应控制在 ±1mm；膜堆组装时应注意离子交换膜周边不得长出隔板的周边；电渗析器的夹紧强度，应以该型额定流量、压力下不漏水为标准。但允许膜堆部分有少量断续滴水现象。电渗析器组装完毕后，应达到外观整齐，膜堆呈长方体。并注意与电渗析器进、出水口直接相连的管段采用可伸缩的软管或曲绕接头，电渗析器出水管安装高度高于膜堆高度，避免虹吸，且在出口的最高位置设有真空破坏阀。

⑤ 安装其他配套系统，并完成初始条件设置，其中各组件安装应符合相关国家现行标准。

26.5.2 调试

26.5.2.1 调试总则

① 电渗析处理系统调试应制定电渗析处理系统的调试方案，对风险分析及对策方案、调试步骤、调试原则做出规定。

② 调试时系统工艺、电气自控设备等应均已安装到位且机械试车完全满足通水调试要求。有预处理系统的，应在预处理系统调试验收、能稳定提供符合电渗析系统进水水质要求后开展电渗析系统调试。

③ 调试过程应在手动操作模式下进行，待运行稳定后将系统切换到自动控制运行模式。

④ 调试结束，应编制调试报告，包含调试过程记录、各设备仪表参数记录、水量水质数据记录等。

26.5.2.2 单机调试

单机调试应考核单台设备的机械性能，检验设备的制造、安装质量和设备性能等应满足设计要求。

调试应按下列步骤进行：

① 开启电渗析供水管路的入口阀，包括原水、浓水和极水。

② 手动调节操作屏流量计的入口阀，使水流压力平稳上升，并始终保持水压平衡。浓水、淡水和极水阀门操作应同时，并缓慢启、闭。

③ 用低压、低流量合格前处理出水赶走系统内空气，冲洗压力应小于 0.1MPa，冲洗时间不应少于 30min。在冲洗过程中，系统不应有渗漏，发现渗漏点应立即紧固。

26.5.2.3　联动调试

联动调试应考核联动机组或成套工艺装置的电气联锁，检验设备全部性能和制造、安装质量应满足设计的要求。

26.5.3　试运行

调试结束后，应对整个系统进行模拟试运行，时长不宜少于 72h，以检验系统实际运行效果和功能的完善，确保实际运行过程中不出现问题。试运行前应对操作人员进行系统培训，并提供系统运行操作说明手册。

试运行时应遵循以下步骤及原则：

① 调节四路进水隔膜阀，调节流量到工艺给定值，同时观测、记录流量和压力。

② 淡水流道压力≥极水流道压力≥浓水流道压力，且总压差不得＞ 0.01MPa。

③ 调节电渗析器直流电压，控制直流电流，记录进出水电导率。

④ 通过提高直流电压，提高电流，降低产水电导率，提高系统脱盐率，反之亦然。

⑤ 系统连续运行 24 ～ 48h，记录运行参数作为系统性能基准数据。运行参数应包括：进水压力，MPa；浓水进水压力，MPa；进水电导率，μS/cm；进水流量，m^3/h；产水流量，m^3/h；浓水流量，m^3/h；产水电导率，μS/cm；系统产水率，%。

⑥ 定期检测系统性能，确保系统性能在运行初始阶段处于设计范围内。

26.6　运行维护

26.6.1　基本操作原则

电渗析装置运行操作包括几个部分内容，即脱盐操作、倒极操作、反冲洗和化学清洗操作、停运保护。上述操作均可手动或由 PLC 控制全自动运行（其中反冲洗和化学清洗从运行安全考虑需人工将拟清洗的电渗析设备切出、投入）。

基本操作原则如下。

（1）电渗析通电运行期间“严禁任何人触摸电渗析主机”

电渗析设备脱盐运行过程中，可能存在“水的泄漏”等原因使电渗析装置本体带电，因而严禁任何人员触碰除进、出水手动操作阀门以外电渗析设备的任何部位。

（2）电渗析操作运行应遵循“先通水、后通电，先停电、后停水”的原则

电渗析装置的脱盐水同时承担冷却作用，因而电渗析单元水、电系统操作顺序应符合“先通水、后通电，先停电、后停水”的原则。

（3）电渗析开车操作时应“先开通出水阀，再开通进水阀”；停车操作时应“先关闭进水阀，再关闭出水阀”

为防止电渗析设备通、断水过程中产生压力冲击，从而引起电渗析设备的泄漏，操作过程应严格遵守上述原则。

（4）电渗析设备严禁超压运行

电渗析设备经过长时间运行可能存在流道结垢、污堵等原因导致的流道阻力增加、流量下降现象，此时可采取提高进水压力以恢复进水流量的操作方式，但压力提高幅度不应高于电渗析给定的额定运行压力。

（5）严禁低水量运行

对于进水含盐浓度不高（TDS ≤ 3000mg/L）的电渗析设备严禁低进水量脱盐运行。

电渗析设备运行过程中应保证其浓水、淡水及极水进水水量满足其工艺要求，稳定在其额定进水量的 80% ～ 100%，严禁低进水量脱盐运行。

当总进水量不足致使不能满足上述要求时，可暂停一组或几组电渗析设备运行，以保证其余所运行的电渗析设备符合本原则规定。

（6）保持电渗析淡水流道压力不低于浓水和极水流道（淡浓水压差在 0 ～ 0.01MPa 之间）

电渗析设备运行过程中，过高的淡浓水压差将由于水渗透作用使淡水失水过高，装置水回收率下降；而当浓水压力超过淡水压力时，将使淡水水质受到污染，脱盐率下降。

26.6.2 脱盐操作

脱盐操作是电渗析装置对进水进行淡化的操作过程。

（1）操作条件准备

① 准备就绪，主要包括（但不限于）：各类仪表校验正常，各单元电渗析浓、淡、极水出水阀门打开；反冲（酸）洗进出水管路阀门关闭。平缓启动浓、淡水给水泵和极水给水阀门，确认电渗析管路排气完毕，将进水母管压力控制在工艺设定范围内。

② 平缓启动淡水给水泵和浓水给水泵至设定压力，严格要求泵启动时间不少于 30s（从泵启动到额定压力时间），避免冲击。

③ 较长时间停机再启动时，要通过开关各排气阀检查、确认各电渗析单元排气情况。

④ 手动调整电渗析浓水进水母管到极水母管的进水阀门，保证极水进水流量；电渗析极水出水回浓水循环池。

⑤ 通过调整浓、淡水给水泵出口阀门（或通过调整泵变频器），将浓、淡水进水母管压力控制在工艺设定范围。

⑥工艺设定包括：淡水进水压力（P_{dj}）的设定和浓淡水进水压差（ΔP_{dn} = 淡水进水压力 − 浓水进水压力）的设定，其中 P_{dj} 设定范围为 0 ～ 0.200MPa，参数 ΔP_{dn} 的设定范围为 0 ～ 0.02MPa；要求淡水进水压力略高于浓水和极水，并根据调试情况进行微调。

（2）进水流量及压力调整

① 按顺序手动调整 EDR 单元淡水进水隔膜阀、浓水进水隔膜阀和极水进水隔膜阀，观察相应的进水转子流量计，使相应管道水流量保持在工艺要求的范围内。

② 观察电渗析淡水、浓水、极水进水压力表，使相应管道压力保持在工艺要求的范围内。通过微调电渗析单元各管路进水隔膜阀，使电渗析的淡水进水压力稍高于浓水和极水进水压力，但最大不得超过 0.01MPa。

（3）脱盐率调整

电渗析单元脱盐采用恒压方式操作，按工艺参数表给定的参数进行设置。

（4）浓水进出水量平衡

① 根据工艺要求，依据电渗析系统总进水量和水回收率计算出浓水外排水量，并以此为设定值，通过浓水外排水流量计反馈调整浓水外排水变频器频率，追踪设定值，并保持外排水量的稳定。

② 根据浓水外排水量，参考倒极期间淡水对浓水的补水量以及电渗析运行过程中由于浓淡极水压差所致的渗透水量，人工或自动调整原水对浓水池的补水量，使之达到平衡。

（5）淡水循环量和浓水循环量的调整

① 保持产水外送流量满足工艺要求并且稳定，根据产水池液位的变化调整电渗析淡水出水总管调节阀（人工或自动）进入产水池的开度，进而控制电渗析淡水产水进入产水池的量与产水外送水量平衡，并满足工艺要求；其余电渗析淡水产水溢流回淡水给水（循环）池。

② 保持浓水外排流量满足工艺要求并且稳定，根据浓水池液位的变化（屏蔽倒极期间扰动）调整电渗析浓水出水总管调节阀（人工或自动）进入浓水外排水池的开度，进而控制电渗析浓水进入浓水外排水池的量与浓水外排水量平衡，并满足工艺要求；其余电渗析浓水溢流回浓水循环池。

（6）pH 值调整

① 根据浓水 pH 值控制目标范围以及浓水外排水量、原水 pH 值提前计算出浓水加酸量范围。

② 手动或自动调整加酸计量泵，人工观测浓水 pH 计，使浓水 pH 值保持在工艺要求的范围内。

③ 加酸计量泵应与电渗析浓水泵联锁，并设相应延迟，确保系统加酸不过量。

（7）电渗析单元上电操作

检测电渗析装置进出水电导、核算电渗析系统脱盐率并监测变化趋势。

① PLC 自动检测淡水进出水电导（并进行必要滤波），在倒极期间应能实时反映淡水和浓水出水电导，并绘制电渗析整个运行期间电导率曲线。

② PLC 应自动计算系统脱盐率，并给出每个倒极周期以及长期运行的脱盐率变化趋势，从而判断每个倒极周期电渗析浓水侧结垢趋势的强弱和电渗析长期运行期间电渗析膜的劳损程度。

③ 系统脱盐率计算公式：

脱盐率 =（淡水进水电导 − 淡水产水电导）/ 淡水进水电导

（8）核算脱盐电流效率、判断电渗析装置运行状态

1）电渗析脱盐电流效率计算

计算公式为（按每对膜核算）：

每对膜实际脱盐物质的量 × 法拉第常数 / 每对膜实际电量 ×100%

2）电渗析运行状态的判断

① 由于电渗析原水进水浓度不同，电渗析内漏电率也不同，正常情况下脱盐电流效率为 80% ～ 93%。

② 当脱盐电流效率过高（例如超过 100%）时，可能存在的情况是电渗析新膜刚刚投入运行，新电渗析膜的活动离子正处于解离状态。

③ 当脱盐电流过低时，可能存在的情况有以下几种：a. 电渗析浓淡水管路接反（相对于电极）；b. 浓淡水压差过高造成内渗透严重；c. 膜破损造成膜内水短路；d. 如果是刚刚清洗维护并重新组装的电渗析内流道有可能装错。

26.6.3 倒极操作

倒极操作的目的是短时间内降低浓水流道内结垢倾向，恢复系统脱盐率。倒极操作周期过长将使装置脱盐率下降，而倒极操作过于频繁将影响装置产能，操作者应在装置调试时针对所处理水的水质合理设置倒极操作周期。确定倒极操作周期应考虑以下因素：a. 通过检测电渗析装置运行期间脱盐率下降的临界点确定倒极操作周期的上限；b. 通过倒极操作时间和电渗析装置额定处理能力计算出的装置产水量的临界点作为倒极操作周期的下限；c. 倒机操作周期应设定在上下限范围之内，一般为 20 ～ 120min。

而倒极操作时间主要由倒机操作过程中 T_1、T_2、T_3 三个延迟时间决定，过长的倒极操作时间会降低装置的产水能力，过短的倒极操作时间则会影响装置的脱盐率。

（1）T_1 的确定

① 计算电渗析装置淡水出水母管的流速。

② 计算电渗析装置淡水出水母管的平均长度。

③ 用上述长度除以流速即为 T_1 的预定值；然后再根据淡水出水母管电导率变化对 T_1 进行修正。

（2）T_2 的确定

① 计算电渗析装置浓、淡水进水母管的流速。

② 计算电渗析装置浓、淡水进水母管的长度（最远端）。

③ 计算浓、淡水在每组电渗析装置中停留的时间。

④ 用上述长度除以流速得出浓、淡水在进水母管中停留的时间，然后再加上浓、淡水在电渗析设备中的停留时间即为 T_2 的预定值；然后再根据倒极加电后电流的变化值对 T_2 进行修正。

（3）T_3 的确定

① 计算电渗析装置浓水出水母管的流速。

② 计算电渗析装置浓水出水母管的平均长度。

③ 用上述长度除以流速即为 T_3 的预定值；然后再根据浓水出水母管电导率变化对 T_3 进行修正。

26.6.4 反冲洗和化学清洗操作

电渗析装置运行一段时间后，由于结垢、污堵等原因使装置脱盐率出现下降的趋势，应根据控制系统脱盐率参数提示进行反冲洗和化学清洗操作。

反冲洗操作周期应根据水质情况、进水压力变化和设备运行状态设定，一般选择范围为 6 ～ 48h，每次反冲洗的水量消耗约 5m³。

化学清洗操作周期应根据水质情况、进水压力变化、脱盐率下降百分比、设备运行状态设定，一般选择范围为 5 ～ 30d，每次化学清洗的水量消耗约 5m³，药剂消耗（杀菌剂、烧碱和盐酸）根据电渗析装置运行状态确定。

反冲洗和化学清洗用一次水取自电渗析装置所产成品水，单设一台反洗进水泵，该泵需软启；泵出口管道设就地显示 UPVC 转子流量计用于检测反冲洗水的流量，通过手动阀调节，使之满足工艺要求。

26.6.4.1　反冲洗操作

反冲洗操作的目的是清除经过一段时间运行附着在电渗析装置离子交换膜表面以及沉积在其内流道底部的污泥。反冲洗操作是半自动操作，需人工将待反冲洗的单元切出和投入，而反冲洗过程则是自动完成的，每组电渗析装置的反冲洗操作应在 1 个倒极周期内完成。

（1）从正常脱盐运行状态中将准备反冲洗的电渗析装置手动切出

① 人工关断浓、淡、极水进水手动切断阀，确认后给出提示。

② 人工关断浓、淡、极水出水手动切断阀，确认后给出提示。

（2）启动 PLC 自动反冲洗程序，进行自动反冲洗操作

① PLC 控制顺序开通反冲洗回水管道通向浓水外排水池的出水阀，关断反冲洗回水管道通向化学清洗槽的自动阀。

② PLC 控制顺序开通该组电渗析装置淡水反洗出水阀、浓水反洗出水阀、阴阳极水反洗出水阀。

③ PLC 控制顺序开通该组电渗析装置淡水反洗进水阀、浓水反洗进水阀、阴阳极水反洗进水阀。

④ PLC 控制顺序关断反冲洗进水管道通向化学清洗槽的进水阀，开通反冲洗进水管道通向酸洗保安过滤器的进水阀。

⑤ 平缓启动反冲洗进水泵，调整流量、压力到符合工艺要求范围。

⑥ 保持反冲洗状态 1 ～ 10min，观察浓、淡、极水出水水量是否正常，出水是否逐渐清澈，并相应调整反冲洗持续时间。

⑦ PLC 控制顺序关断，反冲洗自动操作完成。

（3）自动反冲洗操作完成后，人工将该组电渗析装置及时投入运行（在一个倒极周期内）

① 自动反冲洗操作完成后，根据 PLC 提示，依次手动开通该组电渗析装置浓、淡、极水的出水阀和进水阀。

② 反冲洗操作完成后，该组电渗析设备可以直接加电投入运行。

26.6.4.2　化学清洗操作

化学清洗的目的是清除电渗析装置较长时间运行附着在 EDR 膜表面的垢、有机物和生物污泥，采用的药剂有盐酸、氢氧化钠和杀菌剂。

化学清洗过程主要包括碱洗（含杀菌剂）、酸洗、置换三个主要步骤，其中碱洗（含杀菌剂）不经常采用。如果一次完全的化学清洗需要同时加入上述所有药剂，必须严格遵循如下顺序，即：先加杀菌剂和烧碱，再加清水冲洗，然后加酸，最后用水置换。

1）准备

化学清洗槽注水（如存有上次清洗液，本步省略）。

① PLC 控制开通反洗进水管通向化学清洗槽的进水阀，此时反洗进水管通向酸洗保安过滤器的进水阀处于关断状态。

② PLC 控制启动反洗进水泵。

③ PLC 给出 READY 信号。

2）将准备化学清洗的电渗析装置手动切出

从正常脱盐运行状态中将准备化学清洗的该组电渗析装置手动切出。

① 人工切断需要进行化学清洗的 EDR 单元的直流电源，并确认。

② 手动关断该 EDR 单元浓、淡及极水进水手动切断阀，并确认。

③ 手动关断该 EDR 单元浓、淡及极水出水手动切断阀，并确认。

3）开通出液阀和进液阀，启动清洗循环泵

开通该组电渗析装置与化学反洗母管相连的出液阀和进液阀，平缓启动清洗循环泵。

① PLC 控制依次开通清洗液回水管通向化学清洗槽的自动阀，形成清洗液循环管路；此时反冲洗回水管道通向浓水外排水池的出水阀处于关断状态。

② PLC 控制依次开通该组电渗析装置淡水反洗出水阀、浓水反洗出水阀、阴阳极水反洗出水阀。

③ PLC 控制依次开通该组电渗析装置淡水反洗进水阀、浓水反洗进水阀、阴阳极水反洗进水阀。

④ PLC 控制平缓启动反洗液循环泵。

4）加入药剂，开始化学清洗

开始水循环，水循环稳定 n 分钟后按顺序定量加入药剂，开始化学清洗。

① 按工艺要求的量，人工向化学清洗槽投加杀菌剂（次氯酸钠）和烧碱，加药操作完成后给出 READY 信号（如此次化学清洗无需投加，此步骤跳过）。

② 加酸清洗前应采用反洗水冲洗、置换反洗管道中的碱液（未进行碱洗跳过此步骤），避免酸碱中和剧烈发热。

5）观察清洗液流速，保证正常进行

观察浓、淡、极水的水流情况；特别是极水必须保证正常的清洗流速。通过观察浓、淡、极水的清洗液出水的流动情况，特别是极水，当发现流量偏小时甚至无流量，说明流道已经堵塞，必须进行维修处理，若继续使用可能导致设备严重发热，严重的导致设备损毁。

6）通过化学清洗回水管 pH 计检查酸洗效果并控制酸洗过程

PLC 在化学清洗过程中随时监测回水 pH 值，当回水 pH 值增加到工艺给定值后启动加酸泵继续定量加酸，直到回水 pH 值稳定在工艺给定范围。

7）废清洗液的处理

化学清洗接近完成时应将大部分废清洗液排放到浓水外排水池。

① 清洗液回水管道自动阀门切换，将大部分酸洗废液排放到浓水外排水池。

② 当给出信号后，PLC 控制自动切换清洗液回水管道自动阀门，继续循环。

8）反清洗液置换

化学清洗完成后，应采用 EDR 产水对该组电渗析装置和管道中的反洗液进行置换。

① PLC 控制清洗液回水管自动阀门切换，将清洗液回水管接入化学清洗槽。

② PLC 控制停止清洗液循环泵运行。

③ PLC 控制开通反冲洗进水管阀门，并平缓启动反冲洗进水泵，对该组电渗析装置和管道中的反洗液进行置换。

④ 当清洗液循环槽高液位开关给出信号后，停反冲洗泵、关阀。

9）清洗结束，装置再运行

置换完成后，将该组电渗析装置人工操作投入运行。

① 置换完成后，PLC 自动关断该组电渗析装置反清洗进水管道的自动阀和回水管道自动阀。

② 随后 PLC 应给出化学清洗完成 OK 信号，操作者根据 PLC 信号提示，依次手动开通该组电渗析装置浓、淡、极水的出水分组阀和进水分组阀。

③ 操纵者手动开通该组电渗析装置浓、淡、极水的出水分组阀和进水分组阀后，应立即将该组电渗析装置通电投入脱盐运行（在同倒极周期内）。

26.6.5　停运保护

电渗析膜为有机高分子材料，干燥条件下放置会丧失功能，应采取保护措施。膜元件拆卸工作量较大，且拆卸后不易存放，宜采用原位保护。原水停留在膜堆内，会使膜表面滋生细菌。短期停运（一般指停运 5 ～ 30d）时，进行物理清洗后注满洁净水并定期更换即可；长期停运（一般指停运 30d 以上）时，为防止运行中积累的污染物难以清除，应先进行化学清洗，再注入杀菌液以防止细菌滋生。

当电渗析处理系统短期停运时，应采取以下措施：a. 停机前，应对电渗析器进行物理清洗，并应排净流道内的污物和沉淀物；b. 清洗完成后，应连续进水 2 ～ 3min；c. 可采用低压冲洗方式冲洗系统，也可在运转条件下连续运行 1 ～ 2h，宜每 2d 重复此操作 1 次，夏季可每天重复 1 次。

当电渗析处理系统长期停运时，应采取以下措施：a. 停运前应用低含盐的电渗析进水低压冲洗整个系统 3 ～ 5min；b. 应采取杀菌、防霉措施，低温时还应采取防冻措施；c. 系统重新投入使用前，应在装置产水阀和排放阀全部打开的状态下对装置进行物理清洗，并确认产品水中不含有任何杀菌剂。

26.7　注意事项

（1）应用环境影响

应用环境是影响电渗析装置正常稳定运行的重要因素之一。我国约有 50% 省份处于易受冻地区，膜堆在没有保护和发生故障等条件下极易冻结、受损，从而导致整个系统故障，因此对于系统需设计保温防冻措施。因此，要考虑应用环境的影响，电渗析系统应设有防冰冻、防阳光直射等措施，环境温度应为 5 ～ 35℃，相对湿度不大于 90% RH，宜布置于室内并设排水设施，必要时可增设温度调节及除湿装置。

（2）用电安全

电渗析装置作为利用电位差作驱动力的膜分离装置，在通电运行过程中须注意用电安全，系统中电渗析器外壳、相关仪表及其余可能导电的组件均必须做好防触电设计或设计接地。且仪表接地需安全可靠，以避免因接地不良造成的测量不准、探头加速腐蚀。同时运行过程中，膜堆上不得放置金属物件和重物，以防膜堆变形及短路。操作人员不得用手或者身体接触电渗析膜堆，以防触电。

（3）运行故障与解决措施

在电渗析装置调试运行前，应针对可能存在的故障进行分析并制定对策方案，电渗析装置的故障分析可按表 26-7 制定。

表 26-7　电渗析装置故障分析

运行中可能存在的故障	原因分析	对策方案
流道压力升高、流量下降	流道污堵、结垢	倒极、化学清洗
淡水水质突然下降	膜片破裂	由生产商拆解检查
有电压、无电流或电流小	流道内未排净空气； 淡水流道堵塞，流量减少； 电极损坏	先排气后观察电流； 倒极、化学清洗； 如无效需拆解检修
膜堆渗漏	膜堆未锁紧或锁紧不对称； 膜堆运行后未进行“热紧”	对称锁紧螺母
膜堆微漏	由于流道污堵、结垢、冲击、憋压导致膜松动、错位	先清洗，然后均匀紧固锁紧螺母。如果无效需拆解检修
膜堆严重渗漏	机械原因致某些部件破裂； 温度过高导致膜变形	由生产商拆解检查，不可修复时需更换相应部件
膜堆变形、下沉	由于水流道阀门开启速度快或出水阀门未先打开产生冲击、憋压所致	由生产商拆解检查，不可修复时需更换膜堆相应部件

第 27 章 无负压二次供水设备

27.1 产品概述

二次供水是城市供水的重要组成部分，从设备类型看，二次供水设备分为高位蓄调设备、变频设备、无负压设备、普通直连设备以及直饮水设备。高位蓄调设备、变频设备和无负压设备在我国使用较多。普通直连设备常使用于日本、欧美这些市政管网水压较大，且高层建筑数量和密集度相对较低的区域。

无负压二次供水设备主要由管路、压力传感器、水泵机组、流量控制器、双向补偿器、恒压稳流罐体及高压补偿罐体等组成。且供水过程全密闭，不与外界空气接触，能有效防止水体污染，通过水泵机组变频或工频运行对水压及水量进行控制，满足用户用水需求，同时确保对公共供水管网压力不产生负压影响。

27.2 产品分类

27.2.1 产品分类

目前，市场上所用的无负压供水设备主要有流量调节罐式、调节水箱式、一体化密封式 3 种。

（1）流量调节罐式

以自来水为水源，充分利用自来水管网本身压力，实现“差多少，补多少”的连续增压的供水方式。在设备入口管道上串接一个压力罐，对市政管网起到缓冲补偿作用，并用以防止产生负压，从而防止对市政管网造成过度抽吸。

该方式在水泵前装设可承压的流量调节器，靠其调节作用，可进一步降低对城市公共供水管网的影响。罐式无负压二次供水设备如图 27-1 所示。

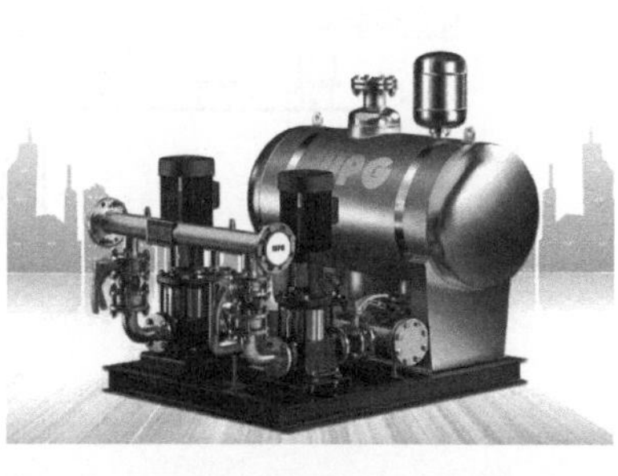

图 27-1　罐式无负压二次供水设备

（2）调节水箱式

该方式设有不承压的调节水箱，调节水箱与水泵并联，通过电控装置，使调节水箱内的水每天至少循环两次，确保水质不变。当市政管网的水量、水压条件能满足无负压供水方式要求时，直接从市政管网取水；否则，从调节水箱取水。可用于自来水管网供水不稳定的区域。由于存在水箱，仍要按规定进行清洗消毒。箱式无负压二次供水设备如图 27-2 所示。

（3）一体化密封式

该方式将电机、水泵等设备完全安装密封于固定的设备外壳内，杜绝了水质二次污染，占地少，安装灵活，可安装在楼梯间、地下池子等地方，施工周期短，但无储备水量，城市公共供水管网停水时易出现断水现象。一体化无负压二次供水设备如图 27-3 所示。

图 27-2　箱式无负压二次供水设备

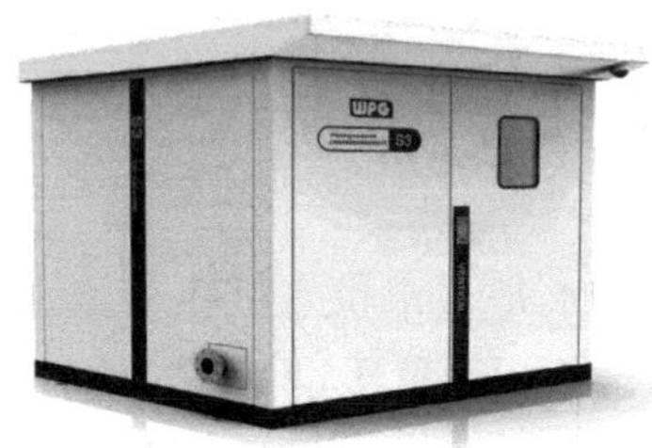

图 27-3　一体化无负压二次供水设备

27.2.2　作用机理

无负压供水设备直接与供水管网连接，通过全自动微机智能控制实现稳流调节器和负压抑制器动作执行部件实时自动调节，使稳流调节器内压力平衡，抑制管网内负压的产生，确保供水设备不对供水管网产生负压。这种供水模式可以充分利用自来水原有压力，进行叠压节能供水，加之，采用变频调速和微机控制后，可以根据自来水的压力对电机转速予以调节，并对自来水的压力及所需压力的差进行补压，差多少补多少，节能效果显著。一体化无负压二次供水设备的工作原理与罐式无负压二次供水设备类似，罐式无负压二次供水设备和箱式无负压二次供水设备工作原理分别如图 27-4、图 27-5 所示。

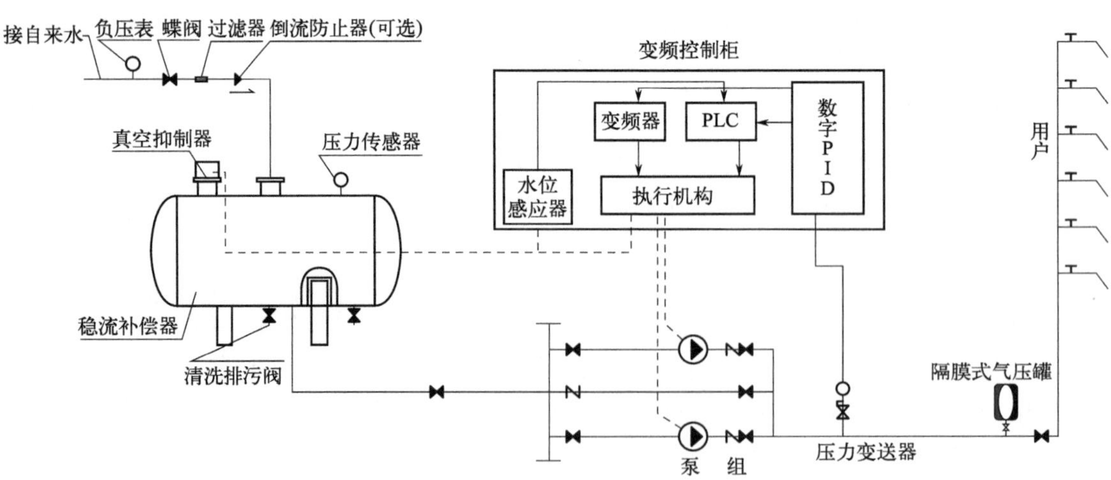

图 27-4　罐式无负压二次供水设备工作原理

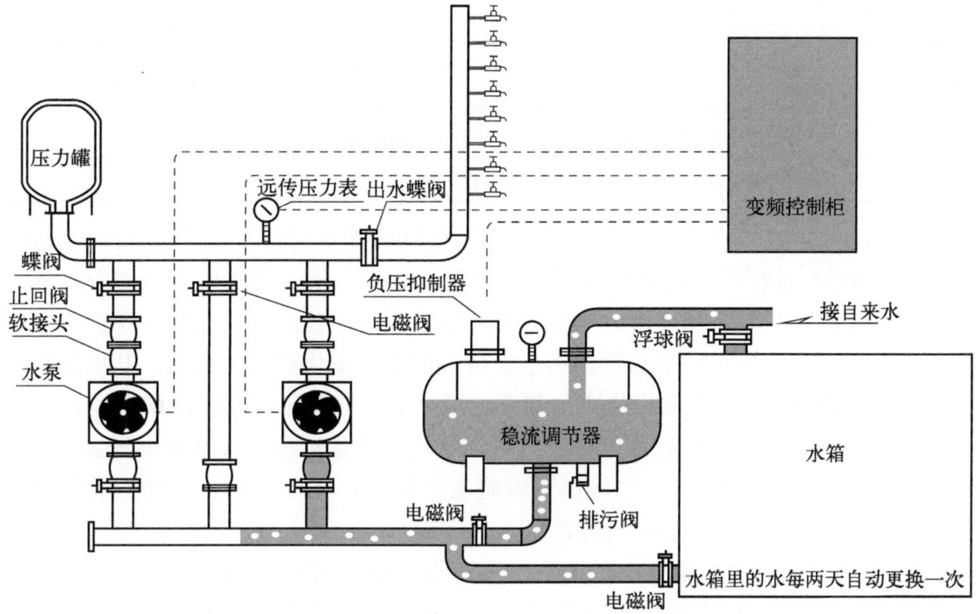

图 27-5　箱式无负压二次供水设备工作原理

27.3　产品相关标准

无负压二次供水设备标准体系见表 27-1。

表 27-1　标准体系表

标准类型	具体标准
基础标准	《建筑给水排水设计标准》（GB 50015—2019） 《生活饮用水卫生标准》（GB 5749—2022） 《二次供水设施卫生规范》（GB 17051—1997）
通用标准	《箱式叠压给水设备》（GB/T 24603—2016） 《罐式叠压给水设备》（GB/T 24912—2015） 《箱式无负压供水设备》（CJ/T 302—2008） 《稳压补偿式无负压供水设备》（CJ/T 303—2008） 《矢量无负压供水设备》（GB/T 31853—2015） 《无负压管网增压稳流给水设备》（GB/T 26003—2010） 《二次供水工程技术规程》（CJJ 140—2010） 《无负压静音管中泵给水设备》（CJ/T 440—2013） 《静音管网叠压给水设备》（CJ/T 444—2014） 《无负压一体化智能给水设备》（CJ/T 381—2011） 《微机控制变频调速给水设备》（CJ/T 352—2010） 《气体保压式叠压供水设备》（CJ/T 456—2014） 《管网叠压供水设备》（CJ/T 254—2014） 《高位调蓄叠压供水设备》（CJ/T 351—2010） 《城镇供水管网加压泵站无负压供水设备》（CJ/T 415—2013）

续表

标准类型	具体标准
专用标准	《二次供水设备节能认证技术规范》（CQC 3153—2022） 《二次供水设备性能认证规则》（CQC 16-432219—2022）
评估标准	《二次供水设施运行评估技术规程》（T/CAMIE 14—2020）

① 在无负压供水系统建设过程中，建设方应根据国家制定的《建筑给水排水设计标准》（GB 50015—2019）进行工程设计选型流程，并进行运行分析、规划以及节能分析流程，从而有目的、有计划地开展建设工作。一般来说，供水系统覆盖区域的具体情况会根据自来水进水量、楼层高度、住户实际用水量和用水设备等因素的变化而发生变化，从而影响工程选型的计算公式与计算方法，需要设计方与建设方根据实际情况加以分别计算整理。

② 二次供水水质应符合现行国家标准《生活饮用水卫生标准》（GB 5749—2022）。

③ 二次供水设施必须符合《二次供水设施卫生规范》（GB 17051—1997），取得当地卫生行政部门签发的《卫生许可证》后方可供水。

④ 无负压产品的国家标准 GB/T 26003《无负压管网增压稳流给水设备》已由国家标准化管理委员会于 2011 年 1 月 10 日正式发布，于 2011 年 10 月 1 日正式实施。

⑤《二次供水工程技术规程》（CJJ 140—2010）适用于新建、扩建或改建民用与工业建筑生活给水二次供水工程的设计、施工、安装调试、验收与运行管理，不适用于消防给水、再生水、管道直饮水的二次供水工程。

⑥《箱式无负压供水设备》（CJ/T 302—2008）城镇建设行业标准适用于民用及工业建筑中生活或生产给水系统的箱式无负压供水设备。箱式无负压供水设备主要功能全，保险系数高，设备局部出现故障时能启用应急主要功能继续供水。该设备可与市政供水网自动并网运行，并具有双变频主要功能，既能满足生活生产用水的正常压力和流量，又能在出现火情时自动转换为高压大流量供水，可一机多用。

⑦《稳压补偿式无负压供水设备》（CJ/T 303—2008）城镇建设行业标准适用于新建住宅楼、办公楼、宾馆、饭店、医院、商场和体育馆等场所；城市自来水市政管网压力不能满足消火栓和喷淋系统消防用水的场合；工矿企业的生产和生活用水，特别适用于对水质要求较严格的用水场所。文中明确定义：可直接与供水管网不产生负压且能够补偿流量和稳定压力的设备。

⑧《无负压一体化智能给水设备》（CJ/T 381—2011）适用于工作压力不大于 1.6MPa、配套功率不大于 30kW 的生活、生产给水系统用无负压一体化智能给水设备的生产、检测和使用。文中明确定义：利用供水管网压力直接加压供水，并对供水管网不产生负压，将电气控制和加压装置全部设置在无负压智能紊流器内，并集成为一整体式结构的全自动加压给水设备。

⑨《城镇供水管网加压泵站无负压供水设备》（CJ/T 415—2013）适用于城镇供水管网直接加压的无负压供水设备。与城镇供水管网直接连接，利用城镇供水管网的压力，能够调节流量和稳定压力，消除水锤的供水设备。由缓冲补偿罐、双向补偿调节装置、能量储存器、水锤消除装置、水泵机组、控制柜、阀门、管路系统、配套附件组成。

⑩《无负压管网增压稳流给水设备》（GB/T 26003—2010）适用于生活和生产给水系统的无负压管网增压稳流给水设备的生产和检验。直接连接到市政给水管网或其他有压管网上，采用稳流补偿和真空抑制技术全密闭供水，有效利用管网原有压力，对管网不产生负压且能稳定和调节流量的给水设备。

目前，借助国家“十三五”水专项的实施，由山东省城市供排水水质监测中心牵头编制的《二次供水设施运行评估技术规程》（T/CAMIE 14—2020）团体标准已于 2020 年 11 月 20 日正式发布实施，该标准的实施填补了国内二次供水设备运行评估方面的空白。

27.4　产品选择

27.4.1　产品型号定义

无负压二次供水设备的型号命名一般由设备代码、设备类型代号、供水流量、水泵扬程、水泵台数、供水压力等部分组成。设备代码由英文字母“BW”表示，其他均以阿拉伯数字表示。如图 27-6 所示。

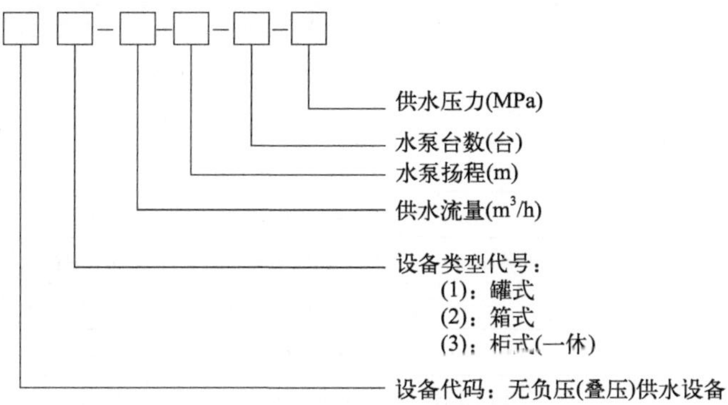

图 27-6　无负压二次供水设备型号定义

示例：BW（1）-10-76-2-0.4 表示为罐式无负压供水设备，供水流量 $10m^3/h$，主泵扬程为 76m，水泵台数 2 台，供水压力 0.4MPa。

27.4.2　外形尺寸

常用无负压二次供水设备外形尺寸如图 27-7 所示，分别以 *L*、*B*、*H* 表示长、宽、高。

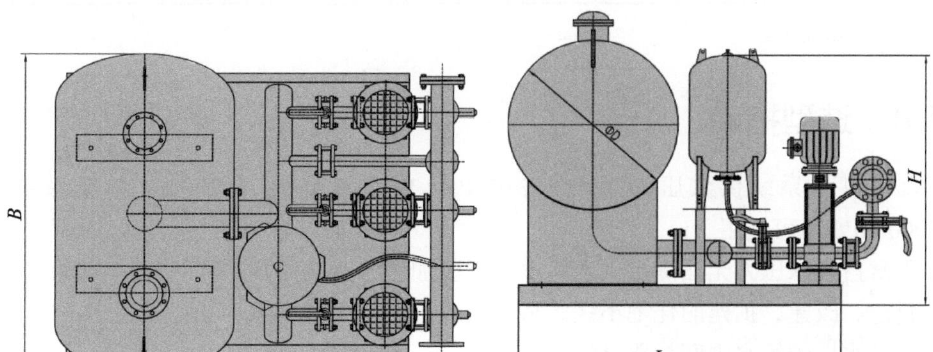

(a)　　(b)

图 27-7　设备外形尺寸图

27.4.3 性能参数

无负压二次供水设备的规格、型号、性能参数等应满足相应标准规定，具体应参考厂家提供的产品技术手册，表 27-2 是某品牌无负压二次供水设备性能参数。

表 27-2 市场某品牌无负压二次供水设备性能参数

规格型号		全系列
供水流量		2 ～ 180m^3/h，由设备型号决定
供水压力		20 ～ 160mH_2O，由设备型号决定
水泵实际增压范围		40% ～ 100% 泵扬程（全变频控制）
		75% ～ 100% 泵扬程（单变频控制）
		注意：部分变频控制不适合水泵大范围变工况运行
恒压精度		≤ 1mH_2O
稳定时间		≤ 7s（全变频控制）；≤ 15s（单变频控制）
稳流罐容积		300 ～ 2800L，由具体型号规格决定
操作方式		手动操作，自动操作
启动方式		变频泵软启动
		工频泵直接启动（≤ 15kW）或 Y/ △启动（≥ 18.5kW）
控制方式		设备出水口恒压控制或自动变压控制（模拟末端恒压控制），可设置
运行方式		由配套控制柜型号决定采用 BX 或 QB 运行方式
人机界面		数字化仪表、7in 真彩触摸屏
保护 / 报警		短路、过载、缺相保护，指示灯报警。变频器有更完善的自我保护
故障对策		互为备用泵；自动降级运行
设备材质		过流部分（泵、阀、罐、管路）为食品级 304 不锈钢、铜及橡胶隔膜材料
防护等级		电机 IP54，控制柜 IP42
工作条件	安装条件	具有足够承重能力的混凝土机座
	电源	380V（+10%、−15%），50Hz，应具有良好接地线，接地电阻小于 4Ω
	环境	室内安装 0 ～ 40℃，无腐蚀、易燃、易爆气体
	海拔、振动	海拔 1000m 以下，5.9m/s (0.6g) 以下

注：1mH_2O=9.8039kPa。

27.4.4 选型指南

无负压供水系统供水压力 0.15 ～ 2.0MPa，供水高度 10 ～ 200m，单套系统供水量 10 ～ 50000m^3/h，可适用于：

① 正常自来水压力无法满足供水需求，需要加压给水的用户；

② 新建、改建、扩建的住宅小区、写字楼、综合楼生活用水；

③ 自来水厂的给水中间加压泵站；

④ 工矿企业的生活、生产用水等；

⑤ 各种循环水系统。

选用无负压供水设备时首先应满足以下要求：

① 选用无负压供水应考虑城镇供水管网和用户的用水安全，并做技术经济分析，符合当地无负压供水设备使用条件时宜优先采用无负压供水设备。

② 采用无负压供水方式设计方案应经当地供水主管部门和供水企业批准，并不得影响周边用户的正常用水。

③ 无负压供水工程的最大使用规模和所处位置的供水管网最低设定压力，应根据供水的实际情况，经技术、经济及可靠性比较确定。

④ 无负压供水不得影响城镇供水管网正常供水。

⑤ 无负压供水系统应独立设置。

⑥ 用于生活用水的无负压供水水质应符合现行国家标准《生活饮用水卫生标准》的规定。

⑦ 无负压供水设施应由具有相应资质的生产企业提供，应有铭牌标识和产品质量相关资料。

⑧ 设备应具备无负压功能，保证市政压力不低于当地最低服务压力值。

⑨ 设备应具备差量补偿功能，当高峰期市政来水不足时，进行差量补偿。

⑩ 设备应具备小流量保压功能。

⑪ 设备应根据建筑物特点，选用适当的大小泵搭配方式。

⑫ 变频控制柜防护等级应达到 IP54。

⑬ 下列区域严禁采用无负压供水：a. 市政供水管网压力低于 0.15MPa 的区域；b. 由于水量不足导致的经常性停水的区域；c. 供水干管的供水总量不能满足用水需求的区域；d. 供水干管管径偏小的区域。

⑭ 下列用户严禁采用无负压供水：a. 用水时间过于集中，瞬间用水量过大且无有效调储措施的用户；b. 供水保证率要求高，不允许停水的用户；c. 对有毒物质、药品等危险化学物质进行制造、加工、储存的工厂和仓库等用户。

27.5　安装调试

27.5.1　设备安装

① 在安装之前必须准备如下文件：基础及布置图；不同组合部件的装配图；管路连接图；电气、测量及控制设备的相关资料；组合件部件清单。安装前应检查机组是否完整、有无损坏。

② 无负压供水设备的稳流罐进水口可直接与市政管网相连，设备与管网安装连接时罐进水口必须有检修阀、过滤器、倒流防止器。无负压供水设备的进水口可直接与市政管网相连，设备与管网安装连接时进水口处加装一检修阀即可。

③ 如预留混凝土基础，需检查混凝土基础规格尺寸、检查地脚螺栓的预留孔尺寸，从已知的标高检查底座是否正确。基础如要预留地脚孔，待机组入位后再进行二次浇注。通常把地脚螺栓用水泥浆浇灌到已经灌注在紧固地面上的水泥地基上。

④ 安装机组前，应检查接入管道、阀门和旁路内有无杂物并进行清除，以免由于杂物而破坏机组的正常运行；准备好必要的底座用的垫块，在地脚螺栓下面的垫片不许超过三层。

⑤ 设备的安装应按施工图和工艺要求进行，压力、液位、电压、频率等监控仪表的安装位置和方向应正确，精度等级应符合国家现行有关标准的规定，不得少装、漏装。

⑥ 设备安装位置应满足安全运行、正常通信、清洁消毒、维护检修要求。

⑦ 水泵安装应符合现行国家标准《风机、压缩机、泵安装工程施工及验收规范》（GB 50275—2010）的规定。

⑧ 电控柜（箱）的安装应符合现行国家标准《建筑电气工程施工质量验收规范》（GB 50303—2015）的规定。

⑨ 供水管道的敷设与安装应符合以下规定：a. 管道敷设及安装应执行国家现行相关标准和规范；b. 无负压二次供水管道与市政供水管网连接时必须设置可靠的防倒流装置与流量控制装置；c. 室外管道应采取隔热或防冻措施，地下室明装管道应采取相应的冷凝水抑制或防护措施；d. 新旧管道的连接宜优先采用不停水的开口方式，需要停水的新旧管道连接施工应采取相关措施，使停水时间＜ 24h。

⑩ 阀门与附件的安装应符合以下规定：a. 无负压供水设备进水口前端应依次安装手动阀门、压力表、取样口、电动阀、Y 形过滤器、倒流防止器；b. 无负压供水设备出水口后端应依次安装伸缩节、压力表、取样口、流量计、手动阀门；c. 阀门应安装在易操作和方便检修的位置，室外阀门宜安装在阀门井内或设置阀门套筒；d. 阀门安装前应进行强度和密闭性测试。

⑪ 无负压二次供水设施建设完工后应按设计要求进行通电、通水测试及系统调试。机电设备试运行应按单体试运行、联动试运行和负荷试运行三个步骤进行。

27.5.2 设备调试

① 无负压二次供水设备安装完成后应进行系统管道压力试验并应符合以下规定：a. 管道安装完成后应分别对立管、连接管及室外管段进行水压试验；b. 不同材质的管道应分别试压；c. 给水管道的系统试验压力均为工作压力的 1.5 倍，但不得小于 0.6MPa；d. 给水管道在试验压力下观测 10min，压力下降不应大于 0.02MPa，然后降到工作压力进行检查，保持不渗不漏；e. 水压试验应符合设计要求，严禁使用气压试验代替水压试验；f. 对不能参加试压的设备、仪表、阀门及附件应拆除或采取隔离措施；g. 储水容器应做满水试验，静置 24h，保持不渗不漏。

② 应对水泵进行点动及连续运转试验，当泵后压力达到设定值时，应对压力、流量、液位等自动控制环节进行人工扰动试验，均应达到设计要求。

③ 系统调试模拟运转时间不应少于 30min，调试前应对供水设备、管道进行冲洗和消毒；冲洗前对系统内易损部件应进行保护或临时拆除，冲洗流速不应小于 1.5m/s。消毒时，应根据二次供水设施类型和材质选择相应的消毒剂。

④ 冲洗、消毒后，系统出水水质应符合现行国家标准《生活饮用水卫生标准》（GB 5749—2022）的规定。

27.5.3 设备验收

（1）验收基本要求

① 工程质量按《给水排水管道工程施工及验收规范》（GB 50268—2008）、《建筑给水排

水及采暖工程施工质量验收规范》(GB 50242—2002)、《建筑工程施工质量验收统一标准》(GB 50300—2013）进行验收。

② 设备安装按《机械设备安装工程施工及验收通用规范》（GB 50231—2009）进行验收；水表安装应按照 GB/T 778.2—2018 的规定进行验收。

③ 电气工程安装按《施工现场临时用电安全技术规范（附条文说明)》（JGJ 46—2005)、《电气装置安装工程　低压电器施工及验收规范》（GB 50254—2014）和《建筑电气工程施工质量验收规范》（GB 50303—2015）进行验收。

④ 若二次供水工程验收不合格，则应由原单位负责进行整改，经整改验收合格后交由政府授权的城市公共供水部门接收并投入使用。

（2）验收主要内容

1）设备设施验收

泵房的位置；泵房排水系统；泵房通风系统；泵房电源；泵房及周边环境；设备材质；设备供水参数；设备显示仪表；设备控制与数据传输系统；设备接地等保护功能；水泵机组设置；阀门与管道设置；消毒设备；安防系统。

2）资料验收

竣工验收前施工单位应提供所有与施工有关的资料，并汇编成竣工资料交相关管理部门审核备案。竣工验收资料包括：设计图、施工图、设计变更文件、竣工图；中间试验和隐蔽工程验收资料；设备结构图纸、配置清单、合格证、质保卡、使用说明书等相关资料；涉水产品的卫生许可批件；系统试压、满水、冲洗、消毒、调试检查记录；水质检测报告、环境噪声监测报告、工程质量评定表等。

（3）移交

竣工验收合格后，项目负责人应把无负压二次供水设备及泵房移交给建设单位或业主委员会，建设单位或业主委员会根据具体情况委托管理单位或安装单位进行管理，并负责日常运行、维护和检修工作。

27.6　运行维护

二次供水管理单位应制定维护保养计划，明确日常巡检内容及评价标准。二次供水管理单位应建立泵房出入人员实名登记台账。二次供水设施维护频率不应低于每半年一次，并应记录及建立台账。

二次供水管理单位应建立二次供水管理平台，可对供水设备进行在线监控，泵房内需安装视频系统、门禁系统、对讲系统等安防设施。

供水企业应根据无负压二次供水设施的特点制定以下安全管理制度：运行值班制度，交接班制度，巡回检查制度，安全防火制度，防汛、防冻维护管理制度，安全保卫制度，安全技术教育与考核制度，事故应急处理制度，事故调查与报告制度，泵房清洁卫生制度。

无负压二次供水泵房应设置相应的安全防护措施，控制设备应具备过载、短路、过压、缺相、欠压、过热和缺水等故障报警及自动保护功能。

二次供水管理单位应对无负压二次供水系统进行安全和风险评估，制定和完善相关安全与应急保障措施，并根据突发事件可能造成的影响建立分级处置制度。

无负压二次供水应急预案应包括停水专项应急预案、爆管抢修专项应急预案、水质污染专项应急预案、投毒专项应急预案、反恐专项应急预案等。

安全事故发生后，二次供水管理单位应立即启动相应专项应急预案，采取措施确保用户用水安全，并应对其进行后续评估，评估结果应报二次供水主管部门备案，二次供水管理单位根据评估情况对存在问题进行整改，以防止此类事件再次发生。

控制柜维护按照表 27-3 执行。

表 27-3　控制柜的维护内容及要求

检查内容	维护要求	检查时间
控制柜外观和内部环境	应保持干燥、无灰尘铁屑及腐蚀性液体	
控制柜电器接线端头	接触良好、无松动	
控制柜电器	正常稳定工作	
控制柜风扇	转动灵活、通风良好	
控制柜门面开关、报警指示灯、蜂鸣器	工作正常，显示准确	
变频器等元器件	完好	
控制柜运行声音与振动	无异常响声或异常振动现象	
控制线路	完好	

储水设施维护按照表 27-4 执行。

表 27-4　储水设施维护内容及要求

检查内容	维护要求	检查时间
通气孔、溢流管、泄水管	畅通	
水箱人孔	启闭状况、严密性和封闭措施正常、完好	
水箱内部	无微生物滋生和杂质沉淀	
水箱液位浮球阀	无松动和损坏	
水箱液位检测显示装置	完好，显示准确	
压力水容器防负压装置	完好	
压力水容器运行压力	正常	
压力罐	气压有所损失	
设施基础	无损坏和沉降	

二次供水动力设施维护按照表 27-5 执行。

表 27-5　二次供水动力设施维护内容及要求

检查内容	维护要求	检查时间
水泵机组外露零件	应无锈蚀、漏水、漏油、漏电	
轴承	应保持润滑	
水泵机组外壳	接地良好牢固、不得有氧化或腐蚀现象	

续表

检查内容	维护要求	检查时间
电动机	三相电流平衡，轴承冷却系统有效	
对地绝缘电阻	测量值应符合规定值	
机组噪声	符合规定值，无异响	

二次供水水处理设施维护应按照表 27-6 执行。

表 27-6　二次供水水处理设施维护内容及要求

检查内容	维护要求	检查时间
紫外线照射强度	及时清洗石英套管	
紫外线照射累计使用时间	应按规定更换灯管	
紫外线套筒	无渗漏、锈蚀	
臭氧冷却水箱	无缺水	
臭氧发生器	运行正常、无泄漏	
曝气头	通畅，曝气均匀	
电气元件及线路	完好、可靠	

二次供水设施管路及附件维护应按照表 27-7 执行。

表 27-7　二次供水设施管路及附件维护内容及要求

检查内容	维护要求	检查时间
过滤器	清洁、通畅、状态良好	
压力罐与出水口连接的高压软管	无破裂或老化现象	
阀门	密封完好，启闭灵活，表面无油污、锈蚀	

27.7　注意事项

在使用设备之前必须先将水泵与合流管的空气排干净，防止水泵出现无水空转现象，以免对设备造成损坏而影响使用寿命。

长期停用设备时，应立即将水泵、进出水管、压力罐的压力软管内的水放出，以免冬天发生冰冻导致设备损坏。

压力罐在使用之前必须先检查是否有漏气、罐内气压是否达到所需压力，如压力偏高或偏低，则应对其压力进行调整后使用，一般调节压力为 0.3MPa。检查压力罐高压软管是否连接牢固、软管是否有破裂腐蚀现象，如有应立即更换以免发生事故。

压力罐充气时应调节压力罐前所配阀门开阀方向，关断出水管与压力罐的连接，排除压力罐内保留的水，用空压机给予充气补压。

参考文献

[1] 王湛，周翀．膜分离技术基础 [M]. 第 2 版．北京：化学工业出版社，2006.

[2] 华耀祖．超滤技术与应用 [M]. 北京：化学工业出版社，2004.

[3] 徐又一，徐志康．高分子膜材料 [M]. 北京：化学工业出版社，2005.

[4] 邓麦村，金万勤．膜技术手册 [M]. 第 2 版．北京：化学工业出版社，2020.

[5] 缪斌．超滤技术在城镇自来水厂改造中的应用 [J]. 城市建筑，2013(8):124.

[6] 郑志民，芮旻．压力式和浸没式超滤膜在市政给水厂应用差异分析［J］．给水排水，2021,47(2):10-15.

[7] 韩兴国，杨继，刘彬．浸没式超滤膜在市政中水中的应用 [J]. 冶金动力，2015(3):44-47.

[8] 刘利，方佩晖．超滤技术用于饮用水处理领域案例分析 [J]. 中国给水排水，2009, 25(24):72-75.

[9] 张艳，李圭白．混凝沉淀 - 浸没式超滤膜处理东江水的中试研究 [J]. 中国给水排水，2009, 25(11):37-39.

[10] 李永红，张伟，张晓健，等．超滤膜的污染控制研究进展 [J]. 中国给水排水，2009, 25(2): 1-4.

[11] 纪洪杰，高伟，常海庆，等．南郊水厂超滤膜组合工艺运行情况评价 [J]. 供水技术，2011, 5(3):1-5.

[12] 王金敖，李延平，符晓梅，等．中空纤维超滤装置的净水安全与效果 [J]. 中国给水排水，1993, 9(6):49-53.

[13] 周强．生活饮用水氯化物处理工艺研究——超滤 + 纳滤 + 反渗透技术 [J]. 福建建筑，2019(8):96-100.

[14] 李艾铧，朱云杰，朱昊辰，等．纳滤技术在饮用水处理中的应用 [J]. 净水技术，2019, 38(6):51-56.

[15] 张平允，殷一辰，周文琪，等．纳滤膜技术在饮用水深度处理中的应用现状 [J]. 净水技术，2017, 36(10):23-24.

[16] 刘文君，王小，王占生．饮用水水质标准的发展：从卫生、安全到健康的理念 [J]. 给水排水，2017, 43(10):1-3.

[17] 高雪，陈才高，刘海燕，等．国内代表性纳滤水厂评估指标体系与运行效果分析 [J]. 净水技术，2022,41(2):53-57.

[18] Madhura L, Kanchi S, Sabela M I, et al. Membrane technology for water purification[J]. Environmental Chemistry Letters, 2018, 16: 343-365.

[19] Mohammad A W, Teow Y H, Ang W L, et al. Nanofiltration membranes review: recent advances and future prospects[J]. Desalination, 2015, 356:226-254.

[20] Durand-Bourlier L, Tinghir A, Philippe M, et al. Nanofiltration selection for NOM removal: pilot and full-scale operation[J]. Water Practice and Technology, 2011, 6(2):1-2.

[21] Costa A R, de Pinho M N. Performance and cost estimation of nanofiltration for surface water treatment in drinking water production[J]. Desalination, 2006, 196(1-3):55-65.

[22] Hilal N, Al-Zoubi H, Darwish N A, et al. A comprehensive review of nanofiltration membranes:treatment, pretreatment, modelling, and atomic force microscopy[J]. Desalination, 2004, 170(3):281-308.

[23] 纳滤装置 [S]. HY/T 114—2008.

[24] 纳滤膜及其元件 [S]. HY/T 113—2008.

[25] Reverse osmosis and nanofiltration manual of water supply practices [S]. AWWA M46-2007.

[26] 侯立安，赵海洋，高鑫，等．反渗透技术在我国饮用水安全保障中的应用 [J]. 给水排水，2017, 43(4): 135-141.

[27] 乔惠平．浅析反渗透技术在供水工程中的应用 [J]. 给水排水，2012, 38(4): 64.

[28] 膜分离技术　术语 [S]: GB/T 20103—2006.

[29] 膜组件及装置型号命名 [S]. GB/T 20502—2006.

[30] 反渗透水处理设备 [S]. GB/T 19249—2017.

[31] 海水淡化反渗透系统运行管理规范 [S]. GB/T 31328—2014.

[32] 反渗透和纳滤装置渗漏检测方法 [S]. GB/T 37200—2018.

[33] 反渗透能量回收装置通用技术规范 [S]. GB/T 30299—2013.

[34] 移动式反渗透淡化装置 [S]. HY/T 211—2016.

[35] 海岛反渗透海水淡化装置 [S]. HY/T 246—2018.

[36] 船用反渗透海水淡化装置 [S]. CB/T 3753—2019.

[37] 反渗透用能量回收装置 [S]. HY/T 108—2008.

[38] 海水淡化装置能量消耗测试方法 [S]. HY/T 245—2018.

[39] 余超 , 刘飞峰 , 徐龙乾 , 等 . 新型电渗析工艺的技术发展与应用 [J]. 工业水处理 , 2021, 41(1):30-37.

[40] 高湘 . 电渗析用于饮用水生产的设计实例 [J]. 给水排水 , 2000, 26(7):22-23.

[41] 涂丛慧 , 王晓琳 . 纳滤与电渗析技术在饮用水制备方面的应用 [J]. 中国建设信息 (水工业市场), 2009(7):10-12.

[42] 黄霞 , 王志伟 , 王小伲 . 理论－材料－技术－工艺全链条创新，不断推进膜法水处理技术的可持续发展——《环境工程》“膜法水处理技术：研究、应用与挑战”专刊序言 [J]. 环境工程 , 2021, 39(7): 前插 1- 前插 2.

[43] 梁文博 , 孙宪宝 . 水处理环境工程中膜分离技术的应用 [J]. 科学技术创新 , 2020(3):43-44.

[44] 周莲霞 . 膜分离技术在水处理环境工程中的应用研究 [J]. 中国资源综合利用 , 2020, 38(5):184-187.

[45] 高隆绪 , 陈纪良 . 电渗析给水处理制水流程的改进 [J]. 铁道标准设计通讯 ,1986(3):32-36.

[46] 王觥莹 , 闫军营 , 蒋晨啸 , 等 . 面向“双碳”目标流程的离子膜电渗析：机遇与挑战 [J]. 过程工程学报 , 2023, 23(3):337-349.

[47] 郑高峰 , 傅刚 , 姜佳昕 , 等 . 小型电渗析设备的远程监测与数据管理系统 [J]. 厦门大学学报 (自然科学版), 2021, 60(1):144-148.

[48] 李彼德 , 李志远 . 电渗析器的组装 , 供电设计及参数运算示例（论文之四）[J]. 净水技术 , 1990, 9(4):30-35.

[49] 罗胜 , 朱铭 , 田秉晖 , 等 . 电渗析水处理除氟的研究进展及主要影响因素 [J]. 工业水处理 , 2022, 42(12):1-9.

[50] 郭志伟，陈伟 , 等 . 城市二次供水污染源分析及其改造 [J]. 能源与环境 , 2011(2):10-12.

[51] 韩晶，张雪 , 等 . 国内典型城市二次供水管理模式研究 [J]. 供水技术 , 2011, 5(4):57-58.

[52] 刘希华 . 无负压供水设备在城市二次供水改造中的应用 [J]. 科技创业家 , 2012(19):215.

第五篇
检测仪表设备

第 28 章 综合毒性在线监测仪（生物鱼法）

28.1 产品概述

综合毒性在线监测仪（生物鱼法）是一种基于生物传感技术的毒性检测仪器，其英文名称为 real-time biomonitor for water toxicity，它通过测定鱼的行为变化或行为强度来判断水中污染物的毒性大小，常用的生物鱼有斑马鱼、青鳉鱼和孔雀鱼。该方法具有快速、廉价的优点，并且获得最贴近人类的实验结果，主要用于水库、泵站、水厂的水质监测，能对多种有毒有害物质给出警告提示，为城市给水安全、大型赛事用水安全、反恐安全等提供了技术支持，实现对水质的连续监测和对水质污染事件的及时预警。

28.2 产品分类

28.2.1 产品类型

按照指示生物分类，综合毒性在线监测仪主要是对指示生物的生物形态、生理或发育与繁殖的变化、种群数量、群落生态系统进行变化观察和统计。目前常见的主要有发光细菌法、生物传感器法、生物鱼法、藻类法和水蚤法五类，以及其他生物监测设备。

其中城镇给水综合毒性在线监测仪（生物鱼法）按工作原理，主要包含运动行为图像解析法和生物行为传感器法两类。综合毒性在线监测仪（生物鱼法）采用养殖过程中未受到有毒物质作用或基于毒理学规范驯化养殖的标准模式斑马鱼或青鳉鱼作为受试鱼。受试鱼为斑马鱼或青鳉鱼时驯养和选用条件应符合 GB/T 13267 的规定，监测时应挑选鱼龄 3 ～ 4 个月成鱼，体长 3 ～ 5cm。图像解析法受试鱼数量一般采用 5 条鱼。传感器法的传感器一般不少于 3 个，每个传感器受试鱼数量 3 条鱼。

（1）运动行为图像解析法

采用运动行为图像解析法的综合毒性在线监测仪的技术原理为以受试鱼类作为指示生物，利用视频图像识别和跟踪处理技术实时监测受试鱼类的行为参数，获得行为模式变化情况。监测指标为行为模式，包括活鱼数目、个体行为（速度、高度、转弯次数）和群体行为（分散度、分形维数、平均距离）。监测原理为结合行为模式与水质特征之间的关联关系分析，采用行为参数综合指数分析水质综合毒性。行为参数综合指数理论值为 0 ～ 100，

100 ～ 60 为绿色预警，表示水体正常；60 ～ 30 为黄色预警，表示水体污染；30 ～ 0 为红色预警，表示水体严重污染。

（2）生物行为传感器法

采用生物行为传感器法的综合毒性在线监测仪的技术原理为：以受试鱼类作为指示生物，利用电信号传感和模式识别技术，通过水生生物在传感器电场中游动改变传感器电流信号，结合信号处理技术，连续实时获得生物行为变化情况。监测指标为行为强度（用来量化表征生物行为传感器法中的生物行为，取值 0 ～ 1。正常情况下，生物行为完全表达为 1，生物丧失行为能力则为 0）、水质指数（用来量化表征生物行为传感器法中的模式生物行为，由每个行为传感器及 3 个以上平行行为传感器中受试鱼行为强度变化和变化趋势组成，以水质指数表征反映水质综合毒性变化情况）、综合毒性浓度。监测原理为结合行为模式与水质特征之间的关联关系分析，采用水质指数分析水质综合毒性。水质指数理论值为 0 ～ 100，0 ～ 75 为水质安全，75 ～ 100 为红色预警，表示水质处于污染状态，数值越高，水质污染程度越高，综合毒性越大。

28.2.2　性能指标

综合毒性在线监测仪（生物鱼法）的性能主要体现在灵敏度（响应时间）、零点漂移、温度控制误差、运行时间、受试生物更换频率等方面。因此，衡量综合毒性（生物鱼法）在线监测仪器的主要性能指标包括灵敏度、零点漂移、温度控制误差、平均无故障连续运行时间、受试生物更换频率。综合毒性在线监测仪（生物鱼法）的性能要求应符合表 28-1 的规定。

表 28-1　综合毒性在线监测仪（生物鱼法）的性能

序号	具体指标	图像解析法	传感器法
1	测量参数	行为模式	行为强度
2	采集频率	≥ 25 帧 / 秒（fps）	≥ 255 次 /s
3	零点漂移	2h：±10%	2h：±10%
4	温度控制误差	±1℃	±1℃
5	毒性效应灵敏度（毒性效应浓度 / 响应时间）	RT<48 h 时，0.05TU ≤ C_{eti} < 1TU	RT<48 h 时，0.05TU ≤ C_{eti} < 1TU
		RT<2 h 时，1TU ≤ C_{eti} < 10TU	RT<2 h 时，1TU ≤ C_{eti} < 10TU
		RT<12min 时，C_{eti} ≥ 10TU	RT<12min 时，C_{eti} ≥ 10TU
6	受试鱼更换周期	15d	30d
7	平均无故障连续运行时间（MTBF）	≥ 720 h	≥ 720 h

（1）灵敏度

应将标准模式受试鱼类置入充满正常水体的生物监测区域内，30min 后待受试鱼类适应环境且行为稳定后，向生物监测区域通入一定毒性单位的标准溶液，连续自动采集受试鱼类生物行为趋势变化数据并计时，至系统报警时所经过的时间为预警时间，该过程为预警监测周期，所使用的标准溶液浓度为毒性检测的灵敏度，以毒性效应浓度和响应时间表征。

（2）零点漂移

当仪器运行稳定后，连续测试新制备的纯水 2h，每隔 5min 记录一次零点示值，绝对值最大的零点示值为该仪器的零点漂移。

（3）温度控制误差

用温度测量装置每隔 10min 测量进入生物监测区域的水体温度，共测量 6 次，分别计算读数相对设定值的偏差值，取绝对值最大的偏差作为温度控制误差。

（4）平均无故障连续运行时间

统计期内设备正常运行累计时间与发生故障次数的比值。平均无故障连续运行时间的测试期不应小于 3 个月。

（5）受试生物更换频率

受试鱼类的更换频率。受试生物的续航能力即生物原位可连续在线监测的最长时间，更换频率依据续航能力以及测试水体设定。

28.3 产品相关标准

综合毒性在线监测仪（生物鱼法）标准体系见表 28-2。

表 28-2 标准体系表

标准类型	具体标准
通用标准	《城镇给水综合毒性在线监测仪技术规程（鱼类行为法）》（T/CAQI 149—2020）
其他相关标准	《水质　物质对淡水鱼（斑马鱼）急性毒性测定方法》（GB/T 13267—1991） 《危险化学品鱼类急性毒性分级试验方法》（GB/T 21281—2007） 《化学品　鱼类胚胎和卵黄囊仔鱼阶段的短期毒性试验》（GB/T 21807—2008） 《化学品　鱼类急性毒性试验》（GB/T 27861—2011） 《化学农药环境安全评价试验准则　第 12 部分：鱼类急性毒性试验》（GB/T 31270.12—2014） 《化学品　急性鱼类毒性试验　阈值法》（SN/T 3946—2014） 《微生物农药　环境风险评价试验准则　第 4 部分：鱼类毒性试验》（NY/T 3152.4—2017） 《进行鱼类、大型无脊椎动物和两栖动物的水环境样本和废水的急性毒性试验的标准指南》[ASTM E1192-97(2014)] 《鱼类毒性试验过程中特性测量的标准导则》（ASTM E1711-20） 《水质　废水对斑马鱼胚胎（*Danio rerio*）急性毒性的测定》（BS EN ISO 15088:2008） 《水质　废水对斑马鱼胚胎（*Danio rerio*）急性毒性的测定》（DIN EN ISO 15088:2009） 《德国检验水、废水和污泥的标准方法　水有机物试验方法 生物测定（L 组）：采用（L 31）稀释法测定鱼类对污水毒性的耐受度》（DIN 38412-31-1989） 《水质　废水对斑马鱼胚胎（*Danio rerio*）急性毒性的测定》（ISO 15088:2007）

① 国家质检总局 GB/T 13267—1991 参照采用国际标准《水质—物质对淡水鱼（斑马鱼）急性致死毒性的测定》（ISO 73461-3），实现了与国际标准对标，是国内第一部对淡水鱼（斑马鱼）急性致死浓度的测定方法标准。标准规定了在确定的试验条件下测定水溶性物质引起斑马鱼急性致死毒性大致范围的方法——静水法、换水法和流水法，对于规范采用生物鱼作为指标生物的水质毒性监测设备的监测方法与试验条件起到了极大的参考作用。该标

准适用于水中单一化学物质的毒性测定。工业废水的毒性测定也可使用此方法。

② 环境保护部 GB/T 21807—2008 标准等同采用经济合作与发展组织（OECD）化学品测试导则 No.212（1998 年）《鱼类胚胎和卵黄囊仔鱼阶段的短期毒性试验》（英文版），规定了化学品鱼类胚胎和卵黄囊仔鱼阶段的短期毒性试验的方法概述、试验准备、试验程序等，适用于确定化学品对受试鱼种在特定阶段的致死效应和一定程度上的亚致死效应。

③ 国家质检总局 GB/T 21281—2007 标准规定了危险化学品鱼类急性毒性分级试验方法的试验样品、试验动物、试验步骤和试验结果。该标准适用于对危险化学品进行鱼类急性毒性的试验测定。

④ 国家质检总局 GB/T 27861—2011 标准规定了化学品鱼类急性毒性试验的方法原理、试验准备、试验、质量控制。该标准适用于测试和评价化学品的鱼类急性毒性。

⑤ 农业部 GB/T 31270.12—2014 标准侧重于化学农药鱼类急性毒性试验的材料、条件、操作、质量控制、数据处理等的基本要求，推荐鱼种为斑马鱼、鲤鱼、虹鳟鱼、青鳉鱼或稀有鮈鲫等的幼鱼。

⑥ 农业部 NY/T 3152.4—2017 标准规定了微生物农药对鱼类毒性试验的材料、条件、试验操作质量控制、试验报告等的基本要求，推荐鱼种为斑马鱼、鲤鱼、虹鳟鱼、青鳉鱼或稀有鮈鲫等的幼鱼。

⑦ 英国标准 BS EN ISO 15088:2008、德国标准 DIN EN ISO 15088:2009、国际标准 ISO 15088:2007 规定了一种测定稀释法，该方法可衡量废水在 48h 内对鱼卵的急性毒性作用。这些国际标准适用于城市污水和工业废水。

梳理综合毒性在线监测仪（生物鱼法）已有标准情况，存在以下方面问题：a. 标准数量不多，标准的年份相对久远；b. 检验试验方法标准居多，规定了鱼类对水溶性物质、危险化学品、化学品、化学农药、微生物农药的检验方法，但是缺乏监测产品标准，产品要在市场上流通必须获得市场准入资格，而产品获得市场准入的重要条件是产品应当符合技术法规和相关标准的规定；c. 单个标准应用涵盖面窄，尚缺乏各领域相关特定标准。

28.4　产品选择

28.4.1　应用范围

地表水及地下水、进出水厂水体、二次供水水体，河流、湖泊以及水库的原水等水质综合毒性监测与预警，以及突发性水污染事故监测，可应用综合毒性在线监测仪进行监测与预警。

具体产品选型可根据水质条件、使用条件、产品性能、产品价格进行选择，一般情况如下。

（1）综合毒性在线监测仪（生物鱼法）

① 优势：稳定性、可靠性高，运行维护简单，对农药、除草剂、重金属类敏感。

② 劣势：检测下限相对较高，电流变化检测对鱼本身存在影响。测试时间在 10min 以内；最小感知浓度为几微克 / 克。

主要产品有德国 BBE、日本正兴、中国 RTB、中国 BEWs 等。

（2）综合毒性在线监测仪（发光细菌法）

① 优势：灵敏性、可靠性高，可确定是化学污染还是病毒污染。

② 劣势：非连续性，本底值差异较大。堵塞、个体增长、营养物质对水质检测有影响。测试时间为 5min ；最小感知浓度为几十微克 / 千克。

主要产品有美国 Microtox、荷兰 TOXControl。

（3）综合毒性在线监测仪（电化学活性微生物法）

① 优势：操作维护简单，灵敏性高。

② 劣势：有机物浓度低时，要通过添加营养来保证电化学微生物的活性。测试时间在 30min 以内；最小感知浓度为几十微克 / 千克。

主要产品有韩国 KORBI HATOX-2000、中国雪迪龙 MODEL 9880 等。

（4）综合毒性在线监测仪（水蚤法）

① 优势：测试灵敏度高，尤其对农药、重金属类敏感。

② 劣势：可靠性低，影响因素复杂，个体差异影响大，不断喂食对水质有影响。测试时间在 10min 以内；最小感知浓度为几微克 / 克。

主要产品有德国 BBE 的 Daphnia Toximeter。

（5）综合毒性在线监测仪（藻类法）

① 优势：对除草剂及其副产品非常敏感。

② 劣势：稳定性低，受基准藻类培养质量影响较大、易堵塞。测试时间在 30min 以内；最小感知浓度为几十微克 / 千克。

主要产品有德国 BBE 的 Algae Toximeter 等。

（6）综合毒性在线监测仪（蚌类法）

① 优势：可检测重金属、杀虫剂及其他有毒有机物。

② 劣势：灵敏性偏低，准确性较差，个体差异对检测结果影响较大。测试时间为 30min ；最小感知浓度为几微克 / 克。

主要产品有德国 Dreissena-Monitor 等。

28.4.2 综合毒性在线监测仪的采购

综合毒性在线监测仪（生物鱼法）的采购可参照《水质　物质对淡水鱼（斑马鱼）急性毒性测定方法》（GB/T 13267—1991）。还可借鉴由中华人民共和国住房和城乡建设部发布的《城镇供水水质在线监测技术标准》（CJJ/T 271—2017）。以下为相关采购建议。

（1）确定监测水体的水质条件

在采购综合毒性在线监测仪之前，需要了解监测水体的水质条件，包括特征污染物种类和浓度，以及水体的浊度、含氧量、余氯等基础水质指标范围，以确定仪器的配置。

（2）采购符合国家标准要求的设备

水质监测仪器的质量是水体安全的基本保证。

在购买综合毒性在线监测仪的过程中，应要求供应商提供证明材料，证明生产厂具有必要的生产设备、工艺能力及人员，生产符合 GB/T 13267 的设备。

（3）预处理设备

在购买设备时，为满足监测要求需先考虑预处理设备的配备。因为综合毒性在线监测仪的受试生物比较敏感，对水质条件要求比较高，为保证监测质量，水体预处理效果是非常关键的一环。

（4）售后服务

综合毒性在线监测仪的自动化和专业化水平很高，需要厂家负责技术支持。如果厂家售后服务不完善，仪器出现故障得不到应有的维修，将给监测准确性和稳定性造成极大的影响。

（5）标志和质量证明书

设备上需按要求贴有标志。设备还需附有质量证明书。

（6）供应商资质

在中华人民共和国境内注册的有合法经营资格的国内独立法人，具有相关经营范围，符合 ISO 9001 质量管理体系、ISO 14001 环境管理体系、OHSAS 18001 或 ISO 45001 职业健康安全管理体系等认证。

28.4.3　产品价格

现综合毒性在线监测仪（生物鱼法）的设备投资成本为 40 万～ 75 万元，十年以来价格一直波动不大，但随着综合毒性在线监测仪市场的扩大，巨大的产能需求以及厂家竞争将会促使厂家优化改进设备的同时进一步降低成本，预计整体价格会在原先基础上下降约 20%。

28.5　安装调试

28.5.1　硬件设备

设备在出厂时已装配完成，无需用户进行烦琐的安装操作，用户在使用之前只需将主电源线连接至（220±20)V、(50±0.5)Hz 的交流电，并将水样进出管、自来水进出管连接至设备中（监测水源压力 >0.15MPa、自来水压力 >0.2MPa），即可开机运行。需要注意的是，设备应放置在干燥阴凉的室内，避免阳光直射；设备应落地安装，并有必要的防震措施，保证设备安装牢固稳定。在设备周围应留有足够空间，方便仪器维护。

设备已预留与常规理化仪表的接口，可方便地获取各种水质参数作为生物预警的有益补充，综合分析当前水质状况。若被监测水样浊度过高（＞ 15NTU）或残留余氯，用户可相应加装浊度去除设备或脱氯设备（选配）。

28.5.2　监测站房

① 放置设备的监测站房面积应不小于 7m^2，监测站房应尽量做到专室专用。

② 监测站房内应密闭，安装空调，保持室内清洁，环境温度、相对湿度和大气压等应符

合 GB/T 17214.1—1998 的要求。

③ 仪表宜安装在远离机械振动、强电磁场、介质腐蚀、高温、潮湿的场所。

④ 仪表安装时不应敲击及振动，安装后应牢固、平正，不承受配管或其他机械外力。

⑤ 监测站房内应有安全合格的配电设备，能提供足够的电力负荷，不小于 5kW。站房内应配置稳压电源。

⑥ 监测站房内应有合格的给、排水设施，应使用自来水清洗仪器及有关装置。

⑦ 监测站房内应有完善规范的接地装置和避雷措施、防盗和防止人为破坏的设施。

⑧ 监测站房如采用彩钢夹芯板搭建，应符合相关临时性建（构）筑物设计和建造要求。

⑨ 监测站房内应配备灭火器箱、手提式二氧化碳灭火器、干粉灭火器或砂桶等。

⑩ 监测站房不能位于通信盲区。

⑪ 监测站房的设置应避免对企业安全生产和环境造成影响。

28.5.3 供电系统

① 主供电电源必须独立供电，为（220±20)V、(50±0.5)Hz 交流电。

② 必须有良好的保护接地（或保护接零），接地电阻不应大于 4Ω，以确保供电安全。

③ 主供电电缆采用铜质国标 3 芯电力电缆，单芯截面积为 2.5mm^2 国标线缆。

28.5.4 采样取水系统

① 采样取水系统应保证采集有代表性的水样，并保持将水样无变质地输送至监测站房供设备取样分析。

② 采样取水水压应保持在 0.15 ～ 0.3MPa 范围内，如果水压未达到此要求需加装采样泵进行加压。

③ 采样取水系统的构造应有必要的防冻和防腐设施。

④ 采样取水管材料应对所监测项目没有干扰，并且耐低温、耐腐蚀。取水管应能保证设备所需的流量，北方建议采用 PPR 材料热熔给水管，南方建议采用 PVC 材料给水管。

⑤ 采样泵应根据采样流量、采样取水系统的水头损失及水位差合理选择。取水采样泵应对水质参数没有影响，并且使用寿命长、易维护。采样取水系统的安装应便于采样泵的安置及维护。

⑥ 采样取水系统宜设有过滤设施，防止杂物和粗颗粒悬浮物损坏采样泵。

28.6 注意事项

（1）设备运行

① 因设备维护或更换受试鱼等工作临时中断时，应保持设备水流畅通，进行系统调零。

② 生物行为传感器、水路管路和水样预处理单元清洗每两周不应少于 1 次，更换水样分配管路每月不应少于 1 次。

③ 视频追踪区域和管路清洗每两周不应少于 1 次，视频追踪系统检查每两周不应少于 1

次，检查内容包括系统是否正常运行、摄像头位置是否在设定范围内。

④ 设备通信检查每两周不应少于 1 次，检查内容包括报警信息通信是否正常。

⑤ 设备检查每两周不应少于 1 次，检查内容包括管道水流是否畅通，设备内部是否出现漏水、渗水、漏电等问题及受试鱼类活性是否正常等情况。

⑥ 设备电气控制部件检查每季度不应少于 1 次，检查内容包括电气控制是否正常。

⑦ 设备应根据实际应用环境建立预警审核机制，避免假阳性情况。

（2）工控机

要保持工控机良好的工作性能，在日常使用中必须对它进行必要、合理的维护。首先要给工控机一个平稳的运行环境。如当机器对磁盘或硬盘进行读写操作时出现震动，驱动器会严重磨损或导致磁盘损坏。如果设备要靠墙放置，距离墙壁应有一定的间隙，以保证散热良好，否则会导致元器件快速老化。具体要做好以下几点：a. 机箱工控电源，注意尽量减少灰尘的进入，防止灰尘影响风扇的运行；b. 防止瞬时断电，以免对电脑造成损伤，应尽量配备不间断电源；c. 还应防静电、防雷击。

（3）系统软件

① 历史数据库的维护：系统可以保存大量的历史信息，主要的历史信息有图像数据、Excel 数据、权限设置等，这些数据都有各自的存放路径以供用户转存。

② 网络安全的维护：系统会根据用户需求设置访问权限，以防信息泄露。

③ 软件版本的维护：如软件版本有升级或者更新，应第一时间进行更新。

第 29 章 综合毒性在线监测仪（发光细菌法）

29.1 产品概述

20 世纪 60 年代，环境污染问题逐步受到人们的极大重视，越来越多的研究者致力于发展低廉、灵敏、快速的生物毒性检测方法。美国 Beckman 公司于 1978 年研制了一种生物发光光度计，即 Microtox 系统。从此，发光细菌毒性检测技术在全世界范围内得到了广泛应用。随着发光细菌检测方法的不断成熟，各国也纷纷建立了发光细菌生物毒性测试方法的国家标准，并开发出综合毒性在线监测仪（发光细菌法）。综合毒性在线监测仪是一种利用生物传感器，通过生物毒性测试方法对水质进行在线监测的设备。综合毒性在线监测仪的应用，从生物学的角度出发，利用相应的指示生物对所对应的水环境进行污染状况监测和评价。

29.2 产品分类

29.2.1 产品类型

综合毒性在线监测仪按照受试生物的不同可分为发光细菌法、生物鱼法、大型蚤法、藻类法以及微生物燃料电池法等，其中以发光细菌法和生物鱼法应用最为广泛。综合毒性在线监测仪（发光细菌法）以发光细菌为受试生物，通过对细菌发光强度的检测对水质进行评价。发光细菌在无毒性的水体中可以正常发光，但水体受到有毒污染物的影响时，发光便会受到抑制，受抑制程度与有毒污染物的浓度有较好的相关性。综合毒性在线监测仪（发光细菌法）使用新培养的发光细菌作为生物感应器。在发光细菌暴露到被检测样品前后检测发光强度，计算光损失百分比。常用发光细菌类型有费氏弧菌、明亮发光杆菌和青海弧菌等，其中费氏弧菌、明亮发光杆菌属于海洋细菌，青海弧菌属于淡水细菌。

29.2.2 性能指标

参照相关标准规范，产品主要性能指标包括抑制率、半数效应浓度（EC_{50}）、零点漂移、平均无故障连续运行时间、温度控制误差、重复性等。结合生产企业和用户关注的主要问题，还应包括安装环境要求、受试生物更换频率、运行维护频率、维修频率、控制系统的自动化程度以及防水防腐防震等性能指标。综合毒性在线监测仪（发光细菌法）的性能要求应符合《城镇供水水质在线监测技术标准》（CJJ/T 271—2017）等标准的有关规定。

① 抑制率：在规定条件下，待测水样与发光细菌接触后，细菌发光强度变化的百分比。

② 半数效应浓度（EC_{50}）：能引起 50% 毒性效应的浓度，指发光细菌发光强度或产电细菌产电量降低达到 50% 时毒性物的浓度。

③ 零点漂移：以新制备的纯水为试样连续测试，综合毒性在线监测设备的指示值在一定时间内变化的幅度。

④ 平均无故障连续运行时间（MTBF）：水质综合毒性在线监测设备在规定的评价期内运行时间与发生故障次数的比值。

29.3　产品相关标准

（1）国外相关标准

综合毒性在线监测仪（发光细菌法）相关标准体系表见表 29-1。目前，国际标准化组织和其他各国标准化机构没有制定针对综合毒性在线监测仪产品的相关标准，只是针对急性毒性检测方法制定了相关标准。主要有《水质测定水样对于发光细菌的抑制效应测定》（ISO 11348-3:2007）、《水质　水样对弧菌类光发射抑制影响的测定（发光细菌试验）　第 3 部分：使用冻干细菌法》（NF T90-320-3:2009）、《使用发光海生细菌毒性试验法评定化学污染的水和土壤微生物去毒的标准试验方法》（ASTM D5660:1996）。

相关标准体系见表 29-1。

表 29-1　标准体系表

标准类型	具体标准
基础标准	《水质测定水样对于发光细菌的抑制效应测定》（ISO 11348-3:2007） 《水质　水样对弧菌类光发射抑制影响的测定（发光细菌试验）　第 3 部分：使用冻干细菌法》（NF T90-320-3:2009） 《水质　急性毒性的测定　发光细菌法》（GB/T 15441—1995） 《使用发光海生细菌毒性试验法评定化学污染的水和土壤微生物去毒的标准试验方法》（ASTM D 5660:1996）
通用标准	《城镇供水水质在线监测技术标准》（CJJ/T 271—2017） 《生物毒性水质自动在线监测仪技术要求　发光细菌法》（DB44/T 1946—2016） 《城镇给水综合毒性在线监测设备通用技术规则》（T/CAQI 146—2020） 《发光细菌法水质生物综合毒性在线监测仪技术要求和应用指南》（T/CAQI 188—2021）

①《水质测定水样对于发光细菌的抑制效应测定》（ISO 11348-3:2007），该标准规定了采用海洋细菌 *Vibrio fischeri* (NRRL B-11177）冻干粉进行水样急性毒性测定的方法。

②《水质　水样对弧菌类光发射抑制影响的测定（发光细菌试验）　第 3 部分：使用冻干细菌法》（NF T90-320-3:2009），法国标准化协会颁布该标准，规定了采用 *Vibrio fischeri* 冻干粉进行水样急性毒性测定的方法。

③《使用发光海生细菌毒性试验法评定化学污染的水和土壤微生物去毒的标准试验方法》（ASTM D5660–1996），该标准规定了采用发光细菌 *Photobacterium phosphoreum* 进行急性毒性测试的方法。

（2）国内相关标准

目前，我国发布了 1 项关于急性毒性测试方法标准及 4 项综合毒性在线监测仪产品标准：《水质　急性毒性的测定　发光细菌法》（GB/T 15441—1995）、《城镇供水水质在线监测技术标准》（CJJ/T 271—2017）、《生物毒性水质自动在线监测仪技术要求　发光细菌法》（DB44/T 1946—2016）、《城镇给水综合毒性在线监测设备通用技术规则》（T/CAQI 146—2020）、《发光细菌法水质生物综合毒性在线监测仪技术要求和应用指南》（T/CAQI 188—2021）。

①《水质　急性毒性的测定　发光细菌法》（GB/T 15441—1995），该标准规定了采用明亮发光杆菌 T3 种水样急性毒性进行测试的方法。检测方法是将 T3 与水样液态混合，用生物毒性测试仪进行检测。检测结果以相对发光强度表示，并将其换算成该毒性大小相对应的 $HgCl_2$ 浓度，即毒性大小以 Hg^{2+} 的含量标定。

②《生物毒性水质自动在线监测仪技术要求　发光细菌法》（DB44/T 1946—2016），该标准规定了生物毒性水质自动在线监测仪（发光细菌法）的性能指标、测量方法和技术要求。

③《城镇供水水质在线监测技术标准》（CJJ/T 271—2017），该标准在附录中对综合毒性仪（发光细菌法）技术要求进行了规定。

④《城镇给水综合毒性在线监测设备通用技术规则》（T/CAQI 146—2020），该标准规定了发光细菌法、鱼类行为法、微生物燃料电池法三类水质综合毒性在线监测设备通用的术语和定义、性能指标、技术要求。该标准适用于城镇给水综合毒性在线监测设备的应用选型、性能检验及验收。

⑤《发光细菌法水质生物综合毒性在线监测仪技术要求和应用指南》（T/CAQI 188—2021），该标准规定了发光细菌法水质生物综合毒性在线监测仪的技术要求、安装与验收、运行维护及管理等内容。该标准适用于采用费氏弧菌、明亮发光杆菌或青海弧菌作为受试生物的水质生物综合毒性在线监测仪对供水系统及水源水等水质的监测及预警，特别是对突发性水污染事件的报警。

29.4　产品选择

29.4.1　应用范围

地表水及地下水、进出水厂水体、二次供水水体，河流、湖泊以及水库的原水等水质综合毒性监测与预警，以及突发性水污染事故监测，可应用综合毒性在线监测仪进行监测与预警。

（1）日常不明污染物检测

常规分析受实验室能力和成本限制，分析的指标非常有限。日常检测中可以加一项毒性检测，能排除不明污染物可能造成的严重影响。

（2）非常见危险品翻车、翻船应急检测

如果出现翻车、翻船事故，车、船上的有毒物质又是不常见的或未知的，这时理化方法

检测存在极大的盲目性，生物毒性检测可以很快判断事故对水质影响的严重程度。

（3）多种毒性物污染事故应急检测

当一次事故中有多种污染物时，这些污染物的相互作用效果很难用理化方法评估，生物毒性是很好的综合评估技术。

（4）在线水源预警

水源预警自动站如果只用常规水质参数，大多数情况下很难检测到污染发生，因为很多污染物不会引起常规参数的显著变化，只有生物毒性技术才是最好的预警技术。

（5）确认性应急检测

当自来水出现异常情形时，生物毒性技术可以确认污染物的毒性大小，为决策做到心中有数。

29.4.2　产品价格

近年来国产设备性能日益提升，市场占有率逐步上升。根据市场需求情况，进口设备价格为 40 万～ 50 万元 / 台，国产设备价格为 29 万～ 35 万元 / 台。因进口设备配套的进口试剂价格较高，其运行成本比国产设备高。

29.4.3　选型指南

综合毒性在线监测仪（发光细菌法）可以选择费氏弧菌、明亮发光杆菌或青海弧菌中一种作为其生物传感器，其中费氏弧菌应用最为广泛，明亮发光杆菌次之，青海弧菌应用较少。具体产品选型可根据水质条件、使用条件、产品性能、产品价格进行选择，一般情况如下。

（1）总体原则

① 优势：灵敏性、可靠性高，可确定是化学污染还是病毒污染。

② 劣势：受水质条件变化影响，需选择性配置预处理装置；对部分有机污染物敏感；运行成本偏高。

主要产品有 Microtox、TOXControl、杭州绿洁 GR-8800、力合科技 LFTOX-2010、朗石 Lumifox8000 等。

参照生物综合毒性在线监测仪生产制造厂家的技术手册，依据重复性、分辨率、EC_{50} 浓度、零点漂移、温控误差、标样核查等参数指标进行仪器选型。同时考虑仪器运行成本、售后服务等因素，尤其是所使用发光细菌冻干粉试剂的来源稳定性及成本。

（2）水质条件要求

① 浊度：浑浊的或含有不沉淀颗粒物的地表水样本，样本的浑浊可能引起不明确的发光增强或减弱。被测水体的浊度应小于 20NTU，高于 20NTU 时应选配专业去浊装置。

② 色度：样本的颜色可能引起不明确的发光增强或减弱。如果有明显的颜色（特别是红、棕或黑色），可能会吸收光而影响测试精度。色度高于 29 时应采取措施去除色度干扰。

③ 余氯：被测水体氯含量会影响细菌试剂的活性，从而影响测试结果。被测水体的余氯应＜ 0.05mg/L，＞ 0.05mg/L 时应选配脱氯装置。

④ pH 值：样本的 pH 值可能以一种不可预测的方式影响测试结果。当 pH 值在 6.0 ～ 8.0

之间时，测试试剂表现出良好的发光性；当样本的 pH 值超出这个范围会影响毒性检测，应当采取措施排除 pH 值对测试准确性的影响。

29.5 运输储存

29.5.1 包装

产品应按规定的包装图样进行包装，并附有装箱单、产品合格证及使用说明书。

29.5.2 运输

产品在运输时，不能将其包装打开，也不能损坏包装箱，存放地点必须避免潮湿、雨淋、暴晒。

29.5.3 储存

产品在储存时，不能将其包装打开，也不能损坏包装箱，存放地点必须避免潮湿、雨淋、暴晒。产品包装后，库存时间超过一年未出厂的应重新检查出厂试验项目。

29.5.4 储存条件

① 环境温度：−10 ～ 60℃。

② 相对湿度：≤ 90%。

③ 周围不得有酸性、碱性或其他腐蚀性气体。

29.6 安装要求

29.6.1 硬件设备

① 设备在出厂时已装配完成，无需用户进行烦琐的安装操作，用户在使用之前只需将主电源线连接至（220±20)V、(50±0.5)Hz 的交流电，并将水样进出管、自来水进出管连接至设备中（监测水源压力 >0.15MPa、自来水压力 >0.2MPa），即可开机运行。

② 设备应放置在干燥阴凉的室内，避免阳光直射；设备应落地安装，并有必要的防震措施，保证设备安装牢固稳定。

③ 在仪器的背部必须留有至少 80cm 的空间，以备各种管道及线路的连接及售后和维护时打开后门。具体要求也可和生产方定制。

29.6.2 监测站房

参照 28.5.2 要求执行。

29.6.3　水路安装

① 被测水样：被测水样与仪器之间的距离需 <5m，以确定每次所测试的水为新取样的时效水。被测水分为静止水和流动水。流动水水压控制在 3MPa 以内；静止水多为水槽存水，容量计算为：

$$V=t\times d\times 4.5\ (\mathrm{mL}/次)$$

式中　t——下次取水时间，h；

d——每小时测量次数，次 /h。

所用取水管为 Φ6mm 软管，长度根据现场情况决定。

② 水样浊度＜ 400NTU 为好，超过需配备水样前处理模块。

③ 参考水样：所用管子为 Φ6mm 软管，耗量取决于清洗的次数，并可调，参比水样桶在试剂储存室。

④ 废水排放管道：内径为 6mm ；含毒废液须收集并妥善处理，其他废液可直接排放。

29.6.4　供电系统

参见 28.5.3 部分相关内容。

29.7　运行维护

29.7.1　试剂添加、更换

按照厂家运行维护手册及实际测试情况及时添加或者更换发光细菌悬浊液、硫酸锌溶液、盐水、纯净水。

生物综合毒性在线监测仪配套使用试剂为发光细菌冻干粉试剂盒，该冻干粉试剂需要 −18℃以下低温运输及储存。因此需用户自行配备冰箱，冷冻层（−18℃以下）用于存放发光细菌冻干粉试剂，冷藏层（2 ～ 4℃）用于存放发光细菌培养液。

29.7.2　耗材的更换

按照厂家运行维护手册及实际测试情况及时更换进样注射器、软管和取液吸头。

29.7.3　设备的保养

按照厂家运行维护手册定时对仪器水路模块、试剂储存模块、菌池、反应检测模块、磁力搅拌子、空调过滤网等进行清洗清理。

29.7.4　校正因子测定

性能测试、检验及检测过程中应测量空白对照通道中反应后的发光量与反应前的发光量的比值，作为发光细菌受纯水影响的校正因子（CF 值），CF 值应在 0.6 ～ 1.8 之间。当测量结果不符合要求时应更换发光细菌或进行仪器维护。

29.7.5 重复性测定

应每 3 个月进行 1 次重复性试验，检测方法参照《城镇供水水质在线监测技术标准》（CJJ/T 271—2017），检测结果应在 ±5% 之内。当检测结果不符合要求时，应及时检验。检验频率不应小于每月 2 次。

29.7.6 现场巡查和通信检查

运维人员应定期进行现场巡查，现场巡查频率不应小于每周 1 次。

设备通信检查每两周不应少于 1 次，检查内容包括报警信息通信是否正常。设备检查每两周不应少于 1 次，检查内容包括管道水流是否畅通，设备内部是否出现漏水、渗水、漏电等问题及发光细菌是否正常等。

29.7.7 电器检查

设备电气控制部件检查每季度不应少于 1 次，检查内容包括电气控制是否正常。

29.8 注意事项

设备应根据实际应用环境建立预警审核机制，避免假阳性情况。

应对历史数据库、网络安全、软件版本进行不定期维护。网络安全的维护：系统会根据用户需求设置访问权限，以防信息泄露。软件版本的维护：如软件版本有升级或者更新，应第一时间进行更新。

综合毒性在线监测仪（发光细菌法）常见问题及处理方法见表 29-2。

表 29-2 综合毒性在线监测仪（发光细菌法）常见问题及处理方法

<table>
<tr><th>问题现象</th><th>原因分析</th><th>处理方法</th></tr>
<tr><td>分析仪连接电源后面板无显示</td><td>电脑电源适配器连接线松动</td><td>检查电源适配器并接通</td></tr>
<tr><td rowspan="2">电脑显示屏触摸不准</td><td>显示屏漂移</td><td>进行“4 点校准”</td></tr>
<tr><td>其他</td><td>联系厂商 / 供应商</td></tr>
<tr><td rowspan="2">储菌模块、反应模块温度出现异常</td><td>温度漂移</td><td>进行“温度校准”</td></tr>
<tr><td>风扇停止工作
温度传感器损害
制冷模块损坏
其他</td><td>联系厂商或供应商</td></tr>
<tr><td rowspan="2">空调不制冷</td><td>空调设置温度高于机箱内温度</td><td>重新设置空调温度</td></tr>
<tr><td>空调损坏</td><td>联系厂商或供应商</td></tr>
<tr><td>复位过程中上行程开关、下行程开关错误 / 左行、右行错误</td><td>行程开关损坏</td><td>联系厂商或供应商</td></tr>
<tr><td rowspan="2">模块不降温、风扇不转、电机不工作</td><td>空调不制冷、仪器自动保护</td><td>重启毒性仪，若仪器正常运行且空调不制冷请联系厂家</td></tr>
<tr><td>电路故障</td><td>联系厂商或供应商</td></tr>
</table>

第30章 颗粒计数仪

30.1 产品概述

在线颗粒计数仪（on-line particle count monitor），能够检测出被测水样中颗粒物的粒径和各粒径对应的颗粒物数量。在水厂的混凝、沉淀、过滤及膜工艺中，能实时监测到各环节水中颗粒物的数量和粒径分布，对水厂水质监控，优化混凝、降低药剂成本，监测优化和评估过滤效果，实时监测膜穿透与断丝以及管网的水质监测与安全预警都具有十分重要的意义。

颗粒计数仪使用更精确的激光二极管光源，形成一束非常狭小又非常明亮的激光，垂直入射被检测的液体流向，颗粒物通过时就会阻挡光束，产生光强的变化，这种瞬时的光强变化引起光电二极管接收电压信号的变化，每一个颗粒物通过光束时引起一个电压脉冲信号，脉冲信号的多少反映了粒子的数量。不同粒径大小的颗粒物产生的电压信号的变化不同，它与被检测的颗粒物的截面积成正比，不同粒径的颗粒物数目用不同的测量频道获得。颗粒物分析仪系统的测定结果可以直接反映颗粒物的物理参数。

在进行净水厂水质分析以及检测过程中，利用颗粒计数和检测方法可以分析沉淀池和滤池出水中颗粒物质的尺寸和数量，精细控制出水水质。具体应用有：采用强化混凝工艺可以显著提高水中污染颗粒物的去除效果，检测人员可根据水质指标的变化及时准确地调节混凝处理单元，降低沉淀池出水浊度；采用适宜的颗粒计数检测分析方法监测滤后水，可改善过滤工艺流程，延长滤池工作周期，完善反冲洗环节，保障过滤出水的安全性；颗粒计数检测技术还可用于水中病原微生物数量检测，有效控制水中生物污染程度，提升水质安全。

30.2 产品分类

30.2.1 产品分类

现有的颗粒计数仪所运用的技术又分为以下几种。

（1）遮光技术

在此类仪器中，流动水样含有的颗粒物可遮挡由发光二极管发出的光束和脉冲，颗粒物含量与颗粒物的投影面积成正比。遮光型颗粒计数仪的检测幅度较大，1 ～ 100μm 的颗粒均可分辨，而且在相同粒径范围内，其测量精确度较散射型高，成本也低，可用来监测原水水质和处理过程。

（2）电气遥感技术

该技术将水样稀释于电解液中，通过两个有恒定电压的电极，当颗粒物通过传感区，会引起电阻的变化，电阻与颗粒体积成正比，通过计算颗粒体积转换为颗粒粒径以及浓度。

（3）激光散射技术

水样品里面的微小粒子通过检测通道，激光光束照射到样品，水中颗粒物遮挡了光线，在光电检测器上留下阴影，检测器检测光线的消光度。光散射型颗粒计数仪的检出下限低（＜ 0.5μm），其检出上限在＜ 20μm，对直径＞ 20μm 的颗粒只计总数而不区分大小。由于滤后水中小颗粒多，而直径＞ 20μm 的大颗粒数量少，因而适合使用光散射型颗粒计数仪。

颗粒计数仪器安装应用场景主要分为台式颗粒计数仪和在线颗粒计数仪。

30.2.2 性能指标

颗粒计数仪是采用非常狭小又非常明亮的激光光束垂直入射被检测的液体流向，颗粒物通过时就会阻挡光束，产生光强的变化，这种瞬时的光强变化引起光电二极管接收电压信号的变化。不同粒径大小的颗粒物产生的电压信号的变化不同，它与被检测的颗粒物的截面积成正比。每一个颗粒物通过光束时引起一个电压脉冲信号，脉冲信号的多少反映了粒子的数量。不同粒径的颗粒物数目用不同的测量频道获得，颗粒计数仪系统的测定结果可以直接反映颗粒物的物理参数。

（1）分辨率

分辨率指测量粒径的统计精度。分辨率用百分比来表示。颗粒计数仪的分辨率（解析度）与实测颗粒物的粒径有关，对同一台设备来讲，一般粒径越小，分辨率越大。在比较分辨率时要比较在同一粒径时的数值，而不看粒径之比数值是没有任何意义的。

（2）流量相对误差

流量相对误差指颗粒计数仪测量颗粒物时对水流的流量检测相对误差。因为颗粒计数仪要计算用户最关心的单位体积的颗粒物数量，即要用检测的颗粒物数量除以检测期间流经计数仪的水的总体积。因而，流量的误差直接关系到最后检测结果的精度。

（3）测量范围

不同的检测传感器设计的测量范围不同，一般从 1μm 到 1mm。一般情况下，随着测量范围的加宽解析度会下降。

（4）信噪比

信噪比是一个与测量范围下限相关的参数，实际上是下限测量值的确定性的标志，具体意义是在测量厂商宣称的测量范围的下限粒径的颗粒物时检测到的信号幅度与机器本身的噪声信号的特征幅度的比值。这个比值越大，说明能辨认检测信号的确定性越强；反之就越不确定。

（5）计数效率

计数效率即计数误差。

（6）相对误差

相对误差指颗粒计数值的相对误差，用百分比表示。同一台计数仪的一致性随所测样品中颗粒物浓度的增加而增加，也就是说在颗粒物浓度很低时所测值与实际值相符得非常好。当颗粒物浓度增高时，所测计数与实际颗粒物数会出现差异，浓度越高，误差越大。

30.3　产品相关标准

颗粒计数仪相关标准体系表见表 30-1。

表 30-1　标准体系表

标准类型	具体标准
技术手册	《浙江省城市供水现代化水厂评价标准（2018 版）》 美国 EPA 膜过滤指南手册（Membrane Filtration Guidance Manual，2005） 新西兰饮用水水质指标（Drinking-water Standards for New Zealand，2005） 澳大利亚水质指导方针（National Water Quality Management Strategy Australian Drinking Water Guidelines 6，2004）
通用标准	《城镇给水颗粒计数在线监测仪应用技术规程》（T/CAQI 152—2020） 《液体颗粒计数器检定规程》（JJG 1061—2010） 《城镇供水水质在线监测技术标准》（CJJ/T 271—2017） 《城镇给水膜处理技术规程》（CJJ/T 251—2017）

（1）国外相关标准

国际标准化组织和美国标准化机构没有针对颗粒计数仪产品制定相关标准，只是针对其在水质监测中的应用提出一些规定。包括美国 EPA 膜过滤指南手册（Membrane Filtration Guidance Manual）、新西兰饮用水水质指标（Drinking-water Standards for New Zealand, 2005）、澳大利亚水质指导方针（National Water Quality Management Strategy Australian Drinking Water Guidelines 6，2004）。

① 美国 EPA 膜过滤指南手册（Membrane Filtration Guidance Manual，2005），是由美国环境保护局，地下水、饮用水管理局，标准和风险管理局，技术支持中心联合编写的。该指南手册的目的是为膜过滤的使用和应用技术提供信息技术，设计符合远期要求的地表水处理工艺以及其他的辅助技术指导。该指导手册第 5 章的目的在于描述间接完整性监测最普遍使用的技术，并讨论其满足 LT2ESWTR（the long term 2 enhanced surface water treatment rule）的使用，也谈及选择其他间接完整性监测法的考虑。颗粒计数与监测：讨论颗粒计数或颗粒监测作为间接完整性监测中浊度监测的一种替代的方法使用，包括应用方法、控制界限、优点及局限。

② 新西兰饮用水水质指标（Drinking-water Standards for New Zealand, 2005）。这个标准具体说明了如何运用新修订的水质标准并遵从准则，以及怎样对饮用水水质和安全性进行评估，其中包含了多条关于颗粒计数仪的应用规定。其中规定了去除水中原生动物的标准优选

方法为，选用传统絮凝沉淀和过滤的工艺的水厂可选用浊度仪评估颗粒物去除率，选用硅藻土过滤和等速砂滤工艺的水厂需要检测浊度或者（若颗粒计数与滤池的过滤效率模型已建立）应选用颗粒计数仪来评估颗粒物去除率。

③ 澳大利亚水质指导方针（National Water Quality Management Strategy Australian Drinking Water Guidelines 6，2004）中，将水中颗粒物含量归入水质监测的参数中，并多次提到浊度指标也可以用颗粒物含量代替。

（2）国内相关标准

目前，我国发布了 3 项关于颗粒计数仪产品的相关标准及 2 项关于颗粒计数仪应用指导的标准。包括《城镇给水颗粒计数在线监测仪应用技术规程》（T/CAQI 152—2020）、《液体颗粒计数器检定规程》（JJG 1061—2010）、《城镇供水水质在线监测技术标准》（CJJ/T 271—2017）、《城镇给水膜处理技术规程》（CJJ/T 251—2017）、《浙江省城市供水现代化水厂评价标准（2018 版）》。

①《城镇给水膜处理技术规程》（CJJ/T 251—2017），该标准规定了采用中空纤维膜的微滤或超滤分离方式，新建、扩建或改建的城镇永久性给水工程的设计、施工、验收及运行管理要求。规程 8.2 检测中对颗粒仪配置及取样管道要求做出相关规定。

②《城镇给水颗粒计数在线监测仪应用技术规程》（T/CAQI 152—2020），该标准规定了城镇给水颗粒计数在线监测仪的一般规定、性能要求、安装与验收以及运行维护管理。适用于光阻法原理的城镇给水颗粒计数在线监测仪在城镇给水厂工艺过程中水、出厂水的水质监测，管网水质监测可参考使用。

③《液体颗粒计数器检定规程》（JJG 1061—2010），该标准规定了采用光阻法、电阻法原理测量液体中微米级固体颗粒粒径和数量浓度的液体颗粒计数器（血细胞分析仪除外）的首次检定、后续检定和使用中检验方法。

④《城镇供水水质在线监测技术标准》（CJJ/T 271—2017），该标准在附录中对颗粒物在线监测技术要求进行了规定。

⑤《浙江省城市供水现代化水厂评价标准（2018 版）》，该标准用于指导浙江省城市供水企业净水厂的现代化建设与管理。2.6 膜处理一节中对膜出水颗粒数评价内容、方法、要求进行了规定。

30.4 产品选择

颗粒计数仪使用更精确的激光二极管光源，形成一束非常狭小又非常明亮的激光，垂直入射被检测的液体流向，颗粒物通过时就会阻挡光束，产生光强的变化，这种瞬时的光强变化引起光电二极管接收电压信号的变化，每一个颗粒物通过光束时引起一个电压脉冲信号，脉冲信号的多少反映了粒子的数量。不同粒径大小的颗粒物产生的电压信号的变化不同，它与被检测的颗粒物的截面积成正比，不同粒径的颗粒物数目用不同的测量频道获得。颗粒计数仪系统的测定结果可以直接反映颗粒物的物理参数。当颗粒物浓度增大时，颗粒物计数误差会增大。计数误差为 10% 时，业内认为是一个临界点。也就是说＞ 10% 的误差是不可接受的。所以各厂家把出现 10% 误差的临界浓度认为是可检测的最大颗粒物浓度。仪器的选择应根据不同水质特点，确定相应的参数。

30.4.1 性能参数

仪器测试条件及使用条件均应参考厂家提供的技术手册，国内主流厂商在线颗粒计数仪性能参数见表 30-2。

表 30-2　主流厂商在线颗粒计数仪性能参数

性能指标	厂商 1	厂商 2	厂商 3	厂商 4
敏感度	2μm	2μm	2μm	1.5μm
分辨率	9%-2μm 5%-10μm	—	—	9%-1.5μm 5%-10μm
计数效率	98%-2μm	—	—	98%-1.5μm
一致性	18000	—	15000	18000
通道数	8	8	6	8
测流精度	2%	—	—	2%
测量范围	2 ～ 400	2 ～ 400	2 ～ 400	1.5 ～ 400
信噪比	3∶1	—	3∶1	＞3∶1
仪器面板的显示及操作功能	面板有操作按钮，通过切换可直观地查看被测水八通道的颗粒物数量	面板无按钮，只能显示一个通道的颗粒物量，而且切换麻烦，需外置电脑连接才能更改	面板有操作按钮，通过切换可直观地查看被测水八通道的颗粒物数量	全中文操作界面，直接显示八通道和总的数据及流量等指标
配套专用分析软件	自带汉化版分析软件，通过 RS485 模式的连接，可同时查看 32 台颗粒物分析仪的颗粒物数量及变化曲线，可做数据保存，带报警功能	无	无	自带汉化版分析软件，通过 RS485 模式的连接，可同时查看 32 台颗粒物分析仪的颗粒物数量及变化曲线，可做数据保存，带报警功能
配套通信模块	RS232、RS485、ModBus 通信模块、4 ～ 20mA 通信模块、以太网可供选择	4 ～ 20mA 模块、RS232、RS485，全部进口配件，与国内很多用户终端不匹配	同 HACH 产品类似	RS232、RS485、ModBus 通信模块、4 ～ 20mA 通信模块、以太网可供选择，完全国产化
仪器形式	有在线、台式两款	只有在线式	只有在线式	有在线、台式两款

30.4.2 应用范围

颗粒计数仪广泛应用于油田废水处理、膜工艺、水产养殖、材料等行业。作为颗粒计数仪的一个重要的应用领域，给水处理行业正逐步将这种新型的水质监测手段用于水厂生产的各个阶段。在水厂中，颗粒计数仪主要用于监测水质以及改善处理工艺，通过监测水中颗粒，改变混凝剂与絮凝剂的投放量，优化过滤工艺，并提高处理后的水质。

（1）优化混凝剂投加量

浊度仪是检测混凝剂投加效果的传统手段，但是浊度并不能真实反映投加效果，因为浊度只是表征水体浑浊程度的综合指标，浊度的测量原理决定其本身不能很好地表征颗粒物数量和动力学特性，特别是不能表征絮凝中颗粒物是否从小变大的过程；另外，浊度测量的滞后性也使其不能及时反映絮凝效果。而颗粒物分析仪可用来实时监测絮凝过程中颗粒物的动力学变化结果，为优化絮凝过程的设计和操作提供可靠的依据。

（2）监控优化过滤过程

目前，国内水厂对滤池运行情况的在线监控仍是以浊度仪为主，但是对于浊度降至0.1NTU甚至更低的滤后水，由于测定值处于浊度仪的检测下限，难以准确反映水质的变化状况。因此，仅以浊度作为滤池出水水质的监测参数难以有效地保证出水的卫生安全性。监测和优化过滤过程是颗粒计数仪最重要的应用之一。通过使用颗粒计数仪监测滤池的进水、出水，可以得到很多信息，并根据这些信息对滤池进行优化，准确选择滤池的反洗时间，大量节省反洗用水、及时发现滤池穿透、监测滤池效率。

（3）生物活性炭工艺水处理的水质监测

目前，常规水处理工艺已难以应对当前严重的水体微污染问题。活性炭技术以其显著的优势成为去除有机污染物最常用和有效的深度净化技术之一。活性炭的吸附作用和蓄积在活性炭表面微生物的生物降解作用显著提高了其去除污染物的效率，而臭氧的使用强化了活性炭技术的吸附和生物降解。有研究结果表明：BAC池运行周期越长，运行周期中的出水细菌数波动范围就越大，出厂水中细菌被检出的风险也越高；在生物活性炭池出水浊度≤0.1NTU的情况下，出水中2μm以上粒径的颗粒物浓度依然偏高，存在尺寸2～5μm范围的隐孢子虫潜在威胁。

（4）膜法水处理的水质监测

超滤膜分离技术不仅可以有效去除水中的颗粒物，完整性良好的中空纤维超滤膜还可以完全去除水中抗氯的隐孢子虫和贾第鞭毛虫，净水效果良好。随着超滤膜在净水处理中的应用越来越广泛，如何监测水中的颗粒物数量及膜的完整性以确保水质达标和饮用水安全显得尤为重要。颗粒计数检测技术可以计数水中颗粒物的大小和数量，识别水中颗粒物的细微变化，补充浊度指标，弥补常规水质监测手段的不足，为水质分析提供更科学的依据。

（5）水质监测“两虫”替代检测

贾第鞭毛虫（*Giardia*，虫体直径2～5μm）和隐孢子虫（*Cryptosporidium*，虫体直径5～10μm）（以下简称“两虫”）是两种严重危害水质安全的原生寄生虫，主要通过饮用水和食品等途径传播疾病，由于卵囊和孢囊的表面包裹着一层较厚的囊壁，因此具有非常强的环境抗性，常规消毒工艺的氯浓度不能有效灭活隐孢子虫和贾第鞭毛虫，它们通过水厂构筑物进入供水管网，威胁人们健康。为了保障饮用水安全，实施优质供水，建设部在2005年6月1日正式实施的《城市供水水质标准》（CJ/T 206—2005）中增加了贾第鞭毛虫和隐孢子虫的微生物指标，要求小于1个/10L水。2023年4月1日实施的《生活饮用水卫生标准》（GB 5749—2022）中规定饮用水中贾第鞭毛虫和隐孢子虫小于1个/10L水。

现有的“两虫”检测技术存在操作过程复杂、检测周期长、回收率低、可靠性差、敏感度较低等问题，对分析人员的专业素质要求很高，难以作为水厂的常规分析指标。然而，各种病原微生物个体都可以认为是以颗粒形态存在的，所以控制各类颗粒物质的总体数量，实际上就从总体上限制了病原微生物可能的数量。颗粒物分析仪系统可以定量检测出水颗粒物的量，能取代生物测试法来检测出厂水水中的病原微生物，为贾第鞭毛虫和隐孢子虫的监测提供有力的依据，有效地保障饮用水的安全性。研究实验表明，当水处理过程中将出水中粒径＞ 2μm 的颗粒物数量限制在每毫升 50 个以内时，出水中检测到贾第鞭毛虫和隐孢子虫的概率几乎为零。因此在国外，特别是美国、加拿大和欧洲，均已采用颗粒物分析仪作为代替手段来避免“两虫”给人类健康带来的危害。

（6）管网的水质监测与安全预警应用

城市供水是城市发展的命脉，是保障人民生活、发展生产建设不可缺少的物质基础，其已成为我国城市可持续性发展和建设的重要制约因素，而且直接关系到社会的稳定和经济的发展。由于水的不可代替性，牵动着城市各行各业、千家万户，所以城市供水一直是城市经济发展和人民生活的重要基础设施，具有极重要的地位。

城市发展中，城市管网也是在不断建立起来的。我国城市发展几十年了，到现在很多城市管网都年久失修，跑、冒、滴、漏现象严重。很多管内壁积结污垢、生物污染严重，使本来处理好的自来水又造成了二次污染，威胁人民群众的饮水安全。因此管网的水质实时动态监测将保障城市安全供水。激光颗粒分析仪是一个快速有效，能做到实时动态监测出厂、管网直至用户的供水水质，保障供水安全的强有力手段，通过监控出厂水与管网节点的颗粒物数量差别，快速有效地判断管网二次污染发生的管段和时间点。

30.4.3 产品价格

城镇给水行业使用的颗粒计数仪以光阻法原理为主，市场上涉及的品牌主要有杭州绿洁、美国哈希、美国 Chemtrac 3 个厂家，国产产品价格约为 5.5 万元，进口产品价格为 6 万元或更高。国产设备运行成本也低于进口设备。

30.4.4 选型指南

参照颗粒计数仪生产制造厂家的技术手册，依据测量通道数量、粒径范围（上下限）、粒径测量分辨力、粒径测量相对误差、颗粒数范围、计数相对误差、零点漂移、传感器无故障寿命等相关指标参数进行产品选型，同时考虑仪器运行成本、售后服务等因素。

30.5 运输储存

30.5.1 运输

产品在运输时，不能将其包装打开，也不能损坏包装箱，存放地点必须避免潮湿、雨淋、暴晒。

30.5.2 储存条件

① 环境温度 −10 ～ 60℃。

② 相对湿度≤ 85%。

③ 周围不得有酸性、碱性或其他腐蚀性气体。

④ 产品包装后，库存时间超过一年未出厂的，应重新检查出厂试验项目。

30.6 安装要求

30.6.1 设备安装

① 提供仪器以及相关的外围设备的物理固定位置。

② 提供仪器所有的设备电源、管道及电源配线。

③ 提供仪器所需的水源、出水口。

④ 提供仪器与外围设备之间的通信线路。

30.6.2 仪器物理安装

① 仪器整体要装配在垂直的平面例如墙壁上。用户要提供充足的墙壁面积便于仪器的安装，以及 220V、50Hz 交流电接口供仪器使用。

② 若仪器内附带干燥剂包，将干燥剂安放在仪器内的左下角部位（出厂默认安放在仪器壳体内部）。干燥剂需要进行定期的处理以恢复其除湿能力。当仪器内部相对湿度达到 30% 时，干燥剂需进行恢复处理。将需要恢复的干燥剂放于 200℃的烘箱内烘 1h，然后置于密封的容器内直到冷却，冷却后的干燥剂即可重复使用。

30.6.3 堰管的安装

堰管分三部分运输；堰管安装按装配图用生料带缠绕螺纹拧紧。将透明软管连接在堰管顶部及基部的软管倒钩接口上，作为溢水管。使用仪器安装面板上的管夹固定堰管。调整堰管高度，使堰管顶部距离仪器顶部大约 1000mm。将塑料管连接于堰管底部的出水口上，作排水用。将透明软管一端连接在滤杯的出水口处，另一端连接到激光传感器底部快插三通处。将牧羊杖管连接在激光传感器顶部的出水口处。将牧羊杖管的出水管放置于堰管下端的主排水三通管上。牧羊杖管的排水呼吸口必须保持开放的通气口，起到去气泡作用。拧紧滤杯，滤杯内有 80 目网筛，防止偶然性的大颗粒物堵塞激光传感器。堰管组件装配图，仪器、堰管详细连接见图 30-1、图 30-2。

30.6.4 取水系统安装

① 管路通水：关闭位于整个堰管装置底部的进水阀门，进水阀门一端接上接口并配合进水软管连接到供水管路。打开供水管阀门和进水阀门进行通水，水流将通过堰管系统进入仪器。

② 维持水压：水压过高时，水流会冲出堰管顶部，从而造成溢漏。为防止溢漏，必要时需要调整堰管进水阀门，控制供水流量为 200mL/min 左右。堰管顶部的溢流可以维持通过激光传感器的水压不变，从而保证进入设备的水样流量稳定。

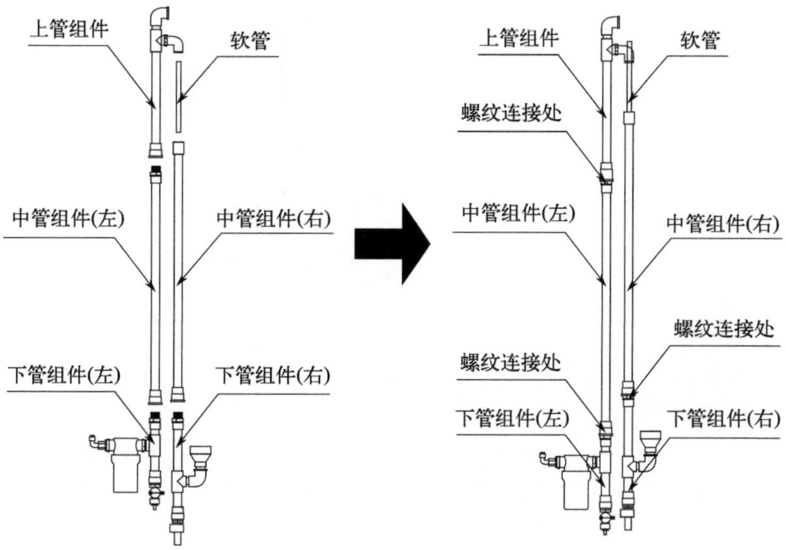

图 30-1　堰管组件装配图

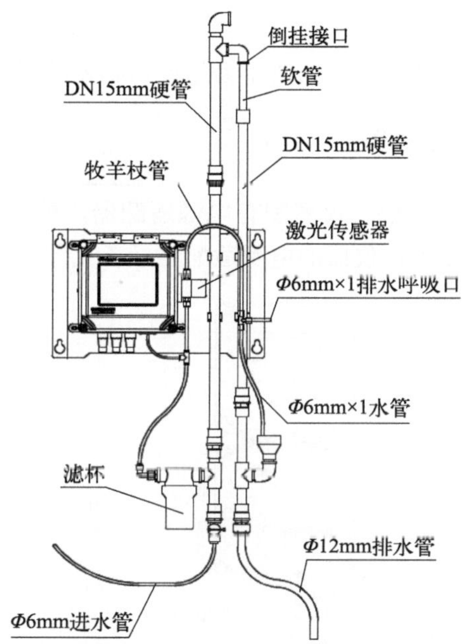

图 30-2　仪器、堰管详细连接图

③ 流量控制：整个水流正常稳定后，使用 100mL 量筒核验牧羊杖管的出水流量。测量时需要保证出水管道连续无气泡。如果流量不在 60mL/min（允许 ±2mL/min 的误差），调整堰管装置的高度（图 30-3），使流量达到核定要求。使用螺丝刀的手柄轻轻敲击连接激光传感器的管路，使在管路内的气泡释放出来，检查系统确保没有水流泄漏，并确保所有管路内的水体流动通畅。

④ 滤杯清洗：滤杯需要进行定期的检查及冲洗。在普通水质检测条件下（比如过滤池后的水质），滤杯每两周检查一次。然而，在被测水体中颗粒物较多的情况下，滤杯的检查要

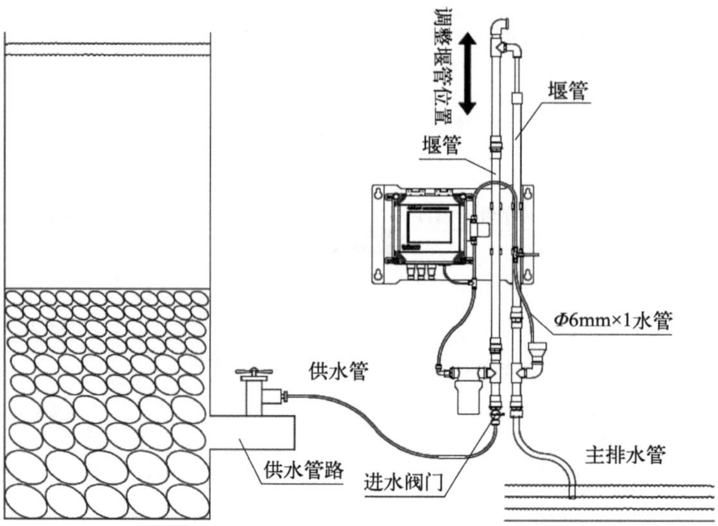

图 30-3　堰管位置调节

更加频繁。滤杯的作用是防止偶然出现的大颗粒将激光传感器堵塞，而仍然能够让所有的小颗粒通过分析仪。

注意：在任何时候都不能让仪器内部的压力超过传感器的最大承受压力。

30.6.5　仪器电源的安装

用户需要提供必要的电源插座，仪器配有电源适配器，外部电源要求是 220V、50Hz 交流电，电源适配器输出电压 12V，仪器的电源适配器示意见图 30-4。

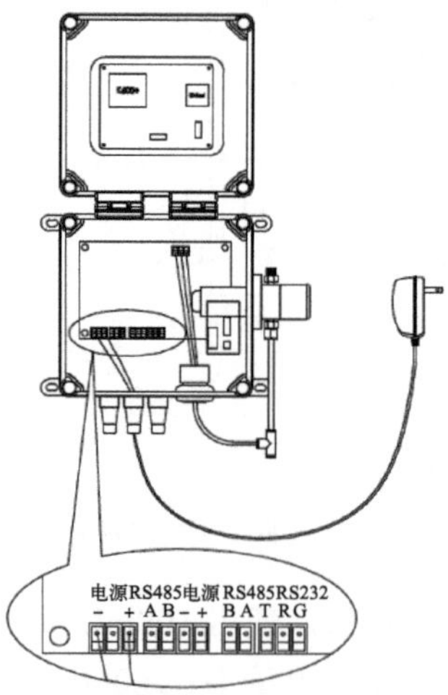

图 30-4　仪器的电源适配器

30.6.6　通信信号安装

将通信线路安装到仪器上时应该遵守以下规定：

① 必须使用合适的带有圆护套的线路，以维持仪器的稳定性。线路的端口接配最大线路

直径为$\frac{1}{4}$ in。

② 安装人员必须使用合适的塞子封闭所有没有使用的线路端口或者机箱端孔，以防水汽进入仪器引起损害。

③ 安装人员须将线路终端连接到仪器内部相应的连接端子上。仪器有 4 种通信端口可选，相对应有 4 种通信方式，分别是 RS232 通信、RS485 通信、4 ～ 20mA 输出和 ModBus 通信，分析仪自身支持 RS232 通信和 RS485 通信，如果需要 4 ～ 20mA 输出和 ModBus 通信，需要另外购置相关的模块。

主板通信设置：当选择 RS485 通信模式时，将 J301 和 J302 跳线置于 RS485 位置；选择其他通信模式时，将 J301 和 J302 跳线置于 RS232 位置。

30.7 注意事项

激光颗粒物分析仪需要进行预防性维护的有滤杯和激光传感器两个部件，维护周期的设定根据实际的水质情况确定。当滤杯中的网筛上附着了一层膜时应对滤杯进行清洗。在普通水质条件下，每 1 ～ 2 周需要清洗 1 次；对于其他不同的水质，应适当地延长或者缩短维护周期。如果激光传感器受到污染会出现异常读数，例如大于正常读数，或者出现“传感器异常”报警信息。激光传感器的清洗周期根据实际水质的情况确定，在颗粒物非常多的应用条件下清洗会比较频繁。

第 31 章 GC-MS 分析仪

31.1 产品概述

气相色谱质谱联用（GC-MS）技术始于 20 世纪 50 年代后期，随着计算机软件和电子技术的发展，此技术日益成熟，功能日趋完善，兼有色谱的分离效率高、定量准确以及质谱的选择性高、鉴别能力强、提供丰富的结构信息、便于定性等特点，广泛应用于生命科学、环保、材料、食品、药物开发等领域。

GC-MS 联用仪系统一般由五个部分组成，分别为进样系统（GC）、离子源（电子轰击电离源、化学电离源、解吸化学电离源等）、质量分析器 [离子阱分析器、四极杆分析器、飞行时间质量分析器（TOF）等]、检测器、数据处理系统；另外，辅助装置为真空系统。典型的 GC-MS 仪器的基本结构见图 31-1。

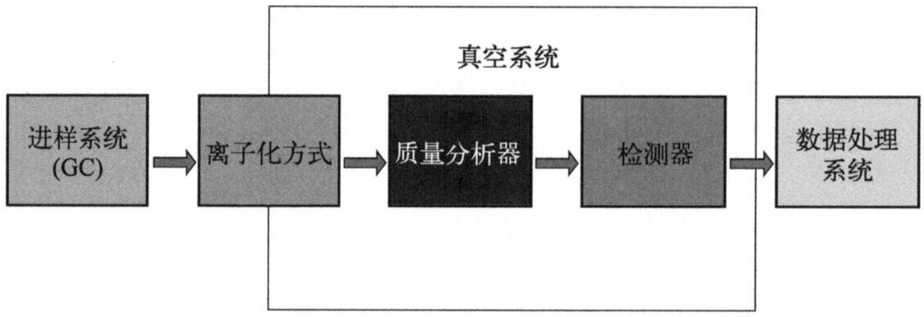

图 31-1　GC-MS 联用仪基本组成结构

31.2 产品分类

31.2.1 分类方法

目前世界上 GC-MS 技术较多，从质量分析器的技术而言，有四极杆质谱、离子阱质谱、飞行时间质谱、高分辨质谱、静电场轨道阱（Orbitrap）质谱和多检测器同时测量型质谱。表 31-1 叙述了常见质谱仪的类型和优点。

表 31-1 产品分类

质谱仪类型	优点
单四极杆质谱	（1）结构简单、成本低，维护简单； （2）SIM 功能的定量能力强
三重四极杆质谱	有串极功能，定性能力强；定量能力非常好，MRM 信噪比高于 QMS 的 SIM
离子阱质谱	结构简单、体积小，灵敏度高，实现多级质谱
飞行时间质谱	分辨能力好，速度快，质量上限高
高分辨质谱	分辨率高、质量准确度高
静电场轨道阱质谱	分辨率高、质量精度高
多检测器同时测量型质谱	可以同时具备其他质量分析器的优点

（1）国内外实验室 GC-MS 产品分类

从整体来看，实验室 GC-MS 产品根据应用一般可分为 3 类：

① 以定性为主、定量为辅的科研型 GC-MS；

② 以定量为主的检测类 GC-MS；

③ 针对某一种或几种特殊应用的 GC-MS。

科研型 GC-MS 常见于各大高校和研究所实验室，具体应用方向主要见诸科技论文（比如 SCI 期刊）等，国外厂家居多，例如岛津、安捷伦、赛默飞等。以定量为主的检测类 GC-MS，主要是四极杆类的，国外厂家包括安捷伦（Agilent）、岛津、赛默飞、布鲁克、珀金埃尔默（PerkinElmer）等，国内厂家包括聚光科技、东西分析、普析、天瑞仪器、舜宇恒平、天美等。这些 GC-MS 适用于国家标准，用于各个检测机构，是很多质谱厂商的首选市场。特殊应用的 GC-MS，一般首选是某个行业的应用，对于这类应用型 GC-MS，最重要的是：提供采集样品—给出结果的完整方案和良好使用体验。这类 GC-MS 主要应用于环境、食品安全、公安、国土安全、应急分析等领域，国内厂家居多，例如聚光科技、东西分析、禾信、天瑞仪器等。见表 31-2。

表 31-2 国内外实验室 GC-MS 的主要产品品牌与型号

市场	厂家	型号
进口	美国安捷伦	7000D、7010B
		5977B
		7250
	美国赛默飞	ISQ™ 系列
		TSQ 系列
		DFS-高分辨 GC/MS
	日本岛津	GCMS-QP2010 Ultra
		GCMS-TQ 系列
		GCMS-QP2020
	日本电子	JMS-Q1050GC
		JMS-800D

续表

市场	厂家	型号
进口	美国 PerkinElmer	Clarus SQ 8
	意大利戴安	MASTER
	英国雪迪龙	Series Ⅰ /Series Ⅱ
国产	东西分析	GC-MS3200
	聚光科技	Mars-6100
	谱育科技	EXPEC 3700
	江苏天瑞	GC-MS 6800
	浙江福立	Crystal 9000
	常州磐诺	AMD 10
	舜宇恒平	MSQ 8100
	安益谱	7700
	广州禾信	GCMS 1000

（2）国内外移动式 GC-MS 产品分类

近年来，面对一些突发性的环境污染问题时，因为常见的实验室 GC-MS 体积较大、配套设备较多，因此在大多数情况下无法用于现场监测分析，而从现场采样、运输、保存到最后的实验室分析可能是一个长达数天甚至数周的过程，这明显无法满足许多应急检测的需要。在此背景下，移动式 GC-MS 应运而生。

移动式 GC-MS 相比实验室 GC-MS，具有质量轻、空间结构紧凑、易于移动位置重新安装等优点，这类仪器一般自带电池和气体源，并配有样品泵、远距离或近距离交流选件等，启动迅速且样品分析时间短。移动式 GC-MS 的应用领域主要集中在环境监测、职业卫生等领域，因其适合于在野外现场直接使用，能实时给出分析结果，便于现场人员进行现场情况判断、确认、评估和标准处理程序。移动式 GC-MS 相当于可携带的小型实验室，主要分为两类：一类是将传统实验室 GC-MS 增加抗震性、减小体积并固定在载具上成为车载 GC-MS；另一类是独立设计的能快速给出结果的便携式 GC-MS。移动式 GC-MS 将先进的质谱技术和色谱技术小型化，在突发环境污染事件、爆炸物、化学危险品、毒品等方面的现场检验领域有着良好的应用价值。现在市场上移动式 GC-MS 的主要生产商有英福康、珀金埃尔默、菲力尔、安捷伦、聚光科技、东西分析、安益谱、广州禾信、盘福等，各厂家的产品情况见表 31-3。

表 31-3　国内外移动式 GC-MS 的主要产品品牌与型号

序号	市场	厂家	型号
1	进口	美国英福康	Hapsite ER
2		美国安捷伦	Agilent 5975T
3		美国菲力尔	Griffin G460
4		德国布鲁克	E^2M

续表

序号	市场	厂家	型号
5	进口	美国 PE	Torion T-9
6		日本电子	JMS-MT3010HRGA
7	国产	聚光科技	Mars-400 Plus
8		谱育科技	EXPEC 3500
9		东西分析	GC-MS 3110
10		安益谱	Mate11
11		广州禾信	GCMS 2000
12		盘福	QitVrnture 6

31.2.2　产品性质

气相色谱具有极强的分离能力，质谱对于未知化合物的鉴定能力独特且具有非常高的灵敏度，所以 GC-MS 是对复杂化合物分离和检测的最有力的工具之一；系统的生态运行模式能够使仪器处于待机状态时减少不必要的电能和载气损耗，节约了物料消耗；气相色谱和质谱联用不仅能获得样品中各化合物在气相中的保留时间、强度信息，还有在质谱中的质荷比和相对丰度，获取更多关于化合物的信息；具有全扫描（full scan）与选择离子扫描（SIM）模式，且均为实时采集，能够更加准确地对未知化合物进行定性定量分析；GC-MS 分析速度快，应用范围广，在工业检测、食品安全、环境保护、石油化工等领域都有着广泛的应用。

31.3　产品相关标准

GC-MS 分析仪标准体系见表 31-4。

表 31-4　标准体系表

序号	标准名称	标准编号
1	水质　28 种有机磷农药的测定　气相色谱 - 质谱法	HJ 1189—2021
2	水质　硝基酚类化合物的测定　气相色谱 - 质谱法	HJ 1150—2020
3	水质　嗅味物质的测定　固相萃取 - 气相色谱 - 质谱法	DB37/T 4162—2020
4	水质　硫醚类物质的测定　顶空 - 气相色谱 - 质谱法	DB37/T 4160—2020
5	水质　甲基叔丁基醚的测定　吹扫捕集 / 气相色谱 - 质谱法	DB46/T 482—2019
6	水质　氯苯类化合物的测定　固相萃取 - 气相色谱质谱法	SL/T 787—2019
7	水质　四乙基铅的测定　顶空 / 气相色谱 - 质谱法	HJ 959—2018
8	生活饮用水源水中多溴联苯醚的测定　气相色谱 - 串联质谱法	DB34/T 3100—2018
9	水质　多溴二苯醚的测定　气相色谱 - 质谱法	HJ 909—2017
10	生活饮用水及水源水中 7 种异味物质的测定　气相色谱 - 质谱法	DB22/T 2836—2017
11	水质　丁基黄原酸的测定　吹扫捕集 / 气相色谱 - 质谱法	HJ 896—2017

续表

序号	标准名称	标准编号
12	水质　松节油的测定　吹扫捕集 / 气相色谱 - 质谱法	HJ 866—2017
13	水质　仲丁威等 8 种农药的测定　气相色谱 - 质谱法	DB23/T 1940—2017
14	水质　苯胺类化合物的测定　气相色谱 - 质谱法	HJ 822—2017
15	养殖水体中邻苯二甲酸酯的测定　气相色谱 - 质谱法	DB32/T 2958—2016
16	水质　挥发性有机物的测定　顶空 / 气相色谱 - 质谱法	HJ 810—2016
17	海水　苯系物的测定　吹扫捕集 / 气相色谱 - 质谱分析法	DB21/T 2555—2016
18	海洋环境中邻苯二甲酸酯类的测定　气相色谱 - 质谱法	HY/T 179—2015
19	水质　百菌清及拟除虫菊酯类农药的测定　气相色谱 - 质谱法	HJ 753—2015
20	水质　酚类化合物的测定　气相色谱 - 质谱法	HJ 744—2015
21	水产养殖环境（水体、底泥）中多溴联苯醚的测定　气相色谱 - 质谱法	SC/T 9420—2015
22	水质　硝基苯类化合物的测定　气相色谱 - 质谱法	HJ 716—2014
23	水质　有机氯农药和氯苯类化合物的测定　气相色谱 - 质谱法	HJ 699—2014
24	水质　有机锡的测定　气相色谱 - 质谱法	DB45/T 943—2013
25	水质　挥发性有机物的测定　吹扫捕集 / 气相色谱 - 质谱法	HJ 639—2012
26	水质　二噁英类的测定　同位素稀释高分辨气相色谱 - 高分辨质谱法	HJ 77.1—2008
27	生活饮用水标准检验方法　第 8 部分：有机物指标	GB/T 5750.8—2023

《气相色谱 - 质谱联用仪校准规范》（JJF 1164—2018）对离子阱与四极杆台式气相色谱质谱联用仪进行了主要性能指标的校准。该校准规范规定了仪器通用术语和计量单位、性能指标（基线噪声、质量范围、灵敏度、质量稳定性、分辨率）以及性能测试方法等内容，适用于使用的质量分析器为离子阱、单四极杆、三重四极杆的飞行时间和静电场轨道阱型实验室用气相色谱 - 质谱联用仪的校准，其他台式 GC-MS 的校准可参照此规范进行。

31.4　产品选择

31.4.1　选型指南

MS 类型有多种，按照质量分析器的类型来分有四极杆质谱、离子阱质谱、飞行时间质谱、四极杆串联质谱、高分辨率磁质谱等。根据实验室实际需要可选择不同类型的仪器。

（1）四极杆质谱

四极杆质量分析器是比较成熟的质量分析器，与 GC 联用可以配置单四极杆质谱，也可以配置四极杆串联质谱。一般常规物质的定性、定量配置单四极杆。四极杆的两端电场存在一定畸变，不符合四极场，离子在通过时会降低分辨率，并且离子源在产生离子过程中会产生不带电的中性离子，这些离子不受电场影响，在到达检测器后会极大地影响信号灵敏度。针对此，厂家可选择通过增加预四极杆、离轴检测器设计、静电透镜组设计的方式进行改进，如 EXPEC 3700 采用侧开式离子源设计、高温惰性离子源、长寿命双灯丝设计以及多重离轴通道式电子倍增器，可有效避免中性离子干扰，并采用带预杆的四极杆质量分析器，可以有效避免边缘场效应，减少对主杆污染，采用同步射频扫描技术，能最大化提高离子传输效率。如果检测的物质基质比较复杂，定性物质要求更高，需要配置串联质谱。

（2）离子阱质谱

主要由上下两个端盖电极和中间的环形电极组成，质量轻、结构小巧，可以储存离子，并对离子进行多级质谱分析，能够较好地排除基质干扰，准确定性物质，特别适合多组分的初筛、定性。离子阱质谱定量物质的重现性不及四极杆质谱，但对化合物结构的解析能力较四极杆质谱强。

（3）飞行时间质谱

其是由离子加速区（栅极间）和无场漂移区（L 区域）两部分组成，离子在加速区获得相同的动能，但由于质量不同在无场漂移区的运动速度也不同，从而达到分离的目的。主要特点是扫描速度快、质量范围宽。一般分为两种：一种具有高分辨率和精确质量的功能；另一种强调快速检测能力。

（4）高分辨率磁质谱

其主要用于二噁英、多氯联苯等残留检测，具有灵敏度高、分辨率高、定性准确等特点。在复杂的环境样品分析中，可以用选择离子模式来分析检测，从而达到减少背景干扰、提高目标化合物的选择性的目的。

（5）四极杆串联质谱

其是目前质谱串联技术中应用较为广泛的质谱。四极杆串联配合使用时，可以有不同的扫描方式：a. 子离子扫描；b. 母离子扫描；c. 中性丢失扫描；d. 多反应监测。这些扫描方式的相互配合使用可以得到样品的大量结构信息，提高定量分析可靠性。

31.4.2　性能参数

GC-MS 分析仪的性能参数应能满足《气相色谱 - 质谱联用仪校准规范》（JJF 1164—2018）的要求，常规性能指标要求见表 31-5。

表 31-5　GC-MS 分析仪常规性能指标

序号	性能指标	要求
1	质量范围	质量上限≥ 600amu
2	质量分辨率	≤ 1amu
3	质量准确性	±0.3amu
4	信噪比	100pg 八氟萘，m/z 272 处 S/N ≥ 10∶1（峰值）
5	峰面积重复性	100pg 八氟萘，RSD ≤ 10%（n=6）
6	保留时间重复性	≤ 1%
7	气相色谱柱（箱）温度控制稳定性	≤ 0.5%
8	气相色谱柱（箱）程序升温重复性	≤ 1%
9	谱库检索	10ng 硬脂酸甲酯，相似度≥ 75%

GC-MS 规格、型号、测试条件及使用条件均应参考厂家提供的技术手册，市场某 GC-MS 性能参数参见表 31-6。

表 31-6　某 GC-MS 性能参数

项目	技术指标
质量范围	1.5 ～ 1090amu
扫描速率	20000amu/s
扫描方式	全扫描 选择离子扫描 全扫描 /SIM 扫描同时检测
检测灵敏度	EI 全扫描：1pg 八氟萘 $S/N \geqslant 500:1$
动态范围	10^6
离子源	EI PCI/NCI
分辨率	2M
仪器尺寸（宽 × 深 × 高）	88cm× 56cm× 50cm
工作温度	15 ～ 35℃
工作湿度	40% ～ 70%
电源供应	220V
载气	氦气，钢瓶压力 15MPa，47L 纯度 99.995% 以上
进样方式	色谱进样
数据库	NIST 标准谱库

31.4.3　产品价格

目前，随着人们对现场检验需求的增加，GC-MS 向小型化、自动化、智能化和专业化方向发展。整机价格在近些年整体降低下来，根据市场需求情况，一台国产 GC-MS 整机价格在 50 万～ 80 万元，一台进口 GC-MS 整机价格在 60 万～ 90 万元，市场上在一个平均水平，国产和进口没有明显差异。当然，GC-MS 整机价格与品牌、通用性、先进性、经销商销售策略、采购规模等相关，最终价格也会随经销商、采购规模等而有波动。

31.5　安装调试

31.5.1　空间和重量

实验室必须保证足够的空间安装 MS、GC、PC 和打印机等设备。实验台应该坚固稳定，台面平整，建议高度在 75cm 左右，实验台四周留出不小于 100cm 宽的操作与维修空间，不要靠墙安置。

31.5.2　操作环境要求

操作环境温度为 15 ～ 35℃，最优使用温度为 18 ～ 28℃，1.5h 内温度变化不大于 2℃。储存温度为 -20 ～ 55℃，最优储存温度为 10 ～ 35℃。仪器本身产生较多热量，安装环境需要具备一定的散热条件。相对湿度必须≤ 75%，最大的粉尘颗粒密度为 80mg/m³。建议根据实验环境配备空调、除湿器以及空气净化器。

31.5.3　电气要求

电压范围 220V±10V，频率为 50Hz；电源有接地线；无强电磁干扰；具有 10A 三针插头的插板至少 2 个。

31.5.4　废气排放要求

可将前级真空泵和分流口处排放的废气排到实验室外，或排入通风橱内，并确保遵守当地的所有环境安全标准。

31.5.5　老化色谱柱

毛细管色谱柱固定相常常会被载气少量带出，称为色谱柱流失。在新的色谱柱中流失现象更容易发生，尤其是加热色谱柱时载气中含有微量的氧，流失会更加严重。色谱柱流失会将微量的固定相沉淀在离子源中，这样会降低质谱仪的灵敏度。所以在将毛细管色谱柱安装到传输线接口之前，必须进行老化。在安装石墨密封垫之前，将其加热到预计的最高操作温度数次，这样可以减少从密封垫处发生的化学流失。

步骤如下：

① 打开 GC，保持一定的载气流速。将进样口温度设为 300℃。

② 使柱箱的温度以 15℃/min 的速度从 40℃持续升至老化温度（视色谱柱规定的最高使用温度而定，一般在最高使用温度以下 30℃左右；或者比分析所用的最高温度高出 10℃）。该温度保持 1 ～ 2h。

③ 老化完成后，进样口温度和柱箱温度均设为 50℃。

④ 为防止经过高温后接口松动漏气，用扳手将进样口下端色谱柱螺帽再拧紧 1/4 圈至 1/2 圈。

31.5.6　安装机械泵

机械泵水平放置在实验台后面的地板上，保证足够的空间方便安装、维护等操作。机械泵不能放在工作台上，因为它会产生超强度的振动，影响系统的正常运行。

安装步骤：

① 取下机械泵加油口塞子。

② 加入附带的泵油到油视窗最高油位线和最低油位线之间，不要超过最高位。

③ 如果加油超过了最高油位线，可以拿掉排油口塞子，从泵中排出过量的油。

④ 重新装上加油口塞子。

⑤ 将质谱真空软管用卡箍接在机械泵抽气口上。

⑥ 将机械泵排气口与良好的排气装置相连。

⑦ 插电源线接到单独的电源上。

如果机械泵吸入大量的溶剂蒸气，会降低其工作效率。对新加的泵油和使用过一段时间的泵油，可使用机械泵上的气镇阀从油中清除凝聚的杂质。机械泵油更换的时间要视使用频率而定，如果颜色已经从清澈透亮变得十分污浊，颜色昏暗，就应该更换了。

31.5.7 漏气检测

当软件联机自检成功，设定离子源和传输线至所需温度，一般离子源设置 250℃，传输线 250℃（不超过色谱柱最高使用温度）。等待质谱各参数稳定（建议抽真空过夜）。

观察水峰 *m/z* 18、氮气峰 *m/z* 28、氧气峰 *m/z* 32，判断是否有漏气，漏气时 *m/z* 28、*m/z* 32 远强于 *m/z* 18，并且 *m/z* 28 和 *m/z* 18 强度比为 3∶1 左右。如果漏气，先紧一紧色谱柱接头，然后进一步排查漏点，只有不漏气才能进行样品测试。如果开机时间不久，*m/z* 18 可能远强于氮气峰，随着抽真空时间增加（过夜），水峰会进一步降低。

31.5.8 质谱调谐

每次关机重新开机后都需要对质谱进行调谐。调谐是对一系列质谱参数进行调整，使之符合特定的分析要求的过程，重新开机后要求调谐，如果仪器调谐完一直保持开机状态，可一周进行一次调谐。一般质谱内置全氟三丁胺液体作为调谐标样，如果调谐液消耗完毕，需要补充。调谐功能分为手动调谐和自动调谐。手动调谐需要操作者根据经验手动调整质谱参数，使质谱的灵敏度、峰宽、比例达到分析要求。自动调谐则不需要操作者调整参数，软件自动、快速地对仪器参数进行调整，能满足大多数分析要求。

手动调谐步骤如下。

① 打开标样阀开关：打开全氟三丁胺标样阀门。

② 扫描设置：扫描模式和扫描范围设置。

③ 开始扫描：打开灯丝和倍增器进行扫描。

④ 停止扫描：得到合适谱图后关闭灯丝和倍增器。

⑤ 校正质量轴：调谐至接近标准谱图后，如质量轴不准，可以点击校正质量轴进行质量轴的校正。

⑥ 下载参数：可以修改各个仪器的相关参数，设置完成后点击下载参数进行修改。

31.6 运行维护

31.6.1 运行自动调谐

使用自动调谐功能可以便捷地完成调谐过程。启动自动调谐程序，程序自动打开标样阀进行质谱图的扫描和参数的调整，通常需要几分钟时间，调整结束后会在状态栏显示“调谐成功”或者“调谐失败”。当自动调谐失败后需要使用手动调谐模式。

31.6.2　检查泄漏

质谱真空若出现严重的空气泄漏，将会造成灯丝的损坏。*m*/*z* 18、*m*/*z* 28、*m*/*z* 32 是空气 / 水特征峰，正常情况下，*m*/*z* 28 峰远高于 *m*/*z* 18 峰，且 *m*/*z* 28 峰与 *m*/*z* 32 峰比例符合空气中氮气与氧气比例。若 *m*/*z* 28 峰、*m*/*z* 32 峰异常高，则表示漏气严重，需要立即关闭灯丝，防止灯丝损坏。

GC 部分的空气泄漏通常发生在内部载气管接头、隔垫定位螺母、柱螺母等位置。可用适量丙酮涂抹上述位置，位置的先后顺序遵循距离 MS 由近及远的原则。在适当的时间后，观察 *m*/*z* 58 和 *m*/*z* 43，若出现一个陡峭、显著的攀升，说明刚刚涂抹的位置存在空气泄漏。

在 MS 中查找空气泄漏的方法与 GC 部分类似，在可能发生泄漏的位置涂抹丙酮，每次一个位置，总是从最近被打开过的密封装置开始，这是最有可能发生空气泄漏的地方。在涂抹完一个位置后，观察背景图谱中的峰图变化加以判断。MS 部分空气泄漏比较容易出现在传输线末端的色谱柱螺帽处，此处由于柱箱温度反复变化，有可能会造成松动；另一方面，在装毛细管柱时，螺帽不可以拧得太紧，否则容易把石墨圈压碎，造成漏气，一般情况下用手拧紧，再用扳手拧 1/4 圈即可。

31.6.3　更换气瓶

常用的载气为氦气。对于质谱分析，氦气的质量必须严格控制，建议选择一家质量优异的固定送气单位。氦气密度较小，会从气瓶中先跑出来，导致余气中有较多杂质，所以气瓶余压 2MPa 左右时就需要更换气瓶。

31.6.4　更换机械泵油

为保证仪器性能，延长机械泵的寿命，当油变黏稠、黑暗时或者有燃烧味道时就需要更换泵油。一般每 6 个月至少更换 1 次。更换油应当在油还处于温热状态时进行，但不要在泵停止运转时立即进行（等几分钟），使泵冷却到一定程度并采取适当防范措施。

31.6.5　维护离子源组件

离子源组件不需要定期维护。但是当仪器的工作状态表明需要执行某些维护任务时，必须对其进行维护，这些任务包括清洁离子源、更换灯丝。

仪器维护通常需要采取一些必要的措施，以免对系统造成污染：

① 在接触真空腔体内部的任何部件时应当戴上手套。许多类型的手套可能会遗留某些化学残留物。最好使用无粉腈纶手套，其次是无麻棉手套或者无麻尼龙手套。保持工具干净、无油脂或者其他污染。

② 特别注意不要让任何微粒进入真空腔体和密封面。用干净的、经过过滤的压缩空气或者无尘纸（如 Kimwipes®）可以将这些微粒吹掉或者擦掉。将真空腔体暴露出来的接口用干净的铝箔包裹，以免灰尘落入。取出的部件需要放在干净无棉绒的布面上。清洁后，必须将部件完全烘干后才可以重新安装。

31.7 注意事项

① 移动实验室应确保环境条件符合检测工作的要求，配备足够的设施，以满足在不同外部条件下保持检测环境的稳定。移动实验室应建立环境条件的评估、监控和记录程序，对可能影响检测结果的不利环境要素进行评估和监控，并在检测过程中记录内外部环境条件和调控参数。

② 移动实验室应将不相容活动的区域进行有效隔离，空间条件受限时应规定在时间上采取有效的隔离措施。移动实验室应对检测区域进行控制，在环境条件稳定后尽量减少人员进出，并禁止一切与检测工作无关的物品进入试验区域。制定程序并采取措施确保良好的内务，最大限度降低环境条件对检测工作的影响。

③ 当外部环境恶劣，检测环境难以通过设施调控满足要求时，移动实验室应等待条件改善或者在时间或空间上实施隔离后再进行检测，确保检测结果的有效性。

④ 移动实验室应授权经培训并通过考核的人员负责各项设施的操控和维护，严禁非授权人员操作设施。

⑤ 移动实验室应根据设施的功能和用途进行分类管理，并建立设施的标识和档案。标识应包含以下内容：a. 设施名称、型号；b. 唯一性编号；c. 设施的使用状态（正常或停用）；d. 设施的负责人、联系方式；e. 设施的启用日期、最近一次维护日期。档案应包含以下内容：a. 设施的说明书；b. 设施的安装验收记录；c. 设施的操作手册；d. 设施的维护记录、使用记录、维修记录。

第 32 章 ICP-MS 分析仪

32.1 产品概述

电感耦合等离子体质谱（inductively coupled plasma mass spectrometry，ICP-MS）是 20 世纪 80 年代后发展起来的分析测试技术，它是以独特的接口技术将电感耦合等离子体（ICP）的高温电离特性与四极杆质谱（MS）的快速灵敏扫描的优点相结合而形成的一种元素和同位素分析技术。ICP- MS 具有样品制备和进样技术简单、质量扫描速度快、运行周期短、所提供的离子信息受干扰程度小等优点。对于大多数元素而言有着极低的检出限，几乎可以取代传统的元素分析技术，而被公认为最理想的无机元素分析方法。ICP-MS 广泛应用于环境监测、地质科学、生物科学、农业生产、材料科学、冶金工业、医药学、食品检测、法医检测，以及最新的毒品检测、新能源检测等领域。

ICP-MS 仪器系统由进样系统（雾化器、雾化室、蠕动泵等）、等离子体炬、接口又称锥口（由采样锥与截取锥体组成）、离子透镜、碰撞反应池、四极杆滤质器、检测器、仪器控制和数据处理的计算机系统等部分组成，另外辅助装置为真空系统和循环冷却水系统。典型的 ICP-MS 仪器的基本结构见图 32-1。

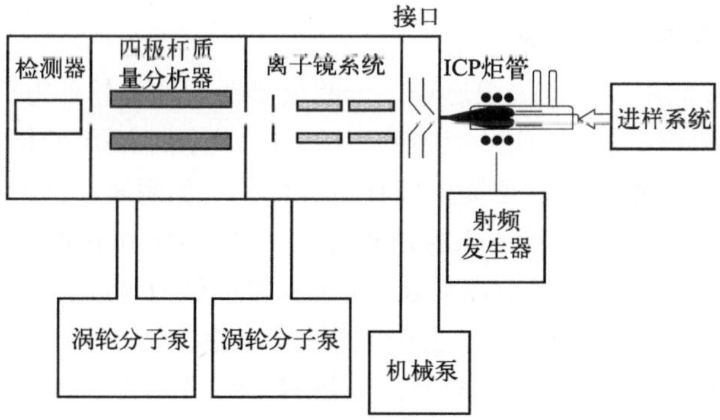

图 32-1　典型 ICP-MS 结构示意

现代等离子体质谱系统中绝大多数还包括碰撞 / 反应池系统，利用碰撞反应消除或减少多原子离子干扰，扩大仪器的应用范围。

32.2 产品分类

32.2.1 分类方法

目前世界上 ICP-MS 技术较多，从质量分析器的技术而言，有四极杆质谱、飞行时间质谱、磁质谱、离子阱质谱以及多检测器同时测量型质谱。ICP-MS 主流的产品为四极杆质谱，有部分场合采用飞行时间质谱（ICP-TOF），高分辨场合采用磁质谱，在 ICP-MS 上采用离子阱质谱的较少。

32.2.2 产品性质

（1）背景降低，灵敏度提高

现代仪器由于在等离子体工作模式（例如热等离子体高灵敏度模式）、离子透镜聚焦系统以及电子倍增器方面的改进，不仅离子传输效率大大提高（灵敏度提高），而且背景显著降低。

（2）线性动态范围扩大

现代仪器使用双模式不连续打拿极电子倍增器，以脉冲和模拟信号方式同时测定同一样品中低浓度和高浓度的元素含量。准确检测的动态线性范围高于 8 个数量级。甚至全数字电子倍增器在运行中采用自动改变离子透镜偏压以改变灵敏度，可以达到 9 个数量级的动态线性范围，不用对两种计数模式的交叉进行校正。

（3）多原子离子干扰的克服

现代 ICP-MS 仪器在克服多原子离子干扰方面有了较大进展。除了在软件设计上增加了详细的干扰信息、校正公式和质量监控等措施外，还在仪器硬件方面采取了一些先进设计，比如采用冷等离子体、屏蔽炬、碰撞反应池等技术消除或减少多原子离子干扰问题。

（4）ICP-MS 联用技术发展

近年来，ICP-MS 联用技术发展很迅速。一些仪器在硬件和软件方面都考虑到了该技术，例如 ICP-MS 与气相色谱、液相色谱、毛细管电泳等分离技术联用的接口，与激光刻蚀联用的接口等。仪器除了标准配置外，还提供多种可选件，比如耐氢氟酸的进样系统、有机分析系统、环境分析接口等。除了溶液引入标准配置外，ICP-MS 可选配置主要是样品引入装置以及元素或形态分离附加设备。目前商品 ICP-MS 仪器提供的可选进样装置有流动注射系统、氢化物发生系统、超声波雾化器系统、去溶装置等。ICP-MS 技术可采用气动雾化法分析元素含量和同位素比值，也可采用激光刻蚀、电热蒸发等进样方式直接进行固体粉末样品分析。ICP-MS 与液相色谱、气相色谱或毛细管电泳等分离技术联用，可用于元素的形态分析。

（5）仪器自动化程度高

仪器的一些设计细节也在不断改善，结构更加合理、使用更加方便。尤其是在软件设计上实现了从等离子体参数设置到点火、调谐、分析操作全部自动化，集成软件系统操作简易，数据处理管理更为灵活。真空系统也采用涡轮分子泵代替早期的扩散泵，减少了油蒸气污染系统的可能性，优良的工作真空可以保证获得较少拖尾效应的高质量质谱。ICP-MS 接口稳定，易于维护。样品引入系统外置，易于操作更换。

32.3 产品相关标准

产品相关标准体系见表 32-1。

表 32-1 标准体系表

标准类型	具体标准
仪器标准	《四极杆电感耦合等离子体质谱仪校准规范》（JJF 1159—2006）
方法标准	《水质 65 种元素的测定 电感耦合等离子体质谱法》（HJ 700—2014） 《固体废物 金属元素的测定 电感耦合等离子体质谱法》（HJ 766—2015） 《空气和废气 颗粒物中铅等金属元素的测定 电感耦合等离子体质谱法》（HJ 657—2013） 《四极杆电感耦合等离子体质谱方法通则》（GB/T 37837—2019） EPA Method 200.8: Determination of trace elements in waters and wastes by inductively coupled plasma-mass spectrometry EPA Method 6020B (SW-846): Inductively coupled plasma - mass spectrometry EPA Method 200.10: Determination of trace elements in marine waters by on-line chelation preconcentration and inductively coupled plasma - mass spectrometry ISO 17294-2: Water quality - application of inductively coupled plasma mass spectrometry (ICP-MS) - Part 2: Determination of selected elements including uranium isotopes

目前国内现行的仪器标准有《四极杆电感耦合等离子体质谱仪校准规范》（JJF 1159—2006），在其中对四极杆电感耦合等离子体质谱校准提出了相关要求，但没有专门针对移动、车载 ICP-MS 的技术标准。《四极杆电感耦合等离子体质谱仪校准规范》（JJF 1159—2006）适用于四极杆电感耦合等离子体质谱仪主要性能指标的校准，规定了仪器关键术语和计量单位、性能指标（背景噪声、检出限、灵敏度、丰度灵敏度、氧化物离子产率、双电荷离子产率、质量轴稳定性、分辨率、冲洗时间、同位素丰度比测量精度、短期稳定性、长期稳定性）以及性能测试方法等内容。

国际上美国环保标准 EPA Method 200.8、EPA Method 6020B、EPA Method 200.10 和国际标准化组织（ISO）起草的 ISO 17294-2 等，对 ICP-MS 法测定水质、废水中常见及痕量金属元素进行了相应的要求和规定。国内饮用水安全、环境监测、食品安全等行业标准的建设对于多种重金属元素全分析发展的影响日趋显著，国际上对于水体重金属分析也多推荐 ICP-MS 作为标准方法。

32.4 产品选择

32.4.1 产品类型

ICP-MS 技术主要掌握在国外几个仪器大厂手里，国内有一些单位从事研究和产品开发，各厂家的产品情况见表 32-2。

表 32-2　各厂家产品状况

生产厂商	型号	质谱仪类型	备注
Agilent	8900	三重四极杆	2016 年推出，增加轴向场池技术，单纳米颗粒分析具有显著优势，即使粒径小于 10nm 颗粒也能获得极佳的分析效果
	8800	三重四极杆	2012 年推出，碰撞池新增反应模式
	7700	四极杆	2009 年推出，八极杆碰撞池
PerkinElmer	NexION 2000	三重四极杆	2017 年推出，专为适应所有基体、克服一切干扰、挑战任何纳米颗粒检测而打造
	NexION 300	四极杆	2010 年推出，碰撞池新增碰撞模式
	Elan 900	四极杆	四极杆动态反应池
Thermo	iCAP TQ	三重四极杆	2017 年推出，易用的系统，支持超低检测限和强大的抗干扰能力，适用于分析有挑战性的基质
	iCAP™ Q	四极杆	2012 年推出，方形四极杆碰撞池，新增动能歧视模式
	Ⅻ系列	四极杆	2003 年推出，第三代碰撞池（六极杆）
Bruker	M90	四极杆	2011 年推出，革新 CRI Ⅱ 技术
	810	四极杆	专利的 90° 离子反射镜
	820	四极杆	碰撞反应界面，其他与 810 相同
聚光科技（杭州）	EXPEC 7000	四极杆	2016 年推出第二代紧凑型 EXPEC 7000 型 ICP-MS，自激式全固态射频发生器，高盐样品氩气在线稀释系统，提拉式换锥设计

32.4.2 选型指南

市场上常见质谱仪检测器主要有以下几种，可根据不同类型的质量分析器的优缺点选用。

（1）ICP-MS 配备四极杆质谱仪（QMS）

QMS 是最常见的质谱仪器，定量能力突出，在 ICP-MS 中 QMS 占绝大多数；其优点是结构简单、成本低、维护简单，是多数检测标准中采用的仪器设备。存在同位素和其他 m/z 近似的离子干扰；适合进行一般性的简单样品、定性能力及分辨率需求较低的样品分析。

（2）ICP 配备三重四极杆质谱仪（ICP-QQQ）

QQQ 质谱给四极杆质谱仪在保留 QMS 原有定量能力强的特点上提供了串级功能，加强了质谱的定性能力。其优点是有串级功能，定性能力强，定量能力非常好；其缺点是分辨力不足，易受 m/z 相似的离子干扰，售价高。

（3）ICP 配备飞行时间质谱仪（TOF-ICP-MS）

TOF-ICP-MS 的优点是能够采集多元素分析取样装置如激光烧蚀、电热蒸发和流动注射系统产生的快速瞬时信号，它同时测量的性质使其能够获得接近计数统计理论限值的精密度；其缺点在于无串级功能，限制了定性能力，售价高于 QMS，较精密，对维护要求高。

（4）ICP 配备磁质谱（sector MS）

磁质谱的定量能力是各种质谱中最强的，且分辨率高，大多数商用扇形磁场 ICP-MS 系统的分辨率可以达到 10000；此外，另一个有吸引力的特征是灵敏度非常高，且背景水平极其低；在低分辨率下离子传输率高，相当于灵敏度可以达到 10^9cps/(mg/L)，而极其低的暗电流噪声产生的背景水平一般为 0.1 ～ 0.2cps。测量特定的顶部平坦的谱峰可以获得精密度高的数据。其优点是技术经典、成熟，NIST 等 MS 库采用的仪器，但在一些要求分析速度快、通量大的应用中与四极杆仪器相比缺乏一定的竞争力，售价高，维护复杂。

（5）其他类型

另外，还有如四极离子阱（Qtrap）质谱，技术上而言，在传统 QQQ 的四极杆中加入了辅助射频，可做选择性激发；或者就功能而言，为 QQQ 提供了多级串级的功能。同时具备 MRM、SRM、中性丢失和多级串级功能，非常适合于未知样品的结构解析。线性离子阱（linear ion trap），传统 3D 离子阱的增强版本，相对于传统 3D 离子阱，灵敏度高 10 倍以上；多级串级质谱，相对于 QQQ，还是不能做 MRM、中性丢失等特征基因筛选功能。可以根据相关测试需求选用。

32.4.3 性能参数

ICP-MS 分析仪的性能参数应能满足《四极杆电感耦合等离子体质谱仪校准规范》（JJF 1159—2006）的要求。表 32-3 为市场上商业 ICP-MS 能满足的性能指标。

表 32-3 ICP-MS 分析仪常规性能指标

序号	指标		性能要求
1	灵敏度	Li	≥ 10Mcps/(mg/L)
		Co	≥ 20Mcps/ (mg/L)
		In	≥ 60Mcps/(mg/L)
		U	≥ 80Mcps/ (mg/L)
2	氧化物离子	CeO^+/Ce^+	≤ 3%
3	双电荷离子	Ba^{2+}/Ba^+	≤ 3%
4	检出限	Li	≤ 10ng/L
		Co	≤ 5ng/L
		In	≤ 2ng/L
		U	≤ 2ng/L
5	短期稳定性	RSD	≤ 2%（20min）
6	长期稳定性	RSD	≤ 3%（2h）

ICP-MS 规格、型号、测试条件及使用条件均应参考厂家提供的技术手册，市场某 ICP-MS 性能参数参见表 32-4。该性能参数展示了在线 ICP-MS 所具备的性能指标。

表 32-4 某 ICP-MS 性能参数

序号	项目	性能参数
1	质量范围	具有高分辨率和标准分辨率两种模式，调节范围 0.1 ～ 2.0amu。连续可调，可以在一次方法分析过程中同时使用两种模式，以便通过变化分辨率扩大样品分析应用范围
2	线性动态范围	大于 9 个数量级
3	背景稳定性	定义为 220amu 处背景信号的平均值，低于 0.5cps

续表

序号	项目	性能参数
4	示值误差	±10%
5	精密度	RSD ≤ 5%
6	零点漂移	≤ 5%
7	量程漂移	≤ 10%
8	加标回收率	80% ～ 120%
9	实际水样比对误差	≤ 15%

32.4.4 产品价格

目前，随着各个行业检测需求以及第三方检测机构逐步增加，电子材料、半导体材料等新兴科技市场对元素分析检测需求日益增长，不同检测目的、配置不同的仪器部件及型号价格也相差较大。ICP-MS 分析仪器单台设备价格根据配置、厂商不同价格浮动较大，国外进口 ICP-MS 仪器整机价格在 100 万～ 180 万元 / 台，国产仪器整机价格基本在 100 万元 / 台；根据不同的仪器配置、经销商销售策略、采购规模等因素，最终价格有一定的波动范围，但整体相比而言，相同性能的仪器国产仪器具有一定的价格优势。

32.5 安装调试

32.5.1 安装调试条件

① 实验室布局、环境条件要求；
② 排风需求；
③ 电源条件要求；
④ 气体种类及纯度要求；
⑤ PC 和打印机要求；
⑥ 循环冷却水、试剂标品及其他要求。

32.5.2 安装调试方法

① 仪器及附配件拆箱前确认（主仪表箱防倒防震，货物包装箱完整），仪器及附配件拆箱后外观确认（仪器开箱时包装完整、外观良好，零备件经清点与合同相符）；
② 稳压电源安装，零地电压＜ 5V；
③ 真空系统安装；
④ 排风系统连接；
⑤ 冷却循环水连接安装；
⑥ 仪器供气（氩气 / 碰撞气）连接；
⑦ 进样系统安装；

⑧ 软件安装；
⑨ 打开仪器电源并抽真空；
⑩ 仪器点火测试；
⑪ 仪器性能测试（灵敏度、检出限、氧化物、双电荷产率、短期稳定性）；
⑫ 仪器日常操作、基本维护与问题处理培训；
⑬ 仪器原理介绍与 ICP-MS 应用基础培训；
⑭ 标准模式与碰撞池模式调谐培训；
⑮ 配件使用注意事项及维护事项；
⑯ 参加培训人员维护仪器练习（进样系统与锥的维护）（1 ～ 2 人）；
⑰ 参加培训人员开机、点火、建标准曲线、出报告、关机操作。

32.6 运行维护

ICP-MS 是一种精密仪器，需要定期进行维护，才能使仪器发挥到最佳性能，维护要点见表 32-5。

表 32-5 主要部件维护

序号	维护项目	维护周期
1	进样系统维护	每次仪器使用前、后
2	炬管清洗	视进样情况定（炬管内部出现结晶时）
3	锥	视进样情况定
4	冷却水维护	6 个月
5	机械泵	3 个月（油液面低于最小值或颜色变黄）

32.6.1 蠕动泵管道系统

蠕动泵管道系统的寿命可以影响离子束的稳定性，所以需要定期更换。在滚筒处小心放置泵管，确保无扭曲，并使用项圈支架安全定位。压上压力条。确保蠕动泵运行时聚乙烯管与正确的样品和排液方向连接。

更换蠕动泵管，使用沸腾的开水或吹风机，待泵管软后插入连接管。

32.6.2 雾化器

过滤样品。当样品中的固体物质对分析无关紧要时对样品进行过滤。雾化器阻塞时，使用气体挤压喷嘴，冲开阻塞块。也可用 3% ～ 5% 硝酸反洗雾化器。

32.6.3 清洗玻璃器件

使用去离子水至少漂洗 3 次。将雾化器、炬管放入 10% ～ 20% 硝酸中浸泡，直到使用时再取出。为了彻底清洗，浸泡时间应超过 6h。安装玻璃器件前，将其先从硝酸中取出，并以新配的去离子水至少漂洗 3 次。若某些部件在使用前需要存放一段时间，则需要将其放入不含金属的塑料袋中密封保存。使用放大镜观察雾化器头，头部出现破损时必须进行更换。破损的雾化器会导致稳定性和样品输送效率下降。

32.6.4 锥的维护

卸下样品锥及截取锥，注意石墨垫片（样品锥与锥底座之间），如有破损，需更换。将卸下的锥放于纯水中，并用棉签或无尘纸小心擦拭表面；放于 2% 硝酸中浸泡 <10min，取出，放于纯水中浸泡，冲洗，洗净表面残留的酸，使用无尘纸小心擦拭表面，风干后使用。

注意：锥口易损坏，擦拭时尤其需要小心；切勿长时间使用酸浸泡锥；锥口头部不使用砂质物质擦拭，保持边缘锋利。

32.6.5 冷却循环水机

冷却水需定期更换，一般 0.5 ～ 1 年更换 1 次，冷却循环水需参照厂家提供的配制方法配制（或采用电阻率＞ 15MΩ · cm 的蒸馏去离子水）。低温环境下，需要清空控制器水箱，只需要打开连接水箱底部管道的水龙头开关即可。

32.6.6 机械泵

当油液面低于最小值或颜色变黄时，打开机械泵油出口，排尽泵油。打开机械泵油进口，倒入泵油，注意观察不能超过最大值。

32.7 注意事项

① 实验所用器皿，在使用前必须用硝酸溶液浸泡至少 12h，用去离子水冲洗干净后方可使用。

② 空白试验：每批次样品应做空白试验，测定结果不能超过方法的检出限。

③ 平行样：平行样测定结果相对偏差应符合 GB/T 5750 规定。

④ 内标：在每次分析中应监测内标的强度，试样中内标的响应值应介于校准曲线响应值的 70% ～ 130%，否则说明仪器发生漂移或有干扰产生，应查找原因后重新分析。如果发现样品中含有内标元素，需要更换内标或提高内标元素浓度。

⑤ 在连续分析浓度差异较大的样品或标准品时，样品中待测元素易沉积并滞留在真空界面、喷雾腔和雾化器上，导致记忆干扰，可通过延长样品间的洗涤时间来避免这类干扰的发生。

第 33 章
水质监测移动实验室

33.1 产品概述

移动实验室是满足特定目的和要求，由成套装置组成的，在可移动的设施和环境中进行检测、校准或科学实验等活动的实验室。移动实验室由仪器设备、载具、实验舱、保障系统、救护与逃生系统等组成（图 33-1）。

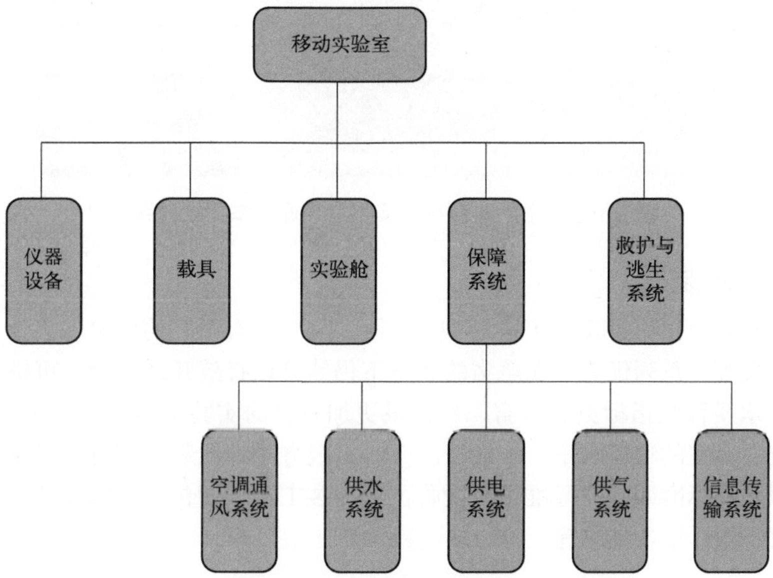

图 33-1　移动实验室组成

33.2 产品分类

水质监测移动实验室的生产首先根据用户需求、应用领域、车辆功能需求、空间需求及其总质量等进行底盘选型，应满足国家或行业标准的要求，具备足够的动力、良好的侧翻稳定性和平顺性，适用于各种复杂路况；底盘选型确定之后，在原有的车厢内或者拼装方舱内根据移动实验室集成商提供的改装需求对车体进行改装集成施工，同时集成水质检测仪器设备，以满足水质监测移动实验室的检测需要。

水质监测移动实验室的改装通常包括原厂车体式改装和方舱式改装两种形式。

（1）原厂车体式改装

原厂车体式改装形式工艺简单、生产周期短、生产成本低，在行业内已经获得较为广泛的应用，但是由于车体本身空间有限以及对改装工作的限制，因此该形式的产品在应用过程中往往存在较大的局限性；方舱形式工艺相对复杂、生产周期长、生产成本高，但是由于其具有良好的性能和改装空间，已经在水质监测移动实验室行业推广应用。

原厂车体式改装工艺（见图 33-2）通常选用南京依维柯、福特全顺、上汽大通等商务车或轻客底盘，在选定底盘的基础上根据使用需要进行改装。此类水质监测移动实验室由于车体本身空间有限，因此可搭载的仪器设备种类以及可覆盖的水质检测指标通常有限，可提供的实验室保障条件以及操作功能区间也非常有限，主要应用于快速检测、应急检测等场合。

图 33-2　水质监测移动实验室（原厂车体式改装）

（2）方舱式改装

方舱式水质监测移动实验室（见图 33-3、图 33-4）具有很好的保温保湿性、抗电磁干扰性、实验空间大等一系列优势，在恶劣的环境下仍然可以有效开展实验，可搭载更多的仪器设备，覆盖的水质检测指标更加丰富，可提供更加完善的实验室保障条件和操作功能区间，基本接近固定实验室的环境水平。一般情况下，大板方舱为改装车厂自制拼装方舱，舱体涉及的材料按照国家标准或行业标准进行验收，其改装工艺主要包括框架焊接、大板制作、拼舱工序、集成工序、设备集成等。

图 33-3　水质监测移动实验室（方舱式）

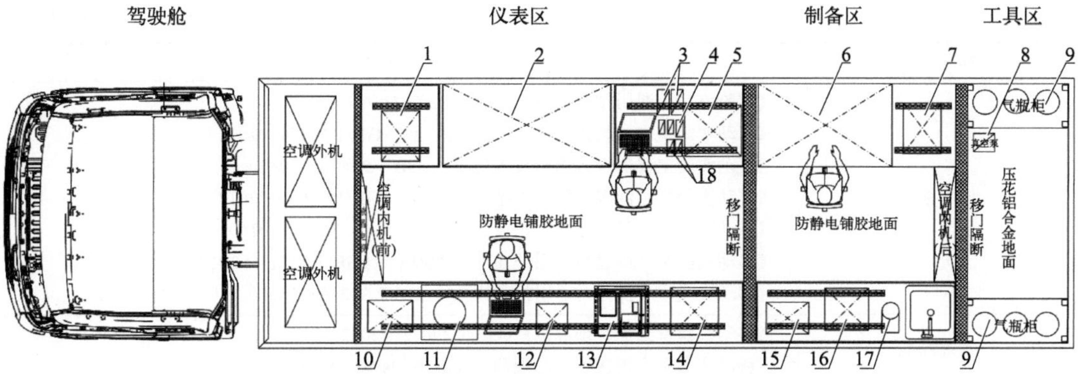

车辆仪器明细表											
序号	名称	数量	备注	序号	名称	数量	备注	序号	名称	数量	备注
1	便携式测油仪	1		7	高速离心机	1		13	车载GC-MS	1	
2	电感耦合等离子体质谱仪	1		8	真空泵	1		14	固相微萃取进样装置	1	
3	便携式浊度仪	2		9	气瓶柜	2		15	纯水仪	1	
4	便携式臭氧仪	1		10	便携式生物毒性分析仪	1		16	全自动固相萃取仪	1	
5	便携式多参数水质仪	1		11	顶空进样装置	1		17	移液器	1	
6	1200超净工作台	1		12	分光光度计	1		18	余氯仪	2	

图 33-4　水质监测移动实验室功能区划分（方舱式）

33.3　产品相关标准

相关标准体系如表 33-1 所列。

表 33-1　标准体系表

标准类型	具体标准
基础标准	《移动实验室分类、代号及标记》（GB/T 29473—2020） 《移动实验室通用要求》（GB/T 29479—2012 ） 《移动实验室　术语》（GB/T 31017—2014 ） 《移动实验室　模块化设计指南》（GB/T 31018—2014） 《移动实验室　人类工效学设计指南》（GB/T 31019—2014） 《移动实验室移动特性》（GB/T 31020—2014） 《移动实验室　分类分级方法》（GB/T 33710—2017）
技术标准	《移动实验室设计原则及基本要求》（GB/T 29475—2012） 《移动实验室实验舱通用技术规范》（GB/T 29477—2012） 《样品采集与处理移动实验室通用技术规范》（GB/T 31016—2021） 《移动实验室　仪器设备量值溯源与传递指南》（GB/T 33709—2017） 《移动实验室　载具通用技术规范》（GB/T 33253—2016）
产品标准	《环境监测车》（QC/T 41—1992） 《电视车通用技术条件》（GB/T 12503—1995） 《食品安全检测移动实验室通用技术规范》（GB/T 29471—2020） 《移动实验室　设备工况测试通用技术规范》（GB/T 31023—2014） 《药品检测移动实验室通用技术规范》（GB/T 33712—2017） 《地下水检测移动实验室通用技术规范》（GB/T 35401—2017）

续表

标准类型	具体标准
设施标准	《实验室家具通用技术条件》（GB 24820—2009） 《移动实验室内部装饰材料通用技术规范》（GB/T 29474—2012） 《移动实验室仪器设备通用技术规范》（GB/T 29476—2012） 《移动实验室用温湿度控制系统技术规范》（GB/T 29600—2012） 《移动实验室　供、排水系统设计指南》（GB/T 33247—2016） 《移动实验室　信息传输系统通用技术规范》（GB/T 33711—2017） 《移动实验室　操作台通用技术规范》（GB/T 33246—2016）
管理标准	《移动实验室安全管理规范》（GB/T 29472—2012） 《移动实验室有害废物管理规范》（GB/T 29478—2012 ）

（1）国外相关标准

目前国际上有由国际标准化组织 ISO/CASCO（国际标准化组织 / 合格评定委员会）制定的实验室管理标准 ISO/IEC 17025:2005《检测和校准实验室能力的通用要求》（转化为国标为《检测和校准实验室能力的通用要求》（GB/T 27025—2019），在其中对离开固定设施的实验室提出了相关要求，但没有专门针对移动实验室的技术标准。

（2）国内相关标准

为着力解决我国现场应急检测领域难题，规范产业健康发展，中国国家标准化管理委员会于 2010 年 9 月 8 日批准成立了“全国移动实验室标准化技术委员会”（编号：SAC/TC 509），主要负责移动实验室相关的国家标准制修订工作。全国移动实验室标准化技术委员会根据国内移动实验室发展现状，完成了我国移动实验室标准体系初步框架及标准体系表，将标准体系分成基础标准、技术标准和管理标准。

①《移动实验室分类、代号及标记》（GB/T 29473—2020）规定了移动实验室术语和定义、分类及命名、代号及标记。

②《移动实验室通用要求》（GB/T 29479—2012）规定了各类移动实验室的管理要求、技术要求、移动特性要求、结构与设计要求和制造与交验通用要求，对于移动实验室的设计、制造、交验、使用、维护和管理起到了指导作用。

③《移动实验室　术语》（GB/T 31017—2014）对移动实验室的有关术语进一步提出了规范。

④《移动实验室　模块化设计指南》（GB/T 31018—2014）规定了移动实验室模块化设计的原则、内容、程序及评审要求，提出了载具模块化设计、实验舱模块化设计、仪器设备模块化设计、实验设施模块化设计的要求。

⑤《移动实验室　人类工效学设计指南》（GB/T 31019—2014）规定了移动实验室的人类工效学设计的设计原则、过程、实现、实施、验证和评价，提出了在设计过程中应遵循以人为中心的方法和原则。

⑥《移动实验室移动特性》（GB/T 31020—2014）从环境特性、振动冲击特性、空间特性、载具特性、安全特性、辅助特性等多方面提出了移动实验室的移动特性，并规定了所述移动特性的试验方法。

⑦ 为进一步规范移动实验室的使用。《移动实验室　分类分级方法》（GB/T 33710—2017）在 GB/T 29473—2012 的基础上，按照移动实验室的供给保障条件、应用环境条件以

及数据处理要求的不同提出了移动实验室的分级标准。

⑧《移动实验室设计原则及基本要求》（GB/T 29475—2012）提出了移动实验室设计的安全性、环保性、可靠性、维修性、模块化、通用化设计的原则以及各模块设计的基本要求。

⑨《移动实验室实验舱通用技术规范》（GB/T 29477—2012）规定了移动实验室实验舱的术语和定义、分类、技术要求、试验方法及检验规则等，是移动实验室实验舱设计的基础依据。

⑩《样品采集与处理移动实验室通用技术规范》（GB/T 31016—2021）规定了样品采集与处理移动实验室的相关术语和定义、分类、技术要求、试验方法、检验规则、标志、包装、运输及储存。

⑪《移动实验室　仪器设备量值溯源与传递指南》（GB/T 33709—2017）规定了移动实验室仪器设备量值的溯源与传递的总体要求、仪器设备的溯源方法和技术要求，是保证移动实验室数据合法有效性的重要保障。

⑫《移动实验室　载具通用技术规范》（GB/T 33253—2016）规定了移动实验室载具的技术要求、试验方法和检验规则，是移动实验室载具选型设计的重要依据。

⑬《食品安全检测移动实验室通用技术规范》（GB/T 29471—2020）规定了食品安全检测移动实验室的分类与代号、要求、试验方法、检测规则等。

⑭《移动实验室　设备工况测试通用技术规范》（GB/T 31023—2014）规定了设备工况测试移动实验室的分类和代号、要求、试验方法和检验规则等。

⑮《药品检测移动实验室通用技术规范》（GB/T 33712—2017）规定了药品检测移动实验室的分类与代号、要求、试验方法、检测规则等。

⑯《地下水检测移动实验室通用技术规范》GB/T 35401—2017 规定了地下水检测移动实验室的分类与代号、要求、试验方法、检测规则等。

⑰《地下水检测移动实验室通用技术规范》（GB/T 35401—2017）中所涉及的地下水检测移动实验室仅仅是针对地下水检测所提出的技术规范，纵观当前已经发布的移动实验室产品标准，针对应用需求更为广泛的地表水、生活饮用水的检测并没有相应的产品标准，因此，此类移动实验室产品标准的出台对于规范地表水、生活饮用水的移动监测有着非常重大的意义。

⑱《实验室家具通用技术条件》（GB 24820—2009）提出了实验室家具的通用技术要求，移动实验室家具也应参照此标准执行；而其他标准分别从移动实验室的内部装饰材料、仪器设备、温湿度控制系统、供排水系统、信息传输系统以及操作台等内部设施角度提出了相应的技术要求和试验方法，为各类移动实验室的通用性标准，进一步规范了移动实验室产品的设计，保障了产品质量。

⑲《移动实验室安全管理规范》（GB/T 29472—2012）规定了车载移动实验室的一般安全管理要求以及车载移动实验室在人员、载具、危废、仪器设备、动力电、环境方面的安全管理要求。

⑳《移动实验室有害废物管理规范》（GB/T 29478—2012）规定了移动实验室有害废弃物的术语、分类、标识、储存、安全防护、运行与管理等要求，适用于移动实验室有害废弃物处理的设计、控制和管理。

上述标准中，⑬ ～ ⑯ 均由全国移动实验室标准化技术委员会（SAC/TC509）提出并归口，对于移动实验室的推广应用、保障移动实验室的使用功能及性能、获取稳定可靠的移动实验室检测数据等方面起到了非常重大的作用。

管理标准也是移动实验室标准的重要组成部分，它和基础标准、技术标准共同构建完整的移动实验室标准体系，为推动移动实验室行业的标准化、规范化起到了非常重大的作用，但是，此类标准目前仍然不够完善，尤其是在移动实验室的质量控制、计量器具管理、仪器校验等专用性管理标准方面非常欠缺。

33.4 产品选择

33.4.1 产品种类

由于水质监测移动实验室涉及监测业务的专业性和复杂性，通常采用“检测车集成”的生产模式，市场和研发由集成单位负责，中间生产环节委托给有生产能力的加工企业。因此，水质监测移动实验室的生产通常涉及改装车企与移动实验室集成商。

改装车企可以分为原车厂家配套的特种改装车厂，如南京南汽专用车有限公司、江西江铃汽车集团改装车有限公司、华晨专用车装备科技（大连）有限公司等，以及国有企业下属的改装车厂或民营改装车厂等，如中国电子科技集团下属的溧阳二十八所系统装备有限公司、中国航天科工集团下的苏州江南航天机电工业有限公司、北京北电科林电子有限公司（原北京电视设备厂）、中天高科特种车辆有限公司、重庆迪马工业有限责任公司等。见表 33-2。

表 33-2 典型改装车企名单

序号	原车厂家配套的特种改装车厂名称	序号	国有或民营改装企业名称
1	南京依维柯专用车特种车有限公司	1	溧阳二十八所系统装备有限公司
2	南京南汽专用车有限公司	2	苏州江南航天机电工业有限公司
3	安徽江淮专用汽车有限公司	3	北京北铃专用汽车有限公司
4	江西江铃汽车集团改装车有限公司	4	中天高科特种车辆有限公司
5	东风专用汽车有限公司	5	北京北电科林电子有限公司
6	华晨专用车装备科技（大连）有限公司	6	重庆迪马工业有限责任公司
		7	重庆金冠汽车制造股份有限公司

移动实验室集成商通常是水质监测移动实验室设计、集成的主要责任方。在水质监测移动实验室项目实施过程中，集成商首先根据实际检测指标配备多种先进、便捷、灵敏度高、性能稳定的仪器设备，同时提供车内设备布局、水路系统、电路系统、气路系统以及各类配套设备系统的功能需求和初步方案，再由改装车厂出具最终改装方案并进行车辆改造实施；车辆改造完成后，移动实验室集成商进行仪器设备的安装及系统集成调试，并确保产品的质量。

移动实验室集成商是水质监测移动实验室产业链中最为关键的一环，其承担着市场、监测仪器选型、集成方案制定、系统集成调试等一系列重要工作。不同的移动实验室集成商的改装侧重点不同，应用领域也不同。目前，国内外已经有一批较为成熟的移动实验室集成商，大多是基于自主的水质监测产品提供相应的水质监测移动实验室集成服务，或配备便携式仪器设备、快速检测仪器用于有限水质指标的定性、半定量监测，或配备在线监测设备，用于一些水质指标的连续自动监测，这些移动实验室以第一代、第二代移动实验室产品为主。而第三代移动实验室产品提供实验室级环境、实验室级保障系统、超大的储存空间、配备可车载式的大型分析仪器、定制化减震设备、全方位的监控数据系统，第三代移动实验室产品作为未来的发展趋势，少数厂家正在准备开展相应产品及系统的研究应用工作，不仅可作为应急检测应用于地震等突发性自然灾害事件或危化品泄漏等环境污染事件，而且可用于水质监测站日常巡检监督以及大型公共事件定点水质检测。

33.4.2 检测能力分级及产品选型

参考 CJJ/T 182—2014 标准，水质检测移动实验室按检测能力分为Ⅰ、Ⅱ、Ⅲ三级，见表 33-3。

表 33-3 移动实验室检测能力分级

移动实验室等级	微生物指标	毒理指标	感官性状和一般化学指标	消毒剂指标	放射性指标
Ⅰ级	总大肠菌群、耐热大肠菌群、大肠埃希氏菌、菌落总数、贾第鞭毛虫、隐孢子虫	砷、镉、铬（六价）、铅、汞、硒、氰化物、氟化物、硝酸盐、三氯甲烷、四氯化碳、溴酸盐、甲醛、亚氯酸盐、氯酸盐、锑、钡、铍、硼、钼、镍、银、铊、氯化腈、一氯二溴甲烷、二氯一溴甲烷、二氯乙酸、1,2- 二氯乙烷、二氯甲烷、三卤甲烷（三氯甲烷、一氯二溴甲烷、二氯一溴甲烷、三溴甲烷的总和）、1,1,1- 三氯乙烷、三氯乙酸、三氯乙醛、2,4,6- 三氯酚、三溴甲烷、七氯、马拉硫磷、五氯酚、六六六、六氯苯、乐果、对硫磷、灭草松、甲基对硫磷、百菌清、呋喃丹、林丹、毒死蜱、草甘膦、敌敌畏、莠去津、溴氰菊酯、2,4- 滴、滴滴涕、乙苯、二甲苯、1,1- 二氯乙烯、1,2- 二氯乙烯、1,2- 二氯苯、1,4- 二氯苯、三氯乙烯、三氯苯、六氯丁二烯、丙烯酰胺、四氯乙烯、甲苯、邻苯二甲酸二（2- 乙基己基）酯、环氧氯丙烷、苯、苯乙烯、苯并 [*a*] 芘、氯乙烯、氯苯、微囊藻毒素 -LR	色度、浊度、臭和味、肉眼可见物、pH 值、铝、铁、锰、铜、锌、氯化物、硫酸盐、溶解性总固体、总硬度、耗氧量、挥发酚类、阴离子合成洗涤剂、氨氮、硫化物、钠	氯气及游离氯制剂、一氯胺、臭氧、二氧化氯	总 α 放射性、总 β 放射性
Ⅱ级	总大肠菌群、耐热大肠菌群、大肠埃希氏菌、菌落总数	砷、镉、铬（六价）、铅、汞、硒、氰化物、氟化物、硝酸盐、三氯甲烷、四氯化碳、溴酸盐、甲醛、亚氯酸盐、氯酸盐	色度、浊度、臭和味、肉眼可见物、pH 值、铝、铁、锰、铜、锌、氯化物、硫酸盐、溶解性总固体、总硬度、氨氮、耗氧量、挥发酚类、阴离子合成洗涤剂	氯气及游离氯制剂、一氯胺、臭氧、二氧化氯	总 α 放射性、总 β 放射性

续表

移动实验室等级	微生物指标	毒理指标	感官性状和一般化学指标	消毒剂指标	放射性指标
Ⅲ级	菌落总数、总大肠菌群，耐热大肠菌群	—	浊度、色度、臭和味、肉眼可见物、pH值、氨氮、耗氧量	氯气及游离氯制剂、一氯胺、臭氧、二氧化氯	—

注：1. 参考 CJJ/T 182—2014 标准，城镇供水水质检测移动实验室按检测能力分为Ⅰ、Ⅱ、Ⅲ三级。

2. 水源水检测项目可按照实际应用需求根据 GB 3838—2002 标准和 GB/T 14848—2017 标准增加检测项目。

移动实验室的选择与需要检测的指标的类型及项数有关。一般来说，方舱式水质监测移动实验室具有很好的保温保湿性、抗电磁干扰性、实验空间大等一系列优势，在恶劣的环境下仍然可以有效开展实验，可搭载更多的仪器设备，覆盖的水质检测指标更加丰富，可提供更加完善的实验室保障条件和操作功能区间，基本接近固定实验室的环境水平。若只是需要采用一些便携式设备进行常规指标的快速检测，则基于原车型改装的商务车即可满足使用需求。

33.4.3 性能参数

移动实验室的性能参数及使用条件均应参考厂家提供的技术手册，某移动实验室的性能参数及配置见表 33-4。

表 33-4 市场上某移动实验室性能参数及配置

性能指标	移动实验室
级别	方舱
发动机号	78314173
变速箱	5 挡 MT
长宽高	9950mm×2485mm×3805mm
车身结构	厢式运输车
最高车速	98km/h
载重	8695kg
车载仪器	便携式气相色谱 - 质谱系统 电感耦合等离子体质谱仪 水样自动采集处理系统 实验室信息管理系统软件 自动固相萃取系统 车载静音发电机 车载冰箱 水浴锅 移液器 电子天平 漩涡混合器 磁力搅拌器 采水器 生物安全柜

续表

性能指标	移动实验室
车载仪器	通风橱 微波炉 烘箱

33.4.4 产品价格

目前，随着我国各个行业现场快速检测需求的日益增长，根据检测需求不同，移动实验室的配置也有很大的差别，导致移动实验室的价格体系也有很大的差别。根据市场需求情况，检测指标覆盖常规 9 参数，配置一般的商务车，价格在 100 万～ 150 万元；检测指标覆盖 42 项，配置中型商务车，价格在 150 万～ 400 万元；检测指标覆盖 80 项以上，一般配置操作空间更大的方舱，价格在 400 万元以上。当然，移动实验室的价格与底盘品牌、类型、车辆改装配置、仪器配置、经销商销售策略、采购规模等相关，最终价格有一定的波动范围。

33.5 运输储存

① 移动实验室设备安装应充分考虑实验室空间、实验操作便捷性。设备安装完成后，实验室人员进行安装验收，确保设备满足使用要求。

② 运输前应对实验室内的设备进行妥善的包装和固定，运输时应随时判断环境和路况条件，以防设备在运输途中出现故障。氢气等易燃气体应配置气体发生器。采用的气瓶不得自行运输，应根据相关标准的要求，委托有资质的单位使用专用车辆运输。

③ 移动实验室设备的使用与保管应由专人负责，严格按照仪器说明书、仪器操作规程和作业指导书的要求操作使用，并填写仪器使用记录。

33.6 运行维护

33.6.1 总体要求

根据维护保养周期、方式和目的不同，可分为日常维护保养、定期维护保养和特定维护保养。

① 日常维护保养主要以目视检查的方式对各项设施的状态进行确认，并通过清洁保持良好的内务。

② 定期维护保养主要以试运行的方式确认各项设施的状态，并通过紧固、更换配件等保持设施的良好状态。

③ 特定维护保养根据设施实际使用情况和工作需求，在执行任务前或任务结束后对特定设施进行必要的维护和保养。

33.6.2 载具

① 可参照《道路运输车辆技术管理规定》(中华人民共和国交通运输部令 2019 年第 19 号)进行维护和保养。

② 如需长期停驻时，停驻地点应选取在具备维护保养条件的车库内。

33.6.3 移动实验舱

每月或任务前，应进行以下操作：

① 检查各处舱门、舱窗是否能够正常锁闭，如不能满足密封要求，应及时维修或更换锁具。

② 检查各处接缝密封性是否良好，如不能满足要求，应及时维修或更换密封条。

③ 检查舱体外粘贴的反光条和标识是否完好，如有破损或遗失，应及时修补。

④ 检查安全锤是否齐备，如有缺失，应及时补齐。

⑤ 对移动实验舱进行全面清洁。

33.6.4 供电设施

① 每周宜发动车辆或行驶，为载具的电瓶充电，且不低于 1h。

② 每月或使用前，检查外接线缆是否完好，发现老化或损坏应及时更换。

③ 每月启动供电设施检查是否能够正常运行，运行时间不低于 2h。

④ 每 3 个月对 UPS 电源进行一次充分的放电与充电操作，以延长 UPS 电池寿命。

⑤ 长途运输或长时间运行后，对元部件进行紧固。

⑥ 保持清洁，防止灰尘积累。

33.6.5 供排水设施

① 使用后及时清洗并清空水箱，防止冬季结冰、夏季长藻。

② 每周或使用前，检查储水设施和水管是否有泄漏或堵塞现象。

③ 每周或使用前，检查液位计、报警器是否正常。

33.6.6 供气设施

① 每月或使用前，在管路气体充盈的状态下保持 1 ～ 2h，检查各接头、阀门、减压表处是否有漏气现象。

② 每周或使用前，检查减压阀，根据压力示数判断气体余量，及时更换气瓶。

33.6.7 温湿度调节和监控设施

① 每月或使用前，检查设施的进、出风口是否通畅。

② 每月或任务前，清洗空调滤网和散热片，当使用频繁或工作场所环境较差时应适当增加清洗频率。

③ 每月运行相关设施并记录移动实验舱内外温湿度差和调节到适宜温湿度所需的时间，

为执行任务中控制时间积累相关经验。

④ 每年至少进行一次全面的维修保养。

⑤ 温湿度计等环境监控设施至少每年应检定一次。

33.6.8　通风设施

① 每周或使用前，检查运行时是否有异响，清理风口处异物。

② 每周或使用前，关键位置风速是否满足要求。

③ 每周或使用前，运行噪声是否满足要求。

33.6.9　冷冻冷藏设施

① 每周或使用前，清洁内部，避免腐蚀。

② 每月或使用前，清洁冷凝器，如发现结霜应尽快处理，避免影响制冷效果。

33.6.10　实验台柜

① 每次使用后，应清理台面上摆放的各类物品并保持整洁。

② 不应长期在柜体内储存化学药剂等有泄漏、腐蚀安全风险的物资。

③ 定期或在长途运输后对连接部件进行紧固。

④ 检查各处柜门、抽屉、吊柜等的拉手、锁扣、门锁等是否能够正常关闭或锁闭，如不能满足要求的，应及时维修或更换拉手、锁具、合页或铰链。

33.6.11　舱外设施

① 检查调平装置的收支是否顺畅，有无异响、漏液现象，四个支点是否能与地面完全接触。

② 检查舱梯是否牢固，并在使用后及时清洁脚踏，避免打滑。

③ 检查抗雨雪帐篷、遮阳棚等外部空间设施的结构是否完整，配件是否齐全，使用后应及时整理收纳。

33.7　注意事项

参考 31.7 部分相关内容。

第 34 章 智能远传水表

34.1 产品概述

水表是在测量条件下用于连续测量、记录和显示流经测量传感器的水体积的仪表。水表分为机械水表、带电子装置水表和电子水表三类，其中后两类属于智能水表范畴。智能远传水表（以下简称“智能水表”）是一种利用现代微电子技术、现代传感技术、现代通信技术、应用软件等对用水量进行计量并进行用水数据传递及结算交易的新型水表。一般来讲，国内外智能水表的发展按照计量性能和流量传感器可分为两代产品。第一代为带电子转换装置的水表，以机械水表作为流量传感器，增加信号转换装置和执行机构等，使其可以自动记录或采集机械水表流量。第二代为电子式水表，由流量传感器、信号处理装置和执行机构等部件构成的智能水表，其优势：一是可以替代人工抄表；二是对用水流量、水压、水质等监测，实现精细化管理；三是提高小区 DMA 漏损控制管理效率和质量。

34.2 产品分类

智能水表有带电子装置的机械水表、电子水表两种类型。

34.2.1 带电子装置的机械水表

带电子装置的机械水表（智能水表 1.0）计量机构采用机械水表（也称“基表”），通过“机一电”转换装置将水表的机械旋转量或数字位置量转换成电信号，然后经电子装置对电信号进行处理，完成用水量的测量，或通过无线（有线）方式将数据进行远传。

34.2.2 电子水表

电子水表（智能水表 2.0）其特点是计量机构采用无运动机构的水流量传感技术，如超声、电磁、射流等传感器。该类智能水表不需要机电转换装置，可直接输出电信号，完成用水计量或数据远传等功能。

34.3　产品相关标准

智能远传水表标准体系见表 34-1。

表 34-1　标准体系表

标准类型	具体标准
基础标准	《饮用冷水水表和热水水表　第 1 部分：计量要求和技术要求》（GB/T 778.1—2018/ISO 4064-1:2014）
通用标准	《饮用冷水水表和热水水表　第 2 部分：试验方法》（GB/T 778.2—2018/ISO 4064-2:2014）
	《饮用冷水水表和热水水表　第 3 部分：试验报告格式》（GB/T 778.3—2018/ISO 4064-3:2014）
	《饮用冷水水表和热水水表　第 4 部分：GB/T 778.1 中未包含的非计量要求》（GB/T 778.4—2018/ISO 4064-4:2014）
	《饮用冷水水表和热水水表　第 5 部分：安装要求》（GB/T 778.5—2018/ISO 4064-5:2014）
	《饮用冷水水表塑料表壳及承压件技术规范》（GB/T 25920—2010）
	《超声波水表》（CJ/T 434—2013）
	《电子直读式水表》（CJ/T 383—2011）
	《电子远传水表》（CJ/T 224—2012）
	《物联网水表》（CJ/T 535—2018）
	《饮用冷水水表检定规程》（JJG 162—2019）
	《民用建筑远传抄表系统》（JG/T 162—2017）
	《户用计量仪表数据传输技术条件》（CJ/T 188—2018）
	《电气装置安装工程　接地装置施工及验收规范》（GB 50169—2016）
	《电气装置安装工程　低压电器施工及验收规范》（GB 50254—2014）

①《饮用冷水水表和热水水表　第 1 部分：计量要求和技术要求》（GB/T 778.1—2018/ISO 4064-1:2014）：该标准规定了测量封闭满管道中水流量并配有累积流量指示装置的饮用冷水水表和热水水表的计量要求和技术要求。该部分既适用于基于机械原理的水表，也适用于基于电或电子原理以及基于机械原理带电子装置、用于计量饮用冷水和热水体积流量的水表。该部分还适用于通常作为选装件的电子辅助装置。但国家法规可能会规定某些选装件为使用水表的必备辅助装置。

②《饮用冷水水表和热水水表　第 2 部分：试验方法》（GB/T 778.2—2018/ISO 4064-2:2014）：该标准规定了完整水表和作为独立单元的水表测量传感器（包括流量或体积检测元件）以及计算器（包括指示装置）的试验要求。该部分适用于 GB/T 778.1 定义的饮用冷水水表和热水水表的型式评价试验和首次检定试验。该部分给出了水表型式评价试验和首次检定试验的详细试验程序、试验原则、试验设备和试验方法。如果国家法规有要求，该部分也适用于辅助装置。

③《饮用冷水水表和热水水表　第 3 部分：试验报告格式》（GB/T 778.3—2018/ISO 4064-3:2014）：该标准规定了试验报告格式，可配合 GB/T 778.1—2018 与 GB/T 778.2—2018 使用。

④《饮用冷水水表和热水水表　第 4 部分：GB/T 778.1 中未包含的非计量要求》（GB/T 778.4—2018/ISO 4064-4:2014）：该标准规定了封闭满管道中测量冷水和热水体积并配有累

积流量指示装置的饮用冷水水表和热水水表的技术特性要求。该部分适用于以下各类水表：a. 最高允许压力（MAP）≥ 1MPa（管道公称通径 DN ≥ 500mm 的水表为 0.6MPa）；b. 最高允许温度（MAT）为 30℃的饮用冷水水表；c. 最高允许温度（MAT）按等级最高可达到 180℃的热水水表。该部分既适用于基于机械原理的水表，也适用于基于电或电子原理以及基于机械原理带电子装置、用于计量饮用冷水和热水体积流量的水表。该部分同样适用于电子辅助装置。通常电子辅助装置为选装件，但国家或国际法规可能会根据水表的使用情况确定某些辅助装置为必备件。

⑤《饮用冷水水表和热水水表　第 5 部分：安装要求》（GB/T 778.5—2018/ISO 4064-5:2014）：该标准规定了单个水表、复式水表、同轴水表和连接管件的选择、安装、水表的特殊要求以及新水表或修理后水表首次使用的准则，以保证水表准确稳定测量和可靠读数。该部分适用于封闭满管道中测量饮用冷水和热水体积并配有累积流量指示装置的水表。该部分既适用于基于机械原理的水表，也适用于基于电或电子原理以及基于机械原理带电子装置、用于计量饮用冷水和热水体积的水表。该部分还适用于电子辅助装置。通常电子辅助装置为选装件，但国家或国际法规可能会根据水表的使用情况确定某些辅助装置为必备件。该部分的建议适用于被定义为计算计量仪表、采用任何技术连续测定流过的水体积的水表。

⑥《饮用冷水水表塑料表壳及承压件技术规范》（GB/T 25920—2010）：该标准规定了饮用冷水水表塑料表壳及承压件的术语和定义、技术要求、试验方法和塑料制品回收标志、包装、运输、储存要求。该标准适用于水表口径 DN ≤ 40mm、温度等级≤ T50、螺纹连接的饮用冷水水表塑料表壳及承压件。

⑦《超声波水表》（CJ/T 434—2013）：该标准规定了超声波水表的术语和定义、结构和分类、计量要求、技术要求、试验方法、检验规则、标志、包装、运输和储存的要求。该标准适用于使用超声波时差法进行流量测量，并符合 GB/T 778.1—2007、GB/T 778.3—2007 规定的冷水水表和热水水表。

⑧《电子直读式水表》（CJ/T 383—2011）：该标准规定了电子直读式水表术语和定义、构成与分类、计量、要求、试验方法、检验规则及标志、包装、运输和储存。该标准适用于城镇居民安装使用的、基于基表加装电子直读装置、用于计量饮用冷热水的实际体积流量，并符合 GB/T 778.1—2007、GB/T 778.3—2007 相关规定的各类口径冷、热水水表。

⑨《电子远传水表》（CJ/T 224—2012）：该标准规定了电子远传水表的术语和定义、结构和分类、计量要求、技术要求、试验方法、检验规则、标志、包装、运输和储存。该标准适用于输出信号为数字信号，并符合 GB/T 778.1—2007、GB/T 778.3—2007 相关规定的水表。

⑩《物联网水表》（CJ/T 535—2018）：该标准规定了物联网水表的结构、分类及型号、要求、试验方法、检验规则、标志、包装、运输和储存。该标准适用于采用 2G、3G、4G、NB-IoT、eMTC 等蜂窝移动通信及其后续演进技术，接入我国陆地移动网络，并符合 GB/T 778.1、GB/T 778.2、GB/T 778.4 相关规定的饮用冷水水表和热水水表。

⑪《饮用冷水水表检定规程》（JJG 162—2019）：该规程适用于饮用冷水水表的首次检定、后续检定和使用中检查。该规程所指的饮用水冷水水表是温度等级为 T30 和 T50、测量流经封闭满管道可饮用冷水的水表，包括工作原理基于机械原理、电子或电磁原理的水表，以及基于机械原理带电子装置的水表。

34.4　产品选择

34.4.1　无源有线光电智能远传水表

（1）基表

① 水表参数见表 34-2。

表 34-2　水表参数

口径 /mm	常用流量 Q_3/(m^3/h)	Q_3/Q_1	Q_4/Q_3	Q_2/Q_1
DN15	2.5	≥ 80	1.25	1.6
DN20	4.0	≥ 80	1.25	1.6
DN25	6.3	≥ 80	1.25	1.6

② 准确度等级不低于 2 级。

③ 压力不低于 1.6 MPa。

④ 防护等级为 IP68，不进灰尘，满足长期浸水的要求，须提供省级或省级以上计量检定部门或技术监督部门证书。

⑤ 螺纹连接涉水部件必须采用无铅铋黄铜 TSHBi61-1、ECO Brass 环保铜 C87850、无铅青铜 C89833 或 SUS316 不锈钢。

⑥ 计数器须满足数字外观高度≥ 4mm，宽度≥ 2mm，度盘长期清晰。

⑦ 水表须预留铅封口，口径不小于 2.5mm。

⑧ 表壳的材质采用球墨铸铁 QT450-10、铜、不锈钢或塑料中的其中一种。如采用球墨铸铁 QT450-10，需对内外表面经静电喷塑处理，无气泡或漆块堆积。如采用无铅铜，需采用无铅铋黄铜 TSHBi61-1、ECO Brass 环保铜 C87850 或无铅青铜 C89833。如采用不锈钢，需采用 SUS316 及以上不锈钢，必须铸造加工。如采用塑料，必须采用进口巴斯夫原材料 A3EG7、EMS 原材料 GV-5FWA9225，且提供采购证明。

⑨ 表内所有接触水的零部件必须采用无毒、无污染、无生物活性的材料。

⑩ 表盖须采用可水平 360° 旋转方式。

（2）电子设备

① 一次抄读成功率≥ 99.9%。机电转换误差精确至升位时，一次抄读准确率≥ 99%。机电转换误差精确至吨位时，一次抄读准确率≥ 99.99%。

② 年故障率≤ 1%。

③ 适应工作环境温度范围 0.1 ～ 65℃。

④ 水表适应工作环境 40℃时湿度范围 0% ～ 100%，远传读数装置至少为 93%。

⑤ 安装环境等级：安装在室内的固定式水表 B 级、安装在室外的固定式水表 O 级或 C 级。

⑥ 电磁环境等级：E1 级。

⑦ 防护等级为 IP68，不进灰尘，满足长期浸水的要求，须提供省级或省级以上计量检定部门或技术监督部门证书。

⑧ 传输数据与水表实际显示数据一致；内置地址应与基表地址一致。

⑨ 远传水表中包含水表电子模块、采集器、集中器，均系同一生产厂家生产研发制造。

⑩ 远传水表结构为整体式，且电子装置及其机电转换装置与水表机械指示装置之间的结合应无妨碍检定和读数的缺陷。

⑪ 电子设备的组件、外壳及线材应采用阻燃且防紫外线材质，须提供证明材料。

（3）水表至采集器 / 集中器通信

① 有线传输采用 M-Bus 总线制，接口连接方式为无极性。

② 通信速率：2400bps。

③ 通信线为铜材质，长度至少为 1.5m，截面积不低于 0.25mm^2，总线截面积不低于 0.75mm^2。

④ 通信线要有不锈钢防护层，有固定的接线螺栓。

⑤ 供应商应按采购人要求制定统一通信规约，实现不同厂家的水表、集中器互换互通，接入采购人指定数据管理平台。

⑥ 集中器到采购人员传水表管理系统之间采用 4G/5G（含 NB-IoT）通信技术实现数据传输。

（4）采集器和集中器

① 工作电源为市电或内置电池。市电：AC 220V±15%。内置电池：锂电池。在抄读频次为 1 次 / 日时，须保证使用 7 年，且必须采取安全保护措施，保证电池不发生爆炸或自燃，须提供承诺。

② 采集器带载能力≥ 128 只水表。集中器带载能力≥ 512 只水表。允许采集器和集中器为一体装置。采集器 / 集中器要求具备防雷击功能。

（5）抄表方式

系统应具备多种抄表方式，可根据不同的工作需求而进行不同的抄表工作，分为如下几种操作模式。

① 数据全部抄收：选定一个抄表区域，将该区域所有远传表数据全部回传。

② 多表数据传输：选定一批远传表，将该批远传表的数据回传。

③ 单表点抄：选定某一个远传表，将该表的数据回传。

④ 以上各种抄表模式均能指定日期抄表。

34.4.2 无磁传感智能远传水表

（1）结构

水表的结构为整体式，但基表和电子装置可分离，电子装置与水表本体应采用插装式连接，且不采取任何形式的线束连接。电子装置及其机电转换装置与水表机械指示装置之间的结合应无妨碍检定和读数的缺陷，分别更换和安装时不互相影响性能。

（2）基表

① 基表要求：参考无源有线光电智能远传水表基表①～⑨。

② 机械字轮位数：指示到 m^3 的位数为 5 位，即满行度 99999m^3。

（3）电子设备

① 日上报成功率同无源有线光电智能远传水表。

② 其他条件参考无源有线光电智能远传水表电子设备②～⑦。

③ 数据采集精确至升位，即满行度 99999.999m³。

④ 内置电池：锂电池，且可独立更换，在上报频次为 1 次 /d 时保证可持续使用≥ 7 年，且必须采取安全保护措施，保证电池不发生爆炸或自燃，必须提供承诺书。

⑤ 数据存储：可存储数据≥ 30d，当存满存储介质时新采集的数据自动覆盖最早数据。

⑥ 水表电子设备不得破坏基表结构，不得影响人工抄读到升位。

⑦ 通信方式：采用采购人所在地通信运营商的 4G、5G 或 NB-IoT 网络实现数据传输，并提供属地化日常通信运维服务，通信模组采用 CoAP 或 UDP 协议且入网时要具备空闲态重选功能，避免单一锁频。

⑧ 供应商产品必须无缝接入采购人指定信息平台。

⑨ 电子设备的组件、外壳及线材应采用阻燃且防紫外线材质，必须提供证明材料。

（4）电子装置功能

1）数据上报

① 默认每日周期上报：电子装置默认每日周期上报的内容为前一天 24h 的数据记录，水量数据处理频率为 30min/ 次。

② 密集周期上报：电子装置密集周期上报的内容为从设置的起始时间算起 4h 内的数据记录，水量数据处理频率为 5min/ 次。

2）补包功能

电子装置如发生本次数据上报不成功，则在下一个上报周期时数据自动补包，在数据有效保存期内的数据都可以补包。

3）数据上报消息

电子装置的数据上报消息应在一个完整的消息报文中上送。上报应用平台的水量数据分辨力应为 1L，即满行度 99999.999m³。

4）设置功能

可通过采购方应用平台或红外手持设备进行设置。

① 高频率周期上报设置：电子装置应能通过应用平台进行高频率上报周期设置，最小上报周期为 1h。

② 水表底数设置：电子装置应能通过近端手持终端设备进行水表底数设置，保证电子读数与水表机械读数同步。

③ 电子地址号设置：电子装置应能通过近端手持终端设备设置电子地址号。

④ IP、端口设置：电子装置应能通过应用平台或近端手持终端设备进行 IP 地址和端口设置。

⑤ 周期上报离散设置：电子装置应能通过应用平台按电子地址号进行周期上报随机离散设置，把上报的时间点离散。按 10s 最小估长，默认 0 点到 8 点内离散。

⑥ 上报重发机制设置：电子装置如发生上报不成功，水表数据应进行重发。重发次数可设定，默认为 2 次，最大可设置为 4 次，重发时间间隔为 20min。

⑦ 告警设置：对低电压告警、磁干扰告警、电子模块分离告警、过流流量告警、逆向流量告警均可设置立即告警或周期告警（默认周期告警）。且可设置过流流量报警、逆向流量报警持续时间和报警阈值。

5）告警功能

可对低电压、磁干扰、电子模块分离、过流流量、逆向流量进行告警。

① 低电压告警：电子装置电池低电压时，应默认随周期上报数据进行低电压事件告警，支持上报当前电池电压。当开启立即告警时，每日仅在首次发生时立即唤醒水表主动上报一次，并且随周期上报数据一起上报，可设置周期告警或立即告警。

② 磁干扰告警：电子装置及其机电转换元件对磁干扰敏感时，应默认随周期上报数据进行磁干扰事件告警。当开启立即告警时，每日仅在首次发生时立即唤醒水表主动上报一次，并且随周期上报数据一起上报，可设置周期告警或立即告警。

③ 电子模块分离告警：当电子装置与水表本体分离时，应默认随周期上报数据进行电子装置分离事件告警。当开启立即告警时，每日仅在首次发生时立即唤醒水表主动上报一次，并且随周期上报数据一起上报，可设置周期告警或立即告警。

④ 过流流量告警：当电子装置监测到（默认 30min）持续流量大于过流告警阈值（如默认 Q_4）时，应默认随周期上报数据进行过流流量事件告警。当开启立即告警时，每日仅在首次发生时立即唤醒水表主动上报一次，并且随周期上报数据一起上报，过流量持续时间、过流告警阈值、周期告警、立即告警等参数和功能应可设置。

⑤ 逆向流量告警：当电子装置监测到（默认 30min）持续逆向流量大于逆向流量告警阈值（如默认 Q_2）时，应默认随周期上报数据进行告警。当开启立即告警时，每日仅在首次发生时立即唤醒水表主动上报一次，并且随周期上报数据一起上报，逆向流量持续时间、逆向流量告警阈值、周期告警、立即告警等参数和功能应可设置。

6）时间校对

电子装置应在数据周期上报时进行本地时间校对，采取 NB-IoT 通信技术的可通过 NB-IoT 芯片进行校对，采取其他通信技术的通过服务器进行校对。

7）数据加密

① 采用 CoAP 协议的电子装置应采用芯片加密。

② 采用 UDP/CoAP 协议的电子装置采用 128 位高级加密标准，AES-128 加密、解密算法。

（5）近端手持设备

① 采用红外通信，非调制型接口，非调制式缺省值为 1200bps/2400bps。

② 具备红外扫条形码功能（可外配设备），可进行抄读、数据存储、编程且与采购方应用平台通信。

34.4.3 超声波水表

（1）水表要求

① 超声波原理计算，结构型式为一体式，无任何机械运动部件。

② 基表要求：参考无源有线光电智能远传水表基表①～⑨。

（2）水表电子设备要求

① 条件参考无磁传感智能远传水表电子设备①～⑧。

② 内置锂电池可独立更换，在上报频次为 1 次 / 日时保证可连续使用≥ 10 年，且必须采取安全保护措施，保证电池不发生爆炸或自燃，必须提供承诺书。

③ 使用寿命≥ 12 年。

④ 最近 24 个月按月存储的累积流量和相对应的时间；最近 100 条日累积流量；最近 4800 条周期水耗；最近 100 条水温；最近 100 条日最高流速；最近 100 条告警。断电后数据可保存 50 年以上。

⑤ 通信方式：采用采购人所在地通信运营商的 4G、5G 或 NB-IoT 网络实现数据传输，并提供属地化日常通信运维服务，通信模组采用 CoAP 或 UDP 协议且入网时要具备空闲态重选功能，避免单一锁频。

⑥ 供应商产品必须无缝接入采购人指定信息平台。

34.4.4　智能水表的采购

（1）资质要求

① 需为中华人民共和国境内注册的独立法人企业，具有相关经营范围。

② 需通过 ISO 9001 质量管理体系认证。

③ 需是产品的制造商。

④ 需提供产品计量器具型式批准证书。

⑤ 承诺提供 7 年免费维护保养及终身维护的服务。

（2）质量保证要求

① 产品必须拥有自主产权，在中华人民共和国使用该产品或产品的任何一部分时免受第三方提出的侵犯其专利权、商标权或工业设计权的起诉。

② 采购人将在水表安装验收合格后 12 个月内对机械水表部分按照现行水表检定规程随机抽样检定，以及对电子设备的上报成功率和抄读准确率进行统计，若所抽检的机械水表示值误差不合格率＞ 5% 或日上报成功率＜ 99%、抄读准确率（机电转换误差精确至吨位）＜ 99.99%，采购人有权要求供应商更换已安装的水表和中止年度采购合同，并且取消供应商的年度供应商资格，因不达标水表造成的损失由供应商负责。

③ 采购人将在水表安装验收合格后对供应商水表的故障率进行统计。若因水表质量问题导致水表年故障率＞ 1%，采购人有权要求供应商更换已安装的水表和中止年度采购合同，并且取消供应商的年度供应商资格，因不达标水表造成的损失由供应商负责。

④ 采购人将在水表安装验收合格后对供应商货物进行随机抽检，按照《饮用水冷水水表安全规则》（CJ 266—2008）、《小口径饮用冷水水表表壳技术规范》（CMA/WM 778—2010）、《生活饮用水输配水设备及防护材料的安全性评价标准》（GB/T 17219—1998）、卫生部《生活饮用水输配水设备及防护材料的安全性评价规范》、卫生部《饮用水水表卫生安全评价规范（试行）》等标准规范进行检测，若发现不符合项，采购人有权要求供应商更换已安装的水表和中止年度采购合同，因不符合标准规范水表造成的损失由供应商负责。

（3）供应商的要求

① 供应商需提供产品责任险，承担被保产品运输和使用中造成的污染、火灾等责任。

② 供应商负责产品的报废电子部件（含电池）的回收及处理，处理方法不得违反法律、法规。

③ 供应商需提供产品的安装、维护及管理要点视频教程。

34.4.5 产品价格

由于受国家产业政策的推动，智能水表尤其是电子式智能水表市场需求未来将会强劲增长，电子式智能水表不仅价格比较高，毛利率也远远高于普通机械表，随着上下游需求的持续增加，技术的突破必会吸引更多的传统机械水表厂家参与到智能水表市场竞争中，各公司生产规模随之扩大，从而带来一定的规模效应，规模效应和市场竞争加剧带来单位成本的降低，价格下调。水表的售价和测量口径相关，口径越大，功能越多，材质成本越高，售价则越高，且绝大多数流量测量方法都会急剧增加成本。智能水表价格情况见表 34-3。

表 34-3 智能水表价格情况

序号	水表口径 /mm	超声波水表价格范围 / 元	直读式水表价格范围 / 元	无磁水表价格范围 / 元
1	DN15	300 ～ 500	100 ～ 200	100-150
2	DN20	300 ～ 500	150 ～ 250	150 ～ 200
3	DN25	400 ～ 600	200 ～ 300	200 ～ 300
4	DN32	1000 ～ 3000	300 ～ 500	300 ～ 400
5	DN40	2000 ～ 5000	500 ～ 1000	400 ～ 800
6	DN50	4000 ～ 7000	1000 ～ 2000	1000 ～ 1500
7	DN65	6000 ～ 8000	1000 ～ 2000	1000 ～ 1500
8	DN80	7000 ～ 9000	1000 ～ 2000	1000 ～ 1500
9	DN100	8000 ～ 10000	1500 ～ 2000	1500 ～ 2000
10	DN125	8000 ～ 10000	1500 ～ 2000	1500 ～ 2000
11	DN150	9000 ～ 10000	1500 ～ 2500	1500 ～ 2000
12	DN200	10000 ～ 15000	2500 ～ 4000	2000 ～ 3000
13	DN250	12000 ～ 15000	5000 ～ 6000	3000 ～ 4000
14	DN300	15000 ～ 20000	6000 ～ 7000	4000 ～ 6000

34.5 运输储存

① 智能水表的运输应符合《机电产品包装通用技术条件》（GB/T 13384—2008）的规定。将水表按要求装箱后，可用无强烈震动交通工具运输。

② 运输途中不应受雨、霜和雾的直接影响。

③ 按照标志向上放置，并不受挤压、撞击等损伤。

④ 智能水表应存放在通风良好、干燥的地方。存放地点的环境温度为 5 ～ 50℃，相对湿度不大于 90%，并且层叠高度不超过 5 层。

⑤ 智能水表在仓库中的存放时间不应超过 6 个月，并应在 6 个月后再次进行性能检查。

34.6　安装调试

34.6.1　布线质量

布线质量应满足《低压配电设计规范》（GB 50054—2011）、《电气装置安装工程　低压电器施工及验收规范》（GB 50254—2014）和《电气装置安装工程　接地装置施工及验收规范》（GB 50169—2016）的相关要求。

34.6.2　线路通信

① 线路通信应满足《户用计量仪表数据传输技术条件》（CJ/T 188—2018）的相关要求。

② 通过主站实现远传水表群抄。

③ 主站通过网络远程实现远传水表群抄，抄表一次成功率＞ 99.9%。

34.6.3　水表安装

① 水表安装应满足《饮用冷水水表和热水水表》（GB/T 778）、《电子远传水表》（CJ/T 224）和中国计量协会团体标准《NB-IoT 水表自动抄表系统现场安装、验收与使用技术指南》（T/CMA SB 040—2019）的相关要求。

② 水表安装必须水平、无倾斜、无倒装。

③ 水表数据线必须确保已连接至接线盒内，且连接正确。

④ 接线盒必须保证安装牢固，固定接线盒盖子的螺丝必须拧紧。

⑤ 电子装置含数据采集和数据传输，必须与基表结合牢固且不影响基表抄读。

⑥ 电子装置初始起数与基表行度一致，并且入网成功可进行数据传输。

34.6.4　集中器安装

确认集中器电源线或电池已安全连接，且极性正确。确认集中器各信号线已安全连接，且连接无误。若集中器上行信道为 NB-IoT/4G/5G，要确保已安装 SIM/UIM 卡。打开电源后，确认集中器运行正常，工作指示灯指示正确。

34.6.5　采集器安装

① 确认采集器已安装。

② 确认采集器电源线已安全连接，且极性正确。

③ 确认采集器信号线已安全连接，且连接无误。

④ 打开电源后，确认采集器运行正常，工作指示灯指示正确。

34.7 注意事项

① 智能水表的定期维护采取线上巡检和线下维护的方式进行，巡检频率为每月一次，线下维护应于该周期结算日前一天完成。在条件允许的情况下，缩短维护周期时间，及时发现和处理故障。

② 智能水表需要更换条件：达到国家规定使用年限；安装环境或人为造成仪表损坏；仪表内部器件损坏造成计量异常。

③ 如何判断用户用水异常：空置用户水表自转（水表指数增加）、倒转（水表指数减少），原因为水压波动、管道集气，造成水表计量偏差；正常用户用水量突然异常增大或减少，原因为跑漏水造成用水量异常增大、水表本身故障造成计量水量增大或减少；人工抄表存在估抄、漏抄、错抄现象。

第 35 章 听漏仪

35.1 产品概述

供水管网漏损是供水企业普遍存在的行业性问题，漏损不仅造成水资源浪费，同时会导致供水企业运营成本升高。随着经济和社会的发展、人口的迅速增长以及气候变化与水体污染导致的水资源短缺，管网漏损控制已成为全球供水行业面临的共同挑战。城镇供水过程中供水管网的漏损问题已成为供水企业普遍关注的重大问题。

为解决供水管道漏损问题，一些发达国家早在 20 世纪 80 年代就开始研究供水管道的漏损检测技术，在漏失控制、检测以及定位等方面取得一系列成果。随着对泄漏信号特征的更多研究及传感器技术的提高，采用相关技术的泄漏检测定位仪器相继出现。国内相关研究起步较晚，目前的漏损检测技术和国外相比仍有较大差距，国内研发的漏损检测设备还是以模仿外国产品为主，无论是检测算法、软件平台、硬件研发还是外观设计都和国外存在一定的差距。

地下供水管线存在裂缝、孔、洞等破损时就会发生泄漏。在管内压力作用下，管道内的水通过裂缝、孔或洞向外喷射，与泄漏点的管壁摩擦产生振动声波；管道内的水在流出管道时伴随着压力的释放，进入管外介质（空气、泥砂等）时产生新的冲击摩擦，在向外喷射的过程中产生涡流、附壁等现象，就有不同频率的声音产生。

听漏仪在管网普查、漏点确认等场合有着广泛的应用。听漏仪也称地面听漏仪，主要由拾音器、信号处理器和耳机三部分组成。其工作原理是利用地面拾音器收集漏声引起的振动信号，并把振动信号转变为电信号转送到信号处理器，进行放大、过滤等处理，最后把音频信号送到耳机，把图形、波形或数字等视频信号显示在显示屏上，帮助确定漏水点。

35.2 产品分类

目前，市场上的各种电子听漏仪根据拾音器的类型，主要有压电陶瓷、磁线圈和晶体型三种（产品见图 35-1）。其中，压电陶瓷传感器在行业应用较广，传声效果最好。行业中常用的听漏仪一般采用压电陶瓷传感器。

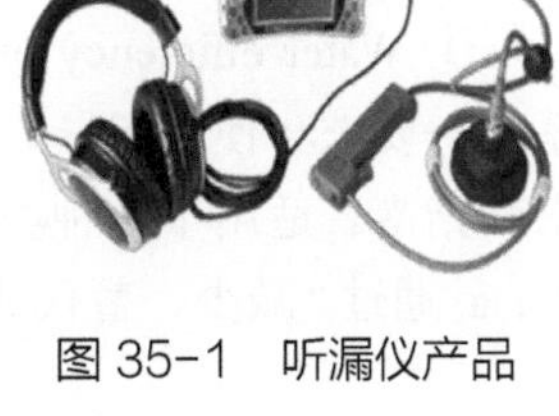

图 35-1　听漏仪产品

压电陶瓷是一种能够将机械能和电能互相转换的信息功能

陶瓷材料，压电陶瓷除具有压电性外，还具有介电性、弹性等。压电陶瓷是基于由机械应力引起内部正负电荷中心相对位移而发生极化，导致材料两端表面出现符号相反的束缚电荷，即压电效应而制造出来的，具有敏感的特性，因此压电陶瓷传感器最为敏感，应用最为广泛。

磁线圈拾音器的本质就是一块电磁铁，无论是整体式还是六点式的拾音器都是在永磁体上缠绕线圈制成的。当噪声在磁场里振动的时候，线圈中就产生了微弱的电流。这个电信号通过电线被传送到放大器，再被重新还原成声音。磁铁越大，缠绕的线圈越多，拾音器的输出功率就越大，但是并非这样的拾音器就是最好的。随着拾音器中缠绕线圈数的增加，虽然功率和输出增加了，但是声音的高频响应却减弱了。

晶振具有压电效应，即在晶片两极外加电压后晶体会产生变形，反过来如外力使晶片变形，则两极上金属片又会产生电压。如果给晶片加上适当的交变电压，晶片就会产生谐振。晶振是利用一种能把电能和机械能相互转化的晶体，在共振的状态下工作可以提供稳定、精确的单频振荡。在通常工作条件下，普通的晶振频率绝对精度可达百万分之五十。利用该特性，晶振可以提供较稳定的脉冲，广泛应用于微芯片的时钟电路里。晶片多为石英半导体材料，外壳用金属封装。晶体型拾音器与声卡电路连接使用。

35.3 产品相关标准

听漏仪相关标准见表 35-1。

表 35-1　标准体系表

标准类型	具体标准
基础标准	Guidelines for the management of assets of water supply and wastewater systems - Part 1: Drinking water distribution networks (ISO 24516-1:2016) Water efficiency management systems - Requirements with guidance for use (ISO 46001:2019) 《城镇供水管网漏水探测技术规程》（CJJ 159—2011）
通用标准	Non-destructive testing - Acoustic emission testing (AT) - Leak detection by means of acoustic emission (ISO 18081:2024) Non-destructive testing - Leak testing - Calibration of reference leaks for gases (ISO 20486:2017) Non-destructive testing - Leak testing - Tracer gas method (ISO 20485:2017) 《城镇供水管网运行、维护及安全技术规程》（CJJ 207—2013）
专用标准	IEC standard hydrophone (IEC 60500:2017) General practices for the repair of water-leakage cracks in concrete structures (GSO ISO 16475:2022) 《城镇供水管网漏损控制及评定标准》（CJJ 92—2016）
技术手册	《供水管网漏水检测听漏仪》（CJ/T 525—2018）

① Water efficiency management systems - requirements with guidance for use（水效率管理系统—要求和使用指导）（ISO 46001:2019）规定了建立、实施和维护用水效率管理系统的要求和指南。适用于各种类型和规模的用水组织。它关注的是最终用途的消费者。该文件适用于：a. 通过“减少、替代或再利用”的方法实现水的有效利用；b. 建立、实施和保持用水效率；

c. 持续提高水的利用率。该文件规定了要求，并包含有关组织用水的使用指南。它包括有助于水效率管理的设备、系统、过程和人员培训的监测、测量、文件编制、报告、设计和采购做法。

②《城镇供水管网漏水探测技术规程》（CJJ 159—2011）由中国住房和城乡建设部 2011 年 10 月 1 日发布实施。为规范城镇供水管网漏水探测方法，标准列举了流量法、压力法、噪声法、听音法、相关分析法、管道内窥法、探地雷达法、地表温度测量法、气体失踪法等漏水探测方式，并对成果检验和成果报告的内容进行了规定。

③ Non-destructive testing - Acoustic emission testing (AT) - Leak detection by means of acoustic emission（ISO 18081:2024）规定了声发射（AT）泄漏检测所需的一般原则。它是针对该方法在结构和部件上的应用，其中泄漏流由于压力差出现并产生声发射。它描述了声发射产生的现象和流体性质、间隙形状、波的传播和环境的影响。讨论了声发射结果的不同应用方法、测量方法和表现形式。

④ Non-destructive testing - Leak testing - Calibration of reference leaks for gases（ISO 20486:2017）规定了在日常使用中用于调整泄漏探测器以确定泄漏率的那些泄漏的校准。一种标定方法是与参考泄漏进行比较。通过这种方式，用于常规使用的泄漏可以追溯到一个基本标准。在其他校准方法中，蒸汽压力的值是直接测量或在已知体积上计算的。

⑤ Non-destructive testing - Leak testing - Tracer gas method（ISO 20485:2017）在被检对象的边界两侧建立示踪气体分压力差。示踪气体通过漏孔后，利用其物理或化学性质进行检测。基于示踪气体化学性质的检测，其检出通常是由于化学反应在被检对象表面产生局部颜色变化，要求被检对象目视可达。基于示踪气体物理特性的检测，需要传感器，传感器反馈的电信号随着示踪气体的分压力变化。

⑥《城镇供水管网运行、维护及安全技术规程》（CJJ 207—2013）的作用为加强和规范城镇供水管网的管理，保障输配水系统安全、稳定运行。其中规定了供水管网漏损控制，供水单位应使用符合国家现行有关标准规定的计量器具，对用水量进行计量。供水单位应建立计量管理制度，应合理控制供水管网的服务压力。供水单位应对区域内的供水管网开展漏损普查，通过主动检漏降低管网漏损。

⑦ IEC standard hydrophone（IEC 60500:2017）包括标准压电式水听器的设计要求和指定其特性所需的数据。给出了适用于校准的 IEC 标准水听器的要求和特性。

⑧ General practices for the repair of water-leakage cracks in concrete structures（GSO ISO 16475:2022）标准系统描述了漏水缝的修复方法。混凝土结构中最常见的裂缝包括干燥裂缝和渗水裂缝，两种裂缝的性质不同，因此修复的方法也不同。干燥裂缝在宽度和深度方面是变化的，随着时间增加，会降低混凝土的耐久性。渗水裂缝的形成和混凝土结构中物理和化学方面的整体环境因素有关。为了在家庭住房和混凝土建筑中避免裂缝和渗漏，编制了修复指南，用来指导人们选择合适的防水材料和施工工艺。

⑨ 管网漏损控制的重要性和紧迫性日益突出，但原标准内容已经与供水行业的需求不相适应，《城镇供水管网漏损控制及评定标准》（CJJ 92—2016）做了修订，来指导供水单位有效开展漏损控制节约水资源，提高管网管理水平和效率，并提高供水安全保障能力，为政府主管部门加强对管网漏损控制的监管提供更为科学的依据。

⑩《供水管网漏水检测听漏仪》（CJ/T 525—2018）体现了国产听漏设备标准从无到有的

突破。该标准规定了供水管网漏损检测听漏仪的术语和定义、一般要求、试验方法、检验规则、标志、包装、运输和储存，用于指导供水管网漏水检测听漏仪的选择和使用。

35.4 产品选择

35.4.1 型号命名

型号示例见图 35-2。采用压电陶瓷传感器的第 2 代供水管网漏水检测听漏仪，型号标注为：JLY-TC-02。

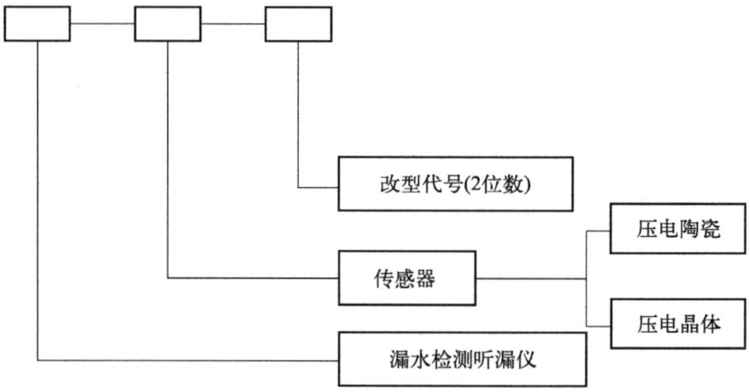

图 35-2 听漏仪命名示例

35.4.2 性能参数

电子听漏仪的输入除了传感器接收到的泄漏信号之外，还有本机及环境干扰，即噪声。这些噪声可以看成白噪声，频谱分布均匀，能量较小；而泄漏信号的频谱相对集中，并且能量较大。由泄漏产生的声音信号除了沿着管道向两侧传播外，同时也通过埋管土层进行传播。借助听漏仪等简易设备可在管线上方的地面、地表设施、检修井内的阀门等处听到泄漏声。但是，由于城市的快速发展，管道泄漏检测的环境已经严重恶化，电磁干扰等日益严重。因此，简易设备已经越来越不适应城市检漏的环境。

泄漏声音信号通过介质传播比较复杂，而且，与埋层介质状况有关。对于听漏来说，距离泄漏点越近，泄漏声音就越大。如果传感器被放置在泄漏点的正上方，传感器距离泄漏点最近，电子听漏仪获得的泄漏声信号最大。

在听漏操作中，听漏仪对噪声的抑制能力和对各种声音的分辨能力是影响实际听漏效果的主要因素。当对噪声的抑制能力较强时，听漏仪会丧失对管漏较小、频率较高的声音的辨识能力。相反，若提高对不同频率声音的分辨能力，更多的噪声将同时进入听漏操作者的耳朵。因此，听漏仪应采取多种措施提高信噪比，提高放大电路增益，截断高频有害噪声，在功放机电路设置反馈等，在提高听音分辨力的同时，使得听音分辨力和抑制噪声达到较好的平衡。其包含的主要性能指标有静音功能、信号增益、音量、滤波功能、拾音器灵敏度、拾音器频率范围、电源、抗振性能、外壳防护等级。

仪器设备应具备静音功能。在工作状态可切换静音模式和听音模式。静音模式下，主机输出到耳机的信号功率为零。信号增益应大于 40dB，信号增益的调节步进应小于 5dB。听音模式下，音量最大输出功率范围应为 100 ～ 125mW，调节步进应小于 10mW。滤波范围应覆盖 80 ～ 4000Hz，滤波频段不应少于 4 段。拾音器频率范围在保证最低灵敏度的条件下，频率响应范围为 80 ～ 4000Hz。仪表抗振性能应符合 GB 4793.1—2007 第 8 章的规定。外壳防护等级应符合 GB/T 4208—2017 中的规定。

35.4.3　选用指南

地面听音是检漏人员利用检漏设备，直接在路面、人行道或绿化带等埋设管道的上方寻找漏水声。地面听音是检漏人员发现漏水点的重要手段，查出暗漏点的概率较高。当管道发生漏水时，漏水口喷出的水撞击到周围的泥土等介质会产生撞击声，该撞击声以漏斗的形式通过土壤向地面传播，但由于很快被泥土吸收，因此在路面上传播的范围不大，一般来说其传播范围及漏水声大小主要与水压、土质、漏水孔大小及形状、路面等因素有关，水压高、路面硬则传播范围广一些。地面听音时用听漏仪沿管线听音所要检测的这种撞击声，是听音法检漏发现漏水点的主要手段。

在选用听漏仪作为供水管网漏损检测设备时，应满足如下条件：

① 管道水压不应小于 0.15MPa。

② 环境噪声不宜大于 30dB。

③ 电子听漏仪具有滤波功能。

④ 电子听漏仪具有多级放大功能。

⑤ 地下供水管道埋深不宜大于 2.0m。

35.4.4　使用特点

① 调节滤波器，将仪器设置到合适的滤波范围。

② 调节仪器增益和音量，使听觉舒适。

③ 在管道正上方按 S 形路径沿管道进行测量，测量间距 1m 左右，注意仔细分辨漏水噪声异常。

④ 发现异常区域应多次反复测量，并对噪声频率和强度变化进行比较，直到确认异常位置。

⑤ 受环境噪声影响大，一般可在夜间工作。

35.4.5　产品价格

目前全国各地水司应用较多的国外品牌主要有德国 FAST 的 Aqua M300D 智能听漏仪 5 万～ 6.7 万元，英国 HWM Water 的 Lmic 智能电子听漏仪 3 万～ 5 万元，德国 SebaKMT 的 HL7000 数字听漏仪 3 万～ 7 万元，德国 Sewerin 的 A100 听漏仪单价 4.5 万元，日本富士地探株式会社的 HG-10A Ⅱ听漏仪在 4 万元左右。国内产品北京埃德尔听漏仪 ADL-PRO 2 万～ 5 万元，扬州捷通供水技术设备有限公司的 JT-3Ax 听漏仪 2 万～ 5 万元。总体来看，与国外同等性能的听漏仪产品相比，国内产品具有明显的价格优势，全国县镇级水司也主要选用国产品牌。

35.5 包装

① 包装箱外表面的文字和标志应整齐清晰，图示标志应符合 GB/T 191 的规定。

② 包装箱外表面的文字和标志应至少包括下列内容：装箱单；产品合格证；产品使用说明书；备件及附件清单。

③ 包装应适合陆路、水路运输和装卸与储存的要求。

35.6 运输储存

35.6.1 运输

仪器由常规交通工具运输，在运输中不应受到强烈冲击、雨淋和暴晒。

35.6.2 储存

仪器应储存于环境温度为 −30 ～ 60℃、相对湿度不大于 90% 的库房中，库房中不应有腐蚀性气体和腐蚀性化学药品。

35.7 注意事项

① 在供水领域中使用，必须遵守适用于饮用水供应的安全操作注意事项。

② 电池在充电时不要倒置。

③ 如果仪器长时间不用，为了延长电池寿命，建议保存 1/4 的电量且取下单独存放。

④ 拾音器和接收主机都是防水的，但应注意在可能的情况下远离水。储存时，务必保证设备干燥。

⑤ 在炎热的气候条件下电池使用时间会有所缩短，可通过降低电池外部温度来使电池内部热量尽快散发到外部，减少高温对电池的影响。

参考文献

[1] 城镇给水综合毒性在线监测仪技术规程（鱼类行为法）[S]. T/CAQI 149—2020.

[2] 城镇供水水质在线监测技术标准 [S]. CJJ/T 271—2017.

[3] 水质测定水样对于发光细菌的抑制效应测定 [S]. ISO 11348-3:2007.

[4] 水质　水样对弧菌类光发射抑制影响的测定（发光细菌试验）　第 3 部分：使用冻干细菌法 [S]. NF T90-320-3—2009.

[5] 水质　急性毒性的测定　发光细菌法 [S]. GB/T 15441—1995.

[6] 使用发光海生细菌毒性试验法评定化学污染的水和土壤微生物去毒的标准试验方法 [S]. ASTM D5660-1996.

[7] 生物毒性水质自动在线监测仪技术要求　发光细菌法 [S]. DB44/T 1946—2016.

[8] 城镇给水综合毒性在线监测设备通用技术规则 [S]. T/CAQI 146—2020.

[9] 发光细菌法水质生物综合毒性在线监测仪技术要求和应用指南 [S]. T/CAQI 188—2021.

[10] 崔红梅 , 张素霞 , 陈克诚 , 等 . 颗粒计数仪在北京第九水厂水处理中的应用 [J]. 净水技术 , 2004, 23(3): 32-35.

[11] 胥志宇，朱玲，陈洪斌，等 . 颗粒物计数法用于砂滤池运行管理的适用性探讨 [J]. 给水排水 , 2011, 37(3):19-23.

[12] 黄小红，周圣东，王海湧，等 . 活性炭滤池中颗粒物数量和粒径分布的研究 [J]. 供水技术 , 2013, 7(1): 18-21.

[13] 梁华炎．水体中颗粒物主要检测方法综述 [J]．广东化工，2010，37(5)：296-298.

[14] 李俐，武长城，钟林 . 颗粒计数器在给水处理中的应用探讨［J］．给水排水，2011，37(S1)：43-44.

[15] 林颖，赵志领．输配水系统中颗粒物与浊度演变特征研究 [J]. 供水技术，2014，8(1):26-30.

[16] 刘宏远，周晓龙 . 在线颗粒计数仪在自来水厂水质监控中的应用 [J]. 中国给水排水，2014, 30(3):44-47.

[17] 王永磊，李军，张克峰，等 . 炭砂双层滤料浮滤池工艺处理藻污染水库水的试验研究 [J]. 化工学报，2014，65（6）：2335-2343.

[18] 潘章斌，石容千，周毅震，等 . 颗粒计数法在高锰酸钾强化常规工艺运行优化中的应用 [J]. 环境工程学报，2015,9(3):1038-1042.

[19] 麦克法登 . 气相色谱 - 质谱联用技术 [M]. 北京：科学出版社，1983.

[20] 王清琪，杜美 . 气相色谱 - 质谱联用技术在环境检测中的应用 [J]. 科技创新导报，2016, 13(6): 95-96.

[21] 夏俊 , 程诚 . 气相色谱 - 质谱联用技术在环境检测中的应用 [J]. 资源节约与环保 , 2017(1): 57-64.

[22] 徐伟 . 小型化质谱仪真空系统的研究与设计 [D]. 北京：北京理工大学 , 2017.

[23] 方向，覃莉莉，白岗 . 四极杆质量分析器的研究现状及进展 [J]. 质谱学报，2005, 26(4)：234-242.

[24] 李燕，梁汉东，韦妙，等 . 离子阱质谱计的研究现状及其进展 [J]. 质谱学报，2006, 27(4): 249-256.

[25] 秦炳伟，吕志远，张梦梦，等 . 顶空固相微萃取 - 全二维气相色谱 - 飞行时间质谱解析泉香型白酒的风味物质 [J]. 食品与发酵工业，2023, 49(18): 289-296.

[26] 陈欣 , 陈巧兰 , 吴泽吟 , 等 . 气相色谱 - 高分辨质谱联用法分析广藿香挥发油成分 [J]. 农业与技术 , 2022, 42(22): 19-22.

[27] 姜啸龙 . 质谱仪的发展研究报告 [D]. 北京：北京工业大学 , 2017.

[28] 李玉泽 , 马亮 , 王玉功 . 气相色谱质谱法测定地表水中的 7 种工业多氯联苯 [J]. 甘肃地质 , 2021, 30(4): 80-84.

[29] 李超，柯润辉，王明，等 . 气相色谱 - 嗅闻仪 / 质谱仪检测技术在食品香气物质分析中的研究进展 [J]. 食品与发酵工业，2020, 46(2): 293-298.

[30] Wirth T C, Later J B,Oliphant J L, et al. Person-portable GC-MS for rapid on-site environmental screening of contaminants in drinking water[J]. American Laboratory, 2012, 44(7): 34-35.

[31] 董艳平 , 喻义勇 , 母应锋 , 等 . 基于 GC-MS 分析方法的石油化工行业特征挥发性有机物分析 [J]. 环境监控与预警 , 2017, 9(2): 46-49.

[32] 史玮 . 测定过氧化苯甲酰所需色谱柱的制备及老化方法研究 [J]. 粮食储藏 , 2002(5): 38-39.

[33] 刘虎生，邵宏翔 . 电感耦合等离子体质谱技术及应用 [M]. 北京：化学工业出版社，2005: 1-5.

[34] 齐文启，孙宗光 . ICP-MS 的发展现状及其在环境监测中的应用 [J]. 现代科学仪器，1998(6)：40-44 .

[35] 李冰，杨红霞 . 电感耦合等离子体质谱（ICP-MS）技术在地学研究中的应用 [J]. 地学前缘，2003，10（2）：367-379.

[36] Ohno T, Muramatsu Y, Shikamori Y, et al. Determination of ultratrace ^{129}I in soil samples by triple quadrupole ICP-MS and its application to Fukushima soil samples[J]. Journal of Analytical Atomic Spectrometry, 2018, 28(8):1283-1287.

[37] Albarède F, Albalat E, Télouk P. Instrumental isotope fractionation in multiple-collector ICP-MS[J]. Journal of Analytical Atomic Spectrometry, 2015, 30(8):1736-1742.

[38] Foster J J. The construction and development of shrimp Ⅰ: an historical outline [J]. Precambrian Research, 2010, 183(1):1-8.

[39] Xu X, Chen J, Li B, et al. Single particle ICP-MS-based absolute and relative quantification of *E. coli* O157 16S rRNA using sandwich hybridization capture[J]. Analyst, 2019, 144(5):1725-1730.

[40] Slaets S, Adams F, Pereiro I R, et al. Optimization of the coupling of multicapillary GC with ICP-MS for mercury speciation analysis in biological materials[J]. Journal of Analytical Atomic Spectrometry, 2017, 14(5): 851-857.

[41] 蔡江帆，王志洪 . 微波消解 - 电感耦合等离子体质谱（ICP-MS）法同时测定紫菜中 16 种稀土元素 [J]. 中国无机分析化学，2017, 7(3):19-24.

[42] 孙家欣 , 欧阳亚男 , 张任 , 等 . 电感耦合等离子体质谱仪的基本结构及维护 [J]. 现代工业经济和信息化 , 2022, 12(1): 236-237.

[43] 葛丽萍 . 电感耦合等离子体质谱发展现状 [J]. 盐科学与化工 , 2019, 48(3): 9-11.

[44] 于水 . 电感耦合等离子体质谱（ICP-MS）技术的发展及其应用 [C]// 中国分析测试协会 . BCEIA2009 分析仪器应用技术报告会论文集 . 2009: 319-320.

[45] 赵兰涛 . 电感耦合等离子体质谱（ICP-MS）联用技术的应用 [J]. 化学工程与装备，2022(6): 226-227+233.

[46] 刘文政，周贻兵，林野，等 . 高效液相色谱 - 电感耦合等离子体质谱联用技术测定富硒鸡蛋中 5 种硒形态 [J]. 微量元素与健康研究，2022, 39(4): 49-51.

[47] 冯金素，曹玉嫔，莫桂春，等 . g-C_3N_4 富集结合毛细管电泳与电感耦合等离子体质谱联用分析西瓜中硒形态 [J]. 色谱，2020, 38(10): 1224-1231.

[48] 汪琳琳 . 吹扫捕集 - 多接收器电感耦合等离子体质谱联用系统开发及应用研究 [D]. 武汉：江汉大学，2020.

[49] 李莎，崔鹤，尹秀贞，等 . 离子色谱（IC）和电感耦合等离子体质谱（ICP-QQQ-MS）联用同时测定海洋沉积物中 Cr（Ⅲ）和 Cr（Ⅵ）[C]// 中国环境科学学会环境工程分会 . 中国环境科学学会 2021 年科学技术年会——环境工程技术创新与应用分会场论文集（三）. 2021: 584-587+53.

[50] 张博超，章丽萍，王大伟，等 . 全二维气相色谱 - 飞行时间质谱 (GC×GC-TOFMS) 非靶向筛查水源地中微量有机污染物 [J]. 环境化学 , 2023, 42(4):1109-1117.

[51] 蔡娜 , 周晓浦 . 电感耦合等离子体质谱仪的维护及注意事项 [J]. 河南农业 , 2019(34): 27-28.

[52] 贾美清 . 电感耦合等离子体质谱仪的保养与维护 [J]. 分析试验室 , 2009, 28(S2): 297-299.

[53] 王嘉滨 . 浅谈移动实验室 [J]. 现代测量与实验室管理 , 2013, 21(1): 56-57, 30.

[54] 胡玲，张黎，李莉莉，等 . 车载型电感耦合等离子体质谱分析系统测定突发环境事件水质应急样品中 21 种元素 [J]. 四川环境 , 2021, 40(5): 228-234.

[55] 曹军 . 车载式水质监测技术在水环境保护中的研究与应用 [J]. 中国资源综合利用 , 2018, 36(5): 123-125.

[56] 吴学峰 . 车载 GC-MS 应急监测水中挥发性有机物效果研究 [D]. 哈尔滨：哈尔滨工业大学 , 2014.

[57] 王经顺 , 徐亮 , 钟声 . 车载式水质自动监测技术及其应用 [J]. 现代仪器 , 2011, 17(5): 62-63, 67.

[58] 张瀚闻，苏锡辉，那宏坤 . 移动实验室及其发展 应用篇（上）[J]. 品牌与标准化，2016(5): 33-38.

[59] 张瀚闻，苏锡辉，那宏坤 . 移动实验室及其发展 应用篇（下）[J]. 品牌与标准化，2016(6): 46-51.

[60] 孟令春，张文志 . 移动实验室的利弊及发展对策 [J]. 现代农业科技 , 2011(3): 33, 35.

[61] 丁毅飞 . 城市供水产销差率与漏损控制分析 [J]. 建材与装饰 , 2019(25):151-152.

[62] 罗晖 . 供水管网漏损控制的实践探讨 [J]. 城市建设理论研究，2018(34): 174.

[63] 张蕊，王志军，张健，等 . 压力控制在供水管网漏损管理中的应用 [J]. 供水技术，2018, 12(5): 43-46.

[64] 王婷婷，吴燕国，王圣，等 . 供水管网漏损管理研究现状与进展 [J]. 供水技术，2018, 12(3): 52-55.

[65] 康设兴 . 供水管网的漏损现状及控制措施 [J]. 工程技术研究，2018(3): 122-123.

附　录

▲ 附录 1 《城镇给水厂混凝药剂应用技术规程》（T/CAQI 151—2020）

▲ 附录 2 《给水处理臭氧系统检测评估技术规程》（T/CAQI 150—2020）

附录 1 《城镇给水厂混凝药剂应用技术规程》（T/CAQI 151—2020）

1 范围

本标准规定了城镇给水厂混凝药剂应用过程中的一般规定、混凝药剂选择、质量检验、混凝药剂投加、设施维护及安全管理等内容。

本标准适用于城镇给水厂混凝药剂的管理和使用。

城镇给水厂使用混凝药剂，除应符合本标准的规定外，还应符合国家、行业与地方现行有关标准的规定。

2 规范性引用文件

下列文件对于本文件的应用是必不可少的。凡是注日期的引用文件，仅注日期的版本适用于本文件。凡是不注日期的引用文件，其最新版本（包括所有的修改单）适用于本文件。

GB/T 191 包装储运图示标志

GB/T 601 化学试剂 标准滴定溶液的制备

GB/T 602 化学试剂 杂质测定用标准溶液的制备

GB/T 603 化学试剂 试验方法中所用制剂及制品的制备

GB/T 4482 水处理剂 氯化铁

GB 14591 水处理剂 聚合硫酸铁

GB 15892 生活饮用水用聚氯化铝

GB/T 16881 水的混凝、沉淀试杯试验方法

GB/T 17218 饮用水化学处理剂卫生安全性评价

GB/T 17514 水处理剂 阴离子和非离子型聚丙烯酰胺

GB 31060 水处理剂 硫酸铝

3 术语和定义

下列术语和定义适用于本标准。

3.1

混凝剂 coagulant

水处理过程中能使水中的胶体微粒和悬浮颗粒脱稳并相互聚集、沉降的化学药剂。

3.2

助凝剂 coagulant aids

用于调节或改善混凝条件，促进凝聚作用所添加的药剂或为改善絮凝体结构的高分子物质。

3.3

密度 density

水处理药剂液体单位体积的质量，单位为 g/cm^3。

3.4

盐基度 basicity

混凝剂分子中 OH 与 Al 的当量百分比。

3.5

聚合度　polymerization degree

大分子聚合物中重复结构单元的数目，用 n 表示。

3.6

水不溶物　insoluble sludge

在常温下，混凝剂中不溶于水的固态物质。

3.7

投加量　addition dosage

单位体积水中加入的混凝药剂的质量，以原液计，单位为 mg/L。

3.8

G 值　G value

相邻水层的水流速度差和它们之间的距离比，单位为 s^{-1}。

4　一般规定

4.1　给水厂混凝药剂选择应根据原水水质、处理后水质要求和工艺特点，经过调查研究及试验，或参照相似条件下已有水厂的运行经验，结合当地操作管理条件，通过技术经济比较后综合考虑确定。

4.2　每批新购混凝药剂和长期存放后使用的药剂，应进行检验；未经检验或者检验不合格的，不得投入使用。

4.3　给水厂应定期做混凝沉淀试杯试验，在季节交替、原水水质突变等特定情况时应增加试验频次，确定最佳投加量，指导生产。

4.4　混凝剂投加应有定量投加计量设施，具备条件的水厂宜使用具有自动控制功能的投加装置。

4.5　城镇给水厂应建立健全维护、保养和检修制度，定期对投药系统的设备进行维护、检修，保证投加系统正常运行。

4.6　城镇给水厂从事混凝工艺运行的人员，应经过卫生知识和专业技术培训，持证上岗，并按照当地卫生行政主管部门的要求每年进行一次健康体检。

4.7　城镇给水厂应建立混凝药剂入库建档、储存、使用等相应的管理制度，保障混凝药剂使用安全。

5　混凝药剂选择

5.1　城镇给水厂在选用混凝药剂时，产品应符合 GB/T 17218 规定的卫生安全要求，具有涉水产品卫生许可批件，并对涉水产品卫生许可批件、产品合格证及产品检测报告进行查验并备案。

5.2　城镇给水厂应根据 4.1 的要求，选择与水质情况相适应的混凝药剂。常用混凝药剂的种类选择可参考表 1。具备条件的给水厂宜开展混凝药剂适配性试验。

5.3　所选用的常用混凝药剂应符合国家规定的饮用水净水剂的相关标准，聚氯化铝技术要求见附录 A，聚合硫酸铁技术要求见附录 B，硫酸铝技术要求见附录 C，氯化铁技术要求见附录 D，聚丙烯酰胺技术要求见附录 E。

5.4　选用其他新型混凝药剂时，除满足 4.1 的要求外，在使用前宜进行试验。

表 1 常用混凝药剂的适用范围及技术特点

序号	混凝药剂名称	适用范围	技术特点
1	聚氯化铝	pH 值适用范围较宽（pH=6 ～ 9）	易快速形成絮凝体，絮凝体具有良好的沉淀性能，投药量较少
2	聚合硫酸铁	pH 值适用范围广（pH=4 ～ 10）；腐蚀性小；低温低浊条件下混凝效果相对较好	混凝过程中生成絮凝体小、强度高、沉降快；容易引起色度问题
3	聚合氯化铝铁	适用于 pH 值较高的原水，控制出水残余铝效果较好	水解速度快；水合作用弱，兼具铝盐和铁盐优点；聚合程度高
4	硫酸铝	适用于水质较好，浑浊度适中的原水；不适合处理低温水	当水温较低时硫酸铝水解困难，形成的絮体较松散；不溶杂质含量较多，投加量较大，容易造成出水铝离子超标；价格便宜
5	氯化铁	处理低温水或低浊水具有较好的混凝效果	极易溶于水，絮凝体沉淀性好，投加量较少，水体 pH 值下降较快，容易导致出水色度超标，对药剂投加系统的腐蚀性强
6	聚丙烯酰胺（阴离子型或非离子型）	适用于带正电荷、悬浮颗粒较粗、PH 值呈中性或碱性的原水	助凝效果优异；较其他助凝剂简单，应用广泛；能显著降低混凝剂的用量，降低整体药耗
7	活化硅酸	在处理低温低浊水时，可有效提高出水水质	主要缺点是已聚合的硅酸易胶凝而失去助凝作用，因此需要现场配制。投加量过少不足以将胶体颗粒架桥连接，投加量过多会对胶体产生保护作用

5.5 城镇给水厂可根据实际运行状况适当调整混凝药剂，包括混凝剂、助凝剂、氧化剂、酸碱调节剂，以提高混凝效果。

5.6 城镇给水厂应制定应对原水出现特殊变化的应急预案。一般水厂应具备临时投加粉末活性炭和各种药剂的应急设备与设施。

6 质量检验

6.1 本规程规定的检验方法所用标准溶液、杂质标准溶液、制剂及制品的制备，按 GB/T 601、GB/T 602、GB/T 603 的规定制备。

6.2 生活饮用水用聚氯化铝技术指标的检验方法按照 GB 15892 执行。

6.3 水处理剂聚合硫酸铁技术指标的检验方法按照 GB 14591 执行。

6.4 水处理剂硫酸铝技术指标的检验方法按照 GB 31060 执行。

6.5 水处理剂氯化铁技术指标的检验方法按照 GB/T 4482 执行。

6.6 水处理剂聚丙烯酰胺技术指标的检验方法按照 GB 17514 执行。

6.7 水处理剂阴离子型聚丙烯酰胺技术指标的检验方法按照 GB/T 17514 执行。

6.8 聚合度的检验方法参见附录 F。

7 混凝药剂投加

7.1 需定期进行原水的混凝搅拌试杯试验，对混凝效果进行校验，试验方法具体参照 GB/T 16881 执行；对于使用氧化剂和助凝剂、酸碱剂时，应适当调整试验方法。

7.2 混凝药剂的投加浓度，应按净水工艺、药剂品种和计量装置的需要确定，固体混凝药剂配制的质量浓度宜控制在 5% ～ 20% 范围内，液体混凝药剂可用原液直接投加或按一定比例稀释后投加。聚丙烯酰胺投加溶液的浓度宜控制在 0.1% 以下。活化硅酸投加质量浓度

（以 SiO_2 计）应随水质变化进行调整，通过试验确定。

7.3　应根据不同药剂的特点和对混合强度的要求及其在制水工艺中的作用，调整适宜的混凝药剂投加点，必要时可设置多点投加。

7.4　混凝药剂投加可采用压力式投加或重力式投加两种方式，具体参考表 2 进行选择，优先采用计量泵压力式投加。加注设备宜按一对一加注配置，且每一种规格的加注设备应至少配置 1 套备用设备。

表 2　混凝药剂投加方式比较

<table>
<tr><th>方式</th><th colspan="2">作用原理</th><th>优缺点</th><th>适用条件</th></tr>
<tr><td rowspan="2">压力式投加</td><td>加药泵</td><td>泵在溶液池内直接吸取药液，加入压力水管内</td><td>优点：可以定量投加，不受压力管压力所限。
缺点：价格较贵，养护麻烦</td><td>适用于大中型水厂，一般采用计量泵</td></tr>
<tr><td>水射器</td><td>利用高压水压水射器喷嘴处形成的负压将药液射入压力管</td><td>优点：设备简单，使用方便，不受溶液池高程所限。
缺点：效率较低，药液浓度不当时，可能引起堵塞</td><td>适合不同规模的水厂</td></tr>
<tr><td>重力式投加</td><td colspan="2">建立高位药液池，利用重力作用把药剂投入加药点</td><td>优点：管理操作简单，投加安全可靠。
缺点：必须建高位池</td><td>适合中小型水处理厂，输液管线不宜过长，以防止在管线中絮凝</td></tr>
</table>

7.5　混凝药剂储液罐（池）应配备液位计、控制阀等，有高低液位报警设施。

7.6　压力式投加宜采用隔膜式或柱塞式计量泵，1500L/h 及以下一般采用机械驱动隔膜泵，1500L/h 以上一般采用液压驱动隔膜泵；柱塞式用于投加压力较高的系统。

7.7　计量泵应配备过滤器、安全阀、背压阀、阻尼器、流量计等相关组件。为避免堵塞和便于维修，计量泵加药系统应配置冲洗管路，定期清洗泵前过滤器和计量泵。计量泵应定期校准，有条件的可设置计量柱。

7.8　混凝药剂的投加宜采用自动控制，控制方法可采用数学模型法或流动电流法等。

7.9　数学模型法主要根据运行工艺及参数（主要包括水的流量、浑浊度、水温、pH 值、耗氧量等）建立数学模型，作为投药控制的依据。

7.10　流动电流法主要通过连续检测混凝工艺段水中流动电流值，并将测量信号作为投药控制的依据。

7.11　混凝药剂混合方式可采用水泵混合、机械混合和水力混合（管式静态混合器混合）等，具体应根据净水工艺布置、水质要求、处理水量、投加药剂品种及维修条件等因素综合确定，可参照表 3 进行选择。

表 3　各种混合方式优缺点及适用条件

方式	优缺点	适用条件
水泵混合	优点：设备简单，混凝充分，效果好，不需另外消耗能量。 缺点：吸水管较多时，投药设备要增加，安装管理复杂	适用于一级泵房离处理构筑物约 100m 以内的各种规模水厂
机械混合	优点：混合效果好，水头损失小。 缺点：有机电设备维护问题	适用于各种规模的水厂
水力混合（管式静态混合器混合）	优点：设备简单，不额外占地，额定流量时混合效果较好。 缺点：流量减少时，混合效果较差	适用于流量变化不大的水厂

7.12　混合宜控制好 GT 值，混合时间宜为 10 ～ 60s，搅拌速度梯度 G 宜为 600 ～ $1000s^{-1}$。采用高分子混凝剂时，G 值应适当降低。

7.13　混合设施和后续处理构筑物的距离要短，尽可能采用直接连接方式。

7.14　絮凝池应使颗粒有充分接触碰撞的机会，防止大絮体破碎，速度梯度 G 值应逐渐由大变小，絮凝池的平均速度梯度 G 值宜为 30 ～ $60s^{-1}$，GT 值为 10^4 ～ 10^5。

7.15　絮凝时间应充分，宜为 10 ～ 30min，低温、低浊情况下宜采用较大值。

7.16　在评价混凝效果时，应检测沉淀出水的 pH 值、色度、浑浊度、耗氧量等常规指标，必要时增加铝、铁、丙烯酰胺单体等指标。

7.17　在冬季原水低温低浊期，应重点关注出水浑浊度指标；在夏季高温、高藻期，应重点关注出厂水中的残余铝。

8　设备维护

8.1　日常保养项目及内容，应符合如下规定：

机械混合装置应每日检查电机、变速箱、搅拌装置运行状况，加注润滑油，做好环境和设备的清洁工作。

8.2　定期维护项目、内容，应符合下列规定：

a）机械电器应每月检查修理一次。

b）混合池、絮凝池中机械电器应每年解体修理或更换部件，隔板、网格、静态混合器应每年检查一次。

c）油漆涂料应定期喷涂。

8.3　大修理项目、内容、质量，应符合下列规定：

混合设施（包括机械传动设备）应 1 ～ 3 年进行修理或更换，大修后质量应分别符合机电和建筑工程有关标准的规定。

9　安全管理

9.1　给水厂应对每批到厂的混凝药剂做好入库记录并留样进行检验，建立相应档案。

9.2　混凝药剂包装上应有清晰、牢固的标志，内容包括：产品名称、型号、产品标准编号、生产厂家名称、地址、生产日期、有效期等；固体药剂应标有 GB/T 191 规定的“怕湿”标志。

9.3　液体混凝药剂保质期应不少于 6 个月，固体混凝药剂保质期应不少于 12 个月。

9.4　混凝药剂的储存量按当地供应、运输等条件确定，宜满足 7 ～ 15 天的最大日用量，特殊时期和小型水厂储存量可适当加大。

9.5　在配制混凝药剂稀释溶液时，应配备护目镜、橡胶手套、工作服等，做好个人安全防护措施，避免皮肤直接接触药品。

9.6　混凝药剂储液罐（池）所采用的材料应具有涉水产品卫生许可批件，储罐应有收集泄漏药剂的设施。

9.7　储液池不应少于 2 个。

9.8　混凝药剂不应与其他药剂混合存放，应储存在通风、干燥、阴凉处，防水、防潮，且应满足卫生部门的要求。

附录 A
（资料性附录）
生活饮用水用聚氯化铝技术要求

指标名称		指标	
		液体	固体
氧化铝（Al_2O_3）的质量分数 /%	⩾	10.0	29.0
盐基度 /%		45.0 ～ 90.0	
密度（20℃）/（g/cm^3）	⩾	1.12	—
不溶物的质量分数 /%	⩽	0.1	
pH 值（10g/L 水溶液）		3.5 ～ 5.0	
铁（Fe）的质量分数 /%	⩽	0.2	
砷（As）的质量分数 /%	⩽	0.0001	
铅（Pb）的质量分数 /%	⩽	0.0005	
镉（Cd）的质量分数 /%	⩽	0.0001	
汞（Hg）的质量分数 /%	⩽	0.00001	
铬（Cr）的质量分数 /%	⩽	0.0005	

注 1. 表中所列产品的不溶物、铁、砷、铅、镉、汞、铬的质量分数均按 Al_2O_3 含量为 10.0% 计，Al_2O_3 含量大于 10.0%，应按实际含量折算成 Al_2O_3 为 10% 产品比例计算出相应的质量分数，本产品还应符合国家相关法律法规及强制性标准要求。

2. 本技术要求的规范性文件引用版本为国家标准《生活饮用水用聚氯化铝》（GB/T 15892—2020）。

附录 B
（资料性附录）
水处理剂聚合硫酸铁技术要求

指标名称		指标	
		液体	固体
全铁的质量分数 /%	≥	11.0	19.5
还原性物质（以 Fe^{2+} 计）的质量分数 /%	≤	0.10	0.15
盐基度 /%		8.0 ～ 16.0	
pH 值（10g/L 水溶液）		1.5 ～ 3.0	
密度（20℃）/（g/cm^3）	≥	1.45	—
不溶物的质量分数 /%	≤	0.2	0.4
砷（As）的质量分数 /%	≤	0.0001	0.0002
铅（Pb）的质量分数 /%	≤	0.0002	0.0004
镉（Cd）的质量分数 /%	≤	0.00005	0.0001
汞（Hg）的质量分数 /%	≤	0.00001	0.00002
铬（Cr）的质量分数 /%	≤	0.0005	0.001

注　本技术要求的规范性文件引用版本为国家标准《水处理剂　聚合硫酸铁》（GB/T 14591—2016）。

附录 C
（资料性附录）
水处理剂硫酸铝技术要求

指标项目		指标	
		液体	固体
氧化铝（Al_2O_3）的质量分数 /%	≥	7.80	15.60
铁（Fe）的质量分数 /%	≤	0.05	0.20
水不溶物的质量分数 /%	≤	0.05	0.10
pH 值（1% 水溶液）	≥	3.0	
砷（As）的质量分数 /%	≤	0.0001	0.0002
铅（Pb）的质量分数 /%	≤	0.0003	0.0006
镉（Cd）的质量分数 /%	≤	0.0001	0.0002
汞（Hg）的质量分数 /%	≤	0.00001	0.00002
铬（Cr）的质量分数 /%	≤	0.0003	0.0005

注　本技术要求的规范性文件引用版本为国家标准《水处理剂　硫酸铝》（GB 31060—2014）。

附录 D
（资料性附录）
水处理剂氯化铁技术要求

<table>
<tr><th rowspan="3" colspan="2">指标名称</th><th colspan="3">指标</th></tr>
<tr><th rowspan="2">液体</th><th colspan="2">固体</th></tr>
<tr><th>无水</th><th>六水</th></tr>
<tr><td>铁（Fe^{3+}）的质量分数 /%</td><td>≥</td><td>14.0</td><td>33.0</td><td>20.0</td></tr>
<tr><td>亚铁（Fe^{2+}）的质量分数 /%</td><td>≤</td><td>0.10</td><td colspan="2">0.15</td></tr>
<tr><td>不溶物的质量分数 /%</td><td>≤</td><td>0.50</td><td colspan="2">1.0</td></tr>
<tr><td>游离酸（以 HCl 计）的质量分数 /%</td><td>≤</td><td>0.40</td><td colspan="2">0.80</td></tr>
<tr><td>密度（20℃）/（g/cm^3）</td><td>≥</td><td>1.4</td><td colspan="2">—</td></tr>
<tr><td>锌（Zn）的质量分数 /%</td><td>≤</td><td colspan="3">0.0005</td></tr>
<tr><td>砷（As）的质量分数 /%</td><td>≤</td><td colspan="3">0.0002</td></tr>
<tr><td>铅（Pb）的质量分数 /%</td><td>≤</td><td colspan="3">0.0005</td></tr>
<tr><td>汞（Hg）的质量分数 /%</td><td>≤</td><td colspan="3">0.00001</td></tr>
<tr><td>镉（Cd）的质量分数 /%</td><td>≤</td><td colspan="3">0.0001</td></tr>
<tr><td>铬（Cr）的质量分数 /%</td><td>≤</td><td colspan="3">0.0008</td></tr>
</table>

注　1. 表中所列产品的锌、砷、铅、汞、镉、铬的质量分数均按铁（Fe^{3+}）含量为 14%，Fe^{3+} 含量大于 14% 时，按实际含量折算成铁（Fe^{3+}）含量为 14% 产品比例计算出相应的质量分数。

2. 本技术要求的规范性文件引用版本为国家标准《水处理剂　氯化铁》（GB/T 4482—2018）。

附录 E
（资料性附录）
水处理剂阴离子和非离子型聚丙烯酰胺技术要求

项目		指标
固含量（固体）/%	⩾	90.0
丙烯酰胺单体含量（干基）/%	⩽	0.02
溶解时间（阴离子型）/min	⩽	60
溶解时间（非离子型）/min	⩽	90
筛余物（1.00mm 筛网）/%	⩽	2
筛余物（180μm 筛网）/%	⩽	88
水不溶物 /%	⩽	0.3
氯化物含量 /%	⩽	0.5
硫酸盐含量 /%	⩽	1.0

注　本技术要求的规范性文件引用版本为国家标准《水处理剂　阴离子和非离子型聚丙烯酰胺》（GB/T 17514—2017）。

附录 F
（规范性附录）
聚合度的测定（用于测定有机高分子混凝药剂）

F.1 溶剂

分析纯，一般选择所测定混凝药剂的良溶剂

F.2 仪器

F.2.1 乌氏黏度计，如图 F.1 所示。

F.2.2 加热浴，用于溶剂溶解混凝药剂。

F.2.3 恒温水浴，可控制（30±0.05）℃

F.2.4 玻璃砂芯漏斗，孔径 10 ～ 15μm。

F.2.5 分析天平，分度值 0.1mg。

F.2.6 秒表，分度值 0.1s。

F.3 操作步骤

F.3.1 测试溶液的制备

称取（200+0.1）mg 待测混凝药剂，于 50mL 带玻璃塞的容量瓶中，加入约 40mL 良溶剂，在加热浴中加热，间断摇动容量瓶使试样完全溶解后，取出容量瓶冷却至室温，再置于（30±0.05）℃的恒温水浴中 20min，用同样温度的纯水稀释至刻度，摇匀待用。

F.3.2 溶剂流经时间的测定

在黏度计管 2、管 3 上分别接上乳胶管，把黏度计垂直置于（30±0.05）℃的恒温水浴中，使水面超过黏度计球 C。

用玻璃砂芯漏斗将溶剂经管 1 录入黏度计球 A，直至溶剂的液面处于刻在球 A 上的两条刻度线之间，恒温 10min。

紧闭管 3 上的乳胶管，用吸球经管 2 上的乳胶管慢慢的将溶剂吸入球 B，使溶剂升至球 C 的一半时，停止吸气。

取下吸球再放开管 3 上的乳胶管，让溶剂自由下落，用秒表测量从球 B 上刻度线降至下刻度线所需时间准确至 0.1s。重复进行测定并取其平均值。

F.3.3 溶液流经时间的测定

将上述溶剂从黏度计中吸出。

将约 15mL 的溶液（F.3.1）经过玻璃砂芯漏斗录入黏度计中，使溶液通过球 B 吸上放下 3 次，再从黏度计中吸出。

将剩余的溶液经过玻璃砂芯漏斗滤入黏度计中，再按 F.3.2 步骤测定溶液的流经时间。

F.4 计算

F.4.1 增比黏度 η_{sp}。

按式（F.1）计算：

$$\eta_{sp}=t_2/t_1-1 \tag{F. 1}$$

式中 t_1——溶剂流出时间的数值，s；

t_2——测试溶液流出时间的数值，s。

F.4.2 特性黏度［η］

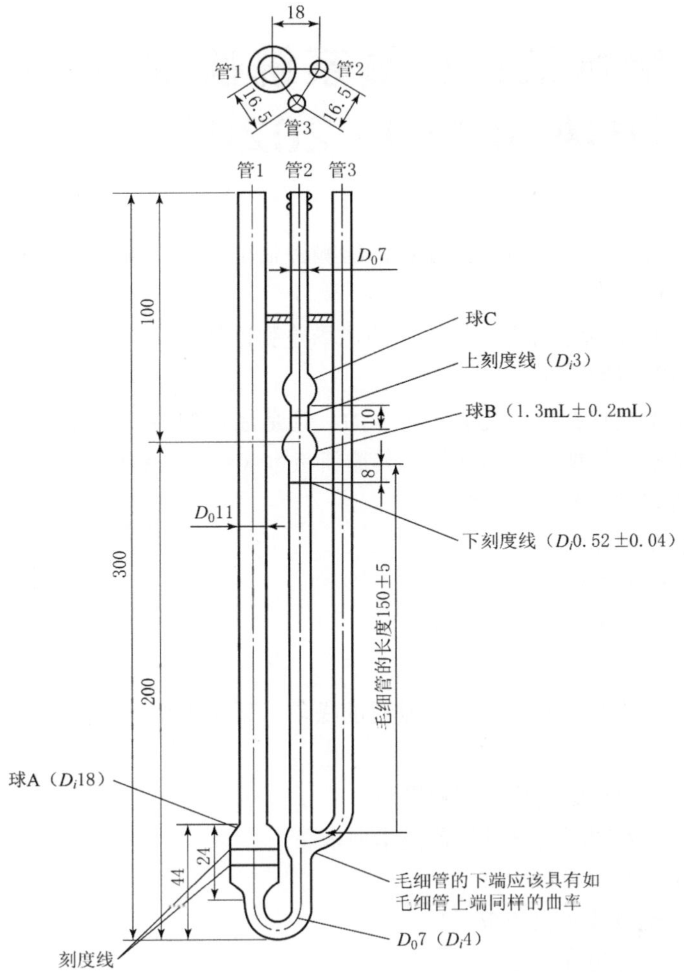

图 F.1　乌氏黏度计（单位: mm）

按式（F.2）计算：

$$[\eta] = \sqrt{2}/c\sqrt{\eta_{sp} - \ln \eta_r} \qquad (F.2)$$

式中　η_r——相对黏度的数值；

η_{sp}——增比黏度的数值；

c——溶液的质量浓度的数值，g/L。

F.4.3　平均聚合度 $\overline{P}$

按式（F.3）计算：

$$\overline{P} = 500\left[\text{anti lg}\frac{[\eta]}{0.168} - 1\right] \qquad (F.3)$$

式中　$[\eta]$——特性黏度的数值。

附录 2 《给水处理臭氧系统检测评估技术规程》（T/CAQI 150—2020）

1 范围

1.1 本标准规定了给水处理臭氧系统的检测评估项目及要求、检测评估方法、检测评估结果判定和检测评估报告。

1.2 本标准适用于给水处理臭氧系统的现场检测评估。

2 规范性引用文件

下列文件对于本文件的应用是必不可少的。凡是注日期的引用文件，仅注日期的版本适用于本文件。凡是不注日期的引用文件，其最新版本（包括所有的修改单）适用于本文件。

GB/T 150（所有部分） 压力容器

GB/T 151 热交换器

GB 3095 环境空气质量标准

GB 5749 生活饮用水卫生标准

GB/T 5750 生活饮用水标准检验方法

GB/T 17248. 3 声学 机器和设备发射的噪声 采用近似环境修正测定工作位置和其他指定位置发射声压级

GB/T 20801 压力管道规范 工业管道

GB/T 37894 水处理用臭氧发生器技术要求

GB 50013 室外给水设计标准

GB 50016 建筑设计防火规范

GB 50030 氧气站设计规范

GB/Z 2 工作场所有害因素职业接触限值化学有害因素

HJ 590 环境空气 臭氧的测定 紫外光度法

TSG 07 特种设备生产和充装单位许可规则

TSG D0001 压力管道安全技术监察规程——工业管道

3 术语和定义、缩略语

下列术语和定义适用于本标准。

3.1 术语和定义

3.1.1

臭氧系统 ozone system

由气源装置、臭氧发生器、臭氧投加装置、臭氧接触池、臭氧尾气消除装置、监测控制仪表等设备组成的系统。

3.1.2

气源装置 feed gas device

为臭氧发生器提供合格原料气体的装置。

3.1.3

臭氧发生器 ozone generator

氧气或空气通过介质阻挡放电方式产生臭氧的装置。

3.1.4

臭氧投加装置　ozonation unit

将臭氧投加到水中的装置。

3.1.5

臭氧接触池　ozone contactor

臭氧与水中还原性物质进行反应的装置。

3.1.6

臭氧吸收效率　ozone absorption efficiency

臭氧接触池入口臭氧浓度与出口尾气臭氧浓度之差与臭氧接触池入口臭氧浓度的比值。

3.1.7

臭氧尾气消除装置　vent ozone destructor

消除臭氧接触池排放尾气中的残余臭氧，达到环境允许排放浓度限值的装置。

3.2　缩略语

PSA——变压吸附（pressure swing adsorption）。

VPSA——真空变压吸附（vacuum pressure swing adsorption）。

4　基本规定

4.1　臭氧系统检测评估应包括收集资料、现场调查、检测评估和出具检测评估报告。

4.2　收集资料应包括工程概况、设计文件（图纸资料、说明书等）等，现场调查应包括使用状况、运行条件与环境等。

4.3　臭氧系统应在额定状态下进行检测。当水厂运行工况未达到额定状态时，可按额定值的参数需要调整工况后进行检测评估。

4.4　根据需要可在臭氧系统运行到不同阶段对整体、多项与单项进行检测评估。新建臭氧系统的臭氧发生器亦可在生产企业实施检测评估。

5　检测评估项目及要求

5.1　一般要求

5.1.1　臭氧发生间的机械通风应符合 GB 50013 的规定。

5.1.2　臭氧发生间的室内空间及室内环境温度应符合 GB 50013 的规定。

5.1.3　臭氧发生间的噪声值不应高于 85dB（A）。

5.1.4　臭氧发生间应设有臭氧泄漏浓度的检测仪或报警仪，臭氧泄漏浓度应符合 GB/Z 2 的规定。

5.1.5　臭氧系统中属于压力容器的装置应符合 TSG 07、GB/T 150（所有部分）及 GB/T 151 的规定。

5.1.6　臭氧系统中属于压力管道的供气管道应符合 TSG 07、TSG D0001 及 GB/T 20801 的规定。

5.2　气源装置

5.2.1　气源装置提供的各类气源的质量应符合 GB/T 37894 的规定。

5.2.2　气源装置工作介质为氧气的设备与管道的布置应符合 GB 50016 的规定。

5.2.3　气源装置采用液氧源、富氧源（包括 PSA 型、VPSA 型）时，液氧储罐、汽化器、氧气压缩机等设备与管道的布置及防护应符合 GB 50030 和 GB 50013 的规定。

5.2.4 气源装置采用液氧源时，应经技术经济比较后确定是否需要设置补氮装置。

5.2.5 气源装置工作时的噪声值不应高于 85dB（A），如有超出应采取降噪措施。

5.2.6 气源装置包括管路应有压力安全泄放装置。

5.3 臭氧发生器

5.3.1 臭氧发生器的额定技术指标（臭氧产量、臭氧浓度和臭氧电耗）、稳定性、可靠性等应符合 GB/T 37894 的规定，并应符合臭氧发生器产品的额定值要求。

5.3.2 臭氧发生器的配置应满足工程应用需要，设施运行应满足标称能力要求，应满足最大臭氧加注量的要求。

5.3.3 臭氧发生器的冷却装置、外循环冷却水温度条件应符合 GB 50013 的规定。

5.3.4 臭氧发生器应有备用设计，采用空气源时应按硬备用（设置备用的臭氧发生器，保证臭氧发生器故障时臭氧产量不变），采用氧气源时可采用软备用（通过提高无故障臭氧发生器的进气量维持臭氧产量不变，此时臭氧发生器的臭氧浓度相应降低）或硬备用。软备用时臭氧产量应为最大臭氧加注量的 1.25 倍。

5.3.5 臭氧发生器应有压力安全泄放装置。

5.4 臭氧投加装置

5.4.1 臭氧投加装置应根据臭氧投加点、投加量等选择适宜的投加方式，并应符合 GB 50013 的规定。预臭氧投加宜采用射流器扩散，后臭氧投加采用微孔扩散器。微孔扩散器、射流器等的布置应符合 GB 50013 的规定。

5.4.2 预臭氧、后臭氧接触池的臭氧投加总量应根据处理水量、水质、单位臭氧投加量等进行计量和调节。

5.4.3 臭氧接触池各布气区格中的臭氧投加量应能按照设计比例进行分配和调节。

5.5 臭氧接触池

5.5.1 预臭氧、后臭氧接触池的臭氧投加位置、设计投加量应根据原水特征、生产工艺和处理效果确定，应符合 GB 50013 的规定。

5.5.2 臭氧与水接触时间应符合 GB 50013 的规定。

5.5.3 臭氧接触池池顶设置的自动双向压力平衡阀应符合 GB 50013 的规定。

5.5.4 臭氧接触池顶部尾气排放管上应设置尾气臭氧采样口，通过检测尾气臭氧浓度验证臭氧吸收效率，臭氧吸收效率不应低于 90%。

5.6 臭氧尾气消除装置

5.6.1 臭氧尾气消除装置排放的气体臭氧浓度应符合 GB 3095 的规定。

5.6.2 臭氧尾气消除装置的设备类型应符合 GB 50013 的规定。

5.6.3 臭氧尾气消除装置的最大设计气量应符合 GB 50013 的规定。

5.6.4 臭氧尾气消除装置设置在室外或臭氧接触池池顶时应有防雨设施。

5.7 水质

臭氧-活性炭深度处理工艺对色度、臭味、有机物等污染物有相应的净化效果。

6 检测评估方法

6.1 一般要求

6.1.1 查看臭氧发生间的机械通风装置铭牌风量，计算臭氧发生间空间体积。机械通风装置的能力满足设备间每小时换气 8 ～ 12 次。

6.1.2 查看测量设备间的空间尺寸，检测室内环境温度。

6.1.3 臭氧发生系统设备间的噪声值按 GB/T 17248.3 规定的方法进行检测。噪声测点位置确定：设备间大门内 1m 处，垂直方向应距地坪 1.0 ～ 1.5m。

6.1.4 查看设备间是否设有臭氧泄漏浓度的检测仪或报警仪，并按 HJ 590 测定设备间臭氧浓度。

6.1.5 查看臭氧系统各设备的工作参数，属于压力容器的应查验压力容器质量证明文件。

6.1.6 查看臭氧系统气路管道，属于压力管道的应查验压力管道质量证明文件。

6.2 气源装置

6.2.1 检查或者检测气源装置的压力、露点、氧气浓度、杂质颗粒度指标。

6.2.2 查看液氧储罐、PSA 现场制氧设备、VPSA 现场制氧设备、氧气管道，查看布置及间距。

6.2.3 查看液氧储罐、汽化器、氧气压缩机等设备与氧气管道的布置及防护。

6.2.4 气源装置采用液氧源时，应通过核算增加补氮装置所获得的臭氧产能与投资成本，确定是否增补氮装置。

6.2.5 气源装置工作时的噪声值按 GB/T 17248.3 规定的方法进行检测。噪声测点位置确定：水平方向应距设备主表面 1m，垂直方向应距地坪 1.0 ～ 1.5m。

6.2.6 查看气源装置上的压力安全泄放装置，检查压力安全泄放装置是否在校验有效期内。

6.3 臭氧发生器

6.3.1 臭氧发生器相关技术指标应按 GB/T 37894 规定的方法进行。

6.3.2 按设计规模最大臭氧投加工况运行或计算出设计规模下最大臭氧投加工况的臭氧需求量，按 GB/T 37894 规定的方法检验臭氧产量，臭氧产量应满足最大臭氧加注量。

6.3.3 检查臭氧发生器的冷却装置配置，检查外循环冷却水温度条件。

6.3.4 检查臭氧发生器备用设计，核实备用方案是否满足臭氧产量需要。

6.3.5 查看臭氧发生器气路压力安全泄放装置，检查压力安全泄放装置是否在校验有效期内。

6.4 臭氧投加装置

6.4.1 检查预臭氧、后臭氧接触池投加装置的配置，结合投加量判定配置的合理性。检查微孔扩散器的布置，检查射流器、水泵、混合器、扩散器等。停止臭氧产生并进行气路吹扫后，保证池内空气中臭氧浓度处于安全范围方可开启接触池上的人孔，按照额定气量 ±25% 的变化范围调节气量，查看微孔扩散器的布气均匀性。

6.4.2 检查预臭氧、后臭氧接触池流量计、压力表等配置情况，判断臭氧投加是否可以合理计量和调节。

6.4.3 检查臭氧接触池各布气区格中流量计、压力表等配置情况，判断臭氧量是否可以按照设计比例进行分配。

6.5 臭氧接触池

6.5.1 检查预臭氧、后臭氧接触池的臭氧投加量和投加位置，评估预臭氧投加的合理性，参见附录 A 给出相应的建议。

6.5.2 查看臭氧接触池体积，依据设计水量，计算接触时间。

6.5.3 查看臭氧接触池池顶是否设置自动双向压力平衡阀，检查自动双向压力平衡阀的工作压力设置值是否正确，正常运行时应为间断吸气动作。

6.5.4 在臭氧接触池尾气采样口采集尾气，按 GB/T 37894 规定的方法检测尾气臭氧浓度，参见附录 A 规定的方法计算臭氧吸收效率。

6.6 臭氧尾气消除装置

6.6.1 按 HJ 590 测定臭氧尾气消除装置排气口的臭氧浓度。

6.6.2 查看臭氧尾气消除装置的设备类型。

6.6.3 在最大臭氧投加量时，按 6.6.1 检测臭氧尾气消除装置是否满足最大的尾气处理量。

6.6.4 查看臭氧尾气消除装置的设置位置，在室外设置的是否有防雨设施。

6.7 水质

对原水、沉后水、砂滤池出水、臭氧后水、炭后水、出厂水等进行采样检测，项目检测包括色度、浊度、嗅味、COD_{Mn}、氨氮、溴酸盐等，评价臭氧处理效果。

7 检测评估结果判定

7.1 评估项目和方法见表 1。

表 1 臭氧系统检测评估项目、要求及方法汇总

检测评估对象	检测评估项目		项目要求	检测评估方法	项目类型	
					检查	实测
一般要求	臭氧发生间的机械通风		5.1.1	6.1.1	√	
	臭氧发生间的室内空间及室内环境温度		5.1.2	6.1.2	√	√
	臭氧发生间的噪声值		5.1.3	6.1.3		√
	臭氧发生间臭氧泄漏仪或检测仪配置		5.1.4	6.1.4	√	
	臭氧发生间臭氧泄漏浓度		5.1.4	6.1.4		√
	压力容器装置		5.1.5	6.1.5	√	
	压力供气管道		5.1.6	6.1.6	√	
气源装置	气源质量	现场制备气源	5.2.1	6.2.1		√
		商业液氧	5.2.1	6.2.1	√	
	气源设备及管道布置		5.2.2	6.2.2	√	
	液氧储罐的布置及防护		5.2.3	6.2.3	√	
	补氮装置		5.2.4	6.2.4	√	
	噪声值		5.2.5	6.2. 5		√
	气路压力安全泄放装置		5.2.6	6.2.6	√	
臭氧发生器	臭氧产量		5.3.1	6.3.1		√
	臭氧浓度		5.3.1	6.3.1		√
	臭氧电耗		5.3.1	6.3.1		√
	稳定性		5.3.1	6.3.1		√

续表

检测评估对象	检测评估项目		项目要求	检测评估方法	项目类型	
					检查	实测
臭氧发生器	可靠性		5.3.1	6.3.1		√
	最大臭氧产量		5.3.2	6.3.2		√
	冷却装置、外循环冷却水温度条件		5.3.3	6.3.3	√	
	备用设计		5.3.4	6.3.4	√	
	气路压力安全泄放装置		5.3.5	6.3.5	√	
臭氧投加装置	预臭氧、后臭氧投加装置及相关配置		5.4.1	6.4.1	√	
	微孔扩散器的布气均匀性		5.4.1	6.4.1	√	
	臭氧投加量计量和调节		5.4.2	6.4.2	√	
	各投加池格臭氧量分配		5.4.3	6.4.3	√	
臭氧接触池	臭氧投加位置		5.5.1	6.5.1	√	
	臭氧设计投加量	预臭氧	5.5.1	6.5.1	√	
		后臭氧	5.5.1	6.5.1	√	
	接触时间		5.5.2	6.5.2	√	
	自动双向压力平衡阀设置		5.5.3	6.5.3	√	
	臭氧吸收效率		5.5.4	6.5.4		√
臭氧尾气消除装置	排气臭氧浓度		5.6.1	6.6.1		√
	设备类型		5.6.2	6.6.2	√	
	最大设计气量		5.6.3	6.6.3	√	
	设置位置及防雨设施		5.6.4	6.6.4	√	
水质	净化效果		5.7	6.7		√

7.2 检查项目可通过实地查看、现场询问和翻阅资料等方式开展；实测项目应按照实际检测值或相应的公式计算出结果。

7.3 检测评估项目符合要求的判定为合格，不符合要求的判定为不合格。

8 检测评估报告

8.1 臭氧系统检测评估报告参见附录B。

8.2 检测评估过程中应对各项检测指标做好记录，检测记录可作为检测评估报告的附件。过程检测参数记录可参见附录C。

附录 A
（资料性附录）
臭氧接触池技术参数

A.1 臭氧投加量的确定

A.1.1 臭氧-活性炭深度处理水厂臭氧投加量应根据原水水质经试验后确定，未做试验的可参照表 A.1。一般情况下主臭氧单位最大投加量宜为 0.5mgO_3/mgCOD_{Mn}，运行中宜按臭氧接触池出水余臭氧值在 0.05 ～ 0.1mg/L 来控制投加量。

表 A.1 不同水源条件下臭氧投加量参考值

有机物（COD_{Mn}）浓度 /（mg/L）	水源类型	臭氧投加量 /（mg/L）
＜3	湖库水	0.5 ～ 1.5
	河网水	1.0 ～ 2.0
3 ～ 6	湖库水	1.0 ～ 2.5
	河网水	1.5 ～ 2.5
＞6	湖库水	1.5 ～ 3.0
	河网水	1.5 ～ 4.0

A.2 臭氧吸收效率的检测

A.2.1 臭氧吸收效率采用式（A.1）计算。

$$\eta=\frac{C-C_W}{C} \tag{A.1}$$

式中 η——臭氧吸收效率，%；

C——臭氧接触池入口臭氧浓度，g/m^3 或 mg/L；

C_W——臭氧接触池出口尾气臭氧浓度，g/m^3 或 mg/L。

A.2.2 应在水质水量相对稳定的期间进行检测。

A.2.3 尾气采样时间不宜少于 15min，可取多次检测的平均值。应注意引风机造成的尾气中臭氧被稀释问题。

附录 B
（资料性附录）
臭氧系统检测评估报告

B.1 工程概况

包括水厂名称、工程地点、水源水质特征、水厂净水工艺、技术参数、运行效果、设计单位、建设单位、委托单位等。

B.2 检测评估项目

B.2.1 一般要求

包括臭氧发生间机械通风、臭氧发生间室内空间及环境温度、噪声值、臭氧泄漏仪配置及臭氧泄漏浓度、压力容器装置、属于压力管道的供气管道。

B.2.2 气源装置

包括气源质量、液氧、现场制氧时的设备及管道布置、液氧储罐的布置及防护、补氮装置配置、噪声值、气路压力安全泄放装置等。

B.2.3 臭氧发生器

包括额定或实际的臭氧产量、臭氧浓度、臭氧电耗、稳定性、可靠性、最大臭氧产量、冷却装置配置、冷却水温度条件、备用设计、气路压力安全泄放装置等。

B.2.4 臭氧投加装置

包括设计投加装置、微孔扩散器、射流器等的设计与配置、微孔扩散器的布气均匀性、臭氧投加量计量及调节、各投加池格臭氧量分配等。

B.2.5 臭氧接触池

包括臭氧投加位置及投加量、接触时间、自动双向压力平衡阀设置、臭氧吸收效率等。

B.2.6 臭氧尾气消除装置

包括排气臭氧浓度、设备类型、最大设计气量、设置位置及防雨设施等。

B.2.7 水质

包括水厂各工艺单元净化效果等。

B.3 检测评估结论及建议

包括针对本次检测评估得出的结论，提出臭氧系统运行维护建议，双方约定的其他需要的信息等。

附录 C
（资料性附录）
臭氧系统检测评估项目记录

C.1 臭氧系统检测评估项目记录

臭氧系统检测评估项目记录参见表 C.1。

表 C.1 臭氧系统检测评估项目记录表

日期：　　　环境温度：　　℃　　　相对湿度：　　%　　　大气压力：　　kPa
气源：　　　氧含量：　　%　　　常压露点：　　℃
臭氧浓度测定方法：　　　（仪器 / 化学法）仪器编号：
电量测定仪器及编号：　　　臭氧发生器编号：
地点：

<table>
<tr><th>检测评估对象</th><th colspan="2">检测评估项目</th><th>单位</th><th>检查结果</th><th>实测结果</th></tr>
<tr><td rowspan="7">一般要求</td><td colspan="2">臭氧发生间的机械通风</td><td>次 / h</td><td></td><td></td></tr>
<tr><td colspan="2">臭氧发生间的室内空间及室内环境温度</td><td>℃</td><td></td><td></td></tr>
<tr><td colspan="2">臭氧发生间的噪声值</td><td>dB（A）</td><td></td><td></td></tr>
<tr><td colspan="2">臭氧发生间臭氧泄漏仪或检测仪配置</td><td></td><td></td><td></td></tr>
<tr><td colspan="2">臭氧发生间臭氧泄漏浓度</td><td>mg/m^3</td><td></td><td></td></tr>
<tr><td colspan="2">压力容器装置</td><td></td><td></td><td></td></tr>
<tr><td colspan="2">压力供气管道</td><td></td><td></td><td></td></tr>
<tr><td rowspan="9">气源装置</td><td rowspan="4">气源质量</td><td>压力</td><td>MPa</td><td></td><td></td></tr>
<tr><td>露点</td><td>℃</td><td></td><td></td></tr>
<tr><td>氧气浓度</td><td>%</td><td></td><td></td></tr>
<tr><td>杂质颗粒度</td><td>μm</td><td></td><td></td></tr>
<tr><td colspan="2">液氧、现场制氧时的设备及管道布置</td><td></td><td></td><td></td></tr>
<tr><td colspan="2">液氧储罐的布置及防护</td><td></td><td></td><td></td></tr>
<tr><td colspan="2">补氮装置配置</td><td></td><td></td><td></td></tr>
<tr><td colspan="2">噪声值</td><td>dB（A）</td><td></td><td></td></tr>
<tr><td colspan="2">气路压力安全泄放装置</td><td></td><td></td><td></td></tr>
<tr><td rowspan="9">臭氧发生器</td><td rowspan="3">技术指标</td><td>臭氧产量</td><td>kg/h</td><td></td><td></td></tr>
<tr><td>臭氧浓度</td><td>g/m^3</td><td></td><td></td></tr>
<tr><td>臭氧电耗</td><td>kW · h/kg</td><td></td><td></td></tr>
<tr><td colspan="2">稳定性</td><td></td><td></td><td></td></tr>
<tr><td colspan="2">可靠性</td><td></td><td></td><td></td></tr>
<tr><td colspan="2">最大臭氧产量</td><td>kg/h</td><td></td><td></td></tr>
<tr><td colspan="2">冷却装置、外循环冷却水温度条件</td><td>℃</td><td></td><td></td></tr>
<tr><td colspan="2">备用设计</td><td></td><td></td><td></td></tr>
<tr><td colspan="2">气路压力安全泄放装置</td><td></td><td></td><td></td></tr>
</table>

续表

<table>
<tr><th>检测评估对象</th><th colspan="2">检测评估项目</th><th>单位</th><th>检查结果</th><th>实测结果</th></tr>
<tr><td rowspan="6">臭氧投加装置</td><td rowspan="2">设计投加装置</td><td>预臭氧</td><td></td><td></td><td></td></tr>
<tr><td>后臭氧</td><td></td><td></td><td></td></tr>
<tr><td colspan="2">微孔扩散器、射流器等的设计与配置</td><td></td><td></td><td></td></tr>
<tr><td colspan="2">微孔扩散器的布置均匀性</td><td></td><td></td><td></td></tr>
<tr><td colspan="2">臭氧投加量计量和调节</td><td></td><td></td><td></td></tr>
<tr><td colspan="2">各投加池格臭氧量分配</td><td></td><td></td><td></td></tr>
<tr><td rowspan="7">臭氧接触池</td><td colspan="2">臭氧投加位置</td><td></td><td></td><td></td></tr>
<tr><td rowspan="2">臭氧设计投加量</td><td>预臭氧</td><td>mg/L</td><td></td><td></td></tr>
<tr><td>后臭氧</td><td>mg/L</td><td></td><td></td></tr>
<tr><td colspan="2">接触时间</td><td>min</td><td></td><td></td></tr>
<tr><td colspan="2">自动双向压力平衡阀设置</td><td></td><td></td><td></td></tr>
<tr><td colspan="2">微孔扩散器的设计与布置</td><td></td><td></td><td></td></tr>
<tr><td colspan="2">臭氧吸收效率</td><td>%</td><td></td><td></td></tr>
<tr><td rowspan="4">臭氧尾气消除装置</td><td colspan="2">排气臭氧浓度</td><td>mg/m^3</td><td></td><td></td></tr>
<tr><td colspan="2">设备类型</td><td></td><td></td><td></td></tr>
<tr><td colspan="2">最大设计气量</td><td>m^3/h</td><td></td><td></td></tr>
<tr><td colspan="2">设置位置及防雨设施</td><td></td><td></td><td></td></tr>
<tr><td>备注</td><td colspan="5"></td></tr>
<tr><td>记录人员</td><td colspan="5"></td></tr>
</table>

C.2 水质检测评估项目记录

水质检测评估项目记录参见表 C.2。

表 C.2 水质检测评估项目记录表

日期：　　　　　　　　　　　　　　地点：

<table>
<tr><th>工艺单元</th><th>色度</th><th>浑浊度 /NTU</th><th>嗅味</th><th>COD$_{Mn}$/（mg/L）</th><th>氨氮 /（mg/L）</th><th>溴酸盐 /（mg/L）</th></tr>
<tr><td>原水</td><td></td><td></td><td></td><td></td><td></td><td></td></tr>
<tr><td>沉后水</td><td></td><td></td><td></td><td></td><td></td><td></td></tr>
<tr><td>砂滤池出水</td><td></td><td></td><td></td><td></td><td></td><td></td></tr>
<tr><td>臭氧后水</td><td></td><td></td><td></td><td></td><td></td><td></td></tr>
<tr><td>炭后水</td><td></td><td></td><td></td><td></td><td></td><td></td></tr>
<tr><td>出厂水</td><td></td><td></td><td></td><td></td><td></td><td></td></tr>
<tr><td>备注</td><td colspan="6"></td></tr>
<tr><td>记录人员</td><td colspan="6"></td></tr>
</table>

索 引

G

H

J

T

W

X

Y

Z

其他